Um mundo imenso

Ed Yong

Um mundo imenso

Como os sentidos dos animais revelam reinos ocultos à nossa volta

tradução
Christian Schwartz

todavia

Para Liz Neeley, que me vê

How do you know but ev'ry Bird
that cuts the airy way,
Is an immense world of delight,
*clos'd by your senses five?**

William Blake

---

* Como saberás de todo pássaro penso/ no ar que, abrindo caminho ligeiro,/ leva ele em si as delícias de um mundo imenso/ se és de teus cinco sentidos prisioneiro? [N.T.]

Introdução 11

1. Sacos furados de substâncias químicas: Cheiros e sabores 25
2. Maneiras infinitas de ver: Luz 62
3. Vermelhoxo, verdoxo e amareloxo: Cor 94
4. A indesejada: Dor 127
5. Muito *cool*: Calor 145
6. Um sentido aproximado: Contato e correntes 166
7. O chão ondulante: Vibrações superficiais 199
8. Todo ouvidos: Som 221
9. Um mundo silencioso grita de volta: Ecos 254
10. Baterias vivas: Campos elétricos 321
11. Eles conhecem o caminho: Campos magnéticos 346
12. Todas as janelas de uma vez só: Unindo os sentidos 366
13. Salve o silêncio, preserve a escuridão:
Paisagens de sentido ameaçadas 381

Agradecimentos 403
Notas 407
Referências bibliográficas 467
Créditos das imagens 521
Índice remissivo 523

Introdução

A única viagem verdadeira

Imagine um elefante numa sala. Não aquele do provérbio, mas de fato um mamífero bem pesado. Imagine que a sala é grande o suficiente para acomodá-lo; pode ser a quadra de uma escola. Imagine que um rato, a passos ligeiros, também entrou ali. Um tordo saltita ao lado dele. Uma coruja pousa numa viga do teto. Um morcego está dependurado lá em cima de cabeça para baixo. Uma cascavel desliza pelo chão. Uma aranha teceu sua teia num canto. Um mosquito zumbe no ar. Uma abelha pousa no girassol plantado num vaso. Por fim, no meio desse hipotético recinto cada vez mais lotado, adicione um ser humano. Vamos chamá-lo de Rebecca. Ela enxerga, é curiosa e (felizmente) gosta de animais. Não se preocupe em saber como ela foi se meter nessa confusão. Não importa o que todos esses animais estão fazendo nessa quadra. Consideremos, em vez disso, como Rebecca e o resto de tal zoológico imaginário poderiam estar percebendo uns aos outros.

O elefante levanta a tromba como um periscópio, a cascavel mostra a língua e o mosquito corta o ar com suas antenas. Todos os três estão sentindo cheiros no espaço ao redor, absorvendo aromas flutuantes. O elefante não fareja nada digno de nota. A cascavel detecta o rastro do rato e se enrola, preparando uma emboscada. O mosquito sente o cheiro atraente do dióxido de carbono no hálito de Rebecca e no aroma de sua pele. Pousa no braço dela, pronto para uma refeição, mas, antes que a consiga picar, ela o afasta — e o tapa perturba o rato. Ele guincha, alarmado, numa frequência que é audível para o morcego, mas aguda demais para o elefante. O elefante, entretanto, emite um profundo e estrondoso ronco, em frequência demasiado baixa para os ouvidos do rato ou do morcego, mas sentida pela barriga da cascavel, sensível à vibração. Rebecca, que ignora tanto os guinchos ultrassônicos do rato quanto os roncos infrassônicos do elefante, ouve, em vez disso, o tordo, que canta em frequências mais adequadas aos ouvidos da moça. Mas a audição dela é lenta demais para captar todas as complexidades codificadas na melodia emitida pelo pássaro.

O peito do tordo parece vermelho para Rebecca, mas não para o elefante, cujos olhos se limitam a enxergar tons de azul e amarelo. A abelha também não consegue ver o vermelho, mas *é* sensível às tonalidades ultravioleta que estão além da extremidade oposta do arco-íris. Bem no meio do girassol sobre o qual está pousada, há um alvo ultravioleta que chama a atenção tanto dela, abelha, quanto do pássaro. O alvo é invisível para Rebecca, que pensa que a flor é apenas amarela. A moça é quem tem os olhos mais aguçados do recinto; ao contrário do elefante ou da abelha, consegue avistar a pequena aranha acomodada sobre sua teia. Mas deixa de ver muita coisa quando as luzes se apagam.

Mergulhada na escuridão, Rebecca avança lentamente, com os braços estendidos, na esperança de perceber os obstáculos em seu caminho. O rato faz o mesmo, mas com os bigodes do focinho, que move para a frente e para trás várias vezes por segundo para mapear o ambiente ao redor. Ao se esgueirar por entre os pés de Rebecca, seus passos são leves demais para que ela consiga ouvi-los, mas facilmente audíveis para a coruja empoleirada lá no alto. O disco de penas rígidas no rosto da coruja filtra os sons direto para seus ouvidos sensíveis, um dos quais é ligeiramente mais alto que o outro. Graças a essa assimetria, ela é capaz de identificar a origem daqueles passos ligeiros nos planos vertical e horizontal. E se aproxima do rato bem no momento em que ele vai ficar ao alcance da cascavel que o espera. Usando duas cavidades no nariz, a cobra consegue sentir a radiação infravermelha que emana de objetos quentes. Efetivamente enxerga o calor e o corpo do rato que brilha como um farol. A cobra ataca... e se choca com a coruja em plena investida contra o mesmo alvo.

Toda essa comoção passa despercebida para a aranha, que mal ouve ou vê os participantes. Seu mundo é quase inteiramente definido pelas vibrações que percorrem sua teia — uma armadilha feita por ela mesma para funcionar como uma extensão de seus sentidos. Quando o mosquito se enreda nos fios de seda, a aranha detecta as vibrações que indicam uma presa que se debate e então avança para matá-la. Mas, à medida que ataca, não se apercebe das ondas sonoras de alta frequência que rebatem em seu corpo e voltam para a criatura que as enviou — o morcego. O sonar do morcego é tão apurado que não só encontra a aranha no escuro, mas também a localiza com precisão suficiente para arrancá-la da teia.

Enquanto o morcego se alimenta, o tordo sente uma atração familiar que a maioria dos outros animais não consegue sentir. Os dias estão ficando mais frios e é hora de migrar para climas mais quentes ao sul. Mesmo dentro da quadra fechada, o tordo consegue sentir o campo magnético da Terra e, guiado por sua bússola interna, aponta para o sul e escapa por uma janela. Deixa para trás um elefante, um morcego, uma abelha, uma cascavel, uma coruja ligeiramente eriçada, um rato muitíssimo sortudo e Rebecca. Essas sete criaturas dividem o mesmo espaço físico, mas o percebem de formas imensa e tremendamente diferentes. O mesmo se aplica aos bilhões de outras espécies animais no planeta e aos incontáveis indivíduos dentro dessas espécies.* A Terra está repleta de imagens e texturas, sons e vibrações, cheiros e sabores, campos elétricos e magnéticos. Mas cada animal só é capaz de absorver uma pequena fração da plenitude da realidade. Cada qual vive encerrado em sua bolha sensorial única, percebendo apenas uma pequena fatia de um mundo imenso.

Há uma palavra maravilhosa para essa bolha sensorial — *Umwelt*. Foi criada e popularizada pelo zoólogo estoniano de origem alemã Jakob von Uexküll em 1909.[1] *Umwelt* vem da palavra alemã para "meio ambiente", mas Uexküll não a usava simplesmente para se referir ao espaço que cerca um animal. Em vez disso, *Umwelt* é especificamente a parte dessas cercanias que um animal é capaz de sentir e perceber — seu mundo *perceptível*. Tal como os ocupantes da nossa quadra imaginária, uma multidão de criaturas poderia estar no mesmo espaço físico e ter *Umwelten*** completamente diferentes. Um carrapato em busca do sangue de um mamífero se atém a coisas como calor corporal, o toque dos pelos e o odor do ácido butírico que emana da pele. São elas que constituem seu *Umwelt*. O verde das árvores, também as rosas vermelhas, o azul do céu e o branco das nuvens*** — nada disso faz parte do maravilhoso mundo do carrapato. E não porque ele

---

* Para entender como os sentidos podem ser variados numa única espécie, basta olhar para os humanos. Para algumas pessoas, o vermelho e o verde parecem idênticos. Para outras, o odor corporal cheira a baunilha. Para outras, ainda, o coentro tem gosto de sabonete.
** Plural da palavra em alemão. [N.T.]   *** "[I see] Trees of green, red roses too...": "What a wonderful world", música e letra de Bob Thiele (assinando como "George Douglas") e George David Weiss, tornada célebre na versão de Louis Armstrong, de 1967. [N.T.]

ignore de propósito as maravilhas descritas na letra de Armstrong. Simplesmente não consegue percebê-las e não sabe que existem.

Uexküll comparou o corpo de um animal a uma casa.[2] "Cada casa tem um certo número de janelas", escreveu ele,

> que se abrem para um jardim: uma janela de luz, uma janela de som, uma janela olfativa, uma janela de sabor e um grande número de janelas táteis. Dependendo da forma como essas janelas são construídas, o jardim, visto da casa, muda de aspecto. De modo algum parece ser um pedaço de um mundo maior. Pelo contrário, é o único mundo ao alcance da casa — seu [*Umwelt*]. O jardim que surge aos nossos olhos é fundamentalmente diferente daquele visto pelos moradores da casa.[3]

Era uma noção radical para aquela época — e talvez continue a ser em alguns círculos. Ao contrário de muitos de seus contemporâneos, Uexküll via os animais não como meras máquinas, mas como entidades sencientes, cujos mundos interiores não só existiam como valia a pena contemplá-los. Uexküll não exaltava os mundos interiores dos humanos como superiores aos de outras espécies. Em vez disso, tratou o conceito de *Umwelt* como uma força unificadora e niveladora. A casa humana pode ser maior que a do carrapato, com mais janelas dando para um jardim mais amplo, mas estamos igualmente dentro dela, olhando para fora. Nosso *Umwelt* é também limitado; apenas não *parece* ser. Para nós, parece abrangente. Ele é tudo o que conhecemos, e é fácil, portanto, que terminemos por tomá-lo como sendo tudo o que há para conhecer. Trata-se de uma ilusão, e todo animal a compartilha.

Não conseguimos perceber os tênues campos elétricos que os tubarões e os ornitorrincos percebem. Não tomamos conhecimento dos campos magnéticos que os tordos e as tartarugas marinhas detectam. Não somos capazes de retraçar o rastro invisível de um peixe que nada, como uma foca é. Não conseguimos sentir as correntes de ar criadas pelo zumbido de uma mosca como consegue uma aranha rondando por ali. Nossos ouvidos não são capazes de ouvir os chamados ultrassônicos de roedores e beija-flores, tampouco os infrassônicos de elefantes e baleias. Nossos olhos não podem ver a radiação infravermelha que as cascavéis detectam ou a luz ultravioleta que os pássaros e as abelhas conseguem perceber.

Mesmo quando outros animais partilham conosco os mesmos sentidos, os *Umwelten* deles podem ser muito diferentes. Existem animais capazes de escutar sons no que nos soa como um perfeito silêncio, de enxergar cores no que nos parece uma escuridão total e de sentir vibrações no que, para nós, é uma paisagem completamente parada. Existem animais com olhos nos órgãos genitais, orelhas nos joelhos, narizes nos membros e línguas por toda a pele. As estrelas-do-mar veem com a ponta dos braços e os ouriços-do-mar, com o corpo inteiro. A toupeira-nariz-de-estrela tateia com o nariz, ao passo que o peixe-boi usa os lábios para isso. Mas tampouco somos desleixados sensorialmente. Nossa audição é decente e sem dúvida melhor que a de milhões de insetos que não têm audição alguma. Nossos olhos são extraordinariamente aguçados e capazes de discernir padrões no corpo dos animais que eles próprios não veem. Cada espécie está sujeita a restrições em alguns aspectos e vantagens em outros. Por isso, este não é um livro de listas, no qual procedemos a uma classificação infantil dos animais de acordo com a agudeza de seus sentidos e os exaltamos apenas quando suas capacidades superam as nossas. Este não é um livro sobre superioridade, mas sobre diversidade.

É também um livro sobre animais enquanto animais. Alguns cientistas estudam os sentidos de outros animais para que possamos compreender melhor a nós mesmos, fazendo de criaturas excepcionais como peixes-elétricos, morcegos e corujas "organismos-modelo" para explorar como funcionam os nossos próprios sistemas sensoriais. Outros fazem engenharia reversa dos sentidos dos animais com o objetivo de desenvolver novas tecnologias: os olhos da lagosta inspiraram os telescópios espaciais, os ouvidos de uma mosca parasita influenciaram o desenvolvimento de aparelhos auditivos e o sonar militar foi aprimorado a partir de pesquisas sobre o sonar dos golfinhos. São, ambas, motivações razoáveis de estudo, mas tampouco me interessam, nem uma, nem outra. Os animais não são apenas substitutos para humanos ou material para brainstorming. Eles têm valor em si mesmos. Exploraremos seus sentidos para entender melhor a vida *deles*. "Eles se movem de forma acabada e completa, dotados de extensões dos sentidos que perdemos ou nunca chegamos a ter, vivendo com base em vozes que nunca ouviremos", escreveu o naturalista norte-americano Henry Beston. "Não são como irmãos, não são subordinados; são como outras nações, e, como nós, estão presos à rede da vida e do tempo, companheiros de cárcere no esplendor e na árdua labuta da Terra."[4]

Alguns termos servirão para balizar nosso percurso. Para sentir o mundo, os animais detectam *estímulos* — luz, som ou substâncias químicas — e os convertem em sinais elétricos que viajam pelos neurônios em direção ao cérebro.[5] As células responsáveis pela detecção dos estímulos são chamadas de *receptores*: os fotorreceptores detectam luz, os quimiorreceptores fazem o mesmo com moléculas e os mecanorreceptores, com pressão ou movimento. Essas células receptoras geralmente estão concentradas nos *órgãos dos sentidos*, como olhos, nariz e ouvidos. E os órgãos dos sentidos, mais os neurônios que transmitem seus sinais e as partes do cérebro que os processam, constituem o que chamamos de *sistemas sensoriais*. O sistema visual, por exemplo, inclui os olhos, os fotorreceptores dentro deles, o nervo óptico e o córtex visual do cérebro. Juntas, essas estruturas dão à maioria de nós o sentido da visão.

O parágrafo anterior poderia ter sido extraído de um livro didático do ensino médio. Mas pare e pense por um momento no milagre ali descrito. A luz é tão somente radiação eletromagnética. O som, nada além de ondas de pressão. Os cheiros são só pequenas moléculas. Não é trivial que a gente seja capaz de detectar *qualquer uma* dessas coisas, quanto mais convertê-las em sinais elétricos ou derivar desses sinais o espetáculo de um nascer do sol, ou o som de uma voz, ou o cheiro de pão sendo assado. Os sentidos transformam o caos do mundo em percepções e experiências — coisas às quais podemos reagir e a partir das quais podemos agir. Eles permitem que a biologia domine a física. Transformam estímulos em *informações*. Extraem relevância da aleatoriedade e tiram significado de uma miscelânea de coisas. Conectam os animais ao seu entorno. E também os animais entre si por meio de expressões, demonstrações, gestos, chamados e correntes.

Os sentidos restringem a vida de um animal, determinando o que ele é capaz de detectar e fazer. Mas igualmente definem o futuro de uma espécie e as possibilidades evolutivas que a aguardam. Por exemplo, há cerca de 400 milhões de anos, alguns peixes começaram a sair da água e se adaptar à vida terrestre. Ao ar livre, esses pioneiros — nossos antepassados — conseguiam enxergar distâncias muito maiores do que na água. O neurocientista Malcolm MacIver acredita que essa mudança tenha precipitado a evolução de capacidades mentais avançadas, como o planejamento e o pensamento estratégico.[6] Em vez de simplesmente reagir ao que quer que estivesse à sua frente, aqueles seres agora podiam ser proativos. Ao ver mais longe, puderam passar a pensar no futuro. À medida que seus *Umwelten* se expandiam, o mesmo se dava com sua mente.

Porém, um *Umwelt* não pode se expandir indefinidamente. Os sentidos sempre cobram um preço. Os animais têm de manter os neurônios de seus sistemas sensoriais num estado perpétuo de prontidão, de modo a poder dispará-los quando necessário.[7] É um trabalho cansativo, como engatilhar um arco e mantê-lo em posição até que, chegado o momento, a flecha possa ser disparada. Mesmo com as pálpebras fechadas, um sistema visual drena de seu portador uma quantidade monumental de reservas. Por essa razão, nenhum animal é capaz de ter boa percepção de tudo.

Tampouco algum deles iria querer ter tal grau de percepção. Seria esmagado por uma enxurrada de estímulos, muitos dos quais irrelevantes. Evoluindo de acordo com as necessidades de seu dono, os sentidos classificam uma infinidade desses estímulos, filtrando o que é irrelevante e captando sinais relacionados a comida, abrigo, ameaças, aliados ou companheiros. São como assistentes pessoais perspicazes que só vão até o cérebro para passar as informações mais importantes.*[8] Ao escrever sobre o carrapato, Uexküll observou que o rico mundo ao redor do bichinho se "reduz e transforma numa estrutura empobrecida" de apenas três estímulos. "No entanto, a pobreza desse ambiente é necessária para a certeza da ação, e certeza é mais importante do que riqueza."[9] Não há coisa que possa sentir tudo, tampouco há coisa que necessite disso. É por essa razão que os *Umwelten* existem. É também por isso que o ato de contemplar o *Umwelt* de outra criatura é tão profundamente humano, um ato de uma profundidade absoluta. Nossos sentidos filtram aquilo de que precisamos. Aprender sobre o resto é uma escolha.

Há milênios que os sentidos dos animais fascinam as pessoas, mas os mistérios a respeito disso ainda são abundantes. Muitos dos animais cujos *Umwelten* mais divergem dos nossos vivem em habitats inacessíveis ou impenetráveis — rios turvos, cavernas escuras, altos-mares, fossas abissais e reinos subterrâneos. Seu comportamento natural é difícil de observar, quanto mais de interpretar. Muitos cientistas se limitam a estudar criaturas que podem ser mantidas em cativeiro, com toda a estranheza que

---

* Em 1987, o cientista alemão Rüdiger Wehner os descreveu como "filtros correspondentes" — aspectos dos sistemas sensoriais de um animal sintonizados nos estímulos que ele mais necessita detectar.

isso acarreta. Mesmo em laboratório é complicado trabalhar com animais. Experimentos que possam revelar como eles usam seus sentidos são difíceis de ser pensados, em especial quando se trata de sentidos drasticamente diferentes dos nossos.

Novos detalhes surpreendentes — e, às vezes, sentidos inteiramente novos — são descobertos com frequência. As baleias gigantes têm um sensor do tamanho de uma bola de vôlei na ponta da mandíbula inferior, o qual só foi descoberto em 2012 e cuja função ainda não está clara.[10] Algumas das histórias nestas páginas têm décadas ou séculos; outras emergiram enquanto eu escrevia. E ainda há tanta coisa que não conseguimos explicar. "Meu pai, que é físico atômico, certa vez me fez um monte de perguntas", me contou Sönke Johnsen, um biólogo sensorial. "Depois de alguns 'não sei', ele disse: 'Você não sabe nada mesmo'." Inspirado por essa conversa, Johnsen publicou um artigo em 2017 intitulado "Open questions: We don't really know anything, do we? Open questions in sensory biology" [Perguntas em aberto: A gente não sabe nada mesmo, não é? Perguntas em aberto na biologia sensorial].[11]

Considere esta pergunta aparentemente simples: *quantos sentidos existem?* Há cerca de 2370 anos, Aristóteles escreveu que havia cinco, tanto para humanos quanto para outros animais: visão, audição, olfato, paladar e tato. Esse número persiste até hoje. Mas, segundo a filósofa Fiona Macpherson, há motivos para duvidar dele.[12] Para começar, Aristóteles deixou passar alguns aspectos dos seres humanos: a propriocepção, consciência do próprio corpo, que é distinta do tato; e a equilibriocepção, ou senso de equilíbrio, que está ligada tanto ao tato quanto à visão.

Outros animais têm sentidos ainda mais difíceis de categorizar. Muitos vertebrados (animais com coluna vertebral) contam com um segundo sistema sensorial para detecção de odores, regido por uma estrutura chamada órgão vomeronasal; seria parte do sentido do olfato ou algo separado? As cascavéis são capazes de detectar o calor corporal de suas presas, mas trazem os sensores de calor conectados ao centro visual do cérebro; seria simplesmente parte da visão desses animais ou algo distinto? O bico do ornitorrinco é equipado com um monte de sensores que detectam campos elétricos, assim como outros sensíveis à pressão; o cérebro do animal trata esses fluxos de informação de maneira diferente ou deles resulta um único sentido, o eletrotato?

Esses exemplos nos mostram que "os sentidos não podem ser claramente divididos em um número limitado de tipos distintos", escreve

Macpherson em *The Senses* [Os sentidos].[13] Em vez de tentar enfiar os sentidos dos animais em gavetas aristotélicas, deveríamos estudá-los pelo que são.* Embora tenha organizado este livro em capítulos que giram em torno de estímulos específicos, como luz ou som, eu o fiz em grande medida por conveniência. Cada capítulo é uma porta de entrada para as diversas coisas que os animais fazem a partir de cada estímulo. Não nos preocuparemos em contabilizar sentidos nem falaremos de coisas sem pé nem cabeça do tipo "sexto sentido". Em vez disso, nos perguntaremos como os animais usam seus sentidos e tentaremos adentrar seus *Umwelten*.

Não será fácil. Em seu clássico ensaio de 1974, "Como é ser um morcego?", o filósofo norte-americano Thomas Nagel argumentou que outros animais têm experiências conscientes inerentemente subjetivas e difíceis de descrever. Os morcegos, por exemplo, percebem o mundo através do sonar e, como esse é um sentido que falta à maioria dos humanos, "não há razão para supor que seja subjetivamente semelhante a qualquer coisa que possamos experimentar ou imaginar", escreveu Nagel. Alguém até poderia se imaginar com membranas nos braços ou insetos na boca, mas ainda assim estaria criando uma caricatura mental de *si próprio* como um morcego. "Quero saber como é para um *morcego* ser um morcego", escreveu Nagel. "No entanto, se tento imaginar isso, acabo restrito aos recursos da minha própria mente, e esses recursos são inadequados para a tarefa."[14]

Ao pensar sobre outros animais, somos influenciados pelos nossos próprios sentidos e pela visão em particular. Nossa espécie e nossa cultura são tão pautadas por esse sentido que mesmo as pessoas cegas de nascença descrevem o mundo usando palavras e metáforas visuais.** Concordamos

---

* Num exercício redutor ao extremo, seria razoável argumentar que, na verdade, existem apenas dois sentidos: o químico e o mecânico. Os sentidos químicos incluem olfato, paladar e visão. Os sentidos mecânicos, tato, audição e percepções elétricas. O sentido magnético pode pertencer a qualquer uma das categorias ou a ambas. Essa distribuição provavelmente não faz absolutamente nenhum sentido neste momento, mas deve ficar mais clara à medida que se avançar na leitura do livro. Não tenho especial apego ao esquema, mas é uma maneira possível de pensar sobre os sentidos — e que pode agradar àqueles que preferem uma taxonomia das semelhanças a outra que olhasse mais as diferenças.   ** Apenas acrescento que evitar metáforas visuais ao descrever outros sentidos é algo extremamente difícil ao longo de um livro inteiro. Tentei fazer isso ou, pelo menos, ser criterioso e explícito sempre que tive de recorrer a termos visuais.

com alguém quando compreendemos seu *ponto de vista* ou partilhamos de uma mesma *visão*. Ficamos alheios às coisas em nossos *pontos cegos*. Futuros esperançosos são *brilhantes* e *luminosos*; distopias são *escuras* e *sombrias*. Mesmo quando os cientistas descrevem sentidos totalmente ausentes em seres humanos, como a capacidade de detectar campos elétricos, falam sobre *imagens* e *sombras*. A linguagem, para nós, é ao mesmo tempo uma bênção e uma maldição. Ela nos dá as ferramentas para descrever o *Umwelt* de outro animal, ao mesmo tempo que infiltra nessas descrições o nosso próprio mundo sensorial.

Estudiosos do comportamento animal com frequência discutem os perigos do antropomorfismo — a tendência a atribuir inadequadamente emoções ou capacidades mentais humanas a outros animais. Mas talvez a manifestação mais comum e menos reconhecida do antropomorfismo seja a tendência a esquecer que existem outros *Umwelten* — a enquadrar a vida dos animais em termos dos *nossos* sentidos, e não dos *deles*. Esse viés tem consequências. Prejudicamos os animais ao encher o mundo de estímulos que sobrecarregam ou confundem seus sentidos, o que inclui luzes no litoral que atraem tartarugas recém-nascidas para longe dos oceanos, ruídos subaquáticos que abafam o canto das baleias e vidros que, no sonar dos morcegos, são percebidos como espelhos d'água. Interpretamos mal as necessidades dos animais mais próximos de nós, impedindo que os cães farejadores farejem os ambientes e impondo-lhes o mundo visual dos humanos. E subestimamos o que os animais são capazes de fazer, para nosso próprio prejuízo, pois perdemos a oportunidade de compreender o quanto a natureza é, na verdade, expansiva e maravilhosa — "delícias", como escreveu William Blake, imperceptíveis "se és de teus cinco sentidos prisioneiro".

Ao longo deste livro, conheceremos habilidades animais que por muito tempo houve quem considerasse impossíveis ou absurdas. O zoólogo Donald Griffin, um dos descobridores do sonar dos morcegos, escreveu certa vez que os biólogos têm sido excessivamente influenciados pelo que chamou de "filtros de simplicidade".[15] Ou seja, parecem relutar a sequer considerar que os sentidos sob estudo podem ser mais complexos e refinados do que sugerem quaisquer que sejam os dados que eles coletem. Essa queixa contradiz a chamada Navalha de Occam, princípio segundo o qual a explicação mais simples costuma ser a melhor. Ocorre que tal princípio só é verdadeiro *quando se tem à mão todas as informações necessárias*. E o que Griffin queria dizer era que talvez não as tenhamos.

As explicações de um cientista sobre outros animais são ditadas pelos dados que ele coleta, os quais são influenciados pelas perguntas que faz, as quais são guiadas pela imaginação do cientista, por sua vez limitada por seus sentidos. Os limites do *Umwelt* humano muitas vezes tornam opacos para nós os *Umwelten* dos outros.

As palavras de Griffin não são carta branca para explicações complicadas ou paranormais para o comportamento animal. A meu ver, elas são, assim como o ensaio de Nagel, um chamado à humildade. Lembram-nos que outros animais são sofisticados e que, apesar de toda a nossa alardeada inteligência, é muito difícil para nós compreender outras criaturas ou resistir à tendência de ver os sentidos delas através dos nossos. Podemos estudar a física do ambiente de um animal, observar como ele responde a esse ambiente ou o ignora e reconstituir a rede de neurônios que conecta seus órgãos dos sentidos ao cérebro. Mas os maiores ganhos de compreensão — descobrir como é ser um morcego, um elefante ou uma aranha — requerem sempre o que a psicóloga Alexandra Horowitz chama "um salto imaginativo informado".[16]

Muitos biólogos sensoriais têm formação nas artes, o que talvez lhes permita ver além dos mundos perceptivos que nosso cérebro cria automaticamente. Sönke Johnsen, por exemplo, estudou pintura, escultura e dança moderna muito antes de passar à pesquisa da visão animal. Para representar o mundo que nos rodeia, diz ele, os artistas já são obrigados a confrontar os limites do próprio *Umwelt* e "olhar dentro do capô". Essa capacidade os ajuda a "pensar que animais têm mundos perceptivos diferentes". Ele também observa que muitos biólogos sensoriais são perceptualmente divergentes. Sarah Zylinski estuda a visão dos chocos e de outros cefalópodes; ela própria tem prosopagnosia e não consegue reconhecer nem mesmo rostos familiares, inclusive o de sua mãe. Kentaro Arikawa pesquisa a visão das cores nas borboletas; ele é daltônico para vermelho e verde. Suzanne Amador Kane se dedica a compreender os sinais visuais e vibracionais dos pavões; ela tem pequenas diferenças na visão de cores de cada olho, com um deles puxando levemente para uma tonalidade avermelhada. Johnsen suspeita que essas diferenças, que alguns podem chamar de "distúrbios", na verdade predisponham as pessoas a abandonarem seus *Umwelten* e acolherem os de outras criaturas. Talvez as pessoas que vivenciam o mundo de maneiras consideradas atípicas intuitivamente percebam os limites de cada tipo de percepção.

Todos nós somos capazes disso. Comecei este livro pedindo que se imaginasse um recinto cheio de animais hipotéticos e voltarei a pedir feitos semelhantes de imaginação nos próximos treze capítulos. Será uma missão difícil, como previu Nagel, mas louvável e de grande valor. Nessa jornada pelos *Umwelten* da natureza, nossas intuições serão nosso grande ponto fraco, e a nossa imaginação, nosso maior trunfo.

No final de uma manhã de junho de 1998, Mike Ryan caminhava com seu ex-aluno Rex Cocroft por um trecho de floresta tropical no Panamá à procura de animais. Normalmente Ryan estaria à caça de sapos. Mas Cocroft vinha se interessando por insetos sugadores de seiva, chamados de cigarrinhas ou soldadinhos, e tinha uma coisa legal para mostrar ao amigo. Partindo de sua estação de pesquisa, a dupla saiu de uma estrada para caminhar ao longo de um rio. Assim que Cocroft localizou o tipo certo de arbusto, revirou algumas folhas e não demorou a encontrar uma família dessas minúsculas cigarrinhas da espécie *Calloconophora pinguis*. Cocroft se deparou com uma mãe rodeada de filhotes, seus dorsos pretos recobertos por protuberâncias projetadas para a frente parecidas com um topete de Elvis.

São animais que se comunicam enviando vibrações através das plantas onde estão. Essas vibrações não são audíveis, mas podem ser facilmente convertidas em som. Cocroft prendeu um microfone simples na planta, entregou fones de ouvido a Ryan e lhe pediu que escutasse. Então sacudiu a folha. Imediatamente os filhotes das cigarrinhas fugiram, ao mesmo tempo que produziam vibrações ao contrair os músculos do abdômen. "Achei que provavelmente seria algum tipo de barulho de correria", lembra Ryan. "E o que ouvi foi parecido com vacas mugindo." O som era grave, ressoava de um jeito diferente de tudo que se esperaria de um inseto. À medida que os filhotes se acalmavam e voltavam para a mãe, a cacofonia de mugidos vibracionais ia se transformando num coro sincronizado.

Sem deixar de observar as cigarrinhas, Ryan tirou os fones de ouvido. Ao seu redor, ele ouvia pássaros a gorjear, bugios urrando e o canto dos insetos. As cigarrinhas ali, quietas. Ao colocar os fones de ouvido novamente, "fui transportado para um mundo totalmente diferente", conta Ryan. Mais uma vez, os ruídos da selva desapareceram de seu *Umwelt*, e retornaram os mugidos das cigarrinhas. "Foi a mais bacana das experiências", diz ele. "Uma viagem sensorial. Eu estava no mesmo lugar, mas transitando entre esses dois ambientes muito legais. Uma clara demonstração da ideia de Uexküll."

O conceito de *Umwelt* pode parecer restritivo porque implica que cada criatura fica trancada na casa dos seus sentidos. Mas, para mim, é uma ideia maravilhosamente expansiva. Nem tudo é o que parece, e tudo o que vivenciamos é apenas uma versão filtrada de tudo o que *poderíamos* vivenciar — é o que nos diz o conceito. Ele nos lembra que há luz na escuridão, ruído no silêncio, riqueza no vazio. Sugere lampejos de desconhecido naquilo que é familiar, de extraordinário no cotidiano, de magnífico no mundano. Mostra que prender um microfone a uma planta pode ser um intrépido gesto de exploração. Transitar entre *Umwelten*, ou pelo menos tentar fazê-lo, é como pisar num planeta alienígena. Uexküll chegou a classificar sua obra como um "diário de viagem".

Quando prestamos atenção a outros animais, nosso próprio mundo se expande e se aprofunda. Ouça as cigarrinhas e você perceberá que as plantas vibram com canções silenciosas. Observe um cachorro passeando e verá que as cidades são um emaranhado de fragrâncias que carregam as biografias e histórias de seus residentes. Assista ao nado de uma foca e entenderá que a água está repleta de rastros e trilhas. "Quando a gente olha para o comportamento de um animal através das lentes desse animal, de repente toda essa informação importante se torna disponível, algo que de outra forma se perderia", diz Colleen Reichmuth, uma bióloga sensorial que trabalha com focas e leões-marinhos. "Ter esse conhecimento é como [ter] uma lupa mágica."

Malcolm MacIver argumenta que, quando os animais migraram para a terra, o maior alcance de sua visão estimulou a evolução do planejamento e da cognição avançada: seus *Umwelten* expandiram-se, e a sua mente também. De forma similar, o ato de mergulhar em outros *Umwelten* nos permite ver mais longe e pensar mais profundamente. Lembro-me de Hamlet interpelando Horácio com a frase que diz: "há mais coisas entre o céu e a Terra [...] do que sonha nossa vã filosofia". A citação é, com frequência, tomada como um chamado a que se aceite o sobrenatural. Eu a vejo mais como um apelo a se compreender melhor o natural. Sentidos que nos parecem paranormais só dão essa impressão porque somos muito limitados e dolorosamente inconscientes de nossas limitações. Há muito tempo que os filósofos se compadecem do peixinho-dourado em seu aquário, alheio ao que existe para além dele, mas nossos sentidos também criam um aquário à nossa volta — um aquário que não conseguimos, em geral, trespassar.

Mas podemos tentar. Os autores de ficção científica gostam de evocar realidades alternativas e universos paralelos nos quais as coisas são semelhantes a como as conhecemos, só que ligeiramente diferentes. Esses lugares existem! Vamos visitá-los, um de cada vez, começando pelos mais antigos e universais dos sentidos — os sentidos químicos, como o olfato e o paladar. A partir daí, por caminhos inusitados, chegaremos ao reino da visão, o sentido que domina o *Umwelt* da maioria das pessoas, mas ainda assim guarda muitas surpresas. Faremos uma escala para saborear o delicioso mundo das cores antes de adentrar os territórios mais hostis da dor e do calor. Navegaremos com suavidade por vários sentidos mecânicos que respondem à pressão e ao movimento — o tato, a vibração, a audição e sua função mais impressionante, a ecolocalização. Daí em diante, como viajantes sensoriais experientes com a imaginação enfim totalmente treinada, daremos os saltos imaginativos mais difíceis de todos, percorrendo os estranhos sentidos que os animais usam para detectar campos elétricos e magnéticos que não somos capazes de perceber. Ao final da viagem, veremos como os animais unificam as informações de seus sentidos enquanto nós, humanos, as contaminamos e distorcemos, e quais são, hoje, nossas responsabilidades para com a natureza.

Conforme disse, certa vez, o escritor Marcel Proust: "A única viagem verdadeira [...] não partir em demanda de novas paisagens, mas ter outros olhos [...] para ver os cem universos que cada um deles vê".[17] Comecemos.

I.
Sacos furados de substâncias químicas
Cheiros e sabores

"Acho que ele nunca veio aqui", Alexandra Horowitz disse. "Então deve estar bem fedorento."

Por "ele", ela se referia a Finnegan — seu mestiço de labrador preto, que também atende por Finn. Por "aqui", queria dizer a salinha sem janelas na cidade de Nova York onde realiza experimentos psicológicos com cães. Por "fedorento", que possivelmente a sala estava repleta de cheiros desconhecidos e, portanto, interessantes para o nariz curioso de Finn. E estava. Enquanto olho em volta, Finn fareja. Ele explora usando primeiro as narinas, cheirando concentradamente os tapetes de espuma no chão, o teclado e o mouse na mesa, a cortina dependurada a um canto e o espaço debaixo da minha cadeira. Em comparação com o que fazem os humanos, capazes de explorar novos ambientes movendo sutilmente a cabeça e os olhos, as explorações nasais caninas são tão intrincadas que é fácil considerá-las aleatórias e, portanto, sem um objetivo definido. Horowitz pensa diferente. Finn, ela observa, está interessado em objetos que as pessoas tocaram e com os quais interagiram. Ele persegue trilhas e verifica locais onde outros cães estiveram. Examina aberturas de ventilação, frestas de portas e outros lugares por onde o ar em movimento introduz no ambiente novas moléculas odorantes — ou seja, que emitem cheiro.* Fareja diferentes partes do mesmo objeto e repetirá a ação a distâncias diferentes, "como se fosse se aproximando de um Van Gogh para observar como são as pinceladas de perto", diz Horowitz. "Os cães seguem nesse estado de exploração olfativa o tempo todo."

---

* Em linguagem técnica, moléculas de cheiro são chamadas de odorantes, enquanto odor é a sensação que elas produzem; o acetato de isoamila, uma molécula odorante, tem odor de banana.

Horowitz é especialista em olfação canina — o sentido do olfato nos cães — e vim conversar com ela sobre tudo que é nasal ou pode ser cheirado.[1] E, no entanto, sou tão implacavelmente visual que, quando Finn termina de bisbilhotar e se aproxima de mim, o que me atrai de imediato são seus olhos, cativantes e castanhos feito chocolate dos mais escuros.*[2] É preciso um esforço concentrado para focar novamente o que fica bem à frente daqueles olhos — o nariz, proeminente e úmido, com duas narinas em forma de apóstrofes curvadas para o lado. É a principal interface de Finn com o mundo. Vejamos como funciona.

Respire fundo — para efeito de demonstração tanto quanto de preparação para a terminologia que nos será necessária. Ao inspirar, criamos uma única corrente de ar que permite cheirar e respirar. Um cachorro, por sua vez, tem dentro do nariz estruturas que, quando ele fareja, dividem a corrente de ar em duas.[3] A maior parte desce para os pulmões, mas uma corrente tributária, menor, que serve ao sentido do olfato e apenas a ele, chega à parte de trás do nariz. Ali, entra num labirinto de paredes finas e ósseas cobertas por uma camada pegajosa chamada epitélio olfatório. É aqui que os cheiros são detectados inicialmente. O epitélio está repleto de neurônios longos. Uma extremidade de cada um é exposta à corrente de ar que entra, retendo as moléculas odorantes que por ali passam com a ajuda de proteínas de formato especial chamadas receptores olfatórios. A outra extremidade está conectada diretamente a uma parte do cérebro, o bulbo olfatório. Quando os receptores alcançam seus alvos com sucesso, os neurônios notificam o cérebro e o cão percebe um cheiro. Pronto, já pode soltar o ar.

Os humanos compartilham o mesmo maquinário básico, mas os cães têm mais de tudo: um epitélio olfatório mais extenso, dezenas de vezes mais neurônios nesse epitélio, quase o dobro de tipos de receptores olfatórios, e um bulbo relativamente maior.**[4] Além disso, esse hardware vem

---

* Não é por acaso que me sinto atraído pelos olhos de Finn. Os cães têm um músculo facial capaz de levantar a parte interna das sobrancelhas, dando-lhes uma expressão comovente e melancólica. Esse músculo não existe nos lobos. É o resultado de séculos de domesticação, em que a cara dos cães foi inadvertidamente remodelada para se parecer um pouco mais com a nossa. Elas agora são mais fáceis de ler e melhores em gerar uma resposta estimulante.

** Evitei deliberadamente colocar números concretos para esclarecer essas diferenças. É fácil encontrar estimativas, mas muito difícil encontrar fontes primárias para elas; depois que uma pesquisa de horas incluiu um artigo científico que acabou originando um factoide reproduzido num livro da série "For Dummies", caí num vazio existencial e questionei a própria natureza

embalado num compartimento separado, enquanto o nosso fica exposto ao fluxo principal de ar que entra pelo nariz. Essa diferença é crucial. Significa que eliminamos as moléculas odorantes de nosso nariz sempre que expiramos, o que torna nossa experiência olfativa como que estroboscópica, intermitente. Os cães, por outro lado, têm uma experiência mais fluente, pois as moléculas odorantes, uma vez que entram no focinho, tendem a permanecer ali, e são apenas reativadas a cada cheirada.

O formato das narinas contribui para esse efeito.[5] Se um cachorro está farejando um pedaço de chão, a gente talvez imagine que cada exalação expeliria as moléculas odorantes da superfície *para longe* do nariz. Mas não é isso que acontece. Na próxima vez em que olhar para o focinho de um cachorro, observe que os orifícios frontais se estreitam em fendas laterais. Quando o animal expira enquanto fareja, o ar sai por essas fendas e cria vórtices giratórios que lançam odores novos *para dentro* do nariz. Um cão segue inalando ar *enquanto* o está expirando. Num experimento, um pointer inglês (que curiosamente se chama Senhor Satã) manteve o fluxo de ar inalado ininterruptamente por quarenta segundos, apesar de ter expirado trinta vezes no mesmo período.[6]

Com esse hardware, não é de admirar que os narizes dos cães sejam incrivelmente sensíveis.[7] Mas sensíveis quanto? Cientistas tentaram descobrir os limiares a partir dos quais esses animais já não conseguem perceber os cheiros de certas substâncias químicas, mas as respostas são confusas, chegando a variar na proporção de 1 para 10 mil de um experimento a outro.*[8] Em vez de focar essas estatísticas duvidosas, mais instrutivo é olhar para o que os cães de fato conseguem fazer. Em experimentos passados,[9] eles foram capazes de distinguir gêmeos idênticos pelo cheiro e de detectar uma única digital que, aplicada a uma lâmina de microscópio, foi deixada exposta aos elementos num telhado por uma semana.[10] Conseguiram descobrir em que direção alguém havia caminhado depois de farejar apenas cinco de seus passos.[11] Foram treinados com sucesso para detectar bombas,

---

do conhecimento. Independentemente disso, as diferenças existem e são substanciais; apenas optei por não definir o quanto elas são substanciais.   * Num estudo, dois cães conseguiram detectar acetato de amila — parecido com banana — em uma ou duas partes por trilhão, o que os tornaria 10 mil a 100 mil vezes melhores que os humanos. Mas também os tornaria 30 mil a 20 mil vezes melhores do que seis beagles que foram testados com a mesma substância química 26 anos antes, usando métodos diferentes.

drogas, minas terrestres, pessoas desaparecidas, corpos, dinheiro contra-bandeado, trufas, ervas daninhas, pragas agrícolas, níveis baixos de açúcar no sangue, percevejos, vazamentos em oleodutos e tumores.

Migaloo é capaz de encontrar ossos enterrados em sítios arqueológicos. Pepper desencava manchas de óleo persistentes nas praias. Captain Ron detecta ninhos de tartaruga para que os ovos possam ser coletados e prote-gidos. Bear consegue localizar eletrônicos escondidos, ao passo que Elvis é especialista em ursas-polares grávidas. Train, que foi reprovado na escola de detecção de drogas por ser muito agitado, hoje usa o olfato para rastrear on-ças e leões da montanha. Tucker costumava se dependurar na proa de bar-cos para farejar cocô de orcas; desde que se aposentou, Eba assumiu suas funções. Havendo cheiro, um cão pode ser treinado para detectá-lo. Redire-cionamos seus *Umwelten* e os colocamos a serviço das nossas necessidades, de modo a compensar nossas próprias deficiências olfativas. É justo que ad-miremos seus feitos, mas é verdade que podem acabar se tornando truques baratos. Eles nos permitem apreciar abstratamente o fato de que os cães têm um ótimo olfato sem realmente considerar o que isso significa para a vida interior deles ou o quanto seu mundo olfativo é diferente do visual.

Ao contrário da luz, que sempre se move em linha reta, cheiros são difu-sos, se infiltram, invadem um ambiente, rodopiam no ar. Quando observa Finn farejando um novo espaço, Horowitz tenta ignorar as bordas nítidas que sua visão oferece e, em vez disso, imagina "um ambiente difuso, no qual nada tem contornos muito definidos", diz. "Existem áreas focais, mas tudo meio que se funde." Os cheiros viajam pela escuridão, dobram esqui-nas, atravessam outras condições desfavoráveis à visão. Horowitz não con-segue enxergar dentro da sacola dependurada no encosto da minha cadeira, mas Finn é capaz de *farejá-la*, captando moléculas que flutuam a partir do sanduíche que está dentro dela. Cheiros perduram no ar de uma forma que não acontece com a luz, portanto, contêm história.* Os antigos ocupantes da sala de Horowitz não deixaram vestígios visuais fantasmagóricos, mas seus rastros químicos continuam ali para Finn detectar. Odores podem che-gar antes de suas fontes, antecipando o que está por vir. Os cheiros da chuva distante podem indicar às pessoas a chegada de tempestades; as moléculas

---

* Consigo pensar em uma exceção: alguns vermes marinhos liberam "bombas" brilhantes cheias de produtos químicos luminescentes, cuja luz persistente distrai os predadores para que os vermes escapem.

odorantes liberadas por humanos chegando em casa fazem seus cães correrem para a porta. Essas habilidades às vezes são consideradas extrassensoriais, mas são, simplesmente, sensoriais. Ocorre que muitas vezes as coisas ficam expostas ao nariz antes de aparecerem aos olhos. Quando Finn fareja, ele não está apenas avaliando o presente, mas também lendo o passado e adivinhando o futuro. E, com isso, lendo biografias. Animais são sacos furados de substâncias químicas, que enchem o ar com grandes nuvens de moléculas odorantes.*[12] Embora algumas espécies enviem mensagens deliberadas liberando cheiros, todos nós o fazemos inadvertidamente, revelando assim nossa presença, posição, identidade, saúde e refeições recentes às criaturas que tenham o nariz certo para detectá-las.**[13]

"Eu não pensava muito sobre o nariz", conta Horowitz. "Não tinha me ocorrido."***[14] Quando ela começou a estudar cães, concentrou-se em coisas como suas atitudes em relação à injustiça — o tipo de assunto que interessa a psicólogos. Mas, depois de ler Uexküll e pensar sobre o conceito de *Umwelt*, voltou sua atenção ao olfato — o tipo de assunto que interessa a *cães*.

Ela observou, por exemplo, que muitos donos de cães negam a seus animais o prazer de farejar. Para um cachorro, um simples passeio é uma odisseia de exploração olfativa. Mas, quando um dono não entende isso e, ao contrário, vê uma caminhada simplesmente como um meio de se exercitar ou a rota para algum destino, cada cheirada se torna um aborrecimento. Se

---

* Urina de leopardo tem cheiro de pipoca. As formigas-loucas amarelas cheiram a limão. Dependendo da espécie, rãs estressadas podem cheirar a manteiga de amendoim, curry ou castanha-de-caju, de acordo com cientistas que cheiraram meticulosamente 131 espécies e ganharam um prêmio IgNobel pelos seus esforços. As alcas-de-crista — aves marinhas cômicas que têm um tufo de penas na cabeça — empoleiram-se em enormes colônias que, deliciosamente, cheiram a tangerinas.   ** Uma possível exceção é a biúta, uma cobra venenosa africana. Ela fica entocada por semanas a fio e se protege misturando-se visualmente ao ambiente. De alguma forma, parece mesclar-se quimicamente ao ambiente também. Em 2015, Ashadee Kay Miller descobriu que mesmo animais com faro aguçado, incluindo cães, mangustos e suricatos, não são capazes de detectar uma cobra biúta, mesmo quando passam por cima dela. Os cães conseguem detectar o cheiro da pele trocada, mas, por razões que ninguém entende, as cobras vivas são indetectáveis.   *** Os cientistas também passam por isso. Quando Horowitz compilou todos os estudos sobre comportamento canino publicados na última década, descobriu que somente 4% se concentravam no olfato. Apenas 17% descreviam o ambiente odorífero em que os experimentos eram realizados — incluindo fluxo de ar, temperatura, umidade ou a presença anterior de pessoas ou alimentos. É como se pesquisadores da visão não mencionassem num estudo se as luzes do seu laboratório tinham ficado acesas ou não durante um experimento.

o cão faz uma pausa para examinar um vestígio invisível, deve ser apressado. Se fareja cocô, uma carcaça ou algo que os sentidos do dono considerem desagradável, deve ser afastado. Quando enfia o focinho entre as pernas de outro cachorro, está sendo indecoroso: que cachorrinho mal-educado! Afinal de contas, pelo menos nas culturas ocidentais, os humanos não cheiram uns aos outros.* "A gente até pode dar um abraço em alguém, mas, se cheirássemos a pessoa, seria bem estranho", diz Horowitz. "Posso dizer que seu cabelo está cheiroso, mas não que você cheira bem, a menos que sejamos íntimos." Com frequência, as pessoas impõem seus valores — e seu *Umwelt* — aos seus cães, forçando-os a olhar em vez de cheirar, sonegando-lhes os mundos olfativos e suprimindo uma parte essencial do que os torna cães. Isso ficou claríssimo para Horowitz quando ela levou Finn para uma aula de farejo.

Estranhamente anunciadas como "esporte", essas aulas apenas treinam os cães para encontrar cheiros ocultos, em condições cada vez mais difíceis. Deveria ser algo natural, mas, para muitos dos animais da turma de Finn, não foi. Vários pareciam não ter nenhum arbítrio: precisavam ser puxados de caixa em caixa por seus donos ou ficavam completamente inseguros sobre o que fazer. Outros se agitavam na presença de outros cães e latiam para eles. Mas, depois de um verão farejando, tais peculiaridades comportamentais diminuíram. Os reticentes recuperaram a iniciativa. Os reativos se tornaram mais amigáveis. Tudo parecia mais tranquilo. Fascinadas, Horowitz e sua colega Charlotte Duranton conduziram um experimento próprio com vinte cachorros. À frente de cada animal, Duranton posicionava uma tigela em um de três locais: um em que a tigela sempre continha comida, um em que ela sempre estava vazia e, por fim, um terceiro onde a conclusão era ambígua.[15] Os animais aprenderam rapidamente a seguir para o local da tigela cheia de comida e ignorar o local da vazia. E quanto à posição que não ficava clara? A disposição de um cão de se aproximar *daquela* tigela indica o que um psicólogo cognitivo talvez chame de *viés de julgamento positivo* e todas as outras pessoas, de *otimismo*. Horowitz descobriu que os cães ficaram mais otimistas depois de apenas duas semanas de aulas de farejo. À medida que o olfato deles melhorava, sua perspectiva também melhorava. (Por outro lado,

---

* Na cerimônia do Oscar de 2021, um jornalista perguntou à atriz sul-coreana Yuh-Jung Youn qual era o cheiro de Brad Pitt. Youn respondeu: "Não sei o cheiro dele! Eu não sou um cachorro!".

eles não mudaram nada após duas semanas de adestramento para sentar, levantar e andar junto — uma atividade de obediência liderada pelo dono que não envolve olfato nem autonomia.)

Para Horowitz, as implicações são claras: deixemos os cães serem cães. Tenhamos em conta que seu *Umwelt* é diferente e exploremos essa diferença. Ela faz isso levando Finn em caminhadas de farejo, nas quais permite que ele cheire o que houver em seu bulbo olfatório. Se ele parar, ela para. O nariz do cachorro dita o ritmo. As caminhadas são mais lentas, mas ela não está indo a nenhum lugar específico. Fazemos uma dessas caminhadas juntos, seguindo por alguns quarteirões a oeste da sala de trabalho de Horowitz e entrando no Riverside Park, em Manhattan. É um dia quente de verão, e o ar está impregnado dos odores de lixo, urina e fumaça de canos de escape — e é só isso que consigo sentir. Finn detecta mais coisas. Ele passa o nariz pelas rachaduras na calçada. Investiga uma placa de trânsito. Faz uma pausa para cheirar um hidrante "porque foi visitado por todos os outros cachorros da Universidade Columbia", comenta Horowitz. Às vezes, ela observa Finn farejar um rastro fresco de urina, levantar a cabeça, olhar (ou farejar) ao redor e encontrar o cachorro que acabou de deixá-lo ali. O cheiro não é apenas um objeto em si, mas um ponto de referência, e a caminhada não é só um estado intermediário entre os pontos A e B, mas um passeio pelas camadas de histórias invisíveis de Manhattan.

Uma vez dentro do parque, o ar se enche dos aromas da vegetação, da grama cortada, de adubo e de churrasco. Outro cachorro passa, e Finn se vira para inspirar uma amostra de odor, estufando as bochechas como um fumante de charuto. Dois grandes poodles se aproximam, mas, antes que possam chegar perto, seu dono os afasta e os afaga num local protegido por uma cerca. Horowitz parece triste. Fica mais feliz quando uma pastora australiana vem e circunda Finn, um farejando com entusiasmo os órgãos genitais do outro, enquanto conversamos um pouco com o dono. Ficamos sabendo o sexo do outro animal pelos pronomes usados; Finn soube pelo olfato. Perguntamos a idade dela; Finn é capaz de adivinhar. Não perguntamos sobre sua saúde ou se está no cio; Finn não precisa perguntar. "Houve um tempo em que eu tentava cheirar o que ele estava cheirando, mas faço isso com menos frequência agora, simplesmente porque sei que não consigo sentir como ele", conta Horowitz. Mas temos como melhorar. Embora o nariz humano não conte com a complexidade anatômica do de um cachorro, e tampouco nos favoreça o fato de o nosso ficar tão mais distante do chão, ele também é subutilizado. Ao cheirar mais e prestar mais atenção aos odores, Horowitz afirma ter se tornado uma farejadora melhor (e uma pessoa socialmente mais esquisita). "Temos narizes perfeitamente bons. Só não os usamos tão bem quanto os cachorros."

Quando alguém menciona os cães para neurocientistas que estudam o olfato humano acontece uma coisa engraçada, constatou Horowitz enquanto escrevia o livro *Being a Dog* [Ser um cão]. Eles ficam um pouco na defensiva, meio que... bem... farejando o ambiente. Alguns não gostam que os cães sejam tratados como modelos olfativos especiais, quando muitos outros mamíferos são excelentes farejadores, incluindo os ratos (também capazes de detectar minas terrestres), os porcos (cujo epitélio olfatório pode ser duas vezes maior que o de um pastor-alemão) e os elefantes (dos quais falaremos mais tarde).[16] Outros apontam para as enormes discrepâncias nas pesquisas que testam a capacidade dos cães de detectar odores específicos. Estudos como esses já afirmaram que os cães são 1 bilhão de vezes mais sensíveis que os humanos, ou 1 milhão de vezes, ou apenas 10 mil vezes. Em alguns casos, os humanos tiveram desempenho *melhor*: de quinze tipos de moléculas odorantes em que ambas as espécies foram testadas, os humanos superaram nossos companheiros caninos em cinco, incluindo a beta-ionona (madeira de cedro) e o acetato de amila (banana).[17] A gente também se destaca na tarefa de discernir cheiros. Embora seja fácil encontrar duas cores que os humanos não conseguem distinguir, é muito difícil achar pares de odores indistinguíveis. O neurocientista John McGann tentou e relata: "Fizemos experimentos com odores que os *camundongos* são incapazes de distinguir, mas os humanos, não".

Mesmo assim, os livros didáticos ainda afirmam que nosso olfato é péssimo. McGann reconstituiu a origem desse pernicioso mito datado do século XIX.[18] Em 1879, o neurocientista Paul Broca observou que nossos bulbos olfatórios são relativamente acanhados se comparados aos de outros mamíferos. Argumentou que o olfato é um sentido desprezível e animalesco e que a perda dele foi necessária para que tivéssemos pensamento superior e livre-arbítrio. Broca então nos classificou (junto com os outros primatas e as baleias) como não farejadores. O rótulo pegou, embora Broca nunca tenha aferido a qualidade do olfato dos animais, baseando-se, em vez disso, em inferências superficiais a partir das dimensões de seu cérebro. Comparado a um rato, um ser humano tem um bulbo olfatório menor em relação a outras partes do cérebro, mas também fisicamente maior, com quase o mesmo número de neurônios. Não está claro o que qualquer uma dessas métricas significa para a experiência olfativa de um animal.*[19]

A perspectiva dos livros didáticos também é ocidental, baseada em culturas nas quais os cheiros são subestimados há muito tempo. Platão e Aristóteles argumentaram que o olfato era vago e malformado demais para produzir qualquer coisa que não fossem impressões emocionais. Darwin o considerava "de utilidade extremamente insignificante".[20] Kant disse que "o cheiro não se permite ser descrito, apenas comparado por semelhança a outro sentido".[21] A língua inglesa confirma essa visão com apenas três palavras dedicadas aos odores: fedorento (*stinky*), perfumado (*fragrant*) e mofado (*musty*).[22] Todo o resto é sinônimo: fedido, aromático (*aromatic, foul*); metáfora livre: rico, untuoso (*decadent, unctuous*); empréstimo de outro sentido: doce, picante (*sweet, spicy*); ou refere-se à fonte do cheiro em questão: rosa, limão (*rose, lemon*). Dos cinco sentidos aristotélicos, quatro têm léxicos vastos e específicos. O olfato, como escreveu Diane Ackerman, "é o que não tem palavras".[23]

Os jahai, da Malásia, discordariam, assim como os semaq beri, os maniq e muitos outros grupos de caçadores-coletores que contam com vocabulários olfativos específicos.[24] Os jahai usam uma dúzia de palavras apenas para dizer cheiro ou cheiro de algo. Uma descreve o odor de gasolina, excrementos de morcego e piolhos-de-cobra. Outra se refere a alguma característica compartilhada por pasta de camarão, seiva de seringueira, tigres e carne podre. Outra ainda nomeia sabão, o aroma acre do durião** e o cheiro de pipoca do urso-gato-asiático.*** Eles "têm essa facilidade de falar sobre cheiros", diz a psicóloga Asifa Majid, que descobriu que os jahai conseguem nomeá-los tão facilmente quanto nomeamos as cores. Assim como tomates são vermelhos, o urso-gato-asiático é *ltpit*. Os cheiros são parte igualmente fundamental de sua cultura. Certa vez, Majid foi repreendida

---

* O bulbo olfatório pode nem ser tão necessário para sentir um cheiro. Em 2019, Tali Weiss identificou várias mulheres que pareciam não ter essa estrutura e conseguiam sentir cheiros muito bem. Como faziam isso, ninguém sabe.   ** Fruta semelhante à jaca. [N. T.]
*** O urso-gato-asiático é uma criatura preta e peluda de cerca de dois metros de comprimento que parece um cruzamento entre gato, doninha e urso. Também é conhecido como binturongue e faz uma pequena aparição em meu primeiro livro, *I Contain Multitudes* [Contenho multidões].

por amigos jahai por se sentar perto demais de seu parceiro de pesquisa e permitir que seus odores se misturassem. Noutra ocasião, ela tentou nomear o cheiro de um gengibre selvagem; crianças zombaram dela não apenas por não conseguir, mas também por tratar a planta inteira como um todo único, quando o caule e as flores *obviamente* tinham cheiros distintos. O mito do olfato ruim dos humanos "talvez já estivesse superado há muito tempo se os humanos em questão fossem jahai em vez de britânicos e americanos", diz Majid.

Mesmo os ocidentais são capazes de feitos olfativos surpreendentes quando têm oportunidade. Em 2006, a neurocientista Jess Porter levou estudantes vendados a um parque em Berkeley e lhes pediu que seguissem uma trilha de dez metros de essência de chocolate que ela havia espalhado na grama.[25] Os alunos ficaram de quatro apoios, farejaram como cães e pareceram ridículos. Mas conseguiram e foram se aperfeiçoando com a prática.

Quando visito Alexandra Horowitz, ela me desafia a fazer o mesmo teste e coloca um barbante com aroma de chocolate no chão. Com os olhos fechados e as narinas abertas, fico de quatro apoios e farejo. Rapidamente sinto o cheiro de chocolate e o sigo. Quando perco a trilha, viro a cabeça de um lado para outro, exatamente como um cachorro faria. Mas aí terminam as semelhanças. Um cão é capaz de farejar seis vezes por segundo, aspergindo um fluxo constante de ar em seus receptores olfatórios. Eu começo a hiperventilar depois das fungadas consecutivas e, quando faço uma pausa para expirar, perco o rastro. Consigo encontrar o barbante, mas levo um minuto para fazer o que Finn faz em meio segundo. Mesmo que eu praticasse regularmente, não chegaria perto; não tenho o hardware. E mais importante, Horowitz acrescenta depois de tirar o barbante dali: um cão tem a capacidade de seguir uma trilha mesmo na ausência da fonte do cheiro. Os dois tentamos, abaixando-nos para farejar. "Não sinto cheiro de mais nada", ela diz. Nós, humanos, subestimamos o nosso olfato, mas também está claro que simplesmente não vivemos no mesmo mundo olfativo que um cachorro. E esse mundo é tão complicado que é de admirar que possamos entendê-lo.

Muitas coisas vivas são capazes de perceber a luz. Algumas podem responder a sons. Umas poucas conseguem detectar campos elétricos e magnéticos. Mas todas as coisas vivas, talvez sem exceção, detectam substâncias químicas. Mesmo uma bactéria, que consiste numa célula apenas, é capaz de encontrar comida e evitar perigos ao captar pistas moleculares do mundo exterior. As bactérias também liberam seus próprios sinais químicos para se comunicarem entre si, disparando infecções e realizando outras ações coordenadas, basta que estejam em número suficientemente grande. Seus sinais podem então ser detectados e explorados por vírus que matam bactérias, os quais têm um sentido químico, embora sejam entes tão simples que os cientistas discordam sobre se estão mesmo vivos.[26] Substâncias químicas são, portanto, a fonte mais antiga e universal de informação sensorial.[27] São parte dos *Umwelten* desde que os *Umwelten* existem. São também parte do que há de mais complicado para se entender deles.

Os cientistas que trabalham com visão e audição têm uma vida relativamente fácil. Ondas de luz e som podem ser definidas por propriedades claras e mensuráveis, como brilho e comprimento de onda, ou volume e frequência. Projete ondas de 480 nanômetros de comprimento sobre meus olhos e enxergarei azul. Cante uma nota na frequência de 261 hertz (Hz) e escutarei o dó central. Essa previsibilidade simplesmente não existe no reino dos cheiros. A variedade de possíveis moléculas odorantes é tão grande que talvez seja infinita.[28] Para classificar cheiros, os cientistas usam conceitos subjetivos como intensidade e prazer, que só podem ser medidos perguntando-se às pessoas. Pior ainda, não existem bons métodos para se prever o cheiro de uma molécula — ou se ela sequer tem cheiro — a partir de sua estrutura química.*[29][30] E, no entanto, muitos animais se viram

---

* A menos que tenha de fato enfiado o nariz em algum benzaldeído, você não poderá adivinhar que ele cheira a amêndoas. Se visse sulfeto de dimetila desenhado em uma página, não poderia prever que ele tem cheiro de mar. Mesmo moléculas semelhantes podem produzir cheiros imensamente diferentes. O heptanol, com uma estrutura de sete átomos de carbono, tem cheiro verde e folhoso. Adicione outro átomo de carbono à cadeia e você obterá octanol, que cheira mais a frutas cítricas. Carvone existe em duas formas que contêm exatamente os mesmos átomos, mas são imagens espelhadas uma da outra: uma cheira a sementes de cominho e a outra, a hortelã. Nas misturas, a coisa fica ainda mais confusa. Quando mesclados, alguns pares de odores ainda têm um cheiro distinto, enquanto outros produzem um terceiro odor que é diferente dos dois anteriores. Entretanto, os perfumes que contêm centenas de produtos químicos não têm um cheiro mais complexo do que os odores individuais, e as pessoas costumam ter dificuldade de nomear mais de três ingredientes numa mistura. Noam Sobel, um neurobiólogo que estuda o olfato, chegou o mais perto possível de resolver essa complexidade. Enquanto eu escrevia este livro, ele e sua equipe desenvolveram uma medida que analisa 21 características de moléculas odorantes e as agrupa em um único número. Quanto mais próximo dessa medida métrica o cheiro de duas moléculas estiver, mais semelhantes serão seus odores. Não é exatamente o mesmo que prever o cheiro a partir de uma estrutura, mas é o mais perto que podemos chegar disso: prever o cheiro a partir da semelhança com outros aromas.

naturalmente com a complexidade do olfato, sem qualquer treinamento em química ou neurociência. O nariz de cada um deles é senhor do espaço infinito.[31] Como funciona?

O básico ficou mais claro depois de uma descoberta crucial de Linda Buck e Richard Axel em 1991. Num trabalho que lhes valeria o prêmio Nobel, a dupla identificou um grande grupo de genes que produzem receptores olfatórios — as proteínas que primeiro reconhecem as moléculas odorantes.*[32] Nós as conhecemos no início deste capítulo, quando falávamos sobre cães, mas elas são subjacentes ao sentido do olfato em todo o reino animal. Os receptores olfatórios provavelmente identificam suas moléculas-alvo, feito tomadas elétricas que servem a certos cabos.**[33] Quando isso acontece, os neurônios que abrigam esses receptores enviam sinais para os centros olfatórios do cérebro e o animal percebe um cheiro. Mas os detalhes desse processo ainda são obscuros. Não existem receptores suficientes para dar conta da enorme variedade de possíveis moléculas odorantes, portanto, a percepção do cheiro deve depender da combinação de neurônios olfatórios que são disparados. Quando um grupo deles é ativado, a gente se delicia com o perfume de uma rosa. Se é outro o grupo acionado, reagimos com repulsa ao cheiro de vômito. Tal código deve existir, mas sua natureza ainda é misteriosa.

Os receptores olfatórios também podem variar de um indivíduo para outro de forma drástica. Por exemplo, o gene OR7D4 cria um receptor que responde à androstenona, substância química por trás do mau cheiro das meias suadas e do odor corporal.[34] Para a maioria das pessoas, é repulsivo. Mas, para alguns sortudos que herdam uma versão ligeiramente diferente do OR7D4, a androstenona tem cheiro de *baunilha*. Esse é apenas um receptor entre centenas, e todos existem em formas variadas, conferindo a cada indivíduo seu próprio e sutil *Umwelt* personalizado. É possível que cada um sinta os cheiros do mundo de jeitos ligeiramente diversos. E, se é tão difícil apreciar o *Umwelt* olfativo de outro humano, imagine o quanto a tarefa se torna mais complicada quando se trata de outra espécie.

---

* A terminologia é confusa. Na biologia sensorial, a palavra "receptor" é geralmente usada para descrever uma célula sensorial, como um fotorreceptor ou quimiorreceptor. Nesse caso, os receptores de odor são proteínas na superfície dessas células. Não me culpe. Não fui eu quem fez as regras.   ** Uma teoria amplamente popularizada, que afirmava que os cheiros estavam codificados nas vibrações de diferentes moléculas, foi desmascarada por completo.

É preciso ser cético em relação a qualquer afirmação que oponha o olfato de um animal ao de outro. Li várias vezes que o olfato de um elefante é cinco vezes mais sensível que o de um cão de caça, mas é uma comparação totalmente sem sentido. Significa que o elefante detecta cinco vezes mais substâncias químicas? Que detecta certas substâncias químicas a um quinto da concentração ou talvez a uma distância cinco vezes maior? Que é cinco vezes mais capaz de se lembrar de cheiros? Tais comparações serão sempre falhas, porque cheiros são diversos e, na maioria das vezes, não quantificáveis. Precisamos parar de perguntar se o sentido de olfato de um animal é bom. Perguntas melhores seriam: qual a importância dos cheiros para aquele animal? E ele usa o olfato com qual finalidade?

Mariposas machos, por exemplo, sintonizam com substâncias químicas sexuais liberadas pelas fêmeas.[35] Captam essas moléculas odorantes a quilômetros de distância usando antenas emplumadas e voam lentamente até a origem do cheiro, que, de tão importante para esses animais, quando cientistas transplantaram as antenas de mariposas-falcão fêmeas para machos, eles passaram a se comportar como fêmeas, procurando o cheiro de locais para depositar ovos em vez de ir atrás de parceiras.[36] O olfato das mariposas funciona de forma sensacional, conforme evidenciado pela sobrevivência contínua delas. Mas elas direcionam esse sentido incrível a apenas umas poucas tarefas específicas. Mariposas costumam ser descritas como "drones guiados por odores",[37] e essa afirmação não é exagerada. Muitos machos nem sequer têm aparelho bucal quando atingem a idade adulta. Livres da necessidade de se alimentar, dedicam sua curta vida a voar em busca de... acasalamento. Seus comportamentos são simples a ponto de poderem ser facilmente desviados. Ao imitar os odores das mariposas fêmeas, as aranhas-boleadeiras conseguem trazer as mariposas machos para emboscadas fatais, assim como agricultores são capazes de atraí-las para armadilhas.[38] Outros insetos, entretanto, processam cheiros de formas mais sofisticadas.

Num laboratório em Nova York, Leonora Olivos Cisneros puxa um grande tupperware e levanta a tampa para revelar um mar agitado de pontos vermelho-escuros. São formigas. Mais especificamente, formigas-biroi — uma espécie obscura que é mais robusta do que a maioria e, excepcionalmente, não produz rainhas nem machos. Todos os indivíduos são fêmeas capazes de se reproduzir clonando-se. Cerca de 10 mil delas circulam pelo contêiner. A maioria compõe um ninho improvisado com o próprio corpo e toma conta de suas larvas jovens. O resto vaga em busca de comida. Olivos Cisneros as alimenta com outras formigas, incluindo escamoles — as larvas de uma espécie muito maior que ela traz do México.

As formigas-biroi são tão pequenas que é difícil manter o foco em qualquer uma delas. São muito mais fáceis de ver sob o microscópio, não apenas porque aparecem ampliadas, mas também porque Olivos Cisneros as pintou. Com mãos experientes, ela usa alfinetes de prender insetos para aplicar manchas amarelas, laranja, violeta, azuis e verdes no dorso das formigas, dando a cada indivíduo um código de cores exclusivo que pode ser rastreado por um sistema automatizado de câmeras. As cores também facilitam a observação a olho nu. Aqui e ali, noto uma das formigas batendo em outra com as pontas de suas antenas. Essa ação, deliciosamente conhecida como antenação, é o equivalente a uma cheirada. É o meio pelo qual elas inspecionam as substâncias químicas no corpo umas das outras e distinguem companheiras de colônia de intrusos. Essas formigas normalmente vivem no subsolo e são completamente cegas. "Não há nada visual acontecendo", diz Daniel Kronauer, que lidera o laboratório. "Em termos de comunicação, é tudo química."

As substâncias químicas que elas utilizam são feromônios — um termo importante que é frequentemente mal compreendido.[39] Refere-se a sinais químicos que transportam mensagens entre membros *da mesma espécie*. O bombicol, que as mariposas fêmeas usam para atrair os machos, é um feromônio; o dióxido de carbono que atrai os mosquitos para o meu corpo não é. Os feromônios também são *mensagens padronizadas*, cujo uso e significado não variam entre indivíduos de determinada espécie. Todas as fêmeas do bicho-da-seda usam bombicol e todos os machos são atraídos por ele; em comparação, os odores que distinguem o cheiro de uma pessoa do de outra *não* são feromônios. Na verdade, apesar das festas de feromônios, nas quais pessoas solteiras cheiram as roupas umas das outras,[40] ou dos sprays de feromônios que são comercializados como afrodisíacos, ainda não se sabe nem se feromônios humanos existem. Apesar de décadas de pesquisa, nenhum foi identificado.*[41]

---

* Provavelmente existem feromônios humanos, mas encontrá-los é uma tarefa árdua. Em animais, pesquisadores normalmente procuram comportamentos estereotipados ou reações fisiológicas que revelam a reação a um feromônio — um alargamento dos lábios, um movimento das antenas ou um aumento na testosterona. Os humanos são tão irritantemente diferentes e complexos que poucas de nossas ações atendem aos requisitos. Alguns pesquisadores levantaram a hipótese de que as mulheres sincronizavam seus ciclos

Os feromônios das formigas são outra história.[42] São muitos, e elas os usam de diferentes maneiras, dependendo de suas propriedades. Substâncias químicas leves que flutuam facilmente no ar são usadas para convocar multidões de operárias capazes de em pouco tempo subjugar presas ou para disparar alarmes de difusão rápida. Esmague a cabeça de uma formiga e, em segundos, companheiras de colônia próximas sentirão o aerossol de feromônios e entrarão em modo de batalha. Substâncias de peso médio que se espalham mais lentamente pelo ar são usadas para demarcar trilhas. As operárias as liberam quando encontram comida, levando suas companheiras a locais promissores para alimento. À medida que mais operárias chegam, a trilha é reforçada. Conforme a comida acaba, vai desaparecendo. As formigas-cortadeiras são tão sensíveis ao feromônio de suas trilhas que um miligrama é suficiente para demarcar o caminho ao redor do planeta três vezes.[43] Por fim, substâncias químicas mais pesadas, que mal se transformam em aerossol, são encontradas na superfície do corpo das formigas. Conhecidas como hidrocarbonetos cuticulares, funcionam como crachás de identidade.[44] As formigas os usam para distinguir sua própria espécie de outras, companheiras de ninho de indivíduos de outras colônias e rainhas de operárias. As rainhas também usam essas substâncias para impedir que as operárias se reproduzam ou para marcar indivíduos indisciplinados para que sejam punidos.[45]

Os feromônios exercem tal influência sobre as formigas que podem levá-las a se comportar de maneiras bizarras e prejudiciais, desconsiderando outras pistas sensoriais pertinentes. As formigas-lava-pés tomam conta de lagartas das borboletas-azuis, que não se parecem em nada com larvas de formiga, mas *cheiram* exatamente igual.[46] As formigas-correição, de tão empenhadas em seguir suas trilhas de feromônios, podem acabar numa "espiral da morte", com centenas de operárias fazendo voltas sem fim sobre si mesmas até morrerem de exaustão, caso suas trilhas acidentalmente o indiquem.*[47][48] Muitas formigas usam feromônios para discernir indivíduos mortos: quando o

---

menstruais por causa de algum feromônio não identificado, mas tal sincronicidade em si é um mito. Outros defenderam que os seios podem libertar uma feromônio que estimularia os bebês a sugar, porém, mais uma vez, não se isolou nenhuma substância química.

* Em setembro de 2020, observei que a espiral mortal das formigas-correição era a metáfora perfeita para a reação dos Estados Unidos à pandemia de Covid-19: "As formigas não conseguem pressentir nenhuma imagem maior do que a que está imediatamente à frente. Elas não têm força de coordenação para guiá-las para a segurança. Ficam aprisionadas pelo muro de seus próprios instintos".

biólogo E. O. Wilson borrifou ácido oleico no corpo de formigas vivas, suas irmãs as trataram como cadáveres e as carregaram para as pilhas de lixo da colônia.[49] Não importava que o inseto estivesse vivo e visivelmente se debatendo. O que importava era que *cheirava* a morto.

"O mundo das formigas é um tumulto, um mundo barulhento de feromônios sendo transmitidos de um lado para outro", disse Wilson. "Não enxergamos isso, claro. Não vemos nada além dessas criaturinhas avermelhadas correndo pelo chão, mas ali há muita atividade, coordenação e comunicação acontecendo."[50] Tudo baseado em feromônios. Essas substâncias fedorentas permitem que as formigas transcendam os limites de sua individualidade e ajam como um superorganismo, produzindo comportamentos complexos e transcendentes a partir das ações inconscientes de simples indivíduos. Levam as formigas-correição a atuar como predadoras imparáveis, as formigas-argentinas a formar supercolônias que se estendem por quilômetros, e as formigas-cortadeiras a desenvolver sua própria agricultura cultivando fungos. As civilizações de formigas estão entre as mais impressionantes da Terra e, conforme escreveu certa vez a pesquisadora Patrizia d'Ettorre, sua "genialidade está definitivamente nas antenas".[51]

A pesquisa de Kronauer com as formigas-biroi mostra como essa genialidade pode ter evoluído. Formigas são essencialmente um grupo de vespas altamente especializadas que, entre 140 milhões e 168 milhões de anos atrás, evoluíram e passaram rapidamente de uma existência solitária para outra extremamente social.[52] Ao longo do caminho, seu repertório de genes dos receptores olfatórios — aqueles que lhes permitem sentir substâncias químicas fedorentas — aumentou.[53] Enquanto as moscas-das-frutas têm sessenta desses genes e as abelhas, 140, a maioria das formigas tem entre trezentos e quatrocentos, e as formigas-biroi, um recorde de quinhentos.* Por quê? Aqui vão três pistas.[54] A primeira é que um terço de seus receptores olfatórios somente é produzido debaixo das antenas — as partes com as quais elas se dão tapinhas umas nas outras durante a antenação. Em segundo lugar, tais receptores detectam especificamente os feromônios pesados que as formigas usam como crachás de identidade. Terceiro, esses cerca de 180 receptores derivam todos de apenas um gene, que foi repetidamente

---

* Um alerta: é perigoso avaliar as capacidades sensoriais de um animal contando os seus genes. Os cães têm o dobro de genes receptores de odores funcionais que os humanos, mas isso não significa que seu olfato seja duas vezes melhor.

duplicado mais ou menos na altura em que as ancestrais das biroi deixaram de viver sozinhas para formar colônias. Juntando essas pistas, Kronauer raciocina que todo esse hardware olfatório extra pode ter ajudado as formigas a reconhecer melhor suas companheiras de ninho. Afinal, elas não verificam apenas a presença ou ausência de *um* feromônio, mas as proporções relativas de algumas dezenas deles. É um cálculo desafiador, mas que sustenta tudo o mais que as formigas fazem. Ao expandirem seus poderes de olfato, elas ganharam os meios de regulação de suas sofisticadas sociedades.

Fica especialmente óbvio o quanto as formigas dependem do olfato quando elas têm esse sentido desconectado. Quando Kronauer privou suas formigas-biroi de um gene chamado *orco*, de que os receptores olfatórios precisam para detectar suas moléculas-alvo, as formigas mutantes tiveram comportamentos totalmente atípicos para a espécie.[55] "Desde o início, havia algo errado com aquelas formigas", conta Olivos Cisneros. "Foi superfácil de detectar." Elas não seguiam as trilhas de feromônios. Ignoravam barreiras cujo cheiro intenso afastaria as formigas normais, como linhas desenhadas por canetas marca-texto. Não tomavam conhecimento das larvas das quais normalmente teriam o dever de cuidar. Abandonavam por completo suas colônias e circulavam sozinhas por dias a fio. Se acidentalmente se encontrassem dentro de uma colônia, sua presença era perturbadora. Às vezes, liberavam feromônios de alarme sem um gatilho, deixando suas companheiras de ninho em pânico sem necessidade. "Elas não conseguiam perceber que havia outras formigas ali", diz Kronauer. "Simplesmente não conseguiam percebê-las." É difícil não sentir pena. Uma formiga sem olfato é uma formiga sem colônia, e uma formiga sem colônia praticamente não é uma formiga.*[56]

As formigas são talvez o exemplo mais drástico do poder dos feromônios, mas tampouco são os únicos. As lagostas fêmeas urinam no rosto dos machos para atraí-los com um feromônio sexual.[57] Camundongos machos produzem um feromônio na urina que torna as fêmeas especialmente suscetíveis a outros componentes de seu cheiro; essa substância é chamada *darcin*, em homenagem ao herói de *Orgulho e preconceito*.[58] A orquídea-aranha

---

* Há precedentes para isso. Em 1874, o cientista suíço Auguste Forel mostrou que as antenas de uma formiga são seus principais órgãos do olfato. Quando ele removia essas antenas, as formigas não construíam seus ninhos, não cuidavam de seus filhotes e não atacavam intrusos de outras colônias.

engana as abelhas machos para que carreguem seu pólen, ao mimetizar feromônios sexuais desses insetos.[59] "Vivemos, o tempo todo, em especial na natureza, em grandes nuvens de feromônios", disse certa vez E. O. Wilson. "Eles são liberados em milionésimos de um grama que podem viajar talvez por 1 quilômetro."[60] Essas mensagens personalizadas movem todo o reino animal, desde as menores criaturas até as maiores de todas.

Em 2005, Lucy Bates chegou ao Parque Nacional Amboseli, no Quênia, para estudar os elefantes do lugar. No primeiro dia de campo, os experientes assistentes lhe disseram que aqueles animais, observados por cientistas desde a década de 1970, quase certamente perceberiam que um rosto novo havia se juntado ao grupo de pesquisa. Bates estava cética. De que maneira eles saberiam? E por que se importariam? Mas, assim que os pesquisadores encontraram um dos rebanhos e desligaram o motor do carro, os elefantes se viraram na direção deles. "Uma das elefantas veio, enfiou a tromba pela minha janela e deu uma boa cheirada", conta Bates. "Eles sabiam que tinha alguém novo ali dentro."

Nos anos seguintes, Bates percebeu o que qualquer pessoa que convive com elefantes sabe: a vida deles é dominada pelos cheiros. Não é preciso ter informação sobre o recorde de 2 mil genes de receptores olfatórios num elefante nem sobre o tamanho do bulbo olfatório deles.[61] Basta observar suas trombas. Nenhum outro animal tem um nariz tão móvel e visível e, portanto, nenhum outro animal é tão fácil de se observar no ato de cheirar. Quer um elefante esteja andando ou se alimentando, alarmado ou relaxado, sua tromba estará constantemente em movimento, balançando, sendo enrolada e torcida, explorando, sentindo. Há momentos nos quais o órgão todo, de 1,80 metro, toma a forma de um periscópio para inspecionar um objeto de forma dramática. Às vezes seus movimentos são sutis. "A gente pode se aproximar de um elefante se alimentando e, ao ouvir a aproximação, sem virar a cabeça, ele moverá apenas a ponta da tromba na direção de quem chega", comenta Bates.

Os elefantes africanos são capazes de usar as trombas para detectar suas plantas favoritas, até quando escondidas em caixas com tampa, e da mesma forma num caótico bufê botânico.[62] Conseguem aprender sobre cheiros desconhecidos: depois de serem brevemente ensinados a detectar o TNT, que é supostamente inodoro para os humanos, três elefantes africanos foram capazes de identificar a substância com mais habilidade do que cães farejadores altamente treinados.[63] Dois desses mesmos elefantes, Chishuru e Mussina, conseguiram farejar um humano e identificar o cheiro correspondente numa fileira de nove frascos misturados com odores de pessoas diversas.[64] Os elefantes asiáticos não ficam atrás.[65] Num estudo, puderam identificar corretamente qual dos dois baldes cobertos continha mais comida apenas através do olfato — um feito que humanos não são capazes de repetir e com o qual (num dos experimentos de Alexandra Horowitz) até cães tiveram dificuldades.* "Somos capazes de perceber a diferença olhando, mas só cheirando não tem como", diz Bates. "O nível de informação que os elefantes conseguem obter está muito além do que podemos compreender."

Os elefantes também sentem o cheiro de perigo. Algum tempo depois de Bates chegar a Amboseli, um de seus colegas deu carona a dois homens maasai num jipe que a equipe usava havia décadas. No dia seguinte, quando a equipe foi a campo, os elefantes foram inesperadamente cautelosos ao redor do veículo tão familiar. Os jovens maasai às vezes caçam elefantes com lanças, e Bates concluiu que os animais ficaram desconcertados com o rastro dos rapazes que persistia no jipe — alguma combinação dos cheiros das vacas que os maasai criam, dos laticínios que comem e do ocre com que pintam o corpo. Para testar essa ideia, ela escondeu várias trouxas de roupas na área dos elefantes. Quando os animais se aproximaram das roupas lavadas ou usadas pelos kamba, que não representam nenhuma ameaça para eles, ficaram curiosos, mas despreocupados.[66] Sempre que lhes chegava algum rastro de roupas usadas pelos maasai, porém, as reações eram inconfundíveis. "Assim que a primeira tromba subia, todo o grupo *fugia* o mais rápido possível, quase sempre em direção ao mato alto", conta Bates. "Foi incrivelmente consistente — todos os bandos, todas as vezes."

Deixando de lado a comida e os inimigos, poucas fontes de odor são tão pertinentes para um elefante quanto outros elefantes. Eles inspecionam uns aos outros regularmente com a tromba, explorando glândulas, órgãos genitais e bocas. Quando os elefantes africanos se reencontram após uma separação prolongada, começam intensos rituais de saudação.[67] O que os observadores humanos conseguem ver e ouvir são orelhas batendo e roncos guturais, mas, para os próprios elefantes, a experiência deve ser também um pandemônio olfativo. Eles urinam e defecam vigorosamente, enquanto um líquido aromático jorra das glândulas atrás dos olhos, enchendo o ar de cheiros.

---

* Horowitz acha que os cães talvez simplesmente não tenham motivação para fazer isso.

Poucas pessoas estudaram mais os odores dos elefantes do que Bets Rasmussen,* uma bioquímica que já foi coroada "a rainha das secreções, excreções e exalações dos elefantes".[68] Se um elefante produziu, Rasmussen provavelmente cheirou e possivelmente provou. Essas secreções, ela percebeu, estão cheias de feromônios e, portanto, de significado. Em 1996, após quinze anos de trabalho, ela isolou uma substância química chamada acetato de (z)-7-dodecenila, que as fêmeas liberam na urina para informar aos machos que estão prontas para acasalar.[69] Era surpreendente que um composto apenas pudesse afetar tão decisivamente a vida sexual de um animal tão complexo. E ainda mais surpreendente que mariposas fêmeas atraíssem os machos com a mesma substância. Felizmente, as mariposas machos não são atraídas por elefantas, uma vez que a substância em questão é apenas um dos vários compostos na lista de buscas daqueles insetos. Sorte ainda que os elefantes machos não tentam acasalar com mariposas fêmeas, porque estas produzem quantidades insignificantes do feromônio. Outros elefantes, porém, brilham feito faróis odoríferos. Rasmussen acabou descobrindo que os machos são capazes de, através do olfato, diferenciar as fases do ciclo estral das elefantas e que elas sabem quando os machos estão no estado sexual hiperagressivo chamado *musth*.[70] Também conseguem identificar indivíduos. Ao percorrerem as trilhas desgastadas pelo tempo que conectam as áreas onde vivem, vão deixando fezes e urina — não como resíduos, mas como histórias individuais para serem lidas pelas trombas de outros no entorno.[71]

Em 2007, Lucy Bates encontrou uma maneira inteligente de testar essa ideia. Ela seguia famílias de elefantes e esperava que um deles urinasse.[72] Depois de o grupo ter ido embora, a pesquisadora ia até lá, retirava a terra encharcada de urina com uma espátula e a guardava num pote de sorvete. Então dirigia pela savana até encontrar a mesma manada de elefantes ou uma diferente. Passava à frente, esvaziava o recipiente de terra no caminho, acelerava até um ponto de observação distante e esperava. "Não era o experimento mais agradável de se fazer", ela me conta. "Muitas vezes a gente achava que sabia para onde eles estavam indo, despejava a amostra,

---

* Dado que os elefantes vivem em sociedades matriarcais lideradas por fêmeas, é apropriado que o estudo dos sentidos deles tenha sido liderado por mulheres: Bets Rasmussen para o olfato; Katy Payne, Joyce Poole e Cynthia Moss para audição; e Caitlin O'Connell para sentidos sísmicos. Conheceremos outras em capítulos posteriores.

e o bando mudava de direção. Era de deixar a alma em pedaços." Quando a pesquisadora acertava a previsão, os elefantes sempre inspecionavam a urina conforme se aproximavam. Se fosse de uma família diferente, rapidamente a ignoravam. Se de algum membro que não fazia parte do bando atual, demonstravam mais interesse. Mas, se fosse de um elefante que fazia parte do mesmo grupo *e vinha mais atrás*, ficavam especialmente curiosos. Sabiam exatamente quem havia urinado e, como o indivíduo não podia ter sido teletransportado para a frente, pareciam confusos e investigavam com atenção o cheiro fora de lugar. Elefantes se movem em grandes grupos de família e parece que sabem não só quem está por perto, mas também onde se localizam esses indivíduos. O cheiro é que cimenta essa consciência. "A quantidade de informações que eles devem captar o tempo todo enquanto caminham, a partir de todos os cheiros diferentes que absorvem... Acho que deve ser uma coisa opressiva", diz Bates.

A natureza exata dessas informações é difícil de discernir. Cheiros não são facilmente captáveis, por isso, enquanto é possível fotografar as expressões de um animal e registrar seus chamados, os cientistas que se importam com o olfato têm de fazer coisas como recolher terra encharcada de urina. Cheiros tampouco são facilmente reproduzíveis: não é possível colocar um odor para tocar num alto-falante ou projetá-lo numa tela, de modo que os pesquisadores têm de fazer coisas como carregar terra encharcada de urina para despejá-la à frente de manadas de elefantes. E isso quando chegam a pensar em olfato. Em muitos casos, pesquisadores de elefantes testam o cérebro deles com experimentos implicitamente visuais que envolvem objetos como espelhos. Quanto não estamos deixando passar da mente de um elefante por ignorarmos seus sentidos primários?

Quando percorrem suas rotas favoritas e encontram repositórios dos cheiros de outros elefantes, o que eles obtêm ali além de identidades? Apreendem os estados emocionais dos viajantes anteriores? São capazes de sentir o estresse ou diagnosticar doenças? E quanto ao ambiente de maneira mais geral? Elefantes que regressaram à Angola do pós-guerra parecem desviar dos milhões de minas terrestres que ainda pontilham o terreno[73] — o que talvez não seja surpreendente, dada a rapidez com que podem ser treinados para detectar TNT. Eles são conhecidos por cavar poços em tempos de seca,[74] e George Wittemyer, que também trabalhou em Amboseli, tem certeza de que fazem isso guiados pelo cheiro da água subterrânea.Acha também que eles conseguem detectar a aproximação de chuva pelos cheiros liberados por ela ao cair em solos distantes. "É um aroma arrebatador", diz Wittemyer. "Me faz sentir animado e vivo, o que a gente também vê acontecer com os elefantes."

Rasmussen especulou certa vez que eles seriam capazes de se guiar em suas longas migrações usando "memórias químicas de paisagens, terrenos, trilhas, fontes minerais e salinas, poços d'água, o cheiro da chuva ou dos rios em época de cheia, e o das árvores para discernir as estações".[75] Ninguém testou essas afirmações, mas elas fazem sentido. Afinal, cães, humanos e formigas conseguem rastrear cheiros. Salmões retornam aos mesmos riachos onde nasceram seguindo os odores característicos de suas águas nativas.*[76] Aranhas-chicote usam os sensores de cheiro nas pontas de suas patas dianteiras extremamente longas e semelhantes a fios para encontrar o caminho de volta a seus abrigos em meio ao emaranhado de uma floresta tropical.[77] Ursos-polares podem navegar por milhares de quilômetros de gelo indistinto porque as glândulas em suas patas liberam um cheiro a cada passo.[78] Exemplos assim são tão comuns que alguns cientistas acreditam que o principal objetivo do olfato animal não é detectar substâncias químicas, mas usá-las para se orientar no mundo.[79] Com o nariz certo, paisagens podem ser mapeadas como uma geografia olfativa, e pontos de referência perfumados podem mostrar o caminho para comida e abrigo. Ironicamente, as melhores evidências de tais feitos foram colhidas de animais até pouco tempo antes considerados incapazes de sentir cheiros.

John James Audubon, ávido naturalista e artista, ficou mais conhecido por pintar aves da América do Norte e compilar esses retratos num volume ornitológico fundamental.[80] Mas ele também foi o responsável por semear informações falsas sobre aves que, baseadas em alguns experimentos verdadeiramente absurdos envolvendo abutres, perdurariam por séculos.

Desde Aristóteles, estudiosos acreditavam que os abutres tivessem um olfato apurado. Audubon pensava diferente. Quando deixou uma carcaça de porco em putrefação a céu aberto, nenhum abutre apareceu para comer. Por

---

* Arthur Hasler confirmou essa habilidade na década de 1950, após ter sua própria epifania olfativa. Enquanto caminhava perto de uma cachoeira, os cheiros familiares trouxeram de volta memórias de infância havia muito esquecidas, e ele se perguntou se a migração dos salmões funcionaria de forma semelhante.

outro lado, um urubu-de-cabeça-vermelha* fez um voo rasante para bicar uma pele de veado recheada com palha deixada como isca pelo naturalista. Os abutres, afirmou ele em 1826, encontram seu alimento usando a visão, não o olfato.[81] Os discípulos de Audubon reforçaram essa afirmação com provas igualmente duvidosas. Um deles observou que os abutres atacavam a pintura de uma ovelha eviscerada e, quando criados em cativeiro, recusavam comida depois de serem cegados. Outro mostrou que um peru — não um abutre, veja bem; um peru mesmo — continuava a comer alimentos contaminados com ácido sulfúrico e cianeto de potássio, uma mistura de cheiro forte que se revelava violentamente fatal. Esses estudos bizarros bateram fundo. Não importa que os abutres prefiram carcaças frescas e ignorem carne fedorenta demais como a que Audubon usara. Sem mencionar o fato de que Audubon confundiu urubus-de-cabeça-preta (menos dependentes do olfato) com urubus-de-cabeça-vermelha e que as tintas a óleo da época liberavam certas substâncias químicas também encontradas na carne em decomposição. Desconsideremos os muitos motivos pelos quais um animal mutilado pode não sentir tanta fome. A ideia de que os abutres — e, por duvidosa extensão, *todas as aves* — não eram capazes de sentir cheiros se tornou senso comum. Evidências em contrário foram ignoradas durante décadas, e o estudo do olfato das aves caiu no esquecimento.**[82]

Foi Betsy Bang quem o reabilitou.[83] Ornitóloga amadora e ilustradora médica, ela dissecou as passagens nasais de ave atrás de ave e fez esboços do que viu. E o que viu — grandes cavidades cheias de rolos convolutos de ossos finos, muito parecidos com o que se esconde dento do focinho de um cachorro — a convenceu de que aves deviam ser capazes de sentir cheiros. Por que outro motivo teriam todo esse hardware? Preocupada com o fato de os livros escolares estarem divulgando informações erradas, Bang passou

---

* Apesar do nome, o urubu-de-cabeça-vermelha pertence ao grupo dos abutres, que são diferentes dos urubus, pertencendo a famílias diferentes. [N. T.]   ** O ornitólogo Kenneth Stager executou versões muito melhores dos experimentos de Audubon e mostrou que os abutres sentem sim o cheiro de carcaças escondidas. Ele também tomou conhecimento de que uma empresa petrolífera tinha começado a rastrear vazamentos em seus oleodutos adicionando etil mercaptano — um gás que cheira a peido e decomposição — e examinando os céus em busca de abutres circulando. Intrigado, Stager criou seu próprio dispensador de mercaptano e o implantou em vários locais na Califórnia. Sempre que o fazia, os abutres se aproximavam. Audubon estava errado: os abutres não só conseguem cheirar, mas também cheiram bem o suficiente para detectar os mais tênues odorantes a quilômetros de altura.

a década de 1960 examinando cuidadosamente o cérebro de mais de uma centena de espécies e medindo seus bulbos olfatórios.[84] Demonstrou assim que esses centros de olfato eram particularmente grandes nos abutres, nos kiwis da Nova Zelândia e nos procelariiformes — uma ordem de aves marinhas que inclui albatrozes, petréis, cagarras e fulmares. Os procelariiformes têm esse nome por conta das narinas tubulares no bico, as quais originalmente se imaginava serem canais para expelir sal. A pesquisa de Bang sugeriu outro propósito: os tubos ali puxam o ar para o nariz, permitindo que essas aves sintam o cheiro da comida enquanto sobrevoam o oceano. Para elas, "o olfato é de importância primordial", escreveu Bang.*[85][86] ("Ela não se importava de comprar uma briga, mesmo que isso significasse enfrentar Audubon", comentou, mais tarde, seu filho Axel.)

Em outro lugar da Califórnia, Bernice Wenzel chegara à mesma conclusão.[87] Professora de fisiologia (e uma das poucas mulheres nos Estados Unidos a ocupar tal posição na década de 1950), Wenzel mostrou que, quando os pombos-correios sentem um aroma no ar, seu coração bate mais rápido e os neurônios em seus bulbos olfatórios zumbem de excitação. Ela repetiu o teste com outras aves — abutres, codornizes, pinguins, corvos, patos — e todas reagiram de forma semelhante.[88] Wenzel provou o que Bang deduzira: as aves são capazes de sentir cheiros. Tanto Bang quanto Wenzel, ambas já falecidas, foram descritas como "dissidentes em sua geração" que lutaram contra dogmas incorretos e permitiram que outros explorassem um mundo sensorial antes considerado inexistente.[89] E, pelo exemplo que deram e a inspiração que ofereceram, muitas das pessoas que seguiram seus passos também foram cientistas mulheres.

Uma delas, Gabrielle Nevitt, estava na plateia de uma das últimas palestras de Wenzel antes da aposentaria. Inspirada pelo que Wenzel contou de seus estudos sobre aves marinhas, Nevitt iniciou uma longa carreira dedicada a descobrir como as aves de nariz tubular fazem uso do olfato. A partir de 1991, ela embarcaria em qualquer viagem à Antártica que conseguisse, tentando "descobrir como testar aves no convés de um navio quebra-gelo

---

* Os pássaros evoluíram a partir do grupo de pequenos dinossauros predadores que incluía celebridades como o velocirraptor. Ao estudar o crânio desses animais, a paleontóloga Darla Zelenitsky mostrou que eles tinham bulbos olfatórios grandes para seu tamanho — tal qual seus primos maiores, como o tiranossauro. Esses dinossauros provavelmente usavam o olfato para caçar, e os pássaros são os herdeiros modernos daquele antigo *Umwelt*.

sem morrer", conforme me contou. Embebia absorventes internos em óleo de peixe e os soltava presos a pipas. Liberava manchas de óleo de odor acre da popa dos navios. E a cada vez as aves chegavam rapidamente. Nevitt suspeitava que fossem atraídas por uma substância química específica no óleo, mas não sabia qual poderia ser nem como as aves conseguiam distingui-la na água amorfa. Só encontrou a resposta numa expedição posterior à Antártica, em circunstâncias inesperadas.

Durante a viagem, uma forte tempestade sacudiu o navio de Nevitt, lançando-a para o outro lado de sua cabine e contra uma caixa de ferramentas. Ela rompeu um rim e ficou confinada a seu beliche, mesmo depois de o navio ter atracado e uma nova tripulação subir a bordo. Ainda se recuperando, Nevitt conversou com o novo cientista-chefe — um químico atmosférico de nome Tim Bates, que fora estudar um gás chamado sulfeto de dimetila, ou DMS. Nos oceanos, o plâncton libera DMS quando é comido pelo krill — um animal semelhante ao camarão que, por sua vez, é comido por baleias, peixes e aves marinhas. O DMS não se dissolve facilmente na água e, mais tarde, é liberado no ar. Se subir alto o suficiente, semeia nuvens. Se chegar ao nariz de um marinheiro, evocará um odor que Nevitt descreve como "muito parecido com o de ostras" ou "tipo de algas marinhas". É o cheiro de maresia.

Em particular, DMS é o cheiro de mares *abundantes*, nos quais enormes florações de plâncton alimentam enxames igualmente enormes de krills. Enquanto conversava com Bates, Nevitt se deu conta de que o DMS era exatamente a substância química que ela havia imaginado existir — um sino olfativo chamando para o jantar, que alertava as aves marinhas de que as águas estavam repletas de presas. Bates consolidou essa impressão quando deu a Nevitt um mapa que mostrava os níveis de DMS em partes da Antártica. Nos variados níveis da substância, Nevitt enxergou uma paisagem marítima de montanhas odoríferas e vales inodoros.[90] Percebeu que o oceano não era tão amorfo como ela pensara; em vez disso, tinha uma topografia secreta que era invisível aos olhos, mas evidente ao nariz. Passou a apreciar o mar da mesma forma que uma ave marinha.

Uma vez recuperada, Nevitt realizou uma série de estudos que confirmaram a hipótese do DMS.[91] Descobriu que os procelariiformes se aglomeram em torno de manchas da substância. Calculou que eram capazes de detectá-la em vestígios fracos que poderiam de fato ser levados pelo vento.[92] Demonstrou que algumas daquelas aves são atraídas pelo DMS antes mesmo de poderem voar.*[93] Muitas espécies fazem seus ninhos em tocas profundas, e seus filhotes, que lembram novelos do tamanho de toranjas, vêm ao mundo na escuridão. Seu *Umwelt* é, inicialmente, desprovido de luz, mas repleto de cheiros vindos da entrada da toca ou trazidos pelo bico e pelas penas de seus pais. Esses filhotes não têm conhecimento do oceano, mas sabem tomar a direção do DMS. E, mesmo depois de emergirem para a luz, trocando seus berçários claustrofóbicos pela imensidão do céu, os cheiros continuam a ser sua estrela-guia. Voam milhares de quilômetros atrás de difusos fiapos de odores que possam denunciar a presença de krills sob a superfície da água.**[94]

Mas os cheiros são mais do que sinos chamando para o jantar. No oceano, também são pontos de sinalização. Características geológicas, como montanhas submersas ou encostas no fundo do mar, afetam os níveis de nutrientes na água, que por sua vez influenciam as concentrações de plâncton, krills e DMS. As paisagens olfativas que as aves marinhas rastreiam estão intimamente ligadas às paisagens reais e, portanto, são surpreendentemente previsíveis.[95] Com o tempo, suspeita Nevitt, essas aves constroem um mapa de tais características, usando o nariz para aprender a localização dos melhores pontos de alimentação e de seus próprios ninhos.

É uma ideia difícil de ser testada, mas Anna Gagliardo encontrou evidências convincentes disso. Ela transportou algumas cagarras — uma espécie de nariz tubular — para locais a oitocentos quilômetros de distância de suas colônias e de seus ninhos, e em seguida "desligou" temporariamente o olfato delas com uma lavagem nasal.[96] Quando libertadas, as aves tiveram dificuldade de voltar para casa, demorando semanas ou meses para fazer o

---

* Procelariiformes não são os únicos animais que rastreiam o DMS. Pinguins, peixes de recife e tartarugas marinhas podem detectar a substância química e são atraídos por ela.

** Acompanhar esses rastros de odor é mais difícil do que seguir uma linha pela visão. A melhor opção para um pássaro é voar contra o vento para maximizar suas chances de tropeçar em uma molécula de odor perdida e depois segui-la contra o vento em um caminho em zigue-zague. É assim que as mariposas machos encontram os feromônios liberados pelas fêmeas, e que os albatrozes encontram os odores liberados pelas presas. Henri Weimerskirch equipou os albatrozes-errantes — as aves com a maior envergadura de asas do mundo — com registradores GPS para monitorar o seu paradeiro e registradores da temperatura do estômago para registrar quando comiam. Ao analisar esses dados, Gabrielle Nevitt mostra que as aves utilizam voos em zigue-zague e rastreadores de cheiros para capturar pelo menos metade de tudo o que comem.

que cagarras normais fariam em poucos dias. Sem olfato, elas se perdiam. Sem olfato, o oceano ficava sem pontos de referência. Conforme descreveu Adam Nicolson, autor de *The seabird's cry* [O canto da ave marinha]:

> O que pode parecer amorfo para nós, uma vastidão de oceano indiferenciado, para eles é rico em diferença e variedade, uma paisagem cheia de fendas e rugas, densa em alguns pontos, rasa noutros, uma pradaria olfativa com ondulações do desejado e do desejável, furta-cor e pouco confiável, salpicada de vida, entremeada de prazeres e perigos, marmorizada e polvilhada, suas riquezas muitas vezes escondidas e sempre moventes, mas repletas de lugares prenhes de vida e possibilidades.[97]

Cagarras, cães, elefantes e formigas sentem cheiros usando órgãos diferentes, mas todos cheiram em estéreo, usando um par de narinas ou antenas. Ao comparar as moléculas odorantes absorvidas de cada lado, conseguem rastrear a origem de um cheiro.[98] Até os humanos são capazes disso: o teste do barbante que Alexandra Horowitz me pediu para fazer se torna muito mais difícil com uma das narinas bloqueada. A direcionalidade fica mais fácil com detectores dispostos em par, o que explica a forma distinta de um dos órgãos olfatórios mais improváveis, mas também mais eficazes da natureza — a língua bifurcada das cobras.

A língua das cobras pode ter tons de vermelho-batom, azul-elétrico e preto-carvão. Posta para fora e desenrolada, pode ser mais longa e mais larga que a cabeça de suas donas. Kurt Schwenk é fascinado por elas há décadas e muitas vezes percebe que está sozinho nisso. No segundo ano do doutorado, contou a um colega no que estava trabalhando, ansioso por desfrutar da alegria que a atividade científica proporciona para almas afins. O outro estudante (hoje um famoso ecologista) caiu na gargalhada. "Teria sido suficiente para ferir meus sentimentos, mas esse cara estudava os ácaros que ficam nas narinas dos beija-flores", conta Schwenk, ainda um pouco indignado. "Alguém que estuda os ácaros das narinas do beija-flor achou graça do que eu fazia! Por alguma razão, as pessoas acham que línguas são engraçadas."

Talvez haja algo de impróprio no estudo de órgãos ligados a prazeres carnais como sexo e comida. Talvez seja estranho investigar seriamente coisas que exibimos em tom de brincadeira ou desafio. Ou talvez seja porque a língua bifurcada se tornou um símbolo de malevolência e duplicidade. Em todo caso, pesquisadores sérios têm sugerido hipóteses muito estranhas para como as cobras usam a língua ou por que essa língua é bifurcada.[99] Alguns a descreveram como ferrões venenosos, ou pinças para capturar moscas, ou órgãos táteis semelhantes às mãos, ou mesmo como utensílios para limpar narinas. Aristóteles sugeriu que a forma de garfo duplicava o prazer que uma cobra obtém ao comer — mas a língua de uma cobra não tem papilas gustativas e não transmite nenhuma informação sensorial por si só. Ao contrário, conforme os cientistas enfim descobriram na década de 1920, trata-se de um coletor de substâncias químicas. Quando é lançada ao mundo, suas pontas agarram moléculas odorantes que ficam no chão ou flutuam no ar. Quando se retrai, a saliva transporta a substância química para um par de câmaras — o órgão vomeronasal — que se ligam aos centros olfatórios do cérebro.* Cobras *farejam* o mundo com a ajuda da língua. Cada chicotada da língua equivale a uma cheirada. Aliás, a primeira coisa que uma serpente filhote faz ao sair do ovo é chicotear com a língua. "Isso diz algo sobre a primazia desse sentido", comenta Schwenk.

Usando sua língua, uma cobra-liga macho é capaz de localizar uma fêmea pelo rastro de feromônios que ela deixa pelo caminho.[100] Ao comparar os vestígios dela em diferentes lados dos objetos nos quais se esfregou, o macho consegue descobrir a direção tomada pela fêmea.[101] Depois de encontrá-la, ele poderá avaliar seu tamanho e saúde, possivelmente com apenas uma ou duas chicotadas da língua. Consegue fazer tudo isso no escuro. Chega a ser possível enganar um macho e levá-lo a se acasalar, entusiasmado, com uma toalha de papel impregnada dos aromas de uma fêmea. Mas todas essas façanhas poderiam ser facilmente realizadas também com uma língua humana, não bifurcada, parecida com a pá de um remo. Então por que as cobras a têm em forma de garfo? Schwenk argumenta que isso permite que as cobras cheirem em estéreo, comparando vestígios químicos em dois pontos no espaço.[102] Se ambas as pontas da língua detectarem rastros de feromônios, o animal permanecerá na mesma trilha. Se a ponta

---

* Durante muito tempo, pesquisadores afirmaram que a língua forneceria substâncias químicas ao órgão vomeronasal da cobra, também conhecido como órgão de Jacobson, enfiando as suas pontas através de dois orifícios no céu da boca da cobra. É um mito. Filmes feitos em raios X mostram que elas não fazem nada disso, a língua simplesmente se aninha no céu da boca. Porém, para eterno aborrecimento de Schwenk, o equívoco persiste e é abundante nos livros didáticos.

direita os detectar, mas a esquerda não, a cobra vira para a direita. Se nenhuma das pontas encontrar nada, ela balança a cabeça de um lado para outro até recuperar o rastro. A bifurcação permite que a cobra defina com precisão os limites da trilha.

Enquanto desliza pelo chão da floresta, uma cascavel usa a língua para transformar o mundo em mapa e cardápio, revelando os rastros entrecruzados de roedores em fuga e discernindo os cheiros de diferentes espécies. Em meio às trilhas emaranhadas, pode escolher as de suas presas favoritas*[103] e encontrar os pontos nos quais essas trilhas sejam mais comuns e recentes. Então se esconde nas proximidades, enrolada e pronta para uma emboscada. Quando um roedor passa correndo, a cobra dá um bote que é quatro vezes mais rápido do que um piscar de olhos humano. Apunhala o roedor com suas presas e injeta veneno. As toxinas em geral demoram um pouco para fazer efeito e, como os roedores têm dentes afiados, a cobra evita se ferir soltando a presa e deixando-a fugir. Passados alguns minutos, começa a chicotear com a língua para rastrear o roedor, morto a essa altura. O veneno ajuda. Além das toxinas letais, o veneno da cascavel também inclui compostos chamados desintegrinas que, embora não sejam tóxicos, reagem com os tecidos dos roedores para liberar cheiros.[104] É a partir deles que as cobras distinguem roedores envenenados de saudáveis, e também diferenciam aqueles envenenados por *sua própria espécie* de outros picados por tipos diferentes de cascavéis.[105] São mesmo capazes de rastrear o indivíduo específico que atacaram porque captam instantaneamente o cheiro da vítima no momento da picada. "Podemos presumir que há odores de vários ratos por aí, mas elas sabem qual trilha seguir", diz Schwenk.

Cobras também são capazes de captar vestígios de cheiros na brisa. Chuck Smith, um dos ex-alunos de Schwenk, demonstrou isso implantando transmissores de rádio em serpentes-mocassim-cabeça-de-cobre e rastreando seus movimentos.[106] Duas vezes ele soltou uma cobra fêmea na natureza e a observou, vendo que permanecera exatamente no mesmo

---

* Rulon Clark, que conheceremos num capítulo posterior, mostrou que mesmo cascavéis inexperientes nascidas em laboratório conseguem distinguir os cheiros de suas presas favoritas, como esquilos e camundongos-de-patas-brancas, daqueles de ratos de laboratório desconhecidos. Ele também descobriu, de forma bastante sinistra, que as jiboias-rosadas são especificamente atraídas pelos odores das fêmeas de camundongo que têm ninhadas de filhotes.

lugar. Não poderia, portanto, ter deixado rastro algum, mas ainda assim conseguiu atrair machos que vagavam sem rumo a centenas de metros de distância e, de repente, rastejaram para ela em linha reta.

Schwenk intuiu que o segredo está na maneira como as cobras chicoteiam com a língua. Os lagartos, grupo do qual elas evoluíram, também cheiram com a língua, a qual às vezes é igualmente bifurcada. Mas, quando a mostram, os lagartos em geral dão uma só chicotada. As pontas são lançadas à frente, raspam o chão e se retraem. As cobras, sem exceção, movimentam a língua rápido e repetidas vezes, muitas vezes sem nunca tocar o chão. E as dobram ao meio, como se ali houvesse uma dobradiça, de modo que as pontas cobrem um amplo arco circular dez a vinte vezes por segundo. Bill Ryerson, outro aluno de Schwenk, analisou esses movimentos colocando as cobras para chicotear a língua em nuvens de farinha de milho.[107] Ele iluminou as nuvens com laser e filmou as partículas rodopiantes da farinha com câmeras de alta velocidade. Ao assistir à filmagem, "meu cérebro quase explodiu", conta Schwenk.

Ocorre que as pontas da língua se espicham ao final de cada chicotada e se juntam no ponto médio. Esse movimento cria dois anéis em forma de rosquinha com o ar em movimento contínuo, capturando cheiros à direita e à esquerda da cobra. É como se ela criasse dois grandes ventiladores instantâneos que sugam os odores de ambos os lados, concentrando moléculas odorantes difusas nas pontas da língua. E, uma vez que vêm da esquerda e da direita, a língua bifurcada ainda consegue fornecer algum senso de direção, mesmo no movimento de chicotear o ar para dentro.

Esse estilo de farejar é incomum por duas razões. Primeiro, por envolver a língua, que é tradicionalmente um órgão do paladar — um sentido que as cobras quase não utilizam, por motivos que ainda abordaremos. Em segundo lugar, por envolver um órgão que, na maioria dos outros animais, é inexistente ou tem importância secundária. Muitos animais vertebrados contam com *dois* sistemas distintos para detectar odores. O principal inclui todas aquelas estruturas, aqueles receptores e neurônios que descrevi na cabeça de um cachorro no início deste capítulo. O órgão vomeronasal é seu coadjuvante; tem seus próprios tipos de células que detectam cheiros, seus próprios neurônios sensoriais e suas próprias conexões com o cérebro. Geralmente é encontrado dentro da cavidade nasal, logo acima do céu da boca. Mas nem tente procurar o seu. Por alguma razão, os humanos perderam o órgão vomeronasal ao longo da evolução, assim como outras espécies de macacos e também baleias, aves, crocodilos e alguns morcegos.[108]

A maioria dos outros mamíferos, répteis e anfíbios preservaram o órgão. Quando um elefante toca outro com a tromba e leva a ponta coberta de feromônios até a boca, aquelas moléculas seguem para o vomeronasal. Quando cavalos ou gatos recolhem o lábio superior e expõem os dentes, é para bloquear as narinas e enviar moléculas odorantes inaladas para lá. E, quando uma cobra recolhe a língua e junta suas pontas entre o assoalho e o céu da boca, as moléculas coletadas são lançadas também para o órgão vomeronasal. Nas cobras, esse coadjuvante é o astro principal. Sem ele, as cobras-liga deixam de seguir trilhas e param de comer, ao passo que as cascavéis falham em metade de seus botes e não conseguem capturar o alvo atingido.[109] Essas cobras são ainda capazes de inalar moléculas odorantes pelas narinas, mas seu sistema olfatório "principal" parece não saber muito o que fazer com essa informação. É relegado ao papel passivo de informar ao cérebro se há algo interessante por perto para que a língua entre em ação.

As cobras são incomuns não apenas porque seu vomeronasal é muito importante, mas também porque nelas entendemos de fato o que faz esse órgão. Noutros animais, ele é um mistério, embora aparentemente se preste a afirmações cheias de certezas.*[110] Até o momento, ninguém sabe de fato por que algumas espécies têm dois sistemas olfatórios separados. Nem está totalmente claro por que a maioria dos animais conta com outro sentido químico distinto. Estou falando, claro, do paladar.

Todo mês de abril, a Associação de Ciências da Quimiorrecepção realiza sua reunião anual na Flórida e, como é tradição, os cientistas que estudam o olfato enfrentam aqueles que estudam o paladar numa disputada partida de softball. "O pessoal do olfato geralmente ganha", conta a cientista dessa especialidade Leslie Vosshall, "porque o campo é muito maior. É tipo

---

* Existe um mito que aparece com frequência que considera o vomeronasal como um detector especializado de feromônios, mas isso não pode ser verdade, já que ele também responde a outros odores, e o sistema olfatório principal também capta feromônios. Ele poderia detectar moléculas demasiado pesadas para flutuarem e serem captadas pelas vias respiratórias do sistema olfatório principal, mas essa ideia não foi testada suficientemente. Outra hipótese é que ele controlaria as respostas instintivas aos cheiros, enquanto o sistema principal se encarregaria das respostas que os animais aprendem por meio da experiência; essa ideia também não foi adequadamente testada.

quatro ou cinco para um." Assim como o olfato, o paladar — ou gustação, no jargão científico sofisticado — é um meio de detectar substâncias químicas no ambiente. Porém, para além disso, os dois sentidos são diversos. Aproxime o nariz de um óleo de baunilha e a sensação será agradável; deixe cair o mesmo óleo na língua e o resultado será, provavelmente, um arrepio de nojo.

A diferença entre cheiro e sabor é surpreendentemente complicada. É razoável dizer que os animais cheiram com o nariz e sentem os gostos com a língua, mas as cobras usam a língua para coletar odores, e outros animais (que conheceremos em breve) degustam com partes incomuns do corpo. Também se poderia argumentar (e muitos cientistas o fazem) que se sente os cheiros de moléculas que flutuam no ar, mas somente o gosto das que se mantêm nas formas líquida ou sólida. O cheiro funciona à distância; o gosto, pelo contato. Essa é uma distinção melhor, mas tem vários problemas. Primeiro, os receptores responsáveis pelo reconhecimento de cheiros estão sempre cobertos por uma fina camada líquida, por isso, as moléculas odorantes devem primeiro dissolver-se para depois serem detectadas. Portanto, o cheiro — assim como o sabor — sempre envolve essa etapa líquida e contato próximo, mesmo que os odores venham de longe. Em segundo lugar, como vimos, as formigas e outros insetos são capazes de sentir cheiros por contato, usando as antenas para captar feromônios pesados demais para serem transportados pelo ar. Terceiro, os peixes têm olfato, ainda que tudo o que cheirem esteja dissolvido em água. Para criaturas como essas, que estão constantemente imersas em líquidos, a distinção entre paladar e olfato pode ser tão confusa que levou um neurocientista a simplesmente me dizer: "Evito pensar nisso".

Mas John Caprio, fisiologista que estuda bagres, diz que a diferença entre cheiro e sabor não poderia ser mais clara. O paladar é reflexivo e inato, enquanto o olfato, não.* Desde o nascimento, recuamos diante de substâncias amargas e, embora possamos aprender a superar reações assim e apreciar cerveja, café ou chocolate amargo, isso não muda o fato de que há algo instintivo a superar. Os odores, por outro lado, "não carregam significado até que a gente os associe a experiências", explica Caprio. Bebês

---

* Os dois sentidos usam receptores e neurônios diferentes, que se conectam a diferentes partes do cérebro. Nos vertebrados, o sistema gustativo está principalmente ligado ao rombencéfalo, que controla as funções vitais básicas. O sistema olfatório está ligado ao prosencéfalo, que controla habilidades mais avançadas, como o aprendizado.

humanos não ficam enojados com os odores de suor ou cocô até estarem mais velhos. Já os adultos variam tanto em seus gostos e desgostos olfativos que, quando o Exército dos Estados Unidos tentou desenvolver uma bomba de fedor para fins de controle de multidões, não conseguiu encontrar um cheiro que fosse repugnante da mesma forma para todas as culturas.[111] Mesmo os feromônios animais, que tradicionalmente se acredita desencadearem respostas programadas, surpreendem por como são flexíveis em seus efeitos, os quais podem ser moldados pela experiência.

O paladar, portanto, é um sentido mais simples. Como vimos, o olfato abrange uma seleção quase infinita de moléculas com uma gama indescritivelmente vasta de características, as quais o sistema nervoso representa através de um código combinatório tão diabólico que os cientistas mal começaram a decifrá-lo. Os sabores, por outro lado, resumem-se a apenas cinco características básicas nos humanos — salgado, doce, amargo, azedo e umami — e talvez mais algumas em outros animais, que são detectadas através de um pequeno número de receptores. E, enquanto o olfato pode ter usos complexos — navegar em oceanos abertos, encontrar presas e coordenar rebanhos ou colônias —, o paladar é quase sempre usado para tomar decisões binárias sobre alimentos.[112] Sim ou não? Bom ou ruim? Consumir ou cuspir?

É irônico que associemos o paladar ao conhecimento, à sutileza e às diferenças tênues, quando ele está entre os sentidos mais rudimentares. Nem a nossa capacidade de sentir o sabor amargo, que nos alerta para centenas de compostos potencialmente tóxicos, foi concebida para *distinguir* entre eles. Há apenas uma sensação de amargor, afinal, a gente não precisa saber qual coisa amarga está provando — só precisa entender que deve parar de ingeri-la. O paladar é, sobretudo, uma verificação final antes do consumo: devo comer isto? É por essa razão que as cobras pouco se preocupam com sabores. Com sua língua trêmula, elas são capazes de tomar decisões sobre se vale a pena comer algo através do *cheiro*, muito antes de colocar a boca em contato com o alimento em potencial.*[113] É quase impossível ver uma

---

* Para Schwenk, isso acontece porque as cobras comem com pouca frequência, mas em grandes quantidades. Frequentemente elas atacam presas muito maiores e depois remodelam suas entranhas para digerir as refeições. Quando uma píton engole um porco ou um cervo, suas entranhas e seu fígado dobram de tamanho, e seu coração incha 40% por alguns dias. Para esses animais, cada refeição absorve muita energia e é preciso saber o mais cedo possível se devem pagar esse custo.

cobra atacar uma presa e depois cuspi-la. (Temos a tendência de equiparar erroneamente paladar e sabor, quando este último é mais dominado pelo cheiro. É por isso que a comida parece insípida quando você está resfriado: o sabor dela continua o mesmo, mas seu paladar diminui por não estar conseguindo sentir cheiros.)

Répteis, aves e mamíferos sentem sabores com a língua. Outros animais não são tão restritos. Quando se é muito pequeno, o alimento não é apenas algo para colocar na boca, mas sobre o qual é possível caminhar. Assim, a maioria dos insetos é capaz de sentir gostos com os pés e as pernas. As abelhas conseguem detectar a doçura do néctar apenas pisando numa flor.[114] As moscas sentem o gosto da maçã que você está prestes a comer já ao pousar nela.[115] Vespas parasitas podem usar sensores de sabor localizados nas pontas de seus ferrões para cuidadosamente implantar ovos no corpo de outros insetos.[116] Uma de suas espécies consegue até sentir a diferença entre hospedeiros que já foram parasitados por outras vespas e os que estão, naquele momento, disponíveis.*

Quando um mosquito pousa num braço humano, "é um deleite para os sentidos", descreve Leslie Vosshall. "A pele humana tem um sabor, o que lhes dá uma confirmação adicional de que chegaram ao lugar certo." Mas, se esse braço estiver coberto com repelente de sabor amargo, os receptores nos pés do mosquito os levam a alçar voo antes que ele tenha a oportunidade da picada.[117] Vosshall tem vídeos em que um mosquito pousa numa mão enluvada e caminha até uma pequena área de pele exposta, mas coberta de repelente. A perna toca a pele e recua imediatamente. Ele circula, tenta de novo e, mais uma vez, recua. "É comovente", a pesquisadora me diz, numa estranha demonstração de empatia por um mosquito. "Também é muito psicodélico. Não temos ideia de como seria provar alguma coisa com os dedos." Os insetos são capazes de fazê-lo com outras partes do corpo também, o que expande os usos que podem dar a esse sentido tipicamente limitado. Alguns conseguem encontrar bons locais para pôr os ovos usando receptores gustativos nos tubos pelos quais fazem a desova. Outros têm receptores gustativos nas asas, o que pode alertá-los para vestígios de comida enquanto voam.[118] As moscas

---

* O ferrão de uma vespa parasita é como um canivete suíço. Além de sensores de sabor, ele também pode transportar sensores de cheiro, sensores de toque e pedaços de metal. Serve como broca, nariz, língua e mão.

começam a se limpar quando sentem a presença de bactérias em suas asas.[119] Até moscas decapitadas fazem isso.

O paladar mais aguçado da natureza certamente pertence ao bagre. Esses peixes são línguas nadadoras.[120] Eles têm papilas gustativas espalhadas por todo o corpo sem escamas, desde as pontas dos barbilhões em forma de bigode até a cauda.[121] Dificilmente há um lugar onde se possa tocar um bagre sem que se esteja tocando em milhares de papilas gustativas. Se alguém lamber um deles, as duas criaturas sentirão o gosto uma da outra simultaneamente.* "Se eu fosse um bagre, adoraria me jogar num barril de chocolate", diz John Caprio. "Daria para sentir o sabor até com a bunda." Com suas papilas que abrangem todo o corpo, os bagres transformaram o paladar num sentido omnidirecional — embora ainda dedicado à avaliação dos alimentos. Eles comem carne, e, se um pedaço é depositado sobre qualquer ponto da pele (ou quando se adiciona caldo de carne à água ao redor deles), vão se virar e dar o bote no lugar certo. São muitíssimo sensíveis aos aminoácidos[122] — os blocos de construção das proteínas e da carne.**[123] Não são tão bons na detecção de açúcares: infelizmente para Caprio, sua fantasia com barris de chocolate seria frustrada.

Essa incapacidade de sentir o açúcar e outros sabores clássicos é surpreendentemente comum e varia de acordo com a dieta do animal. Gatos, hienas-malhadas e muitos outros mamíferos que se alimentam apenas de carne também não gostam de doces.[124] Os morcegos-vampiros, que bebem apenas sangue, também perderam o paladar para doce e umami.[125] Pandas tampouco precisam sentir o umami, já que só comem bambu, mas ganharam um conjunto ampliado de genes para detecção do amargor, de modo a alertá-los sobre

---

* Alguns bagres têm espinhos venenosos e (como descobriremos em um capítulo posterior) outros podem criar eletricidade, portanto, deixando de lado as questões de bem-estar animal, recomendo fortemente não lamber um deles, exceto como parte de um experimento mental.

** Os aminoácidos vêm em duas formas que são imagens espelhadas uma da outra, chamadas L e D. A natureza depende principalmente das formas L, e as formas D são incrivelmente raras em animais. Assim, em meados da década de 1990, quando Caprio testou o bagre-cabeça-dura, ficou chocado ao descobrir que quase metade das suas papilas gustativas reage aos aminoácidos D. "Achei que fosse um erro", diz ele. "Onde o bagre-cabeça-dura encontra aminoácidos D no ambiente?" Ele enfim descobriu que vários vermes marinhos e moluscos podem transformar aminoácidos L em seus opostos espelhados, os aminoácidos D. Os cientistas só descobriram que os animais marinhos produzem aminoácidos D na década de 1970. "O bagre sabia disso há centenas de milhões de anos", diz Caprio.

a miríade de possíveis toxinas a cada bocada.* Outros especialistas em se alimentar de folhas, como os coalas, também desenvolveram mais detectores de amargo, enquanto os mamíferos que engolem suas presas inteiras, incluindo leões-marinhos e golfinhos, perderam a maior parte dos seus.[126] A história se repete, previsivelmente: os *Umwelten* gustativos dos animais se expandiram e contraíram para dar sentido aos alimentos que eles encontram com mais frequência. E algumas vezes essas mudanças alteraram seus destinos.

Tal como os gatos e outros carnívoros modernos, pequenos dinossauros predadores provavelmente perderam a capacidade de sentir o sabor do açúcar. Transmitiram seu paladar restrito a seus descendentes, os pássaros, muitos dos quais seguem incapazes disso. Os pássaros canoros — grupo de cantadores de enorme popularidade que inclui tordos, gaios, cardeais, chapins, pardais, tentilhões e estorninhos — são uma exceção. Em 2014, a bióloga evolucionista Maude Baldwin mostrou que alguns dos pássaros canoros mais antigos recuperaram o gosto por doces, ajustando um receptor gustativo que normalmente sente o umami para outro que também degusta açúcares.[127] Essa mudança ocorreu na Austrália, uma terra cujas plantas produzem tanto açúcar que as flores transbordam de néctar e os eucaliptos vertem uma substância pegajosa da casca. Talvez essas fontes abundantes de energia tenham permitido que as aves canoras, então com o apetite renovado por doces, prosperassem ali, suportassem maratonas de migrações para outros continentes, encontrassem flores ricas em néctar onde quer que chegassem e se diversificassem numa enorme dinastia que agora inclui metade das espécies de aves do mundo. Essa não é uma história comprovada, mas ainda assim é sedutora. É possível que, se um pássaro australiano aleatório não tivesse expandido seu *Umwelt* há dezenas de milhões de anos, nenhum de nós estaria acordando, hoje, ao som melódico do canto de algum deles.**[128]

---

* Lembre-se, porém, de que o sabor tem mais a ver com detecção grosseira do que com discriminação sutil: comparado a um cachorro, um panda pode reconhecer mais coisas como amargas, mas provavelmente experimenta essas coisas sempre da mesma maneira.

** Baldwin também mostrou que os beija-flores transformaram seu receptor de umami em um receptor de açúcar. Eles mudaram o mesmo gene que os pássaros canoros, mas de forma independente e muito diferente na prática. Ela me conta que, em algumas espécies, o receptor alterado ainda consegue detectar umami, o que significa que "eles podem não conseguir distinguir entre doce e salgado". Imagine ser incapaz de saber a diferença entre molho de soja e suco de maçã.

Podemos dividir os sentidos em grupos diferentes dependendo dos estímulos que eles detectam. O olfato, com sua variante vomeronasal, e o paladar são *sentidos químicos*, que detectam a presença de moléculas. Eles são antigos, universais e parecem ser sentidos separadamente dos demais, e é em parte por isso que os escolhi como a primeira parada em nossa jornada. Mas não são totalmente distintos. Olhando mais de perto, compartilham pontos comuns com pelo menos um outro sentido, e de maneira inesperada.

No início deste capítulo, vimos que os cães e outros animais detectam cheiros através de proteínas chamadas receptores olfatórios. Estes fazem parte de um grupo muito maior de proteínas chamadas receptores acoplados à proteína G, ou GPCRs. Ignore o nome complicado; não importa. O que importa é que são sensores químicos. Eles ficam na superfície das células, agarrando moléculas específicas que passam flutuando. É por suas ações que as células conseguem detectar e reagir às substâncias que as rodeiam. Esse processo é temporário: depois de fazerem seu trabalho, os GPCRs liberam ou destroem as moléculas que capturaram. Mas um grupo deles contraria essa tendência: as opsinas. Elas são especiais porque guardam suas moléculas-alvo e porque essas moléculas absorvem luz. Eis aí a base da visão. É assim que todos os animais enxergam — usando proteínas sensíveis à luz que são, na verdade, sensores químicos modificados.[129]

De certa forma, enxergamos cheirando luz.

2.
Maneiras infinitas de ver

Luz

Estou olhando para uma aranha-saltadora e, ainda que seu corpo esteja apontando para o outro lado, ela me encara de volta. Quatro pares de olhos circundam sua cabeça em forma de torre, dois apontando para a frente, os outros dois, para os lados e para trás. A aranha tem uma visão de quase 360 graus, e seu único ponto cego fica bem atrás dela. Quando balanço meu dedo numa posição ligeiramente lateral ao ponto cego, ela o vê se mover e se vira. Conforme mexo o dedo, a aranha o segue. As aranhas-saltadoras "são as únicas que têm esse hábito de se virar e olhar pra gente", diz Elizabeth Jakob, cujo laboratório em Amherst, Massachusetts, visito neste momento. "Várias aranhas passam muito tempo imóveis numa teia esperando que algo aconteça. Mas essas são ativas."

Os humanos são uma espécie tão visual que aqueles de nós capazes de enxergar equiparam instintivamente olhos ativos a um intelecto também ativo. É nos movimentos rápidos e ágeis que vemos uma mente curiosa investigando o mundo. No caso das aranhas-saltadoras, não se trata de antropomorfismo injustificado. Apesar de seu cérebro ter o tamanho de uma semente de papoula, elas são de fato surpreendentemente inteligentes.* A espécie *Portia* é famosa por planejar rotas estratégicas ao perseguir presas e pela flexibilidade com que alterna táticas de caça sofisticadas.[1] As ousadas aranhas-saltadoras (*Phidippus*

---

* Pergunto a Jakob o quanto a inteligência acima da média de uma aranha-saltadora (para uma aranha) está incorporada em seus sentidos. As aranhas que sentem principalmente vibrações ao longo das suas teias não têm uma grande quantidade de informações para interpretar, explica ela. "As aranhas muito visuais lidam com uma complexidade de informações bem maior", diz. "Não posso deixar de pensar que a capacidade de interpretar essas informações tenha grande valor para elas, o que parece ser uma brecha para a evolução, a fim de empurrá-las para competências cognitivas cada vez mais elevadas. Mas não sei. Temos que levar em consideração nossa própria tendência humana de sermos visuais."

audax) que Jakob estuda são menos engenhosas, mas a pesquisadora ainda assim as mantém perto de objetos estimulantes — o tipo de incremento ao ambiente do animal que tratadores do zoológico por vezes proporcionam a mamíferos em cativeiro. Nos terrários de algumas aranhas há palitos de cores vivas. Observo que uma delas tem um tijolo vermelho de Lego. Brincamos: vai saber o que ela pode acabar construindo pelas nossas costas.

Pouco maior que a unha do meu dedo mindinho, a ousada aranha-saltadora é quase toda preta, exceto pela penugem branca na articulação das pernas e as manchas turquesa vibrantes nos palpos que sustentam suas presas. É surpreendentemente fofa. Seu corpo atarracado, membros curtos, cabeça grande e olhos arregalados são bastante infantis e despertam o mesmo viés psicológico profundo que torna bebês e cachorrinhos adoráveis. Mas essas proporções não evoluíram para gerar empatia. Os membros curtos proporcionam grandes saltos: ao contrário de outras aranhas que armam emboscadas, as saltadoras perseguem e atacam suas presas. E, ao contrário também de outras espécies que sentem o mundo principalmente por meio de vibrações e toque, as aranhas-saltadoras dependem da visão.[2] É por isso que os oito olhos ocupam até metade do volume de sua grande cabeça. São as aranhas cujos *Umwelten* estão mais próximos dos nossos. Nessa semelhança encontro afinidade. Observo a aranha e ela me observa de volta, duas espécies totalmente diferentes, conectadas pelo nosso sentido dominante.

O falecido neurobiólogo britânico Mike Land, descrito por um de seus colegas como "o deus dos olhos", foi o pioneiro no estudo da visão das aranhas-saltadoras.[3] Em 1968, ele desenvolveu um oftalmoscópio para aranhas que podia usar para observar as retinas das criaturas enquanto elas, por sua vez, olhavam imagens.[4] Jakob e seus colegas refinaram o design de Land; para minha visita, colocaram uma aranha-saltadora em seu dispositivo, que no momento aponta para os olhos centrais da criatura. Esses olhos miram à frente e são os maiores dos quatro pares, bem como os mais precisos. Apesar de terem apenas alguns milímetros de comprimento, conseguem enxergar tão claramente quanto os olhos de pombos, elefantes ou cães pequenos. Cada olho é um tubo longo, com uma lente na frente e uma retina atrás.* A lente

---

* Cada olho central tem, na verdade, duas lentes, uma na parte superior e outra na inferior. A lente superior coleta e foca a luz, enquanto a inferior a reflete. Essa estrutura permite ampliar as imagens antes que elas atinjam a retina da aranha, e é por isso que esses pequenos animais enxergam tão nitidamente quanto os cãezinhos. Os telescópios

fica fixa no lugar, mas a aranha é capaz de olhar em redor girando o restante do tubo no interior da cabeça. (Imagine segurar uma lanterna pela ponta e, em seguida, apontar o feixe movendo o tubo.)* A aranha fêmea no rastreador ocular está fazendo exatamente isso. Seu corpo está imóvel. Seus olhos também parecem imóveis. Mas no monitor podemos ver que suas retinas estão se movendo. "Ela de fato está nos encarando de volta", explica Jakob.

Por razões que ninguém entende totalmente, as retinas desses olhos centrais têm o formato de bumerangues. A princípio, na tela de Jakob, elas parecem separadas (> <). Mas, quando a pesquisadora mostra à aranha um quadrado preto, as duas retinas convergem para ele, formando uma mira (><). À medida que o quadrado se move, as retinas o seguem. Depois de um tempo, porém, a aranha perde o interesse e as retinas voltam a se separar. Jakob substitui o quadrado pela silhueta de um grilo, e as retinas convergem outra vez. Dessa vez, elas dançam sobre a imagem, passando rápido das antenas para o corpo e as pernas do grilo, com os mesmos saltos bruscos que nossos olhos fazem ao observar uma cena. As retinas também giram juntas, no sentido horário e anti-horário, talvez porque a aranha esteja procurando ângulos específicos que possam ajudá-la a identificar para o que está olhando. Mike Land escreveu certa vez que é "uma experiência estimulante, mas muito estranha, olhar nos olhos em movimento de outra criatura senciente, especialmente uma que está tão distante de nós na escala da evolução".[5] Concordo demais. Pelo menos 730 milhões de anos de evolução separam os humanos das aranhas-saltadoras, e é difícil interpretar o comportamento de uma criatura tão diferente. Mas, no monitor de Jakob, consigo observar uma delas prestando atenção, depois perdendo o interesse. Consigo observá-la observando. Ao olhar o olhar dela, chego o mais próximo possível de vislumbrar sua mente. E, apesar das muitas semelhanças, vejo o quanto a visão dela é diferente da minha.

Para começar, a aranha tem mais olhos. O par central até pode proporcionar nitidez e mobilidade, mas seu campo de visão é bem estreito. Se a

---

que Galileu começou a usar em 1609 funcionavam da mesma forma, utilizando tubos com lentes nas duas extremidades para observar objetos distantes. Sem que soubesse, Galileu estava involuntariamente plagiando uma estrutura que as aranhas-saltadoras haviam desenvolvido milhões de anos antes e que, em noites claras, podem usar para ver a lua.

* Filhotes de aranhas-saltadoras são transparentes. Com boa iluminação, dá para ver os tubos oculares se movendo dentro da cabeça.

aranha só tivesse esse, sua visão seria como duas lanternas varrendo um quarto escuro. Os olhos secundários, de ambos os lados do par central, compensam essa deficiência com um campo de visão muito mais amplo. E, embora sejam imóveis, são altamente sensíveis a movimento. Se uma mosca zumbe na frente da aranha, os olhos secundários a localizam e informam aos olhos centrais para onde olhar. E aqui vem a parte verdadeiramente bizarra: com os olhos secundários cobertos, a aranha não consegue rastrear objetos em movimento.[6]

Acho isso quase impossível de imaginar. Ao digitar estas palavras, uso as partes de maior nitidez dos meus olhos para focar as letras que aparecem na tela. Enquanto isso, com minha visão periférica, consigo distinguir a forma preta de Typo, meu cachorrinho corgi, rondando o recinto em busca de confusão. Essas tarefas — visão nítida e detecção de movimento — parecem inseparáveis. E, no entanto, as aranhas-saltadoras as separaram tão completamente que há *diferentes pares de olhos* para cada uma. Os centrais reconhecem padrões e formas e veem em cores. Os secundários rastreiam movimentos e redirecionam a atenção. Olhos diferentes para tarefas diferentes, e cada conjunto tem suas próprias conexões distintas no cérebro da aranha.* As aranhas-saltadoras nos lembram que compartilhamos uma realidade visual com outras criaturas capazes de enxergar, mas que a vivenciamos de maneiras totalmente diferentes. "Não precisamos procurar alienígenas de outros planetas", diz Jakob. "Temos animais bem aqui ao nosso lado com uma interpretação completamente diferente do que é o mundo."

Os humanos têm dois olhos. Estão localizados na nossa cabeça. São do mesmo tamanho. Olham para a frente. Nenhuma dessas características é a norma, e uma rápida espiada no resto do reino animal revela que os olhos podem ser tão variados quanto as criaturas que os possuem. Podem ser em múltiplos de oito ou em centenas. Os olhos da lula-gigante são grandes como bolas de futebol;[7] os das vespas-fadas-voadoras, do tamanho do núcleo de uma ameba. Lulas, aranhas-saltadoras e humanos desenvolveram olhos semelhantes a câmeras, nos quais uma única lente focaliza a luz sobre uma única retina.[8] Os insetos e crustáceos têm olhos compostos, que consistem em muitas unidades separadas de captação de luz (ou omatídeos). Os olhos dos

---

* E os outros dois pares? Um parece detectar movimento atrás da aranha. O outro é muito reduzido e a sua finalidade não está clara.

animais podem ser bifocais ou assimétricos.[9] Podem ter lentes feitas de proteína ou rocha.[10] Podem aparecer em bocas, braços e carapaças. Podem realizar todas as tarefas de que os nossos são capazes ou apenas algumas delas.

Essa miscelânea de olhos traz consigo uma mistura vertiginosa de *Umwelten* visuais. Os animais conseguem enxergar detalhes nítidos ao longe ou nada além de manchas borradas de luz e sombra. Conseguem enxergar perfeitamente bem no que chamamos de escuridão ou ficar instantaneamente cegos no que chamamos de luminosidade. Conseguem enxergar o que consideraríamos um movimento em câmera lenta ou um lapso de tempo. Conseguem enxergar em duas direções ao mesmo tempo ou simultaneamente em todas as direções. A visão deles pode ficar mais ou menos sensível ao longo de um único dia. Seu *Umwelt* pode mudar à medida que envelhecem. Um colega de Jakob, Nate Morehouse, mostrou que as aranhas-saltadoras nascem com um suprimento vitalício de células detectoras de luz, as quais aumentam de tamanho e ficam mais sensíveis com a idade.[11] "É como se as coisas fossem ficando cada vez mais chamativas", Morehouse me explicou. Para uma aranha-saltadora, envelhecer "é como ver o sol nascer".

Sönke Johnsen observa, na abertura de seu livro *The Optics of Life* [A óptica da vida], que a visão "tem a ver com luz, portanto, talvez devêssemos começar falando do que é a luz". E então, com admirável franqueza, prossegue: "Não faço ideia".[12] Embora a luz nos rodeie quase constantemente, não é fácil intuir sua verdadeira natureza. Os físicos afirmam que ela existe tanto como onda eletromagnética quanto como partículas de energia conhecidas como fótons. As especificidades dessa dupla natureza nem precisariam nos preocupar. O que importa é que, sob nenhum desses disfarces, é trivial que os seres vivos deveriam ser capazes de detectar a luz. De uma perspectiva biológica, talvez a coisa mais surpreendente em relação à luz seja o fato de que somos capazes de percebê-la.

Olhando-se dentro dos olhos de uma aranha-saltadora, de um ser humano ou de qualquer outro animal, o que se verá ali são células detectoras de luz chamadas fotorreceptores. Essas células podem variar drasticamente de uma espécie para outra, mas partilham uma característica universal: contêm proteínas chamadas opsinas. Todo animal capaz de enxergar o faz com opsinas, que funcionam acoplando-se firmemente a uma molécula parceira chamada cromóforo, em geral derivada da vitamina A.[13] O cromóforo consegue absorver a energia de um único fóton de luz. Quando isso acontece, ele assume instantaneamente uma forma diferente, e suas contorções forçam a parceira opsina a se remodelar também. A transformação da opsina desencadeia então uma reação química que termina com um sinal elétrico percorrendo um neurônio. É assim que a luz é percebida. Pense no cromóforo como a chave do carro, e na opsina, como o contato da ignição. Os dois se encaixam, a luz gira a chave e o motor da visão ganha vida.

Existem milhares de opsinas animais diferentes, mas todas estão relacionadas.*[14] Essa unidade cria um paradoxo. Se todo o sentido da visão depende das mesmas proteínas, e se essas proteínas todas detectam luz, por que existem tantos tipos de olhos diferentes? A resposta está nas distintas propriedades da luz. Como a maior parte da luz na Terra vem do Sol, sua presença pode dar indicações sobre temperatura, hora do dia ou profundidade da água. Ela se reflete em objetos, revelando inimigos, parceiros e locais de abrigo. Viaja em linha reta e é bloqueada por obstáculos sólidos, criando características reveladoras como sombras e silhuetas. Cobre distâncias à escala da Terra quase instantaneamente, oferecendo uma fonte de informação rápida e abrangente. A diversidade da visão ocorre porque a luz é informativa de diversas maneiras, e os animais a percebem por inúmeras razões.[15]

O biólogo Dan-Eric Nilsson diz que os olhos evoluem em quatro estágios de complexidade crescente.[16] O primeiro envolve apenas fotorreceptores — células que fazem pouco mais do que detectar a presença de luz. A hidra, parente da água-viva, usa fotorreceptores para garantir que seus ferrões sejam disparados com mais facilidade na penumbra, talvez para preservar essas ferroadas para as horas noturnas, quando é mais comum aparecerem presas, ou para dispará-las quando sente a sombra de um alvo que passa.[17] A cobra-do-mar-oliva tem fotorreceptores na ponta da cauda, que afasta de fontes de luz.[18] Polvos, chocos e outros cefalópodes têm fotorreceptores espalhados por toda a pele, o que talvez os ajude no comando de suas incríveis habilidades para mudança de cor.[19]

---

* Em 2012, a bióloga evolucionista Megan Porter comparou quase novecentas opsinas de espécies diferentes e confirmou que partilham um único ancestral. Essa opsina original surgiu num dos primeiros animais e foi tão eficiente na captura de luz que a evolução nunca imaginou uma alternativa melhor. Em vez disso, a proteína ancestral diversificou-se numa ampla árvore genealógica de opsinas, que agora fundamentam toda a visão. Porter desenha essa árvore como um círculo, com galhos irradiando para fora a partir de um único ponto. Parece um olho gigante.

No segundo estágio, os fotorreceptores ganham sombra — um pigmento escuro ou alguma outra barreira que bloqueia a luz que chega de determinados ângulos. Os fotorreceptores sombreados conseguem não apenas detectar a presença da luz, mas também inferir sua direção. Essas estruturas ainda são tão simples que muitos cientistas nem as consideram olhos de verdade, mas ainda assim são úteis para seus donos. Também podem aparecer em qualquer lugar. A borboleta-cauda-de-andorinha-chinesa tem fotorreceptores no órgão genital.[20] O macho usa essas células para guiar seu pênis até a vagina da fêmea, e ela, para posicionar sobre a superfície de uma planta o tubo pelo qual faz a desova.

No terceiro estágio de Nilsson, os fotorreceptores sombreados formam grupos. Seus donos agora conseguem reunir informações sobre a luz de diferentes direções para produzir imagens do mundo ao redor. Para muitos cientistas, esse é o ponto em que a detecção de luz se torna visão de fato, quando fotorreceptores simples se tornam olhos de verdade e se pode dizer que os animais realmente estão enxergando.* De início, é uma visão embaçada e granulada, adequada apenas a tarefas rudimentares como encontrar abrigo ou detectar contornos. Mas, com a inclusão de elementos para foco, como lentes, fica mais nítida, e o *Umwelt* é preenchido com ricos detalhes visuais. A visão de alta resolução é o quarto estágio de Nilsson. Quando primeiro se tornou possível, deve ter intensificado as interações entre os animais. Conflitos e cortejos poderiam ocorrer a distâncias maiores do que as permitidas pelo toque ou pelo paladar e a velocidades muito rápidas na comparação com o olfato. Os predadores agora conseguiam localizar suas presas de longe e vice-versa. As perseguições começaram. Os animais se tornaram maiores e mais rápidos, ganharam mobilidade. Carapaças de defesa, espinhas dorsais e conchas evoluíram. A ascensão da visão de alta resolução pode explicar por que, há cerca de 541 milhões de anos, o reino animal se diversificou drasticamente, dando origem aos principais grupos que existem hoje. Essa onda de inovação evolutiva é chamada de explosão Cambriana, e os olhos de estágio quatro podem ter sido uma das faíscas que a causaram.[21]

O modelo de quatro estágios de Nilsson dialoga com uma preocupação de Charles Darwin, que não tinha certeza de quanto poderia ter sido

---

* Essa distinção não é universalmente aceita, e alguns pesquisadores argumentam que um olho que esteja no estágio dois — um fotorreceptor mais um pigmento de sombreamento — também conta como olho.

complexa a evolução dos olhos modernos. "Supor que o olho, com todos os seus inimitáveis artifícios [...], pudesse ter sido formado pela seleção natural parece, confesso com franqueza, um absurdo do mais alto grau possível", escreveu em *A origem das espécies*.

> No entanto, a razão me diz que, se for possível demonstrar a existência de numerosas gradações, de um olho perfeito e complexo até um muito imperfeito e simples, cada um em seu grau de desenvolvimento sendo útil a quem o possua [...] diminui, na realidade, a dificuldade de acreditar que um olho perfeito e complexo possa ter sido formado pela seleção natural, ainda que nossa imaginação não logre alcançá-lo.[22]

As gradações que Darwin imaginou de fato existem: os animais exibem todos os estágios intermediários concebíveis, desde simples fotorreceptores até olhos aguçados. E diferentes grupos de animais desenvolveram olhos diversos repetida e independentemente usando os mesmos blocos de construção, as opsinas. As águas-vivas desenvolveram olhos de estágio dois pelo menos nove vezes e de estágio três, pelo menos outras duas vezes.[23] Os olhos, longe de serem um abalo para a teoria evolucionista, provaram ser um de seus melhores exemplos.*[24]

Darwin estava errado, porém, ao chamar os olhos complexos de perfeitos e os mais simples de imperfeitos. Os olhos de estágio quatro não são um ideal platônico que a evolução esforçadamente perseguia. As estruturas mais simples que os precederam ainda existem e se adaptam bem às necessidades de seus donos. "Os olhos não evoluíram de precários a perfeitos", enfatiza Nilsson. "Evoluíram da execução perfeita de algumas tarefas simples para a execução excelente de muitas tarefas complexas." Como vimos na introdução, uma estrela-do-mar tem olhos nas pontas dos cinco braços.[25] Esses olhos não conseguem ver cores, detalhes ou movimentos

---

* Em 1994, Nilsson e Susanne Pelger simularam como teria sido a evolução de um olho nítido estágio quatro a partir de um olho simples estágio três. A simulação começou com uma pequena placa plana de fotorreceptores. A cada geração, a placa engrossava aos poucos e ia se curvando. Então ganhava uma lente, ainda grosseira, que ia melhorando gradativamente. Supondo, de forma pessimista, que o olho melhore apenas 0,005% a cada geração e que cada geração dure um ano, seriam necessários apenas 364 mil anos para que o olho embaçado do estágio três se tornasse algo parecido com o nosso de hoje. Em termos de evolução, isso é um piscar de olhos.

rápidos, mas não precisam fazer isso. Só precisam ser capazes de detectar objetos grandes, de modo que a estrela possa caminhar lentamente de volta à segurança de um recife de coral. Uma estrela-do-mar não precisa do olho aguçado de uma águia, nem mesmo do olho de uma aranha saltadora. Ela enxerga o que lhe é necessário.*[26][27] O primeiro passo para compreender o *Umwelt* de outro animal é entender *para que* ele usa seus sentidos.

Os primatas, por exemplo, provavelmente desenvolveram olhos grandes e aguçados para capturar insetos que vivem pousados em galhos de árvores. Nós, humanos, herdamos essa visão aguçada, que as pessoas capazes de enxergar hoje usam para guiar seus dedos hábeis, para ler símbolos aos quais atribuem significados e para avaliar os sinais ocultos em expressões faciais sutis. Nossos olhos atendem às nossas necessidades. Eles também nos dão um *Umwelt* singular que a maioria dos outros animais não compartilha.

Em 2012, quando Amanda Melin, uma cientista que estuda a visão animal, conheceu Tim Caro, um cientista que estuda padrões animais, a conversa dos dois acabou se encaminhando para as zebras.

Caro era o mais recente de uma longa lista de biólogos a se perguntar por que as zebras têm padrões tão visíveis em preto e branco.[28] Uma das primeiras e mais proeminentes hipóteses, disse ele a Melin, era que as listras funcionassem contraintuitivamente como camuflagem. Elas bagunçariam o olhar de predadores como leões e hienas, quebrando o contorno da zebra, ou ajudando-a a se confundir com os troncos verticais das árvores, ou ainda transformando-a num borrão confuso ao correr. Mas Melin tinha dúvidas. "Fiquei com uma cara meio assim", lembra ela. "E disse: 'Acho que a maioria dos carnívoros caça à noite, e a acuidade visual deles deve ser

---

* Também não é verdade que olhos mais avançados sempre tenham existido em criaturas mais avançadas e que olhos simples sempre tenham existido em criaturas mais simples. Há alguns micróbios compostos apenas de células simples e que também conseguem funcionar como olhos surpreendentemente complexos. Considere a bactéria de água doce *Synechocystis*. A luz que atinge um lado de sua célula esférica fica fosca no lado oposto. Assim, a bactéria consegue sentir de onde vem a luz e se mover nessa direção. Ela é basicamente uma lente viva, e toda sua estrutura é uma retina. Há um grupo de algas unicelulares chamados *Warnowiaceae* que também parecem olhos vivos, já que cada célula possui componentes que lembram um cristalino, uma íris, uma córnea e uma retina. O que essas algas veem, e se veem, é uma questão que permanece em aberto.

muito pior que a dos humanos. Provavelmente não conseguem ver as listras'. E o Tim falou: 'Como é que é?'."

Os humanos superam quase todos os outros animais na resolução de detalhes. Nossa visão excepcionalmente nítida, percebeu Melin, nos proporciona uma visão privilegiada das listras de uma zebra. Ela e Caro calcularam que, num dia claro, pessoas com excelente visão conseguem distinguir as faixas pretas e brancas a duzentos metros de distância.[29] Os leões, só a noventa metros, e as hienas, a cinquenta metros. E essas distâncias caem aproximadamente pela metade ao amanhecer e ao anoitecer, quando esses predadores têm maior probabilidade de sair à caça. Melin estava certa: as listras não podem funcionar como camuflagem porque os predadores só conseguem distingui-las de perto, momento em que quase certamente já seriam capazes de escutar a zebra e sentir seu cheiro. À maioria das distâncias, as listras simplesmente se fundem num cinza uniforme. Para um leão caçador, uma zebra se parece mais com um jumento.*[30]

A acuidade visual de um animal é medida em ciclos por grau[31] — um conceito no qual, por uma feliz coincidência, podemos pensar em termos de listras de uma zebra. Esticando-se o braço e fazendo um sinal de positivo, a unha representa aproximadamente 1 grau de espaço visual, dos 360 graus em redor. Pintando de sessenta a setenta pares de listras finas em preto e branco naquela unha, ainda deve dar para distingui-las. A acuidade visual de um ser humano, portanto, está em algum lugar entre 60 e 70 ciclos por grau, ou cpg. O recorde atual, de 138 ciclos por grau, pertence à águia-audaz da Austrália.**[32][33] Seus fotorreceptores estão entre os mais estreitos do reino animal, o que permite que fiquem densamente compactados nas retinas da águia. Com essas células esbeltas, a criatura enxerga o mundo numa tela com efetivamente duas vezes mais pixels que a nossa. Consegue detectar um rato a mais de um quilômetro de distância.

---

* Então, por que as zebras são listradas? Caro tem uma resposta definitiva: para afastar moscas sugadoras de sangue. As mutucas africanas e as moscas-tsé-tsé transmitem uma série de doenças que são fatais para os cavalos, e zebras são especialmente vulneráveis porque sua pelagem é curta. As listras, por algum motivo, confundem os mosquitos. Ao filmar zebras reais, bem como cavalos normais cobertos por casacos listrados que imitam a zebra, Caro mostrou que as moscas se aproximavam dos animais, mas se atrapalhavam na hora de pousar. Ainda não está claro por que isso acontece.   ** Um estudo frequentemente citado da década de 1970 sugeria que o falcão-americano tem uma acuidade de 160 cpg, mas outros estudos da mesma ave encontraram valores muito mais baixos, em paridade com os dos humanos.

Mas as águias e outras aves de rapina são os únicos animais cuja visão é substancialmente mais aguçada que a nossa. A bióloga sensorial Eleanor Caves tem compilado medições de acuidade visual de centenas de espécies, e quase todas perdem para a visão dos humanos.[34] Além das aves de rapina, apenas alguns outros primatas chegam perto dos nossos padrões. Polvos (46 cpg), girafas (27 cpg), cavalos (25 cpg) e chitas (23 cpg) se saem razoavelmente bem.[35] A acuidade de um leão é de apenas 13 cpg, um pouco acima do limite de 10 cpg segundo o qual humanos são considerados legalmente cegos. A maioria dos animais fica abaixo desse limite, incluindo metade de todos os pássaros (alguns surpreendentemente, como beija-flores e corujas), a maior parte dos peixes e todos os insetos. A acuidade de uma abelha é de apenas um ciclo por grau. A unha do dedão em sinal de positivo representa aproximadamente um pixel do mundo visual de uma abelha, e todos os detalhes dessa unha acabam transformados numa mancha uniforme. Cerca de 98% dos insetos têm uma visão ainda mais grosseira. "Os humanos são esquisitos", Caves me diz. "Não ocupamos o ápice de nenhuma modalidade sensorial, mas arrasamos na acuidade visual." E, paradoxalmente, nossa visão aguçada atrapalha nossa apreciação de outros *Umwelten*, porque "presumimos que, se conseguimos enxergar, eles também conseguem, e que, se algo nos chama a atenção, deve chamar a atenção deles", prossegue Caves. "Não é verdade."

A própria Caves foi vítima desse preconceito perceptivo. Ela estuda camarões-limpadores, que são úteis aos peixes por esfoliar deles parasitas e pele morta. "Eles limpam peixes coloridos de recifes de coral, e eles próprios são coloridos, então, pensei que teriam uma visão razoável", Caves me conta. Não têm. Os clientes peixes conseguem enxergar as manchas azuis vibrantes em seu corpo e suas antenas brancas e luminosas a se agitarem, mas os próprios camarões não conseguem. Os belos padrões de um camarão-limpador não fazem parte do *Umwelt* de um camarão-limpador, mesmo de muito perto. "Eles provavelmente não são capazes de ver nem suas próprias antenas", acrescenta Caves.

Muitas borboletas também exibem padrões intrincados nas asas, o que pode alertar os predadores de que são insetos tóxicos. Alguns cientistas sugeriram que as borboletas conseguiriam se reconhecer a partir desses padrões, mas é improvável, uma vez que sua visão não é suficientemente nítida. Um melro é capaz de distinguir as manchas pretas salpicadas sobre as asas laranja de uma borboleta da espécie *Araschia levana*, mas o que outra borboleta igual vê ali é apenas um borrão laranja. Sempre olhamos para borboletas, camarões-limpadores e zebras com os olhos errados — os nossos.

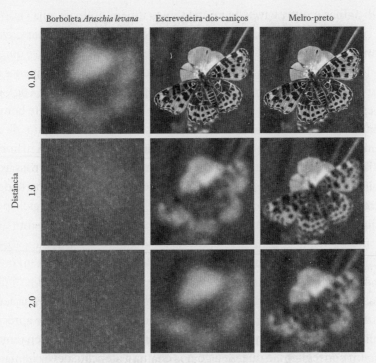

Uma borboleta Araschia levana *vista através dos olhos de diferentes espécies e a distâncias variadas*

Por que, então, uma vez que os animais são tantas vezes adornados com padrões elaborados, eles não costumam ter olhos aguçados? Em alguns casos, é porque os olhos trazem as limitações de seu passado. A sina da baixa resolução vem embutida na estrutura de um olho composto e, tendo olhos desse tipo de partida, insetos e crustáceos acabam condenados a eles. As chamadas moscas predadoras da família Asilidae chegam a ter 3,7 ciclos por grau, mas é quase o limite.[36] Para que o olho de uma mosca chegasse a ser tão aguçado quanto o de um ser humano, ele precisaria ter um metro de largura.[37]

Olhos aguçados também apresentam uma grande desvantagem. Como mostra o caso da águia-audaz, os animais podem chegar a ter uma visão mais nítida por possuírem fotorreceptores menores e mais densamente compactados. Mas, dessa forma, cada receptor coletará luz numa área menor e se tornará, portanto, menos sensível. Essas qualidades — sensibilidade e resolução — interferem uma na outra. Nenhum olho consegue se destacar em ambas. Uma águia pode ser capaz de avistar um coelho distante em plena luz do dia, mas sua acuidade diminui à medida que o sol se põe. (Não existem águias noturnas.) Por outro lado, leões e hienas podem não ser capazes de identificar as listras de uma zebra ao longe, mas suas visões são suficientemente sensíveis para que consigam caçá-la à noite. Eles e muitos outros animais priorizaram a sensibilidade em detrimento da acuidade. Como sempre, os olhos evoluem para atender às necessidades de seus donos. Alguns animais simplesmente não precisam ver imagens nítidas. E outros não precisam nem ver imagens.

Daniel Speiser nunca imaginou que passaria a carreira tentando ter empatia pelas vieiras. Quando começou a pós-graduação, em 2004, pensava nelas da mesma forma que a maioria das pessoas: "como pedaços de carne num prato", ele me diz. Mas aquelas apetitosas iscas grelhadas são apenas os músculos que as vieiras usam para fechar suas conchas. Olhando para uma vieira viva e inteira, você verá um animal muito diferente. E esse animal também verá você. Cada metade da concha em forma de leque de uma vieira tem olhos dispostos ao longo da borda interna — dezenas em algumas espécies e até duzentos em outras.[38] Na vieira, os olhos parecem mirtilos de neon. Speiser os acha "engraçados, horríveis e encantadores", tudo ao mesmo tempo.

É bastante estranho que as vieiras tenham olhos, enquanto a maioria dos outros bivalves, como mexilhões e ostras, não têm. É ainda mais estranho que esses olhos, como demonstrou Mike Land na década de 1960, sejam complexos.[39] Cada um fica na ponta de um tentáculo móvel e tem uma pequena pupila: "É selvagem e assustador ver todos eles se abrindo e fechando juntos", diz Speiser. A luz passa pela pupila e chega à parte posterior do olho da vieira, onde é refletida por um espelho curvo. O espelho é um conjunto de cristais quadrados montados de forma precisa que, coletivamente, focam a luz nas retinas da vieira. Sim, retinas, no plural. São duas por olho e tão diferentes quanto duas retinas de animais poderiam ser.*[40] Na soma total, são milhares de fotorreceptores, o que proporciona

---

* Existem dois grupos principais de fotorreceptores animais, conhecidos como ciliares e rabdoméricos. Ambos usam opsinas, mas funcionam de maneiras muito diferentes. Os cientistas antes pensavam que os receptores ciliares só eram encontrados em vertebrados e os rabdoméricos, apenas em invertebrados. Mas não é verdade: ambos os tipos de receptores são encontrados em ambos os grupos. E ambos existem na vieira, que tem uma retina cheia de fotorreceptores ciliares e outra cheia de fotorreceptores rabdoméricos. Por quê? Não está claro, embora uma retina pareça ser usada para detectar objetos em movimento e a outra, para selecionar habitats.

resolução espacial suficiente para detectar pequenos objetos. "O sistema óptico delas é bom mesmo", conta Speiser.*

Mas *por quê*? Quando ameaçadas, as vieiras podem nadar para longe, abrindo e fechando as conchas como castanholas em pânico. Além desses raros momentos de ação, porém, elas ficam basicamente no fundo do mar, peneirando partículas comestíveis da água. São "conchas glorificadas",** lembra Sönke Johnsen. Por que precisam de um olho tão complicado, que dirá de dezenas ou centenas deles? Para que uma vieira usa sua visão? Para descobrir isso Speiser realizou um experimento que chamou de "TV Vieira". Amarrou as conchas em pequenos assentos, colocou-as na frente de um monitor e lhes mostrou filmes gerados por computador de pequenas partículas à deriva.[41] Um cenário tão ridículo que ninguém achou a sério que funcionaria. Mas funcionou: quando as partículas exibidas eram grandes o suficiente e se moviam devagar o suficiente, as vieiras abriam as conchas, como se prontas a se alimentar. "Foi a coisa mais maluca que já vi", Johnsen me contou.

Na época, Speiser achava que as vieiras deviam usar os olhos para detectar alimento em potencial. Hoje acha que tem algo mais acontecendo ali. Intercalados entre seus olhos ficam tentáculos que as vieiras usam para sentir o cheiro das moléculas na água. Speiser acredita que elas usem o olfato para reconhecer predadores, como as estrelas-do-mar, e a visão para detectar coisas que simplesmente merecem uma cheirada investigativa. Quando abriram suas conchas em resposta à "TV Vieira", não estavam tentando se alimentar, e sim explorando. "Meu palpite é que observávamos vieiras curiosas", diz Speiser.

Ele suspeita que a visão das vieiras funcione de maneira muito diferente da nossa. Nosso cérebro combina as informações sobrepostas de nossos dois olhos numa única cena. Uma vieira *poderia* fazer o mesmo com cem olhos, mas parece improvável, considerando-se seu cérebro bastante rudimentar. Em vez disso, cada olho talvez simplesmente diga ao cérebro se detectou algo em movimento ou não. Pense no cérebro da

---

* Não é que os olhos de vieira sejam perfeitos. Quando a luz entra no olho, ela deve primeiro passar pela retina para depois refleti-la e focalizá-la. A retina recebe duas tentativas de absorção dessa luz — uma na passagem inicial desfocada e outra depois em sua forma mais focada. Isso significa que o olho vê uma imagem focada contra um fundo de neblina desfocada.

** Referência ao fato de a concha da vieira ser o símbolo dos peregrinos de Santiago de Compostela. [N.T.]

vieira como um segurança atento a um conjunto de cem monitores, cada um conectado a uma câmera de detecção de movimento. Caso as câmeras captem algo, ele manda cães farejadores para investigar. Eis o problema: as câmeras podem ser de última geração, mas as imagens que capturam *não chegam ao segurança*. A única coisa que ele vê nos monitores é uma luz de alerta para cada câmera que detecta algo. Se Speiser estiver certo sobre essa configuração bizarra, significa que, embora cada olho da vieira, individualmente, tenha boa resolução espacial, o animal talvez não tenha propriamente *visão* espacial. Ele sabe quando os olhos de determinada região do corpo detectaram algo, mas não tem acesso a uma imagem do objeto. Não vê passar o filme na cabeça da mesma forma que nós. Enxerga, mas não as cenas.

Esse tipo de visão está provavelmente mais próximo do nosso sentido do tato do que de qualquer coisa que percebemos com os olhos. Não criamos uma cena tátil do mundo, embora sejamos sencientes em todos os pontos da nossa pele. Na verdade, ignoramos quase a totalidade desses estímulos até que alguma coisa nos cutuque (ou vice-versa). E, quando sentimos algo inesperado, nossa reação mais comum é voltar o olhar para a coisa. Talvez para uma vieira o olfato (não a visão) seja o sentido refinado de exploração, e a visão (não o tato), o sentido mais rudimentar, de detecção com o corpo todo.*

Mas, se for assim, por que cada olho tem uma resolução tão boa? Por que os componentes sofisticados, como espelhos e retinas duplas? Por que tantos olhos, quando apenas alguns seriam suficientes para cobrir todo o espaço ao redor da concha da vieira? Por que a evolução deu olhos tão bons a um animal cujo cérebro mal consegue lidar com a informação transmitida?**[42 43] Ninguém sabe. "Às vezes sinto que quase consigo entender e com isso ter

---

* Essa ideia é especialmente convincente porque os olhos são, na verdade, tentáculos quimiossensoriais modificados. É um sistema visual improvisado a partir de outro originalmente usado para olfato e tato. ** Em 1964, Mike Land, que ainda era um estudante de pós-graduação, observou o olho de uma vieira e viu uma imagem sua de cabeça para baixo refletida ali. Foi assim que descobriu que cada olho contém um espelho focalizador. Mais tarde, ele mostrou que o espelho consiste em cristais em camadas e sugeriu (corretamente) que os cristais são feitos de guanina — um dos blocos de construção do DNA. Os cristais de guanina não formam quadrados naturalmente, então, a vieira deve de alguma forma controlar o seu crescimento. Não está claro como ela consegue fazer isso, ou como faz com que cada cristal tenha a mesma medida exata — 74 bilionésimos de metro de espessura.

empatia pelas vieiras", diz Speiser. "Mas boa parte do tempo me sinto perdido de novo."*[44][45][46]

Alguns animais podem contar com a visão distribuída da vieira sem ter olhos. O ofiúro *Ophiomastix wendtii* parece uma estrela-do-mar magra e espinhosa ou talvez cinco centopeias saindo de um disco de hóquei. Ele não tem olhos de aparência óbvia, mas claramente enxerga. Foge da luz, rasteja na direção de fendas sombreadas e até muda de cor depois do pôr do sol. Em 2018, Lauren Sumner-Rooney mostrou que ofiúros têm milhares de fotorreceptores ao longo de todo o comprimento de seus braços sinuosos.[47] É como se o animal inteiro agisse como um olho composto.**[48] Mais estranho ainda, só é olho *durante o dia*.[49]

Quando o sol aparece, ele expande sacos de pigmento na pele, o que lhe confere a cor vermelho-escura de um coágulo sanguíneo. À noite, recolhe as bolsas e fica cinza-claro e listrado. Quando expandidos, os sacos de pigmento impedem que a luz alcance os fotorreceptores em determinados ângulos. Isso dá a cada receptor a direcionalidade de um olho de estágio dois, e ao animal como um todo, a visão espacial de um olho de estágio três. Mas, quando os sacos pigmentares se contraem, à noite, os fotorreceptores ficam totalmente expostos. Incapaz de identificar a direção da luz que chega, sua visão espacial não funciona mais. "Ele sabe quando está exposto à luz, mas não como fugir dela", explica Sumner-Rooney.

---

* As vieiras não são os únicos animais com uma visão descentralizada desconcertante. Os quítons, moluscos que se parecem com a testa enrugada de um *klingon* de *Jornada nas estrelas*, têm o corpo coberto por placas blindadas, e essas placas são pontilhadas por centenas de pequenos olhos. Os *Sabellidae*, ou vermes-espanadores, parecem espanadores coloridos que se espalham a partir de rochas aquáticas, mas suas plumas são na verdade tentáculos repletos de olhos. As ostras-gigantes parecem... bem, ostras muito grandes; e seu manto de um metro de largura contém centenas de olhos. Dan-Eric Nilsson compara todos esses olhos a alarmes contra roubo. Eles detectam movimentos próximos e sombras invasoras, para que seus donos saibam quando tomar medidas defensivas. Os quítons se prendem às rochas, os vermes-espanadores escondem suas plumas e as ostras gigantes fecham suas conchas. É provável que, tal como as vieiras, nenhum desses animais veja cenas.

** Assim como os ofiúros, os ouriços-do-mar também parecem usar todo o corpo como um globo ocular rudimentar. Cada ouriço é uma bola cheia de espinhos que rasteja sobre centenas de pés tubulares. Seus fotorreceptores estão nesses pés, que são escondidos pelos espinhos do animal ou por seu exoesqueleto rígido. Sua visão pode não ser especialmente nítida, mas certamente ele consegue caminhar em direção a formas escuras.

Ninguém sabe o que o próprio ofiúro acha dessa mudança. Ao contrário de uma vieira, ele nem tem cérebro — apenas um anel descentralizado de nervos que circunda seu disco central. Esse anel coordena os cinco braços, mas não os comanda; eles agem basicamente por conta própria. É como se a criatura tivesse o mesmo bizarro sistema de câmeras da vieira, mas sem o segurança. As câmeras ficam apenas sinalizando umas às outras. Fazem isso pelo animal todo? Cada braço individual é um olho próprio? Ou um enxame de olhos semiautônomos ligados entre si? "Pode ser algo tão fora da curva que nem temos ideia ainda", me disse Sumner-Rooney. "Tudo o que sabemos sobre a visão dos animais até agora depende de existir um olho. Tudo se baseia em pesquisas de um século sobre retinas contíguas, com fotorreceptores próximos uns dos outros e agrupados. [O ofiúro] derruba muitas dessas suposições."

Com multidões de olhos, sem cabeça e às vezes sem cérebro, ofiúros e vieiras revelam como a visão pode ser estranha. "Um animal não precisa ver imagens para ser capaz de usar a visão", acrescenta Sumner-Rooney. "Mas os humanos são criaturas tão visualmente orientadas que tentar conceber sistemas como esses, completamente alienígenas, é muito difícil." É mais fácil imaginar os mundos visuais de criaturas mais familiares, com cabeça e dois olhos. Mas ainda assim podemos acabar deixando passar o que está bem diante de nós.

Alçando altos voos em colunas de ar quente, os abutres conhecidos como grifos-eurasiáticos pairam sobre o relevo ondulado em busca de alimento. Um vez que são capazes de localizar carcaças no chão, devem também facilmente enxergar grandes obstáculos à frente. E, no entanto, abutres, águias e outras grandes aves de rapina muitas vezes se envolvem em colisões fatais contra turbinas eólicas. Apenas em uma província espanhola, 342 grifos-eurasiáticos bateram nessas turbinas num período de dez anos.[50] Como é que aves que voam durante o dia, com olhos que são dos mais aguçados do planeta, não conseguem desviar de estruturas tão grandes e visíveis? Graham Martin, que estuda a visão das aves, respondeu a essa pergunta com outra: para onde exatamente olham os abutres?

Em 2012, Martin e seus colegas mediram o campo visual do grifo-eurasiático — o espaço em redor da cabeça que os olhos conseguem cobrir.[51] Fizeram cada ave apoiar o bico num suporte especialmente adaptado e, em seguida, observaram os olhos dos animais de todas as direções com um perímetro visual. "É o mesmo dispositivo que um oftalmologista usaria para um exame oftalmológico", Martin me contou na época. "É só uma questão de manter a ave parada ali por meia hora. Um tentou me pegar, e cheguei mesmo a perder um pedaço do polegar."

O perímetro revelou que o campo visual de um abutre cobre o espaço de ambos os lados da cabeça, mas tem grandes pontos cegos acima e abaixo. Quando voa, ele abaixa a cabeça, de modo que o ponto cego fica diretamente à frente. É por isso que essas aves colidem com turbinas eólicas: enquanto voam, não olham para o que está bem adiante delas. Ao longo da maior parte de sua história, jamais precisaram fazer isso. "Os abutres nunca se dep+arariam com um objeto tão alto e grande em sua trajetória de voo", explica Martin. Pode funcionar desligar as turbinas quando houver abutres perto ou atraí-los para longe usando marcadores terrestres. Mas os sinais visuais colocados nas próprias pás das turbinas não funcionam.* (Na América do Norte, as águias-de-cabeça-branca também colidem com turbinas eólicas pelas mesmas razões.)

Refletindo sobre a pesquisa de Martin, percebo de repente e com nitidez o grande espaço atrás da minha cabeça que não consigo ver e no qual raramente penso. Os humanos e outros primatas são bastante esquisitos por terem dois olhos apontados para a frente. O olho esquerdo apresenta visão muito semelhante à do direito, e ambos os campos visuais se sobrepõem bastante. Esse arranjo nos dá uma excelente percepção de profundidade. Também significa que mal conseguimos ver coisas ao nosso lado e que não temos como enxergar o que está atrás sem virar a cabeça. Para nós, ver é sinônimo de encarar, e a exploração visual só é possível se nos virarmos e direcionarmos o olhar. Mas a maioria das aves (exceto as corujas) tende a ter olhos voltados para os lados e, assim, não precisa apontar a cabeça para aquilo que quer ver.

Um abutre voando alto e perscrutando a superfície também consegue ver outros abutres voando próximos, sem a necessidade de se voltar a eles.[52] O campo visual de uma garça cobre 180 graus na vertical; mesmo quando

---

* Por que os abutres não têm campos visuais mais amplos que lhes permitam olhar para a frente enquanto voam? Martin acha que é porque seus olhos grandes e aguçados são vulneráveis ao brilho ofuscante do sol. Em geral, diz ele, aves com olhos grandes tendem a ter pontos cegos maiores. Aves com visão panorâmica, como os patos, tendem a ter olhos menores e menos aguçados, que toleram melhor a presença do sol.

está de pé, com o bico apontado para a frente, ela é capaz de enxergar peixes nadando perto de seus pés. Já um marreco selvagem tem campo visual totalmente panorâmico, sem nenhum ponto cego acima ou atrás. Ao acomodar-se na superfície de um lago, consegue ver o céu inteiro sem se mexer. Ao voar, vê simultaneamente o mundo movendo-se em sua direção e afastando-se dele. Usamos a expressão "visão panorâmica" para nos referir a qualquer paisagem vista do alto. Mas a visão de uma ave não é apenas uma versão "do alto" da visão humana. "O mundo visual humano está à frente e os humanos entram nele", escreveu Martin, certa vez. Mas "o mundo das aves fica ao redor, e elas o atravessam".[*][53]

As aves também diferem dos humanos porque sua visão é mais nítida. Muitos animais têm uma área na retina onde seus fotorreceptores (e os neurônios acompanhantes) se apresentam densamente compactados, aumentando a resolução da visão.[54] Essa área tem muitos nomes. Nos invertebrados, é chamada de *zona aguda*. Nos vertebrados, é a *area centralis*. Se também apresentar ondulações internas, como acontece com os nossos olhos, chama-se *fóvea*. Para que ninguém se aborreça (exceto os cientistas da visão, a quem peço desculpas), vou me limitar a chamá-la de *zona aguda*. Nos humanos, é um alvo — um ponto redondo no centro do nosso campo visual. É o que você está aplicando a estas letras à medida que as lê. A maioria das aves também tem zonas circulares agudas, mas as delas apontam para fora, não para a frente. Se quiserem examinar os objetos detalhadamente, terão de mirar de lado, com apenas um olho de cada vez. Quando uma galinha examina uma coisa nova, ela balança a cabeça de um lado para outro de modo a observá-la com a zona aguda de cada olho.[55] "Quando as galinhas olham para a gente, nunca dá para saber o que o outro olho está fazendo", diz Almut Kelber, zoólogo que estuda a visão das aves. "Elas devem ter pelo menos dois centros de atenção, o que é muito difícil de imaginar."

Muitas aves de rapina, como águias, falcões e abutres, têm na verdade duas zonas agudas *em cada olho* — uma olha para a frente, a outra, para a lateral, num ângulo de 45 graus.[56] A zona aguda voltada para o lado fornece maior nitidez, e é a que muitos raptores usam para caçar. Quando um falcão-peregrino mergulha atrás de um pombo, não vai diretamente

---

[*] As galinhas e muitas outras aves dependem da visão frontal apenas de perto, quando querem agarrar algo com precisão com o bico ou as patas.

à presa.[57] Em vez disso, ele voa ao longo de uma espiral descendente. É a única maneira de manter o pombo no campo de visão de seu olho lateral predador, ao mesmo tempo que aponta a cabeça para baixo e mantém uma forma aerodinâmica.*

O peregrino prefere usar o olho direito para rastrear a presa. Tais preferências são comuns às aves; quando os olhos mostram vistas distintas, podem igualmente ser usados para tarefas distintas. A metade esquerda do cérebro de um pintinho é especializada em atenção concentrada e categorização de objetos;[58] ele é capaz de localizar grãos de comida no meio de uma superfície coberta de pedrinhas usando o olho direito (comandado pelo lado esquerdo do cérebro), mas não o esquerdo. A metade direita do cérebro lida com o inesperado; muitas aves usam o olho esquerdo (comandado pelo lado direito do cérebro) para detectar predadores e o fazem mais rápido quando a ameaça se aproxima pela esquerda.

O campo visual de um animal determina até onde ele pode ver. Suas zonas agudas, os lugares que enxerga *bem*. Sem considerar ambas as características, podemos interpretar mal as ações de um animal. Num vídeo que viralizou no TikTok, um faisão-argus macho exibia sua plumagem deslumbrante para uma fêmea, que parecia olhar para o lado. Os espectadores do vídeo riam do aparente desinteresse, sem saber que ela estava encarando o macho com seu campo visual lateral. O campo visual de uma foca é mais semelhante ao nosso, mas com excelente cobertura acima da cabeça e pouca abaixo, presumivelmente para que consiga detectar a silhueta de peixes contra o céu.[59] Uma foca que nada de cabeça para baixo pode parecer relaxada para um observador humano, mas na verdade está perscrutando o fundo do mar em busca de comida.

As vacas e o gado em geral também exibem aquele ar sonolento por ter o olhar muito fixo.[60] Raramente se voltam para encarar a gente como outro humano (ou uma aranha-saltadora) faria. Mas tampouco precisam. Seus campos visuais abrangem quase todo o entorno da cabeça, e suas zonas agudas são listras horizontais, o que lhes proporciona a visão total do horizonte de uma só vez. O mesmo se aplica a outros animais que vivem em habitats planos, incluindo coelhos (campos), caranguejos chama-maré

---

* Virar os olhos está fora de questão, porque as aves de rapina mal conseguem movê-los sem virar a cabeça. Na verdade, seus olhos são tão grandes que quase se tocam dentro do crânio.

(praias), cangurus-vermelhos (desertos) e aranhas-d'água, insetos que andam sobre a superfície de lagos.[61] Com exceção dos predadores aéreos ocasionais, olhar *para cima* e *para baixo* é, em grande medida, irrelevante para todos eles. Em qualquer direção, a única possibilidade é *atravessar* o espaço. Uma vaca pode ver simultaneamente um fazendeiro se aproximando pela frente, um collie vindo por trás e os companheiros de rebanho a seu lado. *Olhar em torno*, algo indissociável da nossa experiência de visão, é na verdade uma atividade incomum, que os animais só realizam quando têm campos visuais restritos e zonas agudas estreitas.

Elefantes, hipopótamos, rinocerontes, baleias e golfinhos têm duas ou três zonas agudas por olho,[62] possivelmente porque não conseguem voltar a cabeça rápido.*[63] Os camaleões não precisam se virar, porque seus olhos em forma de torre se movem de modo independente; eles conseguem olhar para a frente e para trás ao mesmo tempo ou rastrear dois alvos andando em direções opostas.[64] Outros animais mantêm o foco do olhar mais estável. Muitas moscas machos focam para cima:[65] os grandes omatídeos na parte superior de seus olhos compostos são chamados de pontos do amor, pois permitem detectar as silhuetas das fêmeas voando acima deles. Os efemerópteros machos foram ainda mais longe: as partes de seus olhos que detectam as fêmeas são tão enormes que cada olho parece estar usando um chapéu de chef. O peixe *Anableps anableps*, que vive na superfície dos rios sul-americanos, tem igualmente o olhar dividido.[66] A metade superior fica para fora da água e está adaptada para a visão aérea, ao passo que a metade inferior fica abaixo da superfície e permite a visão aquática. Também é conhecido como quatro-olhos.

No mundo tridimensional do oceano profundo, o acima e o abaixo importam tanto quanto o adiante e o atrás. Muitos peixes de águas profundas, como o olho-de-barril e o peixe-machado, têm olhos tubulares que apontam para cima, permitindo-lhes ver os contornos de outros animais recortados contra a fraca luz solar descendente. No *Dolichopteryx longipes*, uma espécie de olho-de-barril, o olho superior foi adaptado com uma câmara voltada para baixo que tem a própria retina;[67] com esses olhos divididos

---

* A pupila de uma baleia não se contrai se encolhendo num pequeno círculo, como acontece com a nossa. Em vez disso, ela se estreita no meio, criando o que parece ser uma boca sorrindo desajeitada, com duas pequenas aberturas em cada extremidade. Cada uma dessas aberturas é efetivamente a sua própria minipupila e recebe luz numa zona aguda separada.

em duas partes, o peixe consegue olhar para cima e para baixo ao mesmo tempo. Assim como acontece com a lula-morango, espécie cujo olho esquerdo tem o dobro do tamanho do direito.[68] Ela fica apensada a uma coluna de água oceânica com o olho pequeno apontando para baixo, dedicado a detectar flashes bioluminescentes, e o grande virado para cima, em busca de silhuetas. Enquanto isso, o crustáceo de águas profundas *Streetsia challengeri* fundiu seus olhos num único cilindro horizontal parecido com um cachorro-quente no palito.[69] Ele é capaz de enxergar em quase todas as direções circunferencialmente — acima, abaixo e para os lados —, mas não adiante ou atrás.

É quase impossível imaginar como enxergam um *Streetsia*, ou um camaleão, ou mesmo uma vaca. A câmera reversa do meu smartphone pode me mostrar o que está acontecendo às minhas costas, mas essa imagem ainda aparecerá no meu campo visual inexoravelmente voltado para a frente. Mais uma vez, como com as vieiras, pensar no tato ajuda. Consigo sentir ao mesmo tempo as sensações na pele do couro cabeludo, planta dos pés, peito e costas. Se me concentrar, consigo imaginar como seria fundir a natureza omnidirecional dessa sensibilidade com o longo alcance da visão. A visão pode se estender em qualquer direção e em todas as direções. Pode envolver e cercar. E pode variar no tempo assim como no espaço. Pode preencher não apenas os vazios que nos rodeiam, mas também as lacunas fugazes entre momentos.

O Mediterrâneo é lar de uma mosca pequena e despretensiosa chamada *Coenosia attenuata*. Com apenas alguns milímetros de comprimento, corpo cinza-claro e grandes olhos vermelhos, "parece uma mosca doméstica comum", descreve Paloma Gonzalez-Bellido. Na verdade, é uma predadora. De seu poleiro numa folha, ela decola à caça de moscas-das-frutas, moscas-dos-fungos, moscas-brancas e até mesmo outras moscas "assassinas" como ela — "qualquer coisa pequena o bastante para ser subjugada", diz Gonzalez-Bellido. Durante a perseguição, ela estica as pernas. Assim que uma delas toca o alvo, todas as seis se fecham em torno da presa, formando uma gaiola. Com frequência, a vítima é levada de volta ao poleiro original. Se conseguir fazer com que uma mosca assassina se empoleire no seu dedo, ela se lançará repetidas vezes dali e retornará com uma presa, como um falcão (muito pequeno) retornando a seu falcoeiro.[70] Pode ser uma experiência inesperadamente mágica para um ser humano. Nem tanto para as presas. Enquanto uma mosca doméstica típica tem uma tromba que lembra uma esponja na ponta de uma vareta, usada para lamber e sugar líquidos, a tromba de uma mosca assassina é metade adaga, metade lima, e ela a utiliza para furar e raspar. Com uma enfiada, a vítima é estripada ainda viva. Gonzalez-Bellido tem um vídeo no qual é possível ver o aparelho bucal de uma mosca assassina arrancando o olho de uma mosca-das-frutas por dentro, deixando apenas uma moldura de lentes transparentes. É frequente que agricultores e jardineiros introduzam esse inseto em estufas para dar cabo de pragas, e agora ele se espalhou pelo mundo todo.

Para as moscas assassinas, velocidade é tudo. "As presas podem vir de qualquer lugar, e o Mediterrâneo é tão seco que são raras as que aparecem", explica Gonzalez-Bellido. A mosca decola imediatamente atrás de qualquer coisa que possa ser uma refeição e, uma vez no ar, captura seu alvo o mais rápido possível para que ela própria não seja canibalizada por outros indivíduos da espécie. Suas perseguições são quase impossíveis de ver, mesmo para olhos humanos bem treinados. Ao filmá-las com câmeras de alta velocidade, Gonzalez-Bellido mostrou que normalmente leva só um quarto de segundo, às vezes até a metade desse tempo.[71] Uma mosca assassina é capaz de capturar seu alvo no intervalo de um piscar de olhos humanos.

Suas caçadas ultrarrápidas são guiadas por uma visão ultrarrápida.[72] Pode parecer estranho falar de animais que enxergam em velocidades diferentes, uma vez que a luz é a coisa mais rápida do universo e a visão nos parece algo instantâneo. Mas os olhos não funcionam na velocidade da luz. Leva tempo para que os fotorreceptores reajam aos fótons que chegam e para que os sinais elétricos que estes geram, por sua vez, cheguem ao cérebro. Nas moscas assassinas, a evolução levou essa sucessão de etapas ao seu limite. Quando Gonzalez-Bellido mostra uma imagem a esses insetos, leva apenas de seis a nove milissegundos para que seus fotorreceptores enviem sinais elétricos, para que esses sinais cheguem ao cérebro *e* para que dali sejam enviados comandos aos músculos.*[73] Como comparação, são necessários entre trinta e sessenta milissegundos para que os fotorreceptores humanos realizem apenas a primeira dessas etapas.[74] Se a gente olhasse para uma

---

* Os fotorreceptores no olho de uma mosca assassina disparam rapidamente e reiniciam rapidamente. Ambas as características exigem muita energia. Em comparação com os fotorreceptores de uma mosca-das-frutas, os de uma mosca assassina têm três vezes mais mitocôndrias — as pilhas em forma de feijão que fornecem energia às células animais.

imagem no mesmo momento que uma mosca assassina, o inseto estaria no ar muito antes até de qualquer sinal emitido pela retina humana. "Não temos conhecimento de um fotorreceptor mais rápido que os dessas moscas", Gonzalez-Bellido me conta, com algo como uma ponta de orgulho.*

A visão da mosca também se atualiza mais rapidamente. Imagine olhar para uma luz que acende e apaga. À medida que a oscilação fica mais rápida, chega um ponto em que os flashes se fundem num só brilho constante. Isso é chamado de frequência crítica de fusão, ou CFF, na sigla em inglês. É uma medida da rapidez com que um cérebro consegue processar informações visuais. Basta pensar no número de quadros por segundo do filme passando dentro da cabeça de um animal — CFF é o ponto em que as imagens estáticas se misturam na ilusão de movimento contínuo. Para humanos, com boa iluminação, o CFF fica em torno de sessenta quadros por segundo (ou hertz, Hz). Para a maioria das moscas, chega a 350. Para as moscas assassinas, é provavelmente ainda mais alto. A seus olhos, um filme humano pareceria uma apresentação de slides. A mais rápida de nossas ações, um movimento lânguido. Uma palma de mão aberta, movendo-se com intenção letal, seria facilmente evitada. O boxe ficaria parecido com tai chi.

Em geral, os animais tendem a ter CFFs tão mais elevados quanto menores e mais rápidos forem.[75] Em comparação com a visão humana,[76] os gatos são ligeiramente mais lentos (48 Hz) e os cães, ligeiramente mais rápidos (75 Hz). O olhar de uma vieira é sem dúvida glacial (1 a 5 Hz), e o dos sapos noturnos, ainda mais lento (0,25 a 0,5 Hz). Os olhos das tartarugas-de-couro (15 Hz) e das focas-da-Groenlândia (23 Hz) são mais rápidos, mas ainda lentos. Os do peixe-espada, não muito melhores em condições normais (5 Hz), mas esses peixes são capazes de aquecer olhos e cérebro com um músculo especial, aumentando a velocidade de sua visão em oito vezes.[77]

---

* Outros insetos predadores, como libélulas e moscas da família Asilidae, têm olhos grandes e de alta resolução com zonas agudas distintas. À medida que perseguem seus alvos, eles viram a cabeça para manter a presa na parte mais nítida do seu campo visual. As moscas assassinas "precisam prestar atenção em todas as direções", diz Gonzalez-Bellido, por isso, não têm uma zona aguda, e sua resolução visual não é especialmente alta. Apesar disso, parecem ter uma estratégia de caça mais exigente. As libélulas caçam contra o céu, avistando as silhuetas das presas que voam acima delas. Mas as moscas assassinas de alguma forma "realizam o feito impossível de caçar voltadas contra o solo", diz Gonzalez-Bellido. Elas escolhem presas que se movem em frente a cenários complexos e depois perseguem esses alvos através de folhas e outros ambientes desordenados.

Muitos pássaros têm visão naturalmente rápida;[78] com um CFF máximo de 146 Hz, o papa-moscas-preto — um pequeno pássaro canoro — tem os olhos mais ágeis de qualquer vertebrado já testado, talvez porque sua sobrevivência dependa do rastreio e da captura de insetos voadores.*[79] E esses insetos têm olhos ainda mais rápidos.[80] Abelhas, libélulas e moscas apresentam CFFs entre 200 Hz e 350 Hz.

É possível que cada uma dessas velocidades visuais venha com uma sensação diferente quanto à passagem do tempo. Pelos olhos de uma tartaruga-de-couro, o mundo pode parecer se mover como na técnica fotográfica do *time-lapse*, com os seres humanos vivendo ao ritmo frenético de uma mosca. Pelos olhos de uma mosca, o mundo pode parecer se mover em câmera lenta. Os movimentos imperceptivelmente rápidos de outras moscas desacelerariam até se tornarem um rastejar perceptível, ao passo que animais lentos poderiam nem parecer estar se movendo. "Todo mundo nos pergunta como capturamos as moscas assassinas", conta Gonzalez-Bellido. "A gente apenas se move lentamente na direção delas com um frasco. Fazendo isso de forma suficientemente lenta, nos tornamos apenas parte do cenário."

A visão rápida requer muita luz, de modo que as moscas assassinas só podem estar ativas durante o dia. Outros animais não são tão limitados.

Depois que o toque dourado do sol se retira da floresta tropical do Panamá e a sombra do sub-bosque se torna uma escuridão ainda mais profunda, uma pequena abelha emerge de um galho oco. Eis a *Megalopta genalis*, uma abelha sudorípara. Suas pernas e seu abdômen são amarelo-ouro. Sua cabeça e seu tronco, verde-metálicos. Nenhum desses lindos tons costuma ser visível a observadores humanos, porque a abelha só aparece quando a luz é insuficiente para que a enxerguemos, que dirá para que possamos ver em cores. Mas, apesar da escuridão, a *Megalopta* percorre um labirinto de cipós e rastreia suas flores favoritas. Depois de coletar todo o pólen, ela de alguma forma retorna ao mesmo galho oco da largura de um polegar onde faz ninho.

---

* As luzes fluorescentes tradicionais piscam a 100 Hz — ou seja, cem vezes por segundo. É rápido demais para os humanos verem, mas não para muitos pássaros, como os estorninhos, para quem as luzes devem ser estressantes e irritantes.

Eric Warrant, que cresceu colecionando insetos e hoje estuda seus olhos, encontrou a *Megalopta* pela primeira vez em 1999, durante uma viagem de pesquisa ao Panamá. Ele rapidamente confirmou, para seu espanto, que a abelha usa a visão para guiar seus voos noturnos. Ao filmar o inseto com câmeras infravermelhas, Warrant percebeu que, quando emerge do galho, a abelha se vira e paira demoradamente diante da entrada, memorizando a aparência da folhagem em redor.[81] Mais tarde, quando termina de procurar alimento, usa essa memória visual para encontrar o caminho de casa. Se fosse o próprio Warrant quem colocasse ali pontos de referência, como quadrados brancos, e depois os movesse para outro galho enquanto a abelha estivesse fora, ela retornaria ao lugar errado. A façanha desse animal já seria bastante difícil à luz do dia: as florestas tropicais não são fáceis de navegar e o que não falta nelas são galhos. Mas a *Megalopta* de algum jeito encontra seu lar "sob a luz mais fraca que se possa imaginar", diz Warrant, que filmou a abelha achando seu ninho em noites tão escuras que ele próprio não conseguia enxergar a mão diante do rosto. Precisou usar óculos de visão noturna para ver o que a abelha estava vendo só com os olhos. "Elas não se atrapalham no escuro mais do que uma abelha comum sob intensa luz solar", Warrant me conta. "Chegam voando muito velozmente, não hesitam e pousam com uma rapidez incrível. É uma das coisas mais incríveis que já presenciei."

Warrant suspeita que as ancestrais da *Megalopta* tenham adotado um horário noturno para escapar à intensa competição dos polinizadores diurnos, incluindo outras abelhas. Mas a vida noturna não é fácil para os animais que dependem da visão, por duas razões principais. A primeira é óbvia: há muito menos luz. Até a luz da lua cheia é um milhão de vezes mais fraca que a luz do dia.[82] Uma noite sem lua, iluminada apenas pelas estrelas, é cem vezes mais escura ainda. Uma noite em que a luz das estrelas é obscurecida pelas nuvens ou pela cobertura de árvores fica outras cem vezes mais fraca. É o tipo de condição em que a *Megalopta* ainda é capaz de navegar — escuridão sem estrelas que mal oferece luz suficiente para ser captada por um olho. O segundo desafio é menos intuitivo: os fotorreceptores podem disparar sem querer por conta própria e, à noite, esses alarmes falsos facilmente superam as sinalizações dos fótons reais.[83] Por isso, animais noturnos precisam não só detectar a pouca luz que há como também ignorar as inexistentes luzes fantasmas. Têm de superar os limites da física e a confusão da biologia.

Alguns animais simplesmente desistiram da luta. Como todos os sistemas sensoriais, a construção e a manutenção dos olhos custam caro. É necessária muita energia à simples preparação dos fotorreceptores e seus neurônios associados para a chegada da luz, para que possam reagir quando necessário.[84] Mesmo quando os animais não veem nada, a mera possibilidade de visão lhes drena recursos. Essa drenagem é significativa o suficiente para que, se os olhos deixarem de ser úteis ou eficazes, tendam a diminuir ou desaparecer. Às vezes, os animais investem em outros sentidos que não estão vinculados à luz. (Aprenderemos isso adiante; muitos sentidos excepcionais foram descobertos porque os cientistas notaram que os animais faziam coisas incríveis na escuridão total.) Outros anulam por completo a visão.[85] Nos reinos subterrâneos, nas cavernas e em outros cantos escuros da Terra, onde esse sentido não consegue provar seu valor, olhos são frequentemente perdidos.*[86]

Outros animais, em vez de entregar a visão na batalha contra o escuro, desenvolveram formas de ver nas condições mais adversas de escuridão. Alguns usam truques neurais, incluindo a abelha sudorípara que Warrant estudou.[87] Ela agrupa as respostas de vários fotorreceptores diferentes, transformando muitos pixels menores em alguns megapixels grandes. Seus fotorreceptores também conseguem coletar fótons por mais tempo antes de disparar, como uma câmera cujo obturador fica aberto para uma exposição mais longa. Essas duas estratégias agrupam os fótons que chegam ao olho das abelhas tanto no espaço quanto no tempo, aumentando a relação sinal-ruído. Como resultado, a visão delas é granulada e lenta, mas permanece clara quando claridade parece algo impossível. E "enxergar um mundo menos nítido, mais lento e mais claro é melhor do que não ver nada", observa Warrant.**

---

* Há muitas maneiras de dispensar um olho, e a evolução explorou todas elas. As lentes degeneram. Os pigmentos visuais desaparecem. Os globos oculares afundam sob a pele ou são cobertos por ela. Uma única espécie, o peixe tetra-cego, perdeu a visão várias vezes, à medida que diferentes populações avistadas migraram de rios claros para cavernas escuras e abandonaram a visão como forma independente de sentido. Como Eric Warrant me disse: "Que Gollum, em *O hobbit*, tivesse olhos extragrandes não faz sentido cientificamente falando".
** No entanto, isso não explica totalmente a visão noturna da espécie *Megalopta genalis*. "Não consigo explicar como elas fazem isso", me diz Warrant. "Tenho pistas sobre alguns dos mecanismos que elas usam para melhorar a visão em condições de pouca luz, mas ainda não tenho o quadro completo."

Animais também veem no escuro capturando até o último fóton que conseguirem. Algumas espécies, incluindo gatos, veados e muitos outros mamíferos, têm uma camada reflexiva chamada *tapetum lucidum*, que fica atrás das retinas e envia de volta qualquer luz que passe pelos fotorreceptores; essas células têm então uma segunda chance de coletar os fótons que de início perderam.*[88] Outros animais desenvolveram olhos excepcionalmente grandes e pupilas largas. Os olhos da coruja-do-mato-europeia são tão grandes que saltam da cabeça. Os társios — pequenos primatas do Sudeste Asiático que se parecem com *gremlins* — têm olhos maiores que o cérebro.[89] E os maiores olhos de todos evoluíram num dos ambientes mais escuros do planeta — as profundezas do oceano.

Mergulhar no oceano é entrar no maior habitat do planeta — um reino com mais de 160 vezes o espaço habitável de todos os ecossistemas da superfície juntos.[90] A maior parte desse espaço fica às escuras.

A dez metros de profundidade, 70% da luz da superfície foi absorvida.[91] Para uma pessoa descendo num submersível, qualquer coisa nela com as cores vermelha, laranja ou amarela a essa altura pareceria preta, marrom ou cinza. A cinquenta metros, os verdes e os violeta também já desapareceram em grande medida. A cem metros, só há azul, e com apenas 1% da intensidade com que o vemos na superfície, se tanto. A duzentos metros, início da zona mesopelágica ou crepuscular, essa intensidade caiu mais cinquenta vezes. O azul é agora quase como um laser — estranhamente puro, por todos os lados. Peixes prateados o cruzam em grande velocidade. Águas-vivas gelatinosas e sifonóforos serpenteiam lentamente pelo mesmo espaço. A trezentos metros, a escuridão é a de uma noite de luar ficando cada vez mais escura. Gradualmente, os peixes se tornam mais pretos e os invertebrados, mais vermelhos. Também cada vez mais eles produzem sua própria luz, e seus flashes bioluminescentes colorem os contornos do submersível que continua a descer. A 850 metros de profundidade, a luz solar residual é tão fraca que os olhos da pessoa submergindo

---

* Os reflexos do *tapetum* são os responsáveis pelo brilho visto em olhos de cães, gatos, veados e outros animais quando iluminados por faróis de carros ou flashes de câmeras. A estrutura do *tapetum* de uma rena muda no inverno escuro para refletir ainda mais luz. Coincidentemente, isso também muda a cor do *tapetum* e, portanto, a cor dos olhos das renas, de amarelo-dourado no verão para um azul intenso no inverno.

não conseguem mais funcionar. A mil metros, nenhum olho animal consegue. É o começo da zona batipelágica ou da meia-noite. As complexas cenas visuais da superfície desapareceram há muito tempo e foram substituídas por um campo estelar vivo de bioluminescência, cintilando na escuridão total. Dependendo de onde se estiver no mundo, pode haver mais dez mil metros de oceano abaixo disso.

A escuridão total do oceano profundo cria um problema para os cientistas que desejam estudar seus habitantes. Os pesquisadores não conseguem ver o que está ao seu redor a menos que acendam as luzes do submersível, mas fazer isso é devastador para as criaturas que se adaptaram a uma vida sem luz. Mesmo a luz do luar pode cegar um camarão de águas profundas em poucos segundos. Os faróis de um submersível fazem estrago ainda pior. Alguns animais do fundo do mar acabam se atirando como kamikazes contra os submarinos. Peixes-espada assustados os atacam com suas espadas. Outras criaturas congelam ou fogem. "Vamos pensar assim: provavelmente, a exploração oceânica é como se colocássemos lá uma esfera com cem metros de largura que afasta qualquer coisa que consiga escapar dela", ilustra Sönke Johnsen. "Na maioria das vezes, o que presenciamos é terror e cegueira. Vemos como os animais se comportam quando pensam que estão para ser mortos por algum deus luminoso."

Buscando respeitar mais os *Umwelten* do fundo do mar, a mentora de Johnsen, Edith Widder, criou uma câmera oculta chamada Medusa.[92] Ela filma animais do fundo do mar com luz vermelha que a maioria deles não consegue ver e os atrai com um anel de LEDs azuis que lembram uma água-viva bioluminescente. "A única inovação real é que apagamos as luzes", diz o pesquisador. "Isso feito, coisas realmente interessantes começam a aparecer."

Em junho de 2019, Widder e Johnsen levaram a Medusa num cruzeiro de pesquisa de quinze dias pelo golfo do México. Sob o que parecia ser a única tempestade no golfo, eles baixavam manualmente a câmera de mais de 136 quilos até esticar a linha de dois mil metros, depois a içavam novamente na noite seguinte. "Você já puxou um objeto do tamanho de uma geladeira por dois quilômetros?", Johnsen me pergunta. "Levava três horas toda noite." Depois de cada operação, Nathan Robinson se debruçava sobre os vídeos da Medusa. E, no meio dos quatro primeiros, "vimos um camarão produzindo alguma bioluminescência", diz Johnsen. "Era para comemorar?"

Então, no dia 19 de junho, "estou no convés e, de repente, Edie, no pé da escada, abre um sorriso praticamente de orelha a orelha, e penso: isso só pode ser uma coisa". Na quinta descida, a Medusa filmara uma lula-gigante.

O registro era inconfundível.[93] A uma profundidade de 759 metros, um longo cilindro aparece e serpenteia em direção à câmera antes de se desenrolar numa massa de braços retorcidos e cheios de ventosas. Ele agarra brevemente a câmera com dois longos tentáculos antes de se desinteressar e retornar à escuridão. A tripulação estimou que se tratava de um indivíduo jovem de três metros de comprimento, o que não chegava nem perto do tamanho máximo da espécie, treze metros. Ainda assim, era uma *lula-gigante* — um animal quase mítico e com os maiores e mais sensíveis olhos do planeta.

Como observei no início deste capítulo, os olhos de uma lula-gigante (e da igualmente longa, mas muito mais pesada, lula-colossal) podem chegar a ter o tamanho de bolas de futebol, com diâmetros de até 27 centímetros. Essas proporções são desconcertantes. Sim, olhos maiores são mais sensíveis e faz sentido que um animal no oceano escuro os tenha. Mas nenhuma outra criatura, incluindo aquelas que vivem no fundo do mar, chega perto de tê-los como os de uma lula-gigante ou uma lula-colossal.[94] Os maiores olhos depois desses, que pertencem à baleia-azul, têm menos da metade do tamanho. O olho de um peixe-espada, que é o maior entre os de todos os peixes, com cerca de nove centímetros, caberia dentro da pupila de uma lula-gigante. Os olhos da lula não são apenas grandes; são absurda e excessivamente maiores que os de qualquer outro animal. O que ela precisa ver que não conseguiria com olhos do tamanho dos de um peixe-espada?

Sönke Johnsen, Eric Warrant e Dan-Eric Nilsson acham que sabem a resposta.[95] Eles calcularam que, nas profundezas do oceano, os olhos dão retornos cada vez menores. À medida que ficam maiores, gastam mais energia para funcionar, mas oferecem pouco poder visual extra. Depois de ultrapassarem nove centímetros — isto é, o tamanho do olho de um peixe-espada —, não há sentido em fazê-los crescer ainda mais. Mas a equipe descobriu que olhos extragrandes *são* melhores numa, e apenas numa, tarefa: detectar objetos grandes e luminosos a profundidades superiores a quinhentos metros. Há um animal que se enquadra nesses critérios, e é ele que as lulas-gigantes precisam realmente ver: o cachalote.

Maiores predadores dentados do mundo, os cachalotes são os principais inimigos da lula-gigante. Exemplares foram encontrados com os estômagos cheios de bicos parecidos com os de papagaio, presentes nas lulas, e a cabeça dessas baleias muitas vezes exibem cicatrizes circulares infligidas pelas bordas serrilhadas das ventosas de suas presas. Elas não produzem luz própria, mas, assim como um submersível, fazem disparar flashes de bioluminescência quando colidem com pequenas águas-vivas, crustáceos e outros plânctons. Com seus olhos desproporcionalmente grandes, a lula-gigante é capaz de enxergar esses alertas a 130 metros de distância, o que lhe dá tempo suficiente para fugir. É a única criatura com olhos suficientemente grandes para ver tais nuvens bioluminescentes ao longe e também a única que *precisa* fazê-lo. "Nenhum outro animal procura coisas realmente grandes nas profundezas", explica Johnsen. Os cachalotes e outros odontocetos usam o sonar em vez da visão para encontrar seu alimento. Tubarões grandes tendem a perseguir presas menores. As baleias-azuis vivem de minúsculos krills semelhantes a camarões. O krill poderia se beneficiar da visão de uma nuvem bioluminescente desencadeada pela baleia-azul, mas seus olhos compostos têm resolução demasiado limitada, assim como seu corpo é lento demais para que fizessem qualquer coisa com essa informação. As lulas-gigantes (e as lulas-colossais) são únicas por serem animais enormes que precisam enxergar predadores enormes, e sua necessidade singular as levou a ter um *Umwelt* singular. Com os olhos maiores e mais sensíveis que existem, elas perscrutam um dos ambientes mais escuros da Terra em busca dos contornos tênues e luminosos de baleias prontas para atacar.*[96]

---

* A lula-gigante parece ser uma espécie global que vive em todos os oceanos. Mas, por muito tempo, ela só era conhecida por meio das carcaças que chegavam à costa. As primeiras fotografias dessa criatura na natureza só foram tiradas em 2004. As primeiras imagens de vídeo foram captadas em 2012, quando Widder e seus colegas instalaram a então nova câmera Medusa ao largo da costa do Japão. Sete anos depois, a câmera novamente provou seu valor, dessa vez a apenas 160 quilômetros a sudeste de New Orleans. "Essa parte do golfo está repleta de plataformas petrolíferas e há milhares de veículos operados remotamente lá", diz Johnsen. "Os pilotos nunca viram uma lula-gigante, enquanto nós vimos uma em nossa quinta tentativa. Ou somos as pessoas mais sortudas do mundo, ou conseguimos porque apagamos as luzes." (Eles tiveram muita sorte. Meia hora depois que a tripulação fez a filmagem da lula, um raio atingiu seu navio, fritando muitos dos instrumentos, mas poupando misericordiosamente o disco rígido da Medusa. Pouco depois, o navio também se esquivou de uma tromba-d'água.)

Apaguem-se as luzes e nosso mundo se tornará monocromático. Essa mudança ocorre porque nossos olhos contêm dois tipos de fotorreceptores — cones e bastonetes. Os cones nos permitem ver as cores, mas só funcionam sob luz forte. No escuro, os bastonetes, mais sensíveis, assumem o controle, e um caleidoscópio de tons diurnos é substituído pelos pretos e cinza noturnos. Os cientistas acreditavam que todos os animais eram igualmente daltônicos à noite.

Até que, em 2002, Eric Warrant e sua colega Almut Kelber fizeram um experimento fundamental com a mariposa-elefante.[97] Esse lindo inseto europeu tem um corpo rosa e verde-oliva e uma envergadura de quase sete centímetros. Alimenta-se somente à noite, pairando diante de flores e bebendo seu néctar, para isso desenrolando uma tromba longa. Kelber treinou as mariposas a se alimentar em sorvedouros, sinalizados por cartões azuis ou amarelos. Tendo aprendido a associar essas cores ao alimento, as mariposas conseguiam distingui-las com segurança de tons de cinza igualmente chamativos. E continuavam conseguindo depois que Kelber apagava as luzes de seu laboratório.

Com níveis de luz equivalentes a uma meia-lua, o mundo de Kelber se tornava preto e branco, mas as mariposas continuavam firmes. A certa altura, "demorei vinte minutos sentada no meu laboratório escuro para conseguir enxergar a mariposa", ela me conta. "Nem a tromba dela eu conseguia ver", mas o inseto ainda assim ia certeiro aos sorvedouros. As luzes foram então diminuídas aos níveis da fraca luz das estrelas e, embora Kelber não conseguisse mais enxergar nada, a mariposa-elefante continuava percebendo de forma correta os cartões em suas cores gloriosas. Essas cores, porém, provavelmente eram muito diferentes daquelas que percebemos.

3.
Vermelhoxo, verdoxo e amareloxo

Cor

Maureen e Jay Neitz adotaram um cachorrinho poodle toy e, "como fazem todos os bons pais, fomos ler um livro sobre como criar um cachorro", Jay me conta. O livro afirmava que os nomes dos cães deveriam idealmente ter duas sílabas e consoantes fortes. Os Neitz discutiram algumas opções, e Maureen, em referência jocosa à pesquisa de Jay sobre visão, sugeriu Retina. (Observo que Retina tem três sílabas. "Sim, mas nossa versão tem duas", diz Jay. "É Ret-na.") Muito fofa e com pelagem negra e volumosa, Retina entrou para a história. Foi um dos cães que primeiro confirmaram quais cores a espécie consegue de fato ver.

Na década de 1980, quando os Neitz faziam seus doutorados, muitas pessoas acreditavam que os cães eram daltônicos. Em *The far side* [O lado distante], o cartunista Gary Larson desenhou um cachorro rezando ao lado da cama para que "a gente possa enxergar as cores — mamãe, papai, Rex, Ginger, Tucker, eu e todo o resto da família". Os cientistas também acreditavam nesse mito: um livro didático afirmava que "no geral, os mamíferos parecem não ter visão colorida, exceto os primatas".[1] E, no entanto, muito poucas espécies haviam sido testadas cuidadosamente — incluindo cães, apesar de sua popularidade.[2] "As pessoas sempre me perguntavam o que seus cães viam, e realmente não fazíamos ideia", diz Jay. "Ou até tínhamos algumas ideias, mas nenhuma prova."

Para obter evidências, Jay levou Retina e dois galgos italianos para o laboratório. Ele os treinou para ficarem sentados diante de três painéis luminosos, um dos quais de cor diferente. Se tocassem o painel diferente com o focinho, ganhavam uma guloseima extravagante. E passaram a fazê-lo, repetidas vezes. Os cães veem cores.[3] Simplesmente não o mesmo espectro que a maioria das pessoas. Nem eles, nem a maioria dos outros animais. Para apreciar suas variadas paletas visuais, devemos primeiro compreender o que de fato é cor, como os animais a enxergam e por que evoluíram para ser capazes de enxergá-la. A visão em cores é suficientemente complexa para que mesmo a explicação simplificada que estou prestes a apresentar pareça abstrata e confusa. Mas peço paciência: os detalhes são a chave para se compreender de verdade pássaros, borboletas e florações. É preciso passar algum tempo no meio das ervas daninhas para apreciar as flores.

A luz existe numa variedade de comprimentos de onda.[4] Aqueles que conseguimos enxergar vão de quatrocentos nanômetros, percebidos como violeta, a setecentos nanômetros, que vemos como vermelho. Nossa capacidade de detectar esses comprimentos de onda e o arco-íris contido neles depende das nossas proteínas opsinas — a base de toda a visão animal. As opsinas apresentam diferentes variedades, e cada uma é melhor para absorver determinado comprimento de onda. A visão humana normal das cores depende de três dessas opsinas, cada uma das quais é implantada por um tipo diferente de célula cone em nossas retinas. Com base em seus comprimentos de onda preferidos, as opsinas (e os cones que as contêm) são chamadas de longas, médias e curtas. Ou por seus nomes mais familiares: vermelho, verde e azul.* Quando a luz reflete num rubi e penetra nossos olhos, estimula fortemente os cones longos (vermelhos), moderadamente os médios (verdes) e apenas levemente os curtos (azuis). Se a mesma luz se refletir numa safira, acontece o oposto — os cones curtos (azuis) reagem com mais intensidade e os outros, com menos.

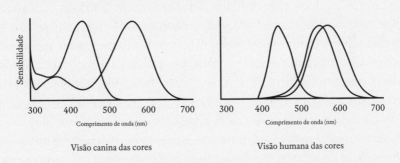

Cada curva representa uma classe de células cônicas; o pico de cada curva mostra o comprimento de onda de luz ao qual o cone é mais sensível. Observe que os cães têm duas classes de cones, enquanto os humanos têm três.

---

* Tecnicamente, com base nos comprimentos de onda de luz que mais os excitam, os cones longos e curtos deveriam na verdade ser chamados de verde-amarelado e violeta em vez de vermelho e azul.

Mas a visão colorida envolve mais do que apenas *detectar* diferentes comprimentos de onda de luz. Trata-se de *compará-los*. Os sinais dos três tipos de cones são somados e subtraídos por uma complexa rede de neurônios. Alguns desses neurônios são estimulados pelos cones vermelhos, mas inibidos pelos verdes; assim, nos permitem discriminar entre uns e outros. Para outros neurônios, o estímulo vem dos cones azuis, ao mesmo tempo que são inibidos pelos vermelhos *e* verdes; eles nos permitem distinguir azuis e amarelos. Essa simples aritmética neural — Vermelho - Verde e Azul - (Vermelho + Verde) — é chamada de processo oponente. É assim que os sinais brutos de apenas três cones são transformados nos gloriosos arco-íris que captamos.

A também chamada oponência é a base de (quase) toda a visão em cores. Sem ela, um animal não enxerga de fato as cores da maneira como imaginamos. As dáfnias, ou pulgas-d'água, por exemplo, têm quatro opsinas sensíveis aos comprimentos de onda laranja, verde, violeta e ultravioleta.[5] Mas esses comprimentos de onda apenas desencadeiam respostas programadas e quase reflexivas. Ultravioleta significa sol, ou seja, nade para longe. Verde e amarelo significam comida, ou seja, nade nessa direção. As pulgas-d'água podem responder a quatro tipos específicos de luz que vemos como coloridas. Mas, sendo incapazes de comparar os sinais de suas quatro opsinas, não conseguem perceber ali um espectro.

A cor, portanto, é algo fundamentalmente subjetivo. Não há nada inerentemente "verde" numa folha de grama ou na luz de 550 nanômetros que ela reflete. Nossos fotorreceptores, neurônios e cérebro são o que transformam essa propriedade física na sensação de verde. A cor existe nos olhos de quem vê — e também no cérebro. Considere a história do artista Jonathan I., contada por Oliver Sacks e Robert Wasserman em "O caso do pintor daltônico", um dos capítulos de *Um antropólogo em Marte*.[6] Depois de uma vida vendo e pintando em cores, ele sofreu uma lesão cerebral que tornou seu mundo monocromático. Suas retinas continuavam saudáveis, as opsinas estavam presentes e os cones, funcionando. Mas seu cérebro só conseguia evocar um mundo de pretos, brancos e cinza. Mesmo quando o pintor fechava os olhos, seu mundo imaginado não tinha cor.

Uma pequena proporção de pessoas e espécies inteiras de animais também veem apenas em tons de cinza, não por causa de danos cerebrais, mas porque suas retinas não estão programadas para a visão em cores. São seres chamados de monocromáticos. Alguns, como preguiças e tatus, têm apenas bastonetes, que funcionam bem com pouca luz, mas não são equipados para lidar com cores.[7] Outros, como guaxinins e tubarões, têm apenas um cone e, como a visão das cores depende do processo oponente, ter um cone é, na prática, igual a não ter nenhum.[8] As baleias também têm apenas um cone: parafraseando o cientista da visão Leo Peichl, para uma baleia-azul, o oceano não é azul.[9] As células cone são exclusivas dos vertebrados, mas outros animais têm fotorreceptores específicos de comprimento de onda que desempenham função semelhante. Surpreendentemente, os cefalópodes — polvos, lulas e chocos — têm apenas uma classe deles,[10] o que significa que também são monocromáticos.*[11] São capazes de mudar rapidamente as cores de sua pele, mas incapazes de enxergar a própria mudança de tonalidade.

A existência de tantos seres monocromáticos sugere uma das coisas mais contraintuitivas sobre a visão em cores: ela não é necessária. Quase todas as coisas para as quais os animais usam os olhos — navegação, busca de alimentos, comunicação — podem ser feitas em tons de cinza. Qual é, então, o sentido de ver cores?

O fisiologista Vadim Maximov sugeriu que a resposta poderia estar cerca de 500 milhões de anos atrás, durante a era cambriana, quando surgiram os ancestrais dos grupos animais modernos.[12] Muitas dessas criaturas ancestrais viviam em mares rasos, com raios de sol brilhando ao redor. Esses raios ondulantes são lindos aos nossos olhos modernos, mas talvez causassem imensa confusão aos antigos olhos monocromáticos. Se o brilho de determinado ponto na água pode mudar cem vezes de um segundo para outro, será muito mais difícil localizar objetos relevantes contra determinado fundo. Será que aquela forma escura que acabou de aparecer é a sombra iminente de um predador ou mera consequência de um raio de sol, por um breve momento, ter se escondido detrás de uma nuvem? Olhos monocromáticos que lidam apenas com luminosidade e escuridão teriam dificuldade de precisar. Mas olhos que veem em cores se sairiam muito melhor. Isso ocorre porque diferentes comprimentos de onda de luz tendem a manter as mesmas proporções relativas, mesmo quando a quantidade total de luz aumenta ou diminui. Um morango que parece vermelho sob a luz

---

* A lula-vaga-lume é uma exceção. É o único cefalópode conhecido por ter três classes diferentes de fotorreceptores e pode muito bem ser que tenha visão colorida.

do sol ainda parece vermelho na sombra, e suas folhas verdes ainda são obviamente verdes, mesmo sob o tom avermelhado do pôr do sol. A cor — e especificamente a visão colorida pelo processo oponente — oferece *constância*. Se um animal for capaz de comparar os resultados produzidos por fotorreceptores sintonizados em diferentes comprimentos de onda, conseguirá estabilizar sua visão de um mundo de luzes ondulantes e variáveis. Duas classes de cores já dão conta do trabalho. Essa é a base da dicromacia, a forma mais simples de visão em cores. É o que Retina, outros cães e a maioria dos mamíferos têm.

Os cães têm dois cones — um com uma opsina longa, verde-amarelada, e outro com uma opsina curta, azul-violeta. Enxergam principalmente em tons de azul, amarelo e cinza.[13] Quando meu corgi Typo olha para seu brinquedo vermelho e violeta, provavelmente vê o vermelho como um amarelo-escuro sujo, e o violeta como azul-escuro. Quando olha para a argola de um verde chamativo que gosta de mastigar, essa cor estimula ambos os cones igualmente. Por causa da oponência, esses sinais se anulam e Typo vê branco.

Os cavalos também são dicromatas e seus cones, sensíveis a comprimentos de onda muito semelhantes aos dos cães. Isso significa que têm dificuldade para distinguir os marcadores laranja que são usados para sinalizar obstáculos nas pistas de turfe.[14] Essas manchas laranja se destacam para a visão humana tricromática, mas Sarah Catherine Paul e Martin Stevens mostraram que se perdem misturadas ao cenário de fundo aos olhos dicromáticos de um cavalo. Se projetássemos pistas de corrida para a visão de cavalos, pintaríamos os marcadores de amarelo fluorescente, azul-claro ou branco.

Por outro lado, se projetássemos pistas de corrida para uma visão humana *inclusiva*, provavelmente faríamos o mesmo. A maioria das pessoas "daltônicas" também é composta por dicromatas, porque lhes falta um dos três cones normais. Seguem enxergando cores, embora num espectro mais estreito. Existem muitos tipos de daltonismo, mas os deuteranopes, que não têm os cones verdes médios, são os que mais se aproximam da visão de cães e cavalos. Seu mundo é pintado de amarelo, azul e cinza, enquanto vermelho e verde são difíceis de distinguir. Pessoas daltônicas podem ficar confusas com semáforos, fiação elétrica ou amostras de tinta.[15] Talvez tenham dificuldade para ler embalagens ou gráficos, distinguir times esportivos usando cores claramente distintas ou realizar tarefas escolares que parecem simples, como desenhar um arco-íris. Em alguns países, podem ser impedidas de pilotar aviões, entrar para o exército ou até mesmo dirigir. O daltonismo não deveria ser uma deficiência, mas termina sendo, porque os humanos constroem culturas baseadas na tricromacia. E o que há de tão especial na tricromacia, além do fato de que a maioria das pessoas é tricromata? Se a dicromacia é suficiente para a maioria dos mamíferos, por que nós e outros primatas somos diferentes? Por que vemos as cores que vemos?

Os primeiros primatas eram quase certamente dicromatas.[16] Tinham dois cones, curto e longo. Viam em tons de azul e amarelo, como os cachorros. Mas, em algum momento entre 29 milhões e 43 milhões de anos atrás, ocorreu um acidente que alterou de forma permanente o *Umwelt* de uma linhagem específica de primatas: eles ganharam uma cópia extra do gene que fabrica sua opsina longa. Essas duplicações são frequentes quando as células se dividem e o DNA é copiado. São erros, mas fortuitos, pois fornecem uma cópia redundante de um gene que a evolução pode alterar sem perturbar o trabalho do original. Foi exatamente isso que aconteceu com o gene da opsina longa.[17] Uma das duas cópias permaneceu praticamente a mesma, absorvendo luz a 560 nanômetros. A outra passou aos poucos a detectar um comprimento de onda mais curto, de 530 nanômetros, tornando-se o que hoje chamamos de opsina média (verde). Esses dois genes são 98% idênticos, mas o abismo de 2% entre eles se traduz na diferença entre ver apenas azuis e amarelos e poder adicionar vermelhos e verdes à mistura.* Com as novas opsinas médias juntando-se às anteriores longas e curtas, aqueles primatas desenvolveram a tricromacia. E transmitiram sua visão ampliada aos descendentes — os macacos e símios da África, da Ásia e da Europa, grupo que nos inclui.

Essa história explica *como* passamos a ver as cores que vemos, mas não *por quê*. Qual o motivo exato de o gene duplicado da opsina longa ter mudado o foco para um comprimento de onda médio? A resposta pode

---

* Os genes médios e longos estão no cromossomo X. Se alguém com dois cromossomos X herda uma cópia defeituosa de qualquer um dos genes, geralmente terá um backup funcional. Mas, se alguém com um cromossomo X e um Y herdar uma cópia defeituosa, ficará preso a ela. É por isso que o daltonismo vermelho-verde, que normalmente é causado pela perda dos cones M ou L, é muito mais comum em homens do que em mulheres.

parecer óbvia: enxergar mais cores. Um monocromático é capaz de distinguir cerca de cem tons de cinza entre preto e branco. Um dicromata adiciona mais cerca de cem gradações do amarelo ao azul, que se multiplicam com os tons de cinza para criar dezenas de milhares de cores perceptíveis. Um tricromata adiciona ainda outras cem nuances do vermelho ao verde, que mais uma vez são multiplicadas pelo conjunto dicromata de modo a elevar a contagem de cores à casa dos milhões. Cada opsina extra aumenta exponencialmente a paleta visual.[18] Mas, se os dicromatas conseguem prosperar com apenas dezenas de milhares de cores, por que os tricromatas se valem de milhões?

Desde o século XIX, cientistas vêm sugerindo que os tricromatas teriam melhor desempenho na detecção de frutos vermelhos, laranja e amarelos contra um fundo de folhagem verde.*[19] Mais recentemente, alguns pesquisadores argumentaram que a vantagem reside sobretudo em encontrar as folhas mais nutritivas da floresta tropical, que tendem a ser avermelhadas quando novas e ricas em proteínas.[20] Não são explicações excludentes entre si: a maioria dos primatas come frutos, mas, quando não estão maduros ou disponíveis, espécies de maior porte se contentam com folhas frescas. Eis o "cenário perfeito para a evolução da tricromacia", diz Amanda Melin, que estuda a visão dos primatas (e de vez em quando, como vimos no capítulo anterior, as listras das zebras). "[A tricromacia] é útil para encontrar o alimento principal e também o substituto."**

Os macacos das Américas complicam essa história. Eles também evoluíram para a tricromacia, mas de forma distinta e com consequências muito diversas. Em 1984, Gerald Jacobs notou que alguns macacos-esquilo eram sensíveis à luz vermelha, mas outros não.[21] E, com a ajuda de Jay Neitz, descobriu o porquê. Esses macacos nunca desenvolveram uma segunda cópia

---

* Kentaro Arikawa, que estuda a visão de cores, percebeu pela primeira vez que tinha uma deficiência de percepção das cores vermelho-verde quando tinha seis anos; a mãe pediu-lhe que colhesse morangos na horta para o café da manhã e ele não conseguiu, decepcionando-a. Em vários experimentos de laboratório, os tricromatas superam os dicromatas na busca de frutas.

** Os primatas também têm uma visão particularmente aguçada, o que pode explicar por que a tricromacia não evoluiu em outros mamíferos comedores de frutas ou folhas. "É possível aplicar tricromacia a um camundongo, mas de que adiantaria isso para um mamífero noturno com baixa acuidade?", questiona Melin. Por outro lado, os primatas de olhos aguçados podem usar a tricromacia para detectar frutos e folhas jovens à distância e alcançá-los antes que os concorrentes os percebam.

do gene da opsina longa.*[22][23] Em vez disso, seu gene original apresenta-se agora em diferentes versões, algumas das quais ainda produzem cones longos, enquanto outras produzem cones médios. O gene também fica no cromossomo X, o que significa que os macacos machos (que são XY) só podem herdar uma das versões dos cones. Médios ou longos, não importa: os animais estão destinados à dicromacia. As macacas, entretanto, são XX. Algumas delas herdam *ambas* as versões média e longa, uma de cada um dos cromossomos X. Isso as torna tricromatas.**[24] Assim, quando um grupo desses macacos salta pelas copas das árvores em busca de alimento, alguns indivíduos veem frutos vermelhos contra o fundo de folhas verdes, enquanto outros enxergam apenas amarelos e cinza. Mesmo irmãos e irmãs talvez percebam cores diferentes.

É fácil presumir que os dicromatas devem estar em desvantagem. Mas, depois de quinze anos estudando macacos-prego nas florestas da Costa Rica, Amanda Melin pensa diferente. Ao seguir vários grupos desses macacos, ela aprendeu a identificar cada indivíduo que avistava. E, recolhendo seu cocô para sequenciar o DNA, descobriu quais eram tricromatas e quais eram dicromatas. Nenhum dos dois grupos, ela concluiu, tem sobre o outro maior probabilidade de sobreviver ou se reproduzir.[25] Os tricromatas são realmente melhores em encontrar frutos de cores vivas.[26] Mas os dicromatas os superam na busca por insetos disfarçados em folhas e gravetos; sem uma profusão de cores a confundi-los ou distraí-los, conseguem detectar melhor contornos e formas, além de ver por trás de camuflagens. Melin os observou capturando insetos que ela, uma tricromata, nem sabia que existiam. Enxergar cores extras tem desvantagens e benefícios. Ver mais não significa necessariamente ver melhor, e é por isso que algumas fêmeas e todos os machos da espécie continuam dicromatas.

Ou, devo dizer, *quase* todos os machos. Em 2007, os Neitz adicionaram o gene humano da opsina longa aos olhos de dois macacos-de-cheiro machos adultos, dando-lhes três cones em vez de dois e os transformando em tricromatas.[27] Os dois macacos — Dalton e Sam — de repente tiveram um

---

* Os bugios são uma exceção. Eles vivem nas Américas, porém, ao contrário dos outros macacos com quem compartilham o continente, são todos tricromatas, machos e fêmeas. Isso porque desenvolveram a tricromacia da mesma forma que os seus primos na África e na Eurásia — duplicando o gene da opsina longa. E fizeram isso de forma independente.

** É ainda mais complicado, porque muitos desses macacos americanos têm três versões possíveis do mesmo gene. As fêmeas podem herdar duas das três versões ou um par das mesmas, o que significa que esses animais têm seis formas diferentes de ver cores — três dicromacias e três tricromacias.

desempenho diferente nos mesmos testes de visão que vinham fazendo todos os dias durante dois anos e foram capazes de distinguir novas cores que antes eram invisíveis para eles. Dalton morreu de diabetes logo após o experimento. Mas, em abril de 2019, quando falei pela última vez com Jay, Sam ainda estava vivo e contava doze anos de tricromacia. Eu me perguntei como seria sua vida agora. Ele se comporta de um jeito diferente? Reage aos frutos de novas maneiras? "Tentei conversar com ele", respondeu Jay, rindo. "Que *legal* isso, hein? Interessante, certo? Mas ele ficou bem indiferente."

Para mim, o silêncio de Sam fala muito. Ele nos lembra que ver mais cores não é vantajoso por si só. As cores não são inerentemente mágicas. Elas se tornam mágicas quando *e se* os animais extraem significado delas. Algumas são especiais para nós porque, tendo herdado de nossos antepassados tricromáticos a capacidade de enxergá-las, nós as imbuímos de significado social. Por outro lado, existem cores que não nos importam para nada. Existem cores que nem conseguimos ver.

Na década de 1880, John Lubbock — banqueiro, arqueólogo, polímata — usou um prisma para repartir um feixe de luz e lançou o arco-íris resultante sobre formigas.[28] Elas fugiam da luz. Mas Lubbock notou que fugiam também de uma área logo além da extremidade violeta do arco-íris, que parecia escura a seus olhos. Para as formigas, no entanto, não era uma área escura. Estava banhada em ultravioleta — literalmente "além do violeta", em latim. A luz ultravioleta (ou UV) tem comprimentos de onda que variam de dez a quatrocentos nanômetros.*[29] É quase sempre invisível para os humanos, mas deve ser "aparente para as formigas como uma cor distinta e separada (da qual não podemos ter ideia)", Lubbock de maneira presciente escreveu. "Parece que as cores dos objetos e o aspecto geral da natureza devem ter, para elas, uma aparência muito diferente daquela que têm para nós."

---

* A luz visível é apenas uma pequena parte de um vasto espectro eletromagnético, e há razões para ser a única fatia que nossos olhos conseguem detectar. Ondas eletromagnéticas com comprimentos muito curtos, como raios gama e raios X, são em grande parte absorvidas pela atmosfera. As com comprimento muito longo, como micro-ondas e ondas de rádio, não têm energia suficiente para provocar as opsinas. Por essas razões, nenhum animal pode ver micro-ondas ou raios X. Existe apenas uma estreita zona habitável de comprimentos de onda úteis para a visão, que varia de 300 a 750 nanômetros. Nossos olhos, que trabalham entre quatrocentos e setecentos nanômetros, já cobrem grande parte desse espaço visual disponível. Mas, nas margens acima e abaixo, muita coisa pode acontecer.

Na época, alguns cientistas acreditavam que os animais eram daltônicos ou viam o mesmo espectro que nós.[30] Lubbock mostrou que as formigas são excepcionais. Meio século depois, abelhas e peixinhos de água doce também já enxergavam ultravioleta. A narrativa mudou: *alguns* animais conseguem ver cores que nós não conseguimos, mas devia ser uma capacidade muito rara. Porém, passado mais meio século, na década de 1980, pesquisadores demonstraram que muitas aves, répteis, peixes e insetos têm fotorreceptores sensíveis aos raios UV.[31] Mudava a narrativa novamente: muitos grupos de animais contam com visão UV, mas os mamíferos não. De novo era um erro: em 1991, Gerald Jacobs e Jay Neitz mostraram que camundongos, ratos e gerbos eram donos de um cone curto sintonizável em ultravioleta.[32] Ok, *tá bom*, os mamíferos *são* capazes de visão UV, mas apenas os pequenos, como roedores e morcegos. Não era bem assim: na década de 2010, Glen Jeffery descobriu que renas, cães, gatos, porcos, vacas, furões e muitos outros mamíferos conseguem detectar o ultravioleta com seus cones azuis curtos.[33] Eles provavelmente percebem o UV como um tom escuro de azul, em vez de uma cor distinta, mas são, ainda assim, capazes de percebê-lo. O mesmo pode acontecer com alguns humanos.

Nossas lentes oculares, ou cristalinos, normalmente bloqueiam os raios UV, mas pessoas que as perderam em cirurgias ou acidentes conseguem perceber esses raios como azuis-esbranquiçados. Isso aconteceu com o pintor Claude Monet, que perdeu o cristalino do olho esquerdo aos 82 anos.[34] Ele passou a ver a luz ultravioleta refletida pelos nenúfares e começou a pintá-los de um azul-esbranquiçado, em vez de simplesmente branco. À parte Monet, a maioria das pessoas não consegue enxergar o ultravioleta, o que provavelmente explica por que os cientistas ficavam tão ansiosos por acreditar que essa era uma capacidade rara. Na verdade, o oposto é verdadeiro. A maioria dos animais capazes de ver cores enxerga o UV.[35] É a norma, nós é que somos os esquisitos.*

---

* Por que a maioria dos humanos não enxerga o ultravioleta? Pode ser o custo por ter uma visão aguçada. Quando a luz passa pelas nossas lentes, comprimentos de onda mais curtos são dobrados em ângulos mais nítidos. Mesmo que a lente admitisse o raio UV, ela focaria esses comprimentos de onda em um ponto bem à frente dos demais, desfocando a imagem na retina. Isso é chamado de aberração cromática. Não é tão importante para quem tem olhos pequenos ou não precisa de muita precisão. Mas, para animais de olhos grandes e visão aguçada, é um problema. Pode ser por isso que os primatas não veem UV e que as aves de rapina veem muito menos UV do que outras.

A visão ultravioleta é tão onipresente que a maior parte da natureza deve parecer diferente para a maioria dos outros animais.*[36] A água dispersa os raios UV, criando uma névoa ultravioleta ambiente contra a qual os peixes podem ver mais facilmente o minúsculo plâncton que absorve aqueles raios. Os roedores enxergam com facilidade as silhuetas escuras das aves contra o céu rico em UV. As renas conseguem distinguir rapidamente musgos e líquenes, os quais refletem poucos raios UV, quando os encontram numa encosta coberta de neve muito refletora de ultravioleta.[37] E eu poderia seguir com os exemplos.

Então sigo. Flores usam padrões exuberantes de UV para anunciar seus produtos aos polinizadores.[38] Girassóis, tagetes e margaridas-amarelas parecem todas ter cores uniformes aos olhos humanos, mas as abelhas veem as manchas UV na base de suas pétalas, que formam como que alvos vívidos. Normalmente, essas formas são guias que indicam a posição do néctar. Ocasionalmente, são armadilhas. As aranhas-caranguejo ficam à espreita nas flores para emboscar os polinizadores.[39] Para nós, esses aracnídeos parecem combinar com as cores das flores escolhidas, e há muito são tratadas como mestras da camuflagem. Mas elas refletem tanto UV que ficam largamente visíveis para uma abelha, o que torna as flores sobre as quais pousam muito mais atraentes. Em vez de se camuflar, é se destacando que algumas delas atraem suas presas sensíveis aos raios UV.

Muitas aves também apresentam padrões ultravioleta em suas penas. Em 1998, duas equipes independentes perceberam que grande parte da plumagem "azul" dos chapins-azuis reflete, na verdade, uma grande quantidade de UV; como escreveu um deles: "Chapins-azuis são chapins ultravioleta".[40] Para os humanos, todos esses pássaros parecem iguais. Mas, graças a seus padrões UV, machos e fêmeas são muito diferentes uns dos outros. Isso também se aplica a mais de 90% dos pássaros canoros cujos sexos são indistinguíveis para nós, incluindo andorinhas e tordos.[41]

Não são apenas os humanos que não conseguem enxergar padrões UV. Como a luz ultravioleta se difunde vastamente pela água, os peixes predadores que precisam localizar presas ao longe costumam ser insensíveis a ela. As presas, por sua vez, exploram essa fraqueza. Os peixes-espada dos

---

* Alguns cientistas acreditam que o primeiro tipo de visão colorida a evoluir tenha sido a dicromacia, formada por um fotorreceptor verde e um UV. Se for verdade, os animais conseguem ver UV desde que começaram a ver cores.

rios da América Central nos parecem sem graça, mas, como mostraram Molly Cummings e Gil Rosenthal, os machos de algumas espécies têm faixas ultravioleta chamativas ao longo dos flancos e das caudas.[42] São marcas atraentes para as fêmeas, mas invisíveis para os principais predadores dos peixes-espada. E, nos locais onde esses predadores são mais comuns, os peixes-espada apresentam marcas UV mais vívidas. "Eles conseguem se safar sendo superexibidos", e sem atrair perigo, observa Cummings. Há códigos secretos semelhantes na Grande Barreira de Corais da Austrália, lar do peixe conhecido como donzela-de-Ambon. A olhos humanos, o bicho assemelha-se a um limão com barbatanas e é idêntico a outras espécies com parentesco próximo. Mas Ulrike Siebeck descobriu que sua cabeça apresenta listras ultravioleta, como se um rímel invisível tivesse sido passado pelo rosto todo.[43] Os predadores não conseguem ver essas marcas, mas os próprios donzela-de-Ambon as usam para distinguir membros de sua espécie de outros donzelas.

Para nós, o ultravioleta parece enigmático e inebriante. É uma tonalidade invisível situada bem no limite da nossa visão — um vazio perceptivo que nossa imaginação deseja preencher. Cientistas com frequência atribuíram a ele um significado especial ou misterioso, tratando-o como um canal de comunicação secreta.[44] Mas, com exceção dos donzelas-de-Ambon e dos peixes-espada, a maioria dessas afirmações não se sustentou.*[45][46] A realidade é que a visão ultravioleta, assim como o uso de UV como sinalização, são extremamente comuns. "Minha opinião pessoal é que se trata de só mais uma cor", diz Innes Cuthill, que estuda a visão em cores.

Imagine o que diria uma abelha. Elas são tricromatas, com opsinas mais sensíveis ao verde, ao azul e ao ultravioleta. Se as abelhas fossem cientistas, talvez se maravilhassem com a cor que conhecemos como vermelho, que não conseguem ver e poderiam chamar de "ultra-amarelo". Talvez afirmassem, inicialmente, que outras criaturas não eram capazes de ver o ultra-amarelo, para depois se perguntarem por que tantas o são. Talvez se

---

* Outras afirmações sobre a visão UV também desmoronaram. Em 1995, uma equipe finlandesa sugeriu que os falcões eram capazes de rastrear ratazanas procurando raios UV refletidos em sua urina. Essa afirmação tem sido frequentemente repetida em livros e documentários, mas "está errada", diz Almut Kelber. Em 2013, ela e seus colegas mostraram que a urina do rato não reflete muito os raios UV e não é distinguível da água. Os falcões não conseguem ver isso de longe.

perguntassem se era uma cor especial. Talvez fotografassem rosas com câmeras ultra-amarelas e falassem com entusiasmo sobre como elas são diferentes. Poderiam também se perguntar se os grandes animais bípedes que enxergam essa cor não trocam mensagens secretas com suas bochechas coradas. Talvez por fim percebessem que se trata de só mais uma cor, especial principalmente por estar ausente de sua visão. E ficassem imaginando como seria adicioná-la a seu *Umwelt*, reforçando suas três dimensões de cor com uma quarta.

Situada a quase 2900 metros de altitude nas montanhas Elk, no Colorado, a cidade de Gothic já foi sede de uma próspera mina de prata. Quando o valor da prata caiu, no final do século XIX, tornou-se uma cidade fantasma. Em 1928, porém, renasceu como, vejam só, uma estação de pesquisa. Hoje, o Laboratório Biológico das Montanhas Rochosas, carinhosamente conhecido como Rumble (sua sigla em inglês),* atrai cientistas de todo o mundo. Centenas deles migram para lá todo verão para viver e trabalhar no que parece um cenário de faroeste, para estudar os solos e os riachos locais, seus carrapatos e marmotas. Quando Mary Caswell "Cassie" Stoddard chegou, em 2016, tinha beija-flores em mente.

"Cresci observando pássaros, mas só quando entrei na faculdade é que aprendi que eles conseguem perceber cores que não percebemos", conta Stoddard. "Achei alucinante." A maioria das aves tem quatro tipos de células cônicas, com opsinas mais sensíveis a vermelho, verde, azul e violeta ou ultravioleta. Isso as torna *tetracromatas*. Teoricamente, deveriam ser capazes de distinguir uma infinidade de cores que nos são imperceptíveis. Para confirmar isso, Stoddard e sua equipe testaram os beija-flores-de-cauda-larga residentes no Rumble — uma bela espécie com penas verdes iridescentes e, nos machos, babadores chamativos em tom magenta.

Explorando o instinto natural dos beija-flores de se alimentarem de flores coloridas, Stoddard os atraía até sorvedouros colocados perto de luzes especiais, customizadas para produzir cores que um tetracromata deveria ser capaz de ver.[47] Uma luz podia iluminar um dos suportes contendo néctar com uma mistura de verde e ultravioleta, enquanto outra talvez projetasse só verde num sorvedouro d'água. Stoddard não conseguia identificar

---

* A palavra formada também se refere, de modo geral, a algo que causa estrondo, barulho. [N.T.]

a diferença entre as cores, mas os beija-flores, com um mínimo de experiência, sim. Ao longo do dia, eles se concentravam cada vez mais perto do suporte com néctar, tendo "aprendido a distinguir entre luzes que parecem idênticas para nós", conta a pesquisadora. "Era como sempre previmos, mas ver com nossos próprios olhos foi emocionante."*

Mesmo com experimentos como esse, é fácil subestimar o que outras aves são capazes de enxergar. Elas não têm só a visão humana mais a de ultravioleta ou a visão de uma abelha mais o vermelho. A tetracromacia não amplia apenas o espectro visível nas suas margens. Ela desbloqueia uma *dimensão* inteiramente nova de cores. Vamos lembrar que os dicromatas distinguem cerca de 1% das cores que os tricromatas veem — dezenas de milhares frente a milhões. Se o mesmo abismo existir entre tricromatas e tetracromatas, conseguimos ver apenas 1% das *centenas de milhões* de cores que um pássaro é capaz de discriminar. Imagine a visão humana tricromática como um triângulo, com os três vértices representando nossos cones vermelhos, verdes e azuis.[48] Cada cor que podemos ver é uma mistura dessas três e pode ser representada como um ponto dentro desse espaço triangular. Em comparação, a visão colorida de um pássaro é uma *pirâmide*, com os quatro vértices representando cada um de seus quatro cones. Tudo que alcançamos ver em cores é apenas *um lado* dessa pirâmide, cujo interior espaçoso representa cores inacessíveis para a maioria de nós.

Se nossos cones vermelho e azul forem estimulados juntos, veremos o roxo — uma cor que não existe no arco-íris e não pode ser representada por um único comprimento de onda de luz. Essas cores tipo coquetel são chamadas de não espectrais. Os beija-flores, com seus quatro cones, conseguem enxergar *muitas* mais dessas, incluindo vermelho UV, verde UV, amarelo UV (vermelho + verde + UV) e provavelmente roxo UV (vermelho + azul + UV). Por sugestão da minha mulher e para deleite de Stoddard, vou chamá-las de vermelhoxo, verdoxo, amareloxo e ultrarroxo.** Stoddard descobriu que essas cores não espectrais e seus vários tons representam cerca de um terço daquelas encontradas em plantas e penas.[49] Para um pássaro,

---

* Se Stoddard ajustasse ambas as luzes para produzirem as mesmas cores, os beija-flores não conseguiriam mais chegar com segurança ao alimentador com isca de néctar. Isso sugere que eles não estão apenas aprendendo a posição do comedouro, ou confiando em outros sentidos, como o olfato.   ** Continuo na dúvida se o roxo UV deveria ser chamado de ultrarroxo ou roxioleta.

prados e florestas pulsam de verdoxos e amareloxos. Para um beija-flor-de-cauda-larga, as chamativas penas magenta do babador do macho são, na verdade, ultrarroxas.

Os tetracromatas também têm um conceito diferente de branco. Branco é o que percebemos quando todos os nossos cones são igualmente estimulados. Mas seria necessária uma mistura diferente de comprimentos de onda para estimular o quarteto de cones de um pássaro da mesma maneira. Folhas de papel são tratadas com corantes que absorvem UV, de modo que não parecem brancas para os pássaros. Muitas de suas penas supostamente "brancas" refletem raios ultravioleta e tampouco pareceriam necessariamente brancas para eles próprios.[50]

É difícil saber o que os pássaros fazem com vermelhoxos, verdoxos e outras cores não espectrais, diz Stoddard. Como violinista, ela sabe que duas notas tocadas simultaneamente podem soar separadas ou fundir-se em tons completamente novos. Por analogia, os beija-flores percebem o vermelhoxo como uma mistura de vermelho e UV ou como uma nova e sublime cor em si mesma? Quando fazem escolhas de a quais flores se dirigir, "eles agrupam o vermelhoxo com o vermelho ou o veem como um tom totalmente diferente?", ela se pergunta. Os beija-flores de Stoddard percebem que aquilo é diferente do vermelho puro, "mas não consigo explicar o que parece para eles".

Os pássaros não são os únicos tetracromatas. Répteis, insetos e peixes de água doce, incluindo o humilde peixinho-dourado, também têm quatro cones.[51] Observando os tetracromatas entre os animais modernos e raciocinando de trás para a frente, os cientistas puderam deduzir que os primeiros vertebrados provavelmente também eram tetracromatas.[52] Os mamíferos, provavelmente por serem todos noturnos no início, perderam dois de seus cones ancestrais e se tornaram dicromatas. Mas fugiam de pisões de dinossauros, que quase com certeza eram tetracromatas e "deviam enxergar todos os tipos de cores frias não espectrais", observa Stoddard. É irônico que, durante muito tempo, ilustradores e cineastas tenham retratado dinossauros em tons opacos de marrom, cinza e verde. Só recentemente artistas passaram a pintar esses animais em cores vivas, inspirados pela revelação de que são os ancestrais dos pássaros. Mas, mesmo esses tons vívidos, quando aplicados por um olho tricromata, capturam apenas uma pequena proporção das cores que os dinossauros provavelmente exibiam ou viam.

É muito mais fácil para a maioria das pessoas imaginar o sentido de cores de um cachorro do que o de um pássaro (ou de um dinossauro). Se você é tricromata, pode simular a visão dicromática usando aplicativos que removem certas cores. Pode até simular o que são capazes de ver tricromatas diferentes de nós (como uma abelha) sobrepondo o sistema azul, verde e ultravioleta deles ao nosso sistema vermelho, verde e azul. Mas não há como representar a visão colorida de um tetracromata para um olho tricromático. "As pessoas muitas vezes perguntam se é possível projetar óculos para permitir que os humanos vejam essas cores não espectrais — e como eu gostaria que fosse!", diz Stoddard. Dá até para usar um espectrofotômetro e encontrar vermelhoxos e verdoxos nas penas de um pássaro, mas seria preciso então as recolorir com nossa gama mais limitada de cores. Quatro simplesmente não cabem em três. Por mais frustrante que seja, a maioria de nós simplesmente não consegue imaginar como muitos animais realmente se parecem uns para os outros, ou como pode ser variado seu sentido de cores.

Mesmo para uma borboleta, a espécie conhecida como castanha-vermelha tem um estilo de voo peculiarmente delicado. Com batidas rápidas das asas, mas se movendo surpreendentemente pouco para a frente, ela parece se esforçar muito para não estar em nenhum lugar em particular. Seus movimentos lânguidos condizem com suas defesas: abundante em toxinas e trajada nas cores de alerta vermelho, preto e amarelo, ela não tem pressa para evitar predadores. Mas, a olhos humanos, não há nada de desagradável nessas borboletas. Numa estufa em Irvine, Califórnia, observo duas dúzias delas que voam perto da minha cabeça, entre as lantanas vermelhas e alaranjadas. O mundo parece ficar mais rico e tranquilo com suas cores vivas e movimentos suaves. O nome científico dessas borboletas é *Heliconius erato*, e ambas as palavras que o formam parecem adequadas. Na mitologia grega, o monte Hélicon era o lar das musas e uma fonte de inspiração poética; Erato, a musa da poesia amorosa.

Uma borboleta castanha-vermelha pousa no broto de uma lantana, recolhe seu abdômen e deposita ali um minúsculo ovo dourado. Mais cinco delas se acomodam socialmente numa folha próxima, abrindo e fechando as asas devagar. Outra aterrissa no display do sistema de controle climático da estufa, que indica pouco mais de 36 graus de temperatura e 59% de umidade. Ter vindo de jeans, percebo, foi um erro. A meu lado, Adriana Briscoe, vestida de maneira mais sensata, olha em volta com um largo sorriso.

A estufa é dela, ao mesmo tempo um local de trabalho e um retiro, o lugar aonde vem para se sentir calma e feliz. "Adoro estar aqui", diz ela, sonhadora. "A gente consegue entender por que tantos cientistas dedicaram a carreira ao estudo dessas borboletas."

Em toda a América Central e do Sul, a castanha-vermelha normalmente vive ao lado de uma parente próxima — a borboleta-carteiro, *Heliconius melpomene*, cujo nome científico homenageia a musa da tragédia. Tanto a primeira quanto a segunda são tóxicas e se imitam, de modo que qualquer predador que aprenda a evitar uma também evitará a outra. Em qualquer lugar determinado, essas duas espécies parecem quase idênticas. Mas, se pegarmos a gama completa, variam consideravelmente. Em Tarapoto, Peru, tanto a castanha-vermelha quanto a borboleta-carteiro têm faixas vermelhas nas asas anteriores e amarelas nas posteriores. Mas em Yurimaguas, a apenas 130 quilômetros de distância dali, ambas as espécies exibem manchas amarelas e bases vermelhas nas asas anteriores, enquanto nas anteriores se veem listras vermelhas. É difícil acreditar que as castanhas-vermelhas dos dois locais são de fato da mesma espécie, e igualmente difícil distinguir entre castanhas-vermelhas e borboletas-carteiro num local específico.[53] A estufa de Briscoe talvez tivesse montes de ambas, e eu jamais saberia. Então como as próprias borboletas percebem a diferença? Quando Briscoe começou a estudá-las, no final da década de 1990, pareceu-lhe estranho que ninguém soubesse. "Com animais tão visuais, e também muito populares, aparentemente teria sido uma coisa óbvia investigar seus olhos", comenta ela.

A maioria das borboletas é tricromata. Assim como as abelhas, elas possuem três opsinas que são mais sensíveis a raios UV, azul e verde, e podem ver cores que variam do vermelho ao ultravioleta. Mas, em 2010, Briscoe descobriu que as borboletas *Heliconius* diferem das suas parentes em dois aspectos importantes.[54] Primeiro, porque são tetracromatas. Ao lado das habituais opsinas azuis e verdes, elas têm *duas* opsinas UV cujos picos se dão em diferentes comprimentos de onda. Em segundo lugar, enquanto pigmentos amarelos dão o tom dos padrões das asas de borboletas aparentadas, as *Heliconius* usam nas suas o amareloxo — cor não espectral que mistura UV e amarelo. Essas duas características estão relacionadas. Com duas opsinas ultravioleta, a espécie consegue dividir a parte UV do espectro em gradações mais estreitas e discriminar entre tons sutilmente diferentes de cores derivadas do ultravioleta. E, ao pintar suas asas com essas cores, também são capazes de distinguir melhor os indivíduos de sua própria espécie dos imitadores. Mesmo os pássaros, com sua única opsina UV, não parecem discriminar o amarelo do tom de amareloxo que as borboletas usam.[55]

As borboletas castanhas-vermelhas machos tampouco distinguem. Em 2016, um aluno de Briscoe, Kyle McCulloch, descobriu que apenas as fêmeas são tetracromatas. Os machos são tricromatas.[56] Eles têm o gene para a segunda opsina UV, mas por alguma razão o suprimem. Tal como os macacos-de-cheiro, as castanhas-vermelhas fêmeas carregam uma dimensão extra na sua visão em cores que falta aos machos.* Na estufa de Briscoe, observamos dois indivíduos da espécie acasalando. Seus abdomens se unem, mas, antes que possam se separar, a fêmea foge com o macho ainda grudado nela. Eles se agitam como se fossem um só, brevemente unidos pelos órgãos genitais, ainda que separados para sempre por seus *Umwelten*.

Essas borboletas não são a única espécie tetracromata em que há diferença entre os sexos. Os *humanos* compartilham essa característica. Em algum lugar de Newcastle, na Inglaterra, mora uma mulher conhecida na literatura especializada como cDa29.[57] É uma pessoa reservada que não dá entrevistas e cujo nome verdadeiro não é conhecido publicamente. Mas, de acordo com a psicóloga Gabriele Jordan, que por muito tempo trabalhou no caso, cDa29 supera testes nos quais apenas um tetracromata poderia passar. Assim como os beija-flores de Stoddard, ela consegue distinguir um tom de verde entre outros extremamente semelhantes, "como [se fosse] uma cereja numa árvore", Jordan me disse. "Para nós, parece apenas verde sobre verde. Outras pessoas olham, olham e olham, e então talvez tenham um palpite. Ela é capaz de identificar a diferença em milissegundos."

Os tetracromatas humanos geralmente são mulheres, porque os genes para as opsinas longas e médias ficam ambos no cromossomo X. Como a maioria das mulheres tem dois cromossomos X, é possível herdarem duas

---

* Há outra reviravolta nessa história, que deixará os leitores do meu primeiro livro, *I Contain Multitudes*, encantados. De vez em quando, Briscoe encontrava uma castanha-vermelha fêmea com olhos de macho, que só tinham três opsinas. Esse padrão a confundia, até que ela percebeu que todas essas fêmeas estavam infectadas por uma bactéria chamada *Wolbachia*. A *Wolbachia* é uma das bactérias mais bem-sucedidas do planeta e infecta uma grande proporção de insetos e outros artrópodes. Ela só passa de mãe para filha e tem muitos truques para acabar com os machos inúteis. Às vezes, mata os machos imediatamente. Às vezes, os transforma em fêmeas. Às vezes, permite que as fêmeas se reproduzam assexuadamente, sem precisar dos machos. Isso tudo ainda é um mistério, que Briscoe está agora tentando resolver.

versões ligeiramente diferentes de qualquer um dos genes. Acabariam então com quatro tipos diferentes de opsinas sintonizadas em comprimentos de onda também diferentes — curto, médio, longo-a e longo-b, por exemplo. Cerca de uma em cada oito apresenta esse padrão... mas a maioria delas não é tetracromata.[58] Para se criar essa capacidade, muitas outras peças precisam se encaixar. Normalmente, os cones vermelho e verde reagem melhor a comprimentos de onda separados por apenas trinta nanômetros. Para produzir uma dimensão de cor nova e distinta, o quarto cone tem que ficar quase exatamente no meio dessa faixa, a doze nanômetros de distância do verde. (Como no caso de cDa29.) Para construir uma opsina com essa especificação exata, "é quase necessário dividir geneticamente um átomo", explica Jordan. Mesmo sendo capazes de fabricar o tipo certo de quarto cone, as mulheres ainda precisam tê-lo na parte direita da retina — a fóvea central, onde a nossa visão em cores é mais nítida. E, mais importante, precisam da fiação neural correta para realizar o processo oponente com os sinais desses cones.

Essa combinação de características é tão rara que apenas uma pequena proporção de mulheres com quatro cones é verdadeiramente tetracromata. Jordan me contou que muitas pessoas dizem que são, mas na verdade não são. Artistas, em particular, muitas vezes se convencem de que podem ver mais cores do que outras pessoas, mas estar mais atento aos matizes por ser parte do trabalho não é o mesmo que enxergar uma outra dimensão de cor. "Testei muitos que não eram tetracromatas", relata Jordan. "A ideia de uma visão sobre-humana é muito atraente.* Mas não é tão comum como as pessoas dizem." A primeira tetracromata confirmada foi cDa29; Jordan estima que existam cerca de 48 600 outros no Reino Unido, mas não são fáceis de encontrar.** Não andam por aí com roupas coloridas incríveis, assim como os dicromatas não preenchem sua vida só com cores monótonas. Até que

---

* Observe que cDa29 e outros tetracromatas genuínos não conseguem ver ultravioleta como os pássaros, portanto, sua visão cobriria a mesma faixa de comprimentos de onda que a de um tricromata normal. Eles continuam a ver uma dimensão extra de cor e seu potencial de ver cores ainda pode ser representado por uma pirâmide em vez de um triângulo. Mas é uma pirâmide que cabe dentro daquela que os pássaros têm. ** Em 2019, Jordan desenvolveu um teste que conseguia dizer rapidamente se uma mulher tinha o quarto cone com espaçamento exato de doze nanômetros, o que definiria a verdadeira tetracromacia. "A partir disso seria possível sair por aí e descobrir rapidamente quantos tetracromatas existem", disse ela. "Mas então veio a Covid-19."

cDa29 fosse testada, "ela nunca pensou que houvesse algo especial em relação à sua visão", diz Jordan. "A gente vê o mundo com um determinado par de retinas e um cérebro, e, como não dá pra ver com os de outra pessoa, de fato, não passa pela cabeça que a gente seja melhor que os outros."

Quando Jordan me falou isso pela primeira vez, confesso que me senti um pouco decepcionado, como quando Jay Neitz me contou que Sam, o macaco-de-cheiro geneticamente modificado, tinha ficado indiferente à sua tricromacia recém-descoberta. As cores são importantes para nós. Televisores, impressoras e livros em cores são mais valorizados do que seus primos em preto e branco. É natural esperar que uma dimensão extra de cor seja algo espetacular de se ter. Saber que pode passar batido ameaça drenar toda a cor dessa magia. Mas é claro que para *todos nós* — monocromatas, dicromatas, tricromatas ou tetracromatas — as cores que vemos passam batidas. Cada um está preso a seu próprio *Umwelt*. Conforme escrevi na introdução, este livro não é sobre superioridade, mas sobre diversidade. O que há de verdadeiramente glorioso nas cores não é que algumas pessoas enxergam um número maior delas, e sim que exista uma grande variedade de arco-íris possíveis.

Ao pensar nos tetracromatas humanos e nas borboletas castanhas-vermelhas, fico impressionado com o quanto é absurdo que as pessoas antes pensassem que todos os animais viam o mesmo espectro de cores que os humanos. Os seres humanos, quando comparados, nem sequer veem todos as mesmas cores.* Há diversas formas de daltonismo parcial ou total. Alguns de nós somos tetracromatas. Observando-se o restante do reino animal, podem-se encontrar variações ainda maiores. A visão das cores varia consideravelmente no conjunto das 6 mil espécies de aranhas-saltadoras, das 18 mil de borboletas e das 33 mil de peixes.

São pelo menos três os tipos de visão colorida apenas no olho de um peixe-zebra em estágio de larva.[59] A parte da retina do peixe que olha para o céu vê em preto e branco, pois a cor não é necessária para detectar as silhuetas dos predadores aéreos. A parte que olha para a frente é dominada por detectores UV, os quais ajudam nas busca por saborosos plânctones. E a parte que varre o horizonte e o espaço abaixo do peixe é tetracromática. Da visão

---

* Amanda Melin me explicou que a visão humana das cores é muito mais variada do que entre outros animais como os chimpanzés, babuínos e outros primatas. Não está claro o porquê, mas pode ser que a nossa sobrevivência esteja agora menos intimamente ligada à detecção de cores, permitindo a permanência de variantes que antes poderiam ter desaparecido.

em preto e branco até o estágio em que veem mais cores do que os humanos podem ver, os olhos desses filhotes de peixe incluem tudo.

Para apreciar as cores que outro animal vê, não dá para simplesmente adicionar um filtro do Instagram à própria visão. A gente não pode presumir que as cores ali permanecem as mesmas ao longo de uma cena ou de uma estação, nem de um indivíduo para outro. E tampouco pode simplesmente contar o número de opsinas ou fotorreceptores que um animal possui e reconstruir sua paleta visual. Kentaro Arikawa descobriu que muitas borboletas têm um número francamente excessivo de classes de fotorreceptores.[60] A borboleta-pequena-das-couves tem oito, mas uma delas existe apenas nas fêmeas e outra, só nos machos. A borboleta-cauda-de-andorinha-chinesa dispõe de seis, mas usa apenas quatro, e para ter visão tetracromática; as outras duas provavelmente estão programadas para tarefas específicas, como localizar objetos voadores de uma cor em particular. A campeã entre as borboletas — outro tipo de cauda-de-andorinha, conhecida como varejeira-comum — tem *quinze*. Mas esses insetos não são pentadecacromatas, com visão das cores em quinze dimensões. Só é possível encontrar três dos fotorreceptores por todo o olho, enquanto quatro ficam confinados à metade superior e oito, à parte inferior. Arikawa espera encontrar subdivisões ainda mais elaboradas ao procurá-las. A borboleta varejeira-comum, pensa ele, é provavelmente uma tetracromata que utiliza as suas outras onze classes de fotorreceptores para detectar coisas muito específicas em setores estreitos de seu campo visual.

De fato, a visão em cores jamais precisará ser mais sofisticada do que a tetracromacia. Com base nas cores refletidas nos objetos naturais, os animais conseguem ver tudo o que precisam com apenas quatro classes de fotorreceptores espaçados uniformemente ao longo do espectro. As aves têm uma configuração próxima da ideal. Qualquer coisa a mais seria uma extravagância inútil e ineficiente. Portanto, quando os cientistas encontram animais com muito mais do que quatro tipos de fotorreceptores, provavelmente tem algo estranho acontecendo.

"Se você colocar os dedos ali, ele vai bater em você", Amy Streets me diz, apontando para um pequeno aquário em Brisbane, Austrália. "Se quiser experimentar…"

Quero experimentar, sim, mas o animal no aquário tem certa fama, e estou nervoso de testá-lo.

"Ele bate muito forte?", pergunto.

"O suficiente para te surpreender", responde Streets. "Vai lá."

Enfio meu dedo mindinho na água. Quase instantaneamente, há um lampejo verde produzido por um animal de cinco centímetros de comprimento que dispara e me ataca. Ouço um estalo forte e sinto uma dor aguda, mas tolerável, no dedo. Fico estranhamente orgulhoso por ter levado um soco de um camarão-louva-a-deus com manchas roxas, o *Gonodactylus smithii*.

Os camarões-louva-a-deus, também conhecidos como estomatópodes (ou, mais carinhosamente, *pods*), são crustáceos marinhos. São aparentados com os caranguejos, mas evoluíram por conta própria há cerca de 400 milhões de anos. A metade posterior se parece muito com a de uma pequena lagosta. Mas a metade frontal inclui dois braços cruzados que ficam dependurados sob o corpo do animal, como num louva-a-deus — daí seu nome. Nas espécies "lançadoras", esses braços terminam numa fileira de pregos diabólicos; nas "marteladoras", num porrete contundente. Ambos os grupos são capazes de utilizar essas armas a velocidades surpreendentes e não precisam de muito pretexto para fazê-lo. Socam suas presas até subjugá-las. Socam qualquer coisa que se meta em suas tocas. E socam um ao outro ao primeiro contato. Os camarões-louva-a-deus dão socos na mesma proporção em que damos opiniões — com frequência, de forma agressiva e sem que nos peçam.

Seus socos são os mais rápidos e poderosos do mundo. Os porretes de um grande martelador podem acelerar como uma bala de alto calibre e atingir velocidades de oitenta quilômetros por hora *na água*.[61] Esses animais conseguem abrir as carapaças dos caranguejos, quebrar aquários e atravessar carne e ossos. Com boa razão, foram apelidados de racha-polegares e quebra-dedos. Dá para entender por que eu estava nervoso de deixar um deles me acertar. Mesmo aquele indivíduo, que era pequeno demais para causar qualquer dano, disparou rápido o suficiente para vaporizar a água à frente de seu porrete. Isso criou pequenas bolhas, logo estouradas — daí o estalo que ouvi. "As pancadas das diversas espécies soam ligeiramente diferentes, o que é divertido", conta Streets.

Ela me leva a outro tanque que contém um camarão-louva-a-deus-palhaço, um martelador de cores berrantes cuja carapaça é listrada de vermelho, azul e verde. Das quinhentas espécies de estomatópodes, essa é a mais famosa. É também uma das mais poderosas. "*Não* deixe esses caras te acertarem", diz Streets, enfaticamente. Sigo o conselho dela. Em vez de testar a paciência do *pod* palhaço, olho fixamente em seus olhos. São dois, parecidos com muffins rosa embrulhados em papel-alumínio azul. Eles ficam no topo da cabeça do animal, nas pontas de hastes móveis. O da esquerda está olhando para mim. O da direita, para Streets. São indiscutivelmente os olhos mais estranhos do planeta e veem as cores de uma forma que nenhum outro animal compartilha. De todas as criaturas que conhecemos até agora, o *Umwelt* do camarão-louva-a-deus é o mais difícil de imaginar. Depois de mais de três décadas, Justin Marshall, que dirige o laboratório onde Streets trabalha, ainda tem dificuldade.

A mãe de Marshall era ilustradora de livros de história natural, e seu pai, biólogo marinho e curador de peixes no Museu de História Natural de Londres. A infância de Marshall foi repleta de praias e barcos, e sua mente, tomada de amor pelas cores e pela vida marinhas. Em 1986, quando seu orientador de doutorado, Mike Land (cujo trabalho conhecemos no capítulo anterior), pediu que ele escolhesse entre estudar aranhas, borboletas ou estomatópodes, a decisão foi óbvia. "Rapidamente escolhi os camarões-louva-a-deus", Marshall me contou, "por viverem nos trópicos."

Ele começou sua pesquisa dissecando o olho de um camarão-louva-a-deus-palhaço. Tal como outros crustáceos, esses animais têm olhos compostos, que consistem em muitas unidades separadas de captação de luz. Mas, de forma única, cada olho é dividido em três seções. São dois hemisférios com uma faixa central distinta passando no meio, como os trópicos que envolvem a Terra. Quando Marshall observou essa mediana num microscópio, deparou-se com uma bela surpresa — um conjunto caleidoscópico de manchas coloridas que eram vermelhas, amarelas, laranja, roxas, rosa e azuis.[62] Na época, pensava-se que os crustáceos fossem daltônicos. Aquele animal claramente não era. "Lembro exatamente o que Mike disse quando mostrei o slide, que foi: 'Porra! Porra, porra, porra! Porra!'", conta Marshall. "Pensei: ah, isso deve ser bom."

O camarão-louva-a-deus, Marshall imaginou, usa essas manchas coloridas para filtrar a luz que incide sobre uma única classe de fotorreceptores. Dessa forma, poderia enxergar em cores com olhos que normalmente seriam daltônicos. Para testar essa ideia, Marshall viajou da Inglaterra aos Estados Unidos para trabalhar com Tom Cronin, que tinha o equipamento certo e um interesse crescente pelos *pods*. Durante algumas semanas intensas, a dupla vasculhou o olho, analisando todos os fotorreceptores que puderam encontrar. E, para sua surpresa, não encontrou uma classe, mas pelo menos *onze*.[63] "Não fazia sentido", diz Cronin. "Encontrávamos uma nova cada vez que examinávamos uma nova parte do olho. Foi o período mais milagroso de toda a minha carreira, Justin e eu trabalhando juntos e descobrindo isso." O camarão-louva-a-deus "talvez tenha um sistema de visão em cores que supera qualquer coisa descrita anteriormente", escreveu a dupla em 1989. Ou, como diz Marshall, "falamos mais alguns 'porra'".

A faixa central consiste em seis fileiras de unidades captadoras de luz.[64] Vamos esquecer as duas inferiores por enquanto; apenas as quatro superiores são usadas para a visão em cores. Cada uma conta com três fotorreceptores exclusivos organizados em camadas. A fileira um tem receptores violeta e azul; a dois, amarelo e laranja; a três, vermelho-alaranjado e vermelho; e a quatro, ciano e verde — além de cada linha ter seu próprio fotorreceptor UV exclusivo, sobreposto aos demais.* Isso soma *doze* classes de fotorreceptores, incluindo as quatro dedicadas ao ultravioleta.** Os camarões-louva-a-deus têm mais classes de fotorreceptores cobrindo o espectro ultravioleta do que temos *no total*.[65] O que fariam com tantos? Poderiam ser dodecacromatas, com visão de cores em doze dimensões? Ou estaríamos diante de quatro tipos de tricromacia, um para cada linha da faixa central? De qualquer forma, certamente deviam ser animais muito conhecedores de cores, capazes de perceber até as diferenças mais sutis entre tons quase indistinguíveis. Um recife de coral parece bastante impressionante para nós; como será que deve parecer para um estomatópode? Especulações corriam soltas. A imaginação corria solta. *The Oatmeal*, uma história em quadrinhos online, sugeria que "onde vemos um arco-íris, um camarão-louva-a-deus enxerga uma bomba termonuclear de luz e beleza".[66]

Só que não. Em 2014, uma aluna de Marshall, Hanne Thoen, fez um experimento decisivo que abalou a crescente reputação do camarão-louva-a-deus.[67]

---

* As manchas coloridas que Marshall notou pela primeira vez são encontradas nas linhas 2 e 3. Como ele suspeitava, elas agem como filtros, mas sua função é aguçar a sensibilidade dos fotorreceptores subjacentes.   ** Você pode ter lido que eles têm dezesseis classes de fotorreceptores. Além das doze nas primeiras quatro fileiras da banda intermediária, há duas nas duas últimas fileiras e mais duas nos hemisférios. Até onde se sabe, essas outras quatro não estão envolvidas na visão de cores. Além disso, nem todos os camarões louva-a-deus têm doze classes. Embora a maioria das espécies viva em águas rasas coloridas, algumas habitam águas mais profundas e perderam todas as suas classes de fotorreceptores, exceto uma ou duas.

Ela treinou alguns deles para atacar uma de duas luzes coloridas em troca de uma guloseima como recompensa. Então alterou as cores até que fossem suficientemente semelhantes para que os animais não conseguissem mais diferenciá-las. Os humanos conseguem distinguir cores cujos comprimentos de onda diferem entre um e quatro nanômetros. Mas os camarões-louva-a-deus falharam com cores separadas por doze a 25 nanômetros, aproximadamente a diferença entre o amarelo puro e o laranja. Apesar de toda sua extravagância óptica, eles se revelaram terrivelmente ruins para discriminar cores. Humanos, abelhas, borboletas e peixinhos-dourados, todos conseguem superá-los.

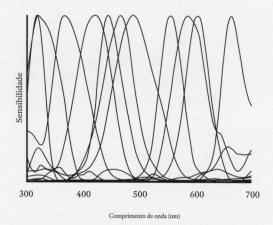

Cada curva representa uma das doze classes de células fotorreceptoras no olho de um camarão-louva-a-deus. O pico mostra o comprimento de onda ao qual aquela classe é mais sensível.

Marshall hoje acredita que o camarão-louva-a-deus veja as cores de uma maneira única. Em vez de discriminar entre milhões de tons sutis, seu olho na verdade faz o oposto, reduzindo todos os matizes variados do espectro a apenas doze cores, como um livro de colorir infantil. Todos os tipos de vermelho estimulam o fotorreceptor inferior da fileira três. Todos os tons de violeta, o receptor superior da fileira um. E, em vez de comparar os resultados desses doze receptores pelo processo oponente, a retina apenas envia seus sinais brutos diretamente para o cérebro. O cérebro então utiliza esses padrões para reconhecer cores específicas, como se o espectro visível fosse um código de barras, e a faixa central, o leitor de códigos do supermercado. Dá para imaginar que, se os receptores 1, 6, 7 e 11 dispararem, o cérebro reconhecerá esses sinais como indicando uma presa, e o camarão-louva-a-deus atacará. Se os receptores 3, 4, 8 e 9 dispararem, talvez se trate de um parceiro em potencial, e, sendo um camarão-louva-a-deus, "segue-se um cortejo muito cuidadoso", diz Marshall. O animal pode até nem ter qualquer concepção de cor.

Tudo aqui ainda é palpite informado. Nenhum dos pesquisadores de estomatópodes com quem conversei afirma saber realmente o que esses animais veem. É possível que usem diferentes tipos de visão em cores para tarefas diferentes. Para reconhecer os alimentos, como na experiência de Thoen, uma tabela de doze cores pode ser suficiente. Mas, para se reconhecerem, talvez usem um sistema mais convencional que possa ajudá-los a discriminar cores semelhantes. Afinal, muitos deles têm cores vivas e exibem seus marcadores uns aos outros quando se encontram. "Para um parceiro, talvez as sutilezas importem", observa Cronin. "Mas esse é um experimento muito difícil de fazer."

Estudar o comportamento animal é sempre desafiador. Mas estudar o comportamento dos camarões-louva-a-deus beira o masoquismo. No laboratório de Marshall, como parte de uma nova experiência, Streets tem tentado treinar grupos de camarões-louva-a-deus-palhaços para atacarem braçadeiras com cores específicas. Quando ela me leva para uma demonstração, porém, os animais sempre fazem a escolha errada. A certa altura, um deles dá um soco na parede do aquário. Outros simplesmente socam o ar (a água?) ou o nada. Pergunto a Streets se eles são difíceis de treinar. "Meu Deus", ela responde, balançando a cabeça devagar. Esses animais não se sentem motivados por comida, porque não precisam se alimentar com muita frequência. Parecem perder o interesse com muita facilidade, de modo que a pesquisadora só pode testá-los uma vez por dia. "Juro por Deus que eles sabem qual é a tarefa, são só uns despeitados", comenta Streets.

"Você ama ou odeia trabalhar com eles?", pergunto.

"Um pouco dos dois", conta ela, resignada. "No começo é superlegal. Estou trabalhando com *camarões-louva-a-deus*! Todo mundo que gosta desse tipo de coisa já ouviu falar deles. Mas aí a gente começa a trabalhar com eles e, sentada ali, se pergunta por que está fazendo isso."

Nós, assim como Streets, vamos ficar com os camarões-louva-a-deus por mais algum tempo, pois nos olhos deles há ainda outras coisas que saltam aos... bem, deu para entender. Na verdade, são olhos que se revelaram tão incomuns, tão complicados e tão difíceis de compreender que muitos cientistas no mundo todo passaram a estudá-los. Nicholas Roberts e Martin How fazem isso em Bristol, Inglaterra. Os dois me levam para uma sala onde também ficam camarões-louva-a-deus-palhaços — oito indivíduos, os quais vivem em aquários separados para a segurança de todos. Os tanques estão posicionados à altura dos olhos, o que torna mais fácil ver o quanto esses animais são curiosos. À medida que nos aproximamos, vários deles percebem e começam a olhar para nós. Pressiono um dedo contra um dos aquários e um *pod* chamado Nigel surge nadando. Movo o dedo e ele me segue. Parece que sou eu que o arrasto para lá e para cá.

Os olhos de Nigel estão em constante movimento, cobrindo todas as direções imagináveis.[68] Eles se movem para cima e para baixo e de um lado para outro. Giram nos sentidos horário e anti-horário.* Raramente se movem juntos ou na mesma direção. Roberts às vezes faz experimentos nos quais filma camarões-louva-a-deus de cima enquanto eles miram uma tela. "É bem frequente que um dos olhos esteja naquela tarefa sozinho, enquanto o outro fica apontado para a câmera", ele me conta. Como observei no capítulo anterior, interpretamos olhos ativos como sinal de uma mente ativa. Mas os camarões-louva-a-deus têm um cérebro pequeno e débil. A natureza hipermóvel de seus olhos não é sinal de uma inteligência investigativa. Mas é, sim, a chave para entendermos como e o que eles veem.

Nossas retinas têm fóveas ricas em cones, ponto em que nossa visão é mais nítida e colorida. Movendo nossos olhos de um lugar para outro, aplicamos a fóvea a diferentes partes do mundo. E, quando detectamos alguma coisa interessante em nossa visão periférica, redirecionamos nosso olhar para analisar aquilo em cores detalhadas. Camarões-louva-a-deus fazem algo semelhante.[69] A faixa central enxerga cores, mas sua visão está confinada a uma estreita porção do espaço. Os hemisférios provavelmente só veem em preto e branco, mas sua visão é panorâmica. O camarão-louva-a-deus

---

* Embora consigamos perceber profundidade comparando as imagens dos nossos dois olhos, um camarão-louva-a-deus pode fazer o mesmo com as três zonas de um olho só. Cada olho tem visão trinocular e pode medir a distância independentemente do seu gêmeo. É uma habilidade útil para um animal combativo que muitas vezes perde um dos olhos em combate.

busca movimento e objetos de interesse com os hemisférios à medida que move os olhos. Quando avista algo, ele os aponta e rastreia a área com a faixa central, como se passasse dois scanners de supermercado ao longo de uma prateleira.[70] Será que o animal começa com uma visão monocromática, que aos poucos vai pintando com cores? "Acho que não", opina Marshall. Ele suspeita que "[os camarões] jamais chegam a construir uma representação bidimensional sólida das cores" em seu cérebro. Em vez disso, enquanto fazem a varredura com sua faixa central, eles simplesmente esperam por qualquer coisa que estimule a combinação certa de fotorreceptores.

Imagine que você é um camarão-louva-a-deus. É uma verdade universalmente reconhecida que precisa de algo para socar. Seus olhos estão em movimento constante e descoordenado, o direito examinando uma parte do recife, o esquerdo olhando para outro lugar. Sua visão é monocromática, porque o que você procura não é cor, mas movimento. E ele surge à sua direita, você passa por ali os dois olhos que, juntos agora, escaneiam o objeto misterioso com suas faixas centrais. De repente, os fotorreceptores 3, 6, 10 e 11 disparam. Seu cérebro reconhece um peixe. Seus braços atacam e atingem o alvo.

Esse estilo de visão é altamente eficiente e significa menos trabalho para o pequeno cérebro do camarão-louva-a-deus.* Mas tem um porém. É muito difícil detectar movimento com um olho que também está em movimento. Quando caminhamos por uma rua ou olhamos através da janela de um veículo, nossos olhos se fixam em pontos específicos à nossa frente, apontando rapidamente de uns para outros. Esses movimentos sacádicos são dos mais rápidos que fazemos, o que é uma sorte, porque, enquanto acontecem, nosso sistema visual é desligado. Nosso cérebro preenche os intervalos de milissegundos para criar uma sensação de visão contínua, mas se trata de uma ilusão. A mesma coisa acontece com os camarões-louva-a-deus quando fazem suas varreduras lentas com a faixa central. "Pode ser que, nesse período, eles tenham que desligar a visão de movimento", How me

---

* Imagine que esteja tentando construir um robô que pode entrar furtivamente em uma lanchonete local e encontrar um hambúrguer para você. Ele poderia ser equipado com duas câmeras de última geração e um algoritmo capaz de aprender a analisar e classificar as imagens dessas câmeras. Mas "certamente é melhor contar com apenas um detector de hambúrgueres", diz Marshall. "E a melhor maneira de fazer isso é construir um dispositivo de varredura em linha. É muito mais eficiente."

explica. "Seus olhos estão se movendo, o mundo fica embaçado e é provavelmente mais difícil enxergar um predador se aproximando." Mas, quando o olho *não* está fazendo seu escaneamento, o camarão-louva-a-deus enxerga, na maior parte do tempo, em preto e branco. As aranhas-saltadoras que conhecemos no capítulo anterior distribuem diferentes tarefas visuais — movimento e detalhes coloridos — para olhos separados. Os camarões-louva-a-deus fazem isso também, mas para diferentes partes do mesmo olho e *períodos diversos de tempo*. Para enxergar movimento, precisam abrir mão das cores. Para ver cor, abandonam o movimento. "É um sistema de compartilhamento de tempo", observa Cronin. "Não é realmente algo que a gente projetaria, mas eles descobriram e funcionou para eles."

A esta altura, caro leitor, você pode, com razão, estar se sentindo sobrecarregado com tanta conversa sobre fotorreceptores, faixas centrais e hemisférios, além de todas as outras complicações absurdas que os camarões-louva-a-deus trazem nos olhos. Ou talvez, depois de tudo isso, esteja começando a ver alguma luz, como se prestes a imaginar o *Umwelt* de um estomatópode. Em todo caso, tenho más notícias. *Há mais*.

Vamos lembrar que a luz é uma onda. À medida que se move, ela oscila. Essas oscilações geralmente podem ocorrer em qualquer direção perpendicular à linha de deslocamento, mas às vezes ficam confinadas a apenas um plano — imagine fixar uma corda a uma parede e depois sacudi-la para cima e para baixo ou de um lado para outro. Diz-se desse tipo de luz que está *polarizada*, e é comum na natureza. Forma-se quando a luz se dispersa pela água ou pelo ar, ou quando é refletida em superfícies lisas como vidro, folhas como que revestidas de cera ou ainda corpos d'água. Os humanos ignoram em grande parte a polarização, mas a maioria dos insetos, crustáceos e cefalópodes é capaz de vê-la da mesma forma como vê as cores.[71] Seus olhos normalmente têm duas classes de fotorreceptores que são estimuladas pela luz polarizada horizontal ou verticalmente. Ao comparar os dois receptores, conseguem distinguir entre luz polarizada de diferentes extensões ou ângulos. A gente poderia chamar esses animais de *dipolatas*.*[72]

---

* Os cefalópodes são mais sensíveis à polarização do que qualquer outro animal. Shelby Temple e seus colegas descobriram que uma sépia consegue detectar a diferença entre dois tipos de luz polarizada cujos planos de vibração diferem em apenas um grau. Esses animais são daltônicos, mas podem usar a polarização como um substituto, para adicionar detalhes ao seu mundo visual.

Os camarões louva-a-deus têm esse arranjo no hemisfério superior dos olhos. Mas, no hemisfério inferior, seus receptores de polarização giram 45 graus. E, nas linhas 5 e 6 da faixa central, apresentam algo único. A luz polarizada geralmente oscila sobre um único plano fixo, mas esse plano às vezes pode girar, de modo que ela então viaja ao longo de uma hélice torcida. Isso é chamado de *polarização circular*. E, conforme descobriu um pós-doutorando de Marshall, Tsyr-Huei Chiou, em 2008, os camarões-louva-a-deus são os únicos animais que conseguem enxergá-la.[73] As fileiras inferiores de suas faixas centrais têm fotorreceptores sintonizados à luz polarizada circular, que viaja em espiral nos sentidos horário ou anti-horário. Portanto, os camarões louva-a-deus têm seis classes de receptores de polarização — vertical e horizontal, dois diagonais, em sentido horário e anti-horário. Eles, sempre as exceções, são *hexapolatas*.*[74]

Expliquei polarização e cor separadamente, e esses assuntos geralmente ocupam capítulos separados nos livros didáticos. Mas não há razão para pensar que os camarões-louva-a-deus tratem as duas coisas de forma diferente. É bem possível que percebam os seis tipos de sinais de polarização como ainda mais cores — mais canais de informação que usam para reconhecer objetos ao seu redor. Mas por que precisam de mais seis, quando já têm doze? Por que a visão deles é tão excessivamente complicada? "Existem animais com sistemas visuais bem mais simples que conseguem ser muito eficazes nos recifes", diz Tom Cronin. Assim, quanto aos camarões-louva-a-deus, "persiste a questão: *para que serve tudo isso?* E ninguém sabe responder".

Peraí um minuto. Volta um pouco. *Por que exatamente os camarões-louva-a--deus são capazes de ver a luz polarizada circular?*

Ao contrário da luz polarizada linear, a circular é muito rara, provavelmente por isso nenhum outro animal desenvolveu a capacidade de vê-la. Na verdade, as únicas coisas no ambiente dos camarões-louva-a-deus que emitem luz polarizada de forma confiável são... os próprios camarões louva-a-deus. Uma das espécies a reflete a partir da grande quilha na cauda que os machos usam ao cortejar as fêmeas.[75] Outra, a partir das partes do corpo que exibe aos rivais durante o combate. Ou seja, talvez os camarões-louva-a-deus se comuniquem

---

* Eles também podem girar os olhos para aumentar o contraste de polarização entre um objeto e seu fundo, tornando-os os primeiros animais conhecidos com visão de polarização dinâmica.

usando uma forma de luz tão secreta que só eles conseguem vê-la. No entanto, há algo insatisfatoriamente tortuoso nessa explicação. Sinais polarizados circularmente só seriam úteis se os camarões-louva-a-deus já tivessem olhos que pudessem vê-los. Mas por que esses olhos teriam desenvolvido tal capacidade se não houvesse nada para ver? O que veio primeiro, o olho ou o sinal?

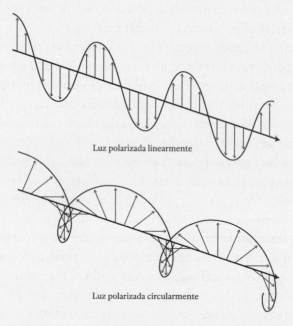

Luz polarizada linearmente

Luz polarizada circularmente

Tom Cronin acha que foi o olho.[76] Nas duas fileiras inferiores da faixa central, os fotorreceptores estão dispostos de modo a simplesmente desenrolar a luz polarizada circularmente e torná-la polarizada linearmente. É assim que os camarões-louva-a-deus conseguem percebê-la. Esse arranjo pode ter sido um acaso anatômico — uma peculiaridade de seu olho composto que lhes deu a capacidade de enxergar a luz polarizada circularmente, mesmo quando havia pouca luz ao redor para ver. Os ancestrais dos camarões-louva-a-deus efetivamente tinham um sentido acidental. Eles o exploraram desenvolvendo aos poucos estruturas em suas conchas que refletem a luz circular e sinais adequados aos seus olhos. Isso acontece muito. Sinais foram feitos para ser vistos e, portanto, as cores que adornam o pelo, as escamas, as penas e os exoesqueletos dos animais são ajustadas de acordo com as que os olhos dos animais são capazes de perceber. É observando o que pinta a natureza que os olhos definem sua paleta.

Os primatas, por exemplo, desenvolveram tricromacia para identificar melhor folhas frescas e frutos maduros. E, no momento em que acrescentaram vermelho a seu *Umwelt*, evoluíram para ter faixas de pele nua no corpo, sem pelos, pelas quais podiam transmitir mensagens ao ruborizarem. O rosto vermelho dos macacos rhesus, as nádegas vermelhas dos mandris e as cabeças comicamente vermelhas e carecas dos uacaris são todos sinais sexuais possibilitados pela visão tricromática.[77]

A maioria dos peixes nos recifes de coral também é tricromata. Mas, como a luz vermelha é intensamente absorvida pela água, a sensibilidade deles se desloca para a extremidade azul do espectro. Isso explica por que tantos peixes de recife, como o cirurgião-patela que estrela *Procurando Dory*, da Pixar, são azuis e amarelos. Na versão deles da tricromacia, o amarelo desaparece nos corais e o azul se mistura com a água. Suas cores parecem incrivelmente visíveis aos humanos que praticam mergulho com snorkel porque nosso trio específico de cones é excelente na discriminação de azuis e amarelos. Mas os próprios peixes ficam lindamente camuflados a si próprios e a seus predadores.[78]

A visão colorida dos predadores fez a rã-morango, espécie venenosa da América Central, diversificar seus padrões — espécie única, ela se apresenta em quinze formas incrivelmente diferentes. Uma é verde-limão com meias ciano. Outra, laranja com manchas pretas. As cores são tão variadas que parecem quase aleatórias, mas há um método na loucura visual. Essas rãs são venenosas, e as mais tóxicas são também as mais visíveis. Mas, como descobriram Molly Cummings e Martine Maan, visíveis apenas para pássaros, e não para outros predadores, como cobras.[79] É provável que os olhos tetracromáticos das aves tenham impulsionado a evolução da estranha pele desses anfíbios. Faz sentido: as cores servem como avisos e, ao longo das gerações, as rãs cujas tonalidades melhor se adaptaram à visão dos predadores tiveram maior probabilidade de evitar ataques. E Cummings e Maan mostraram que é possível descobrir quem são esses predadores — nesse caso, os pássaros — estudando as cores de suas presas. Uma vez que são os olhos que definem a paleta da natureza, a paleta de um animal informa de quem é o olhar que ele pretende capturar.

Podemos aplicar a mesma lógica às flores. Em 1992, Lars Chittka e Randolf Menzel analisaram 180 flores e chagaram a uma conclusão sobre que tipo de olho seria o melhor para discriminar suas cores.[80] A resposta — um olho com tricromacia verde, azul e UV — é exatamente o que as abelhas e muitos outros insetos têm. Seria possível pensar que esses polinizadores desenvolveram olhos que enxergam bem as flores, mas não foi isso que aconteceu. Seu estilo de tricromacia evoluiu centenas de milhões de anos antes do aparecimento das primeiras flores, de modo que estas é que devem ter evoluído para se adequar àqueles.[81] As flores desenvolveram cores que agradam idealmente aos olhos dos insetos.

Acho essas conexões profundas a tal ponto que me fazem pensar de forma diferente sobre o próprio ato de sentir. A sensação pode parecer passiva, como se os olhos e outros órgãos dos sentidos fossem válvulas através das quais os animais absorvem e recebem os estímulos ao redor. Mas, com o tempo, o simples ato de enxergar recolore o mundo. Guiados pela evolução, os olhos são pincéis vivos. Flores, sapos, peixes, penas e frutas mostram que a visão afeta o que é visto e que muito do que achamos belo na natureza foi moldado pela visão dos nossos companheiros animais. A beleza não está apenas nos olhos de quem vê. Ela nasce por causa desses olhos.

É uma tarde ensolarada de março de 2021 e estou levando Typo, meu corgi, para passear. Ao nos aproximarmos de um vizinho que enxagua o carro com uma mangueira, Typo para, senta-se e fica olhando. Enquanto espero com ele, noto que a água da mangueira esguicha a forma de um arco-íris. Aos olhos de Typo, ele vai do amarelo ao branco e ao azul. Aos meus, do vermelho ao violeta, com laranja, amarelo, verde e azul no meio. Para os pardais e estorninhos empoleirados numa árvore atrás de nós, vai do vermelho ao ultravioleta, talvez com mais algumas gradações entre eles.

Observei no início deste capítulo que a cor é fundamentalmente subjetiva. Os fotorreceptores em nossas retinas detectam diferentes comprimentos de onda de luz, ao passo que nosso cérebro usa esses sinais para construir a sensação de cor. O primeiro processo é fácil de estudar; o último, extremamente difícil. Essa tensão entre recepção e sensação, entre o que os animais são capazes de detectar e o que sentem de fato, existe para a maioria dos sentidos. Podemos dissecar o olho de um camarão-louva-a-deus, descobrir o que cada componente faz e ainda assim jamais saber como aquele animal de fato enxerga. Podemos descobrir a forma exata dos receptores gustativos nas patas de uma mosca sem nunca compreender o que ela experimenta quando pousa numa maçã. Podemos mapear como um animal reage ao que sente, mas é muito mais difícil saber *como é a sensação*. E essa distinção se torna especialmente difícil — e importante — quando se pensa na dor.

4.
A indesejada

Dor

Numa sala quente com cheiro doce de milho no ar, tenho numa das mãos enluvadas um pequeno roedor. Rosado e quase sem pelos, parece menos um rato ou porquinho-da-índia e mais um dedo que ficou de molho na banheira por muito tempo. Tem quase a aparência de um embrião, embora se trate de um adulto totalmente desenvolvido. Seus olhos são como alfinetes pretos. Seus longos incisivos se projetam à frente dos lábios. Sua pele flácida é dura ao tato, mas tão translúcida que consigo distinguir os órgãos internos, incluindo o contorno escuro do fígado. É um rato-toupeira-pelado. E sua aparência é a coisa menos estranha nele.*[12]

Os ratos-toupeiras-pelados têm uma expectativa de vida excepcionalmente longa para os roedores, de até 33 anos. Seus incisivos inferiores podem se separar e voltar a se unir para agarrar objetos.[3] Seus espermatozoides são deformados e lentos.[4] São animais capazes de sobreviver até dezoito minutos sem oxigênio, uma condição que nenhum outro rato consegue suportar por mais de um minuto.[5] Eles vivem em colônias cooperativas como as de formigas e cupins, com uma ou mais rainhas reprodutoras e dezenas de operárias estéreis. É incomum ver um rato-toupeira-pelado sozinho, como o que estou segurando. Um rato-toupeira-pelado ao ar livre também. Eles em geral vivem em túneis subterrâneos labirínticos, que expandem, remodelam e patrulham constantemente em sua busca por tubérculos nutritivos. Thomas Park replicou uma rede de túneis

---

* Os ratos-toupeiras-pelados são tão estranhos que suas características bizarras têm sido frequentemente mitificadas, e muitas das afirmações que os cercam são falsas. Recomendo enfaticamente o artigo "Surprisingly long survival of premature conclusions about naked mole-rat biology" [Sobrevivência surpreendente longa das conclusões prematuras sobre os ratos-toupeiras-pelados] para corrigir alguns desses mitos.

assim no seu laboratório em Chicago, com gaiolas de plástico interligadas e cheias de rolos de papel higiênico e aparas de madeira. Alguns dos ratos-toupeiras mastigam instintivamente as paredes desses contêineres, numa tentativa de expandir os túneis artificiais, e esticam as pernas para trás, como se estivessem removendo a sujeira de sua "escavação". Outros estão descansando no compartimento reservado aos ninhos, uma pilha de corpos enrugados e enrodilhados junto à rainha. Ela é muito maior do que eles, com a barriga repleta de filhotes ainda não nascidos. "Para quem gosta de ratos-toupeiras-pelados, é uma bela visão", Park me diz. Vou acreditar na palavra dele.

Em suas tocas selvagens, os ratos-toupeiras-pelados também dormem em grandes pilhas para se manter aquecidos. Os que estão por baixo ficam logo sem oxigênio, e provavelmente é por isso que a espécie evoluiu para suportar essa condição. Também são animais que foram forçados a tolerar o dióxido de carbono acumulado nos compartimentos das ninhadas a cada expiração.[6] Num recinto médio, o dióxido de carbono normalmente tem concentração de 0,03%. Se os níveis subissem para 3%, a gente hiperventilaria e entraria em pânico. Enquanto isso, o gás se dissolveria nas superfícies úmidas das membranas mucosas, acidificando-as. Os olhos começariam a arder. O nariz, a queimar. A gente se encolheria de desespero com a situação. Tentaria fugir. Mas um rato-toupeira-pelado não faz nem uma coisa, nem outra.

Park demonstrou isso construindo uma arena com dióxido de carbono numa extremidade e ar normal na outra.[7] Um rato normal correria para esta última. Mas os ratos-toupeiras-pelados sentiam-se confortáveis no espesso dióxido de carbono, afastando-se apenas quando os níveis atingiam absurdos 10%. Eles simplesmente não sentem dor com os ácidos. Aspiram fortes vapores de vinagre sem nenhum sinal de desconforto.[8] Não acusam nada quando gotas de ácido penetram sob sua pele[9] — o equivalente a esguichar suco de limão num corte na mão. Tampouco são perturbados pela capsaicina, a substância química que dá à pimenta e ao spray de pimenta a sensação de queimar. Embora a capsaicina inflame nossa pele, deixando-a hipersensível ao calor, não tem esse efeito nos ratos-toupeiras-pelados. Não é que esses animais não possam sentir dor, como se costuma dizer. Eles não gostam de apertões e queimaduras, e recuam diante da substância química responsável pela picância da mostarda.[10] Mas ignoram várias substâncias nocivas que consideramos dolorosas.

Nossa experiência de dor depende de uma classe de neurônios chamados nociceptores.[11] (A palavra vem do latim *nocere*, que significa "prejudicar".) As pontas expostas desses neurônios permeiam nossa pele e outros órgãos. Têm sensores que detectam estímulos prejudiciais — calor ou frio intenso, pressão muito forte, ácidos, toxinas e substâncias químicas liberadas por lesões e inflamações.* Os nociceptores variam em tamanho, no quanto são sensíveis e na velocidade com que transmitem informações — qualidades que esculpem coletivamente uma paisagem de picadas, pontadas, queimaduras, latejamentos, cólicas e dores que temos a infelicidade de experimentar.

Quase todos os animais têm nociceptores, e os ratos-toupeiras-pelados não são exceção. Mas os deles vêm em menor número e foram desativados de diversas maneiras.[12] Os que normalmente seriam ativados por ácidos em vez disso são bloqueados por essas substâncias.[13] Aqueles que detectam a capsaicina até o fazem, mas não produzem os neurotransmissores que normalmente transmitem os sinais ao cérebro. Algumas dessas mudanças parecem fáceis de explicar: se os ratos-toupeiras-pelados conseguissem sentir a dor dos ácidos, o dióxido de carbono em seus locais de ninhada provavelmente os levaria a um sono agonizante. "Mas não sabemos por que eles não reagem à capsaicina", Park me conta. Talvez comam um tubérculo especialmente picante ao qual se tornaram resistentes? Ou talvez tenha sido o contrário: depois de milhões de anos num ambiente relativamente seguro, simplesmente perderam capacidades sensoriais de que já não necessitavam. De qualquer forma, essa imunidade nos mostra que não há nada inerentemente doloroso na capsaicina ou nos ácidos.

Vários mamíferos em hibernação que, como o rato-toupeira-pelado, têm de lidar com níveis crescentes de dióxido de carbono também são insensíveis aos ácidos.[14] Os pássaros que carregam as sementes da pimenta não sentem a queimadura da capsaicina.[15] Os humanos são insensíveis à nepetalactona, uma substância química produzida pela planta chamada de erva-dos-gatos que, para os mosquitos, é intensamente irritante.[16] O rato-gafanhoto, um predador surpreendentemente feroz para os escorpiões,

---

* Ao contrário da visão, do olfato e da audição, que detectam estímulos específicos — luz, moléculas, som — a nocicepção detecta uma classe de estímulos muito diferentes, unidos pelo seu potencial de causar mal. É um sentido confuso, combinando elementos do olfato, que já exploramos, a outros, como o tato, que logo vamos explorar.

consegue passar incólume a picadas que, para os humanos, causariam a dor de um cigarro sendo apagado na pele.[17] Os nociceptores desses ratos evoluíram de modo a *parar* de disparar quando reconhecem as toxinas de um escorpião, transformando o veneno que normalmente seria insuportável num analgésico.

As pessoas muitas vezes presumem que a dor é a mesma coisa em todo o reino animal, mas isso não é verdade. Assim como a cor, também a dor é inerentemente subjetiva e surpreendentemente variável. Da mesma forma que os comprimentos de onda da luz não são universalmente vermelhos ou azuis, e os odores tampouco são universalmente perfumados ou fedorentos, nada é universalmente doloroso, nem mesmo as substâncias químicas do veneno do escorpião que evoluíram de modo específico para infligir dor. Ao alertar os animais sobre ferimentos e perigos, a dor é crucial para sua sobrevivência. E, embora todos os animais tenham coisas com que tomar cuidado, diferem no que devem evitar e no que devem tolerar. Isso torna notoriamente complicado dizer o que um animal pode achar doloroso, se está sentindo dor ou mesmo se é capaz de senti-la.

No início do século XX, o neurofisiologista Charles Scott Sherrington observou que a pele tem "um conjunto de terminações nervosas cuja função específica é ser receptiva a estímulos que [lhe] causem lesões". Esses nervos "evocariam [a sensação de] dor na pele" se estivessem conectados ao cérebro, mas igualmente poderiam desencadear reflexos defensivos "desprovidos de características psíquicas", caso tais conexões fossem interrompidas.[18] Um cachorro, por exemplo, continuaria a recolher a pata que estivesse sendo apertada, mesmo depois de uma lesão de coluna. Sherrington queria um termo diferente para descrever o ato de sentir estímulos nocivos como algo distinto das sensações dolorosas que eles produzem — um termo que teria "a vantagem de uma maior objetividade". Saiu-se com *nocicepção*.

Mais de um século depois, cientistas e filósofos ainda fazem a distinção entre nocicepção e dor.[19] Nocicepção é o processo sensorial pelo qual detectamos danos. A dor é o sofrimento que se segue. Na semana passada, quando toquei acidentalmente numa panela quente, os nociceptores da minha pele perceberam a temperatura escaldante. Isso é nocicepção, a qual desencadeou um reflexo que me obrigou a recolher o braço *antes mesmo de eu perceber o que estava acontecendo*. Passado um tempinho, sinais desses nociceptores chegaram ao meu cérebro, o que produziu uma sensação de desconforto e estresse. Isso é dor. Os dois estão intimamente ligados, mas são distintos. A nocicepção ocorreu na minha mão (e na medula espinhal); a dor foi produzida pelo meu cérebro. São as metades sensorial e emocional de um processo, e, para a maioria de nós, parecem inseparáveis.

Mas *é possível* separá-las. Amputados que continuam a sentir o remanescente fantasma de seus antigos membros podem sentir dor sem nocicepção. Outras pessoas são congenitamente indiferentes à dor — desde o nascimento, estão conscientes de sensações que outros considerariam dolorosas, mas que para elas não causam desconforto.*[20][21] Alguns analgésicos duplicam esse efeito, agindo no sistema nervoso central para aliviar a dor sem afetar a nocicepção. "Tomei Vicodin depois de uma cirurgia na mandíbula", Robyn Crook, neurocientista que estuda a dor, me contou. "Eu continuava plenamente consciente de que a sensação estava lá, mas me sentia muito sereno com isso." As pessoas também podem aprender a ignorar ou até mesmo gostar de coisas que acionam nociceptores, como mostarda, pimenta ou calor intenso.**[22]

Que fique claro: a separação entre nocicepção e dor não torna esta última menos real. As pessoas (e especialmente as mulheres) com distúrbios causadores de dor crônica têm sido desacreditadas e negligenciadas pela comunidade médica.[23] Foi-lhes dito erroneamente que seu sofrimento estaria apenas na cabeça ou que seria consequência de problemas de saúde mental como a ansiedade. É fácil desconsiderar assim a dor porque ela é subjetiva. E, graças à infeliz persistência do dualismo — a crença ultrapassada na separação entre mente e corpo —, muitas vezes se entende *subjetivo* como *nebuloso*, *psicológico* como *imaginado*. É um erro muito prejudicial. Não é verdade que a nocicepção seja um processo físico do corpo, enquanto a dor é um processo psicológico da mente. Ambas ocorrem quando neurônios

---

* Essa condição pode ser perigosa. As crianças e os bebês que sofrem dela não aprendem que as lesões são perigosas e muitas vezes mordem os próprios dedos, batem a cabeça contra objetos ou queimam-se. Aqueles que sobrevivem são por vezes explorados. O primeiro caso documentado de indiferença congênita à dor foi o de um homem que ganhava a vida num circo, como almofada de alfinetes humana. Um menino paquistanês que tinha essa condição se apresentava nas ruas esfaqueando os braços. Ele morreu em seu aniversário de catorze anos depois de pular de um telhado.   ** Recomendo fortemente *Hurts so good* [Que dor gostosa], de Leigh Cowart — uma exploração sobre os masoquistas, ultramaratonistas, banhistas de oceanos gelados e outras pessoas que se envolvem com a dor de propósito.

são disparados. Acontece que nos humanos a nocicepção pode estar confinada ao sistema nervoso periférico, ao passo que, no caso da dor, o cérebro está sempre envolvido. A dor requer algum grau de percepção consciente. A nocicepção pode existir sem ela.

A nocicepção é um dos sentidos mais antigos. É tão difundido e consistente por todo o reino animal que as mesmas substâncias químicas, os opiáceos, servem para suprimir os nociceptores de humanos, galinhas, trutas, lesmas-do-mar e moscas-das-frutas — criaturas separadas por cerca de 800 milhões de anos de evolução.[24] Mas, como a dor é subjetiva, é difícil dizer quais criaturas sofrem. Os humanos mal conseguem distinguir isso uns nos outros. "Você pode me dizer que está com uma dor de cabeça terrível que eu não vou fazer ideia do que isso significa para você", diz Crook, "e somos da mesma espécie, com cérebros basicamente iguais." Os cientistas que estudam a dor humana ainda se baseiam em grande parte nos relatos das próprias pessoas, e os animais obviamente não podem falar sobre seus sentimentos.* O único recurso que temos é tentar ler os sinais de seu comportamento.

Aperte a pata de um rato (ou de um rato-toupeira-pelado) e ele recolherá o membro e provavelmente o lamberá e limpará. Ofereça analgésicos e ele aceitará. Essas ações se assemelham ao que um ser humano ferido talvez fizesse, e, uma vez que o cérebro de um roedor é suficientemente semelhante ao nosso, podemos adivinhar de forma razoável que seu reflexo nociceptivo também é acompanhado de dor. Mas tais argumentos por analogia são sempre complicados, em especial quando se trata de animais com corpos e sistemas nervosos muito diferentes. Uma sanguessuga se contorce quando apertada, mas seria isso análogo ao sofrimento humano ou a um braço recolhido inconscientemente para longe de uma panela quente? Outros animais são capazes de esconder sua dor. Criaturas sociais podem pedir ajuda choramingando quando feridas, mas é provável que um antílope nessa situação fique quieto para que seus gritos de socorro não delatem fraqueza a um leão. Os sinais de dor variam de uma espécie para outra.[25] Como, então, saber se um animal está sofrendo?

---

* Ressonâncias magnéticas do cérebro não são úteis nesse caso: não temos clareza sobre quais padrões de atividade cerebral indicam uma mente consciente, muito menos uma mente consciente com dor, quanto mais uma mente consciente e não humana com dor.

Para muitos pensadores históricos, que viam os animais como incapazes de ter emoções ou experiências conscientes, a questão era irrelevante.[26] René Descartes, o dualista do século XVII, pensava neles como autômatos. Parafraseando suas opiniões, o filósofo e padre Nicolas Malebranche escreveu que "os animais comem sem prazer, choram sem dor, crescem sem se dar conta: nada desejam, nada temem, nada sabem". Essas opiniões mudaram nas últimas décadas, e a maioria dos cientistas concordaria, hoje, que mamíferos sentem dor. Mas debates acirrados seguem em torno de outros grupos de animais, incluindo peixes, insetos e crustáceos.*[27][28] No centro dessas controvérsias persistentes, está a distinção entre nocicepção e dor. Essa distinção "é uma relíquia das tentativas de enfatizar as diferenças entre humanos e outros animais ou entre animais 'superiores' e 'inferiores'", escreveu Donald Broom, biólogo especializado em bem-estar animal.[29] Afinal, no estudo dos demais sentidos, as ações dos receptores sensoriais e as experiências subjetivas produzidas pelo cérebro não recebem nomes diferentes. Os cientistas que estudam os olhos não discutem se os humanos têm visão enquanto os peixes teriam apenas fotorrecepção.

Mas, como vimos nos capítulos anteriores, *há* uma diferença entre o que as células da retina detectam e a experiência consciente de enxergar. Os cientistas da visão fazem, *sim*, distinções entre a fotorrecepção simples e a visão espacial — lembremos os quatro estágios no modelo de evolução ocular de Dan-Eric Nilsson. Eles suspeitam que algumas criaturas, como as vieiras, podem ampliar nosso conceito de visão por enxergarem sem cenas. Reconhecem que alguns aspectos do nosso mundo visual, como as cores, são construções do cérebro e que alguns animais que conseguem perceber diferentes comprimentos de onda de luz, como os camarões-louva-a-deus, talvez não vejam cores.

No caso dos sentidos químicos — olfato e paladar —, também é possível sentir e reagir a um estímulo sem ter consciência dele. Você está fazendo isso agora. Os humanos têm receptores gustativos em todo o corpo — não na pele ou nos pés, mas nos órgãos internos.[30] Os receptores ao doce no nosso intestino controlam a liberação de hormônios que regulam o apetite. Os receptores ao amargo em nossos pulmões reconhecem a presença

---

* Até a década de 1980, ainda havia debates sobre se bebês humanos prematuros ou recém-nascidos podiam sentir dor ou se beneficiar de analgésicos.

de alérgenos e desencadeiam uma resposta imunológica. Tudo isso acontece sem que saibamos. Da mesma forma, os receptores gustativos na pata de um mosquito podem desencadear um reflexo que o faz se afastar do repelente sem nunca passar informação ao cérebro do inseto. Os receptores gustativos na asa de uma mosca são capazes de iniciar um reflexo de asseio se detectarem micróbios, sem que a mosca precise saber o que são um micróbio ou uma asa. Para um observador, esses comportamentos se assemelham muito à repulsa, mas não temos ideia de se tais emoções se manifestam no cérebro de um inseto.

Broom está certo ao dizer que raramente distinguimos entre o ato bruto de sentir e as experiências subjetivas que se seguem. Mas não é porque tais distinções não existam. É porque em geral não importam. Perguntas sobre o que uma vieira vê ou se os pássaros e os humanos enxergam o mesmo vermelho são filosoficamente interessantes. Mas a distinção entre dor e nocicepção é uma questão moral, legal e economicamente vital, que afeta nossas normas culturais sobre animais: sua captura e morte, se vamos nos alimentar deles ou usá-los para experimentos. Dor (ou nocicepção, como se preferir) é a sensação indesejada. A única cuja *ausência* (no rato-toupeira-pelado ou no rato-gafanhoto) parece um superpoder. A única que tentamos evitar, entorpecendo-a com medicamentos, e que tentamos não infligir aos outros.

Os cientistas que trabalham com visão ou audição podem reproduzir imagens e sons para os animais que estão estudando. Mas aqueles que estudam a dor têm de fazer mal às criaturas com que trabalham na busca de conhecimento que possa melhorar o bem-estar dessas mesmas criaturas. Gostariam de usar o menor número possível de animais, mas precisam de uma quantidade suficiente para que seus resultados sejam estatisticamente sólidos. Seu trabalho é um desafio moral e muitas vezes frustrante. "As pessoas acham ou que os animais sentem dor absolutamente como nós, portanto é algo idiota para se pesquisar, ou que não sentem dor como nós, portanto é algo idiota para se pesquisar", Robyn Crook me diz. "Não há muito meio-termo em que as pessoas sejam agnósticas."

Peixes exemplificam a natureza complexa da pesquisa sobre a dor. No início dos anos 2000, Lynne Sneddon, Mike Gentle e Victoria Braithwaite injetaram veneno de abelha ou ácido acético, a substância que dá o gosto do vinagre, nos lábios de algumas trutas.[31] Ao contrário dos peixes que receberam solução salina, esses indivíduos infelizes ficaram com a respiração pesada. Pararam de comer por várias horas. Deitaram-se no fundo de cascalho dos tanques e rolaram de um lado para outro. Alguns deles esfregavam os lábios no cascalho ou nas paredes dos aquários. Não mantinham mais distância de objetos desconhecidos, como se algo os distraísse — um efeito que desapareceu quando lhes foi injetado morfina. Sneddon e seus colegas não podiam conceber que tal comportamento, que persistiu muito depois das injeções, fosse atribuído à mera nocicepção. Viam ali animais com dor.

Esses estudos, publicados em 2003, foram inovadores. Textos científicos, revistas de pesca e letras do Nirvana* propagavam a crença de que peixes não sentem dor. Um peixe fisgado se debatendo obedeceria a simples reflexos, não havia ali sinais de sofrimento. Ninguém sabia se os peixes tinham nociceptores, até que a equipe de Sneddon confirmou que sim. Ela me conta que, quando começou sua pesquisa, perguntava a estudantes de veterinária ou a grupos de pesca se os peixes sentiam dor. "Poucas pessoas diziam que sim", conta ela. Agora, depois de dezessete anos de evidências crescentes, "quase todo mundo levanta a mão".

Quando os nociceptores dos peixes disparam, os sinais viajam para partes do cérebro que lidam com a aprendizagem e outros comportamentos mais complexos do que simples reflexos.[32] É certo que, quando são apertados, eletrocutados ou recebem injeções com toxinas, os peixes se comportam de maneira diferente por horas ou dias — ou até receberem analgésicos.[33] Fazem sacrifícios para conseguir esses medicamentos ou evitar mais desconforto. Num experimento, Sneddon demonstrou que os peixes-zebra preferem nadar num aquário cheio de plantas e cascalho do que num aquário vazio.[34] Mas, se ela injetasse ácido acético neles e dissolvesse um analgésico na água desse segundo aquário, eles abandonariam suas preferências normais e escolheriam o ambiente monótono, mas relaxante. Num outro estudo, Sarah Millsopp e Peter Laming treinaram peixes-dourados a se alimentarem numa parte específica de um aquário para, em seguida, lhes aplicar um choque elétrico.[35] Os peixes passavam a fugir dali e ficar longe por dias, abrindo mão da comida. Finalmente retornavam, mas mais rápido conforme estivessem com fome ou se o choque tivesse sido leve. A fuga inicial pode ter sido reflexiva, mas depois eles pesaram os prós e os contras

---

* A música "Something in the way" diz: "*It's okay to eat fish 'cause they don't have any feelings*" [Tudo bem comer peixe, porque eles não têm sentimentos]. [N.T.]

de evitar mais danos. Conforme Braithwaite escreveu em seu livro *Do fish feel pain?* [Os peixes sentem dor?]: "Há evidências de que os peixes sentem dor e sofrem tanto quanto as aves e os mamíferos".[36]

Mas um grupo de críticos veementes continua não convencido.*[37][38] Eles acusam Sneddon e outros de antropomorfismo e de verem os peixes de suas pesquisas com olhos humanos. É mais provável, argumentam, que esses peixes estivessem se comportando de forma inconsciente. Afinal, o cérebro deles é capaz de bem pouco além disso. O nosso é encimado por uma espessa camada de tecido neural chamada neocórtex. Ele é organizado como uma orquestra, com muitas seções especializadas que atuam em conjunto para produzir a música da consciência e a queixa da dor. Mas o cérebro dos peixes não tem um neocórtex, que dirá um neocórtex altamente organizado. "Os peixes estão neurologicamente equipados para a nocicepção inconsciente e para reações emocionais, mas não para a dor e as sensações conscientes", escreveram sete desses céticos em 2014, num artigo intitulado "Can fish really feel pain?" [Os peixes podem mesmo sentir dor?].[39]

O irônico é que esse argumento é em si grosseiramente antropomórfico.[40] Supõe de forma leviana que o neocórtex deve ser necessário para a dor em todos os animais, já que é o caso nos humanos. Mas, se isso for verdade, os pássaros também não sentem dor, pois também não têm neocórtex. E, pela mesma lógica equivocada, os peixes devem carecer de todas as outras capacidades mentais enraizadas no neocórtex, como atenção, aprendizagem e muitas das outras habilidades que claramente demonstram.[41] Os animais muitas vezes desenvolvem soluções diferentes para os mesmos problemas e estruturas diferentes para as mesmas tarefas. Argumentar que os peixes não podem sentir dor porque não têm um neocórtex semelhante ao humano é como dizer que as moscas não são capazes de enxergar porque não têm olhos semelhantes a câmeras.

Os críticos, porém, têm alguma razão: não podemos presumir que todos os animais sejam capazes de sentir dor ou ter outras experiências conscientes. A consciência não é uma propriedade inerente a toda vida. Emerge dos sistemas nervosos e, embora esses sistemas possam não precisar de um

---

* Para entender o debate, vale comparar os artigos escritos por Sneddon aos de um grupo de autores liderado por James Rose. Você também pode ler o artigo de Brian Key intitulado "Why fish do not feel pain" [Por que os peixes não sentem dor] e as dezenas de respostas que o contradizem em grande medida.

neocórtex, necessitam de poder de processamento suficiente. Para fins de perspectiva, os caranguejos e as lagostas utilizam um aglomerado de cerca de trinta neurônios para controlar os movimentos rítmicos do estômago.[42] Enquanto isso, o verme nematoide *C. elegans* tem 302 neurônios no total. Será que o verme é capaz de produzir experiências subjetivas com apenas dez vezes mais neurônios do que um caranguejo precisa para contorcer o estômago? Não parece provável. "Há um limite no qual o sistema nervoso fica pequeno demais", diz Robyn Crook. "Mas quanta capacidade de processamento é suficiente?" Os 86 bilhões de neurônios dos humanos, os 2 bilhões de um cão, os 70 milhões de um rato, os 4 milhões de um peixinho gúpi ou os 100 mil de uma mosca-das-frutas? Crook duvida que os 10 mil neurônios de uma lesma-do-mar sejam suficientes, mas "também ninguém pode afirmar que precise de 10 057", ela diz.

O que importa não é apenas a contagem total de neurônios, mas as conexões entre eles.[43] No cérebro humano, centenas de milhares de neurônios conectam as diferentes seções da nossa orquestra cortical. Esses links nos permitem tocar a sinfonia completa de uma experiência dolorosa, fundindo sinais sensoriais com emoções negativas, lembranças ruins e muito mais. No cérebro dos insetos, porém, as ligações são muito mais esparsas.[44] Os nociceptores da mosca-das-frutas se conectam a uma parte do cérebro chamada corpos pendunculados, que é fundamental para o aprendizado. Mas ali se contam apenas 21 neurônios de saída que levam a outras regiões do cérebro. A mosca pode muito bem aprender a evitar um estímulo nociceptivo, mas será que essas lições vêm acompanhadas das sensações ruins que são tão inerentes ao sofrimento humano? Os insetos talvez nem tenham uma região cerebral que processe emoções, como a amígdala dos humanos. "Isso torna difícil entender como seria a experiência subjetiva da dor num inseto", observa Shelley Adamo, fisiologista que estuda o comportamento desses animais.

Por outro lado, acrescenta Adamo, como a gente saberia a aparência do centro emocional de um inseto? Considerando-se como sabemos pouco do funcionamento do cérebro *humano* e muito menos acerca das conexões no cérebro de outros animais, parece prematuro fazer proclamações definitivas sobre se alguma característica neurológica é necessária para sentir dor. E certos animais parecem transcender os limites de seu cérebro simples.

Em 2003, num pub em Killyleagh, na Irlanda do Norte, o biólogo Robert Elwood encontrou o famoso chef Rick Stein. "Temos um interesse comum por crustáceos: eu estudo o comportamento deles e você os cozinha", Elwood lembra-se de ter dito. E Stein imediatamente perguntou: "Eles sentem dor?". Elwood achava que não, mas na verdade não sabia. A partir daí a pergunta passou a atormentá-lo e ele começou a tentar respondê-la. "Achei que seria um projeto rápido e que poderíamos seguir em frente", ele me conta. "Não foi."

Elwood estudou o caranguejo-eremita comum, que frequenta as praias europeias e enfia o abdômen macio dentro de conchas vazias. Essas conchas são propriedade valiosa para eles, que ficam vulneráveis sem elas. Mas Elwood e sua colega Mirjam Appel descobriram que, mesmo assim, eles as evacuariam caso levassem um choquinho elétrico.[45] Tais escapadas pareciam apenas reflexo, mas os caranguejos nem sempre fugiam. Foi necessário um choque mais forte para forçá-los a sair de suas conchas preferidas de caramujo do que havia sido preciso para expulsá-los das menos desejáveis conchas de topo achatado. E a probabilidade de abandonarem as conchas caía à metade se sentissem o cheiro dos predadores na água. "O que, para mim, indica que não se trata de reflexo", diz Elwood. Em vez disso, evacuar é uma decisão que os caranguejos tomam depois de avaliar diversas fontes de informação.

Eles também se comportaram de maneira muito diferente após os choques. Depois de fugir, não retornavam a suas conchas, apesar de estarem perigosamente expostos. Passaram a cuidar com especial atenção da parte do abdômen que levara o choque. E, mesmo quando não abandonavam as conchas, aceitavam mais rápido uma nova, sem investigá-la cuidadosamente como de hábito. Esses dados, diz Elwood, são consistentes com a noção de dor, mas é impossível saber o que de fato os crustáceos estão sentindo.[46] "Muitas vezes me perguntam se os caranguejos e as lagostas têm dor", ele me conta, "e, depois de quinze anos de pesquisa, a resposta é talvez."

Os crustáceos são primos evolutivos dos insetos e possuem sistemas nervosos igualmente simples. E, no entanto, os caranguejos de Elwood se comportavam de formas que pareciam complexas. Como entender essa inconsistência? Se as ações de um animal não correspondem àquilo que seu cérebro é teoricamente capaz de fazer, será que estamos interpretando demais seu comportamento ou subestimando seu sistema nervoso? Sneddon e Elwood argumentam que a segunda opção é a correta. Adamo diria que é a primeira. E realmente não está claro quem deles tem razão, ou se são todos.*[47]

"A preocupação com o tamanho do cérebro pode ser uma pista falsa", Adamo me diz. Em vez disso, ela prefere pensar no custo-benefício evolutivo da dor. Por custo ela quer dizer energia, não agonia. A evolução forçou o sistema nervoso dos insetos ao minimalismo e à eficiência, concentrando o máximo de poder de processamento possível em cabeças e corpos pequenos.[48] Qualquer capacidade mental extra — digamos, a consciência — requer mais neurônios, o que derrubaria seu já apertado orçamento energético. Esse custo só deveria ser pago para a obtenção de um benefício importante. E o que se ganha com a dor?

O benefício evolutivo da nocicepção é bastante claro. É um sistema de alarme que permite aos animais detectar coisas que podem prejudicá-los ou matá-los e tomar medidas para se protegerem. Mas a origem da dor, além disso, é menos óbvia. Qual é o valor adaptativo do sofrimento? Por que a nocicepção deveria ser *horrível*? Alguns cientistas sugerem que as emoções desagradáveis podem ter intensificado e calcificado o efeito das sensações nociceptivas, de modo que os animais não só evitam o que lhes faz mal no presente, mas também aprendem a fazê-lo no futuro.[49] A nocicepção diz: "Vá para longe". A dor completa: "... e não volte". Mas Adamo e outros argumentam que os animais são perfeitamente capazes de aprender a evitar perigos sem precisar de experiências subjetivas. É só ver o que os robôs conseguem fazer, afinal.

Engenheiros projetaram robôs capazes de se comportar como se estivessem com dor, aprender com experiências negativas ou evitar desconfortos artificiais.[50] Esses comportamentos, quando observados nos animais, têm sido interpretados como indicadores de dor. Mas os robôs se comportam da mesma forma sem experiências subjetivas. Não é o mesmo que afirmar, como fez Descartes, que os animais são autômatos irracionais e insensíveis; conforme observa Adamo: "Nenhum robô é tão sofisticado quanto um inseto". O que ela quer dizer é que os sistemas nervosos dos insetos

---

* Os debates sobre a dor dos animais podem ser extremamente acirrados. Mas, ainda assim, Adamo, Sneddon e Elwood publicaram em conjunto uma revisão sobre a definição de dor animal, e todos falam com bom humor sobre os pontos de vista uns dos outros, embora discordem.

evoluíram para executar comportamentos complexos da maneira mais simples possível, enquanto os robôs nos mostram até que ponto se pode ser simples. Se conseguíssemos, sem lhes dar consciência, programá-los para realizar todas as ações adaptativas que a dor supostamente permite, a evolução — esse agente inovador muito superior que funciona durante um período de tempo muito mais longo — certamente também teria forçado o cérebro minimalista dos insetos na mesma direção. Por esse motivo, Adamo acha improvável que os insetos (ou crustáceos) sintam dor. Ou, pelo menos, é provável que sua experiência da dor seja muito diferente da nossa. Isso também vale para os peixes. "Eu até esperaria que eles sintam *alguma coisa*, mas o quê?", ela questiona. "Provavelmente não algo igual a nós."

Esse ponto é crucial. As controvérsias sobre a dor dos animais muitas vezes pressupõem que eles sentem ou exatamente o que sentimos, ou nada, como se fossem humanos pequenos ou robôs sofisticados. É uma dicotomia falsa, mas que persiste porque é difícil imaginar um estado intermediário. Sabemos que algumas pessoas têm *limiares* de dor diferentes dos de outras, assim como sabemos que algumas têm a visão mais embaçada. Mas uma versão qualitativamente diferente da dor é tão desafiadora conceitualmente quanto a visão sem cenas de uma vieira. Seria possível existir dor sem consciência? Se a gente tirar a emoção da dor, ficará apenas com a nocicepção ou haverá uma zona cinzenta que nossa imaginação insiste em preencher? Talvez mais do que para outros sentidos, é fácil esquecer que a dor pode variar e difícil conceber como isso se daria.

Em setembro de 2010, a União Europeia ampliou seus regulamentos sobre pesquisa animal com cefalópodes — o grupo que inclui polvos, lulas e chocos. Sendo invertebrados, os cefalópodes geralmente não se beneficiam de leis que protegem o bem-estar de animais de laboratório dotados de espinha dorsal, como ratos ou macacos. Mas, ao mesmo tempo, têm sistemas nervosos muito maiores do que a maioria dos invertebrados — 500 milhões de neurônios num polvo, comparados aos 100 mil de uma mosca-da-fruta.[51] Os cefalópodes exibem comportamentos inteligentes e flexíveis que superam os de alguns vertebrados, como répteis e anfíbios. E, conforme a UE observou em sua nova diretiva, "há provas científicas de sua capacidade de sentir dor, sofrimento, angústia e danos duradouros".[52] Essa afirmação foi uma surpresa para Robyn Crook, que havia trabalhado com cefalópodes e não conhecia tal evidência. A UE parecia pressupor que animais aparentemente inteligentes deveriam ser capazes de sofrer. Mas na época ninguém sabia se eles tinham nociceptores, muito menos se sentiam dor. "Havia um grande descompasso entre o que a ciência sabia naquele momento e o que os legisladores presumiam que a ciência sabia", resume Crook.

Ela própria passou a preencher essa lacuna, começando com a lula-pálida — uma espécie de trinta centímetros de comprimento comumente pescada no Atlântico Norte.[53] Esse animal perde com frequência as pontas dos braços, seja para agressivas lulas rivais ou pela ação das pinças de caranguejos. Crook simulou esses ferimentos com um bisturi. Como esperado, a lula disparou para longe, ao mesmo tempo que liberava nuvens de tinta para distrair e mudava de cor de modo a se confundir com o ambiente. Alguns dias depois, as cobaias foram mais rápidas para fugir e se esconder. Mas, surpreendentemente, em momento algum tocaram os ferimentos ou cuidaram deles, como fazem os humanos, os ratos e até os caranguejos-eremitas. Poderiam facilmente alcançar o coto com qualquer um dos outros sete braços, mas não tentaram.

Ainda mais surpreendente foi Crook ter descoberto que as lulas feridas se comportam como se todo o seu corpo estivesse dolorido.[54] Quando humanos e outros mamíferos se cortam ou se machucam, a área afetada fica dolorida, mas o resto do corpo, não. Se eu chamuscar minha mão, ela vai doer quando eu cutucar a queimadura, mas não se cutucar meu pé. Crook, porém, quando causou avarias a uma das nadadeiras da lula, verificou que os nociceptores da nadadeira oposta ficaram tão sensíveis quanto os do lado ferido. Imagine se todo o seu corpo passasse a ter sensibilidade ao toque a cada vez que você desse uma topada com o pé: essa é a realidade de uma lula. "Quando elas estão feridas, o corpo inteiro fica hipersensível", diz Crook. "Elas deixam de ser normais para se tornar um mundo potencial de dor." Isso talvez explique por que não cuidam dos ferimentos. Pode ser que sintam que estão feridas, mas não saibam *onde*.

A natureza localizada da dor nos mamíferos permite que nos protejamos e limpemos aquelas partes agora vulneráveis do corpo, enquanto seguimos com o resto da nossa vida. Por que faltaria à lula uma fonte de informação tão útil? Uma possibilidade, diz Crook, "é que qualquer coisa no oceano come lula". As lulas feridas são especialmente atraentes para os peixes predadores, seja porque ficam mais visíveis ou porque parecem (ou cheiram a) presas mais fáceis. Ao colocarem o corpo inteiro em alerta máximo, talvez elas se tornem melhores em evitar ataques que podem vir de qualquer direção.*[55][56] A sensibilidade no corpo todo também faz sentido para animais que não conseguem alcançar fisicamente várias de suas partes. De que adiantaria saber que uma barbatana foi ferida, quando não se pode fazer nada a respeito disso?

Os polvos são diferentes. Ao contrário das lulas, *conseguem* tocar todas as suas partes. Conseguem até mesmo alcançar o interior do próprio corpo para limpar as guelras — o equivalente a um humano enfiar a mão na garganta para coçar os pulmões. E, ao contrário das lulas, que não têm como escapar à vida em grupo em águas abertas e não podem tirar um só dia de folga, os polvos se escondem em tocas solitárias até se sentirem melhor. Uma vez que têm tempo e destreza para cuidar de seus ferimentos, faria sentido que procurassem por eles. E, conforme Crook demonstrou, é o que fazem. Às vezes, os polvos decepam um braço se a ponta estiver machucada.[57] Quando isso acontece, o coto fica mais sensível do que os braços em redor, e os animais dedicam cuidados a esse coto com o bico. Em seu último estudo, publicado em 2021, Crook descobriu que os polvos evitam locais onde ácido acético foi injetado neles, mas gravitam em torno daqueles nos quais recebem analgésicos.[58] E, uma vez que recebem anestésico local, param de cuidar dos braços machucados. Nesse artigo, Crook é inequívoca: "Os polvos são capazes de sentir dor".

Mesmo antes de o estudo ser publicado, Crook me disse que dirige seu laboratório partindo do pressuposto de que os cefalópodes sentem dor. Ela faz pesquisas que podem melhorar o bem-estar dos cefalópodes, como verificar se os anestésicos funcionam neles. Usa o menor número possível de animais (mas mantendo a robustez estatística dos estudos) e certifica-se de que os danos sejam mínimos. Refletir sobre a ética da pesquisa animal, especialmente quando se trata de investigar a dor, não é fácil, "mas penso que é *mesmo* pra ser difícil", diz ela. "A gente deveria sempre se incomodar com o que está fazendo com um animal num experimento, ainda que não seja doloroso. Os animais não pediram para participar. Apesar de meu objetivo mais amplo ser aliviar o sofrimento deles, aquele animal ali no aquário não sabe disso."

---

* Crook confirmou isso num experimento. Ela mostrou que o robalo terá como alvo específico as lulas feridas, que realizam manobras evasivas antes das ilesas. Se ela tratasse as lulas feridas com anestesia, também retardaria sua fuga e reduziria suas chances de sobrevivência.

Muitos cientistas que estudam a dor sentem isso. Eles argumentam que quer os cefalópodes, os peixes ou os crustáceos sintam como os humanos ou experimentem algo radicalmente distinto, há provas suficientes para invocar o princípio da precaução. "É altamente possível que esses animais tenham a capacidade de sofrer", diz Elwood, "e devemos considerar formas de evitar esse sofrimento."

Os muitos debates sobre a dor em animais com frequência giram em torno de uma pergunta simples: *eles a sentem?* E por trás dessa questão estão várias outras implícitas. *Tudo bem ferver uma lagosta? Devo parar de comer polvo? Posso ir pescar?*[*][59] Quando perguntamos se os animais podem sentir dor, perguntamos menos sobre os próprios animais e mais sobre *o que podemos fazer com eles*. Essa atitude limita nossa compreensão do que de fato sentem.

A dor envolve muito mais do que sua presença ou ausência. Shelley Adamo tem razão ao dizer que precisamos entender melhor seus custos e benefícios. A dor não existe por si só. Não há nenhuma razão para alguma coisa doer. Coisas só doem para que os animais possam fazer algo com essa informação. E, sem entender as necessidades e limitações deles, é difícil interpretar corretamente seu comportamento.

Os insetos, por exemplo, costumam fazer coisas alarmantes que nos parecem tortura.[60] Em vez de mancar, eles seguem botando pressão sobre um membro esmagado. Os louva-a-deus machos não param de acasalar com fêmeas que os devoram. As lagartas continuam mastigando uma folha mesmo na presença das larvas de vespas parasitas, que as comem por dentro. As baratas canibalizam as próprias entranhas se tiverem a chance. Esses comportamentos "sugerem fortemente que, se há ali uma sensação de dor, não tem qualquer influência adaptativa no comportamento", escreveram Craig Eisemann e colegas em 1984.[61] Mas talvez simplesmente mostrem o que os insetos estão dispostos a suportar. Talvez as baratas e os louva-a-deus priorizem as proteínas e a procriação acima da dor, tolerando-a da mesma forma

---

* As respostas a essas perguntas renderiam um outro livro. Aqui, me contento em observar que a dor subjetiva é apenas uma variável a considerar quando se pensa sobre o bem-estar animal e pode até não ser a mais importante. "Poderíamos simplesmente aceitar que a nocicepção em si é mais do que suficiente para afetar o bem-estar de um animal e, portanto, pode exigir tratamento", escreveu o veterinário Frédéric Chatigny. "A dor, embora definida pela consciência, não é necessária para que o bem-estar de um animal seja afetado negativamente."

que atletas e soldados no meio de uma competição ou de um combate. Talvez não haja dor para as lagartas comidas vivas porque elas tampouco são capazes de aliviar essa dor.

Considere-se ainda as lulas e os polvos. Ambos são cefalópodes, mas têm evoluído separadamente há mais de 300 milhões de anos, aproximadamente o mesmo período de tempo que separa mamíferos e aves. Seus corpos e modos de vida são completamente diferentes, portanto, não surpreende que seus sistemas nervosos funcionem de forma muito distinta depois de uma lesão. Em vez de querer saber se os cefalópodes sentem dor, poderíamos perguntar *quais deles* a sentem *e como*. Isso também se aplica às 34 mil espécies conhecidas de peixes, às 67 mil de crustáceos e aos sabe-se lá quantos milhões de tipos de insetos. É ridículo tratar esses grupos como monolíticos quando sabemos, a partir de outros sentidos como a visão e o olfato, que até animais intimamente aparentados diferem na forma como percebem o mundo.

Em vez de nos concentrarmos na existência ou não da dor, poderíamos perguntar, como me disse a fisiologista Catherine Williams: "Em que condições e a partir de que estímulos é uma vantagem tê-la, senti-la e mostrar que a sente?". E descobriríamos que a dor se manifesta de forma diferente num rato-toupeira que escava e num rato-gafanhoto que caça escorpiões, num polvo de braços longos e numa lula de braços curtos. Possivelmente encontraríamos formas distintas de dor em animais sociáveis que podem pedir ajuda e naqueles solitários que precisam se defender sozinhos ou ainda em animais de vida curta que têm poucas chances de repetir seus erros versus aqueles de vida longa com direito a mais oportunidades de errar. E certamente aprenderíamos que a dor pode variar em animais obrigados a tolerar temperaturas extremas, do calor escaldante ao frio congelante.

5.
Muito cool

Calor

Estou com frio. Lá fora, o ar de outono está quente, a 24 graus, mas aqui onde estou, dentro do que é essencialmente uma grande geladeira, o ambiente foi resfriado a meros quatro graus. Trata-se de um hibernáculo artificial — um recinto projetado para imitar as condições escuras e frias nas quais animais em hibernação passam o inverno. Como aparentemente sou incapaz de escolher roupas adequadas quando saio para uma reportagem, apareci com uma camiseta leve. À medida que o calor se dissipa de meus braços nus, instintivamente os esfrego. Enquanto isso, Maddy Junkins, que está vestida de maneira mais sensata, enfia a mão numa caixa de papel picado e tira dali uma pequena esfera peluda. É um esquilo-terrestre-rajado. Aproximadamente do tamanho e do peso de uma toranja, ele está enrolado como uma bola, com a cauda roçando o nariz. A aparência é de um esquilo grande e elegante, com treze listras pretas percorrendo as costas e pontos claros dentro dessas listras. Posso ver esses padrões porque meus olhos conseguem detectar a luz vermelha que ilumina a sala. Os olhos do esquilo não são capazes da mesma visão e, além disso, estão bem fechados. São meados de setembro e a longa temporada de hibernação começou.

Hibernação não é sono, mas um estado de inatividade mais intenso que permite ao esquilo-terrestre sobreviver aos invernos rigorosos no norte dos Estados Unidos.[1] Durante esse período, seu metabolismo é quase totalmente desligado.*[2] Quando Junkins deposita com delicadeza o animal na minha mão protegida por uma luva de borracha, logo me impressiono ao ver como ele fica praticamente imóvel. Não há nada ali da energia maníaca e inquieta

---

* Os dois processos são tão diferentes que, na realidade, os esquilos-terrestres em hibernação chegam a incorrer em débito de sono e precisam despertar periodicamente da inatividade e aumentar a temperatura corporal para que possam dormir de verdade.

dos roedores. Seus flancos, que deveriam vibrar com a respiração frenética, não se movem. Seu coração, que bate pelo menos cinco vezes por segundo no verão, agora demora um minuto para chegar ao mesmo número de batidas.[3] "Geralmente haveria muita vida aí na sua mão, mas não é o caso", diz Junkins. "Você está segurando um caroço inerte e frio." Na verdade, não demora e se torna desconfortável tocar a frieza do esquilo. Seu corpo abandonou a temperatura normal de verão, de 37 graus, e ronda os quatro graus, como todos os objetos inanimados na sala. O animal também parece estranhamente inanimado — desprovido de calor e, aparentemente, de vida. Apenas suas patas confirmam que ele está de fato vivo: seguem rosadas de sangue e, quando agarradas, se recolhem, embora em câmera lenta. Se eu segurasse o esquilo por muito tempo, o calor da minha mão o despertaria, então, o coloco de volta em sua toca improvisada antes de sair do hibernáculo. Do lado de fora, Elena Gracheva, que administra as instalações, está esperando.

"Como foi?", ela pergunta.

"Muito *cool*",* eu digo.

Gracheva é uma estudiosa do calor e das formas como os animais o detectam. Depois de pesquisar morcegos-vampiros e cascavéis (sobre os quais falaremos mais tarde), ela recentemente voltou sua atenção aos esquilos-terrestres-rajados, mais fofinhos, e sua notável capacidade de resistir a baixas temperaturas. "Se você me colocar numa sala fria, começo a sentir dor e, em seguida, vem a hipotermia", ela me explica. "Eu provavelmente não conseguiria sobreviver mais de 24 horas." Um desses esquilos, entretanto, é capaz de sobreviver a temperaturas entre dois e sete graus durante meio ano. O esquilo-terrestre-do-Ártico, intimamente aparentado com o rajado, consegue suportar ainda mais frio, com temperaturas abaixo de zero, até os −2,9 graus. Essas proezas de resistência dependem de uma capacidade essencial que muitas vezes passa despercebida: o esquilo *não se importa com o frio*.

Vanessa Matos-Cruz, que trabalhou com Gracheva, demonstrou isso colocando esquilos-terrestres sobre duas placas.[4] Se uma delas fosse aquecida a trinta graus e a outra, a vinte, em qual delas o animal decidiria ficar? Ratos,

---

* A palavra em inglês se refere tanto à temperatura baixa da câmara onde o autor se encontrava quanto ao fato de ter achado a experiência "bacana", "legal". Como, nesta segunda acepção, trata-se de termo corrente em português, decidimos deixá-lo no original menos pelo trocadilho, intraduzível, do que pelo efeito da gíria em inglês — aliás, usada também no título do capítulo. [N. T.]

camundongos e humanos quase sempre optariam pela de trinta graus, por ali se produzir uma agradável sensação de calor — basta pensar no luxo que são pisos aquecidos. Mas, para os esquilos-terrestres-rajados, vinte graus são tão agradáveis quanto trinta. Eles só passarão a gravitar em direção à placa mais quente quando a alternativa cair abaixo de dez graus — uma temperatura que ratos e camundongos evitarão por completo porque é extremamente fria. E, mesmo que a segunda placa caia para zero grau, os esquilos-terrestres ainda permanecerão sobre ela.

Sem essa tolerância a baixas temperaturas, um esquilo-terrestre não seria capaz de hibernar.[5] Em vez disso, faria o que fazemos quando ficamos com muito frio durante o sono: passamos a queimar gordura para produzir calor e, se isso não ajuda, automaticamente acordamos. Para nós, é um salva-vidas. Para um esquilo-terrestre no auge do inverno, seria letal. Ele precisa hibernar e, para que isso aconteça, seus sentidos foram ajustados de acordo. Não é que o esquilo ignore o frio. Simplesmente tem uma concepção diferente do que é "frio" — uma temperatura mínima diferente na qual seu corpo já não consegue se acomodar, e é quando seus sentidos emitem um alarme.

Todos os seres vivos são profundamente afetados pela temperatura. Se as condições forem frias demais, as reações químicas diminuem até se tornarem inúteis. Se quentes demais, as proteínas e outras moléculas responsáveis pela vida perdem a forma e se desintegram. Esses efeitos restringem a maior parte do planeta habitável a uma zona média de temperatura ideal. Os limites dessa zona variam, mas sempre existirão, por isso, todo animal com sistema nervoso conta com algum meio para sentir a temperatura e reagir a ela.[6]

Os animais usam uma variedade de sensores de temperatura, e o mais estudado deles é um grupo de proteínas chamadas canais TRP.[7] Eles são encontrados por todo o corpo, na superfície dos neurônios sensoriais, onde atuam como pequenos portais que se abrem ao atingirem a temperatura certa. Quando isso acontece, íons entram nos neurônios, sinais elétricos viajam para o cérebro e sentimos sensações de calor ou frio. Alguns canais TRP sintonizam as temperaturas quentes e outros, as frias. (O frio não é apenas a ausência de calor; é uma sensação diferente em si mesma.)* Os canais TRP tam-

---

* Na década de 1880, Magnus Blix usou um tubo pontiagudo de metal, conectado a garrafas de água em temperaturas variadas, para mostrar que certos pontos de sua mão eram sensíveis ao calor e outros, ao frio. Dois outros cientistas, Alfred Goldscheider e Henry Donaldson, fizeram independentemente igual descoberta ao mesmo tempo.

bém respondem a diferentes severidades de temperatura: alguns detectam faixas suaves e inócuas, ao passo que outros são disparados por extremos perigosos e dolorosos. Certas substâncias químicas, igualmente, podem acionar esses canais, produzindo sensações de aquecimento e resfriamento. Pimentas queimam porque a capsaicina dentro delas aciona o TRPVI — um canal TRP que detecta temperaturas dolorosamente altas.* A hortelã gela porque contém mentol, que ativa o sensor de frio chamado TRPM8.

Esses mesmos sensores são encontrados em todo o reino animal, mas cada espécie tem suas próprias versões sutilmente distintas, calibradas de acordo com cada corpo e modo de vida. Animais de sangue quente produzem o próprio calor, e suas versões do sensor de frio TRPM8 os alertam se a temperatura corporal começar a cair abaixo de uma estreita faixa que lhes é confortável. Num rato, esse ponto de ajuste ocorre em torno dos 24 graus.[8] Numa galinha, cujo corpo funciona a uma temperatura um pouco mais quente, o TRPM8 está programado para 29 graus. Os animais de sangue frio, por outro lado, dependem do ambiente para se aquecer, e a temperatura do corpo, neles, flutua dentro de uma ampla faixa. Por consequência, suas versões do TRPM8 em geral sintonizam níveis muito mais baixos — catorze graus nos sapos. Os peixes parecem carecer completamente de TRPM8, e a maioria deles é capaz de tolerar temperaturas próximas do congelamento.[9] Ainda que sintam dor, aparentemente não têm ideia do que é sentir um frio terrível. Seres humanos individuais até se sentem confortáveis a diferentes temperaturas, mas essa variação é ainda maior no reino animal como um todo.

E os esquilos-terrestres? Matos-Cruz descobriu que a versão deles do TRPM8 é muito semelhante à de outros roedores de sangue quente, mas com algumas mutações que tornam a proteína muito menos sensível.[10] Ela ainda responde ao mentol, mas quase não reage a temperaturas tão baixas quanto dez graus. Isso explica em parte por que esses esquilos conseguem hibernar com tanto conforto em condições que consideraríamos intoleravelmente frias.**[11]

---

* Ao contrário da crença popular, isso não é uma questão de gosto. Como posso atestar, depois de certa vez ter tomado banho imediatamente após cortar pimentas *habanero*, se você tiver certa quantidade de capsaicina nas mãos e em outras partes delicadas do corpo, sentirá aquela sensação de queimação em todos os lugares que tocar.   ** Existe uma versão do TRPM8 humano que se torna cada vez mais comum em latitudes mais altas e pode refletir uma adaptação a climas mais frios. Ainda não está claro se as pessoas que carregam essa versão percebem o frio de uma maneira diferente.

O sensor TRPVI, que detecta dor causada pelo calor, também se ajusta às necessidades de seus donos e, principalmente, à temperatura corporal.[12] Ele é ativado a 45 graus em galinhas, 42 em camundongos e humanos, 38 em sapos e 33 no peixe-zebra (o qual pode não ver utilidade nenhuma num sensor de frio, mas claramente se beneficia de um sensor de calor). Cada espécie tem sua própria definição do que é quente. A temperatura em que vivemos seria dolorosa para um peixe-zebra. Aquela na qual um rato começaria a se sentir agoniado não incomodaria uma galinha. E até as galinhas ficam para trás se comparadas a duas espécies que têm as versões menos sensíveis do TRPVI testadas até agora, o que lhes permite resistir ao calor que outras criaturas não conseguem suportar. Por razões óbvias, uma delas é o camelo, que vive no deserto. A segunda, surpreendentemente, é — rufem os tambores, por favor — o esquilo-terrestre-rajado! O roedor despretensioso que segurei na mão não só consegue lidar com temperaturas próximas do congelamento como também suporta calor extremo. Nos testes com as placas quentes de Gracheva, os esquilos corriam para uma placa mais fria somente se aquela na qual estavam atingisse a temperatura escaldante de 55 graus.[13] Não é de admirar que a espécie prospere em toda parte nos Estados Unidos, desde Minnesota, no norte, até o Texas, no sul. Seus sensores de temperatura influenciam essa distribuição geográfica, as estações em que estão ativos e muito mais. Ao definir as temperaturas que os animais conseguem sentir e tolerar, e ao ajustar seus limites individuais de "quente" e "frio", esses sensores definem onde, quando e como eles vivem.

E pode ser uma vida extrema. A formiga-prateada-do-Saara se alimenta sob o calor do meio-dia do maior deserto da Terra, pisando areias que podem atingir 53 graus, enquanto o verme-de-Pompeia, que vive perto de aberturas vulcânicas submarinas, também é capaz de resistir por breves períodos a temperaturas semelhantes.[14] As moscas-da-neve são ativas a −6 graus, ao passo que as minhocas-do-gelo passam a vida inteira no ambiente glacial;[15] ambos os animais morrem se a gente os segurar. Quando os cientistas estudam esses extremófilos, como são chamados, tendem a se concentrar em adaptações como os pelos que refletem calor no corpo ou o anticongelante produzido por eles próprios no sangue. Mas tais adaptações seriam inúteis se o sistema sensorial de um animal ficasse constantemente a alertá-lo, desencadeando sensações de dor (ou nocicepção). Para quem quer viver no Saara, ou no fundo do oceano, ou numa geleira, o melhor a fazer é ajustar seus sentidos para *gostar* dali.

Eis um conceito intuitivo e, no entanto, quando observamos extremófilos, desde pinguins-imperadores enfrentando o frio antártico até camelos caminhando sobre areias escaldantes, é fácil pensar que eles passam a vida toda em sofrimento. Nós os admiramos não apenas pela resiliência fisiológica, mas também por sua fortaleza *psicológica*. Projetamos nossos sentidos nos deles e presumimos que estariam sentindo desconforto porque nós o sentiríamos. Mas seus sentidos são ajustados às temperaturas em que vivem. Um camelo provavelmente não se incomoda com o sol escaldante, e é esperado que os pinguins, igualmente, não se importem de se amontoar durante uma tempestade na Antártica. Que venha a tempestade. O frio não vai mesmo os incomodar.

O termostato da minha casa marca, neste momento, 21 graus. Mas ela não está inteira na mesma temperatura. Estou trabalhando na sala de estar, voltada para o sul, que é consideravelmente mais quente que os outros cômodos. E, enquanto digito estas palavras e minha cabeça é aquecida por um raio de sol, meus pés estão frios à sombra debaixo da escrivaninha. Essas variações também existem em pequena escala: o ar cinco milímetros acima da minha pele pode ser dez graus mais frio, de modo que uma mosca que pouse no meu braço talvez perceba temperaturas muito diferentes nas pernas e nas asas.[16] Por ser pequena, a mosca logo incorporaria a temperatura do ambiente. Se pousasse na minha cabeça, o sol a aqueceria a temperaturas prejudiciais em poucos segundos.[17] É improvável que isso aconteça, graças aos sensores térmicos nas pontas de suas antenas.

O neurocientista Marco Gallio demonstrou como esses sensores funcionam bem colocando moscas-das-frutas em câmaras cujos quadrantes eram aquecidos em níveis variados — essencialmente a mesma experiência que Matos-Cruz fez com os esquilos-terrestres e as placas de aquecimento.[18] Gallio mostrou que as moscas podem facilmente permanecer em espaços aéreos mantidos a 25 graus, que elas adoram, enquanto evitam zonas vizinhas aquecidas a trinta graus, de que não gostam, ou quarenta graus, o que as mata. E elas também foram capazes de tomar essas decisões com uma velocidade incrível. Sempre que atingiam o limite de uma zona quente, executavam imediatamente uma inversão de marcha brusca no ar, como se tivessem batido contra uma parede invisível.

Tais manobras são possíveis porque a quitina que constitui as antenas de uma mosca é muito boa na condução de calor e porque as próprias antenas são minúsculas e capazes de regular tão rápido com o ambiente que uma mosca sabe instantaneamente quando se depara com ar muito quente ou frio. Gallio descobriu que elas podem até usar as antenas como termômetro estéreo para rastrear gradientes de calor, da mesma forma que um cachorro usa as narinas emparelhadas para detectar odores. A mosca consegue distinguir se uma antena está apenas 0,1 grau mais quente que a outra e aplica essas comparações para se orientar em direção à temperatura mais confortável. Quando Gallio me conta sobre esses resultados, de repente reavalio os movimentos de todas as moscas que já vi. Suas trajetórias, que sempre me pareceram tão aleatórias e caóticas, agora assumem um ar proposital, como se o inseto estivesse abrindo caminho através de uma pista de obstáculos de quente e frio que não consigo ver, com a qual não me importo e que, estupidamente, vou atravessando.

Essa capacidade da mosca se chama termotaxia e é comum no reino animal.*[19 20 21 22] Criaturas grandes e pequenas utilizam seus sensores térmicos para saber se o ambiente que as rodeia se tornou intolerável e avaliar o quanto a temperatura à sua volta muda à medida que se movem. Tal como na brincadeira de criança em que os participantes são informados se estão "quentes" ou "frios" quanto mais se aproximam ou afastam de um objeto escondido, a maioria dos animais utiliza as mudanças na temperatura ambiente para acompanhar os gradientes de calor criados por raios solares e sombras, pelas brisas e pelas correntes. Mas alguns transformaram essa capacidade comum em algo mais raro. Conseguem saber se o ponto B é mais quente que o ponto A sem precisar se deslocar até lá. Conseguem procurar ativamente fontes de calor à distância.

Às 11h20 do dia 10 de agosto de 1925, um raio atingiu um depósito de petróleo perto da cidade de Coalinga, na Califórnia.[23] A faísca acendeu um lago de fogo que queimou por três dias. As chamas subiam tão alto que, à noite, era possível ler sob aquela luz a catorze quilômetros de distância.

---

* Os peixes, desde pequenas larvas até tubarões-baleia de nove metros, controlam suas temperaturas subindo para águas rasas mais quentes ou mergulhando para profundidades mais frias. Os vermes sulfetados que vivem em fontes hidrotermais, onde fluidos vulcânicos escaldantes borbulham do fundo do mar, conseguem encontrar bolsões de água mais fria em meio à espuma das águas turbulentas. As borboletas que aquecem os seus músculos de voo sob um raio de sol deixam de se aquecer quando os sensores de temperatura nas suas asas lhes dizem que podem sobreaquecer. Os embriões de tartaruga podem realizar a termotaxia até mesmo dentro dos limites de seus ovos, arrastando-se para aproveitar o lado mais quente antes mesmo de eclodirem.

E, enquanto liam, as pessoas também devem ter notado manchinhas pretas que voavam contra a ondulante cortina de fumaça, viajando na direção do inferno. Essas manchas eram besouros que, em inglês, são conhecidos como "caçadores de fogo" e que ali faziam jus a seu nome.

As mariposas são notoriamente atraídas pelas chamas, mas é a luz que as atrai.* Os besouros *Melanophila acuminata* perseguem o fogo, porém atraídos pelo calor. Esses insetos pretos, de pouco mais de um centímetro de comprimento, foram encontrados em "quantidades inacreditáveis" em fundições, fornos de fábricas de cimento e tonéis de xarope quente em refinarias de açúcar, conforme descreveu o entomologista Earle Gorton Linsley.[24] Certo verão, Linsley os viu fervilhando num churrasco ao ar livre onde "estavam sendo preparados grandes volumes de carne de veado".[25] Na década de 1940, esses insetos viviam incomodando os torcedores de futebol americano no California Memorial Stadium, em Berkeley, "pousando nas roupas ou até mesmo mordendo o pescoço ou as mãos", escreveu ainda Linsley. É possível que "os besouros sejam atraídos pela fumaça de cerca de 20 mil (mais ou menos) cigarros que, em dias de ar parado, às vezes paira como uma névoa sobre o estádio". Tais incidentes são lamentáveis para ambas as espécies, porque as instalações industriais, os churrascos e os estádios de futebol são distrações inúteis que afastam os besouros de seus verdadeiros alvos: incêndios florestais.

Chegando ao fogo, os besouros fazem talvez o sexo mais dramático do reino animal, acasalando-se enquanto uma floresta queima ao seu redor.[26] Mais tarde, as fêmeas depositam seus ovos em cascas carbonizadas e resfriadas. Quando as larvas comedoras de madeira eclodem, encontram ali um éden. As árvores que devoram estão danificadas demais para se defender contra larvas de insetos que se alimentam de suas entranhas. Os predadores que poderiam comê-las foram afastados pela fumaça e pelo calor das brasas e cinzas. Em paz, as larvas prosperam, amadurecem e por fim voam em busca de suas próprias chamas. Mas os incêndios florestais são raros e imprevisíveis, e os besouros devem ter meios de os detectar à distância. Sendo ativos durante o dia, não conseguem encontrar chamas distantes da

---

* Naomi Pierce, que demonstrou que as borboletas têm sensores de temperatura nas asas, não está totalmente convencida de que as mariposas sejam atraídas apenas pela luz das chamas das velas. Ela e seu colega Nanfang Yu passaram anos investigando a possibilidade de que as antenas das mariposas possam atuar como detectores infravermelhos.

mesma forma que os insetos noturnos facilmente o fazem. Não têm como confiar na visão de nuvens de fumaça, pois seus olhos provavelmente não são aguçados o bastante para distingui-las de nuvens comuns. E, embora suas antenas sem dúvidas sejam capazes de detectar o cheiro de madeira queimada, tais pistas são fortemente influenciadas pela direção do vento.[27] Para esses besouros, o sinal mais confiável é o calor.

Os átomos e as moléculas de todos os objetos estão em constante agito, e esse movimento produz radiação eletromagnética.[28] À medida que a temperatura de um objeto aumenta, suas moléculas se movem mais rápido e emitem mais radiação em frequências mais altas. Essa radiação inclui alguma luz visível — pense no brilho de um metal aquecido —, mas a maior parte dela habita o espectro infravermelho.* Não conseguimos enxergar o infravermelho, mas podemos ser capazes de senti-lo. Quando se está próximo de uma lareira, a luz infravermelha irradia da madeira queimada. Chegando a quem está ali por perto, aquela energia é absorvida e aquece as partes mais próximas da pele, acionando os sensores de temperatura nela. A gente sente o calor. Talvez também descubra de onde ele vem, porque as partes do corpo expostas à luz infravermelha estão ficando mais quentes, enquanto aquelas à sombra do infravermelho, não. Mas esse truque só funciona de perto. A luz infravermelha se espalha da lareira em todas as direções e parte dela é absorvida no trajeto. Quanto mais a pessoa se afastar da lenha, menos luz chegará a ela, até que a energia transmitida não aqueça mais seu corpo num grau perceptível. Para detectar o infravermelho distante, a fonte deve ser extremamente intensa (como o Sol) ou é necessário equipamento especializado. É o que possuem os besouros *Melanophila acuminata*.

Abaixo das asas e logo atrás de suas pernas do meio, esses insetos têm um par de cavidades. Cada uma contém um aglomerado de cerca de setenta esferas que, juntas, parecem uma framboesa malformada. Quando o

---

* A luz infravermelha cobre uma gama tão grande de comprimentos de onda que, se você a representasse pelo comprimento do seu braço, o espectro visível não seria mais largo que um fio de cabelo. O mais curto desses comprimentos de onda, também conhecido como infravermelho próximo, pode ser visto por certos animais como os salmões migratórios, mencionados no Capítulo I, ou humanos usando óculos de visão noturna. O infravermelho de comprimento de onda médio está além do escopo de tais sensores; são os comprimentos de onda que os mísseis orientadores de calor procuram, que os incêndios florestais emitem e que os besouros *Melanophila acuminata* perseguem. O infravermelho distante é o que os corpos quentes emitem. É o que as câmeras termográficas e as cascavéis detectam.

zoólogo Helmut Schmitz examinou essas esferas ao microscópio, viu que cada uma estava cheia de fluido e encapsulava a ponta de um neurônio sensível à pressão.[29] Quando a radiação infravermelha atinge as esferas, o fluido dentro delas aquece e se expande. Não chega a se projetar para fora, porque as esferas têm invólucros duros; em vez disso, elas comprimem os nervos, fazendo-os disparar. É um tipo diferente de detecção de calor daquele que vimos anteriormente neste capítulo. Ao contrário dos esquilos-terrestres que hibernam ou das moscas-das-frutas, os besouros não medem apenas a temperatura ambiente a seu redor. Em vez disso, tal como fazemos quando nos aquecemos junto a uma lareira, eles sentem o calor que irradia e viaja de fontes quentes sob a forma de luz infravermelha.

Os sensores esféricos dos besouros devem ser extraordinariamente sensíveis, uma vez que esses insetos se deslocam com frequência para florestas em chamas e outros locais quentes a dezenas de quilômetros de distância. O depósito de petróleo de Coalinga, atingido por um raio em 1925, fica no meio de uma região árida e sem árvores; a maioria dos besouros que chegaram lá provavelmente vinha de florestas situadas 130 quilômetros a leste. Com base nessa distância e em simulações do incêndio de 1925, Schmitz calculou que as cavidades dos besouros são mais sensíveis do que a maioria dos detectores infravermelhos comerciais e estão no mesmo nível dos detectores quânticos de última geração, os quais precisam de resfriamento prévio com nitrogênio líquido.[30] Schmitz acha que as cavidades não poderiam ser tão sensíveis por si sós. Os besouros devem ter meios de torná-las mais responsivas.

Durante o voo, o bater de suas asas cria vibrações que as impactam ali ao lado, agitam os sensores esféricos e levam os neurônios sensoriais a ficar em ponto de bala.[31] Agora é necessária muito menos radiação infravermelha para dispará-los de vez. Pensemos nisso de outra maneira: imagine um tijolo apoiado de lado. Se uma mosca colidisse com ele, nem se moveria. Mas se, em vez disso, o tijolo estivesse equilibrado sobre uma de suas pontas, até uma mosca seria suficiente para derrubá-lo. Nesse estado, o tijolo estaria pronto a reagir a uma pequena quantidade de energia. Schmitz argumenta que o bater das asas de um besouro *Melanophila acuminata* prepara seus sensores de calor de forma semelhante, configurando-os para detectar fontes de infravermelho que normalmente seriam fracas demais para se sentir. Um besouro pousado numa árvore seria quase insensível a elas. Mas, assim que parte em busca de incêndios, seu corpo amplia automaticamente a área de busca e transforma até mesmo vestígios tênues de calor distante em faróis incandescentes.*

O corpo dos besouros é relevante por outra razão. Tal como acontece com todos os insetos, sua superfície externa absorve muito bem os tipos de radiação infravermelha emitida pelo fogo. Os besouros foram, de fato, pré-adaptados para perseguir o fogo. Seus ancestrais precisaram apenas desenvolver um sensor que conseguisse perceber a luz infravermelha que seu corpo absorve naturalmente. As onze espécies de *Melanophila* fizeram isso e foram tão bem-sucedidas que se espalharam pelos cinco continentes.[32] Nunca chegaram à Austrália, no entanto. Lá, três outros tipos de insetos desenvolveram, de forma independente, sensores infravermelhos que lhes permitem explorar o paraíso tranquilo de uma floresta carbonizada. Perseguir o fogo é um truque tão útil que já evoluiu pelo menos quatro vezes. E incêndios não são as únicas fontes de calor que um animal pode querer rastrear. Algumas espécies buscam o calor dos corpos.

"Você definitivamente não está autorizado a entrar aqui", Astra Bryant me diz. Eu obedientemente aquiesço, gravitando do lado de fora enquanto ela vasculha uma geladeira. Depois de alguns minutos, sai com uma pipeta que contém cinco microlitros de líquido transparente na ponta. É um volume tão pequeno que mal consigo vê-lo. E certamente não consigo ver os milhares de vermes nematoides nadando ali dentro.

Os nematoides são um dos grupos de animais mais diversos e numerosos, incluindo dezenas de milhares de espécies, a maioria inofensiva aos humanos. As exceções incluem a espécie que Bryant traz na pipeta — *Strongyloides stercoralis*.[33] Suas larvas são abundantes no solo e na água contaminada por fezes. Se um azarado pisa ou anda por esses lugares, os vermes, nadando, chegam a sua pele e a penetram. Juntamente com os ancilostomídeos e outros nematoides que penetram na pele, esses vermes infectam cerca de 800 milhões de pessoas em todo o mundo, do Vietnã ao Alabama. Eles causam problemas gastrointestinais, atraso no desenvolvimento e, às

---

* Por enquanto, essa ideia é especulativa e muito difícil de testar. Schmitz teria que realizar registros elétricos dos neurônios de um besouro e fazê-lo de uma forma que não liberasse nenhum calor das cavidades. E, se a sua teoria sobre o bater das asas estiver correta, ele teria que fazer esse mesmo procedimento num inseto voador. "Isso é muito difícil", diz ele, num eufemismo bastante germânico.

vezes, morte. Verminoses causadas por eles também são muito difíceis de tratar. Bryant e sua orientadora, Elissa Hallem, estão tentando descobrir como os vermes encontram seus hospedeiros, a fim de criar novas formas de prevenir infecções. Cheiros certamente fazem parte da equação. Assim como o calor.[34]

Bryant carrega sua pipeta de monstruosidades para uma câmara de aço com uma sinalização indicando risco biológico na porta. Ali dentro há uma placa de gel translúcido que foi aquecida assimetricamente de modo que o lado direito mantém a temperatura ambiente, enquanto o lado esquerdo reproduz a temperatura de um corpo humano. Bryant força os vermes a ocuparem o meio da placa e eles aparecem num monitor próximo como um anel de pontos brancos. Imediata e horrivelmente, os pontos começam a se mover. O anel logo se espicha até formar uma nuvem que rasteja para a esquerda em direção ao calor. Rasteja? Está mais para dispara. Cada verme tem apenas um ou dois milímetros de comprimento, mas cobre rápido uma distância centenas de vezes maior. Estou começando a entender por que centenas de milhões de pessoas são infectadas. Em três minutos, estão todos amontoados na extremidade esquerda, procurando a fonte do calor que conseguem sentir, mas não encontram. "A primeira vez que vi foi *chocante*", conta Bryant, que esperava que os vermes demorassem horas para percorrer distâncias que, na verdade, cobrem em minutos. "Mostro isso nas minhas palestras e geralmente o público reage com grunhidos."

O parasitismo pode ser terrível, mas é um dos modos de vida mais comuns na natureza. É provável que a maioria das espécies animais seja de parasitas, que sobrevivem da exploração dos corpos de outras criaturas.[35] Muitos desses aproveitadores são meticulosos na escolha dos hospedeiros e precisam, de alguma maneira, encontrar os alvos certos. Os cheiros fornecem boas pistas. Mas, há centenas de milhões de anos, surgiu outra possibilidade.

Os ancestrais das aves e dos mamíferos desenvolveram de forma independente a capacidade de produzir e controlar o calor do próprio corpo, separando suas temperaturas das verificadas no ambiente. Essa característica, conhecida tecnicamente como endotermia e coloquialmente como sangue quente, dotou aves e mamíferos de velocidade e resistência, durabilidade e um leque de possibilidades. Permitiu-lhes sobreviver em ambientes extremos e permanecer ativos por longos períodos e distâncias. Também os tornou muito fáceis de rastrear. Seu calor corporal inamovível os transformou em perpétuos faróis incandescentes, úteis aos parasitas para encontrar seus hospedeiros e, especialmente, vasos sanguíneos. Afinal, o sangue é uma excelente fonte de alimento — rico em nutrientes, bem equilibrado e em geral estéril. Não surpreende que pelo menos 14 mil espécies animais tenham evoluído para se alimentar de sangue, tampouco que muitas dessas espécies — percevejos, mosquitos, moscas-tsé-tsé e barbeiros — se guiem pelo calor.[36]

Entre os mamíferos, apenas três espécies de morcegos-vampiros se alimentam de sangue com exclusividade. Dois tipos bebem principalmente o de pássaros, mas o vampiro comum tem como alvo mamíferos, em especial os grandes, como vacas ou porcos. O vampiro é um animal pequeno que mede sete centímetros do nariz à cauda e tem o rosto achatado, semelhante ao de um cãozinho pug. No chão, suas asas se dobram para trás e ele adota uma postura esparramada sobre quatro patas. Assim se aproxima dos alvos, seja pousando diretamente sobre as costas deles ou nas proximidades, para daí rastejar de um jeito bem pouco parecido com um morcego. Uma vez próximo, faz um pequeno corte indolor com os incisivos em formato de lâmina e lambe o sangue que jorra. Um composto que traz na saliva, apropriadamente conhecido como draculina, impede a coagulação do sangue, permitindo que o morcego se alimente por até uma hora. Ele pode beber uma quantidade que se iguala a seu próprio peso corporal e precisa fazer isso uma vez por noite para sobreviver. Outros sentidos o ajudam a rastrear um alvo à distância, mas, a uma distância de pelo menos quinze centímetros, usará o senso de temperatura para selecionar um bom local para a mordida.

Os sensores de calor do vampiro ficam no nariz, que consiste numa aba em forma de coração acoplada a uma superfície semicircular.[37] Imprensado entre essas camadas, há um trio de cavidades com milímetros de largura, cada uma repleta de neurônios sensíveis ao calor. Entre os animais com detecção infravermelha, os morcegos-vampiros enfrentam um problema único, pois eles próprios têm sangue quente. Os neurônios em suas cavidades deveriam ser enganados pelo calor do próprio corpo, mas uma densa rede de tecido os isola e mantém nove graus mais frios do que o resto da cara do morcego.

Elena Gracheva estudou esses neurônios numa pesquisa anterior à que hoje conduz com os adoráveis esquilos-terrestres.[38] Colegas dela na Venezuela cavalgaram até cavernas onde os morcegos se empoleiram, usaram os próprios cavalos como isca para atraí-los, dissecaram seus neurônios e enviaram as amostras de tecido para Gracheva, nos Estados Unidos. Ao analisar essas amostras, ela provou que os neurônios estão carregados com uma versão especial do TRPV1 — o mesmo sensor de temperatura que conhecemos anteriormente neste capítulo, em geral responsável por detectar a dor por calor e a picância das pimentas. O TRPV1 é calibrado para diferentes temperaturas, dependendo do que os respectivos animais achariam que é quente a ponto de doer — 33 graus para um peixe-zebra de sangue frio, 42 graus para um camundongo ou um humano de sangue quente. No morcego-vampiro, o TRPV1 está num nível típico de mamífero, exceto nos neurônios das cavidades, onde, em vez disso, dispara a uma temperatura muito mais baixa, 31 graus. O morcego reajustou esse sensor, que detectaria calor extremo, para a detecção de calor corporal.

Os carrapatos também sugam sangue, mas seus sensores de calor ficam nas pontas do primeiro par de patas. Quando as agitam — um comportamento conhecido como busca —, parece que estão à espera de agarrar alguma coisa. E é isso, mas também estão usando os sentidos. Jakob von Uexküll, criador do conceito de *Umwelt*, escreveu que os carrapatos rastreiam seus hospedeiros pelo cheiro e usam a temperatura apenas para verificar se pousaram na pele nua. Mas não é verdade. Ann Carr e Vincent Salgado descobriram recentemente que esses insetos são capazes de detectar o calor corporal a até quatro metros de distância.[39] Mais surpreendentemente, a dupla mostrou que repelentes comuns como a citronela não perturbam o olfato dos carrapatos, mas, *sim*, os impedem de rastrear calor. Essa descoberta pode levar a novas formas de prevenir suas picadas e forçar os cientistas a reavaliar muitos estudos anteriores. Quantos experimentos prévios foram mal interpretados porque os pesquisadores obtiveram uma imagem imprecisa do *Umwelt* de um carrapato?

Em retrospectiva, o senso de temperatura do carrapato deveria ter parecido claro. Acreditava-se que os órgãos nas pontas de suas patas exploradoras fossem detectores de cheiros. Mas essas estruturas também incluem pequenas cavidades esféricas com neurônios nas bases, muito parecidas com as que existem na cara de um morcego-vampiro. Curiosamente, essas cavidades são cobertas por uma fina película com um pequeno orifício. Seria um design terrível para um nariz, porque a película impediria que a maioria dos odores chegasse aos neurônios subjacentes. É, no entanto, um excelente design para um sensor *infravermelho*. Essa radiação, ao emanar do sangue de um hospedeiro distante, seria na maior parte bloqueada pela película, mas um pouco passaria pelo orifício de modo a iluminar parcialmente a cavidade abaixo. Ao analisar quais partes se iluminam, o carrapato poderia descobrir a direção da radiação e o paradeiro de quem a emite. Essa ideia ainda precisa ser confirmada, mas faz sentido. Afinal, é assim que funcionam os sensores de calor mais sofisticados da natureza. Para encontrá-los, a gente precisa de um pouco de coragem, umas perneiras e um cajado comprido.

Não conseguimos encontrar Julia. Sabemos que ela está bem na nossa frente, escondida num ninho de ratos dentro do arbusto espinhoso de uma pereira, mas não podemos vê-la. Dá para ouvir o bipe alto que indica quando nossa antena capta o sinal de um radiotransmissor instalado no interior do corpo dela, mas ela está em silêncio. Não está nem chocalhando. Nós a deixamos em paz e partimos em busca de outra cobra.

Minha esposa, Liz Neeley, e eu viemos procurar cascavéis numa área cercada de matagal, na Califórnia, que pertence ao Corpo de Fuzileiros Navais dos Estados Unidos. Quem nos guia são Rulon Clark — que passou a infância correndo atrás de cobras e lagartos e nunca parou — e seu aluno Nate Redetzke. Redetzke precisa com frequência realocar cobras que aparecem em casas próximas e implantou rastreadores de rádio em várias delas. Tendo estacionado numa estrada de terra apropriadamente chamada de Estrada do Cânion da Cascavel, vestimos nossas perneiras e saímos andando no meio dos arbustos de artemísia, respirando o ar carregado do aroma de erva-doce, desviando de exemplares de carvalho venenoso e escalando pedras.

"Trabalhar com répteis torna a gente muito sensível à temperatura e ao clima", diz Clark. Ele iniciou nossa expedição no começo da manhã na esperança de encontrar cascavéis que estivessem se deliciando ao ar livre com o que a previsão indicava que seria um dia excepcionalmente quente de outubro. Mas a previsão estava errada. Na verdade, faz frio com céu nublado, portanto, embora nós tenhamos saído, as cobras não o fazem. Uma delas, Powers, estava escondida nas profundezas de um cacto. Truman se enfiara em algum lugar no interior de uma pilha de pedras. Julia, fora das vistas. (Redetzke dá a todas nomes de ex-presidentes e primeiras-damas.) Estamos prestes a desistir quando ele ouve um bipe alto, se anima e sai correndo pela encosta. Momentos depois, grita que encontrou Margaret.

Afasta os galhos de um arbusto e, usando uma pinça apropriada, tira dali uma cascavel-diamante-vermelho — cor de ferrugem e com um metro de comprimento. As diamantes-vermelhos são supostamente dóceis, mas até elas têm seus limites. Enquanto Redetzke coloca Margaret num saco de pano, ela dá o bote nele, deixando gotas de veneno amarelo no tecido. Uma vez lá dentro, ela chocalha, mas está com frio e o som sai embotado.

Mais tarde, Redetzke empurra Margaret para dentro de um tubo de plástico um pouco mais largo que o corpo da cobra. Segurando de leve a cauda numa extremidade, olho para a cara dela pela outra. As pupilas são fendas verticais. A boca, curvada para cima, parece fazer uma careta. Os olhos sem pálpebras são cobertos por grandes escamas horizontais que criam o que chamo de cara de víbora em repouso — uma expressão de ira perpétua. Normalmente inspira medo. Mas eu a acho linda. Vai saber o que ela pensa de mim, mas a essa distância certamente consegue me ver, e não apenas com os olhos. Com um par de pequenas aberturas situadas logo atrás das narinas, consegue detectar a radiação infravermelha que emana do meu rosto quente e, em menor grau, do meu corpo sob a roupa que uso. Contra o frescor do céu da manhã, devo estar brilhando para ela.

As aberturas sensíveis ao calor, que parecem covinhas, evoluíram independentemente em três grupos de cobras.[40] Duas delas, pítons e jiboias, são constritoras não venenosas que matam com abraços sufocantes.*[41] A terceira são essas cobras altamente venenosas e apropriadamente chamadas cobras-covinha — mocassins-d'água, serpentes-mocassins-cabeças-de--cobre, cobras-cantil e cascavéis.**[42] As cascavéis atacam objetos quentes, preferindo ratos recém-mortos em vez daqueles mortos há muito tempo,

---

* Em alguns aspectos, as cavidades das jiboias e das pítons são muito diferentes daquelas das víboras. Suas membranas não estão suspensas e são provavelmente menos sensíveis. Elas têm vários pares de aberturas subindo pelas laterais da cabeça, em vez de um único par na parte frontal da cabeça — um padrão que George Bakken compara aos olhos compostos dos insetos. Ainda assim, Elena Gracheva descobriu que todos os três grupos dependem do mesmo sensor de calor — TRPAI.   ** O primeiro cientista ocidental a descrever suas aberturas, ou fossetas, em 1683, adivinhou corretamente que eram órgãos dos sentidos, mas supôs erroneamente que eram ouvidos. Igualmente equivocados, outros sugeriram serem narinas, canais lacrimais ou sensores de cheiros, sons ou vibrações. Ninguém encontrou a resposta certa até 1935, quando Margarete Ros — sem parentesco com Margaret, a cobra — percebeu que conseguia impedir que sua píton de estimação deslizasse em direção a objetos quentes cobrindo suas fossas com vaselina. Ela deduziu que a cobra usa as fossas para sentir o calor corporal de sua presa.

e dão o bote em seus alvos na escuridão completa.[43] Mesmo uma cascavel congenitamente cega que tenha nascido sem olhos seria capaz de matar ratos com a mesma eficácia que uma cobra com visão.[44] Graças a suas cavidades, tem mira boa o bastante não para pegar os roedores apenas, mas para acertá-los especificamente na cabeça.

A sensibilidade térmica de uma cobra-covinha vem da estrutura de suas fossetas (semelhantes às das patas de um carrapato). Para ter uma ideia do formato dessas aberturas, vamos imaginar a estrutura de um trampolim em miniatura no fundo de um aquário que fosse virada toda de lado. Há uma abertura estreita que leva a um compartimento mais largo e cheio de ar, sobre o qual há uma membrana fina esticada. Quando a radiação infravermelha passa, incide sobre a membrana e a aquece. Isso acontece facilmente porque a membrana fica exposta aos elementos, suspensa no ar, e tem um sexto da espessura de uma das páginas deste livro. A membrana está também coberta com cerca de 7 mil terminações nervosas que detectam o menor aumento de temperatura. Esses nervos, como Elena Gracheva descobriu, carregam em abundância o sensor de calor TRPA1, transportando quatrocentas vezes mais calor do que neurônios em outras partes do corpo da cobra. Eles reagirão se a temperatura da membrana subir apenas 0,001 grau.[45] Essa sensibilidade surpreendente significa que uma cobra consegue detectar o calor de um roedor a até um metro de distância.[46] Uma cascavel vendada que estivesse sentada sobre a minha cabeça seria capaz de sentir o calor de um rato na ponta do meu dedo estendido.*

A estrutura das aberturas é semelhante à dos olhos.[47] A membrana que detecta a luz infravermelha é como uma retina. A abertura que permite a entrada dessa luz é como uma pupila. E, tal como a pupila, é uma abertura estreita, o que significa que algumas regiões da membrana são aquecidas pela entrada de infravermelhos, enquanto outras permanecem à sombra fria. A cobra pode usar esses padrões de quente e frio para mapear uma fonte de calor nos arredores, do mesmo modo como usa a luz que incide sobre sua retina para formar a imagem de uma cena. Essas semelhanças não são apenas metafóricas. Alguns cientistas pensam que as aberturas são na verdade um segundo par de olhos, sintonizados aos comprimentos de onda infravermelhos da luz que são invisíveis para o par principal. Os sinais dos dois órgãos são

---

* Só confie em mim e não tente isso em casa.

inicialmente processados por diferentes partes do cérebro, mas adiante alimentam uma única região chamada teto óptico. Ali, os dois fluxos são combinados, e as entradas de informação dos espectros visível e infravermelho aparentemente se fundem pela ação de neurônios que respondem a ambos. É possível que as cobras de fato *enxerguem* o infravermelho, tratando-o como apenas outra cor. "É uma falácia considerar os órgãos das aberturas como um sexto sentido independente", escreveu certa vez o neurocientista Richard Goris. "O que eles fazem é melhorar a visão de seus donos."[48] Podem fornecer mais detalhes à noite, revelar objetos quentes escondidos pela vegetação rasteira ou direcionar a atenção da cobra para uma presa em fuga.*[49]

Mas, se as aberturas são olhos, estamos falando de olhos muito simples, com visão embaçada, apenas alguns milhares de sensores, em comparação com os milhões de uma retina típica, e sem lentes para focar o infravermelho captado. Documentários sobre a natureza erram quando tentam mostrar o que as cascavéis enxergam filmando o mundo com câmeras térmicas. Essas imagens, com roedores brancos e vermelhos vagando sobre fundos azuis e violeta, têm sempre detalhes irrealistas. *O predador*, o filme de 1987 em que Arnold Schwarzenegger encontra um alienígena caçador de troféus, retratou melhor a visão infravermelha como embaçada. (Esta talvez seja a única vez na vida que se acusará *O predador* de ser realista.)

Recentemente, o físico George Bakken simulou o que as cavidades captariam se houvesse um rato passando por um tronco. Ele obteve imagens granuladas de pequenas manchas quentes movendo-se sobre grandes bolhas frias.[50] Um rato na ponta do meu dedo pode ser detectável por uma cascavel vendada e sentada na minha cabeça, mas como algo disforme, a menos que subisse para o meu bíceps. As cobras-covinhas compensam essa deficiência escolhendo cuidadosamente os locais de emboscada. Cascavéis-chifrudas tendem a mirar bordas térmicas onde o ambiente alterna rapidamente entre quente e frio,

---

* Alguns pesquisadores afirmam que os esquilos-terrestres conseguem enganar o sentido infravermelho da cascavel. Quando confrontados, eles levantam a cauda e a aquecem bombeando sangue. Isso aumentaria o tamanho da sua silhueta térmica e faria com que parecessem mais intimidantes para um predador sensível ao calor. Curiosamente, os esquilos só fazem isso com cascavéis e não com cobras inofensivas que não conseguem sentir o infravermelho. Esse foi considerado o primeiro exemplo conhecido de comunicação infravermelha entre duas espécies. Mas Clark e outros não estão convencidos. Os esquilos podem estar apenas levantando o rabo e bombeando sangue neles porque estão com medo. E eles talvez façam isso com cascavéis em vez de cobras inofensivas porque as primeiras são mais perigosas!

o que torna um animal de sangue quente em movimento mais fácil de detectar.[51] Na ilha Shedao, na China, as cobras locais escolhem pontos de emboscada voltados para o céu aberto, o que lhes permite detectar com mais facilidade as aves migratórias das quais se alimentam na primavera.[52]

Como as cobras de fato percebem o calor? O herpetólogo chinês Yezhong Tang encontrou uma pista ao trabalhar com víboras de cauda curta da espécie *Gloydius brevicauda*.[53] Quando tinham um olho e uma abertura tapados do mesmo lado, as cobras acertavam suas vítimas 86% das vezes. Com ambos os olhos ou ambas as aberturas fechados, a precisão caía ligeiramente para 75%. Mas, no caso de o bloqueio ser de um olho e uma cavidade *em lados opostos*, apenas 50% dos botes eram bem-sucedidos. Esse resultado inesperado sugere que as cobras combinam informações visuais e infravermelhas. Mas como fazem para agir com sentidos com resoluções tão diferentes? O que se pergunta Bakken é se o cérebro seria capaz de aprender a interpretar melhor as informações pouco precisas que obtém das aberturas usando aquelas muito mais nítidas dos olhos. Afinal, os humanos conseguem programar inteligências artificiais para classificar imagens ou detectar padrões ocultos, treinando-as a partir de um conjunto suficientemente grande de imagens. Talvez os olhos de uma cobra forneçam esse conjunto para treinamento do cérebro na interpretação das informações menos nítidas fornecidas pelas aberturas.

Qualquer que seja a vantagem que elas proporcionem, deve ser significativa. Os nervos em suas membranas são abundantes em pequenas baterias chamadas mitocôndrias, em número muito maior do que as existentes nos órgãos dos sentidos típicos.[54] Isso sugere que o senso de infravermelho exige muita energia, portanto, deve proporcionar benefícios que valham esse custo. O que certamente parece dar a essas cobras uma vantagem sobre aquelas sem as aberturas.*[55] Mas, quanto mais pergunto a Clark sobre

---

* O ecologista Burt Kotler, baseado em Israel, demonstrou isso colocando cascavéis-chifrudas junto a víboras-chifrudas do Oriente Médio — muito semelhantes às cascavéis, exceto pelo fato de não possuírem sentido infravermelho. Quando Kotler colocou ambas as cobras em grandes áreas ao ar livre, as víboras-chifrudas tornavam-se menos ativas nas noites sem luar, cedendo a escuridão às cascavéis, que ainda podiam usar o calor para caçar. Os roedores nativos presentes na área também passaram a tratar as cascavéis trazidas de fora como uma ameaça maior do que as suas próprias víboras nativas. Kotler descreve as fossas como uma "adaptação para quebrar restrições" — uma inovação que leva as cobras ao próximo nível de eficácia predatória, permitindo-lhes caçar mesmo sob a luz mais fraca.

o senso de infravermelho, mais perguntas ficam sem resposta.*[56][57] Por que as cobras o desenvolveram, quando a maioria delas também tem excelente visão noturna? Se essa capacidade reforça a da visão, por que não evoluiu também em outras cobras noturnas? Por que as pítons e as jiboias, separadas das cobras-covinha por cerca de 90 milhões de anos de evolução e que caçam de maneiras muito diferentes, desenvolveram o mesmo truque, quando espécies mais próximas, como a das cobras-ligas, não o fizeram? E o mais intrigante: por que as aberturas parecem funcionar melhor quando frias?**[58][59] "Tem alguma coisa que estamos deixando escapar", Clark me diz. "Talvez o senso de infravermelho funcione simplesmente para mirar nas presas, mas acho que elas o usam de maneiras que não entendemos."

Para entender o *Umwelt* de outro animal, é preciso observar seu comportamento. Mas o comportamento de uma cobra consiste principalmente em esperar. Como não geram o próprio calor corporal, podem passar meses sem comer, armando emboscada até o momento certo. Os poucos pesquisadores corajosos o bastante para estudá-las se veem diante de animais

---

* Um dos alunos de Clark, Hannes Schraft, encontrou vários resultados confusos quando tentou estudar as cobras na natureza. À noite, as cascavéis-chifrudas ficam à espreita nos arbustos, que são ligeiramente mais quentes que as areias circundantes e deveriam funcionar como pontos de referência brilhantes. Só que Schraft descobriu que as cascavéis-chifrudas vendadas tinham dificuldade para encontrar arbustos e vagavam erraticamente sem sucesso. Outra questão proposta por ele era se as cobras usariam a visão infravermelha para medir a temperatura de suas presas, já que alvos mais frios deveriam ser mais lentos e mais fáceis de capturar. E elas não fazem isso. Schraft deu a elas carcaças de lagartos aquecidas com uma bolsa de água quente, e as cobras não se importaram.   ** Em 2013, Viviana Cadena descobriu que as cascavéis conseguem controlar a forma como expiram para resfriar ativamente suas fossas, mantendo-as alguns graus abaixo da temperatura corporal. Alguns anos mais tarde, Clark e Bakken mantiveram cascavéis expostas a várias temperaturas e mediram sua capacidade de detectar um pêndulo quente movendo-se sobre um fundo mais frio. Para sua surpresa, quanto mais frias as cobras, melhor elas eram no rastreamento do pêndulo. "Ficamos chocados", diz Bakken. Esse padrão não faz sentido se o sensor de calor principal for o TRPAI, que deveria funcionar melhor em temperaturas mais altas. E não faz sentido, pois animais de sangue frio deveriam ser mais eficazes à medida que esquentam. Conforme uma cascavel esquenta, ela se torna uma caçadora mais rápida e ativa... ao passo que um dos seus principais sentidos de caça se torna menos sensível? "É o contrário do que imaginávamos e ainda não sei o que fazer com essa informação", disse Clark. Num delicioso ato de sinceridade acadêmica, ele e Bakken publicaram seus resultados sob o título "Cooler snakes respond more strongly to infrared stimuli, but we have no idea why" [Cobras mais frias reagem mais intensamente a estímulos infravermelhos, mas não temos ideia do porquê].

que ficam sentados sem fazer nada, o que os torna muito difíceis de treinar — ou compreender. Afinal, mesmo aqueles animais que já entendemos e sabemos treinar podem perceber o calor de maneiras difíceis de explicar.

Quando o zoólogo Ronald Kröger comprou um cachorro — um golden retriever chamado Kevin —, começou a se perguntar sobre o focinho do animal. Cães dormindo tendem a mantê-lo quente. Mas, logo depois de acordarem, as pontas do focinho ficam molhadas e frias. Kröger descobriu que, num recinto quente, um cão manterá ali uma temperatura cinco graus mais baixa do que a ambiente e entre nove e dezessete graus menor do que a verificada no focinho de uma vaca ou de um porco no mesmo ambiente.[60] Por quê? Morcegos-vampiros e cascavéis parecem resfriar suas cavidades sensíveis ao calor. Os cães poderiam estar fazendo o mesmo? Seus focinhos poderiam ser sensores infravermelhos e também órgãos do olfato?

Kröger certamente acha que sim. Sua equipe treinou com sucesso três cães — Kevin, Delfi e Charlie — para diferenciar dois painéis com mesma aparência e mesmo cheiro, mas cujas temperaturas difeririam em onze graus.[61] Em testes duplo-cegos, nos quais os tratadores não sabiam a resposta certa e assim não podiam influenciar inconscientemente os cães, os três mesmo assim escolheram o painel correto entre 68% e 80% das vezes. A equipe sugere que os lobos, ancestrais dos cães domésticos, podem ter se beneficiado com a detecção da radiação infravermelha emitida por suas grandes presas. Mas, uma vez que essa radiação enfraquece rapidamente com a distância, como beneficiaria animais que já têm sentidos aguçados de audição e olfato? É certo que um lobo seria capaz de farejar comida bem antes de seu focinho detectar indícios reveladores de calor. E, de perto, sem dúvida seus olhos e ouvidos o ajudariam a rastrear um alvo em movimento sem qualquer ajuda de um focinho com sensor infravermelho. "É difícil imaginar como essa capacidade poderia ser de fato útil", pondera Anna Bálint, que trabalhou na pesquisa. "Acho que precisamos pensar fora da caixa."

Quando se pensa em outro *Umwelt*, distância sempre importa. Nas condições certas, o olfato e a visão operam a escalas bastante vastas. Os sentidos infravermelhos funcionam a distâncias mais curtas, a menos que sejam aprimorados para detectar as chamas de um incêndio florestal. E alguns sentidos são ainda mais íntimos, exigindo a proximidade do contato.

6.
Um sentido aproximado

Contato e correntes

No início, todos pensaram que Selka estivesse dormindo. A lontra-marinha adolescente vivia no Long Marine Lab, em Santa Cruz, num dos compartimentos com piscina e, logo acima da superfície da água, uma mesa de fibra de vidro. Selka tinha passado a nadar debaixo da mesa, enfiando o nariz no estreito vão de ar logo abaixo dela e ali tirando uma soneca — ou assim parecia. Acontece que, entre as sonecas, ela também desparafusava aos poucos as porcas que mantinham as pernas da mesa no lugar. Um dia, Sarah Strobel, bióloga sensorial que trabalhava com a lontra, encontrou a plataforma inclinada de lado. Selka estava nadando com uma perna de mesa a tiracolo, depois de ter enfiado as porcas e os parafusos que a fixavam no ralo.

Quase todas as fotografias de lontras-marinhas as mostram flutuando de costas, muitas vezes dormindo, às vezes de mãos dadas. Isso cria a impressão fundamentalmente enganosa de que elas são preguiçosas e largadonas. Na verdade, "são muito inquietas", Strobel me conta. "Estão constantemente fazendo coisas, brincando com coisas, querendo tocar em coisas." Essa característica indisciplinada é algo que as lontras-marinhas compartilham com outros mustelídeos — o grupo de mamíferos que inclui doninhas, furões, texugos, texugos-do-mel e carcajus. Mas as lontras combinam o que Strobel chama de "charme geral dos mustelídeos" com o tamanho avantajado — com cerca de um a 1,5 metro de comprimento, são os maiores espécimes do grupo — e patas excepcionalmente hábeis. Por consequência, é extremamente difícil mantê-las em cativeiro.[*][1] "Elas são simplesmente superdes-

---

* Órfã e abandonada quando tinha uma semana de idade, Selka foi resgatada em 2012 e levada para o Monterey Bay Aquarium, onde foi criada por duas lontras-marinhas residentes. Depois de meses aprendendo com as outras lontras, ela foi libertada, mas, depois de apenas oito semanas de liberdade, foi brutalmente atacada por um tubarão. O aquário a

trutivas", diz Strobel. "São muito curiosas, e a forma como manifestam essa curiosidade é: *como posso quebrar isso e descobrir o que tem dentro?*"

Curiosidade, destreza e tendência a destruir: essas características servem bem às lontras-marinhas em seu habitat nativo ao longo da costa oeste da América do Norte. Ali, as águas frequentemente frias desafiam uma criatura que, embora grande para um mustelídeo, é pequena para um mamífero marinho. As lontras não contam nem com um corpo grande que retém calor, nem com a gordura isolante das focas, das baleias e dos peixes-boi. Têm o pelo mais espesso do reino animal, com mais fios por centímetro quadrado do que os humanos têm na cabeça, mas nem isso é suficiente para impedir que o calor se dissipe rapidamente de seu corpo.[2] Para se manterem aquecidas, elas precisam comer o equivalente a um quarto do próprio peso todos os dias; daí sua natureza frenética.[3] Lontras estão sempre mergulhando, dia e noite.[4] Quase tudo pode entrar em seu cardápio e quase tudo é capturado à mão. Mesmo quando não há luz suficiente para enxergar, as patas as levam até a comida. Com a mesma destreza manual que Selka demonstrou ao desmontar sua mesa, lontras-marinhas selvagens pegam peixes, capturam ouriços-do-mar e desenterram mariscos. Seu delicado sentido do tato lhes permite sobreviver sendo um mamífero pequeno e quente num oceano imenso e frio.

A sensibilidade das patas fica evidente ao se observar o cérebro desse animal.[5] Como em outras espécies, uma região chamada córtex somatossensorial lida com o tato. Diferentes seções desse córtex recebem informações de partes diversas do corpo, e o tamanho relativo dessas seções pode sugerir quais são os principais órgãos táteis de um animal.[6] Nos humanos, as mãos, os lábios e os órgãos genitais são os mais representados. Nos ratos, são os bigodes; nos ornitorrincos, o bico; e nos ratos-toupeiras-pelados, os dentes. Nas lontras-marinhas, a parte do córtex somatossensorial que recebe sinais das patas é desproporcionalmente grande em comparação com a de outros mustelídeos, e até mesmo em comparação com a de outras lontras.

pegou de volta, curou seus ferimentos e a soltou novamente. Mas, depois de um surto de envenenamento por moluscos tóxicos e sinais de que ela havia se habituado demais aos humanos, o Serviço de Pesca e Vida Selvagem dos Estados Unidos decidiu que era "propensa demais a interagir com humanos para estar segura na natureza". Ela passou dois anos no Long Marine Lab antes de finalmente retornar ao Monterey Bay Aquarium, onde agora atua como mãe substituta para outros filhotes órfãos.

Essas patas não se parecem com mãos sensíveis. Mal se parecem com mãos. A pele tem a textura de uma cabeça de couve-flor, e os dedos não apresentam clara separação. Segurando uma das patas, seria possível sentir os dedos ágeis se movendo por baixo, ao passo que, olhando apenas para ela, só se veriam ali "luvas nodosas", descreve Strobel. Para avaliar do que tais luvas são capazes, ela colocou Selka à prova.[7] Treinou a lontra para reconhecer a sensação de uma prancha plástica texturizada coberta por rugas espaçadas. Selka então precisava distinguir aquela prancha de outras cujas rugas eram ligeiramente mais próximas ou afastadas. E foi o que fez, de forma confiável e recorrente, mesmo quando as rugas diferiam em espaçamento até 0,25 milímetro. Suas patas são de fato tão sensíveis quanto o cérebro sugere.

A sensibilidade, no entanto, não é a única métrica pela qual um sentido pode ser julgado. Como vimos no Capítulo 1, humanos e cães são capazes de seguir barbantes com cheiro de chocolate, mas a primeira espécie trabalha lentamente na tarefa, enquanto a segunda o faz com rapidez e segurança. Da mesma forma, Strobel descobriu que os humanos são tão sensíveis quanto as lontras-marinhas na discriminação de texturas com as mãos, mas a performance delas é substancialmente mais rápida.*[8] No experimento, voluntários humanos passaram repetidas vezes as pontas dos dedos sobre as duas pranchas disponíveis até conseguirem enfim fazer sua escolha. Selka optou pela prancha certa assim que colocou a pata sobre ela. Caso a primeira que tocasse fosse a correta, ela nem se dava ao trabalho de tentar a alternativa. Sua escolha levava um quinto de segundo, trinta vezes mais rápido do que foram capazes seus rivais humanos. Mesmo seus tempos de decisão mais lentos foram consideravelmente mais velozes que os dos humanos mais velozes. "Elas têm bastante segurança em tudo o que fazem", observa Strobel.

Imagine que, neste momento, uma lontra-marinha esteja prestes a ir procurar comida. Flutuando de costas na superfície do mar, ela rola e mergulha. Permanece submersa por apenas um minuto — aproximadamente o tempo que você levará para ler este parágrafo.[9] Descer consome muitos de seus preciosos segundos, por isso, quando atinge a profundidade certa,

---

* Aristóteles escreveu certa vez que "nos outros sentidos, o homem é inferior a muitos animais, mas, no sentido do tato, ele supera em muito todos eles em acuidade". Ele nunca tinha ouvido falar de lontras-marinhas, ainda assim, não estava tão equivocado em suas afirmações.

ela não tem tempo para indecisões. Durante alguns momentos frenéticos, pressiona suas luvas nodosas contra o fundo do mar, inspecionando tudo o que consegue encontrar. A água está turva, mas escuridão não é problema. Para patas que estão entre as mais sensíveis do mundo, o oceano resplandece com formas e texturas para serem sentidas, agarradas, pressionadas, cutucadas, espremidas, acariciadas e manuseadas — ou talvez *patuseadas*. Presas de carapaça dura se aninham entre rochas igualmente duras, mas, numa fração de segundo, a lontra sente a diferença entre as duas e arranca a primeira da segunda. Com seu tato, suas patas hábeis e sua superabundante autoconfiança própria dos mustelídeos, ela cata um molusco ali, desgruda um abalone aqui, agarra um ouriço-do-mar acolá e, por fim, sobe para comer seus despojos, emergindo na superfície da água ao final desta frase.

O tato é um dos sentidos mecânicos, sujeito a estímulos físicos como vibrações, correntes, texturas e pressões.[10] Para muitos animais, o toque pode funcionar à distância. Como veremos mais adiante neste capítulo, criaturas tão diversas como peixes, aranhas e peixes-boi são capazes de sentir os sinais ocultos que fluem, sopram e ondulam no ar e na água. Usando minúsculos pelos e outros sensores, conseguem perceber os sinais reveladores de outros animais à distância. Crocodilos detectam as ondulações mais suaves na superfície da água, grilos sentem a leve brisa produzida por uma aranha em pleno ataque e focas rastreiam peixes pelas correntes invisíveis que eles vão deixando para trás enquanto nadam. Mas a maioria desses sinais é indetectável para nós: consigo sentir as fortes correntes de ar criadas pelo meu ventilador de teto, mas não muito mais. Para os humanos (e as lontras-marinhas), o tato é principalmente uma sensação de contato direto.

As pontas dos nossos dedos estão entre os órgãos de toque mais sensíveis da natureza. Elas nos permitem manejar ferramentas com grande precisão, ler padrões de pontos em relevo quando temos deficiências de visão e controlar telas sobre as quais deslizamos os dedos e em que tocamos. Essa sensibilidade depende de mecanorreceptores — células que reagem à mais leve estimulação tátil. São células de variedades diversas, cada uma reagindo a um tipo diferente de estímulo.[11] As terminações nervosas de Merkel respondem à pressão contínua: ajudam a avaliar a forma e as propriedades do material deste livro à medida que você toca suas páginas. As terminações Ruffini respondem a tensionamentos e esticamentos da pele: ajudam a ajustar a força para segurar um objeto e a perceber se ele estiver escorregando da mão. Os corpúsculos de Meissner respondem a vibrações lentas: produzem sensações de deslizamento e ondulação à medida que os dedos se movem sobre superfícies e permitem que os leitores de braille apreendam os pontos em relevo. Os corpúsculos de Pacini respondem a vibrações mais rápidas: são úteis na avaliação de texturas mais finas ou na detecção de objetos por meio de ferramentas, como pelos puxados por uma pinça ou terra que se desfaz sob uma pá. A maioria desses receptores também existe na pata da lontra-marinha e no bico do ornitorrinco. Coletivamente, eles produzem a sensação do tato, assim como nossos receptores para doce, azedo, amargo, salgado e umami, juntos, produzem o sentido do paladar.

Num nível mais geral, entendemos como funcionam esses mecanorreceptores. Apesar de sua variedade, todos eles consistem numa terminação nervosa dentro de algum tipo de cápsula sensível ao toque. Um estímulo tátil dobra ou deforma a cápsula, fazendo disparar o nervo interno. Mas exatamente como isso acontece ainda não está claro, porque o tato é um dos nossos sentidos menos estudados.[12] Comparado à visão, à audição ou mesmo ao olfato, inspira menos obras de arte e um menor número de devotos científicos. Até muito recentemente, as moléculas que nos permitem sentir o tato — o equivalente às opsinas para a visão ou aos receptores olfatórios para o olfato — permaneciam completamente desconhecidas. Só temos uma ideia aproximada do sentido que sente por proximidade.

Mas o tato não pode ser ignorado. É o sentido da intimidade e do imediatismo — e varia tanto quanto o olfato ou a visão. Os animais diferem amplamente na sensibilidade de seus órgãos de toque, naquilo que lhes interessa sentir com esses órgãos e até mesmo nas partes do corpo em que eles se encontram. E, ao observar o tamanho da contribuição desse sentido para os *Umwelten* de diferentes criaturas, passaremos a ver praias arenosas, túneis subterrâneos e até órgãos internos de novas maneiras. Até mesmo a verdadeira extensão de nossas próprias capacidades táteis só recentemente veio à tona. Num experimento, as pessoas conseguiram discriminar entre duas pastilhas de silício que difeririam apenas na camada superior de moléculas, distinguindo-as graças a diferenças minúsculas no modo como os dedos deslizavam sobre as duas superfícies.[13] Em outro teste, os voluntários foram capazes de perceber a diferença entre duas superfícies estriadas, mesmo quando essas estrias diferiam em altura em apenas *dez nanômetros*[14] — o mesmo que dizer qual de duas lixas é mais grossa, quando a diferença de aspereza é de algumas moléculas.

Essas proezas incríveis são possíveis porque há movimento.[15] Se a gente apoiar a ponta do dedo sobre uma superfície, terá apenas uma ideia limitada de suas características. Mas, assim que puder movê-lo, tudo muda. A dureza da superfície se torna clara ao se pressionar o dedo contra ela. Texturas são sentidas de imediato. À medida que as pontas dos dedos percorrem a superfície, vão esbarrando repetidamente com picos e depressões invisíveis de tão pequenos, criando vibrações nos mecanorreceptores. É assim que detectamos as características mais sutis, até mesmo em nanoescala.*[16] O movimento transforma o tato de sentido grosseiro em requintado. Permite que muitos dos especialistas táteis da natureza reajam com uma velocidade incrível.

Muitos cientistas passam a vida inteira estudando os mesmos animais. Ken Catania é uma exceção. Nos últimos trinta anos, ele investigou os sentidos de enguias-elétricas, ratos-toupeiras-pelados, crocodilos, cobras com tentáculos, vespas-esmeraldas e humanos. Catania tem atração por esquisitices e é quase sempre recompensado por sua ligação com criaturas estranhas. "Normalmente não é tipo, ah, o bicho acabou não sendo tão interessante", ele me conta. "Em geral ele é dez vezes mais capaz do que eu poderia imaginar." Nenhuma criatura lhe ensinou essa lição de forma mais radical do que a primeira que ele estudou: a toupeira-nariz-de-estrela.[17]

Trata-se de um animal do tamanho de um hamster, com pelo sedoso, cauda semelhante à de um rato e patas parecidas com pás. Vive nas regiões densamente povoadas do leste da América do Norte, mas, como habita brejos e pântanos e passa a maior parte do tempo no subsolo, poucas pessoas o veem. Quem encontrasse um o reconheceria instantaneamente. Na ponta do focinho, a toupeira tem onze pares de apêndices rosados, glabros, no formato de dedos e dispostos num anel ao redor das narinas. É a estrela inconfundível que lhe dá o nome. Parece uma flor carnuda brotando na cara do bicho ou talvez uma anêmona-do-mar que lhe tivessem enfiado no nariz.

---

* Mark Rutland, que liderou o estudo no qual voluntários distinguiam entre superfícies estriadas que diferiam em altura em dez nanômetros, disse que "se o seu dedo fosse do tamanho da Terra, você poderia sentir a diferença entre casas [e] carros". Isso estaria correto, mas apenas se fosse possível arrastar sua digital do tamanho de um planeta pela rua — um ato que, ironicamente, seria bastante insensível.

Os cientistas há muito especulam sobre a finalidade da estrela, mas a resposta ficou óbvia para Catania quando ele a examinou pela primeira vez ao microscópio na década de 1990.[18] O cientista esperava ver um mundo de sensores diferentes. Em vez disso, encontrou apenas um tipo: uma protuberância em forma de cúpula chamada órgão de Eimer, replicada muitas vezes como na superfície de uma framboesa. Cada protuberância contém mecanorreceptores que respondem à pressão e à vibração, e fibras nervosas que transportam essas sensações para o cérebro. Eram claramente sensores de toque e constituíam a totalidade da estrela — um órgão do tato, e apenas do tato. Semicerrando os olhos, a gente talvez os confunda com um par de mãos estendidas para o mundo. E é mais ou menos isso mesmo.*[19]

Feche os olhos e pressione as mãos contra as superfícies mais próximas — a cadeira ou o chão abaixo de você, seu próprio peito ou a cabeça. A cada nova pressão, uma explosão de formas e texturas que se molda às mãos surge em sua mente. Repetindo o gesto rápido e várias vezes, você começará a construir um modelo tridimensional do ambiente ao seu redor. É quase certo que isso é exatamente o que faz a toupeira-nariz--de-estrela com seu nariz. Enquanto percorre ligeira seu mundo subterrâneo e escuro, vai pressionando constantemente a estrela contra as paredes de seus túneis, uma dúzia de vezes por segundo. A cada vez, o ambiente entra em foco numa explosão de texturas. Imagino que cada uma delas contribua para modelar continuamente o túnel que se constrói na mente da toupeira, como uma imagem pontilhista que fosse aparecendo ponto por ponto.

O córtex somatossensorial da toupeira — centro tátil de seu cérebro — é desproporcionalmente dedicado a responder à estrela, tal como o centro tátil de um ser humano se liga de modo particular às nossas mãos.[20] E, da mesma forma que nosso córtex somatossensorial conta com aglomerados de neurônios que representam cada um dos nossos dedos, o da toupeira

---

* Você pode pensar que os tentáculos da estrela crescem para fora do nariz da toupeira. Não. Um embrião de toupeira com nariz estrelado apresenta pequenos inchaços na lateral do focinho, que gradualmente se alongam e ficam cilíndricos. São os futuros tentáculos da estrela. Quando a toupeira nasce, os cilindros ainda estão presos à sua face. Lentamente, a pele começa a crescer abaixo deles, separando-os do tecido subjacente. Depois de mais ou menos uma semana, os tentáculos se desprendem e brotam. Nasce uma estrela.

traz faixas de neurônios que correspondem a cada raio da estrela. "Em essência, é possível ver a estrela no cérebro", explica Catania.*[21] Mas, de início, quando o cientista descobriu esse mapeamento, um aspecto lhe pareceu não fazer sentido. O décimo primeiro par de raios, que é menor que todos os demais, correspondia a um enorme aglomerado de neurônios, equivalente a um quarto da região do cérebro usada pela estrela como um todo.[22] Por que a toupeira dedicaria o maior naco de seu poder de processamento ao mais ínfimo de seus sensores de toque?

Ao filmar a toupeira com câmeras de alta velocidade, Catania e seu colega Jon Kaas perceberam que ela *sempre* acabava examinando um pedaço de comida com o décimo primeiro e menor par de raios, mesmo que outras partes da estrela tocassem o objeto antes.[23] Era frequente tocar um objeto várias vezes seguidas, a cada uma aproximando mais o décimo primeiro par de raios. Isso é notavelmente semelhante ao que fazemos com nossos olhos — pequenos ajustes para focar objetos com a fóvea, a parte da retina na qual nossa visão é mais aguçada. Por analogia, aquele par de raios específico é o que Catania chama de fóvea tátil — a zona onde o sentido do tato no animal é mais aguçado. Não por acaso, é a zona que fica diante da boca da toupeira. No instante em que decide que um objeto parece comida, ela pode afastar o décimo primeiro par de raios e agarrar o lanche com seus dentes frontais em forma de pinça.

A toupeira não alisa, esfrega ou apalpa usando sua estrela. O que quer que faça será por meio de ações simples: pressionar e retirar o nariz. É assim que o animal consegue reconhecer sua presa: pela forma e comparando, conforme os vizinhos órgãos de Eimer sejam amolgados ou desviados. A toupeira certamente consegue distinguir texturas, já que come pedaços de minhoca morta, mas ignora nacos de borracha e silicone de tamanhos semelhantes. E é capaz de tudo isso a uma velocidade que envergonharia até mesmo a lontra-marinha.

Catania me mostra um vídeo que filmou de baixo, no qual uma toupeira-nariz-de-estrela examina uma lâmina de vidro contendo um pedaço de minhoca. Quando o vídeo é desacelerado cinquenta vezes, consigo ver o animal fazendo investidas com sua estrela contra o vidro, detectando a

---

* Cerca de 5% das toupeiras-nariz-de-estrela têm um nariz mutante com dez ou doze pares de tentáculos. Seu cérebro possui o número correspondente de faixas de neurônios.

minhoca, trazendo a fóvea tátil para inspecioná-la mais detalhadamente e, por fim, engolindo-a. Em tempo real, é impossível entender o que está acontecendo. A toupeira simplesmente aparece e a minhoca desaparece. Ao analisar essas imagens, Catania e sua colega Fiona Remple descobriram que a toupeira consegue identificar sua presa, engoli-la e começar a procurar a próxima bocada numa média de 230 milissegundos, podendo baixar esse tempo a meros 120 milissegundos.[24] É tão rápido quanto um piscar de olhos humanos. Imagine que seu olho comece a fechar no exato momento em que a toupeira toca pela primeira vez um inseto com sua estrela. Antes que seus cílios baixem à linha média do olho, o cérebro da toupeira já reconheceu o que tocou e enviou comandos motores para reposicionar a estrela. No momento em que seu olho estiver totalmente fechado, ela já tocou o inseto pela segunda vez com seu décimo primeiro par de raios supersensíveis. Quando você estiver entreabrindo os olhos, a toupeira terá processado a informação daquele segundo toque e decidido a ação a tomar. Com seu olho totalmente aberto, o inseto já terá desaparecido, e a toupeira estará procurando o próximo.

A toupeira-nariz-de-estrela parece se mover tão rápido quanto seu sistema nervoso permite, restringida apenas pela velocidade com que a informação consegue viajar entre a estrela e o cérebro. Esse trajeto leva apenas dez milissegundos. Nesse mesmo tempo, uma informação visual nem sequer passou pela retina, muito menos chegou ao cérebro ou completou a viagem de regresso. A luz pode ser a coisa mais rápida do universo, mas os *sensores* de luz têm seus limites, e o sentido do tato da toupeira supera todos eles. "Ela se move tão rápido que quase ultrapassa o próprio cérebro", diz Catania. Ele me mostra outro vídeo em que a toupeira toca um pedaço de minhoca e começa a se afastar para, em seguida, mudar de direção e abocanhar o pedaço perdido por um breve momento. "Ela passa para a próxima coisa antes de perceber o que acabou de tocar", observa ele. É como as pessoas que precisam olhar uma segunda vez quando captam algo inesperado que acabou de passar. Mas esse é um movimento fácil — um simples virar da cabeça. Para uma toupeira-nariz-de-estrela, que percebe o mundo pelo tato e não pela visão e toca com o rosto em vez dos membros, voltar-se para ver de novo envolve uma ação frenética de corpo inteiro.

Velocidade e sensibilidade estão ligadas. Com seu nariz bizarro, a toupeira consegue detectar e capturar pequenas presas como larvas de insetos. Mas, para subsistir com essas pequenas porções, precisa colher muitas delas o mais rápido possível. "São como pequenos aspiradores", compara Catania. "Elas comem coisas tão pequenas que a gente pode pensar: para que se dar ao trabalho?" Dão-se ao trabalho porque não têm concorrência. Graças à estrela — um nariz que funciona como mão e escaneia como olho —, o mundo subterrâneo surge em detalhes gloriosos e repleto de alimentos que seus concorrentes nem conseguem perceber. Um túnel que pode parecer um corredor vazio para outras toupeiras fica pontilhado de guloseimas saborosas sob o toque da estrela.

Assim como a toupeira-nariz-de-estrela, muitos animais que são especialistas táteis trabalham em condições em que a visão é limitada. É comum procurarem coisas escondidas ou difíceis de encontrar, o que os força a vasculhar usando partes do corpo capazes de sondar, pressionar e explorar. Quer estejamos falando da pata de uma lontra-marinha ou do dedo de um humano, da tromba de um elefante ou do tentáculo de um polvo, os animais descobrem o mundo movendo deliberadamente órgãos táteis. E, conforme comprova a toupeira, esses órgãos não precisam ser mãos.

Os bicos das aves são feitos de osso e revestidos com a mesma queratina dura que constitui nossas unhas. Eles parecem inanimados e insensíveis — ferramentas duras para agarrar e bicar, fixas na cara. Mas, em muitas espécies, a ponta do bico contém um punhado de mecanorreceptores sensíveis a vibrações e movimentos. Nas galinhas, que dependem muito da visão para se alimentar, esses mecanorreceptores são relativamente raros e se concentram em alguns pequenos aglomerados apenas na parte inferior do bico.[25] Mas, em algumas espécies de patos, como os patos-reais (também chamados de marrecos-selvagens) e os patos-trombeteiros, eles estão espalhados por todo o bico, nas partes superior e inferior, por dentro e por fora.[26] Em alguns pontos, esses mecanorreceptores se encontram tão densamente compactados quanto nos nossos dedos. O bico do pato-real pode estar coberto de unhas humanas, mas é muitíssimo sensível. Os patos usam esse sentido para encontrar comida em águas turvas. Com a cabeça submersa e a cauda erguida, eles giram, mantendo a força e o equilíbrio acima da superfície, abrindo e fechando rapidamente o bico. Conseguem pegar girinos que nadam ligeiros no escuro e filtrar nacos comestíveis da lama não comestível. "Imagine ganhar uma tigela de cereal e leite à qual foi adicionado um punhado de cascalho fino", escreveu Tim Birkhead em seu livro *Bird sense* [Sentido das aves]. "Como você se sairia tentando engolir apenas os pedaços comestíveis? Sem chance, eu diria, mas é precisamente isso que os patos são capazes de fazer."*[27][28]

Muitas outras aves se alimentam enfiando o bico em recessos escuros e procurando comida. Esse comportamento é especialmente comum nas zonas costeiras. Mesmo as praias mais desertas estão cheias de tesouros enterrados — minhocas, mariscos e crustáceos, todos escondidos na areia. Para chegar a esse bufê oculto, aves caradriiformes como maçaricos, ostraceiros, narcejas e seixoeiras fuçam a areia com o bico. Sob um microscópio, as pontas de seus bicos aparecem repletas de cavidades, como se fossem espigas de milho depenadas. Essas cavidades, cheias de mecanorreceptores semelhantes aos que temos nas mãos, permitem que as aves detectem presas enterradas.

Mas como é que uma ave caradriiforme sabe onde enfiar o bico? As presas subterrâneas não são óbvias na superfície, então, pode-se supor que esses animais simplesmente fuçam ao acaso e esperam ter sorte. Em 1995, porém, Theunis Piersma mostrou que as seixoeiras-comuns encontram mariscos com até oito vezes mais frequência do que seria de esperar se fizessem buscas aleatórias.[29] Deviam ter uma técnica. Para descobri-la, Piersma treinou as aves a investigar baldes cheios de areia em busca de objetos enterrados, indicando em seguida se haviam encontrado alguma coisa ao se aproximarem de certo comedouro que lhes era designado. Esse experimento simples revelou que as seixoeiras continuavam capazes de detectar presas em conchas enterradas fora do alcance do bico.[30] Conseguiam encontrar até pedras, de modo que claramente não dependiam de cheiros, sons, sabores, vibrações, calor ou campos elétricos. Em vez disso, Piersma acha que usam uma forma especial de tato que funciona à distância.

À medida que o bico de uma seixoeira se enterra na areia, pressiona os filetes de água entre os grãos, criando uma onda de pressão que se irradia

---

* Alguns são especialmente bons nisso. Elena Gracheva (a cientista que estuda esquilos-terrestres-rajados) e seu marido, Slav Bagriantsev, mostraram que o pato-real doméstico, que foi domesticado justamente a partir de patos-reais selvagens e que agora criamos exclusivamente para virar comida, é um especialista em toque. Em comparação com outros patos, ele tem um bico mais largo, mais mecanorreceptores nesse bico e mais neurônios que transportam sinais desses mecanorreceptores. O mais surpreendente é que também tem menos neurônios para detectar dor e temperatura. As habilidades sensoriais não vêm de graça, então, para se tornarem mestres do toque fino, os patos selvagens tiveram que sacrificar outros tipos de sensações táteis.

para fora. Se houver um objeto duro no caminho — digamos, um molusco ou uma pedra —, a água deve fluir em torno dele, o que distorce o padrão de pressão. As cavidades na ponta do bico da ave conseguem detectar essas distorções, percebendo objetos ao redor sem ter que fazer contato com eles. Essa capacidade, que Piersma chama de "tato remoto", é bastante impressionante, mas a seixoeira faz ainda melhor porque fuça as mesmas áreas repetidamente, retalhando a areia para cima e para baixo com o bico várias vezes por segundo. Isso remexe os grãos de areia, que assentam numa configuração mais densa, forçando o aumento da pressão do bico e tornando as distorções mais óbvias. Cada vez que a seixoeira abaixa a cabeça, a comida no entorno fica mais evidente, como se ela estivesse usando uma espécie de sonar baseado no tato em vez de na audição.[*31]

A vespa-esmeralda também tem um órgão longo e fuçador com uma ponta sensível ao toque, mas seus objetivos e métodos são muito mais terríveis do que os de uma seixoeira-comum. Essa vespa — uma bela criatura de alguns centímetros de comprimento, corpo verde metálico e parte superior das patas de cor laranja — é um parasita que cria seus filhotes dentro de baratas. Quando uma fêmea encontra uma barata, ela a pica duas vezes — uma vez na barriga, para paralisar temporariamente as patas, e uma segunda vez no cérebro. A segunda picada atinge dois grupos específicos de neurônios e libera um veneno que anula o desejo de movimento da barata, transformando-a num zumbi submisso. Nesse estado, será arrastada pelas antenas pela vespa até seu covil, como se fosse um humano passeando seu cachorro. Uma vez lá, a vespa deposita um ovo na barata, proporcionando à futura larva uma obediente fonte de carne fresca. Tal ação de controle da mente depende da segunda picada, que a vespa deve aplicar no local exato. Assim como uma seixoeira precisa encontrar um molusco escondido em algum lugar na areia, uma vespa-esmeralda tem de achar o cérebro da barata em algum ponto num emaranhado de músculos e órgãos internos.

Felizmente para a vespa, seu ferrão não é apenas uma broca, um injetor de veneno e um tubo usado para desova, mas também um órgão sensorial. Ram Gal e Frederic Libersat mostraram que a ponta é coberta por

---

* Inspirada pela descoberta de Piersma, Susan Cunningham mostrou que outros pássaros também usam o toque remoto. Os íbis usam a técnica quando sondam áreas úmidas lamacentas com seu longo bico em forma de foice. E os kiwis da Nova Zelândia fazem o mesmo para investigar camadas de folhas caídas no chão.

pequenas saliências e depressões que são sensíveis tanto ao cheiro quanto ao toque.[32] Com elas, a vespa consegue sentir os sinais distintos do cérebro de uma barata. Quando Gal e Libersat o removeram numa das baratas antes de oferecê-la a algumas vespas, estas picaram a presa repetidamente, tentando em vão encontrar o órgão que não estava mais lá. Quando o cérebro perdido era substituído por uma bolinha da mesma consistência, as vespas o picavam com a precisão usual. Se a bolinha substituta fosse mais mole do que um cérebro típico, as vespas pareciam confusas e continuavam fuçando com seus ferrões. Elas sabem reconhecer um cérebro.

Tanto as vespas quanto suas vítimas baratas usam as antenas para se orientar, como a maioria dos insetos.* Órgãos táteis longos capazes de fazer varreduras são tão úteis à navegação que muitas espécies desenvolveram independentemente suas próprias versões deles.**[33] Nós, humanos, sempre dependentes de ferramentas, batemos no chão com bengalas. O gobídeo *Neogobius melanostomus*, um peixe que vive nas profundezas, usa barbatanas peitorais supersensíveis.[34] O mérgulo-de-bigode, uma ave marinha parecida com um papagaio-do-mar, usa sua grande crista preta para se curvar à frente e tatear as paredes das fendas rochosas onde faz seus ninhos.***[35][36]

Muitas outras aves têm cerdas duras na cabeça e na cara. Com frequência essas cerdas são erroneamente entendidas como redes que ajudam os pássaros a capturar insetos voadores. É mais provável que sejam sensores de toque, usados para manusear presas, alimentar filhotes ou se orientar em ninhos escuros.[37] Tais usos podem explicar por que os pássaros têm penas. Claro, as aves evoluíram a partir dos dinossauros, muitos dos quais eram cobertos por protopenas eriçadas ou "penugem de dinossauro".[38] Essas estruturas eram simples demais, no começo, para lhes permitir voar, de modo que devem ter evoluído por algum outro motivo. A explicação mais comum

---

* Os insetos evoluíram de ancestrais que tinham muitos segmentos corporais, cada um com seu próprio par de patas. Com o tempo, vários dos segmentos frontais se fundiram para criar a cabeça do inseto, e seus respectivos membros foram transformados em aparelhos bucais ou antenas. As antenas são essencialmente pernas reaproveitadas ou membros sensoriais.

** Os órgãos táteis não precisam ser longos nem extensos. As rêmoras transformaram suas nadadeiras dorsais em ventosas, que usam para se agarrar à parte inferior dos peixes maiores. Essa ventosa está cheia de mecanorreceptores, que podem avisar ao peixe quando ele fez contato com o hospedeiro.   *** Quando Sampath Seneviratne colocou alguns mérgulos em um labirinto escuro e prendeu suas cristas e bigodes com fita adesiva, eles ficaram mais propensos a bater a cabeça.

é que proporcionavam isolamento, mas isso só seria verdade se tivessem aparecido repentinamente em grande número. Como alternativa, e talvez de forma mais plausível, eles podem ter evoluído para fornecer informações táteis. Como mostra o mérgulo-de-bigode, um animal só precisa de algumas cerdas para ampliar seu sentido do tato de maneira útil. Talvez as penas tenham surgido, de início, como pequenos aglomerados na cabeça ou nos braços dos dinossauros, ajudando-os primeiro a sentir e só mais tarde a voar.

Os pelos dos mamíferos podem ter tido um início semelhante, aparecendo primeiro como sensores de toque, só mais tarde transformados em camadas isolantes.[39] Alguns ainda mantêm a função tátil original. São chamados de vibrissas, da palavra latina para "vibrar".[40] São mais comumente conhecidos como bigodes. Normalmente encontrados no rosto dos mamíferos, são mais longos e mais grossos do que outros tipos de pelos em outras partes do corpo. Cada um fica numa cavidade cheia de mecanorreceptores e nervos. Quando a haste do bigode é dobrada, sua base estimula os mecanorreceptores, que enviam sinais ao cérebro. (Você pode ter uma ideia de como funciona fechando a mão em torno da extremidade inferior de uma caneta e puxando a outra ponta, inclinando-a para longe de você.)

Alguns mamíferos fazem varredura contínua com os bigodes, para a frente e para trás, várias vezes por segundo, enquanto se movem. Essa ação permite-lhes explorar a zona à frente e em torno de sua cabeça.[41] Quando pela primeira vez ouvi falar dessa varredura, eu a subestimei. Intuitivamente, era parecido com o que eu faria se tropeçasse num corredor escuro — estender as mãos para evitar me chocar contra uma parede, ou tatear à procura de um interruptor de luz. Mas, depois de conversar com a bióloga sensorial Robyn Grant, percebi que um camundongo ou rato, quando faz a varredura com os bigodes, está usando suas vibrissas de forma muito mais aproximada do que faço com meus olhos. O roedor examina e reexamina constantemente a área à sua frente, inteirando-se de um cenário.[42] Se sentir algo com os bigodes longos e móveis no focinho, investiga mais profundamente com os bigodes mais curtos e imóveis no queixo e nos lábios, mais numerosos e sensíveis.[43] Esse comportamento é semelhante ao de uma toupeira-nariz-de-estrela, que faz pequenas pressões com o nariz ao longo de um túnel, detectando objetos com sua estrela e, por fim, colocando em ação os raios pequenos e mais sensíveis dela. Também é semelhante ao que faz um ser humano percorrendo uma cena com os olhos, detectando algo com a visão periférica e focando ali as fóveas de alta resolução.

As semelhanças com a visão não param por aí. Se nos voltamos com a cabeça, nossos olhos se movem primeiro; da mesma forma, um rato comanda o virar da cabeça com os bigodes.[44] Assim como mapeamos o mundo pelo padrão de luz que incide sobre nossas retinas, um rato pode mapear o seu pelos padrões de toque fornecidos por seus bigodes. Cada fio se conecta a uma parte diferente do córtex somatossensorial, de modo que o camundongo sabe quais bigodes fizeram contato com um objeto. E, uma vez que também sabe para que lado estão orientados esses bigodes, "consegue criar mapas a partir do que toca", Grant me conta. A informação que constrói esses mapas deve aparecer e desaparecer à medida que as pontas dos bigodes se movem. Mas Grant diz que o cérebro de um rato provavelmente interpreta esses toques avulsos de maneira contínua. Fico me perguntando se fazer a varredura com os bigodes para eles é como a visão para nós — uma experiência que parece ininterrupta, ainda que nossos olhos estejam constantemente piscando e mudando de foco.

Mamíferos usam seus bigodes praticamente desde que passaram a existir.*[45][46] Hoje, ratos e gambás, que compartilham os hábitos de seus pequenos ancestrais, versões suas que eram noturnas, escaladoras e corredoras, ainda os usam. Porquinhos-da-índia o fazem sem entusiasmo. Cães e gatos, não mais, embora continuem a ter bigodes móveis. Os humanos e outros macacos os deixaram completamente para trás e investiram em mãos sensíveis. Baleias e golfinhos nascem com bigodes, mas eles rapidamente caem, exceto ao redor dos lábios e respiradouros. Afinal, fazer varredura com bigodes na água não é muito fácil. Os bigodes *em si*, entretanto, ainda podem ser úteis.

Dois peixes-boi da Flórida vivem no Mote Marine Lab, em Sarasota. Enquanto os encaramos, Gordon Bauer me diz que um deles, Hugh, é hiperativo. O outro, Buffett (batizado em homenagem a Jimmy, não a Warren**),

---

* Grant demonstrou que o gambá — um marsupial — também bate e controla suas vibrissas usando músculos muito semelhantes aos usados por um camundongo. Essas espécies distantemente relacionadas pertencem a ramos da árvore genealógica dos mamíferos que se separaram logo após a evolução do grupo. Isso sugere que os primeiros mamíferos exploraram ativamente seu mundo através de bigodes.   ** Jimmy Buffett foi um cantor e compositor norte-americano que criou o estilo de pop rock conhecido como "escapista"; Warren Buffett é um célebre investidor e formador de opinião também norte-americano. [N.T.]

é lento e está um pouco acima do peso. Confesso ao pesquisador que estou tendo dificuldades de descobrir qual é qual. Seu corpo de três metros parece igualmente rotundo, e seus comportamentos, igualmente lânguidos. Depois de um tempo, porém, percebo que um deles circula devagar em torno de seu tanque, aqui e ali fazendo a versão peixe-boi dos "ataques de euforia" comuns nos cães. Aquele é Hugh.

Na natureza, os peixes-boi passavam seu tempo vagando no fundo de mares rasos, pastando nas plantas subaquáticas. Em cativeiro, Hugh e Buffett devoram cerca de oitenta cabeças de alface todos os dias. No momento, Hugh ataca entusiasmado uma dessas, estraçalhando-a lentamente. Às vezes a segura entre as nadadeiras. Noutras, com a cara, especificamente a parte entre o lábio superior e as narinas. Essa grande área, conhecida como disco oral, dá aos peixes-boi a expressão de cão abandonado que os torna tão cativantes. E, por mais improvável que possa parecer, é também um órgão do tato extraordinariamente sensível.

O disco é musculoso e preênsil, mais parecido com a tromba de um elefante do que com um lábio típico.[47] Ao flexionar e alargar o disco oral, um peixe-boi consegue manusear e investigar objetos com a mesma destreza e sensibilidade de uma mão. A isso se chama oripulação — manipulação feita com a boca. Os peixes-boi oripulam tudo em seu ambiente, de cordas de âncora até pernas humanas. O que, às vezes, acaba por colocá-los em apuros: os peixes-boi da Flórida, que estão ameaçados de extinção, ficam presos em cordas e armadilhas para caranguejos por causa de seu hábito de meter a cara em tudo. O mais frequente, porém, é que a oripulação reforce seus relacionamentos. "Sempre que se encontram, eles oripulam os rostos, as nadadeiras e os torsos uns dos outros", explica Bauer.

E, leitores, Hugh me oripulou. Enquanto Buffett participava de um experimento, Hugh estava relaxando num canto à parte do recinto. Deitado de costas, deixava que um treinador segurasse sua nadadeira e colocasse uma beterraba em sua boca. Inclinei-me e ele exalou um hálito doce e perfumado no meu rosto. Coloquei a mão na água na frente dele, que imediatamente passou a explorá-la com seu disco oral. Que estranho aquele encontro de dois órgãos táteis — minha mão e o disco oral de Hugh, ambos incrivelmente diferentes, mas dedicados ao mesmo sentido. Só posso imaginar o que, para ele, foi me sentir — talvez mais macio do que os vegetais que come e mais liso do que a pele de seu irmão Buffett. Para mim, a oripulação foi como ser lambido por um cachorro, só que sem a língua — por lábios preênseis, somente, os quais dançavam sobre a palma da minha mão. Meus dedos logo pareciam que estavam sendo levemente lixados, pois muitos dos bigodes de Hugh são eriçados.

Esses bigodes — vibrissas — são a chave para a sensibilidade do disco oral. São cerca de 2 mil deles.[48] Alguns são longos, finos e hirsutos. Outros, curtos e pontiagudos, como palitos quebrados. Quando o disco oral está relaxado, eles se perdem entre as dobras carnudas. Mas, na hora de comer ou explorar, o peixe-boi incha e achata o disco, espetando os bigodes para fora.[49] Ao flexionar o disco da maneira certa e mover os bigodes uns contra os outros, um peixe-boi é capaz de cortar grama e picotar alfaces. "Eles conseguem pegar a comida e levá-la à boca, mas também separar coisas como pedras", diz Bauer. Certa vez, seu colega Roger Reep filmou um peixe-boi comendo uma planta com um lado da boca enquanto usava o outro para remover o que não queria engolir. Ao pressionar os pelos contra um objeto, o peixe-boi mede textura e forma, como um roedor fazendo a varredura, só que muito mais devagar. Em 2012, Bauer testou Hugh e Buffett para ver se conseguiam distinguir entre placas de plástico com saliências de espaçamentos diferentes, como faria Sarah Strobel, mais tarde, com a lontra-marinha Selka e vários voluntários humanos.[50] Os dois peixes-boi tiveram um desempenho tão bom quanto o das outras espécies.* O rosto de cada um deles se mostrou semelhante aos dedos humanos.

Os peixes-boi são os únicos mamíferos conhecidos que têm *apenas* vibrissas e nenhum outro tipo de pelo. Além das presentes nos bigodes do disco oral, eles têm outras 3 mil espalhadas por todo o corpanzil. Finas e bem espaçadas, são difíceis de enxergar de início, mas acabo tendo um vislumbre dos fios de Hugh, que brilham à luz do dia. "De vez em quando, se o sol está mais intenso, parecem um campo de trigo", compara Bauer.**[51] Os peixes-boi usam esses bigodes que lhes cobrem o corpo inteiro para outra finalidade: sentir a água fluindo ao seu redor.[52]

---

* Buffett se saiu um pouco melhor, o que Bauer atribui à menor capacidade de atenção de Hugh.
** Alguns outros mamíferos têm esse tipo de pelo sensorial cobrindo o corpo, incluindo o rato-toupeira-pelado e os hiracoides — pequenas criaturas que se parecem com marmotas, mas que são, na verdade, os parentes mais próximos dos elefantes e dos peixes-boi. Esses pelos provavelmente ajudam os ratos-toupeiras e os hiracoides a detectar as paredes de túneis apertados e fendas rochosas, assim como o mérgulo-de-bigode.

Pelos sensoriais são estruturas versáteis. Eles podem ser pressionados ativamente contra superfícies para produzir sensações táteis, como fazem os ratos com a varredura e os peixes-boi com a oripulação. Mas podem também se deixar dobrar e deformar passivamente por correntes de ar ou água. Reagindo a essa pressão, um animal é capaz de detectar os fluxos criados por objetos distantes, tocando coisas de longe sem precisar fazer contato direto. Os peixes-boi certamente conseguem fazer isso. Bauer e seus colegas mostraram que Hugh e Buffett podiam usar os bigodes do corpo para detectar as minúsculas vibrações de uma esfera que se agitava na água.[53] Os animais foram vendados, seus bigodes faciais, cobertos, e a esfera, posicionada a um metro de distância de seus flancos. Ainda assim, eles foram capazes de senti-la, mesmo com o deslocamento da água não passando de 1 milionésimo de metro.

Na natureza, esses animais provavelmente usam tal sentido "hidrodinâmico" para avaliar a direção de uma corrente, descobrir o que outros peixes-boi estão fazendo ou detectar a aproximação de outros bichos. Eles conseguem manter distância dos mergulhadores, embora sua visão seja notoriamente ruim. É frequente nadarem rio acima a partir dos estuários assim que a maré começa a subir. Descansam no fundo do mar em grupos e, de repente, sobem como um só corpo para respirar. Seus olhos podem ser pequenos e a água em torno, turva, mas eles percebem o que os rodeia por meio de uma versão distribuída e distante do tato. Conseguem explorar os sinais ocultos que mencionei anteriormente — correntes invisíveis de informação que fluem ao nosso redor e que os animais conseguem detectar com o equipamento sensorial adequado.

No Long Marine Lab onde Sarah Strobel trabalhou com Selka, a lontra-marinha, uma foca que atende por Sprouts flutua de costas em uma piscina. Colleen Reichmuth a chama, e ela emerge da água com seu corpo cinzento e manchado. A pesquisadora pede que o animal fale. Ele solta um ruído surpreendentemente alto que soa como uma mistura de rugido e apito de navio. "BÚ-OUÁ-UÁ-UÁ-UÁ-UÁ-OUUUUUÁÁÁÁÁ", parece dizer. Coloco a mão sobre o peito da foca e sinto o trovão correr por todo o meu braço. Debaixo d'água, onde soa muito mais alto, pode ser sentido como um soco.

Focas, leões-marinhos e morsas — o grupo de animais conhecidos coletivamente como pinípedes — são frequentemente ignorados pelos cientistas em favor de mamíferos marinhos mais populares, como baleias e golfinhos. Mas Reichmuth sempre foi fascinada por eles, talvez porque, tal como ela, tenham de dividir seu tempo entre a terra e o mar. "Cresci nadando e sempre quis estar na água", conta a pesquisadora. "Me vi atraída por essas criaturas que podiam simplesmente alternar entre essas duas vidas." Reichmuth veio para o Long Marine Lab em 1990 e, desde então, trabalha ali. Conhece Sprouts há muito tempo: a foca chegou às instalações um ano antes, logo após seu nascimento no SeaWorld de San Diego. Seu aniversário de 31 anos está próximo quando o conheço, o que significa que já ultrapassou a expectativa de vida das focas macho na natureza. Seus velhos olhos têm catarata e ele mal consegue enxergar. Mas isso não é um problema: graças a seus bigodes, as focas cegas ainda conseguem se virar, mesmo na natureza.

Sprouts tem cerca de cem bigodes faciais saindo do focinho e das sobrancelhas.[54] Quando ele me olha de frente, os fios formam um radar rígido ao redor da cara. Pode ser que os use para discriminar forma e textura, sentir vibrações na água e evitar obstáculos.[55] Quando ele mergulha de volta para dentro d'água, os bigodes roçam as laterais do tanque, permitindo-lhe seguir de perto a parede curva sem nunca esbarrar nela. "Mas, se jogássemos um peixe ali, ele teria muita dificuldade para encontrá-lo", diz Reichmuth. "A menos que o peixe começasse a nadar."

À medida que um peixe nada, vai deixando para trás um rastro hidrodinâmico — uma corrente de água turbulenta que continua a girar muito depois de o animal ter passado. As focas, com seus bigodes sensíveis, conseguem detectar e interpretar esses rastros.*[56] Essa capacidade só foi descoberta em 2001, por Guido Dehnhardt e sua equipe em Rostock, Alemanha.[57] Eles mostraram que duas focas, Henry e Nick, eram capazes de seguir o rastro subaquático de um minissubmarino. Perseguiam a trilha mesmo com os olhos vendados e os ouvidos tapados com fones. Somente quando seus bigodes foram recobertos por uma meia é que perderam a pista do submarino.

---

* As focas precisam manter os bigodes aquecidos, mesmo quando mergulham em água gelada. Isso para impedir o enrijecimento dos tecidos e permitir que os bigodes se movam livremente. Mas elas pagam um preço por isso. Os órgãos dos sentidos em geral não podem ser isolados, como ocorre com os órgãos internos. Eles precisam estar próximos à superfície e, portanto, frequentemente perdem calor. Manter esses órgãos aquecidos em água gelada é como ter que oferecer energia para um aquecedor num cômodo com a porta aberta. O fato de o animal se dispor a pagar tal preço diz muito sobre o valor desses órgãos sensoriais para ele.

Na época, a maioria dos pesquisadores acreditava que os sentidos hidrodinâmicos só funcionariam em distâncias curtas. As perturbações criadas pelo movimento de objetos subaquáticos deviam desaparecer tão rapidamente que, para além de alguns centímetros, seriam indetectáveis. Mas rastros hidrodinâmicos podem perdurar por vários minutos. Dehnhardt estimou que o rastro de um arenque nadador poderia ser seguido por até quase duzentos metros por uma foca comum.

Sprouts pode até ser uma foca já avançada em anos, mas seu senso hidrodinâmico ainda é aguçado. Reichmuth o testa usando uma bola fixada na ponta de uma longa vara. A pesquisadora caminha ao redor da piscina, movendo a bola pela água numa trilha sinuosa. Depois de alguns segundos, Sprouts, que esperava pacientemente, recebe luz verde. Procura ao redor, varrendo com os bigodes de um lado para outro. Assim que faz contato com o rastro da bola, instantaneamente se volta para persegui-la. E não segue apenas numa direção geral aproximada, mas na trajetória *exata* da bola nos mínimos detalhes, para cima e para baixo, para dentro e para fora, como se estivesse sendo puxado por uma corda invisível. Sprouts não pode confiar em sua visão — mesmo que os olhos não fossem tão velhos, ele está usando uma venda personalizada. Capta, em vez disso, um rastro de vórtices giratórios invisíveis temporariamente impressos na água. Quando começa a se afastar da trilha, move a cabeça de um lado para outro para encontrar os limites externos da pista, como faria uma cobra com sua língua bifurcada. Quando o rastro cruza um cano de água jorrando, a foca o perde temporariamente, mas é rápida em recuperá-lo do outro lado.* Se a trilha se volta sobre si mesma, Sprouts faz o mesmo. Assistindo ao teste, me vem à mente Finn, o cachorro, farejando trilhas de odores e seguindo os cheiros dos transeuntes anteriores. Para nós, o toque está enraizado no presente, nos instantes em que um sensor entra em contato com uma superfície. Mas, para Sprouts, se estende ao passado recente, assim como o cheiro para Finn. Seus bigodes conseguem sentir o que foi, e não simplesmente o que é.

---

* Por razões óbvias, os militares dos Estados Unidos financiam estudos como esses, na esperança de criar instrumentos que consigam também rastrear objetos que se movem debaixo d'água. "Dá para construir dispositivos que imitem as capacidades biológicas de um animal como esse?", pergunta Reichmuth, apontando para Sprouts. "A resposta até agora é não."

Essa capacidade parecia impossível quando Dehnhardt a descobriu. Enquanto uma foca nada, seus bigodes deveriam produzir os próprios vórtices d'água, os quais, por sua vez, deveriam fazer vibrar-lhe os bigodes e abafar os sinais mais sutis produzidos pelos rastros de peixes distantes. Mas as focas têm uma solução para esse problema, que fica clara quando Sprouts coloca a cabeça para fora da superfície. Olhando com atenção para seus bigodes, vejo que eles são ligeiramente achatados e angulados de modo a sempre cortar a água como uma lâmina. Tampouco são macios. À primeira vista, parecem estar cobertos de gotículas. Mas, ao passar o dedo sobre eles, percebo que estão secos e que aquelas "contas" como as de um colar fazem parte da própria estrutura dos bigodes. Eles têm uma superfície ondulada que se alarga e estreita de forma contínua ao longo de todo o fio. A equipe de Rostock mostrou que essas formas reduzem drasticamente os vórtices produzidos pelos próprios bigodes.[58] Graças a essa peculiaridade anatômica, as focas conseguem atenuar os sinais de seu próprio corpo e enfatizar os deixados por suas presas. Bigodes achatados e ondulantes não são encontrados nas morsas, que usam suas numerosas vibrissas para apalpar mariscos enterrados. Também não são encontrados nos leões-marinhos, que ainda se orientam bastante pela visão. Eles são exclusivos das focas, as quais, consequentemente, se saem melhor do que outros pinípedes ao perseguir rastros hidrodinâmicos.*

Depois de mostrar suas habilidades, Sprouts desce ao fundo do tanque e lá fica, esperando. As focas também fazem isso na natureza. Vão se esconder na escuridão de uma floresta de algas usando seu radar de bigodes eriçados para detectar os rastros dos peixes que passam. Somente a partir dessas impressões é que podem saber em que direção um peixe estava nadando.[59] Elas conseguem discriminar os rastros deixados por objetos de diferentes tamanhos e formas, o que pode ajudá-las a perseguir apenas os indivíduos maiores e mais nutritivos.[60] E talvez nem precisassem de rastro nenhum. Num experimento, Henry e outras focas em Rostock foram capazes de detectar correntes suaves que subiam do fundo do mar, como as que poderiam ser produzidas pelas guelras de peixes chatos pleuronectiformes enterrados.[61] Esses peixes podem estar camuflados e perfeitamente

---

* As focas-barbudas são uma exceção que confirma a regra. Seus muitos bigodes também são simples e cilíndricos, porque elas, como as morsas, se alimentam em águas profundas e procuram presas. Não precisam de um sentido hidrodinâmico particularmente forte.

imóveis, mas uma foca ainda sente a respiração deles no rosto. O mundo tátil de uma foca está sintonizado com o fluxo e o movimento, e suas presas não têm como não se mover. Pareceria uma competição injusta — se essas presas não tivessem seus próprios e incríveis poderes hidrodinâmicos.

Quando focas e outros predadores subaquáticos atacam um grupo de peixes, o cardume se move como um só. Os peixes não fogem em direções aleatórias. Não colidem uns com os outros. Parecem fluir em torno de seus agressores como a própria água em que estão imersos. Esse feito milagroso de coordenação depende em parte da visão, mas também de um sistema de sensores denominado linha lateral.

A linha lateral é encontrada em todos os peixes (e em alguns anfíbios). Geralmente inclui um punhado de poros visíveis na cabeça e nos flancos do peixe, juntamente com canais cheios de líquido correndo logo abaixo da pele.[62] Depois de descreverem os poros no século XVII, os cientistas passaram duzentos anos pensando que as secreções neles eram basicamente muco.[63] Mas, numa inspeção mais detalhada, notaram pequenos grupos de células em forma de pera, cobertas por uma cúpula gelatinosa. Essas estruturas, hoje chamadas de neuromastos, eram obviamente sensores. Na década de 1930, o biólogo Sven Dijkgraaf mostrou que peixes cegos podem usar suas linhas laterais para detectar as correntes produzidas por objetos que se movem nas proximidades.*[64][65] O mais impressionante foi ter demonstrado que eles também eram capazes de detectar objetos parados analisando as correntes que eles próprios, os peixes, produzem.

Um peixe, quando nada, desloca a água à sua frente, criando um campo de correntes que envolve seu corpo. Os obstáculos distorcem esse campo, e a linha lateral percebe essas distorções, proporcionando ao animal uma consciência hidrodinâmica de seu entorno. Se ele nadar em direção à parede do aquário, esta "impedirá as partículas de água de ceder lugar tão livremente como aconteceria se a água estivesse desobstruída", escreveu

---

* Em 1908, o ictiólogo Bruno Hofer esteve perto de descobrir o que a linha lateral fazia. Ele notou que um lúcio da espécie *Esox lucious* (que é um peixe predador) cego ainda conseguia evitar colisões e reagir às correntes de água, desde que sua linha lateral estivesse intacta. Hofer deduziu corretamente que o órgão permitia ao peixe "sentir à distância" ou captar o fluxo da água. Infelizmente, publicou sua descoberta num periódico obscuro e de curta duração, fundado por ele próprio, que quase ninguém lia.

Dijkgraaf, e "o peixe sentirá um aumento 'inesperado' da resistência da água".[66] É semelhante à técnica que as seixoeiras usam para localizar moluscos enterrados e provavelmente a forma como os peixes-boi percebem o que quer que esteja na água turva a seu redor. Mas os peixes já usavam suas linhas laterais para reconhecimento à distância centenas de milhões de anos antes da existência dos peixes-boi ou das seixoeiras, além de serem muito mais sensíveis aos movimentos da água.*[67]

Com a linha lateral, os peixes conseguem detectar as ricas fontes de informação que literalmente fluem em torno deles.[68] Essa consciência se estende em quase todas as direções, até uma ou duas vezes o comprimento de seu corpo, o que Dijkgraaf descreveu como "tato à distância". Os humanos sentem fortes correntes de água fluindo sobre a pele, mas "não creio que nem de longe se compare às ricas percepções que os peixes devem ter por meio de sua linha lateral", diz Sheryl Coombs, que estuda esse sistema há décadas. Quando andamos pela rua, padrões de brilho e cor se movem sobre nossas retinas e detectamos nossos entornos passando por nós. Talvez um peixe tenha experiência semelhante com os padrões da água que se movem ao longo de sua linha lateral. Eles certamente usam esses padrões para se orientar pelas correntes, encontrar presas, escapar de predadores e manter o controle da posição uns dos outros.[69] Os peixes de cardume empregam suas linhas laterais para acompanhar a velocidade e a direção de seus vizinhos mais imediatos.[70] Quando um predador ataca, a corrente de água que entra aciona as linhas laterais dos indivíduos mais próximos, que se afastam. Sua movimentação assustada aciona, por sua vez, as linhas laterais dos vizinhos, que acionam as de seus vizinhos, e assim por diante. Ondas de pânico se espalham, e o cardume se divide perfeitamente em torno do predador. Cada peixe se atém apenas ao pequeno volume de água ao seu redor, mas o sentido do tato os conecta e permite que atuem como um todo coordenado. Peixes cegos continuam podendo nadar em cardumes.

Embora todos os peixes compartilhem a mesma estrutura básica de neuromastos, muitos deles expandiram e ajustaram a linha lateral de maneiras

---

* Em 1963, Dijkgraaf resumiu seu trabalho em um artigo seminal, que argumentava que a linha lateral é um "órgão especializado do tato", análogo às vibrissas dos mamíferos. Numa bela reviravolta conceitual, quando as capacidades hidrodinâmicas das vibrissas corporais do peixe-boi foram descobertas pela primeira vez, elas foram anunciadas como um equivalente mamífero da linha lateral.

incomuns.[71] Peixes que se alimentam na superfície têm a cabeça achatada carregada de neuromastos que detectam as vibrações de insetos que caiam na linha d'água.[72] Os peixes-agulha têm queixadas enormes, e os neuromastos que revestem sua mandíbula saliente conseguem informá-los se as presas estão nadando alinhadas a sua boca.[73] Os peixes de caverna cegos perderam a visão e utilizam neuromastos excepcionalmente grandes, numerosos e sensíveis para se orientarem.*[74][75] E há outros peixes ainda que, de modo inesperado, quase perderam por completo as linhas laterais.

Em 2012, Daphne Soares, amante de cavernas e de animais incomuns, viajou ao Equador para ver um bagre cego chamado *Astroblepus phoeleter*, que vive numa única caverna e é tão obscuro que nem tem um nome popular. Examinando-o ao microscópio, ela esperava encontrar neuromastos gigantes e excepcionalmente sensíveis, como os presentes em muitos peixes que vivem em cavernas e abandonaram o sentido da visão.[76] Soares ficou chocada ao não encontrar quase nenhum neuromasto. Em vez disso, a pele do animal era coberta do que pareciam ser pequenos joysticks, algo que ela nunca tinha visto antes. "Essa é a razão pela qual sou cientista — aquela sensação de me perguntar: o que será isso?", diz ela.

Soares demonstrou que os joysticks são mecanossensores.[77] E o que foi ainda mais inesperado: descobriu que são *dentes*. Não é que sejam estruturas semelhantes a dentes — são dentes mesmo, feitos de esmalte e dentina, com nervos nas bases. Enquanto a maioria dos bagres expandiu suas papilas gustativas para cobrir o corpo inteiro, essa espécie das cavernas fez o mesmo com os dentes, transformando-os numa camada de sensores de correntes que igualmente abrange seu corpo como um todo. Parece uma inovação estranha para um animal cujos ancestrais já teriam uma linha lateral totalmente funcional. Mas Soares observa que esses bagres vivem numa caverna que sofre inundações torrenciais quase todo dia. Essas correntes violentas, pensa ela, podem ter sobrecarregado a linha lateral, forçando os peixes a desenvolver sensores mais rígidos. Eles agora usam os dentes para encontrar zonas calmas, onde podem esperar que as torrentes passem grudados às rochas com suas bocas em forma de ventosa. No momento, Soares

---

* Alguns peixes de caverna cegos desenvolveram um estilo único de natação, no qual alternam entre dar um pique forte para a frente e deslizar suavemente. Os piques fornecem propulsão, mas atrapalham a linha lateral. O deslizamento é mais lento, mas gera um campo de fluxo estável que torna os objetos no entorno mais fáceis de discernir.

está estudando outros peixes de caverna para ver se também têm sensores de toque estranhos.* "Gosto de animais esquisitos", ela me conta. "Quanto mais extremos, antigos ou únicos, melhor."

No verão de 1999, antes de o peixe de caverna entrar em sua vida, Soares estava sentada na traseira de uma caminhonete ao lado de um enorme jacaré que havia sido coletado pelo Serviço de Pesca e Vida Selvagem dos Estados Unidos. Durante o longo trajeto, ela deu uma boa olhada na boca sedada de seu companheiro de viagem. Foi assim que percebeu as protuberâncias pela primeira vez.

Os crocodilos têm fileiras de pequenas protuberâncias escuras ao longo das bordas da mandíbula, como se cultivassem uma barba feita de cravos de pele. Os cientistas descreveram essas saliências pela primeira vez no século XIX, mas ninguém sabia para que serviam. "Achei que deviam ser alguma coisa sensorial", diz Soares. De volta ao laboratório, ela descobriu que continham terminações nervosas. Mas não conseguiu encontrar nenhum pelo, poro ou outra estrutura sensorial óbvia que pudesse estimular aqueles nervos. Trabalhando com crocodilos sedados que jaziam na água, Soares tentou expor as protuberâncias à luz, a campos elétricos e a nacos de peixe fedorento e saboroso. As terminações não reagiram. Então, um dia, ela enfiou a mão na água para recuperar uma ferramenta que havia deixado cair. Quando sua mão rompeu a superfície, causou ondulações. E, quando essas ondulações atingiram a cara do crocodilo, os nervos de suas saliências finalmente começaram a disparar. "Liguei para meus amigos para confirmar que não estava tendo alucinações", conta a pesquisadora.

Aquelas saliências, ela descobriu, são receptores de pressão capazes de detectar vibrações na superfície da água.[78] Elas podem funcionar como pequenos botões, semelhantes aos órgãos de Eimer nas toupeiras. São tão sensíveis que, se Soares deixasse cair uma única gota d'água no tanque de um crocodilo (não sedado), o animal se virava e se lançava na direção da

---

* Um deles é um peixe chinês chamado *Sinocyclocheilus*. Entre o focinho longo e arrebitado e uma misteriosa protuberância voltada para a frente localizada nas costas, ele parece um cruzamento de um peixe e um pedaço de ferro. Sua linha lateral é normal, mas Soares suspeita que o chifre consiga de alguma forma sensibilizar os neuromastos, criando uma onda em arco à frente do peixe. Será preciso mais trabalho para confirmar essa ideia, e Soares está ansiosa para começar.

perturbação, mesmo com olhos e ouvidos cobertos. Mas, se Soares cobrisse seu focinho com um plástico, as gotas passavam despercebidas. Esses animais usam as saliências para escanear a fina camada horizontal onde o ar e a água se encontram. Armam emboscada ali, nessa camada, esperando que algo caia na água ou se aproxime da margem para beber. É uma estratégia que exige imobilidade, portanto, eles não podem se envolver em explorações relativamente agitadas como as de toupeiras, ratos ou mesmo peixes-boi. Imóveis, usam seus sensores de toque para monitorar os movimentos de todos os outros seres.*[79]

As saliências podem detectar mais do que ondulações causadas por presas. Quando os crocodilos machos querem atrair parceiras, emitem um som grave de fole, o que faz a água vibrar sobre suas costas e, com isso, dançar e crepitar feito óleo numa panela quente. Outros crocodilos conseguem sentir essas vibrações por meio de seu rosto delicado. As mesmas saliências são encontradas ao redor dos dentes e dentro da boca, de modo a permitir que seus donos examinem comida ou ajustem suas mordidas. Quando caçam debaixo d'água, girando a mandíbula, as protuberâncias podem informar se encontraram algo comestível. Se uma mãe crocodilo ouve o choro dos bebês prestes a sair da casca, usa as saliências para calcular só a força suficiente para quebrar os ovos. Ao carregar seus filhotes na mandíbula, seu apurado sentido do tato pode ajudá-la a distinguir entre as presas, que deve morder, e os bebês, que não deve.

O que vai contra todos os estereótipos que se possa ter sobre crocodilos como animais brutais e insensíveis. Com sua mandíbula capaz de esmagar ossos e sua pele grossa fortemente blindada por placas ósseas, eles parecem a antítese da delicadeza. E, no entanto, estão cobertos da cabeça à cauda por sensores que, como mostraram Ken Catania e seu aluno Duncan

---

* A classe dos crocodilianos — jacarés, crocodilos e seus parentes — nem sempre foi de aquáticos. Os animais que a integram e os seus parentes extintos existem há cerca de 230 milhões de anos, e muitas dessas espécies antigas eram criaturas terrestres que rondavam como gatos ou galopavam como cavalos. É difícil saber quais sentidos esses animais pré-históricos possuíam, mas seus crânios fornecem uma pista. Se tivessem as mesmas protuberâncias de detecção de ondulações que os crocodilianos modernos, também teriam buracos reveladores na mandíbula, através dos quais os nervos teriam passado. Alguns deles sim, têm — mas não todos. Os crocodilianos só desenvolveram protuberâncias sensíveis à pressão quando começaram a transição para a vida na água.

Leitch, são dez vezes mais sensíveis às flutuações de pressão do que as pontas dos dedos humanos.[80]

Que outros órgãos do tato podemos estar deixando passar porque existem em criaturas que parecem insensíveis? Muitas cobras têm milhares de protuberâncias sensíveis ao toque nas escamas da cabeça.[81] Essas saliências são especialmente comuns e proeminentes nas serpentes marinhas, que podem utilizá-las como sensores hidrodinâmicos, tal como a classe dos crocodilianos parece fazer. O espinossauro, um enorme dinossauro com o dorso parecido com uma vela de barco, tinha poros na ponta do focinho que se assemelhavam às cavidades no crânio de um crocodilo e podem igualmente ter servido de passagem para nervos presentes em saliências de detecção de pressão.[82] O espinossauro tinha uma cara semelhante à de um crocodilo e era frequentemente descrito como um comedor de peixes semiaquático; talvez também usasse sensores de toque para sentir as ondulações das presas. O daspletossauro, parente próximo do tiranossauro, exibia as próprias cavidades reveladoras na mandíbula e é bem possível que fosse coberto de saliências sensoriais.[83] Esses dinossauros não viviam na água, mas talvez esfregassem seu rosto sensível durante a corte para acasalamento ou ainda o usassem para carregar os filhotes na boca. Tais especulações podem parecer absurdas, mas não deveriam, quando pensamos nas protuberâncias dos crocodilos, nas linhas laterais dos peixes ou nos bigodes das focas. A ciência tem um longo histórico de subestimar ou negligenciar sensores de toque e fluxo — incluindo aqueles que estavam bem à vista de todos.

Poucas aves são mais reconhecíveis ou dadas à ostentação do que o pavão. Mas vamos deixar de lado, se é que é possível, sua berrante cauda iridescente. Em vez disso, foco nas penas rígidas como espátulas que formam a crista no alto da cabeça. Essas penas são totalmente visíveis, mas muitas vezes ignoradas. Para descobrir se tinham um propósito, Suzanne Amador Kane adquiriu várias delas de aviários e criadores, bem como de um infeliz pavão de zoológico que voou para dentro de um cercado de ursos-polares.[84] Seu aluno Daniel Van Beveren então montou as cristas sobre um mecanismo e as observou balançando de um lado para outro. Quando agitadas a exatamente 26 Hz — ou seja, 26 vezes por segundo —, elas se moviam com vigor excepcional. É sua frequência ressonante. Acontece que é também a frequência *exata* com que um pavão macho balança as penas da cauda quando está cortejando uma fêmea. Isso, Kane me disse, "não podia ser uma coincidência". Van Beveren tocou diferentes gravações de suas cristas de pavão montadas. Quando colocou um trecho de um pavão de verdade sacudindo a cauda, as penas da crista ressoaram. Quando pôs outras gravações para tocar, incluindo "Stayin' Alive", dos Bee Gees, isso não aconteceu.

Esses resultados sugerem que uma pavoa diante de um macho que a corteja pode ser capaz de detectar os distúrbios no ar produzidos pela cauda dele.[85] Além de enxergar seus esforços, ela seria capaz de *senti-los*. (O que também vale ao revés, já que as fêmeas às vezes se exibem de volta para os machos.) Kane agora quer provar essa ideia filmando as cristas de pavões vivos cortejando para ver se eles realmente as vibram nas mesmas frequências.* Se o fizerem, significará que a ostentação de um pavão, apesar de sua extravagância, sempre teve um componente secreto que era imperceptível aos observadores humanos. Simplesmente não temos o equipamento certo para apreciá-la totalmente. E, se estamos deixando passar algo de uma das exibições mais extravagantes do reino animal, o que mais não estaríamos perdendo?

Uma pista pode ser encontrada na base de cada pena da crista do pavão, onde se localiza uma pena menor que a acompanha, chamada filopluma. É só uma haste simples com ponta tufada que pode funcionar como um mecanossensor. Quando o ar em movimento sacode a pena da crista, ela pode acionar a filopluma, e a filopluma, por sua vez, acionar um nervo. Filoplumas são encontradas na maioria das aves e quase sempre estão associadas a outra pena. Os pássaros podem usá-las para monitorar a posição de suas penas, talvez para sentir quando a plumagem lisa ficou eriçada e precisa ser assentada. Mas as filoplumas são especialmente importantes durante o voo.[86]

O voo dos pássaros parece tão gracioso que é fácil esquecer o quanto exige deles. Para permanecerem no ar, é preciso ajustar continuamente o formato e o ângulo de suas asas. Se fazem tudo certo, o ar desliza com suavidade sobre os contornos de cada asa, produzindo sustentação. Mas, caso as asas sejam posicionadas num ângulo muito acentuado, as correntes suaves formam vórtices turbulentos e lá se vai a sustentação. Isso é chamado de estagnação e, se o pássaro não conseguir evitá-la ou corrigi-la, cairá do céu. Raramente acontece, em parte porque as filoplumas fornecem às aves as informações de

---

* É mais fácil falar do que fazer esse experimento, já que a crista da fêmea é verde e geralmente fica na frente da folhagem verde. Mas Kane conhece alguns criadores que têm pavões brancos e as tratativas estão em andamento.

que precisam para ajustar rápido as asas e permanecer no ar.[87] O que é, francamente, incrível. Eu me lembro de uma vez estar num barco e observar uma gaivota voando a meu lado. Estava ventando e nós — o barco e o pássaro — nos movíamos rápido. Ao estender a mão e sentir o ar entre meus dedos, fiquei maravilhado com o fato de a asa da gaivota conseguir se moldar àquela mesma corrente para mantê-la no ar. Mas não me dei conta de tudo o que a ave estava fazendo — de que também usava suas filoplumas para ler o ar à sua volta e fazer pequenos ajustes de voo. O oftalmologista francês André Rochon-Duvigneaud escreveu certa vez que um pássaro é uma "asa guiada por um olho", mas ele estava errado — as asas também se guiam a si mesmas.

O mesmo poderia ser dito sobre os morcegos. Suas asas membranosas são muito diferentes daquelas emplumadas dos pássaros, mas não são menos sensíveis. São recobertas por um punhado de pelos sensíveis ao toque, projetando-se de pequenas protuberâncias e conectados a mecanorreceptores.*[88] Susanne Sterbing mostrou que a maioria desses pelos reage apenas ao ar que flui da parte de trás da asa para a frente, o que normalmente ocorre quando a asa está prestes a parar. Os morcegos, assim como os pássaros, conseguem sentir esses momentos e tomar medidas corretivas. Graças a seus pelos, podem se inclinar em ângulos acentuados, pairar, dar cambalhotas para capturar insetos com a cauda e até mesmo pousar de cabeça para baixo. Quando Sterbing tratou as asas de morcego com cremes depilatórios e fez os animais voarem por pistas de obstáculos, os efeitos foram óbvios.[89] Eles nunca chegaram a cair quando estavam em voo, mas mantinham grande distância dos objetos a seu redor e realizavam mudanças de direção mais largas e desajeitadas. Em comparação, com os pelos intactos, conseguiam voar a centímetros de obstáculos e fazer curvas fechadas. Para os morcegos, os sensores de correntes de ar são a diferença entre voar e voar acrobaticamente.

Para outros animais, no entanto, tais sensores equivalem à diferença entre a vida e a morte. Talvez seja por isso que evoluíram para ser alguns dos órgãos mais sensíveis do mundo.

---

* Curtos e finos demais para serem vistos a olho nu, esses pelos não servem para isolamento. Em 1912, os cientistas sugeriram que poderiam ser sensores de fluxo de ar que permitiriam aos morcegos voar na escuridão. Mas, quando as pessoas perceberam que os morcegos usam uma espécie de sonar para navegar, o interesse pelo seu sentido tátil diminuiu, até que Susanne Sterbing o reacendeu em 2011.

Em 1960, um carregamento de bananas chegou a um mercado em Munique, na Alemanha.[90] Tinha vindo de algum lugar da América Central ou do Sul e trazia consigo alguns caronas — três aranhas grandes, cada uma do tamanho de uma mão. As aranhas foram enviadas para a Universidade de Munique, onde um cientista chamado Mechthild Melchers passou a criá-las e estudá-las. A espécie, *Cupiennius salei*, hoje conhecida como aranha-tigre-errante pelas listras pretas e laranja de suas pernas, tornou-se desde então a mais estudada no mundo.

A aranha-tigre não tece uma teia para obter comida; em vez disso, fica à espreita de sua presa. Suas patas são cobertas por centenas de milhares de pelos, tão densos que podem chegar a quatrocentos por milímetro quadrado.[91] Quase todos eles estão ligados a nervos e são sensíveis ao toque. Basta pressionar alguns numa única pata e a aranha recolherá o membro ou se voltará para investigar. Se estiver em movimento e seus pelos roçarem um objeto — digamos, um fio esticado pelo caminho por um cientista curioso —, a aranha arqueará o corpo e correrá por cima do obstáculo.[92] Durante a corte para acasalamento, um macho pode estimular os pelos da fêmea do jeito certo para evitar que ela o coma.

A maioria desses pelos reage somente ao contato direto, mas alguns são tão longos e sensíveis que também acabam inclinados pelo vento. São chamados de tricobótrias, das palavras gregas para "cabelo" (*trichos*) e "xícara" (*bothrium*). Assim como as filoplumas de um pássaro ou os neuromastos de um peixe, são sensores de correntes — embora excepcionalmente sensíveis. Mesmo o ar que se move a apenas 2,5 centímetros por *minuto* — uma brisa tão suave que dificilmente poderia ser chamada assim — os fará se dobrar.[93] Observados sob um microscópio, pode-se vê-los flutuando sob a influência de correntes imperceptíveis, enquanto tudo ao redor permanece imóvel. Com cem tricobótrias em cada perna, a aranha-tigre consegue sintonizar o fluxo de ar em volta de seu corpo, em todas as direções possíveis. Ela usa essa sensibilidade para fins letais.

Em seu habitat na floresta tropical, a aranha passa o dia escondida na serapilheira e só emerge meia hora após o pôr do sol. Sobe numa folha e espera. À medida que a escuridão se intensifica, as rajadas de vento se tornam raras e o fluxo constante de ar ambiente é dominado por baixas frequências que a aranha ignora. Em vez disso, suas tricobótrias estão sintonizadas nas frequências mais altas produzidas por insetos em deslocamento aéreo, como uma mosca voando na direção da aranha. A mosca pode ser minúscula, mas ainda assim deslocará o ar à sua frente. A princípio, a aranha não consegue distinguir o ar em movimento do fluxo de fundo. Mas, quando a mosca está a cerca de 4,5 centímetros de distância, seu sinal aéreo se torna perceptível, como se fosse uma silhueta emergindo da neblina. A tricobótria da pata mais próxima da mosca é soprada antes das outras sete e, sentindo essa diferença, a aranha se vira para encarar a presa que se aproxima. Assim que a mosca passa sobre uma das patas, inclina a tricobótria diretamente acima da cabeça da aranha, que salta. Ela agarra a mosca no ar com as patas dianteiras, arrasta-a até o chão e desfere uma picada venenosa.[94] "É até capaz de corrigir seu trajeto enquanto salta", conta Friedrich Barth, que estuda a aranha desde 1963 e já assistiu a esses pulos muitas vezes. "Sempre pensei em como seria difícil construir um robô para fazer isso."

Os insetos não são indefesos, no entanto. Muitos contam com seus próprios sensores de correntes de ar.[95] Os grilos-do-bosque têm um par de espetos chamados cercos que se projetam de suas extremidades traseiras. São cobertos por centenas de pelos tão sensíveis quanto a tricobótria de uma aranha, se não mais. Esses chamados pelos filiformes podem detectar as correntes produzidas pelas batidas das asas de uma vespa. E, conforme mostrou Jérôme Casas, conseguem perceber o vento infinitesimal criado por uma aranha enquanto ataca.

A aranha-lobo é o principal predador do grilo e parte para cima de suas presas. No chão irregular e coberto de folhas de uma floresta, ela deve lançar seus ataques ocupando a mesma folha que seu alvo. É ligeira, mas Casas descobriu que os pelos do grilo conseguem senti-la assim que começa a correr.[96] Na verdade, quanto mais rápido a aranha se move, mais detectável ela se torna. Sua única esperança é se aproximar furtivamente do grilo, movendo-se tão devagar que mal perturba o ar à sua frente, de modo a chegar perto o bastante para uma estocada final. Mesmo assim, suas chances de sucesso são de apenas uma em cinquenta. "O grilo quase sempre vence", diz Casas. "Assim que ele saltar daquela folha e pousar em outro lugar, o jogo acaba. Foi para outro mundo."*[97]

---

* Essa habilidade se assemelha ao sentido aranha do Homem-Aranha, que o alerta sobre o perigo. Em alguns filmes, o sentido aranha é representado por pequenos pelos que se arrepiam no braço de Peter Parker. Mas, como escreveu Roger Di Silvestro no blog da Federação Nacional da Vida Selvagem, "as aranhas podem detectar o perigo que se aproxima com um sistema de alerta antecipatório chamado olhos".

Os pelos filiformes dos grilos e as tricobótrias das aranhas são quase inconcebivelmente sensíveis. Podem ser soprados por uma fração da energia de um único fóton — a menor quantidade possível de luz visível. São cem vezes mais sensíveis do que qualquer receptor visual que exista ou possa existir.[98] Na verdade, a quantidade de energia necessária para dobrar os pelos de um grilo é muito próxima do ruído térmico — a energia cinética das moléculas em movimento. Dito de outra forma, seria quase impossível tornar esses pelos mais sensíveis sem quebrar as leis da física.

Por que, então, nem tudo no mundo os sensibiliza? Por que as aranhas não saltam constantemente sobre insetos imaginários ou os grilos não fogem o tempo todo de aranhas fantasmas? Em parte, porque os pelos reagem apenas a frequências biologicamente significativas — do tipo produzido por predadores ou presas, mas não pelo ambiente. Os mecanorreceptores em sua base também são menos sensíveis do que os próprios pelos e precisam de um estímulo mais forte para disparar. Por fim, nenhum fio isolado colocará as aranhas em ação. Os animais raramente respondem ao zumbido excitado de um único mecanorreceptor. Em vez disso, precisam escutá-los em coro.

E por que, então, cada fio é tão sensível? A explicação óbvia é que longas corridas armamentistas entre predadores e presas levaram à evolução de sensores que detectam os sinais mais fracos possíveis. "Mas essa é uma resposta um pouco fácil, e não estou totalmente convencido", diz Casas. Como biólogo, ele se acostumou a falar sobre otimização, processo pelo qual os animais tiram o melhor proveito do que possuem, dadas as muitas restrições que enfrentam. Mas os pelos do grilo são um raro exemplo de *maximização*, diz ele. "Quase não poderiam ser melhores do que são, e isso é surpreendente. Ninguém sabe de fato por quê."*

A maioria dos artrópodes — o grupo diversificado que inclui insetos, aranhas e crustáceos — tem pelos que detectam correntes de água ou de

---

* Essa sensação de fluxo de ar conta como toque à distância, como é frequentemente descrito? É alguma versão da audição, que também depende de fios de pelos que respondem aos movimentos do ar? A opinião está dividida. Casas acha que podem ser ambos os elementos. Barth acha que é um sentido distinto por si só. Pessoalmente, acho difícil categorizar sem saber mais sobre o que os animais estão de fato vivenciando. Qual é a sensação do fluxo de ar de uma mosca distante para uma aranha em comparação com um arame roçando direto em sua perna? Será que são tão distintos quanto são para nós, digamos, calor ou frio, ou são dois extremos do mesmo espectro de sensações táteis?

ar. As implicações desse sentido comum a tantos são profundas, de formas que mal começamos a compreender. Por exemplo, em 1978, Jürgen Tautz mostrou que as lagartas podem usar os pelos em seu ventre para sentir os movimentos do ar produzidos por vespas parasitas em voo.[99] Reagem congelando no lugar, vomitando ou caindo no chão. Trinta anos depois, Tautz mostrou que o voo das abelhas pode desencadear o mesmo efeito.[100] Simplesmente movendo o ar no entorno das plantas das quais se aproximam, esses animais reduzem os danos que lagartas famintas podem causar. Poucos grupos de insetos são mais importantes para as plantas do que as abelhas e as lagartas. E, no entanto, ninguém percebeu que esses grupos — os polinizadores e os saqueadores — estão ligados pelas mais leves rajadas de vento e por minúsculos movimentos de pelos. O ar ao nosso redor está cheio de sinais que não detectamos. E o mesmo acontece com o solo sob os nossos pés.

7.
O chão ondulante
Vibrações superficiais

Em 1991, Karen Warkentin estava vivendo um sonho. Adorava sapos e cobras e, ainda começando o doutorado, acabou num lugar com grandes quantidades dos dois: o Parque Nacional Corcovado, na Costa Rica. À beira de um lago, ela observava as abundantes rãs-de-olhos-vermelhos, com seu corpo verde-limão, dedos alaranjados, coxas azul-fosforescente, flancos com listras amarelas, mais os olhos protuberantes, vermelho-tomate. Em apenas uma noite, cada fêmea botava cerca de cem ovos, que, envolvidos numa substância gelatinosa, ficavam colados a folhas suspensas sobre a água. Mas cerca de metade das ninhadas eram devoradas por serpentes-olho-de-gato-aneladas. Os outros se abririam depois de seis ou sete dias, liberando seus girinos na água — ou, ocasionalmente, na própria Warkentin. "Era muito comum, no campo, ter girinos dependurados no cabelo, girinos dependurados no caderno", conta. "Também tive a experiência de esbarrar numa ninhada e ver a rapidíssima saída dos embriões."

Era estranho. Os girinos não saíam passivamente dos ovos que Warkentin havia quebrado. Parecia que estavam ativamente fugindo. Se conseguiam fazer aquilo por causa do esbarrão de Warkentin, também fugiriam de uma cobra agressora? Será que sentiam o movimento da mandíbula mastigadora e decidiam se atirar na água? Num congresso científico, Warkentin apresentou essa ideia, recebida com ceticismo. Os embriões de rã foram concebidos para serem entes passivos que emergem de seus ovos num horário fixo e alheios ao ambiente. "Algumas pessoas acharam que era uma ideia maluca", diz Warkentin. "Achei que fosse testável."

Sua pesquisa coletou lotes de ovos e os alojou em gaiolas ao ar livre junto com serpentes-olho-de-gato-aneladas.[1] As serpentes são noturnas, então, Warkentin precisava checá-las durante a noite. Dormia num sofá num prédio adjacente, sofria com as nuvens de mosquitos e acordava a cada 15 minutos para, meio dormindo, inspecionar os ovos. Foi difícil, mas sua intuição estava correta: os girinos embrionários são capazes de romper seus ovos quando atacados. Warkentin até os flagrou no ato com os ovos já presos na boca de uma cobra.

Warkentin vem estudando esse comportamento desde então. Felizmente, a pesquisa agora envolve menos picadas de mosquito noturnas e mais câmeras de vídeo infravermelhas. Warkentin me mostra um vídeo recente em que uma serpente-olho-de-gato-anelada ataca uma ninhada de rãs e agarra vários ovos com a mandíbula. Enquanto a serpente tenta limpar a boca da substância gelatinosa que há neles, os embriões em torno se contorcem furiosamente, liberando da cara uma enzima que desintegra rápido os ovos. Um deles cai na água. Um segundo depois, outro. Logo os girinos estão caindo tão rápido que é impossível contá-los, e a cobra, ainda mastigando sua primeira bocada, acaba apenas com gelatina na boca. "Nunca me canso de assistir a isso", Warkentin me conta.

Os experimentos demonstraram que os embriões de rã não são tão indefesos nem tão inconscientes como as pessoas imaginavam.[2] Sua bolha sensorial se estende para além da bolha em que estão presos. A luz consegue atravessar os ovos translúcidos, e substâncias químicas podem se difundir neles. Mas o que realmente importa são as vibrações. Elas chegam aos ovos e aos embriões, capazes de distinguir entre as más vibrações e as benignas, sem qualquer experiência anterior de nenhuma delas. Uma cobra que os abocanhe desencadeará a eclosão dos ovos. Chuva, vento e passos, não. Mesmo quando um leve terremoto sacudiu o reservatório de Warkentin, os embriões não reagiram. Ao registrar diferentes vibrações e reproduzi-las nos ovos, Warkentin demonstrou que eles conseguem sintonizar o tom e o ritmo.[3] As gotas de chuva que caem produzem um tamborilar constante de vibrações curtas e de alta frequência. Serpentes agressoras, frequências mais baixas e padrões mais complicados, com surtos prolongados de mastigação pontuados por períodos de imobilidade. Quando Warkentin editava as gravações de chuva para fazê-las se parecerem mais com cobras, incluindo lacunas de silêncio, os girinos as achavam mais assustadoras, e a probabilidade de emergirem dos ovos aumentava. Os embriões conseguem sentir claramente o mundo antes de entrar nele e usar essa informação para se defender.[4] Têm capacidade de agir. Têm um *Umwelt*.

"À medida que se desenvolvem, eles obtêm cada vez mais sentidos, e mais e mais informações", diz Warkentin. Aos dois dias de idade, os embriões conseguem detectar os níveis de oxigênio a seu redor, o que também lhes informa se os ovos caíram acidentalmente na água. Mas não reagem às serpentes até terem pouco mais de quatro dias de vida porque, como descobriu Julie Jung, aluna de Warkentin, é quando os sensores de vibração em seus ouvidos internos são sintonizados.[5] Podem até escapar do perigo antes disso, mas não têm como percebê-lo.*[6] As serpentes ainda não fazem parte de seu *Umwelt*. Mas, numa questão de horas, tudo muda: um novo sentido surge e um reino de vibrações ao qual antes estavam alheios transforma sua vida.

Depois que os girinos viram rãs, prontas para procriar seus próprios girinos, os machos competem pelo acesso às parceiras. Ao observá-los com câmeras infravermelhas, Warkentin e seu colega Michael Caldwell viram que os machos se enfileiravam sobre um galho, erguiam o corpo e sacudiam o traseiro com vigor.[7] Essas exibições devem ser visualmente cativantes, mas eles as executam mesmo com o campo de visão obstruído. Podem não conseguir se ver, mas ainda assim *sentem* as vibrações criadas pelas reboladas do rival e as usam para avaliar o tamanho e a motivação do outro. Nessas disputas, os vencedores geralmente são aqueles que rebolam por mais tempo e criam vibrações mais duradouras.**

Muitos outros animais provavelmente se comunicam dessa forma. Os caranguejos chama-maré machos atraem parceiras golpeando a areia com suas garras gigantescas.[8] Cupins soldados batem a cabeça nas paredes de seus montes para criar alertas vibracionais e atrair mais soldados[9]. As aranhas-d'água — insetos que deslizam ao longo da superfície de lagoas e lagos — podem coagir os parceiros a fazer sexo criando ondulações que chamam predadores sensíveis à vibração.[10] Todas essas criaturas criam e

---

* Quando o corpo do girino é sacudido, pequenos cristais nos ouvidos internos empurram as células ciliadas sensíveis ao toque, que enviam sinais ao cérebro. Esse mesmo sistema auditivo interno também controla um reflexo que estabiliza o olhar do girino, movendo os olhos na direção oposta à da cabeça. Então Jung construiu um rotador improvisado de girinos. Ao colocar os girinos em tubos, girando-os suavemente e observando se seus olhos giravam, ela conseguiu descobrir exatamente quando seus ouvidos internos se tornavam sensíveis às vibrações.

** Caldwell chegou a provocar as rãs machos com um modelo de batedor elétrico. Quando o aparelho vibrava, outros machos respondiam com seus próprios sinais agressivos. Quando emitia sinais visuais sem vibrações, os outros machos não se importavam.

reagem às vibrações que viajam pelas superfícies ao seu redor, sejam elas galhos ou praias. Os cientistas chamam isso de vibrações transmitidas pelo substrato.[11] O resto de nós podemos chamar só de vibrações mesmo, ou talvez de tremores, ou de ondas de superfície.*

Para algumas pessoas, essas vibrações superficiais (assim como os padrões de correntes de ar que sensibilizam aranhas e grilos) contam como "som". Por essa lógica, tudo o que descrevi na segunda metade do capítulo anterior e tudo o que estou prestes a descrever neste se enquadraria na categoria "audição". Não sou parte interessada nessa disputa e não desejo fazer uma escolha. Para quem for do primeiro time, sinta-se à vontade para lê-los como um único capítulo contínuo; os do segundo time que pensem neles como três capítulos distintos. De qualquer forma, é importante notar que, embora esses estímulos tenham muitas sobreposições, também apresentam, em suas propriedades físicas, diferenças importantes que, por sua vez, determinam quais animais prestam atenção neles e o que essas espécies fazem com a informação.

Por exemplo, sons que viajam pelo ar são ondas que oscilam na direção do destino — como uma daquelas molas malucas de brinquedo que se movem esticando e encolhendo. Ondas de superfície, por outro lado, oscilam perpendicularmente à direção do deslocamento — como sacudir a mola maluca para cima e para baixo.[12] Essas oscilações óbvias são observadas na superfície da água. Elas também ocorrem em chão sólido, numa extensão menos visível. Jogue uma pedra no chão e uma onda sutil se dispersará pela superfície. Se um animal for suficientemente sensível, conseguirá sentir o sobe e desce do solo sob seus pés. Muitos animais *têm* essa sensibilidade, mas a maioria dos humanos, não. Para além dos graves de um alto-falante ou da vibração de um celular, a maioria de nós deixa passar a exuberante paisagem vibracional que outras espécies percebem. Não ajuda que as vibrações da superfície possam ser difíceis de distinguir dos sons transportados pelo ar. Os animais muitas vezes produzem ambos ao mesmo tempo, sacudindo terra e ar simultaneamente. E muitas vezes detectam ambos os tipos de ondas com os mesmos receptores e órgãos, como células ciliadas

---

* O vocabulário fica um pouco difícil, até para cientistas. Muitos deles usam vibrações de forma coloquial para se referirem especificamente a vibrações transmitidas pelo substrato, embora o termo tecnicamente também abranja sons. Farei o mesmo aqui, pedindo desculpas aos engenheiros que agora certamente estão recuando de desgosto.

e ouvidos internos. Sem dúvida falamos sobre eles usando um vocabulário comum: diz-se que as criaturas estão "ouvindo" as vibrações, mesmo quando não são audíveis.

Talvez a distinção mais importante entre vibrações superficiais e sons seja que as primeiras são amplamente ignoradas, inclusive pelos cientistas que estudam os sentidos. Durante muito tempo, os pesquisadores observaram todos os tipos de batidas, pancadas, sacudidas e partes trêmulas do corpo, e os interpretaram como sinais visuais ou auditivos, ignorando as ondas de superfície que esses movimentos produzem. Qualquer rã-de--olhos-vermelhos adentra esse mundo sensorial já com quatro dias e meio de idade, mas gerações de cientistas o ignoraram. "Encontramos algo que não estávamos procurando", escreveu a ecologista Peggy Hill.[13] É uma lição à qual os biólogos sensoriais, e todos os outros, deveriam prestar atenção: ao ceder a nossos preconceitos, perdemos o que pode estar bem diante de nós. E às vezes o que perdemos é de tirar o fôlego.

Estou num laboratório em Columbia, Missouri, olhando para um trevo-carrapato. Um ponto de luz vermelha brilha sobre uma de suas folhas, como se alguém planejasse assassiná-lo. O ponto vem de um dispositivo chamado medidor de vibração a laser. Ele converte as vibrações na superfície da folha, que não conseguimos ouvir, em sons audíveis, que conseguimos. Quando toco na mesa, sacudo a planta inteira e ouço um ronco alto. Quando falo, as ondas sonoras da minha boca criam ondas de superfície na folha, as quais são convertidas novamente em ondas sonoras pelo alto-falante. Ouço minha própria voz retransmitida pela planta. Ninguém ali se importa com o som da minha voz, no entanto. Rex Cocroft e sua aluna Sabrina Michael estão mais interessados na música executada pela minúscula criatura sobre a folha. É uma cigarrinha — uma espécie de inseto sugador de seiva. Tem grandes olhos laranja, patas tão próximas da cabeça que lembram uma barba e texturas em preto e branco com a aparência de uma concha. Essa espécie é conhecida como *Tylopelta gibbera*, e, embora não tenha um nome popular oficial, Cocroft inventa um na hora — cigarrinha-trevo-carrapato.

Conhecemos Cocroft na introdução deste livro, quando ele levou seu orientador Mike Ryan para conhecer algumas cigarrinhas na floresta tropical do Panamá. Aquele encontro ocorreu há mais de vinte anos, mas Cocroft continua fascinado por esses insetos e pelas mensagens que trocam entre si. Ao contrair rapidamente os músculos do abdômen, eles podem criar vibrações que percorrem as plantas onde estão pousados e sobem pelas patas de outras cigarrinhas.[14] Essas vibrações costumam ser silenciosas, mas um medidor de vibração pode convertê-las em som audível. Cocroft, Michael e eu nos inclinamos em direção à pequena cigarrinha-trevo com uma expectativa quase cômica. E então ouvimos um barulho estrondoso, que soa totalmente diferente do que um inseto produziria. É um ronronar, mas surpreendentemente grave, mais de leão do que de gato doméstico.

"Aqui vamos nós", diz Cocroft, radiante.

"Bom trabalho, amigo", responde Michael.

As plantas são fortes, flexíveis e elásticas, o que as torna fantásticas condutoras de ondas de superfície.* Os insetos exploram essa propriedade, abarrotando as plantas com seus cantos vibracionais.[15] Entre cigarrinhas, cigarras, grilos, gafanhotos e muito mais, Cocroft estima que cerca de 200 mil espécies de insetos se comuniquem por meio de vibrações superficiais. Sua música normalmente não é audível e, portanto, a maioria das pessoas desconhece completamente que exista. Aqueles que a descobrem muitas vezes ficam fisgados.

Cocroft se lembra de sua primeira vez. Era um jovem estudante interessado em comunicação animal e decidiu se concentrar nas cigarrinhas porque eram desconhecidas e pouco estudadas. Num campo em Ithaca, encontrou um solidago, parente do girassol, coberto de espécimes de *Publilia concava*. Prendeu um microfone de contato no caule da planta e pôs os fones de ouvido. "Não demorou e ouvi aquele *uh-uh-uhuh*", ele me conta, imitando um ruído que parece o de uma rã-touro-americana queixosa.

Era um som maluco que ninguém tinha ouvido antes e estava bem ali no meu quintal. E foi isso. acho que todo mundo que toma conhecimento desse mundo vibracional não consegue deixar de ficar encantado com ele, mas há uma parcela de pessoas que, de tão maravilhadas, têm de sair e registrar mais espécies. Tem tanta coisa por aí. A coisa realmente não tem fim.

---

* "Ondas de superfície" não é o termo mais preciso aqui. Quando uma onda viaja ao longo de uma estrutura longa e fina, como o caule de uma planta ou um fio de seda de aranha, não é que a superfície ondule. Em vez disso, a própria estrutura dobra e flexiona, o que é conhecido como onda de flexão. Eu releguei isso a uma nota para que não nos afoguemos em termos.

Cocroft agora tem uma biblioteca de gravações de cigarrinhas.[16] Quando ele as toca para mim, fico pasmo. As músicas são assustadoras, hipnotizantes e surpreendentes. Nenhuma delas soa nem remotamente como o chilrear familiar e agudo de grilos ou cigarras, e sim mais como pássaros, macacos ou mesmo máquinas e instrumentos musicais. Muitas vezes são sons graves e melódicos, e provavelmente soam assim para os próprios insetos. O canto da *Stictocephala lutea* lembra um didjeridu* rouco. A *Cyrtolobus gramatanus* combina um macaco guinchando com cliques mecânicos. A *Atymna* soa como o apito de alerta de um caminhão dando ré combinado com um tambor. A *Potnia* me atrai para uma falsa sensação de segurança, com um mundano som de trem, mas que termina num chocante meio mugido, meio grito. Quando Cocroft a ouviu pela primeira vez, ele me conta: "Eu me recostei na cadeira e pensei: não! *Isso é um inseto?*".

Essas canções vibracionais soam assim tão estranhas por não estarem sujeitas às mesmas restrições físicas que os sons transportados pelo ar. Nesse caso, a frequência de um animal normalmente está ligada a seu tamanho, e é por isso que os ratos não rugem nem os elefantes guincham. Essa restrição não existe para ondas de superfície, de modo que pequenos animais podem emitir vibrações de baixa frequência que parecem vir de corpos muito maiores. Uma cigarrinha é capaz de produzir um chamado de acasalamento tão grave quanto o de um crocodilo, embora este último seja milhões de vezes mais pesado.[17]

Sons transportados pelo ar têm outra limitação: eles irradiam em três dimensões e, portanto, perdem energia muito rapidamente. Os insetos compensam isso concentrando todos os seus esforços numa faixa estreita de frequências, produzindo sons simples. Mas as ondas de superfície só têm de viajar ao longo de trajetórias planas, de modo que retêm sua energia por distâncias mais longas. Insetos que emitem seus sinais ao longo desse canal podem se dar ao luxo de ser mais criativos. Conseguem produzir subidas e descidas melódicas, empilhar frequências e criar cenários percussivos. É por isso que soam mais como pássaros.

Existem mais de 3 mil espécies de cigarrinhas, que usam as ondas de superfície de diversas maneiras.** Alguns filhotes produzem vibrações

---

* Instrumento de sopro dos aborígenes australianos. [N.T.]   ** Cocroft tentou descobrir para que servem as diferentes vibrações, gravando-as, reproduzindo-as para as cigarrinhas e vendo como os insetos reagem aos ruídos artificiais. Certa vez, sua irmã contou a um amigo sobre isso, e o amigo disse: "Ele mente para insetos?".

sincronizadas para chamar a mãe quando percebem um predador.[18] Algumas mães emitem vibrações que silenciam os mais jovens, para que seus tremores de pânico não atraiam ainda mais predadores.[19] As cigarrinhas-trevo, como a que vi no laboratório de Cocroft, usam as ondas da superfície para se reunir em grupos. Quando uma ronrona, se a pata de outra estiver ao alcance, esta responde com um tique-taque agudo. A dupla mantém continuamente o movimento de aproximação enquanto ronrona e faz tique-taques, como duas crianças brincando de gritar "Marco" e "Polo" até, afinal, se encontrarem. Essas cigarrinhas se cortejam de forma semelhante.[20] Um macho emite um gemido vibratório, seguido por uma série de pulsos agudos. Se uma fêmea ouve e é receptiva, responde com um zumbido assim que ele termina. O macho avalia, pelo zumbido, a direção dela, aproxima-se um pouco mais e solta outro gemido. Ela cantarola de novo e, lentamente, nesse dueto, os dois se encontram. Mas, se um segundo macho estiver na mesma planta, ele emitirá seu próprio gemido nos momentos finais do chamado do primeiro macho, o que fará a fêmea interromper a resposta. O primeiro macho retalia fazendo um chamado cronometrado para interromper o segundo macho, e os dois vão e vêm, duelando repetidas vezes. "Se houver mais de um macho, eles demoram muito para encontrar uma fêmea", explica Cocroft.*[21]

Cigarrinhas podem se reunir numa única planta às centenas, e muitas delas talvez vibrando ao mesmo tempo. Um único caule pode se tornar tão barulhento quanto uma rua movimentada, cheia de gritos de socorro, pedidos de silêncio, convites para dar um rolê e, literalmente, cantadas sexuais. Mesmo que você nunca tenha ouvido falar de cigarrinhas até agora, se passou algum tempo ao ar livre, quase certamente terá se sentado ao lado de uma delas, alheio à serenata vibracional que estava se produzindo ali. E estamos falando de apenas um dos muitos animais que participam do coro vibracional geral. As lagartas-da-mariposa raspam o ânus nas folhas para convidar outras lagartas para reuniões sociais.[22] As formigas *Pseudomyrmex ferrugineus* defendem vigorosamente as acácias que lhes servem de casa dos mamíferos que pastam, caso percebam as vibrações emitidas pelas bocas

---

* Insetos demais em dueto bloquearão os sinais uns dos outros, e os cientistas podem explorar esse comportamento para controlar pragas agrícolas. Ao transmitir as vibrações certas ao longo dos fios que passam pelos vinhedos, eles podem interromper a vida sexual das cigarrinhas que espalham doenças.

mastigadoras deles.[23] Mesmo entre as espécies cujos chamados podemos escutar, é frequente que emitam também sinais vibracionais que não ouvimos. Cocroft toca para mim mais gravações, feitas em caules de plantas, nas quais o chilrear das cigarras soa como vacas e grilos, como serras elétricas. "Fico simplesmente impressionado com a riqueza inacreditável da natureza, que já parecia tão rica", comenta ele.

É surpreendentemente fácil se conectar a essa riqueza extra, mesmo sem um medidor de vibração a laser. Em 1949, três décadas antes de tais instrumentos serem inventados, um entomologista sueco pioneiro chamado Frej Ossiannilsson ouviu as vibrações das cigarrinhas colocando-as em folhas de relva, enfiando-as em tubos de ensaio e segurando os tubos junto ao ouvido.[24] Como violinista treinado, ele transcreveu o que ouviu em notação musical. Para ouvi-las hoje, Cocroft simplesmente usa um alto-falante barato e um gravador digital conectado a um microfone de captação que um violonista talvez usasse. Com esse kit, ele passa seu tempo livre prospectando vibrações, microfonando caules, folhas e galhos aleatórios em parques próximos ou até mesmo no próprio quintal. Na maioria das vezes, conseguirá ouvir algo novo. Peço a ele que me mostre.

Dirigimos até um parque a poucos minutos de seu laboratório. Num local ensolarado, próximo a uma barreira de grama alta, Cocroft e seus alunos se ajoelham e começam a prender os microfones nas plantas. Por um tempo, não ouvimos nada. É final de setembro e a temporada de música vibracional está chegando ao fim. Fortes rajadas de vento abafam todo o resto. Ouço os passos de uma lagarta e um besouro pousando pesadamente numa folha, mas nada como as melodias assustadoras que esperava escutar em primeira mão. Depois de uma meia hora decepcionante, Cocroft pede desculpas. Mas, assim que decidimos ir embora, uma de suas alunas, Brandy Williams, nos chama. "Tem algo muito legal aqui", diz ela.

Nós nos aproximamos e, pelo alto-falante, ouvimos algo que parece... risada? Soa com um "He, he, he, he, he", mais uma hiena do que um inseto. "He, he, he, he, he." Williams tinha afixado seu microfone na parte inferior de uma folha de grama aleatória, e não conseguimos ver nenhum inseto sobre ela. E, ainda assim, definitivamente há um inseto ali. "He, he, he, he, he." Tão poucas pessoas ouviram o mundo vibracional das cigarrinhas e de outros insetos que, em qualquer tentativa, sempre há uma chance de experimentar algo que nenhum outro ser humano jamais experimentou. Pergunto a Cocroft se ele já ouviu as risadas misteriosas antes. "Já ouvi coisas *parecidas*", ele me diz, "mas se já ouvi essa, exatamente... Não sei mesmo. São tantas espécies por aí."

Satisfeitos, voltamos para o carro dele. De repente me dou conta dos refrões todos que podem estar vibrando em todas as plantas pelas quais passamos. Penso nas vibrações que nós mesmos produzimos a cada passo — as ondas sísmicas de superfície que se propagam a cada passo nosso. Embora ouçamos o ruído dos galhos sob nossos pés e o chapinhar de nossos sapatos na lama, não detectamos os tremores que nossos passos emitem. Mas outras criaturas sim.

À medida que a noite cai no deserto do Mojave, o silêncio também desce sobre o lugar. Para além do uivo ocasional de um coiote ou do ronco distante de um avião que passa, o ar está silencioso. As dunas, no entanto, vibram. À medida que os insetos emergem em busca de alimento, suas patinhas criam tremores que percorrem a areia. Essas ondas são extremamente fracas e de curta duração. Mas suficientemente fortes para serem sentidas pelo escorpião-das-dunas.

Eles são dos residentes mais comuns do Mojave e comem tudo o que conseguem agarrar e picar, inclusive outros escorpiões-das-dunas. Na década de 1970, Philip Brownell e Roger Farley perceberam que esses escorpiões atacavam prontamente qualquer coisa que andasse ou pousasse a menos de cinquenta centímetros deles. "Perturbações suaves da areia com um galho também desencadearam ataque vigoroso", escreveu Brownell mais tarde na *Scientific American*, "mas uma mariposa que se contorcia no ar a poucos centímetros do escorpião não atraiu sua atenção."[25] Aparentemente eles rastreavam suas presas usando ondas de superfície.

Brownell e Farley testaram essa ideia colocando escorpiões numa arena habilmente projetada.[26] Parecia lisa e contínua na superfície, mas um trecho subterrâneo com ar impedia que as vibrações viajassem entre as duas metades. Se um escorpião parasse sobre uma delas, ficaria completamente alheio aos pesquisadores cutucando a outra metade com uma vara, mesmo que a apenas alguns centímetros de distância. Mas, se uma pata só do escorpião ultrapassasse o limite do vão subterrâneo, bastava para ele ter a percepção de toda a arena e se virar na direção de qualquer perturbação.

Seus sensores ficam nos pés.[27] Na articulação que poderia ser vagamente descrita como um "tornozelo", há um conjunto de oito fendas, como se o exoesqueleto tivesse sido cortado por uma faca afiada. São as sensilas — órgãos detectores de vibração comuns a todos os aracnídeos. Cada fenda é atravessada por uma membrana e conectada a uma célula nervosa. Quando uma onda de superfície atinge o escorpião, a areia que sobe empurra seus pés. Isso comprime as fendas numa intensidade infinitesimal, mas suficiente para comprimir a membrana e causar o disparo dos nervos. Ao sentir as menores mudanças no próprio exoesqueleto, o escorpião percebe os passos da presa que passa.

Na primeira vez que isso acontece, ele assume sua posição de caça. Levanta o corpo, abre as pinças e organiza os oito pés num círculo quase perfeito.[28] Nessa posição, pode descobrir de onde vêm as ondas de superfície, reparando quando essas ondas atingem cada um de seus pés. Então se vira e corre, sem esperar por outra onda. Quando a outra criatura chega, ele se vira e corre novamente, aproximando-se do alvo a cada tremor sucessivo. Se suas pinças colidirem com alguma coisa, o escorpião agarra e pica. Se chegar ao ponto de origem das ondas e não encontrar nada, saberá que sua presa está no subsolo e a desenterrará.

Apropriadamente, tais descobertas causaram abalos. Foram feitas mais de uma década antes de Karen Warkentin encontrar seu lago cheio de rãs e Rex Cocroft começar a ouvir cigarrinhas. Na época, o estudo das vibrações superficiais era um nicho especializado ainda mais do que é hoje. Os cientistas sabiam que os animais são capazes de sentir vibrações, mas poucos acreditavam que conseguissem localizar a origem delas, assim como um ser humano não consegue saber onde está o epicentro de um terremoto sem algum equipamento.*[29] Parecia especialmente absurdo que um animal pudesse fazer isso na areia, cujos grãos soltos deveriam amortecer e absorver vibrações em vez de transmiti-las. Mas os experimentos meticulosos de Brownell e Farley mostraram que essas suposições estavam

---

* Os animais sentem os terremotos antes que eles aconteçam? Parece provável que muitas espécies consigam detectar as ondas sísmicas que se aproximam, mas não está claro se conseguem analisar essa informação e tomar medidas evasivas apropriadas. Durante milênios, houve muitos relatos anedóticos de criaturas que agem de forma estranha antes de um terremoto, mas tais comportamentos não são consistentes e é difícil saber se os observadores humanos estão simplesmente se lembrando de atividades diferentes em retrospecto. Houve um experimento em que elefantes e outros animais foram coincidentemente equipados com coleiras de rastreamento antes de um terremoto e não pareceram se mover de forma diferente no período anterior ao início do tremor.

erradas. Areia, solo arável e terra firme são surpreendentemente bons na condução de ondas de superfície suficientemente fortes para serem detectadas pelos animais, além de suficientemente informativas para servirem a algum uso. E ainda suficientemente interessantes para serem estudadas pelos cientistas. Outros começaram a procurar sentidos sísmicos em outros animais. Não precisaram ir muito longe.

As larvas de um inseto conhecido como formiga-leão também caçam usando ondas de superfície que viajam pela areia. Mas, em vez de ir para cima de suas vítimas, elas a trazem até si. Cavam buracos cônicos na areia seca e se escondem no fundo com seu corpo rechonchudo enterrado e a mandíbula gigantesca aberta. Esses fossos são armadilhas construídas com precisão. Nas laterais, são rasos na medida para que não desmoronem espontaneamente, mas íngreme o bastante para que qualquer formiga que entre neles comece a escorregar. Uma formiga, mesmo que esteja se debatendo, ainda assim terá o passo leve, mas a formiga-leão é coberta de cerdas capazes de detectar vibrações de menos de um nanômetro.[30] Ela consegue sentir se uma formiga está andando ao redor do buraco e saber com certeza quando está dentro dele. Reage jogando areia na criatura que se debate,[31] causando uma avalanche que desestabiliza ainda mais o solo já escorregadio abaixo da presa que, por fim, cai na mandíbula da formiga-leão e é puxada para baixo e recebe uma injeção de veneno. Suas vibrações então cessam.

Há outros predadores que caçam explorando os sentidos sísmicos das presas. Todo mês de abril, a cidade de Sopchoppy, na Flórida, organiza um festival para celebrar a antiga tradição da caça à minhoca no grito. Desde a década de 1960, várias famílias locais resolveram se aventurar na floresta para, cravando estacas no chão e esfregando nelas um ferro, criar fortes vibrações. Não demora e centenas de minhocas grandes surgem, quando são facilmente coletadas aos baldes e vendidas como isca. Alguns caçadores de minhocas acreditam que as vibrações que produzem imitam o som da chuva. Ken Catania — o mesmo sujeito que estudou a toupeira-nariz-de-estrela — provou que não era assim.[32] Enquanto participava do festival em 2008, mostrou que as minhocas pouco reagem ao barulho das gotas de chuva, mas fogem para a superfície se detectam as vibrações de uma toupeira escavando ou até mesmo uma gravação dessas vibrações. Em geral é uma estratégia sensata, uma vez que as toupeiras não perseguem suas presas na superfície. Mas vários predadores de superfície aprenderam que podem atrair as minhocas deliberadamente fazendo tremer o chão. Gaivotas-prateadas e tartarugas-da-madeira fazem isso, assim como, aparentemente, os habitantes da Flórida. Durante décadas, o que os caçadores de minhocas têm simulado, sem saber, são terremotos de toupeira.*[33]

Os animais provavelmente foram capazes de sentir vibrações sísmicas desde que se aventuraram em terra firme vindos dos oceanos. As primeiras criaturas com coluna vertebral a fazerem esse movimento — os primeiros anfíbios e répteis — provavelmente pousavam sua grande cabeça no chão, permitindo que as ondas de superfície viajassem pelos ossos da mandíbula e chegassem a seus ouvidos internos. Nos ancestrais dos mamíferos, três desses maxilares foram reaproveitados para conduzir sons vindos pelo ar. Eles encolheram e mudaram de lugar, transformando-se nos pequenos ossos do ouvido médio — o martelo, a bigorna e o estribo. Hoje, em vez de vibrações superficiais do solo via mandíbula, transmitem os sons captados no ar através do ouvido externo e do tímpano.

Mas a antiga via de condução óssea ainda funciona: as vibrações podem passar direto ao ouvido interno a partir dos ossos do crânio, contornando completamente o ouvido externo e o tímpano. Ciclistas e corredores se valem de fones de ouvido de condução óssea para escutar música mantendo os ouvidos livres. Pessoas com dificuldades de audição podem usar aparelhos auditivos de condução óssea, enquanto bailarinos surdos dançam em pistas vibratórias especiais. E nós todos que somos capazes de escutar o fazemos, em parte, por condução óssea, e é por isso que as pessoas muitas vezes estranham a própria voz em gravações, que reproduzem os componentes aéreos de nossas vozes, mas não as vibrações produzidas em nosso crânio.

Outros mamíferos ajustaram a própria anatomia para sentir melhor as vibrações por condução óssea e recuperar seu sentido sísmico ancestral. Em meio às areias do sudoeste da África, no deserto do Namibe, vive a toupeira-dourada. No geral, ela é insensível a sons transportados pelo ar, pois seu ouvido externo é minúsculo e fica oculto na pelagem. Mas o

---

* Em 1881, Charles Darwin escreveu que "se o solo for batido ou se o fizerem tremer de alguma outra forma, as minhocas acreditam que estão sendo perseguidas por uma toupeira e deixam suas tocas". Mais de um século depois, Catania confirmou essa declaração.

animal é altamente sensível a vibrações, graças a seu martelo — o osso do ouvido médio.[34] Em termos relativos, é um osso enorme: embora a toupeira-dourada pese apenas trinta gramas e caiba na palma de uma mão, o martelo é maior que o seu e o meu.* Ela se alimenta à noite, quer percorrendo as dunas do Namibe, quer "nadando" na areia solta com seus pés em forma de remo.[35] Procura montes esparsos de grama nas dunas, onde talvez deliciosos cupins tenham feito seus ninhos. Peter Narins sugeriu que o vento que sopra sobre esses montes produz vibrações suaves de baixa frequência pelas dunas, as quais a toupeira-dourada consegue detectar com seus mergulhos periódicos da cabeça e dos ombros na areia.[36] Cada vez que isso acontece, as vibrações chegam ao ouvido interno pelo martelo do animal, e os montes de grama das dunas, como faróis que zumbem, ressoam a seu redor.**[37] O sentido sísmico da toupeira-dourada é tão aguçado que, embora cega, ela é capaz de caminhar entre montes distantes perfazendo linhas praticamente retas.

Toupeiras-douradas, escorpiões-das-dunas, formigas-leão e minhocas têm visão limitada e vivem muito perto do solo ou dentro dele. Parece plausível, e talvez até óbvio em retrospecto, que eles precisariam estar sintonizados às vibrações do solo. Mas um sentido sísmico é mais difícil de intuir em criaturas vivendo bem acima da superfície. Os gatos, por exemplo, têm muitos mecanorreceptores sensíveis à vibração nos músculos da barriga. Quando um gato se agacha durante uma perseguição, estaria fazendo mais do que manter-se discreto e atento? Estaria também sentindo as vibrações de uma presa em potencial? Seria um leão capaz de identificar rebanhos distantes de antílopes? "Aquele jeito de deitar-se à toa que documentários de natureza atribuem à preguiça inata dos leões pode, na verdade, ser um momento de astuta avaliação da parte deles", escreveu Peggy Hill em seu livro sobre comunicação vibracional.[38] A própria Hill admite que ideias como essas podem ser "recebidas

---

* Apesar do nome e da aparência, a toupeira-dourada não é uma toupeira. Desenvolveu, de forma independente, um físico e um modo de vida parecidos, mas está mais intimamente relacionada a uma gama heterogênea de mamíferos que inclui peixe-boi, porco-da-terra e elefantes.
** O martelo normalmente capta vibrações sonoras do tímpano e se move para transmiti-las à bigorna. A versão de martelo da toupeira-dourada é tão grande que funciona de uma maneira um pouco diferente. Quando as ondas sísmicas atingem a cabeça do animal, é o martelo que permanece no mesmo lugar, e o resto do crânio, incluindo a bigorna, vibra em torno dele.

com aplausos ou escárnio", mas que vale a pena se fazer tais perguntas. Os sentidos sísmicos têm sido negligenciados há muito tempo, e os biólogos parecem sempre perder a oportunidade de observar algo aleatório até mesmo nas criaturas mais familiares.

No início da década de 1990, Caitlin O'Connell passava semanas seguidas sentada num bunker de cimento úmido, apertado e semienterrado, olhando através de uma fenda estreita para um poço.[39] Tinha ido ao Parque Nacional Etosha, na Namíbia, para estudar elefantes e encontrar maneiras de mantê--los longe de áreas de plantação. No confinamento meditativo de seu bunker, ela passou a conhecer os rebanhos locais e certos comportamentos começaram a se destacar. Por vezes, notou, um elefante parecia sentir algo à distância, paralisava a meio passo e se inclinava à frente com uma pata apoiada nas unhas. Para O'Connell, essa pose parecia estranhamente familiar. No mestrado, ela pesquisara a comunicação vibracional de um tipo de cigarrinha que também se inclina à frente e se apoia sobre os pés na tentativa de detectar os sinais das outras. Estariam os elefantes fazendo a mesma coisa? Certamente não era coincidência que, sempre que um deles adotava tal pose, outros elefantes logo apareciam ao longe. Os animais pareciam estar ouvindo com os pés, e aparentemente ninguém havia notado.[40]

Em 2002, O'Connell regressou a seu poço para testar essa ideia.[41] Ela já havia gravado o chamado de alerta dos elefantes locais quando ameaçados por leões. O original era audível, mas O'Connell o transformou basicamente num sinal, cortando as frequências mais altas e reproduzindo o som por vibradores enterrados no solo. Ao fazer isso, rebanhos inteiros congelavam. Ficavam em silêncio, cautelosos, e se agrupavam em formações defensivas. Observando-os com seus óculos de visão noturna, O'Connell ficou emocionada. "Todos esses anos planejando, esperando e sonhando com aquele momento. Finalmente demonstrávamos que meu palpite original de tanto tempo atrás era verdadeiro", escreveu ela em *The elephant's secret sense* [O sentido secreto dos elefantes]. "Os elefantes estavam detectando nossos sinais sísmicos e respondendo a eles."[42]

Alguns anos mais tarde, ela repetiu o experimento, mas com uma vibração extra, antipredador, registrada no Quênia.[43] Dessa vez, os elefantes de Etosha reagiram às vibrações do familiar alerta local, mas não ao alerta queniano desconhecido. Os animais não apenas prestavam atenção às vibrações como eram capazes de saber se vinham de elefantes que conheciam.

Mais recentemente, O'Connell demonstrou que os elefantes respondem a outros tipos de sinais sísmicos. Num vídeo, um macho sexualmente ativo chamado Beckham procura em vão uma fêmea fértil depois de ouvir seu som por um alto-falante escondido.*[44]

E quanto às outras criaturas semelhantes a elefantes, como mamutes e mastodontes, que costumavam vagar pelo planeta? E quanto aos megatérios, aos ursos-de-cara-achatada, os quais ultrapassariam em altura os ursos-pardos modernos, aos tatus do tamanho de carros ou aos rinocerontes-girafas que eram dez vezes mais pesados que os atuais? Essa megafauna está agora extinta, e os humanos e nossos parentes pré-históricos são os culpados. À medida que nos espalhamos pelo mundo, os animais maiores desapareceram.[45] Essa tendência continua até hoje. As três espécies restantes de elefantes — duas na África e uma na Ásia — estão todas ameaçadas de extinção. Os animais terrestres que vêm a seguir na hierarquia de tamanhos — rinocerontes-brancos, rinocerontes-negros, girafas e hipopótamos — estão igualmente em apuros. Grandes rebanhos também diminuíram. Entre 30 milhões e 60 milhões de bisões vagavam pela América do Norte em grupos que chegavam aos milhares de indivíduos, mas os colonos europeus os massacraram numa tentativa de exterminar junto os povos indígenas que dependiam deles.[46] Agora restam apenas 500 mil bisões, a maioria confinada a terras privadas. Imagine como o solo hoje é mais silencioso, sem todos aqueles cascos e patas. Seis continentes que antes teriam trovejado com os passos de titãs agora reverberam gorgolejos esparsos.

Será que os humanos, causa desse silenciamento sísmico, sequer sentem a perda? As sociedades ocidentais se isolaram, em grande parte, do solo sob seus pés com sapatos, cadeiras e pisos. Se passássemos mais tempo sentados no chão, em vez de sobre ele, o que poderíamos sentir? Luther

---

* Como vimos no Capítulo 1, fazer experimentos com animais tão grandes, poderosos e inteligentes como os elefantes não é fácil, e o seu sentido sísmico permanece em grande parte misterioso. O'Connell demonstrou que os elefantes produzem ondas superficiais quando gritam e andam, mas será que o fazem deliberadamente ou essas ondas são acidentais? As vibrações podem viajar vários quilômetros e os elefantes conseguem utilizá-las para coordenar os seus grupos sociais em longas distâncias — mas será que o fazem? Eles podem usar essa informação para saber quais elefantes estão por perto ou se estão angustiados ou agressivos? Os sinais sísmicos provavelmente fazem parte do seu *Umwelt*, mas ainda não está claro se são uma parte importante.

Standing Bear, chefe indígena e escritor de Oglala Lakota, ofereceu uma pista. "Os Lakota [...] amavam a terra e todas as coisas da terra, e o apego crescia com a idade", escreveu ele em 1933.

> Os idosos passavam literalmente a amar o solo e se sentavam ou reclinavam no chão com a sensação de estar perto do poder dos cuidados maternos. [...] É por isso que o velho índio ainda fica sentado na terra, em vez de se levantar e afastar de suas forças vivificantes. Para ele, sentar-se ou deitar-se no chão é poder pensar mais profundamente e sentir mais intensamente; poder ver mais claramente os mistérios da vida e se sentir parente próximo de outras vidas a seu redor. A terra estava cheia de sons que o índio antigo podia ouvir, às vezes encostando o ouvido nela para escutar com mais clareza.[47]

Essa conexão direta com o mundo vibratório natural pode estar em declínio, mas surgiu uma paisagem vibratória diferente. Os celulares modernos vibram sobre nossa pele e nas pontas dos dedos, com alertas de últimas notícias, eventos futuros e atenção social. Nossos dispositivos se valem de vibrações para nos conectar ao mundo externo ao nosso corpo, estendendo nosso *Umwelt* para além do alcance de nossa anatomia. Como sempre, porém, outro grupo de animais chegou primeiro.

"É muito nojento aqui, só para avisar", Beth Mortimer me previne. E, ainda assim, não estou preparado.

Eu tinha pedido para ver sua colônia de aranhas *Nephila*, as quais, presumi, estariam alojadas individualmente numa fileira de gaiolas. Em vez disso, passamos por uma porta pesada e por uma cortina de largas ripas de plástico e chegamos a um recinto amplo que costumava ser um aviário, mas agora abriga algumas dezenas de aranhas criadas soltas. Mortimer e eu ficamos no meio desse aracnário para evitar nos enroscar num emaranhado de teias de um metro de largura. Elas são difíceis de serem vistas, mas facilmente consigo localizá-las procurando as grandes aranhas em seus centros. Cada uma tem o tamanho de uma orelha. Na natureza, as teias da *Nephila* conseguem ser amplas e resistentes o bastante para capturar morcegos. Neste recinto, elas são alimentadas com moscas, as quais também circulam livremente. Esta é a parte nojenta: as moscas são criadas num canto, numa caixa de compostagem cheia de bananas podres e leite em pó. Enquanto

Mortimer me conta sobre isso e sobre seu trabalho com seda de aranha, tento ignorar as enormes varejeiras pousando no meu cabelo, no bloco de notas e na caneta. "Trago alunos de graduação para cá, e é decepcionante como ficam enjoados", diz ela.

Para os humanos, cujos olhos são capazes de perscrutar todo o cenário com nitidez suficiente para distinguir a seda das teias, a sala é um labirinto de armadilhas mortais à espera para capturar as moscas. Para as aranhas, cuja visão é bem limitada, o recinto não existe, na verdade: só existem a teia e tudo o que a faça vibrar. Para as moscas, os fios finos são imperceptíveis — até ficarem presas num deles. Quase sinto pena delas. "Eu não", conta Mortimer. "Odeio moscas." Ela adora aranhas, e as *Nephila* acima de todas. Estuda outros animais sensíveis à vibração, incluindo aranhas-d'água, cigarrinhas e elefantes. Mas as *Nephila*, primeiras criaturas com que trabalhou quando iniciou sua carreira científica, "serão sempre meu primeiro amor", diz ela. "Respeito de verdade os elefantes. Mas *adoro* as aranhas. O fato de elas serem tão incompreendidas por tanta gente realmente me faz querer elogiá-las ainda mais."*

As aranhas existem há quase 400 milhões de anos e provavelmente produzem seda há todo esse tempo.[48] Essa seda é uma maravilha da engenharia. Embora leve e elástica, pode ser mais forte que o aço e mais resistente que a fibra sintética poliaramida, conhecida como Kevlar.[49] As aranhas a usam para embrulhar seus ovos, construir abrigos, pairar no ar e alçar altos voos (mais sobre isso adiante). E o que as faz mais célebres: muitas espécies a moldam numa forma plana e circular — a teia orbicular.

A teia orbicular é uma armadilha que intercepta e imobiliza insetos voadores.[50] É também um sistema de vigilância que amplia o alcance dos sentidos da aranha para muito além de seu corpo. Esse corpo é coberto por milhares de sensilas — rachaduras sensíveis à vibração semelhantes às que os escorpiões-das-dunas usam para detectar a atividade sísmica de suas presas. Nas aranhas, essas fendas também estão concentradas ao redor das articulações, onde se agrupam e formam os chamados órgãos liriformes. Usando esses órgãos extremamente sensíveis, todas as aranhas conseguem sentir

---

* É surpreendente para mim que muitos cientistas que estudam os sentidos vibracionais também sejam músicos. Frej Ossiannilsson, pioneiro na área, era violinista. Rex Cocroft originalmente ia se formar em piano antes de ser seduzido pela biologia. Beth Mortimer é cantora e também toca trompa e piano.

as vibrações que percorrem qualquer superfície onde estejam. Para a aranha-tigre do capítulo anterior, essa superfície é o solo. Para tecelãs de orbiculares como a *Nephila*, a própria teia. Essas aranhas constroem as superfícies pelas quais sentem as vibrações. Por esse motivo, a teia orbicular não é apenas mais um substrato, como solo, areia ou caules de plantas. É construída pela aranha e se torna parte dela — parte de seu sistema sensorial tanto quanto as fendas em seu corpo.

Assim como as *Nephila* no aracnário de Mortimer, a maioria das tecelãs de orbiculares se sentam no meio de sua teia e apoiam as pernas nos radiais que canalizam as vibrações em sua direção. Dessa posição, conseguem distinguir as vibrações geradas pelo farfalhar do vento ou pela queda de folhas daquelas criadas pelas presas que se debatem.[51] As aranhas provavelmente são capazes de descobrir de onde vêm esses movimentos de desespero, o que fazem comparando a força das vibrações que atingem cada uma das pernas.[52] Podem avaliar o tamanho de seus prisioneiros e se aproximar dos maiores com mais cuidado, se é que se aproximarão.[53] Se a presa para de se mexer, as aranhas deliberadamente dão um puxão na seda para "ouvir" os ecos vibracionais que retornam e averiguar.[54] Quando se trata da captura de presas, as vibrações substituem outros estímulos. Se uma mosca saborosa sobrevoa uma das tecelãs, a aranha simplesmente a espanta com as patas. A mosca só se torna reconhecível como alimento se sacudir a teia.

Essa dependência das vibrações é tão absoluta que muitos animais podem explorar as tecelãs de orbiculares camuflando suas pegadas. A pequena aranha-gota-de-orvalho *Argyrodes* é uma ladra que rouba de aranhas maiores como a *Nephila* hackeando suas teias.[55] De um esconderijo próximo, ela passa várias linhas de seda até o centro e os raios de uma teia de *Nephila*, conectando efetivamente seu sistema sensorial ao da aranha maior. E assim consegue saber quando a *Nephila* pegou alguma coisa e está embrulhando em seda para guardar. Aí corre até lá e come o inseto, muitas vezes depois de libertá-lo da teia principal para que a aranha hospedeira não consiga mais detectá-lo. A *Argyrodes* age com cuidado para evitar se entregar com as próprias vibrações. Só corre quando a *Nephila* está em movimento e anda mais devagar se a hospedeira ficar parada. Ela também segura todos os fios que corta para evitar que de repente deixem de estar tensionados. Com tais subterfúgios, a ladra quase nunca é pega. Até quarenta delas podem se conectar a uma única teia de *Nephila*.

Outras criaturas têm intenções mais letais do que pilhar alimentos. Alguns insetos assassinos andam tão furtivamente que são capazes de rastejar até uma aranha e matá-la em sua própria teia.[56] A *Portia*, uma aranha saltadora que come outras aranhas, agitará violentamente uma teia de modo a imitar o impacto de um galho, usando essa cortina de fumaça vibracional para atacar sua presa.[57] Tanto a *Portia* quanto os insetos assassinos dão puxões nas teias para simular as vibrações de presas capturadas e atrair as aranhas para elas. Esses predadores estão todos plenamente visíveis, mas, como suas vibrações parecem as de um inseto, de um galho ou de uma brisa, uma tecelã orbicular não consegue perceber a diferença. Vive no que Friedrich Barth chama de "um pequeno mundo tecido e cheio de vibrações".[58]

Uma tecelã não apenas constrói a própria paisagem vibracional, mas também pode ajustá-la como se afinasse um instrumento musical. O alcance desse instrumento é enorme. Usando armas de ar comprimido para disparar projéteis contra as fibras de seda individuais e analisando os fios com câmeras e lasers de alta velocidade, Mortimer concluiu que algumas dessas sedas transmitem vibrações numa faixa de velocidades mais ampla do que qualquer material conhecido.[59] Uma aranha consegue, teoricamente, mudar a velocidade e a força dessas vibrações, alterando a rigidez da seda, a tensão nos fios e a forma geral da teia. Pode fazer isso toda vez que constrói uma nova teia, ao expulsar a seda de seu corpo a velocidades diferentes, criando fibras de espessuras diversas ou adicionando tensão aos novos fios.[60] Pode também ajustar teias já tecidas somando, removendo ou puxando fios específicos. Conta ainda com a tendência natural da seda de se contrair com a umidade e, em seguida, esticar esses fios tensos na medida certa. Não está claro quando as tecelãs orbiculares decidem fazer algo assim, mas elas certamente têm a opção de afinar os próprios sentidos e definir o próprio *Umwelt* de acordo com suas necessidades.

O zoólogo Takeshi Watanabe mostrou que a tecelã japonesa *Octonoba sybotides* muda a estrutura de sua teia quando está com fome.[61] Acrescenta decorações em espiral que aumentam a tensão ao longo dos raios, melhorando a capacidade da teia de transmitir as vibrações mais fracas de presas menores. Quando se está faminto, cada naco conta. Para capturá-los, a aranha expande o alcance de seus sentidos, alterando a natureza da sua teia.

Mas aqui vem a parte verdadeiramente importante: Watanabe descobriu que uma aranha bem alimentada *também* irá atrás de pequenas moscas se for colocada numa teia tensa construída por uma aranha faminta. A aranha efetivamente terceiriza *para a teia* a decisão sobre qual presa atacar. A escolha depende não apenas dos neurônios, dos hormônios ou de qualquer outra coisa dentro do corpo, mas igualmente de algo fora dele — algo que ela pode criar e ajustar. Mesmo antes de as vibrações serem detectadas por seus órgãos liriformes, a teia determina quais vibrações chegarão às patas. A aranha come tudo de cuja presença estiver consciente e estabelece os limites da sua consciência — a extensão de seu *Umwelt* — tecendo diferentes tipos de teias.*[62] A teia, portanto, é uma extensão não apenas dos sentidos de uma aranha, mas de sua *cognição*.[63] De uma forma muito real, a aranha pensa com sua teia. Afinar a seda é como afinar a própria mente.

Uma aranha também é capaz de fazer tais ajustes no próprio corpo. A biofísica Natasha Mhatre mostrou que a infame viúva-negra afina os órgãos liriformes das articulações para diferentes frequências vibracionais pela alteração de sua postura.[64] A viúva tece uma teia horizontal caótica e, em geral, fica dependurada de cabeça para baixo com as pernas estendidas. Mas, quando está com fome, também pode se "agachar" — uma postura relacionada a seu poder sensorial, que reajusta as articulações para frequências mais altas. Como no caso da teia tensa da tecelã orbicular de Watanabe, é uma postura que proporciona deslocar o *Umwelt* da aranha para os movimentos de presas menores. Também pode ajudá-la a ignorar as baixas frequências do vento. É como se fosse um foco postural, que permite à aranha concentrar sua atenção. A analogia não é exata, pois, para os olhos, significa focar partes específicas do espaço. Aqui, a postura da viúva-negra a ajuda a concentrar-se em diferentes lugares do *espaço informacional*. É como se um ser humano conseguisse dar ênfase às partes vermelhas da visão ao se agachar ou destacar os sons agudos ficando na posição da ioga do cachorro olhando para baixo.

O agachamento da viúva-negra me lembra a posição de caça do escorpião-das-dunas, a cabeça enterrada da toupeira-dourada e a postura

---

* Aranhas da família Araneidae, que tecem teias orbiculares, também puxam fios que levam a áreas onde as presas são capturadas repetidamente, concentrando sua atenção nas partes da teia com maior probabilidade de produzir alimento.

inclinada à frente e na ponta dos pés que levou Caitlin O'Connell à descoberta do sentido sísmico dos elefantes. É lógico pensar que os animais que perscrutam as vibrações debaixo deles possam ter formas especiais de interagir com seja lá o que for que estejam pisando. Para nós, basta ficarmos sentados.

Desde que peguei um cachorrinho, tenho passado muito mais tempo no chão do que antes. Desse lugar, consigo sentir vibrações superficiais que nunca havia notado antes. Percebo os passos dos meus vizinhos quando eles entram e saem. Percebo o ronco dos caminhões de lixo que passam lá fora. É um mundo ao qual posso me "rebaixar", mas, para Typo, é o mundo onde vive permanentemente. Sendo um corgi, seu lugar normal é 1,5 metro mais perto do chão ondulante. Eu me pergunto o que ele sente. Também me pergunto o que ele ouve. Typo muitas vezes é interrompido em seu descanso, seus ouvidos de Yoda captando algo que os meus não captaram. Ele me lembra do que estou deixando passar: não apenas as ondas de superfície viajando pelo chão abaixo de nós, mas igualmente as ondas de pressão — os sons — transportadas pelo ar ao nosso redor.

8.
Todo ouvidos
Som

Roger Payne tinha medo do escuro. Quando estava no ensino médio, ele tentou superar essa fobia fazendo longas caminhadas noturnas por uma reserva natural perto de sua casa. Durante esses passeios solitários, era frequente ouvir (e ocasionalmente ver) uma coruja que morava num prédio próximo. E, à medida que seu medo da noite diminuía, o interesse pelas corujas crescia. Em 1956, quando teve a oportunidade de estudar aves, ainda na graduação, ele mergulhou de cabeça.

As corujas têm olhos grandes, mas são capazes de capturar presas numa escuridão tão completa que ali nem elas conseguem enxergar. Payne suspeitou que, para isso, usassem os ouvidos. Para testar essa ideia, ele colou folhas de plástico pretas nas janelas de uma grande garagem e forrou o chão com uma espessa camada de folhas secas.[1] Num poleiro a um canto, colocou uma coruja doméstica, à qual dera o nome de Corujão em homenagem ao personagem da série *Ursinho Pooh*. Em seguida, sentado no escuro, Payne soltou um rato. "Não consegui ver nada, mas, assim que o rato começou a se mexer, ouvi seus ruídos, como de um farfalhar", ele me conta. Corujão ouviu também. Nas primeiras três noites do experimento, a ave não fez nada. Mas, na quarta noite, Payne escutou o som de um bote. Acendeu as luzes e viu o rato nas garras de Corujão.

Nos quatro anos seguintes, Payne fez mais experimentos com sua coruja e com outras, todos confirmando a grande habilidade delas em localizar suas presas pelo som.[2] Os ratos pareciam cientes do perigo e se esgueiravam num passo lentíssimo quando Payne os introduzia no recinto coberto de folhas. Assim que começavam os farfalhares, estavam perdidos. Observando tudo com uma luneta infravermelha, Payne viu que as corujas reagiam ao primeiro farfalhar inclinando-se para a frente. No segundo, mergulhavam de cabeça na direção do roedor para, no último momento, girar o corpo quase 180 graus e aplicar as garras na posição onde antes estavam seus rostos. Eram tão precisas que conseguiam não apenas pousar sobre um rato, mas também apanhá-lo ao longo do eixo de seu corpo. Se Payne arrastasse um chumaço de papel do tamanho de um roedor pelas folhas, as corujas igualmente o caçavam. Se amarrasse uma única folha na cauda de um rato e o largasse para correr por um chão de espuma, era a folha que as corujas atacavam. Esses testes confirmaram que aqueles pássaros não poderiam estar usando o olfato, a visão ou qualquer outro sentido. Inquestionavelmente usavam os ouvidos para guiar seus botes. E, se Payne tapasse um desses ouvidos com algodão, as outrora infalíveis corujas erravam seus alvos por mais de trinta centímetros. "Foi uma emoção", ele me conta. "A evidência era muito clara."

Quando um rato farfalha, um cachorro late ou uma árvore cai na floresta, são produzidas ondas de pressão que se irradiam.[3] À medida que essas ondas viajam, as moléculas de ar em seu caminho se agrupam e espalham repetidamente. Esses movimentos, que ocorrem na mesma direção da linha de deslocamento da onda, são o que chamamos de som. O número de vezes que as moléculas se comprimem e dispersam num segundo determina a frequência do som — seu tom, que é medido em hertz (Hz). A extensão com que o som se propaga determina sua amplitude — seu volume, que é medido em decibéis (dB). A audição é o sentido que detecta esses movimentos.

Nosso ouvido consiste em três partes — os ouvidos externo, médio e interno. O externo recebe as ondas sonoras que chegam, coletando-as com uma aba carnuda e transmitindo-as pelo canal auditivo. No fim do canal, elas fazem vibrar uma membrana fina e esticada chamada tímpano. Essas vibrações são amplificadas pelos três ossinhos do ouvido médio, que conhecemos no capítulo anterior, e enviadas ao ouvido interno — especificamente, a um longo tubo cheio de líquido chamado cóclea. Lá, as vibrações são finalmente detectadas por uma faixa de células ciliadas sensíveis ao movimento, as quais enviam sinais ao cérebro. Ouve-se um som.*

O ouvido da coruja-das-torres compartilha a mesma estrutura básica: o externo coleta, o médio amplifica e transmite e o interno detecta.[4] Mas, enquanto nosso ouvido externo é um par de abas carnudas, o da coruja é, na

---

* Essas células ciliadas são semelhantes às das linhas laterais dos peixes, porque tanto a orelha quanto a linha lateral provavelmente evoluíram a partir do mesmo sistema sensorial ancestral.

verdade, seu rosto inteiro.*[5] As penas do notável disco facial que dá à coruja aparência de coruja são grossas, rígidas e densamente compactadas. Funcionam como uma antena de radar que coleta as ondas sonoras que chegam e as canaliza em direção aos orifícios dos ouvidos. Essas enormes aberturas se encontram atrás dos olhos da coruja, escondidas entre as suas penas. Em algumas espécies, são aberturas tão largas que, abrindo caminho entre as penas e olhando ali dentro, é possível ver a parte de trás do globo ocular da coruja. Tais características, combinadas com um tímpano e uma cóclea muito maiores do que seria de esperar para uma ave do seu tamanho, contribuem para a sensibilidade auditiva excepcional de uma coruja-das-torres.

A coruja é excelente não apenas em detectar sons, mas também em descobrir exatamente de onde eles vêm.** Conforme aprendemos no capítulo sobre a visão, se você fizer um sinal de positivo com o braço estendido, a distância até sua unha representará aproximadamente um grau no espaço. Masakazu Konishi e Eric Knudsen demonstraram que, na melhor das hipóteses, as corujas são capazes de localizar a fonte de um som com precisão de dois graus do perímetro do local exato.[6] É mais do que a maioria dos animais que vivem na terra consegue fazer. Para efeito de comparação, os gatos, cujos ouvidos são quase tão sensíveis quanto os da coruja, só conseguem localizar sons num perímetro de três a cinco graus.

---

* Algumas outras diferenças: a cóclea da coruja é curvada como uma banana, enquanto a humana é enrolada como uma concha de caracol, e seu ouvido médio tem apenas um osso em vez de três. Além disso, ao contrário dos mamíferos, as corujas e outras aves têm orelhas que não envelhecem. Suas células ciliadas se regeneram e a sensibilidade auditiva quase não diminui com a idade. O que é confuso é que os tufos proeminentes da coruja bufo-pequeno, da coruja-do-banhado e de seus parentes são apenas enfeites que não fazem parte da orelha e não estão envolvidos na audição.   ** Nem uma coruja consegue ouvir tudo. Como os humanos e todos os outros animais, ela só consegue detectar sons dentro de certa faixa de frequências ou tons. Essa faixa é determinada pelas células ciliadas da cóclea, que estão dispostas em uma longa faixa chamada membrana basilar. A base dessa membrana vibra em frequências mais baixas, enquanto a ponta, em frequências mais altas. Dependendo de quais partes dessa base estão vibrando e, portanto, de quais células ciliadas estão sendo estimuladas, o cérebro da coruja pode descobrir quais frequências estão atingindo seu ouvido. Comprimento, espessura, formato e rigidez da membrana determinam os limites superior e inferior de sua faixa auditiva. Em média, os humanos conseguem ouvir sons entre 20 Hz e 20 kHz, enquanto as corujas têm uma faixa auditiva um pouco mais estreita, entre 200 Hz e 12 kHz. Dentro dessa faixa, elas são especialmente sensíveis a qualquer coisa entre 4 kHz e 8 kHz, o que não coincidentemente cobre as frequências que os ratos emitem quando correm pela serapilheira.

Os humanos são quase tão bons quanto as corujas na direção horizontal, mas consideravelmente piores na vertical, com nossa precisão caindo a algo entre três graus e seis graus. Isso ocorre porque nossos ouvidos ficam nivelados um com o outro, de modo que os sons chegam a ambos aproximadamente ao mesmo tempo, quer venham de cima ou de baixo.* As orelhas de uma coruja, no entanto, são singularmente assimétricas, com a esquerda mais alta que a direita.[7] Se a gente pensar na cara de uma coruja como se fosse um relógio, a abertura da orelha esquerda acontece às duas horas, enquanto a da direita aparece às oito. Se um som vem de cima ou da esquerda, chega um pouco antes e um pouco mais alto no ouvido esquerdo, superior, do que no direito, inferior. Se vem de baixo ou da direita, o contrário. O cérebro da coruja usa essas diferenças de tempo e volume para calcular a posição da fonte de um ruído tanto na vertical quanto na horizontal.[8] Se, durante uma caminhada, eu ouvir um farfalhar próximo, consigo saber mais ou menos de onde vem e então viro a cabeça para que meus olhos possam localizar a fonte do barulho. Mas uma coruja pousada lá no alto é capaz de saber *exatamente* de onde ele vem apenas com os ouvidos. Uma coruja-cinzenta consegue arrancar um lemingue de dentro de seu túnel coberto de neve ou romper com precisão o telhado de uma toca de esquilo, bastando para isso escutar os sons de mastigação ou de correria vindos do subsolo. Essas proezas são notáveis e sugerem por que a audição pode ser um sentido tão útil.

Dentre os cinco sentidos tradicionais, a audição está mais intimamente relacionada ao tato. Isso pode ser contraintuitivo, uma vez que o último trata de superfícies, que são sólidas e tangíveis, e o primeiro, de sons, que parecem aéreos e etéreos. Mas tanto a audição como o tato são sentidos mecânicos: detectam movimentos no mundo exterior usando receptores que enviam sinais elétricos quando dobrados, pressionados ou deformados. No tato, esses movimentos ocorrem quando as pontas dos dedos (ou do bico,

---

* Localizamos sons sem pensar conscientemente sobre isso, o que esconde o quanto essa tarefa é difícil. O olho vem com uma sensação inerente de espaço, porque a luz de diferentes partes do mundo incide sobre diferentes partes da retina. Mas os ouvidos são configurados para capturar qualidades como frequência e volume que não possuem nenhum componente espacial intrínseco. Para que um animal pegue essa informação e a transforme em um mapa-múndi, seu cérebro precisa trabalhar muito.

ou ainda dos bigodes e órgãos de Eimer) recebem pressão ou são alisados contra uma superfície. Na audição, quando as ondas sonoras alcançam o ouvido e perturbam pequenas células ciliadas dentro dele.

Mas, ao contrário do tato, a audição pode operar a longas distâncias. Ao contrário da visão, a audição funciona na escuridão e através de barreiras sólidas e opacas. Ao contrário do sentido vibracional do capítulo anterior, não precisa de uma superfície, e funciona em meios abrangentes, como o ar ou a água. E, ao contrário ainda do olfato, que é limitado pela lenta difusão das moléculas, ocorre à velocidade consideravelmente mais rápida do som. Alguns sentidos apresentam algumas dessas qualidades, mas a audição tem todas, e é por isso que alguns animais dependem tanto dela. William Stebbins certa vez resumiu lindamente a questão: "Muito diferente de outras formas de estimulação, [o som] transmite informações sobre acontecimentos atuais ocorrendo a distâncias que não podemos ver", escreveu ele.[9]

Compare uma coruja com uma cascavel. Ambas são noturnas. Ambas caçam roedores. A cascavel não precisa comer com muita frequência e é uma caçadora afeita a emboscadas. Usa seu olfato para encontrar o local adequado a uma vigilância prolongada e espera que as vítimas se movam dentro do curto alcance de seu sentido infravermelho. A coruja não pode se dar a esse luxo. Para sustentar seu elevado metabolismo, tem de encontrar presas com mais regularidade, o que significa perscrutar uma vasta área de floresta e localizar com precisão o farfalhar de roedores que se movem ligeiros, mas invisíveis. A audição — de longo alcance, de alta velocidade e precisa em termos de resolução — torna-se naturalmente seu sentido primário.

Mas caçar pelo som tem uma grande desvantagem: ruídos. Um predador que se guia visualmente, como uma águia, não emite luz ao se mover, mas uma coruja não consegue evitar de fazer barulho ao bater as asas. Esses ruídos, que ficam próximos aos ouvidos da coruja, podem abafar os sons fracos e distantes da presa. Felizmente, a coruja tem penas macias no corpo e bordas serrilhadas nas asas que tornam seu voo silencioso e quase imperceptível.[10] O ruído que faz se dá principalmente abaixo da faixa de frequências à qual seus ouvidos são mais sensíveis e também abaixo da frequência inferior escutada por pequenos roedores.[11] A coruja consegue ouvir muito bem um rato, mas um rato mal consegue escutar uma coruja chegando.

Ratos-cangurus conseguem. Esses pequenos roedores saltitantes têm ouvidos médios até que grandes, maiores que o cérebro.[12] Essas câmaras amplificam de forma específica as baixas frequências produzidas pelas asas de uma coruja e permitem que os ratos-cangurus escutem o perigo que a maioria dos outros roedores não consegue perceber. Portanto, é especialmente difícil as corujas os capturarem.[13] Eles conseguem até mesmo ouvir os sons que as cascavéis fazem quando atacam, com tempo suficiente para saltar, dar a volta no ar e chutar a cara da cobra.[14] (Rulon Clark, o especialista em cobras que conhecemos no capítulo sobre o calor, os descreve como uma "presa particularmente desagradável".)

A conexão entre essas criaturas todas é o som. Sua vida e sua morte são determinadas pelas frequências que são capazes de ouvir, por sua sensibilidade a essas frequências e sua capacidade de localizar a fonte de um barulho. Cada espécie tem seus próprios pontos fortes e fracos. Uma coruja é extremamente sensível às frequências produzidas por ratos em correria e capaz de localizar esses sons com uma precisão quase incomparável, mas ignora as notas mais agudas e mais graves que os ouvidos humanos podem detectar. Os ratos não conseguem ouvir o bater de asas grave de uma coruja, mas emitem guinchos de alerta estridentes que ela não escuta. Tal como acontece com outros sentidos, a audição de um animal está em sintonia com as suas necessidades. E alguns não precisam ouvir nada.

Nossas orelhas arredondadas podem parecer muito diferentes dos triângulos pontiagudos da raposa-do-deserto, das gigantescas abas do elefante ou dos simples orifícios do golfinho, mas essas diferenças são superficiais. Os mamíferos, na maior parte, têm uma audição muito boa, e os ouvidos da maioria são muito semelhantes. Eles sempre existem, para começar. São sempre dois. E sempre se localizam na cabeça. Nenhuma dessas verdades absolutas é absolutamente verdadeira para os insetos. Eles também evoluíram para ter ouvidos, mas são ouvidos que se apresentam numa variedade tão deslumbrante que oferecem três lições importantes sobre por que os animais escutam.[15]

A primeira lição: a audição é útil, mas não universalmente, como são o tato ou a nocicepção. Afinal, os primeiros insetos eram surdos.[16] Tiveram de desenvolver ouvidos e, ao longo de sua história de 480 milhões de anos, isso ocorreu em pelo menos dezenove ocasiões independentes e abrangendo quase todas as partes imagináveis do corpo.[17] Há ouvidos nos joelhos dos grilos e gafanhotos, no abdômen destes e das cigarras, na boca das mariposas-falcões.[18] Mosquitos escutam com as antenas.[19] As borboletas-monarcas ouvem por um par de pelos na barriga.[20] Os gafanhotos Pneumoridae têm seis pares de ouvidos que descem pelo seu abdômen, ao passo que os louva-a-deus contam com uma única orelha ciclópica no meio do peito.*[21][22] Os ouvidos dos insetos são tão diversos porque a maioria evoluiu a partir de estruturas sensíveis ao movimento chamadas órgãos cordotonais, os quais se encontram por todo o corpo dessa classe de animais.[23] Esses órgãos consistem em células sensoriais que ficam logo abaixo de sua dura cutícula externa, e respondem a vibrações e tensionamentos. Informam aos insetos a posição das partes do próprio corpo — asas que batem, membros que se mexem, entranhas que incham. Mas, como os órgãos cordotonais também podem reagir a sons muito altos transportados pelo ar, têm praticamente uma predisposição a se transformar em ouvidos. Só o que precisam é se tornar mais sensíveis, e isso é fácil: basta que a cutícula que os encobre seja mais fina para se criar um tímpano.** Como isso pode acontecer em quase qualquer parte do corpo, os insetos acabam por fazer emergir ouvidos dos lugares mais improváveis. É como se, neles, todas as superfícies estivessem prontas a escutar.

Muitos insetos, porém, não exploraram esse artifício evolutivo. Pelo que se sabe, os efemerópteros e as libélulas não têm ouvidos. A maioria dos besouros também não. Na verdade, a maior parte dos insetos parece ser surda, e, uma vez que eles superam em número todas as outras espécies animais, conclui-se que *a maioria dos animais talvez seja surda*. Pode parecer estranho, em especial porque o som aparenta ser algo tão onipresente para aqueles de nós capazes de escutar. E, no entanto, milhões de pessoas surdas passam bem sem ele e muitos animais nem sequer se preocupam com a questão. Quando olhamos para nossos companheiros mamíferos e

---

* Em 1968, um zoólogo chamado David Pye publicou um delicioso poema de cinco versos sobre orelhas de insetos na *Nature*, uma das revistas científicas mais conceituadas do mundo. Em 2004, os cientistas aprenderam tanto mais sobre essas orelhas que Pye foi obrigado a publicar uma sequência com doze versos extras. "Com os anos idos apareceram mais ouvidos/ Em novas formas e formatos./ Quanto mais aprendemos, mais percebemos/ Não existem regras tão claras", escreveu ele. ** Nem todos os ouvidos dos insetos têm tímpanos. As antenas dos mosquitos e os pelos das borboletas-monarca agem mais como os pelos sensíveis ao fluxo de ar das aranhas e dos grilos, que conhecemos no Capítulo 6.

outros vertebrados, é até perdoável que pensemos que a audição é inestimável. Quando observamos os insetos, percebemos que ela é decididamente opcional.

Tal como acontece com a visão, para pensar sobre como os animais escutam, é preciso compreender como eles usam os ouvidos. A audição é especificamente útil porque oferece informações rápidas, precisas, de longo alcance e 24 horas por dia, o que permite aos animais perceber tanto presas em movimento rápido quanto ameaças que se aproximam em velocidade. Em consequência, muitos insetos parecem ter desenvolvido ouvidos para escutar seus predadores.[24] Muitas borboletas, incluindo a impressionante azulão, têm ouvidos nas asas.[25] Essas espécies são silenciosas, de modo que certamente seus indivíduos não estão escutando uns aos outros. Em vez disso, Jayne Yack demonstrou que seus ouvidos alados sintonizam as mesmas frequências produzidas pelas aves que são suas predadoras.[26] As borboletas são capazes de escutar, a vários metros de distância, batidas de asas, chamados territoriais e provavelmente outros sons relevantes, como penas arrastando na grama ou pés pulando de galho em galho. Devem usar seus ouvidos da mesma forma que um rato-canguru.*

As características que tornam a audição boa para detectar predadores também a predispõem à comunicação. Ao produzir sons e ouvi-los, os animais podem trocar sinais a distâncias maiores do que vibrações superficiais permitiriam, em ambientes escuros e cheios de obstáculos que obstruem pistas visuais e a uma velocidade maior do que poderiam alcançar os feromônios. O que talvez explique por quê, há milhões de anos, grilos e gafanhotos começaram a cantar.

São os machos os barulhentos. Eles têm uma crista numa das asas e uma fileira de dentes em forma de pente na outra. Quando esfregam um lado no outro, produzem um som *trrrrp*, que as fêmeas ouvem com os tímpanos de suas patas dianteiras. Insetos fossilizados com as mesmas cristas e pentes nas asas sugerem que essa música vem sendo tocada há pelo menos 165

---

* A aptidão do ouvido para detectar predadores pode explicar por que alguns grupos de insetos não se preocuparam em evoluí-los. Talvez os efemerópteros, que não têm orelhas, voem no ar em números tão grandes que encontram segurança contra predadores sem precisar de um sistema de alerta precoce. Talvez as libélulas, que também não têm orelhas, confiem na sua excelente visão para detectar o perigo que se aproxima e na sua perspicácia aeronáutica para escapar até mesmo de ataques de curta distância.

milhões de anos e provavelmente há muito mais tempo.[27] Cerca de 40 milhões de anos atrás, porém, outro grupo de insetos começou a escutar os cantores: as moscas parasitas da classe dos taquinídeos. A maioria dos taquinídeos rastreia suas vítimas pela visão ou pelo olfato, mas a *Ormia ochracea* — uma espécie amarela de pouco mais de um centímetro de comprimento encontrada nas Américas — usa o som. Assim como as fêmeas dos grilos, também escuta o canto dos machos. Guiando-se por aqueles melodiosos *trrrrp*, ela pousa no cantor ou perto dele e ali deposita suas larvas. Estas se enterram no grilo e o devoram lentamente por dentro.

Os ouvidos da *Ormia* não são aparentes. Mas Daniel Robert está tão familiarizado com ouvidos de insetos que, quando olhou pela primeira vez a mosca ao microscópio, no início da década de 1990, reconheceu instantaneamente um par de tímpanos — duas finas membranas ovais logo abaixo do pescoço.[28] ("Talvez eu seja muito nerd", Robert me diz.) São ouvidos muito diferentes dos da maioria das moscas, em geral emplumados e localizados nas antenas. Os da *Ormia* se parecem muito mais com os de uma fêmea de grilo e igualmente sintonizam a frequência da música dos machos. A *Ormia* aproveitou o *Umwelt* auditivo dessas fêmeas para usá-lo com o mesmo objetivo delas: localizar um macho que não conseguem enxergar ao longe. Quem já foi atormentado por um grilo cantando em algum lugar da casa sabe como é difícil encontrar o ponto de origem do chilrear infernal. A *Ormia* não tem esse problema. Consegue mirar um grilo cantor com uma precisão de um grau,[29] o que é melhor do que os humanos, as corujas e quase todos os outros animais já testados são capazes de fazer.*[30]

---

* A coruja-das-torres nos mostrou que os animais podem descobrir de onde vem um som comparando o momento em que ele chega a cada ouvido. Mas, à medida que os animais ficam menores, seus ouvidos ficam mais próximos e os sons chegam a ambos quase simultaneamente. Os ouvidos da Ormia estão separados por menos de 0,5 milímetro. A distâncias tão pequenas, o canto de um grilo deveria atingir os dois tímpanos com uma diferença de no máximo 1,5 microssegundos — uma janela de tempo tão estreita que poderia muito bem não existir. (Para efeito de comparação, os ouvidos humanos precisam de separações de pelo menos 500 microssegundos para localizar um som com precisão.) Mas Robert e o seu mentor Ron Hoy mostraram que os tímpanos da *Ormia*, ao contrário dos nossos, estão ligados. Dentro da pequena cabeça da mosca, eles estão ligados por uma alavanca flexível que parece um cabide. Quando o som vibra em um tímpano, a alavanca transmite essas vibrações para o tímpano oposto — mas com um ligeiro atraso de cerca de 50 microssegundos. Isso aumenta muito a diferença de tempo entre os dois ouvidos e faz a diferença entre a *Ormia* ouvir um grilo e a *Ormia* ouvir um grilo logo ali.

Apesar dessa acuidade superlativa, os ouvidos da *Ormia* comandam um comportamento muito simples: *encontrar o grilo*. É assim em muitos ouvidos de insetos, e Jayne Yack acha que isso também pode explicar por que eles evoluíram para se alojar numa variedade tão grande de partes do corpo. Ouvidos, diz ela, tendem a aparecer perto dos neurônios que controlam as ações para as quais a evolução os colocou ali. As fêmeas dos grilos se voltam e vão em direção aos machos cantores, daí seus ouvidos se localizarem nas pernas. Louva-a-deus e mariposas executam rasantes e acrobacias de fuga quando escutam predadores, de modo que seus ouvidos ficam nas asas ou perto delas. (Sopre um apito de cachorro perto de uma mariposa orelhuda e ela começará a fazer loopings e espirais.)

Eis a segunda lição que os ouvidos dos insetos nos ensinam: ouvir pode ser incrivelmente simples. A gente talvez pensasse que um grilo capaz de escutar cria uma representação mental do que ouve e a compara com algum modelo interno da canção ideal a ser executada por um macho. Nada disso é necessário. Com vários estudos meticulosos, Barbara Webb mostrou que os ouvidos da fêmea do grilo, e os neurônios a eles ligados, estão programados para que ela reconheça *automaticamente* o canto do macho e se volte naquela direção.[31] Suas ações estão integradas a seu sistema sensorial.*[32] Em se tratando do sentido que está na base da maior parte da nossa música e da linguagem, pode ser difícil dissociar a audição da sofisticação de pensamento, da emotividade e da criatividade. Mas ela pode ser semelhante à reação de um ser humano que chuta quando recebe a pancadinha de um martelo no joelho.

Mesmo comportamentos simples podem ter grandes consequências. A capacidade acústica da *Ormia* é tão aguçada que certa vez, no Havaí, um terço dos grilos machos estava infestado de larvas, o que os ameaçava seriamente. Os grilos reagiram com uma mutação que deformou a estrutura semelhante a um pente nas asas e silenciou seu canto. Evitaram o sepulcro com um silêncio sepulcral. Isso aconteceu num período de vinte gerações, tornando os grilos de "asas planas" um dos casos de evolução mais rápidos já documentados na natureza.[33] Os machos recentemente tornados silenciosos são indetectáveis pela *Ormia*, mas também pelas fêmeas. Acabaram

---

* Webb até construiu um robô simples que se comporta exatamente como uma fêmea de grilo e consegue rastrear um macho cantando, mesmo que não tenha uma concepção intrínseca de sua música.

limitados a perambular em torno dos poucos machos que ainda conseguem cantar, na esperança de um acasalamento furtivo com as fêmeas que estes atraem. Também seguem esfregando as asas como se ainda pudessem cantar despreocupados.

E aqui chegamos à terceira lição aprendida com os ouvidos dos insetos: a audição dos animais pode impulsionar a evolução do que ouvimos como seus chamados e vice-versa. Assim como são os olhos que definem a paleta da natureza, são os ouvidos que definem suas vozes.

No verão de 1978, após um longo voo, uma viagem de trem e um trecho de barco, um jovem estudante chamado Mike Ryan finalmente chegava à ilha de Barro Colorado, no Panamá, para estudar rãs. Tinha sido fisgado pelos anfíbios desde que testemunhara um biólogo mais velho identificar uma espécie atrás da outra apenas ouvindo seus chamados. Se outro ser humano era capaz de escutar tanta coisa naquilo que, a seus próprios ouvidos, soava como uma cacofonia informe, perguntou-se Ryan, o que as próprias rãs não poderiam ouvir? Ele sabia que os machos gritavam para atrair parceiras, mas que partes daquela música as fêmeas estavam ouvindo? O que soaria bonito para uma rã?

Inicialmente, o plano de Ryan era estudar a rã-de-olhos vermelhos do Panamá, a mesma na qual Karen Warkentin, de quem ele seria orientador, se concentraria duas décadas mais tarde.* Mas aquela espécie vivia agarrada às copas das árvores e não era muito falante. Quando Ryan tentava gravar seus cantos, captava outra espécie muito mais barulhenta que gritava a seus pés: a rã-túngara.[34] "Eu ficava chutando essas rãs para longe pra ver se ficavam quietas", ele me conta. "Aí falei: dã, eu podia simplesmente *estudá-las*, né? Tinha um monte delas, e bem na minha frente."

Imagine uma rã comum. A túngara corresponderá a essa imagem. Tem mais ou menos o tamanho de uma moeda de 25 centavos de dólar, a pele acidentada e de cor opaca, como de musgo. Mas o que lhe falta em extravagância visual é compensado com talento acústico. Depois do pôr do sol, os machos inflam seu enorme saco vocal e forçam o ar através de câmaras de voz maiores que seu cérebro. O resultado é um gemido curto que diminui

---

* Rex Cocroft, o aficionado por cigarrinhas que conhecemos no capítulo anterior, também foi um dos alunos de Ryan.

de tom, como uma pequena sirene que fosse sumindo. Depois disso, eles podem acrescentar um ou mais floreios curtos em staccato, conhecidos como cacarejos. Para alguns ouvidos humanos, o chamado combinado soa como "tún-ga-ra" — daí o nome da espécie. Para Ryan, soa como o efeito sonoro de um videogame antigo.* Para uma fêmea, como um convite. Ela se senta diante de vários machos, compara seus gemidos e cacarejos, escolhe o espécime com o som mais atraente e permite que ele fertilize seus óvulos. Sapos fazendo a corte podem emitir até 5 mil chamados numa única noite antes de serem escolhidos. Ryan sabe disso porque passou 186 noites consecutivas em Barro Colorado, durante as quais registrou as serenatas e peripécias amorosas de mil túngaras marcadas individualmente, do anoitecer ao amanhecer.[35] Foi uma maratona de voyeurismo, na qual ele aprendeu um fato crucial: cacarejos são *muito* sexy.

As fêmeas quase sempre preferem os machos que floreiam seus gemidos com cacarejos, em vez daqueles que só choramingam.[36] Cacarejos são tão esperados que, se um macho reluta em emiti-los, a fêmea às vezes o golpeia com o corpo até ouvi-lo. Ryan gravou a música dos machos e juntou seus gemidos e cacarejos em diferentes combinações. Numa sala à prova de som, tocou esses remixes em pares para as fêmeas em diferentes alto-falantes e observou para qual deles elas se dirigiam. Aprendeu que um gemido é atraente por si só, mas um cacarejo o torna cinco vezes mais atraente. Mais cacarejos são mais sexy do que menos. Cacarejos mais graves são mais sexy do que os agudos. Essas preferências são claras. As razões que as explicam, não.

Ryan descobriu que o ouvido interno da rã é especialmente sensível a frequências de 2130 Hz,[37] logo abaixo da frequência dominante de um cacarejo padrão.** Até num lago barulhento, onde várias espécies podem estar cantando ao mesmo tempo, uma fêmea consegue encontrar sem problemas os machos apropriados, pois ouve seus chamados com mais acuidade do que os de outras rãs. Os machos maiores cantam especialmente alto e claro, uma vez que seus sons mais graves se aproximam mais da frequência ideal do ouvido interno. Talvez, raciocinou Ryan, seja por isso que o ouvido da rã-túngara

---

* Ryan sabe fazer uma ótima imitação da rã-túngara, mas, para minha decepção, nunca tentou entoar uma versão através de um alto-falante para ver se conseguiria atrair uma fêmea. "Eu devia fazer isso", ele me diz.　　** Tecnicamente, a rã tem dois órgãos auditivos no ouvido interno. Um deles, a papila anfíbia, é mais sensível ao tom do gemido — 700 Hz. O outro, a papila basilar, está sintonizado na frequência do cacarejo.

esteja afinado dessa maneira específica. Os machos maiores também conseguem fertilizar mais óvulos, portanto, nas gerações anteriores, as fêmeas que preferiam frequências mais baixas teriam sido atraídas por machos que lhes proporcionassem mais descendentes. Suas predileções se tornaram mais comuns, e a espécie acabou com ouvidos sintonizados na voz do macho. Essa narrativa é perfeitamente plausível. E também completamente equivocada.

Ryan descobriu a verdadeira história estudando os parentes próximos da rã-túngara.[38] Todas essas outras espécies gemem, mas apenas algumas cacarejam. E, no entanto, todas têm ouvidos internos sintonizados na mesma frequência adjacente ao cacarejo da túngara. Esses outros animais estão predispostos a achar cacarejos atraentes sem nunca realmente ouvi-los. Ryan demonstrou isso viajando para o Equador e estudando a rã *Physalaemus coloradorum* — uma das primas não cacarejadoras da túngara. Ele gravou o gemido do macho, acrescentou cacarejos de túngara a ele e tocou esse chamado híbrido para as fêmeas. "Achei que ia assustá-las", ele me conta. Em vez disso, as fêmeas saíram saltando na direção daqueles sons quiméricos desconhecidos. Os cacarejos, que elas nunca tinham ouvido antes, revelaram-se irresistíveis porque exploraram uma peculiaridade preexistente de seus sentidos.

Essa descoberta virou a narrativa de Ryan de cabeça para baixo.[39] A audição da rã-túngara não mudou para dar match com aquele chamado. Foi o contrário. Seus ancestrais já tinha ouvidos sintonizados em 2 130 Hz, e a evolução trouxe os cacarejos para explorar essa tendência. As razões para essa afinação ancestral ainda não são claras: talvez se trate da mesma frequência produzida por um predador barulhento ou de algum outro aspecto importante do ambiente da rã. Independentemente disso, a preferência estética das fêmeas veio em primeiro lugar, e os chamados dos machos mudaram para se adequar à concepção de beleza delas. Ryan chama esse fenômeno de "exploração sensorial",[40] e ele e outros demonstraram que é comum em todo o reino animal.*[41] São os ouvidos da natureza que de fato definem suas vozes.

---

* A exploração sensorial funciona através dos sentidos. Nos peixes-espada, a metade inferior da barbatana caudal do macho é invulgarmente longa. Quanto mais longa for a espada, mais atraente o macho será para as fêmeas. Alexandra Basolo descobriu que essa mesma preferência existe nos peixes plati, parentes próximos do outro, mas sem espada. Ao colocar espadas artificiais nas caudas dos machos plati, eles se tornaram mais atraentes. A espada, então, é como o cacarejo da rã-túngara — uma característica que evoluiu para explorar uma preferência preexistente.

As rãs-túngaras macho, por sua vez, ganharam um jeito fácil de chamar a atenção das parceiras. Um cacarejo exige muito pouco esforço e aumenta sua atratividade em cinco vezes. "Pense em tudo o que a gente faz para se tornar mais atraente — e isso eles têm de graça", compara Ryan. Deveriam cacarejar o mais frequente e repetidamente possível, mas o estranho é que não têm muita disposição para fazê-lo. Embora alguns indivíduos tenham sido escutados introduzindo até sete cacarejos em seus gemidos, a maioria acrescenta apenas um ou dois. Muitos se recusam a cacarejar, simplesmente. Essa reticência era intrigante, até que Ryan percebeu que as fêmeas não são as únicas que ouvem os chamados.

Um ano antes de Ryan chegar a Barro Colorado, seu colega Merlin Tuttle flagrou um morcego com uma túngara meio comida na boca. Aquela espécie, o morcego-de-lábios-franjados, revelou-se uma voraz comedora de rãs. Tuttle e Ryan mostraram que ele rastreia as presas escutando seus chamados de acasalamento, como faz a *Ormia* com a música dos grilos.[42] E o morcego, tal qual as fêmeas das rãs-túngara, é particularmente atraído pelos machos que acrescentam cacarejos aos gemidos. As fêmeas ouvem um parceiro, os morcegos, uma refeição, mas ambos estão escutando as mesmas características do chamado. O que coloca essas rãs macho diante de uma escolha nada invejável. Seus cacarejos cortejam as fêmeas e a morte. Não admira que às vezes eles se limitem a choramingar.*[43][44]

Acho surpreendente considerar como essas criaturas acabaram unidas por meio dos sentidos. Por alguma razão, uma rã ancestral tinha ouvidos com predileção por frequências de 2 130 Hz. As rãs-túngaras aproveitaram essa peculiaridade sensorial acrescentando cacarejos a seus gemidos.

---

* Ryan lembra bem que, ao apresentar pela primeira vez as suas descobertas sobre morcegos num seminário, um pesquisador experiente disse-lhe que ele estava errado. As orelhas dos morcegos estariam sintonizadas nas frequências excepcionalmente altas de seus próprios chamados, disse a ele o professor sabichão, e deveriam ser surdas às notas mais graves de uma rã-túngara. Implacável, Ryan mostrou que não. Os ouvidos internos desses animais estão ligados a mais neurônios do que os de quase qualquer outro mamífero e, exclusivamente entre os morcegos, um subconjunto destes é sensível às baixas frequências encontradas nos cantos dos sapos. É como se eles tivessem adicionado um módulo especial de detecção de rãs ao que de outra forma seria um hardware básico para morcegos. Uma das alunas de Ryan, Rachel Page, demonstrou mais tarde que, em algumas circunstâncias, os morcegos acham mais fácil localizar os sapos se eles estiverem gritando e choramingando. Eles também não são os únicos. Outra aluna de Ryan, Ximena Bernal, mostrou que mosquitos sugadores de sangue são atraídos pelo canto das rãs, especialmente se incluir cacarejos.

Os morcegos-de-lábios-franjados, por sua vez, aproveitaram os cacarejos para ganhar um complemento auditivo que expandiu sua audição a frequências excepcionalmente baixas para um morcego. O *Umwelt* da rã moldou seu canto, que então moldou o *Umwelt* do morcego. Os sentidos ditam o que os animais consideram belo e, ao fazê-lo, influenciam a forma que toma a beleza no mundo natural.

Poucos sons de animais são tão bonitos aos ouvidos humanos quanto o canto dos pássaros. E poucos cantos de pássaros foram estudados tão intensamente quanto o dos mandarins. Visualmente, esses pássaros australianos são impressionantes, com cabeça cinzenta, peito branco, bochecha laranja, bico vermelho e listras pretas sob os olhos que lembram rímel escorrendo. Vocalmente, os machos são igualmente atraentes, cantando melodias complicadas e estridentes. Aos meus ouvidos, soam como impressoras melódicas. Mas também me pergunto se a música de um mandarim soa para outro mandarim como soa para mim. Em termos de tom, a resposta é sim. A faixa de frequência da audição dos pássaros é aproximadamente semelhante à dos humanos, de modo que eles em geral ouvem a mesma variedade de tons que nós. Suas melodias, porém, também podem ser executadas numa velocidade incrível. O bico de um mandarim dispara notas tão rápido que mal consigo distingui-las. Mesmo nas notas que *penso* poder ouvir, parece haver algo mais, alguma complexidade que não sou capaz de discernir por completo, que espreita os limites da minha consciência. Certamente, os pássaros conseguem ouvir nessas canções algo que eu não consigo.

Os entusiastas das aves há muito suspeitam que a audição delas funciona numa escala de tempo mais rápida do que a nossa.[45] Alguns pássaros provam sua destreza temporal cantando duetos deslumbrantemente sincronizados, encaixando suas notas umas nas outras com tanta precisão que as duas melodias podem soar como uma só. Outros, incluindo os mandarins, aprendem sua música escutando uns aos outros e, portanto, devem ser capazes de ouvir as minúcias acústicas que depois reproduzem. O mesmo vale para repetidores como o tordo-imitador. Aos nossos ouvidos, o canto do noitibó-cantor compreende três notas, mas na verdade tem cinco, o que fica claro se o ouvimos em velocidade reduzida. Um tordo-imitador não precisa de ajuda: ao imitar o noitibó, reproduz todas as cinco notas.[46]

Na década de 1960, antes de sua pesquisa com corujas, Masakazu Konishi encontrou evidências diretas de que a velocidade de processamento da audição dos pássaros é excepcionalmente rápida.[47] Ele tocou sequências de cliques rápidos para pardais, enquanto registrava a atividade elétrica dos neurônios nos centros auditivos de seu cérebro. Os neurônios disparavam uma vez por clique, mesmo quando os cliques tinham apenas entre 1,3 e 2 milissegundos de intervalo entre si. A essas velocidades — entre 500 e 770 cliques *por segundo* —, os neurônios auditivos de um gato só conseguem manter o ritmo cerca de 10% do tempo. Os neurônios dos pardais mantiveram perfeitamente. Até os pombos, cujo canto não se caracteriza por sons rápidos, tinham ouvidos que pareciam decifrá-los.

Estudos posteriores não foram tão assertivos. A partir da década de 1970, Robert Dooling falhou repetidas vezes tentando encontrar quaisquer diferenças entre as formas como pássaros e humanos percebiam a natureza temporal dos sons.[48] Por exemplo, demonstrou que os humanos são capazes de perceber quando um intervalo silencioso de apenas dois milissegundos é inserido num ruído contínuo. Os pássaros, surpreendentemente, não se saem melhor. Teste após teste, "não surgiu nada diferente", Dooling me contou. "Testamos pássaros de um zilhão de maneiras diferentes ao longo dos anos, mas a audição deles sempre se pareceu com a de um ser humano." Demorou muito para ele perceber o problema: vinha testando os pássaros com sons simples, como tons puros, que não chegam nem perto da rica complexidade das melodias reais. É possível visualizar um tom puro como uma curva suave que ondula para cima e para baixo, representando os aumentos e as diminuições de pressão ao longo do tempo. O canto de um pássaro, quando visualizado da mesma maneira, se parece mais com o horizonte de uma cidade ou o cume de uma cordilheira. É cheio de saliências irregulares, as quais representam mudanças extremamente rápidas que ocorrem no intervalo de uma única nota. Esses detalhes são conhecidos como estrutura temporal fina. Nela, faltam os tons puros que costumam ser usados para estudar a audição. E, na verdade, são esses detalhes que os pássaros canoros de fato escutam.

Dooling confirmou isso com um experimento elegante, no qual fez vários pássaros canoros discriminarem sons que difeririam apenas em sua estrutura temporal fina.[49] Não é algo que se entenda intuitivamente, então, vamos usar uma analogia visual. Imagine pegar um filme e fazer uma inversão de ordem a cada três quadros. A paleta de cores permaneceria a mesma, as cenas seriam compostas da mesma forma e o enredo continuaria compreensível. Mas *alguma coisa* pareceria errada, e a gente provavelmente notaria a diferença. Foi mais ou menos isso que Dooling fez com seus pássaros. Ele lhes mostrou pares de sons vibrantes. Um consistia em trechos repetidos nos quais o tom subia alguns milissegundos antes de voltar a cair. No outro, o tom de um dos trechos *caía* à mesma faixa de frequências e no mesmo período de tempo. Para um ouvido lento, ambos os sons se apresentariam, em média, com o mesmo tom e pareceriam idênticos. Para um ouvido veloz, seriam completamente diferentes. Dooling descobriu que os humanos só eram capazes de distinguir entre eles se os trechos durassem mais de três ou quatro milissegundos. Canários e periquitos tiveram seu limiar entre um e dois milissegundos. E os mandarins não se deixaram enganar nem pelos trechos mais curtos, de um milissegundo. Esse experimento mostrou claramente que os pássaros conseguem ouvir complexidades que são imperceptíveis, de tão rápidas, para os humanos. E contradisse tão completamente o trabalho anterior de Dooling que "meio que me assustou", lembra ele. Na verdade, testes adicionais mostraram que "nossa eletrônica não conseguia lidar com os detalhes sutis que as aves são capazes de discriminar". Essa foi a primeira de muitas surpresas.

A música de um mandarim consiste em várias sílabas distintas que ele sempre canta na mesma sequência — A-B-C-D-E. Quando Beth Vernaleo e uma equipe de alunos de Dooling inverteram uma dessas sílabas — A-B-Ɔ-D-E —, os mandarins quase sempre notaram a mudança.[50] Ouvintes humanos não conseguiam perceber, mesmo depois de muita prática. Mas, quando a equipe dobrou o intervalo entre duas das sílabas, os humanos perceberam facilmente — parecia uma falha na gravação — e foram os *mandarins* que agora ficaram completamente alheios à mudança. Não conseguiam ouvir as diferenças entre duas melodias obviamente diferentes para ouvidos humanos.

Dois estudantes, Shelby Lawson e Adam Fishbein, foram ainda mais longe. Eles embaralharam toda a ordem das sílabas — C-E-D-A-B.[51] Os mandarins *continuaram* não discriminando entre elas. As duas sequências são evidentemente diferentes, mas não *de um jeito que seja importante para esses pássaros*. Embora essas aves aprendam sua sequência individual de sílabas na juventude e cantem essa mesma sequência imutável durante o resto da vida, "não estão nem aí para sequências", diz Dooling. "Importa para elas o que está dentro das notas individuais." É como se dois humanos conversando prestassem muita atenção às nuances das vogais um do outro, enquanto alegremente desconsiderassem a ordem das palavras ditas pelo interlocutor.

A resposta à minha pergunta é clara: o canto de um mandarim deve soar totalmente diferente para um mandarim do que soa para nós.[52] Seu descaso pelas sequências é particularmente inesperado e vai contra nossas intuições sobre o canto dos pássaros. As sequências dessas melodias são lindas e úteis aos ouvidos humanos. Os observadores de pássaros as usam para identificar espécies particulares. Os neurocientistas as estudam por causa de suas semelhanças com as línguas humanas. E, no entanto, elas podem ser totalmente irrelevantes para as aves que as produzem. Nem todas as espécies se comportam dessa forma: os periquitos parecem sensíveis à sequência de notas, bem como à sua estrutura fina.[53] Mas muitos outros pássaros, incluindo o manon-de-peito-branco e o canário de Bengala, estão preocupados principalmente com esta última. Para eles, a beleza e o significado de sua música reside nas minúcias. Ignoram o quadro acústico mais amplo em favor dos detalhes. Não conseguem — ou não querem — se desapegar dos detalhes.

Os humanos têm a tendência oposta. Aos nossos ouvidos, cada melodia do mandarim soa igual à anterior, e até podemos ser perdoados por pensar que todas elas carregam a mesma informação. Mas uma colega de Dooling, Nora Prior, mostrou que a estrutura fina de execuções aparentemente idênticas pode soar muito diferente para um mandarim.[54] Se ela trocasse a sílaba B de uma gravação pela sílaba B de outra, os pássaros percebiam que algo havia mudado. Sua música deve estar repleta de nuances sutis que simplesmente não conseguimos detectar. Enquanto ouvimos repetidas iterações da mesma melodia inabalável, eles são capazes de escutar informações sobre sexo, saúde, identidade, intenção e muito mais. Os mandarins cantam para estabelecer laços duradouros com seus parceiros, para se achar quando estão separados, para permanecer juntos enquanto viajam e para coordenar suas responsabilidades parentais. Talvez consigam tudo isso por informações codificadas na estrutura fina de suas melodias.

Parte da graça de ouvir os animais vem de nos perguntarmos o que eles estão dizendo uns aos outros. Os escritores criaram personagens como o Dr. Dolittle, capazes de compreender o significado dos pios, balidos e assobios de outras espécies. Ingenuamente, poderíamos imaginar que se trata de um problema de vocabulário, como se pudesse existir algum dicionário de palavras chilreadas que de repente nos permitiria falar passarês. Não existe, e a pesquisa de Dooling nos lembra por quê: a barreira de comunicação entre as espécies é também sensorial. Os pássaros codificam significados em aspectos de sua música que nossos ouvidos não conseguem captar e aos quais nosso cérebro não presta atenção. "Agora, quando ouço o canto dos pássaros, acho incrível que pareça tão complexo, mas continuo deixando passar a maior parte", Dooling me diz. "Há muita coisa ali que outro pássaro está apreciando e eu não consigo."

No início dos anos 2000, enquanto Robert Dooling conduzia o primeiro de seus experimentos de estrutura fina, Jeffrey Lucas se deparou com outra faceta inesperada da audição dos pássaros. Ele e seus colegas colocaram eletrodos no escalpo de seis espécies de aves norte-americanas para registrar como seus neurônios auditivos reagiam a diferentes sons.[55] Essa técnica simples é chamada de teste do potencial evocado auditivo (PEA). Os médicos lançam mão dele para verificar os níveis de audição em pacientes humanos. Os biólogos, para descobrir o que os animais podem ouvir. Lucas o usou para ver se espécies com cantos mais complexos escutam de forma diferente daquelas que cantam melodias mais simples. Mais por acidente do que por planejamento, testou aves em duas levas — uma no inverno e outra na primavera. E, ao comparar esses instantâneos no tempo, viu que eram muito diferentes. A audição dos pássaros, Lucas percebeu, varia ao longo das estações.

Essa variação se deve a uma importante compensação inerente a todos os ouvidos. Digamos que eu toque duas notas musicais para você — uma com frequência de 1000 Hz, outra de 1050 Hz. Elas correspondem aproximadamente a duas teclas adjacentes na extremidade mais aguda de um piano e devem ser fáceis de distinguir. Mas, se eu tocasse trechos de dez milissegundos das duas notas, elas se tornariam indistinguíveis. Por quê? Porque, dentro desse curto intervalo de tempo, *ambas* oscilariam dez vezes cada e soariam iguais. Se eu aumentasse a duração do trecho para cem milissegundos, as notas oscilariam cem e 105 vezes, respectivamente, e soariam diferentes. Por essa razão, os ouvidos dos animais se tornam mais aptos a discriminar frequências semelhantes quando seus neurônios consolidam a informação sonora de períodos mais longos de tempo. Mas, ao fazê-lo, tornam-se também menos sensíveis às mudanças rápidas que ocorrem nesses intervalos. Vimos uma compensação semelhante no capítulo sobre a visão: os olhos podem ter resolução ou sensibilidade excepcional, mas não ambas. Da mesma forma, os ouvidos podem ser excepcionais ou na *resolução temporal*, ou na *sensibilidade a tons*, mas não em ambas.[56] "O sistema auditivo que faz coisas rápidas é completamente diferente daquele que faz coisas com frequências", explica Lucas. E ele descobriu que os pássaros não precisam se contentar com um ou outro. Podem alternar entre os dois, conforme a situação exigir.

Considere-se o chapim-da-carolina — um pássaro canoro pequeno e curioso que embeleza grande parte do leste dos Estados Unidos. Seu piado característico muda rapidamente de tom e volume, de modo muito parecido com o que se ouve nas melodias dos mandarins. É um canto que pode ser ouvido durante o ano todo, mas de especial importância durante o outono, quando os sociáveis chapins formam grandes bandos. Nesse período, os pássaros precisam analisar todas as informações codificadas na estrutura fina de seu canto, portanto, sua audição precisa estar funcionando o mais rápido possível — e funciona. Lucas descobriu que no outono a resolução temporal aumenta, embora a sensibilidade a tons diminua.[57] Quando chega a primavera, tudo muda. Os bandos começam a se dispersar à medida que fêmeas e machos se acasalam para estabelecer seus próprios territórios de reprodução. Para atrair parceiras, os chapins machos começam a cantar sua música de cortejo, muito mais simples do que aquela que se ouve deles no restante do ano. São quatro notas — *fi-bi-fi-bei* —, todas muitos próximas de um tom puro. A atratividade do macho depende da consistência com que consegue executar essas notas e, especificamente, da exatidão na descida de tom entre *fi* e *bi*. Agora os chapins precisam ouvir as frequências de suas melodias da forma mais nítida e precisa possível — e conseguem. Enquanto velocidade é tudo no outono, é o tom que reina na primavera.

A audição da ave trepadeira-branca varia no sentido inverso.[58] Seu chamado de acasalamento — um *uá-uá-uá* nasal e de ritmo acelerado — tem uma estrutura fina que inclui mudanças rápidas de volume. Assim, ao contrário do chapim, a audição dessa espécie se torna mais *veloz* e menos sensível a tons no período de reprodução. Ambas as aves readequam completamente seu sentido da audição de uma estação para outra de modo a poder processar as informações mais importantes de cada período. Suas vozes e necessidades mudam com o calendário. Seus ouvidos também.

Essas mudanças são impulsionadas por hormônios sexuais como o estrogênio, que podem influenciar diretamente as células ciliadas nos ouvidos dos pássaros canoros. O que talvez explique por quê, em algumas espécies, a audição de machos e fêmeas varia de maneiras diferentes.[59] Lucas e sua colega Megan Gall mostraram que as fêmeas dos pardais-domésticos têm uma audição sazonal que muda da mesma forma que a dos chapins: melhoram o manejo dos tons na primavera, em detrimento da velocidade.[60] A audição masculina, porém, permanece veloz durante todo o ano. Assim, enquanto Robert Dooling comprovou que os humanos percebemos o canto dos pássaros de maneiras diferentes de como o percebem os próprios pássaros, Lucas demonstrou que estes também podem ouvir *o próprio canto* de maneiras diferentes, dependendo do sexo e da estação do ano. No outono, todos os pardais-domésticos ouvem do mesmo jeito. Na primavera, machos e fêmeas têm percepções diferentes da mesma música. Seus *Umwelten* convergem e divergem ao longo do ano.

A influência de tais ciclos vai além do senso estético. Como vimos tanto com as corujas quanto com as *Ormia*, os animais conseguem calcular de onde vêm os sons ao observar se esses sons chegam a um ouvido um pouco mais tarde do que ao outro. Se os ouvidos se tornam piores na detecção de pequenas diferenças temporais, o mapeamento dos sons por seus donos também piora. Desse modo, quando o sentido de tempo acústico de um pardal-doméstico fêmea se torna ligeiramente mais lento na primavera, seu *espaço* acústico também se torna ligeiramente mais confuso.

Esses ciclos sazonais chocaram Lucas quando ele os descobriu, em 2002. Outros pesquisadores tampouco acreditaram naqueles primeiros resultados. Na época, as pessoas pensavam que a audição era basicamente estática. Até podia se tornar mais lenta com a idade em algumas espécies — humanos, infelizmente, entre elas —, mas não se pensava que variasse em escalas de tempo mais curtas.[61] Como vimos repetidas vezes, porém, os sentidos de um animal estão perfeitamente ajustados a seu ambiente e evoluíram para extrair dele qualquer informação relevante. Quando o ambiente varia de uma estação para outra, a informação relevante também muda.*[62][63] Para uma ave norte-americana, a primavera muitas vezes significa sexo. O ar se enche de chamados de acasalamento ausentes em outras épocas do ano, que agora devem ser avaliados com cuidado. O outono traz exposição: galhos nus tornam os passarinhos mais visíveis aos predadores. A capacidade

---

* Os machos dos *Porichthys notatus*, peixes que parecem meio sapos, atraem as fêmeas fazendo zumbidos longos e muito profundos, e, durante a época de reprodução, os ouvidos das fêmeas tornam-se várias vezes mais sensíveis às frequências principais. As rãs-arbícolas--de-white tornam-se mais sensíveis aos seus próprios chamados depois de apenas duas semanas ouvindo sua própria música.

de localizar o som do perigo que se aproxima, algo inextricavelmente ligado a uma audição veloz, se torna fundamental. O *Umwelt* de um animal não pode ser estático porque seu mundo não é estático.

A música dos pássaros não está fora do alcance dos sentidos humanos como os padrões circularmente polarizados dos camarões-louva-a-deus ou o canto vibratório das cigarrinhas. Podemos ouvi-la muito bem. O *fi-bi-fi-bei* dos chapins e o *uá-uá-uá* das trepadeiras-brancas são suficientemente perceptíveis para que possamos transcrevê-los. E, no entanto, seguimos sem ser capazes de apreciar esses sinais da mesma forma que o público-alvo deles. Para nós, o canto de um chapim soa igual, quer o ouçamos em outubro ou março. Para um chapim, não. Se tanto mistério pode existir nos sons que somos capazes de escutar, quanta coisa mais não estamos perdendo naqueles que escutamos?

Na década de 1960, depois do trabalho seminal com corujas, Roger Payne voltou sua atenção às baleias.[64] Em 1971, publicou dois artigos históricos. Um deles, baseado em gravações que ele analisou com sua esposa, Katy Payne, revelou pela primeira vez que as baleias-jubarte cantam melodias assustadoras.[65] Isso gerou décadas de pesquisa, transformou o canto das baleias num fenômeno cultural, resultou num disco best-seller e ajudou a desencadear o movimento Salve as Baleias. O segundo artigo mostrou que as baleias-comuns — o segundo maior animal que existe, depois das baleias-azuis — emitem chamados extremamente graves que podem ser ouvidos por oceanos inteiros.[66] Quase destruiu a carreira de Payne.

Esse controverso artigo nasceu da Guerra Fria. Para monitorar pelo som os submarinos soviéticos, a Marinha dos Estados Unidos instalou uma rede de postos de escuta subaquáticos no Pacífico e no Atlântico. Essa rede, conhecida como Sistema de Vigilância Sonora, ou SOSUS (na sigla em inglês), captava um dilúvio de ruídos oceânicos. Alguns eram claramente biológicos. Outros eram mais misteriosos. Um, especialmente enigmático, soava monótono, repetitivo e grave, numa frequência de 20 Hz — uma oitava abaixo da nota mais grave de um piano padrão.* O volume do zumbido era tal que as pessoas duvidavam que pudesse vir de um animal. Teria origem

---

* As faixas auditivas não têm limites nítidos. Em vez disso, fica cada vez mais difícil ouvir sons em um volume específico. Os humanos, por exemplo, conseguem ouvir algumas frequências infrassônicas se forem altas o suficiente.

militar? Seria produto de atividade tectônica subaquática? Viria das ondas quebrando em alguma costa distante? A fonte real só ficou clara quando os cientistas da Marinha começaram a rastrear os sons até sua origem e, muitas vezes, o que encontravam era uma baleia-comum.[67]

A audição humana normalmente desce a um mínimo em torno de 20 Hz. Abaixo dessa frequência, há o que ficou conhecido como infrassom, geralmente inaudível para nós, a menos que tocado em volume muito alto.[68] Os infrassons podem viajar distâncias incrivelmente longas, em especial na água.* Sabendo que as baleias-comuns também produzem infrassons, Payne calculou, para sua surpresa, que seus cantos poderiam percorrer 21 mil quilômetros.[69] Nenhum oceano é tão vasto. Com o oceanógrafo Douglas Webb, Payne publicou seus cálculos, especulando que as maiores baleias "podem estar em tênue contato acústico através de um volume relativamente enorme de oceano". A reação foi brutal. Os principais pesquisadores de baleias disseram a Payne que seu artigo era pura fantasia. Colegas deram a entender que esses críticos colocavam em dúvida a saúde mental do pesquisador pelas suas costas. "Quando se chega a distâncias como essas, as pessoas simplesmente se recusam a acreditar que é verdade", Payne me diz.

O trabalho de Payne causou uma impressão mais positiva em Chris Clark. Jovem especialista em acústica e ex-cantor de coral infantil, Clark foi recrutado por Roger e Katy Payne para ser técnico de som numa viagem à Argentina em 1972 para estudar as baleias-francas. Foi uma época emocionante e formativa. Acampado numa praia, debaixo do Cruzeiro do Sul, com pinguins passando por perto e albatrozes sobrevoando sua cabeça, Clark começou a ouvir as baleias. Colocou hidrofones na água para escutar suas melodias e encontrou maneiras de atribuir gravações específicas a baleias individuais. Passou a compilar bibliotecas de cantos de baleias, gravados mundo afora, da Argentina ao Ártico. E nunca o abandonou a ideia de Payne de baleias gigantes que conversavam através dos oceanos.

Na década de 1990, com o fim da Guerra Fria e a ameaça dos submarinos soviéticos já reduzida, a Marinha ofereceu a Clark e outros a oportunidade

---

* Os seres humanos exploraram essa propriedade durante a Segunda Guerra Mundial, quando os aviões estavam armados com cargas explosivas que explodiam se os aviões afundassem. Postos de escuta podiam detectar a localização dos destroços e equipes de resgate podiam ser mobilizadas.

de acompanhar em tempo real as gravações que os hidrofones do SOSUS continuavam a fazer. Em meio aos espectrogramas — representações visuais dos sons captados pelo SOSUS —, Clark viu o sinal inconfundível de uma baleia-azul cantando.[70] No primeiro dia, percebeu que havia mais vocalizações de baleias-azuis registradas por um único sensor do SOSUS do que todas as descritas anteriormente na literatura científica.[71] O oceano era inundado por seus chamados, que vinham de distâncias enormes. Clark calculou que um indivíduo estava a 2400 quilômetros do sensor que o registrou. Ele conseguia ouvir o canto das baleias na Irlanda com um microfone instalado nas Bermudas. "Só pensei: *Roger estava certo*", diz ele. "É fisicamente possível detectar uma baleia-azul cantando do outro lado de uma bacia oceânica." Para os analistas da Marinha, aqueles sons eram uma parte normal de seu dia de trabalho, irrelevâncias a serem marcadas nos espectrogramas e prontamente ignoradas. Para Clark, foram epifanias alucinantes.

Embora o canto das baleias-azuis e baleias-comuns possa atravessar os oceanos, ninguém sabe se elas realmente se comunicam a essas distâncias. É possível que estejam sinalizando para indivíduos próximos com chamados muito altos, os quais, por acaso, se espraiam para lugares mais distantes. Mas Clark ressalta que elas repetem as mesmas notas continuamente e a intervalos muito precisos. Uma baleia cantora para de chamar quando emerge em busca de ar e retoma o ritmo quando submerge. "Isso não é arbitrário", diz ele. Para Clark, faz lembrar os sinais redundantes e repetitivos que os veículos exploradores enviados a Marte usam para mandar dados de volta à Terra. Se alguém quisesse inventar um sinal que *pudesse* ser usado para comunicação através dos oceanos, criaria algo semelhante ao canto de uma baleia-azul.

Tais melodias talvez tenham outros usos. Suas notas podem durar vários segundos, com comprimentos de onda tão longos quanto um campo de futebol. Certa vez, Clark perguntou a um amigo da Marinha o que daria para fazer com algo assim. "Daria para iluminar o oceano", respondeu o amigo. Ou seja, seria possível mapear paisagens subaquáticas distantes, desde montanhas submersas até o próprio fundo do mar, processando os ecos que retornavam dos infrassons de longo alcance. Os geofísicos de fato usam o canto das baleias-comuns para mapear a densidade da crosta oceânica.[72] Mas e as baleias, conseguem fazer isso?

Clark enxerga evidências nos movimentos delas. Com o SOSUS, já viu baleias-azuis emergindo de águas polares entre a Islândia e a Groenlândia e indo dali direto para as Bermudas tropicais, cantando o tempo todo. Viu baleias deslizando entre cadeias de montanhas subaquáticas, zigueza-gueando entre pontos de referência separados por centenas de quilôme-tros. "Quando a gente observa os movimentos desses animais, é como se eles tivessem um mapa acústico dos oceanos", compara. Ele também sus-peita que os animais construam esses mapas ao longo da vida, acumulando memórias baseadas em sons que vagueiam pelos ouvidos de sua mente.[73] Afinal, Clark se lembra de veteranos especialistas em sonares lhe dizendo que diferentes partes do mar tinham seus próprios sons distintos. "Di-ziam: com um par de fones de ouvido, consigo saber se estou perto de La-brador ou do golfo da Biscaia", conta Clark. "Pensei: se um ser humano é capaz disso depois de trinta anos, do que não seria capaz um animal com 10 milhões de anos?"

É difícil lidar com a escala da audição de uma baleia. Estamos falando de vastidão espacial, é claro, mas também de extensão no tempo. Debaixo d'água, as ondas sonoras levam pouco menos de um minuto para percor-rer oitenta quilômetros. Se uma baleia ouve o canto de outra a uma distân-cia de 2400 quilômetros, na verdade está escutando uma mensagem de cerca de meia hora atrás, como um astrônomo que contempla a luz antiga de uma estrela distante. Se uma baleia tenta detectar uma montanha a oi-tocentos quilômetros de distância, ela precisa de alguma forma fazer a co-nexão de seu próprio chamado com um eco que lhe chega dez minutos de-pois. Pode parecer absurdo, mas considere que o coração de uma baleia-azul bate cerca de trinta vezes por minuto na superfície e pode diminuir para apenas duas batidas por minuto durante um mergulho.[74] Elas certamente operam em escalas de tempo muito diferentes das nossas. Se um manda-rim consegue escutar coisas belas em milissegundos dentro de uma única nota, talvez uma baleia-azul faça o mesmo em segundos e minutos.* Para imaginar a vida de uma delas, "a gente tem que forçar o pensamento para ní-veis dimensionais completamente diferentes", Clark me diz. Ele compara a experiência a olhar para o céu noturno com um telescópio de brinquedo e depois testemunhar toda aquela majestade com o Hubble, o telescópio

---

* Há uma piada corrente em *Procurando Nemo*, da Pixar, em que a protagonista Dory fala "baleiês" dizendo as coisas habituais em voz alta e lenta. Conversando com Clark, fiquei me perguntando o quanto isso pode ser surpreendentemente verdadeiro.

espacial da Nasa. Quando pensa nas baleias, o mundo lhe parece maior, estendendo-se no espaço e no tempo.

As baleias nem sempre foram grandes. Evoluíram a partir de pequenos animais com cascos, semelhantes a cervos, que foram para a água há cerca de 50 milhões de anos. Essas criaturas ancestrais provavelmente tinham audição típica de mamíferos.[75] Mas, à medida que se adaptaram à vida aquática, um grupo deles — os misticetos, animais filtradores de comida que incluem as três espécies de baleias: azuis, comuns e jubartes — alterou sua audição para frequências infrassônicas baixas.[76] Ao mesmo tempo, seu corpo se transformou, ficando entre os maiores já vistos no planeta. É provável que tais mudanças estejam ligadas. Os misticetos atingiram seu enorme tamanho ao desenvolver um estilo único de alimentação, que lhes permite subsistir de minúsculos crustáceos chamados krills. Nadando acelerada sobre um enxame de krills, uma baleia-azul expandirá sua boca de modo a engolir um volume d'água tão grande quanto o próprio corpo, engolfando meio milhão de calorias de um só gole. Mas essa estratégia tem um custo. Os krills não estão distribuídos uniformemente pelos oceanos, por isso, para sustentar seu grande corpo, a baleia-azul precisa migrar por longas distâncias. As mesmas proporções gigantescas que a obrigam a realizar essas longas viagens também a equiparam com os meios para fazê-lo — a capacidade de emitir e ouvir sons que são mais graves, mais altos em volume e de maior alcance do que os de outros animais.

Em 1971, Roger Payne especulou que as baleias em busca de alimento talvez usassem esses sons para manter contato por longas distâncias. Simplesmente chamando quando alimentadas e permanecendo em silêncio quando famintas, poderiam vasculhar coletivamente uma bacia oceânica em busca de comida e chegar a áreas abundantes em alimento encontradas por indivíduos sortudos. Um grupo de baleias, sugeriu Payne, talvez seja uma rede massivamente dispersa de indivíduos acusticamente conectados, que parecem nadar sozinhos, mas na verdade estão juntos. E, conforme demonstrou sua parceira Katy mais tarde, os maiores animais terrestres talvez usassem o infrassom da mesma forma.

Em maio de 1984, Katy Payne se viu na companhia de vários elefantes-asiáticos no Washington Park Zoo, em Portland, Oregon, dezesseis anos depois que ela e Roger Payne tinham descoberto que as baleias-jubarte cantam.[77] Ela estava em busca de outra espécie para estudar, e os elefantes, que também são inteligentes e sociáveis, pareciam bons candidatos. Ao observá-los, ocasionalmente sentia um profundo estremecimento no corpo. "Era como a sensação de um trovão, mas sem que tivesse trovejado", escreveu ela, mais tarde, em seu livro de memórias, *Silent thunder* [Trovão silencioso]. "Não tinha havido som alto nenhum, só aquela vibração, depois mais nada."[78] A sensação despertou uma lembrança de sua adolescência, de quando cantava no coro de uma capela e o órgão de tubos sacudia seu corpo ao tocar as notas mais graves. Talvez, raciocinou Payne, os elefantes a tivessem afetado da mesma maneira porque também produziam, imperceptivelmente, notas graves. Talvez estivessem conversando em infrassom, como se dizia que algumas baleias faziam.

Payne voltou ao zoológico em outubro com dois colegas e alguns equipamentos de gravação. Eles deixaram os gravadores ligados enquanto faziam anotações 24 horas por dia sobre o comportamento dos animais. Payne só ouviu as fitas na véspera do Dia de Ação de Graças, começando com a de um acontecimento especialmente memorável. Sentira aquela vibração silenciosa e familiar no momento em que dois elefantes — Rosy, a matriarca, e Tunga, um macho — estavam frente a frente de lados opostos de uma parede de concreto. Naquele momento, pareceram silenciosos. Mas, quando Payne acelerou as gravações daquele encontro, subindo o tom em três oitavas, ouviu o que pareciam ser vacas mugindo.[79] Do outro lado da divisão de concreto e sem que os humanos por perto percebessem, Rosy e Tunga estavam conversando animadamente. Naquela noite, Payne teve um sonho em que era visitada por um grupo de elefantes. A matriarca dizia: "Não revelamos isso para você sair contando pra outras pessoas". Ela interpretou aquilo não como um pedido de sigilo, mas como um convite: *se revelamos isso a você, não foi para torná-la famosa entre as pessoas, mas para lhe dar acesso a nós.*

A descoberta de Payne, que ela publicou em 1984, fez todo o sentido para Joyce Poole e Cynthia Moss, que estudavam elefantes-africanos no Parque Nacional Amboseli, no Quênia. Elas notaram que famílias de elefantes muitas vezes seguiam na mesma direção durante semanas, mesmo estando separadas por vários quilômetros. No início da noite, diferentes grupos também convergiam para os mesmos poços ao mesmo tempo, mas vindos de direções distintas. O infrassom é transportado por longas distâncias, mesmo pelo ar, e, se os elefantes o usam para se comunicar, isso explicaria como conseguem sincronizar seus movimentos de um lado ao outro de uma savana.

Poole e Moss convidaram Payne para se juntar a elas. Ela aceitou e, em 1986, a equipe mostrou que os elefantes-africanos usam o infrassom tal como seus homólogos asiáticos — e em todos os contextos imagináveis.[80] Há bramidos de contato que ajudam os indivíduos a se achar. Há roncos de saudação que eles emitem ao se reunirem após uma separação. Os machos roncam quando querem acasalar, e as fêmeas roncam em resposta. Há um ronco para "vamos?" e outro para "acabei de fazer sexo". De perto, a maioria desses ruídos contém frequências audíveis aos ouvidos humanos, mas alguns só se tornaram perceptíveis quando a equipe acelerava as gravações ou as visualizava.[81]

Esses ruídos infrassônicos são sons transmitidos pelo ar, portanto parcialmente distintos dos sinais transmitidos pela superfície que Caitlin O'Connell identificou mais recentemente e conhecemos no capítulo anterior. Ambos são praticamente imperceptíveis para nós e podem ser detectados por outros elefantes a longas distâncias. As partes de baixa frequência dos roncos variam entre 14 Hz e 35 Hz — quase o mesmo espectro que o de uma baleia grande. Esses chamados não chegam tão longe pelo ar quanto debaixo d'água, e as condições atmosféricas determinam a que distância conseguem viajar: quanto mais frio, mais claro e mais calmo o ar, maior será o alcance. No calor do meio-dia, o mundo auditivo de um elefante encolhe. Algumas horas após o pôr do sol, expande-se dez vezes, permitindo teoricamente que eles ouçam uns aos outros ao longo de vários quilômetros.*[82] "Mas não sabemos, na verdade, até que ponto esses animais estão ouvindo uns aos outros nem o que estão escutando", diz Payne. "É uma questão muito importante, e ninguém é capaz de respondê-la."

O mesmo se aplica às baleias. Muito do que Roger Payne, Chris Clark e outros teorizaram ainda é especulativo, baseado em pequenos instantâneos do comportamento delas e em suposições fundamentadas sobre o que deveriam ser capazes de fazer. Quando se trata dos maiores animais vivos ou que já viveram, é difícil obter dados reais, e os experimentos são quase impossíveis. Os pássaros, por outro lado, podem ser facilmente alojados em gaiolas, e seu canto tem sido analisado há séculos. E, no entanto, só em 2002 Robert

---

* Outros animais terrestres experimentam as mesmas expansões e contrações, razão pela qual as aves canoras cantam ao amanhecer e os lobos uivam à noite. O anoitecer também aumenta o alcance ao longo do qual um predador pode atender um chamado, o que pode ser o motivo pelo qual os elefantes emitem os seus com mais frequência no final da tarde, quando seus sons viajam razoavelmente longe, mas os leões ainda estão cochilando.

Dooling descobriu que algumas espécies prestam atenção à estrutura temporal fina em detrimento de características sonoras que conseguimos ouvir. Se é tão difícil entender o *Umwelt* de um pássaro, não admira que os cientistas mal compreendam o que as baleias gigantes de fato escutam nos chamados umas das outras. Seriam suas canções exibições de acasalamento? Chamamentos territoriais? Chamadas para a hora da janta? Afirmações de identidade? Ninguém sabe. Mesmo que se pudesse encontrar uma baleia-azul e tocar para ela uma melodia gravada, como esperar que o animal se comportasse?

Ninguém sabe ao certo qual é o alcance auditivo de um misticeto. O método PEA, pelo qual os pesquisadores reproduzem sons para um animal e registram suas respostas neurais com eletrodos aplicados a seus escalpos, é impossível de ser usado numa baleia-azul que nada livremente. Pesquisadores conseguiram usar o PEA em baleias e golfinhos menores que encalham ou vivem em cativeiro, mas a primeira situação raramente acontece aos misticetos, e a segunda, jamais. Em vez de medições diretas, cientistas como Darlene Ketten estimaram o que essas gigantes ouvem analisando seus ouvidos com scanners médicos. Sua pesquisa sugere fortemente que as baleias escutam as mesmas frequências infrassônicas verificadas em seus chamados. O que fazem com essa percepção é outra história.[83]

Há ainda alguns furos nas ideias de Payne e Clark. Apenas os machos das baleias-azuis parecem cantar, de modo que, se eles realmente navegam ou se comunicam por seus chamados, o que fazem as fêmeas? E tem também a questão das proporções. Uma nota de 20 Hz implica um comprimento de onda de 75 metros, o que significa que a distância entre dois picos de pressão é duas a três vezes maior do que a maior baleia-azul ou baleia-comum. Esses animais superlativamente grandes têm o mesmo problema da minúscula mosca *Ormia*: seus chamados deveriam soar iguais para ambos os ouvidos, portanto, seria impossível rastrear sua origem.[84] "Pode ser impossível, mas veja essa mosca!", argumenta Clark. "Não acredito em espíritos nem em astrologia, mas não subestime a evolução. Fui mais do que castigado em congressos científicos por propor todas essas coisas absurdas que nunca poderei provar. Mas prefiro manter a mente aberta. E tento constantemente estar no espaço do animal."

Enquanto os elefantes e as baleias produzem chamados que ficam abaixo do limiar inferior da audição humana, outras espécies cantam acima do limiar superior. No inverno de 1877, Joseph Sidebotham estava hospedado num hotel em Menton, na França, quando escutou o que parecia ser um canário cantando em sua varanda.[85] Logo descobriu que o cantor era, na verdade, um rato. Sidebotham o alimentou com biscoitos e ele retribuiu cantando durante horas junto à lareira, produzindo uma melodia tão bela quanto a de qualquer pássaro. Seu filho sugeriu que talvez todos os ratos cantassem melodias semelhantes em tons agudos demais para ouvidos humanos. Sidebotham discordou. "Estou inclinado a pensar que o dom de cantar, nos ratos, é uma ocorrência muito rara", escreveu no periódico *Nature*.

Ele estava errado. Cerca de um século depois, os cientistas perceberam que camundongos, ratos e muitos outros roedores emitem, de fato, um amplo repertório de chamados "ultrassônicos", com frequências altas demais para serem audíveis por nós.[86] Emitem esses sons quando brincam ou acasalam, quando estão estressados ou com frio, quando agressivos ou submissos. Filhotes que são separados de seus ninhos fazem "chamados de isolamento" ultrassônicos para a mãe.[87] Ratos que recebem cócegas de humanos emitem sons ultrassônicos que foram comparados ao riso.[88] Os esquilos-terrestres de Richardson produzem chamados de alerta ultrassônicos quando detectam um predador (ou um chapéu de feltro marrom jogado repetidamente por um cientista para simular um predador).[89] Camundongos machos que farejam hormônios femininos produzem cantos ultrassônicos notavelmente semelhantes aos dos pássaros, incluindo sílabas e frases distintas.[90] As fêmeas atraídas por essas serenatas se somam aos parceiros escolhidos num dueto ultrassônico.[91] Os roedores estão entre os mamíferos mais comuns e intensamente estudados no mundo, e têm sido presença constante em laboratórios desde o século XVII. Durante todo esse tempo, eles conversaram animados entre si, sem que nenhum ser humano percebesse, trocando mensagens que escapavam aos sentidos de pesquisadores e técnicos alheios que circulavam a seu redor.

Assim como *infrassom*, o termo *ultrassom* é uma afetação antropocêntrica. Refere-se a ondas sonoras com frequências superiores a 20 kHz, que marcam o limiar superior do ouvido humano médio.[92] Parece algo especial — *ultra* — porque não conseguimos ouvi-las. Mas a grande maioria dos mamíferos escuta muito bem nessa faixa, e é provável que os ancestrais do nosso grupo também escutassem. Mesmo nossos parentes mais próximos, os chimpanzés, conseguem ouvir até perto de 30 kHz. Um cachorro, 45 kHz; um gato, 85 kHz; um rato, 100 kHz; e um golfinho-nariz-de-garrafa, 150 kHz.[93] Para todas essas criaturas, o ultrassom é apenas som.

Muitos cientistas sugeriram que o ultrassom oferece aos animais um canal de comunicação privado que outros ouvidos não conseguem acessar — a mesma afirmação feita sobre a luz ultravioleta. Não somos capazes de ouvir esses sons, por isso, os classificamos como "ocultos" e "secretos", embora sejam evidentemente audíveis para muitas outras espécies.

Rickye e Henry Heffner têm uma explicação diferente para o motivo pelo qual tantos mamíferos conseguem ouvir o ultrassom: isso os ajuda a descobrir de onde vem esse som.[94] Como as corujas, os mamíferos o fazem comparando os momentos em que um som chega a seus dois ouvidos. Mas, à medida que a distância entre esses ouvidos diminui, tais comparações só se tornam possíveis para frequências mais altas com comprimentos de onda mais curtos. Como regra geral, quanto menor for a cabeça de um mamífero, maior será seu alcance auditivo. Os limites dos nossos mundos auditivos são definidos pela física do som que chega ao nosso crânio.*[95]

Sons de alta frequência podem ser mais fáceis de localizar, mas impõem uma limitação importante. Eles perdem energia rápido e podem facilmente se dispersar e refletir em obstáculos como folhas, grama e galhos. Isso significa que os chamados ultrassônicos só conseguem se propagar em distâncias curtas.[96] Uma baleia-azul cantando pode ser ouvida através do oceano, mas um rato cantando só é audível para seus vizinhos próximos. Esse alcance limitado pode explicar por que relativamente poucos mamíferos — roedores, baleias com dentes, pequenos morcegos, gatos domésticos e alguns outros — usam ultrassons para se comunicar, embora sejam capazes de escutar essas frequências. São sons que morrem muito rapidamente. (É também por isso que dispositivos que prometem repelir pragas com ultrassom não funcionam, na verdade: seu alcance é limitado demais para ter uso prático.)[97]

Contudo, um alcance limitado pode ser benéfico se o que os animais quiserem for justamente limitar sua audiência. O chamado de isolamento de um filhote de rato indefeso pode alertar uma mãe próxima sem chamar também a atenção de predadores mais distantes. Dessa forma, o ultrassom de fato proporciona um canal de comunicação secreto, não porque esteja numa faixa de frequência inacessível, mas porque não viaja muito longe. Irritantemente, esse alcance limitado torna o estudo do ultrassom ainda

---

* Animais subterrâneos são impressionantes exceções. Seu alcance auditivo é muito inferior ao esperado para o tamanho da cabeça, talvez porque não precisam localizar sons, já que, para isso, utilizam vibrações transmitidas pela superfície.

mais difícil: não conseguimos ouvi-lo e, mesmo que conseguíssemos, talvez não estivéssemos perto o bastante. Dado o tempo que se levou para descobrir que os roedores usam o ultrassom de forma extensa em sua vida social, é perfeitamente possível que essa comunicação seja muito mais abundante entre os animais do que temos conhecimento hoje.

Muitos exemplos de comunicação ultrassônica só foram descobertos quando os cientistas notaram que os animais pareciam estar gritando silenciosamente, com todos os movimentos necessários para fazer um chamado, mas sem emitir nenhum ruído de fato. Foi o que Marissa Ramsier percebeu enquanto observava os társios filipinos — primatas do tamanho de um punho e com olhos grandes que os fazem parecer *gremlins*.[98] Eles abriam a boca, mas não saía nenhum som. Ramsier só ouviu o que diziam quando os colocou diante de um detector de ultrassom. Descobriu que seus chamados têm frequências de 70 kHz — bem acima do limite ultrassônico e mais altas do que qualquer mamífero, exceto morcegos ou cetáceos, consegue produzir. O que dizem? O que ouvem, para além de uns aos outros?

Os beija-flores são ainda mais misteriosos. Tal como no experimento de Ramsier com os társios, muitos observadores notaram beija-flores abrindo o bico e vibrando o peito sem parecerem cantar. O beija-flor-de-garganta-azul da América do Norte canta uma melodia elaborada que conseguimos ouvir parcialmente, mas também alcança os 30 kHz — já em plena faixa ultrassônica.[99] O que é surpreendente porque, como Carolyn Pytte mostrou em 2004, ele não é capaz de escutar acima dos 7 kHz. Ainda consegue perceber os registros mais graves de sua música, mas muito do que canta é inaudível a seus próprios ouvidos. Vários outros beija-flores, como o beija-flor-negro e beija-flor-de-cauda-violeta, emitem cantos que superam os limiares de audição da maioria dos pássaros, e a parte que as pessoas conseguem escutar soa como grilos.[100] O colibri-do-chimborazo vai ainda mais longe, cantando frases inteiras em registro ultrassônico. Os pássaros tendem a ter faixas auditivas semelhantes, que atingem o limiar superior antes dos 10 kHz. Portanto, ou esses beija-flores têm ouvidos muito incomuns, ou não conseguem realmente ouvir o que estão dizendo.*[101] Caso esta última

---

* Pode parecer absurdo pensar que um animal não consegue ouvir seus próprios gritos, mas há pelo menos um exemplo claro de que isso acontece: o sapinho-pingo-de-ouro do Brasil. Esse sapo laranja é insensível às frequências de seus cantos, mas chama mesmo assim, talvez porque a visão de seu saco vocal inflado seja atraente para os parceiros.

afirmação seja verdadeira, então por que seus cantos são tão estridentes? Canções pedem ouvintes. Se as melodias dos beija-flores transcendem seus próprios *Umwelten*, quem é a audiência?

Insetos, talvez? Embora a maioria deles não consiga ouvir nada, muitos daqueles que têm ouvidos conseguem captar frequências ultrassônicas. Mais da metade das 160 mil espécies de mariposas e borboletas está equipada para tanto.[102] A traça-da-cera é capaz de escutar até frequências próximas de 300 kHz — o limiar mais alto de qualquer animal, com alguma vantagem.[103] Os beija-flores comem insetos e também néctar, então, talvez produzam chamados ultrassônicos que não conseguem ouvir para expulsar aqueles insetos que conseguem.

Mas por que tantos insetos desenvolveram a audição ultrassônica, especialmente quando a maioria deles não consegue ouvir nada? Com certeza não foi para ouvir os beija-flores, recém-chegados em termos evolutivos. Provavelmente nem para ouvir uns aos outros, já que muitos deles são silenciosos.*[104] A resposta mais provável é que seus ouvidos tenham sido sintonizados a tons extremamente agudos para escutar seus inimigos, que apareceram há cerca de 65 milhões de anos[105] — os morcegos, os quais desenvolveram a capacidade de chamar e ouvir frequências ultrassônicas e somaram essa característica a um dos sentidos animais mais extraordinários de todos.**[106]

---

* Algumas mariposas produzem sons ultrassônicos para cortejo. Os machos seguem a trilha de feromônios da fêmea, pousam ao lado dela e vibram as asas para produzir uma onda de ultrassom. Esses sons são muito silenciosos, quase como sussurros. Como outros comunicadores ultrassônicos, essas mariposas provavelmente estão fazendo uso do alcance limitado do ultrassom para serem ouvidas por um possível parceiro sentado nas proximidades, mas não por um morcego faminto voando acima. Mas, ao contrário da maioria das canções, ultrassônicas ou não, as desses animais não foram feitas para serem atraentes. Têm o intuito de alarmar as fêmeas. Os machos imitam o som dos morcegos para que as fêmeas paralisem, permitindo que os machos acasalem com mais facilidade.   ** Durante anos, centenas de livros didáticos e artigos científicos afirmaram que a ecolocalização dos morcegos impulsionou a evolução de ouvidos em mariposas e outros insetos. Mas, enquanto eu escrevia este livro, aprendi (junto com a comunidade científica em geral) que essa narrativa é falsa. Os ouvidos das mariposas evoluíram antes do ultrassom dos morcegos, pelo menos há 28 milhões e até 42 milhões de anos. Eles só mudaram para frequências mais altas quando os morcegos chegaram ao local. Como me disse o biólogo sensorial Jesse Barber: "A maioria das introduções que escrevi em meus artigos estão erradas".

9.
Um mundo silencioso grita de volta
Ecos

Enquanto olho pela janelinha de uma porta pesada, vejo do outro lado uma mão protegida por luva e, sobre a luva, uma bola de pelo marrom com orelhas compridas e o rosto escuro de um chihuahua. É Zipper, uma fêmea do grande morcego-marrom — um dos sete espécimes que estão passando o verão na Boise State University sob os cuidados de Jesse Barber. Os grandes morcegos-marrons são certamente marrons, mas, com aproximadamente o peso de um rato, só são grandes em relação a outros morcegos pequenos. Eles se criam em sótãos nos Estados Unidos, mas, como são noturnos e silenciosos, as pessoas raramente os veem e certamente não à distância que estou vendo Zipper. Emergem ao anoitecer para perseguir mariposas e outros insetos voadores noturnos, e Zipper recebeu esse nome porque é especialmente boa em suas manobras e voa rápido, fazendo *zip*. Alguns de seus colegas de quarto receberam epítetos relacionados a comida, como Ramen, Picles e Potato [Batata]. Outros foram nomeados por suas personalidades: Casper (nome em inglês do Gasparzinho) é amigável; Benny (em homenagem a um personagem do musical *Rent*) é sonoro. Todos esses morcegos serão soltos em outubro, a tempo de hibernar, mas até lá terão um verão confortável, comendo larvas suculentas, aconchegando-se em gaiolas quentes e fazendo "caminhadas voadoras" regulares. "Nós os tiramos das gaiolas para deixá-los se exercitarem", Barber me conta. "É como ter dezesseis cachorros."

Enquanto observo Zipper pela janelinha, ela abre a boca, expondo seus dentes surpreendentemente compridos. Não é uma exibição de agressividade. Ela está tentando entender o que tem a seu redor, ao mesmo tempo que libera uma série de pulsos ultrassônicos curtos pela boca. Ao ouvir os ecos que retornam, consegue detectar e localizar objetos em torno — uma forma de sonar biológico.[1] Apenas alguns animais têm essa capacidade, e só dois grupos a aperfeiçoaram: baleias dentadas (como golfinhos, orcas e cachalotes) e morcegos. No momento, o sonar de Zipper está lhe dizendo que há uma barreira sólida à sua frente, embora ela veja criaturas grandes mais além. (Apesar do senso comum, morcegos não são cegos.) Deve ser um pouco confuso, mas, para ser justo, a evolução não lhes deu essa capacidade para ser usada para detectar janelas, e sim para encontrar pequenos insetos à noite, quando a visão é limitada. Durante o dia, predadores de olhos aguçados, como aves, atacam os insetos.[2] À noite, essas presas pertencem aos morcegos. Como raramente vemos morcegos, é fácil tomá-los por uma espécie ecológica secundária que se alimenta dos restos noturnos que os pássaros deixam para trás. Na verdade, é o contrário: em algumas florestas tropicais, morcegos devoram o dobro de insetos do que as aves.[3] E, quando os treinadores de Zipper a levam para uma sala de voo adjacente e soltam mariposas no ar, começo a entender o porquê.

A sala de voo, totalmente escura, é vigiada por três câmeras infravermelhas. Os operadores lá dentro só conseguem ouvir sons de asas batendo. Todos do lado de fora — Barber, sua aluna Juliette Rubin e eu — podemos ver o que está acontecendo num monitor. E o que vemos é Zipper, para quem a escuridão não é um impedimento, cortando o ar e pegando uma mariposa atrás da outra. Do lado de cá, Rubin e Barber gritam e comemoram como torcedoras entusiasmadas.

> Rubin: Ela pegou? Não, só tocou.
> Barber: Lá vai ela... Uhuuuu.
> Rubin: Segunda tentativa. Terceira. Ela vai conseguir. Essa morcega é boa demais.
> Barber: A mariposa também é muito boa...
> Rubin: Ah, pegou. Sabia!
> Tratadores, no walkie-talkie: Pegou?
> Rubin: Sim, pegou, a danada.
> Barber, para mim: Ela só precisa de um minuto para engolir tudo.
> Rubin: Essa aí já comeu duas mariposas-luna, algumas traças-da-cera e mais as larvas. É um saco sem fundo.

[A equipe dá uma pausa para Zipper, leva Poppy — outra morcega — para a sala e solta mais uma mariposa.]

Rubin: Ok, estamos gravando. Uau, essa foi boa. Uau! Nossa. Ela é... Ah, viram essa acelerada que ela acabou de dar?
TODOS, inclusive eu: UAAAU!

As imagens no monitor são monocromáticas e granuladas, mas, em seu laptop, Barber me mostra vários vídeos que capturou com câmeras muito melhores. Em câmera lenta e alta definição, um morcego-vermelho-oriental dá um salto duplo para trás, catando uma mariposa com a cauda para, em seguida, jogá-la para dentro da boca. Um morcego nariz-de-folha ataca outra mariposa numa explosão de escamas. Um da espécie *Antrozous pallidus* aterrissa sobre um escorpião feito um dragão. Isso são morcegos em seu elemento — e eles são gloriosos. "Para muitas pessoas, quando falo sobre minha pesquisa, a primeira reação é: ah, como você pode trabalhar com aquelas coisas?", conta Rubin. "Esqueço que a maioria dos humanos acha os morcegos nojentos, porque eles são incríveis no que fazem — e ficam bem na foto quando estão fazendo." São animais tão incompreendidos, tão frequentemente usados como símbolos do mal e que vivem tão afastados de nós por questões como altitude e horários do dia que "parte de sua biologia mais básica é desconhecida", acrescenta Barber. "Os morcegos podiam muito bem viver nas profundezas do oceano. Sabemos mais sobre o sonar deles do que sobre qualquer outro aspecto de suas vidas."

Durante muito tempo, nem sobre o sonar sabíamos. Na década de 1790, o padre e biólogo italiano Lazzaro Spallanzani percebeu que os morcegos conseguiam navegar em espaços escuros demais até para uma coruja em cativeiro.[4] Numa série de experimentos cruéis, demonstrou que eles eram capazes de se orientar quando desprovidos de visão, mas colidiam com objetos quando surdos ou amordaçados. O padre nunca compreendeu completamente o significado dessas curiosas descobertas e o máximo que chegou a anotar foi que "o ouvido do morcego é mais eficiente na função de enxergar, ou pelo menos para medir distâncias, do que seus olhos". Seus contemporâneos zombaram dessa ideia; um filósofo o ridicularizou, perguntando: "Já que os morcegos veem com os ouvidos, será que ouvem com os olhos?".

O significado dessas observações permaneceu obscuro durante mais de um século, até que um jovem estudante chamado Donald Griffin teve uma ideia inteligente.*[5][6] Griffin passou muitas horas estudando morcegos em migração e ficou maravilhado com a forma como voavam por cavernas escuras sem dar de cara nas estalactites. Ouviu falar de uma hipótese não testada de que os morcegos escutavam ecos de sons de alta frequência. E ele sabia que um físico local havia inventado um dispositivo capaz de detectar sons ultrassônicos e convertê-los em frequências audíveis. Em 1938, Griffin apareceu no escritório do sujeito levando uma gaiola com morcegos-marrons, que posicionou diante do detector. "Ficamos surpresos e encantados ao ouvir uma mistura de ruídos estridentes vindos do alto-falante", escreveu Griffin em seu clássico *Listening in the dark* [Ouvindo no escuro].[7]

Um ano depois, Griffin e seu colega Robert Galambos confirmaram que os morcegos emitem os mesmos gritos ultrassônicos enquanto voam, que seus ouvidos são capazes de detectar tais frequências e que ambas as habilidades são necessárias para que consigam evitar obstáculos.[8] Com boca e ouvidos desimpedidos, esses animais podiam contornar sem esforço um labirinto de fios finos dependurados no teto. Se tivessem os ouvidos tapados ou a boca amordaçada, relutavam em voar e rapidamente colidiam com paredes, móveis e até mesmo com os próprios Griffin e Galambos. Os animais estavam claramente se orientando pela audição dos ecos de seus próprios chamados. Outros acharam isso absurdo. Conforme Griffin contou mais tarde: "Um distinto fisiologista ficou tão chocado com nossa apresentação num congresso científico que agarrou Bob [Galambos] pelos ombros e o sacudiu, protestando: 'Você não pode realmente estar falando sério!'". Mas a dupla falava sério, sim, e em 1944 Griffin deu um nome à surpreendente capacidade do morcego.[9] Ele a chamou de ecolocalização.**

---

* Durante mais de um século, os estudiosos afirmaram que os morcegos se moviam à noite sentindo as correntes de ar em suas asas. Em 1912, Hiram Maxim (que tinha acabado de inventar uma metralhadora totalmente automática) modificou essa ideia sugerindo que os morcegos sentem os reflexos dos sons de baixa frequência produzidos pelas batidas das asas. Somente em 1920, o fisiologista Hamilton Hartridge especulou corretamente que eles estavam ouvindo ecos de sons de alta frequência. Essa foi a ideia que Griffin ouviu.

** O cientista holandês Sven Dijkgraaf vinha realizando estudos semelhantes. Mas a Alemanha ocupava os Países Baixos e a guerra vinha impedindo as comunicações científicas através do Atlântico, então, Dijkgraaf não sabia do que Griffin e Galambos estavam fazendo e não tinha acesso a um detector ultrassônico.

A princípio, até o próprio Griffin subestimou a ecolocalização. Ele a via apenas como um sistema de alerta que chamava a atenção dos morcegos para possíveis colisões. Mas mudou de opinião no verão de 1951. Sentado junto a um lago perto de Ithaca, ele começou a registrar pela primeira vez morcegos selvagens e seu sentido de ecolocalização.[10] Apontando o microfone para o céu, ficou chocado com a quantidade de gritos ultrassônicos que ouviu e com as diferenças em relação àqueles que havia testemunhado em espaços fechados. Quando os morcegos navegavam a céu aberto, os pulsos emitidos eram mais longos e mais fracos. Quando atacavam insetos, o sinal de *put-put-put* constante acelerava e se fundia num zumbido em staccato. Ao usar um estilingue para lançar pedras no trajeto dos morcegos, Griffin confirmou que eles repetiam a mesma sequência de pulsos acelerados sempre que perseguiam um objeto no ar. A ecolocalização, ele ficou surpreso ao perceber, não era apenas um detector contra colisões. Era também o método de caça dos morcegos.[11] "Nossa imaginação científica simplesmente tinha falhado em considerar, mesmo que como especulação, [essa] possibilidade", escreveu ele mais tarde.[12]

Para estudar morcegos selvagens, Griffin teve de encher uma perua com microfones, tripés, refletores parabólicos, rádios, um gerador com um abafador de ruídos acoplado, tanques de gasolina e cerca de sessenta metros de fios de extensão. A tecnologia progrediu desde então, assim como o estudo da ecolocalização. Em 1938, o detector de ultrassom que Griffin usou era único (e o pesquisador ficou transtornado quando ele e Galambos o quebraram). Quando visito o laboratório de última geração de Cindy Moss em Baltimore, oitenta anos depois, conto 21 microfones ultrassônicos espalhados pelas paredes de apenas uma das duas salas de voo. Câmeras infravermelhas filmam os morcegos em voo. Laptops representam os sons inaudíveis deles na forma de espectrogramas visíveis, e os gráficos são suficientemente precisos para que pesquisadores experientes possam, com eles, identificar morcegos individualmente. Algum pode sofrer de gagueira. Outro, ter uma voz excepcionalmente grave — um morcego barítono.

Esses dispositivos fazem da ecolocalização dos morcegos, antes indetectável aos ouvidos humanos e implausível para nossa mente, um dos mais acessíveis de todos os sentidos. É claro que "ainda não se sabe o que os morcegos sentem", Moss me diz. "Essa é uma questão muito importante." Menciono que é o mesmo dilema filosófico que Thomas Nagel discutiu em

"Como é ser um morcego?" — que as experiências conscientes de outros animais são inerentemente difíceis de imaginar.

"Certo", diz Moss. E, com um sorriso irônico, acrescenta: "Só que ele achou que a gente nunca saberia".

Há mais de 1400 espécies de morcegos. Todos eles voam. A maioria usa a ecolocalização,*[13] que difere dos sentidos que conhecemos até agora porque envolve introduzir energia no ambiente. Os olhos examinam, o nariz fareja, os bigodes fazem sua varredura e os dedos pressionam, mas esses órgãos dos sentidos estão sempre captando estímulos que já existem no mundo além deles. Por outro lado, um morcego ecolocalizador cria o estímulo que detecta posteriormente. Sem o grito, não há eco. Como me explicou o pesquisador de morcegos James Simmons, a ecolocalização é um truque para levar o ambiente a se revelar. Um morcego chama, e seus arredores não conseguem evitar de responder. Ele fala e um mundo silencioso grita de volta.

O processo básico parece simples.[14] O chamado do morcego se espalha e reflete em tudo o que está a seu redor, e o animal então detecta e interpreta aquilo que rebate. Mas, para fazer isso com sucesso, um morcego precisa enfrentar muitos desafios. Conto pelo menos dez.

Primeiro, a distância é um problema. O chamado de um morcego deve ser suficientemente forte para fazer a viagem de ida até um alvo e a viagem

---

* As origens da ecolocalização ainda não são claras, porque as origens dos próprios morcegos não são claras. Esqueletos de morcegos tendem a ser pequenos e delicados, o que significa que deixam poucos fósseis que possam sugerir sua ancestralidade. E os morcegos modernos, apesar da sua variedade, são mais semelhantes fisicamente do que diferentes, o que torna difícil perceber como os distintos grupos estão relacionados. Por essas razões, ainda há um debate vigoroso sobre quando os morcegos começaram a ecolocalizar, se já conseguiam voar nesse ponto, se inicialmente usaram a capacidade para evitar obstáculos ou encontrar presas e quantas vezes essa capacidade evoluiu. Tradicionalmente, acreditava--se que a árvore genealógica dos morcegos tinha dois ramos principais — um contendo as espécies menores, que ecolocalizam, e outro contendo os morcegos frugívoros maiores, que (com uma exceção) não ecolocalizam. Agora sabemos que isso está errado. A árvore genealógica mais recente, que inclui dados genéticos, transfere vários dos morcegos menores, incluindo os morcegos-de-ferradura e falsos-vampiros, para o ramo dos morcegos frugívoros. É uma grande notícia no mundo da academia. Se isso estiver correto, significa que a ecolocalização evoluiu uma vez no ancestral comum de todos os morcegos e foi posteriormente perdida nos morcegos frugívoros, ou que evoluiu em duas ocasiões distintas.

de volta a seus ouvidos. Mas os sons perdem energia rapidamente à medida que viajam pelo ar, em especial quando sua frequência é alta, de modo que a ecolocalização só funciona em distâncias curtas. Um morcego médio só consegue detectar mariposas pequenas a cerca de seis a nove metros de distância, e as maiores, a cerca de onze a treze metros.[15] Qualquer coisa mais distante provavelmente ficará imperceptível, a menos que seja muito grande, como um prédio ou uma árvore.[16] Mesmo dentro da zona detectável, objetos periféricos surgem de maneira confusa. Isso ocorre porque os morcegos concentram a energia de seus chamados no formato de um cone, que se estende a partir da cabeça como o facho de uma lanterna, o que ajuda os sons a irem mais longe antes de desaparecerem.*[17][18]

O volume também ajuda. Annemarie Surlykke mostrou que o som do sonar do grande morcego-marrom pode sair da boca a 138 decibéis[19] — quase tão alto quanto uma sirene ou um motor a jato. Até os chamados "morcegos sussurrantes", que deveriam ser silenciosos, emitem gritos de 110 decibéis, comparáveis a motosserras e sopradores de folhas.[20] São sons que estão entre os mais altos de que qualquer animal terrestre é capaz, e é uma grande pena que sejam agudos demais para ouvirmos. Se nossos ouvidos conseguissem detectar o ultrassom, eu teria recuado de dor ao ouvir Zipper, e Donald Griffin provavelmente teria fugido da zoeira insuportável de seu lago em Ithaca.

Mas os morcegos são capazes de escutar seus próprios gritos, o que cria um segundo desafio óbvio: têm de evitar ensurdecer a cada emissão. Fazem isso contraindo os músculos do ouvido médio no ritmo de seus chamados. Isso dessensibiliza a audição enquanto gritam e a restaura a tempo de ouvirem o eco.[21] Mais sutilmente, eles ajustam a sensibilidade de seus ouvidos à medida que se aproximam de um alvo, de modo a perceberem os ecos de retorno com o mesmo volume constante, independentemente de os ecos de fato estarem soando alto. É o que se chama de controle de ganho acústico e provavelmente estabiliza a percepção do morcego sobre seus alvos.[22]

---

* O grande morcego-marrom na verdade produz um feixe de sonar bifurcado com dois chifres — um apontando para a frente e outro, para baixo. O morcego pode usar o chifre dianteiro para procurar insetos e obstáculos e o inferior para controlar sua altitude. Isso lembra os olhos das aves de rapina, que têm duas fóveas, uma para escanear o horizonte e outra para rastrear as presas.

O terceiro problema é de velocidade. Cada eco fornece um instantâneo. Os morcegos voam com tanta velocidade que precisam atualizar esses instantâneos regularmente para detectar obstáculos que se aproximam rápido ou presas ágeis em escapar. John Ratcliffe mostrou que o fazem com músculos vocais que podem se contrair até duzentas vezes por segundo — a velocidade mais rápida de qualquer músculo de mamífero.*[23] Esses músculos nem sempre se contraem de forma tão ágil. Mas, nos momentos finais de uma caçada, quando os morcegos avançam sobre seus alvos e precisam detectar cada esquiva e cada mergulho, produzem tantos impulsos quantos permitirem seus músculos super-rápidos. É o chamado zumbido terminal. Griffin o ouviu pela primeira vez em seu lago em Ithaca. É o som de um morcego sentindo sua presa com a maior nitidez possível e de um inseto que provavelmente perderá a vida.

Pulsos velozes resolvem o terceiro desafio enquanto criam um quarto. Para que a ecolocalização funcione, um morcego deve fazer corresponder cada eco a seu respectivo chamado de origem. Se estiver gritando muitas vezes seguidas, corre o risco de criar um fluxo confuso de chamados e ecos sobrepostos que não terá como distinguir e, portanto, interpretar. A maioria dos morcegos evita esse problema fazendo chamados muito curtos — alguns milissegundos de duração, no caso do grande morcego-marrom. Também espaçam seus chamados, de modo que cada um saia só após o retorno do eco do anterior. O ar entre um grande morcego-marrom e seu alvo só é preenchido por um chamado ou eco, nunca por ambos. O controle do morcego é tão preciso que, mesmo durante o veloz zumbido terminal, não há sobreposição.

Depois de receber os ecos, o morcego deve agora entendê-los. Esse quinto desafio é o mais difícil até agora. Considere um cenário simples no qual um grande morcego-marrom busca uma mariposa por ecolocalização. Ele ouve seu próprio chamado assim que o emite. Depois de um intervalo, escuta o eco. A duração desse intervalo informa ao morcego qual a distância até o inseto. E, como James Simmons e Cindy Moss demonstraram, o sistema nervoso do animal é tão sensível que consegue detectar diferenças

---

* A lanterna do morcego, no entanto, acende e apaga várias vezes por segundo, oferecendo uma série de instantâneos estroboscópicos. Parece provável que o cérebro do animal transforme esses instantâneos em algo suave e contínuo, da mesma forma que o nosso cérebro quando assistimos a um filme em que quadros estáticos aparecem em rápida sucessão.

de apenas um ou dois milionésimos de segundo no *delay* do eco, o que em distância física se traduz como menos de um milímetro.[24] Pelo sonar, ele mede a distância até um alvo com muito mais precisão do que qualquer ser humano é capaz com seus olhos aguçados.*

Mas a ecolocalização revela mais do que apenas a distância. Uma mariposa tem uma forma complexa, de modo que toda ela, cabeça, corpo e asas, retorna ecos a intervalos ligeiramente diferentes. Para complicar ainda mais as coisas, um grande morcego-marrom, ao caçar, produz um chamado que percorre uma ampla faixa de frequências, cobrindo uma ou duas oitavas. Todas essas frequências se refletem nas partes do corpo da mariposa de maneiras sutilmente diferentes e fornecem ao morcego informações díspares.[25] Frequências mais baixas informam sobre características gerais; frequências mais altas, sobre detalhes mais sutis. O sistema auditivo do morcego analisa de alguma forma toda essa informação — os intervalos de tempo entre o chamado e os vários ecos, *segundo cada uma das frequências que os constituem* — para construir um retrato acústico mais nítido e rico da mariposa. Ele sabe a posição do inseto, mas talvez saiba também seu tamanho, sua forma, sua textura e para onde vai.[26]

Tudo isso já seria bastante difícil se o morcego e a mariposa permanecessem imóveis. Mas o normal é ambos estarem em movimento. Daí o sexto desafio: um morcego deve ajustar constantemente seu sonar.[27] Primeiro, para encontrar uma mariposa, precisa vasculhar grandes extensões ao ar livre. Durante essa fase de busca, ele faz chamados que chegam o mais longe possível — pulsos altos, longos e menos seguidos, cuja energia está concentrada numa estreita faixa de frequência. Assim que o morcego ouve um eco promissor e se aproxima do possível alvo, sua estratégia muda. Ele amplia as frequências de seu grito para capturar mais detalhes sobre o alvo e estimar sua distância com maior precisão. Faz emissões mais seguidas para obter atualizações mais rápidas sobre a posição do alvo. E encurta cada um dos chamados para evitar sobreposição com os ecos. Por fim, uma vez que o morcego se prepara para o bote fatal, ele produz o zumbido terminal, de modo a colher o máximo

---

* Esta é outra razão pela qual os morcegos emitem sons curtos: como eles calculam a distância em relação ao tempo, um som mais curto fornece uma estimativa mais precisa do alcance.

de informações possível e o mais rápido possível. Alguns morcegos também alargarão o feixe de seu sonar nesse ponto, ampliando sua zona sensorial para melhor pegar as mariposas que tentem fugir pela tangente.

Toda essa sequência, desde a busca inicial até o zumbido terminal, pode ocorrer em questão de segundos. Repetidas vezes, os morcegos ajustam a duração, o número, a intensidade e a frequência dos chamados para controlar sua percepção de forma estratégica. O que significa, convenientemente, que a voz de um morcego revela sua intenção. Se o chamado for longo e alto, é porque o animal está concentrado em algo distante. Se for suave e curto, significa que ronda algo próximo. Se ele produzir pulsos mais rápidos, está prestando mais atenção a determinado alvo. Ao medir esses chamados em tempo real, os pesquisadores quase conseguem ler a mente de um morcego.

Tal abordagem ajudou a explicar como os morcegos lidam com seu sétimo desafio: ambientes caóticos. Eles são capazes de zunir por cavernas acidentadas, galhos emaranhados e até labirintos de correntes dependuradas.[28] Esses espaços confusos criam para o sonar problemas particulares que não se aplicam à visão.[29] Imagine que um morcego esteja voando na direção de dois galhos colocados à mesma distância. Se pudesse enxergá-los, ele conseguiria facilmente distingui-los, porque a luz refletida em cada galho incidiria sobre diferentes partes de sua retina. O senso espacial vem embutido na anatomia do olho. Isso não se aplica aos ouvidos. O morcego precisa *calcular* o espaço a partir do tempo de retorno de seus ecos e, como os ecos que retornam de dois galhos à mesma distância lhe chegariam com o mesmo *delay*, talvez "soassem" como o mesmo objeto.

Cindy Moss mostrou como os morcegos resolvem esse problema treinando grandes morcegos-marrons a passarem por um buraco numa rede. Ela notou que os animais apontavam o centro dos raios do sonar para as bordas do furo, examinando-o antes de atravessar. "Assim como escaneamos diferentes objetos numa sala com nossos olhos, o morcego faz o mesmo direcionando o feixe do sonar", explica Moss. Ela também descobriu que, sempre que estão fazendo algo que exige muito deles, como voar em torno de obstáculos ou perseguir alvos em movimento errático, os morcegos encurtam os chamados e ampliam sua faixa de frequência para extrair o máximo possível de detalhes dos ecos.[30] Também tendem a agrupar os gritos naquilo que Moss chama de conjuntos estroboscópicos (*bã-bã-bã-bã... bã-bã-bã-bã... bã-bã-bã-bã*).[31] Os animais são capazes de processar cada grupo como uma unidade, somando os detalhes de todos os ecos que os constituem para construir uma representação mais nítida do entorno.*[32]

A ecolocalização sofre de outro problema — o oitavo da nossa série — que a visão não tem. Para os olhos, não é um problema distinguir um objeto contra um fundo, a menos que esse objeto esteja camuflado. Mas, para o sonar, pequenos objetos sobre fundos amplos ficam automaticamente camuflados. Se uma mariposa estiver voando na frente de uma folha ou pousada sobre ela, os ecos fortes da folha abafarão os mais fracos da mariposa. Das várias soluções que os morcegos desenvolveram para essa dificuldade, a do *Corynorhinus townsendii*, conhecido em inglês como morcego-orelhudo, é a mais impressionante. Usando o sonar, e apenas o sonar, ele consegue capturar libélulas e outros insetos diretamente de uma folha, mesmo quando eles estão parados e silenciosos — um feito que os cientistas há muito consideravam impossível. Inga Geipel descobriu que o morcego realiza seu incrível truque aproximando-se da presa a partir de um ângulo agudo, de modo que os ecos do inseto ricocheteiem na sua direção, enquanto os da folha se dispersam para longe.[33] Ele acentua esse efeito pairando num sobe e desce diante do inseto e com a cabeça fixada no alvo. De início, provavelmente ouve algo confuso e indistinto — um mero indício de uma possível presa. Mas, à medida que flutua para cima e para baixo, colhendo informações de diferentes ângulos, a forma de sua refeição fica mais nítida e, para infelicidade do inseto, uma façanha impossível se torna bastante possível.

O nono desafio surge quando os morcegos voam em grupos, como costumam fazer. Agora eles devem de alguma forma distinguir os ecos de seus próprios chamados daqueles de outros indivíduos. Os grandes morcegos-marrons fazem isso direcionando seus chamados para longe de outros morcegos, mudando suas frequências para evitar sobreposição com

---

* Se a cena for especialmente complexa, os grandes morcegos-marrons podem obter ainda mais detalhes mudando as frequências das emissões individuais dentro dos grupos estroboscópicos, de modo que cada um fique mais baixo que o anterior. Várias espécies fazem esse tipo de "salto de frequência": o morcego *Cormura brevirostris*, encontrado na América Central e no Norte do Brasil, produz frequências ascendentes triplas e também é conhecido como morcego dó-ré-mi.

os sons dos demais ou revezando-se em voos silenciosos.*[34][35][36] Mas essas estratégias são menos úteis para os morcegos-de-cauda-livre-brasileiros, os quais se reúnem na casa dos milhões. Quando 20 milhões de morcegos saem juntos de uma caverna, como é que cada um capta seus próprios ecos? Os pesquisadores chamam isso de "pesadelo da reuniãozinha social" e não está claro como os morcegos acordam dele.[37] Talvez processem apenas ecos que cheguem dentro de determinado período de tempo ou de alguma direção específica. Também é possível que ignorem completamente a ecolocalização, confiando em outros sentidos ou em suas memórias. Os morcegos-de-cauda-livre-brasileiros devem conhecer o caminho para entrar e sair de suas cavernas e quem sabe simplesmente sigam a trajetória correta sem precisar consultar quaisquer ecos. Isso explica os muitos incidentes históricos nos quais, tendo construído barricadas à entrada de cavernas por razões de segurança, as pessoas mais tarde foram se deparar com morcegos que tinham colidido mortalmente contra elas.[38]

Esses trágicos infortúnios ilustram o décimo desafio da ecolocalização: é preciso muito esforço para resolver os outros nove. A ecolocalização é mentalmente exigente, em especial porque os morcegos fazem tudo o que fazem em alta velocidade. Muitas vezes, eles só não têm tempo para usar o sonar em sua capacidade máxima, e é por isso que com frequência cometem erros que parecem ridículos vindos deles.**[39] Esses animais são capazes de distinguir dois tipos de lixa cuja aspereza difere

---

* Quando os morcegos querem se comunicar, tendem a fazer tipos de emissões muito diferentes daquelas que usam como sonar. A diferença entre comunicação e ecolocalização não é clara, no entanto. Alguns morcegos podem reconhecer as emissões do sonar de indivíduos familiares e escutar os zumbidos de alimentação uns dos outros. O morcego-pescador também é capaz de transformar sua emissão de sonar em uma mensagem: ele adiciona uma buzina de alerta profunda no final do pulso se estiver prestes a atingir outro morcego.

** Em *Listening in the dark*, Donald Griffin dedicou uma seção inteira aos "morcegos desajeitados". Nele, observou que os feitos milagrosos que fazem esses animais serem tão fascinantes, como voar através de uma cortina de fios finos, só são realizados pelos indivíduos "mais alertas e bem despertos". Sob algumas condições, escreveu Griffin, os morcegos "são bastante desajeitados e às vezes tropeçam de cabeça em obstáculos dos quais se esquivariam sem a menor dificuldade em outras ocasiões. Talvez esse tenha se tornado um assunto um pouco sensível para mim, já que, sempre que um morcego esbarra em alguma coisa, é muito provável que eu fique sabendo, muitas vezes em tom levemente acusador".

em 0,5 milímetro, mas também enfiar a cabeça numa porta de caverna recém-instalada.[40] Conseguem discernir insetos voadores pela forma, mas voarão atrás de uma pedra lançada no ar. Os morcegos são totalmente capazes de evitar tais erros. Só não estão prestando atenção. Estão confiando na memória e no instinto. Os seres humanos se comportam da mesma forma: a maioria dos acidentes de carro ocorre perto de casa, em parte porque os motoristas ficam menos vigilantes quando percorrem trajetos familiares. Em ambos os casos, a percepção é influenciada não apenas pela informação dos órgãos dos sentidos, mas também pelo que o cérebro decide fazer com essa informação. Esse cérebro e seu funcionamento ainda são misteriosos. Apesar de tudo o que descobrimos sobre a ecolocalização, Nagel segue tendo razão: talvez nunca saibamos completamente como é ser um morcego. Mas, se fôssemos arriscar um palpite, talvez seja mais ou menos assim.

Está escuro e você, um grande morcego-marrom, tem fome. Percebendo facilmente árvores e outros obstáculos maiores, você os contorna em busca de insetos, lançando, no ar que o separa da presa, seus chamados fortes, não muito seguidos e numa faixa estreita de frequências. A maioria desses chamados desaparece ao longe, mas alguns retornam, revelando a presença de algo voando levemente à direita. Uma mariposa? Você vira a cabeça e depois o corpo para manter o alvo no cone de seu sonar. Você sabe a que exata distância o alvo está agora, mas sua percepção dele ainda é confusa. Isso muda conforme você se aproxima. À medida que seus chamados encurtam, aceleram e sobem de tom, a percepção do alvo se aguça — *é* uma mariposa grande voando para longe. Quanto mais você avança sobre o inseto, mais os incríveis músculos de sua garganta trabalham, liberando a avalanche mais rápida possível de pulsos de sonar e colocando a mariposa em foco nítido. Cabeça, corpo e asas ganham ricos detalhes até o momento mesmo em que você enfia tudo na boca com a cauda. E você faz tudo isso no intervalo entre ler *esta* palavra... e *esta*.

Não à toa os morcegos são tão bem-sucedidos. É possível encontrá-los em todos os continentes, exceto na Antártica, e eles representam uma de cada cinco espécies de mamíferos. Há morcegos que catam insetos no ar e morcegos que catam frutas nas árvores. Morcegos que pegam sapos, morcegos que bebem sangue e morcegos que sugam néctar com uma língua duas vezes mais longa que seu corpo. Existem morcegos comedores de morcegos. E morcegos que pescam usando a ecolocalização nas ondulações de superfície. Há morcegos que polinizam as plantas pela ecolocalização de folhas em forma de prato adaptadas a refletir os pulsos de seus sonares. E ainda morcegos que resolveram os desafios da ecolocalização de um jeito fundamentalmente diferente do que já vimos, desenvolvendo a forma de sonar mais especializada do mundo.

A maioria dos morcegos usa a ecolocalização, de modo geral, de uma forma semelhante à do grande marrom arquetípico. Eles enviam pulsos curtos de sonar que duram entre um e vinte milissegundos e são separados por silêncios relativamente mais longos. Esses pulsos também percorrem uma ampla faixa de frequências, e é por isso que esses morcegos são conhecidos como FM, ou morcegos de frequência modulada. Mas cerca de 160 espécies — os morcegos-de-ferradura, os hiposiderídeos e o *Pteronotus parnellii* — fazem algo muito diferente.[41] Seus chamados são muito mais longos, durando dezenas de milissegundos para algumas espécies, e separados por intervalos muito mais curtos. E, em vez de cobrirem uma gama de frequências, essas espécies sustentam uma nota em particular. Por isso, esses animais são chamados de morcegos CF (na sigla em inglês), ou morcegos de frequência constante. E o que tentam escutar é um tipo de eco muito específico.

Quando um pulso de sonar atinge a asa de um inseto, a intensidade do eco varia conforme a asa se move para cima e para baixo. Mas, num determinado momento, quando ela está na exata perpendicular ao som que chega, um eco especialmente alto e agudo ricocheteia direto de volta para o morcego. É o que se chama de brilho acústico, e a pista absoluta de que um inseto está voando por perto. Os morcegos FM podem, teoricamente, detectar esses reflexos, mas é improvável que o façam. Seus breves pulsos de sonar são separados por longos intervalos, de modo que um morcego FM precisa ter muita sorte para acertar a asa de um inseto exatamente no momento exato para que ela retorne o brilho acústico. Por outro lado, os pulsos dos morcegos CF são suficientemente longos para cobrir uma batida completa de asas. Captam brilhos em abundância. E, como folhas e outros objetos de fundo não se movem da mesma forma rítmica que as asas, um morcego CF usa os reflexos para distinguir insetos esvoaçantes de folhagens atulhando o caminho. Devem parecer o equivalente auditivo de flashes de luz.

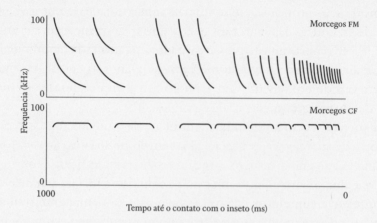

Esses espectrogramas mostram os chamados de ecolocalização de dois morcegos quando se aproximam de um inseto. Observe que os do morcego FM cobrem uma ampla gama de frequências, enquanto o morcego CF mantém basicamente a mesma nota. Mas ambos os morcegos soltam gritos mais curtos e rápidos à medida que se aproximam de suas presas.

Hans-Ulrich Schnitzler, que estuda morcegos CF desde a década de 1960, demonstrou que eles são capazes de reconhecer diferentes espécies de insetos a partir do ritmo das batidas das asas.[42] Conseguem saber se o inseto está voando na sua direção ou para longe deles. E ainda distinguir alvos vivos de alvos inanimados: ao contrário dos grandes morcegos-marrons, os morcegos CF não perseguem pedras lançadas no ar.*

Os ouvidos dos morcegos CF são tão especializados quanto seus chamados. O morcego-de-ferradura, por exemplo, solta os seus a uma frequência constante de cerca de 83 kHz e tem um número desproporcional de neurônios auditivos dedicados exatamente a esse tom.**[43] Ele ouve

---

* Na prática, muitos morcegos usam uma mistura de chamados CF e FM. Quando morcegos FM, como os grandes morcegos-marrons, procuram ao ar livre, eles produzem pulsos semelhantes aos do CF. Enquanto isso, os morcegos CF adicionarão uma breve varredura de frequência no final de seus pulsos para avaliar melhor a distância até suas presas. ** Os pesquisadores chamaram essa faixa sensível de fóvea acústica, em homenagem à parte da retina onde a acuidade visual é mais nítida. É uma analogia decente, mas também um pouco errada. A fóvea é uma região do espaço físico onde a visão é mais nítida, mas a fóvea acústica descreve uma região do espaço informativo onde a audição do morcego é mais aguçada. É mais como andar por aí com olhos excepcionalmente bons em ver um determinado tom de verde.

os sons de seus próprios ecos com mais sensibilidade do que a qualquer outra coisa. Outras espécies têm suas próprias frequências preferenciais, como se cada morcego CF tivesse raspado uma fina fatia do mundo auditivo como um todo e a reivindicado para si.[44] Mas essa estratégia também cria um grande problema — um décimo primeiro desafio que os morcegos FM não enfrentam.

Os sons parecem aumentar de intensidade à medida que a gente·se aproxima de suas fontes — basta pensar em como soa uma sirene quando uma ambulância vem na nossa direção. Isso é chamado de efeito Doppler. Significa que, quando um morcego CF parte para cima de um inseto, os ecos que ouve aumentam em frequência e devem em algum momento ultrapassar a zona de melhor audição do morcego. Mas, como Schnitzler descobriu em 1967, esses morcegos conseguem compensar os desvios Doppler.[45] Ao se aproximarem de um alvo, eles produzem gritos mais graves do que sua frequência normal, de modo que os ecos desviantes atingem seus ouvidos no tom exato. E fazem isso (literalmente) em tempo real, ajustando a todo momento os chamados para que os ecos dos alvos à frente fiquem dentro de uma margem de 0,2% da frequência ideal.[46] É uma proeza impressionante de controle motor quase incomparável no reino animal.

Imagine um piano mal afinado que sempre emite notas três tons acima do que você está, de fato, tentando tocar. Se quiser fazer soar o dó central, terá de pressionar o lá à esquerda. Você logo pegaria o jeito — mas imagine agora que os erros no piano não sejam sistemáticos e que o intervalo entre as notas pressionadas e as notas desejadas mude o tempo todo. Você precisará avaliar constantemente o tamanho do intervalo ouvindo a música que sai do instrumento instável e ajustando os dedos enquanto toca. É isso que os morcegos CF estão fazendo — muitas vezes a cada segundo, quase sem erros. E podem até fazê-lo para vários alvos simultâneos. Um morcego-de-ferradura é capaz de dividir sua atenção entre diferentes obstáculos a distâncias variadas e realizar a compensação Doppler correta para cada um deles.*[47]

---

* Dessa forma, os morcegos CF utilizam o problema potencial do efeito Doppler em seu benefício. Os morcegos FM devem manter seus chamados curtos para evitar sobreposições com o eco de retorno. Mas os morcegos CF separam seus chamados e ecos em frequência e não em tempo. Graças ao efeito Doppler, os ecos são geralmente mais agudos do que os

Para um inseto noturno, nenhum ambiente está a salvo de morcegos. Se voam ao ar livre, os grandes morcegos-marrons podem capturá-los. Se vão para uma folhagem espessa, os ferraduras conseguem rastreá-los. Se pousam numa superfície e permanecem imóveis, são os morcegos-orelhudos que talvez os encontrem. O sonar parece uma arma imbatível, adaptável a qualquer habitat possível. Mas, embora seja certamente versátil, não é invencível. Ao desenvolverem um sentido incrível, os morcegos ficaram sujeitos a ilusões igualmente incríveis.

Está nevando de leve dentro do laboratório de Jesse Barber — ou pelo menos é o que parece. Os membros da equipe carregam mariposas para a sala de voo onde Zipper e outros morcegos estão voando soltos, e os insetos vão deixando uma nuvem de escamas brancas pairando no ar. As escamas se espraiam de tal forma que tanto Barber quanto Juliette Rubin se tornaram terrivelmente alérgicas a elas e agora usam máscaras faciais. Esse, elas me contam, é um risco ocupacional comum entre os lepidopteristas — pessoas que estudam mariposas e borboletas. Em alguns círculos, é uma condição chamada de pulmão lépido.

Quando não estão inflamando as vias respiratórias dos cientistas, as escamas protegem o corpo das mariposas, absorvendo o som dos chamados dos morcegos e abafando os ecos resultantes.[48] Essa armadura acústica é apenas uma de suas várias defesas antimorcegos.[49] Como vimos no capítulo anterior, mais da metade das espécies de mariposas têm ouvidos capazes de escutar o sonar dos morcegos. Esses ouvidos oferecem uma vantagem considerável. Os morcegos estão atentos aos sons que viajaram até uma mariposa e retornam, mas elas só precisam detectar os mesmos sons na jornada inicial de ida, quando soam muito mais fortes. Portanto, embora os morcegos ouçam pequenas mariposas a não mais de nove metros de distância, elas, por seu lado, conseguem escutá-los a entre 15 e 33 metros de onde estão.[50] Muitas exploram essa vantagem para executar esquivas, loopings e mergulhos poderosos sempre que ouvem vozes de morcegos. Outras respondem.[51]

---

chamados e mais óbvios para os ouvidos afinados do morcego. É por isso que seus chamados podem ser longos — longos o suficiente para retornar um brilho acústico e revelar a presença de presas voadoras.

As mariposas da família Arctiidae, um grupo diversificado de 11 mil espécies, têm um par de órgãos semelhantes a tambores nos flancos, os quais vibram de modo a produzir cliques ultrassônicos que parecem confundir os morcegos, o que os leva a não perceberem a presença das mariposas.*[52] Às vezes, esses cliques são versões acústicas de cores de alerta: muitas mariposas Arctiidae são abundantes em substâncias químicas de sabor desagradável e emitem cliques para dizer aos morcegos que não vale a pena degustá-las.[53] Os cliques também podem interferir no sonar de um morcego. Em 2009, Aaron Corcoran e Jesse Barber encontraram evidências claras de que isso acontece ao colocar grandes morcegos-marrons para duelar com a *Bertholdia trigona* — uma impressionante mariposa americana dessa família vestida com as cores de lenha em chamas.[54] Essas mariposas não têm defesas químicas, e os morcegos as comerão se puderem. Mas os grandes morcegos-marrons frequentemente falhavam em seus botes quando se aproximavam de uma *Bertholdia* que estivesse emitindo cliques, mesmo com as mariposas atadas a um local. Esses sons se sobrepunham aos ecos dos morcegos e atrapalhavam sua capacidade de medir a distância.[55] Da perspectiva deles, um alvo que antes era claramente definido e tinha localização precisa havia de repente se transformado numa nebulosa indefinida de localização ambígua.**[56][57]

Outras mariposas são capazes de iludir sem precisar lançar feitiços. Barber e Rubin têm criado mariposas-luna — insetos inconfundíveis, do tamanho da palma da mão, com corpo branco, patas vermelho-sangue,

---

* Dorothy Dunning e Kenneth Roeder demonstraram isso pela primeira vez em 1965, mostrando que os cliques podem impedir que morcegos-marrons de pequeno porte capturem suas presas com sucesso. A dupla treinou os morcegos para capturar larvas lançadas ao ar — uma tarefa que os animais realizaram quase perfeitamente. Mas, quando ouviam gravações de cliques de mariposas Arctiidae, geralmente não conseguiam realizar a tarefa.

** Cerca de metade das mariposas-falcão — outro grupo importante de cerca de 1500 espécies — também consegue enganar os morcegos. Mas, ao contrário das Arctiidae, as mariposas-falcão produzem seus cliques confusos esfregando os órgãos genitais. Elas parecem ter desenvolvido essa habilidade em três ocasiões evolutivas distintas, com cada grupo remodelando uma função diferente dos órgãos sexuais para confundir os morcegos. Mas os morcegos, por sua vez, desenvolveram contra-ataques às defesas das mariposas. Pelo menos duas espécies — o morcego-negro da Europa e o *Corynorhinus townsendii* da América do Norte — fazem emissões muito silenciosas que lhes permitem aproximar-se sorrateiramente das mariposas sem serem notados. Com seus sussurros furtivos, eles podem chegar tão perto que suas presas não têm tempo de se esquivar ou atacar.

antenas amarelas e asas verde-limão que terminam num par de caudas longas e fluidas. Quando abro um armário no laboratório, algumas dessas mariposas estão calmamente dependuradas na porta, com suas crisálidas vazias espalhadas pelas prateleiras. Na forma adulta, elas terão pouco tempo e nenhuma boca. Numa semana, estarão mortas. Até lá, "tudo o que fazem é acasalar e fugir dos morcegos", conta Barber. Elas não produzem substâncias químicas nocivas. Não são capazes de fazer cliques para confundir. Tampouco conseguem ouvir os morcegos chegando, porque não têm ouvidos. Mas aquelas longas caudas que crescem a partir de suas asas traseiras batem e giram atrás delas durante o voo, produzindo ecos que distraem os morcegos, os quais direcionam a ecolocalização para atacar uma parte não essencial do corpo. Em média, uma mariposa sem cauda tem nove vezes mais probabilidade de ser comida do que uma cuja cauda está intacta.[58] "Quando descobri isso, pensei: não pode ser real", diz Barber. "A ecolocalização é um sentido notável. Como é que um pedaço giratório de membrana engana os morcegos? Mas é o que verificamos, e de forma consistente."

No monitor de Barber, eu também verifico. Quando uma mariposa-luna é solta na sala de voo, Zipper, a morcega, dá o bote e erra. Ela se vira, ataca novamente, arranca um naco de cauda e cospe. Enquanto o fragmento pouco apetitoso cai no chão, Barber olha para mim, sorrindo, e diz: "Falei". Os operadores trazem para nós a mariposa: não tem mais a cauda esquerda, mas está ilesa. Eles levam uma segunda luna para dentro, dessa vez com as caudas já removidas. Zipper a pega quase imediatamente.*[59]

Quando olhei pela primeira vez para as mariposas-luna, pensei que suas caudas fossem como as de um pavão. Mas, de novo, era meu viés visual que me desviava. Essas mariposas encontram seus parceiros pelo cheiro, e não há evidências de que as caudas as tornem mais atraentes.

---

* Ainda não está claro como funcionam as caudas. Os ecos que produzem podem fundir-se com os do corpo da mariposa, induzindo o morcego a pensar que está a caçar um animal muito maior que está mais próximo da sua mandíbula. Alternativamente, elas podem soar como alvos totalmente separados ou mais visíveis. Seja qual for o caso, funcionam. As mariposas desenvolveram caudas longas em pelo menos quatro ocasiões distintas, e algumas delas podem ser duas vezes mais longas que o resto das asas.

O objetivo delas não é encher os olhos de pares em potencial, mas enganar os ouvidos de potenciais predadores.

Donald Griffin certa vez descreveu a ecolocalização dos morcegos como um "poço mágico" que, quando descoberto, se tornou uma fonte inesgotável de descobertas surpreendentes.[60] Ao compreender do que os morcegos são capazes, podemos apreciá-los pelas maravilhas biológicas que são, em vez de olhá-los como as criaturas supostamente desagradáveis que têm a reputação de ser. Podemos entender melhor as criaturas que eles caçam. E, como fizeram muitos cientistas depois da pesquisa de Griffin, podemos buscar outras criaturas que percebam o mundo por ecos. Morcegos e golfinhos são tão diferentes quanto dois grupos de mamíferos podem ser. As patas dianteiras dos morcegos se transformaram em asas, ao passo que as dos golfinhos viraram nadadeiras. O corpo dos morcegos é esbelto e leve; o dos golfinhos, liso e gorducho. Os morcegos cruzam o ar livre; golfinhos, os mares abertos. Mas ambos os grupos precisam se mover e caçar em espaços tridimensionais e muitas vezes escuros. Ambos passaram a fazê-lo pela evolução da ecolocalização.[61] E ambos, igualmente, revelaram seus segredos à ciência mais ou menos da mesma forma: os pesquisadores notaram primeiro que os golfinhos conseguiam evitar obstáculos na escuridão, mesmo quando vendados, e depois que emitiam e ouviam cliques ultrassônicos.*[62][63] Essas observações foram mais fáceis de interpretar porque, graças ao trabalho pioneiro de Griffin e outros, já se sabia da existência da ecolocalização. Pesquisadores trabalhando com golfinhos puderam então testar uma habilidade que apenas duas décadas antes parecia inconcebível.[64]

Apesar dessa vantagem, a pesquisa sobre o sonar dos golfinhos tem progredido de forma bastante lenta, pois são animais com os quais não é fácil trabalhar. Seu tamanho por si só é um problema. O menor golfinho

---

* Na década de 1950, Arthur McBride se questionou se os golfinhos, os botos e outras baleias dentadas poderiam partilhar a mesma capacidade. Depois de observar botos fugindo das redes de pesca no escuro, ele se lembrou de morcegos. Ken Norris realizou um experimento particularmente esclarecedor em 1959, quando treinou um golfinho fêmea chamado Kathy para usar ventosas de látex sobre os olhos. Sem visão, Kathy ainda conseguia encontrar pedaços de peixe flutuando, liberando rajadas de cliques rápidos, ou nadar através de um labirinto de canos verticais, assim como os morcegos voavam através de cortinas de arame. Na verdade, ela era mais ágil. Enquanto os morcegos de Griffin muitas vezes roçavam os fios com as pontas das asas, Kathy só bateu em um cano uma vez em dois meses de testes — e, mesmo assim, pareceu fazer isso de propósito.

é cerca de quarenta vezes mais pesado que o maior morcego e requer um grande tanque de água salgada em vez de uma salinha. Os golfinhos também são mais espertos, mais difíceis de treinar e mais obstinados do que os morcegos: Kathy, um golfinho-nariz-de-garrafa fêmea que participou de um primeiro experimento seminal, concordava em usar óculos, mas se recusava terminantemente a colocar uma máscara de bloqueio de som que lhe cobria a mandíbula e a testa. E, enquanto os morcegos podem ser facilmente encontrados em construções e florestas, os golfinhos vivem num habitat tão inacessível que a maioria dos humanos se limita a roçar sua superfície. Assim, os pesquisadores que estudam golfinhos têm sido obrigados, na maior parte, a trabalhar com animais que vivem em aquários ou em instalações navais.

A Marinha dos Estados Unidos começou a treinar golfinhos na década de 1960 para resgatar mergulhadores perdidos, encontrar equipamentos afundados e detectar minas enterradas. Na década de 1970, investiu fortemente no estudo da ecolocalização, não para compreender como os próprios golfinhos percebiam o mundo, mas para aperfeiçoar o sonar militar por meio de engenharia reversa das capacidades superiores desses animais. Uma estação de campo na baía de Kāne'ohe, no Havaí, tornou-se um centro de importantes pesquisas, lideradas pelo psicólogo Paul Nachtigall e pelo engenheiro elétrico Whitlow Au.[65] "O golfinho era uma caixa-preta, e meu interesse era definir os parâmetros dessa caixa", conta Au. "Eu deixava meus filhos muito chateados, porque eles queriam abraçar os animais, e eu dizia que eram só cobaias." (Pergunto se ainda os considera assim depois de trabalhar com eles por décadas. Au faz uma pausa e diz: "Eu os vejo como cobaias mais complexas".)

Na baía de Kāne'ohe, onde golfinhos-nariz-de-garrafa como Heptuna, Sven, Ehiku e Ekahi podiam nadar em grandes cercados de águas abertas, Au e seus colegas perceberam que o sonar daqueles animais era ainda mais impressionante do que se poderia imaginar.[66] Os golfinhos eram capazes de discriminar diferentes objetos com base na forma, no tamanho e no material de que eram feitos.[67] Conseguiam distinguir entre cilindros cheios de água, álcool e glicerina. Identificavam alvos distantes a partir das informações num único pulso de sonar. E encontravam com segurança itens enterrados debaixo de vários metros de sedimento, sabendo se esses objetos eram de latão ou aço — proezas que nenhum sonar tecnológico até hoje consegue igualar. Até o momento, "o único sonar da Marinha capaz de detectar minas enterradas nos portos é um golfinho", diz Au.

Os golfinhos pertencem ao grupo conhecido como odontocetos, ou baleias dentadas.* Os outros membros desse grupo — botos, belugas, narvais, cachalotes e orcas — também usam a ecolocalização, e muitos tão bem quanto o familiar nariz-de-garrafa. Em 1987, a equipe de Nachtigall começou a trabalhar com uma falsa-orca — uma espécie de golfinho de pele negra, com 5,5 metros de comprimento, conhecida por ser inteligente e sociável. O animal, Kina, conseguia, com seu sonar, diferenciar cilindros ocos de metal que, ao olho humano, pareciam idênticos e diferiam em espessura o equivalente a um fio de cabelo.[68] Numa ocasião memorável, a equipe testou Kina usando dois cilindros fabricados com as mesmas especificações. Para confusão de todos, Kina indicou repetidas vezes que os objetos eram diferentes. Quando foram medir novamente os cilindros, perceberam que um deles tinha um minúsculo afunilamento, sendo 0,6 milímetro mais largo numa extremidade do que na outra. "Foi incrível", lembra Nachtigall. "Encomendamos dois iguais, os mecânicos disseram que eram iguais, e o animal falou: 'Não, são diferentes'. Kina estava certa."

Os golfinhos também conseguem, usando a ecolocalização, encontrar um objeto oculto e depois reconhecer o mesmo objeto visualmente — até mesmo na tela de uma televisão.[69] Pode parecer um feito óbvio, mas pare para considerar o que envolve. O animal não está apenas calculando a posição do objeto, mas construindo uma representação mental dele que pode ser traduzida para os outros sentidos. E faz isso a partir do *som* — um estímulo que não transporta naturalmente informações ricas e tridimensionais. Quando ouvimos um saxofone, podemos reconhecer o instrumento e descobrirmos de onde vem a música, mas boa sorte a quem quiser adivinhar sua forma apenas pelo som. Se alguém,

---

* Uma breve nota sobre a terminologia: golfinhos, baleias e seus parentes pertencem ao grupo conhecido como cetáceos, que são coloquialmente conhecidos apenas como baleias. Existem dois grupos principais: baleias de barbatanas (misticetos) e baleias dentadas (odontocetos). Os golfinhos são um grupo dentro das baleias dentadas, que incluem orcas e baleias-piloto. Golfinhos e botos são tipos diferentes de odontocetos, mas os dois termos às vezes têm sido usados de forma intercambiável; alguns artigos antigos de ecolocalização referem-se a "toninhas-nariz-de-garrafa". Então, para recapitular, os golfinhos são baleias, as orcas são golfinhos e os botos não são golfinhos, exceto quando o são.

no entanto, *tateasse* um saxofone, poderia chegar a uma sólida impressão sobre sua aparência. O mesmo acontece com a ecolocalização. Esse sentido é frequentemente descrito como "visão com som", mas dá facilmente para pensar nele como "tato com som". É como se um golfinho estivesse estendendo um suposto braço e explorando o ambiente em redor com mãos fantasmagóricas.

Não estou acostumado a pensar no som dessa maneira. Do lado de fora da minha janela, ouço cães latindo, estorninhos e cigarras cantando, todos usando o som para transmitir informações a suas audiências. Mas o ar e a água deste planeta também estão repletos de sons que os animais usam para transmitir informações *a si próprios* — sons produzidos não para fins de comunicação, mas de exploração. Outros sentidos até *podem* ser usados dessa forma, para explorar, mas a ecolocalização é inerentemente exploratória. E é isso que acontece quando é empregada por um animal curioso como um golfinho. "Os animais usam a ecolocalização o tempo todo, mas sempre que a gente coloca um novo objeto no ambiente deles, lá vem o zumbido escrutinando o negócio todo", diz Brian Branstetter, que começou a trabalhar com golfinhos em Oahu, na década de 1990. "E, quando estou nadando com eles, consigo ouvir e sentir seus cliques: este animal está me investigando agora mesmo!"

Muito do sonar dos golfinhos é contraintuitivo, inclusive a forma como produzem seus sons. No topo da cabeça do golfinho, fica o respiradouro, que equivale às narinas.[70] Logo abaixo do respiradouro, nas fossas nasais do animal, estão dois pares de órgãos chamados lábios fônicos. O golfinho solta seus cliques forçando o ar através desses lábios e fazendo-os vibrar. O som então segue adiante e é afilado num órgão gorduroso chamado melão, que é o que proporciona ao golfinho sua testa protuberante. Assim, enquanto o chamado de um morcego começa na garganta e sai pela boca ou pelo nariz, o clique de um golfinho começa no nariz e sai pela testa.

O cachalote — o maior odontoceto de todos — faz algo ainda mais estranho.[71] Seu nariz titânico pode responder por um terço de seu corpo de quinze metros, e os lábios fônicos ficam bem lá na frente. Quando vibram, a maior parte do som *retrocede* através da cabeça da baleia. Passa por um órgão gorduroso chamado espermacete (cujo conteúdo costumava ser apreciado pelos baleeiros), ricocheteia num saco de ar na parte de trás da cabeça e depois avança através de outro órgão gorduroso batizado de lixo (que os baleeiros consideravam imprestável). O som que emerge desse circuito absurdo é o mais alto do mundo animal. Com 236 decibéis, é basicamente uma explosão.[72] Quando os cientistas querem calibrar hidrofones para registrar os cliques dos cachalotes, eles jogam pequenas bombas na água. Os cliques também são afilados para um feixe extremamente estreito com cerca de quatro graus de largura. Se um golfinho-nariz-de-garrafa vê o oceano com um sonar-lanterna, o cachalote faz o mesmo com um laser.*

Os odontocetos também interceptam seus próprios ecos de uma forma bizarra.[73] Na década de 1960, Ken Norris encontrou um esqueleto de golfinho numa praia mexicana e notou que, de tão fina, uma parte de sua mandíbula era quase translúcida. Esse pedaço oco do osso é preenchido com as mesmas gorduras que compõem o melão. Tais "gorduras acústicas" nunca são queimadas para obter energia, não importa o quanto um golfinho esteja faminto. Sua finalidade é canalizar o som para o ouvido interno. Um golfinho é um ecolocalizador que faz cliques com o nariz e escuta com a mandíbula.

Apesar dessas características estranhas, os odontocetos usam muitos dos mesmos truques de ecolocalização dos morcegos. Quando precisam de mais informações, podem acelerar o ritmo dos cliques (como no zumbido terminal) ou agrupar esses cliques em conjuntos (como nos grupos estroboscópicos).[74] Podem ainda ajustar a sensibilidade de seus ouvidos para amortecer os próprios ruídos estrondosos e sentir os ecos que retornam com o mesmo volume constante.[75] Mas os odontocetos também são capazes de proezas com o sonar que os morcegos não alcançam. O som se comporta de maneira diferente na água e no ar. Viaja mais rápido e mais longe no ambiente dos golfinhos, de modo que seus sonares operam em distâncias que nenhum morcego consegue atingir.** Num de seus pri-

---

* Por que as emissões dos cachalotes são tão ridiculamente altas? Pode ser para que eles possam detectar o fundo do oceano quando mergulham em busca de uma presa. Com velocidade máxima de catorze quilômetros por hora e um corpo que pode pesar quarenta toneladas, demora algum tempo para parar. Também pode ser que se alimentem principalmente de lulas, cujo corpo mole é mais difícil de detectar através do sonar.   ** Ajuda o fato de o pulso do sonar dos golfinhos tender a ser mais curto, mais alto e mais concentrado do que o dos morcegos. O clique de um nariz-de-garrafa pode conter 40 mil vezes mais energia do que o chamado de um grande morcego-marrom.

meiros experimentos, Au mostrou que golfinhos vendados conseguiam detectar esferas de aço a uma distância de 110 metros, suficientemente longe para que a equipe tivesse de usar binóculos para verificar que os alvos estavam corretamente posicionados.[76] Os golfinhos não necessitaram de ajuda — e mais tarde se descobriu que ali trabalhavam em condições difíceis. Sem que ninguém soubesse disso na época, a baía de Kāne'ohe era abarrotada de camarões-de-estalo, cujas grandes garras preenchiam a água de cliques cacofônicos. Os golfinhos estavam usando sons para localizar bolas de tênis na extensão de um campo de futebol, no meio do equivalente subaquático a um concerto de rock. Estudos posteriores mostraram que, por ecolocalização, eles são capazes de detectar alvos a mais de setecentos metros de distância.[77]

O som também interage de maneira diferente com objetos subaquáticos.[78] Em geral, as ondas sonoras refletem ao se deparar com uma mudança de densidade. No ar, elas ricocheteiam em superfícies sólidas. Mas, na água, penetram obstáculos feitos de carne (em sua maioria, com uma densidade semelhante à da água) para, em seguida, ricochetear em estruturas internas como ossos e bolsas de ar. Enquanto os morcegos só conseguem perceber as formas e texturas externas de seus alvos, os golfinhos podem espiar dentro dos deles. Se um golfinho usar a ecolocalização com um de nós, terá a percepção de pulmões e esqueleto.[79] Provavelmente conseguirá detectar estilhaços em veteranos de guerra e fetos em mulheres grávidas. É capaz de identificar as bexigas natatórias cheias de ar que permitem aos peixes, suas principais presas, controlar a flutuabilidade.*[80][81] É quase certo que consegue distinguir entre espécies com base na forma dessas bexigas de ar. E pode saber se um peixe tem algo estranho dentro dele, como um anzol de metal. No Havaí, as falsas-orcas muitas vezes arrancam o atum das linhas de pesca "e sabem onde está o anzol dentro desses peixes", conta Aude Pacini, que estuda esses animais. "Eles conseguem 'ver' coisas que você e eu nunca levaríamos em conta, a menos que tivéssemos uma máquina de raio X ou um scanner de ressonância magnética."

---

* A maioria dos peixes não consegue ouvir frequências muito altas, mas há exceções. O sável-americano, a savelha do Golfo e algumas outras espécies desenvolveram ouvidos capazes de distinguir o sonar dos golfinhos, assim como algumas mariposas ouvem os gritos dos morcegos.

Essa percepção penetrante é tão incomum que os cientistas mal começaram a considerar suas implicações. As baleias-bicudas, por exemplo, são odontocetos que parecem golfinhos por fora — por dentro, porém, seu crânio apresenta uma estranha variedade de cristas, rugas e saliências, muitas das quais só são encontradas nos machos. Pavel Gol'din sugeriu que essas estruturas podem equivaler aos chifres do veado — ornamentos vistosos usados para atrair parceiros.[82] Esses ornamentos normalmente se projetam do corpo de forma visível e conspícua, mas isso é desnecessário para animais que são scanners hospitalares vivos. Com seus "chifres internos", é possível conceber que as baleias-bicudas se ofereçam às parceiras sem a necessidade de estragar sua silhueta elegante.

É uma ideia difícil de testar porque as baleias-bicudas são muito esquivas. Elas nunca foram mantidas em cativeiro e, como podem mergulhar por várias horas de um só fôlego, muitas espécies raramente são vistas. Mas, apesar de sua raridade, ofereceram uma ajuda inesperada para resolver um dos maiores mistérios sobre o sonar dos odontocetos: como esses animais o usam na natureza.[83] Eles certamente não estão nem aí com distâncias até as esferas de aço ou a largura de cilindros de latão — mas *o quê*, então, lhes interessa? Como usam seu sonar para se orientar, caçar ou resolver problemas? Será que, ao mergulhar, os cachalotes empregam a ecolocalização nas profundezas do oceano para evitar literalmente bater no fundo do poço? Belugas e narvais sairiam à procura de distantes tocas para respiração no gelo ártico? E os golfinhos, quando nadam para cima de um cardume de sardinhas, focam sua percepção num só peixe ou em todos eles? Algum desses animais teria desenvolvido estratégias especializadas semelhantes às dos morcegos CF, que detectam o bater de asas dos insetos?

Uma maneira de descobrir é por meio de uma etiqueta acústica — um microfone subaquático com ventosas.[84] Quando um odontoceto emerge para respirar, cientistas o ladeiam com um barquinho e o alcançam com uma longa vara para fixar a etiqueta no flanco do animal. Quando ele desaparece de vista, o dispositivo fica registrando seus cliques e os ecos de retorno. Cria, assim, um diário detalhado dos mergulhos do animal — tudo o que ouve e tudo o que está *tentando* ouvir. Desde 2003, uma equipe de pesquisadores vem implantando etiquetas acústicas em baleias-bicudas-de-blainville, perto das ilhas Canárias.[85] Esses animais ficam em silêncio quando iniciam seus mergulhos, talvez para evitar atrair predadores como as orcas. Assim que descem a quatrocentos metros, começam a fazer cliques e em geral encontram algo para comer em poucos minutos. Tais profundezas escuras são aparentemente tão ricas em peixes, crustáceos e lulas que a baleia-bicuda-de-blainville pode se dar ao luxo de ser exigente. Pode lançar o sonar sobre milhares de criaturas, mas perseguir apenas algumas dezenas, selecionando só os melhores nacos com as excelentes habilidades discriminatórias que Au e Nachtigall registraram nos animais em cativeiro. As baleias são tão eficientes que só precisam de cerca de quatro horas diárias de alimentação para sustentar seu corpanzil.

O estilo de alimentação das baleias-bicudas-de-blainville só é possível porque seu sonar subaquático é de longuíssimo alcance. Um morcego em voo tem menos de um segundo para decidir o que fazer com um alvo do tamanho de um inseto que entra na zona do sonar, mas um odontoceto, nadando, dispõe de cerca de dez segundos para tomar sua decisão. Um morcego deve sempre reagir. Uma baleia pode *planejar*. Na introdução, escrevi sobre a hipótese de Malcolm MacIver de que, quando os animais saíram da água para a terra, o alcance extra de sua visão permitiu a evolução de mentes mais sofisticadas, capazes de planejamento. Eu me pergunto se a mesma hipótese poderia funcionar ao contrário para a ecolocalização.

O sonar subaquático não apenas dá aos odontocetos a chance de deliberar, mas também permite que eles se coordenem entre si. À noite, os golfinhos-rotadores — uma espécie de tamanho pequeno, particularmente acrobática — capturam presas trabalhando juntos em equipes de até 28 indivíduos. Kelly Benoit-Bird e Whitlow Au mostraram que essas caçadas passam por diversas fases distintas.[86] Primeiro, os rotadores patrulham numa fileira bem espaçada. Então, depois de encontrarem um grupo de peixes ou lulas, eles se agrupam numa fileira mais cerrada e tratoram suas presas. As vítimas se amontoam umas sobre as outras, enquanto os rotadores as cercam para impedir qualquer fuga. Pares de golfinhos então se revezam para, zumbindo, entrar na roda vindos de extremidades opostas e abater os animais encurralados. Ao longo dessa sequência, os golfinhos mudam sua formação de modo simples e simultâneo, e nesses momentos de transição é especialmente provável que estejam fazendo seus cliques. Estariam gritando comandos uns para os outros? Ou usando a ecolocalização com seus companheiros de equipe para rastrear suas posições? Usariam os ecos uns dos outros para ampliar as próprias percepções? Seja qual for o caso, esse comportamento coordenado e inteligente é possível graças ao sonar — um sentido que funciona por distâncias superiores às de um único golfinho. O bando pode estar espalhado por mais de quatro metros de água, mas se conecta pelo som e funciona como um só.

Daniel Kish inveja os golfinhos. "O sonar aquático é uma espécie de trapaça", ele comenta comigo. "É enormemente vantajoso ter um recurso como esse. O ar não é propício ao sonar, mas ainda assim ele funciona." E ele deve saber o que diz. Kish não é um pesquisador de morcegos ou de golfinhos. Ele não estuda a ecolocalização animal.

Kish ecolocaliza.

Quando tento fazer um clique com a língua, o som sai com uma umidade abafada, como uma pedra sendo atirada num lago. Quando Daniel Kish clica, o som é mais nítido, crepitante e *muito* mais alto.[87] É o som de alguém estalando os dedos, um som que faz a gente parar e prestar atenção. E um som que Kish praticou durante quase toda a vida.

Nascido em 1966 com uma forma agressiva de câncer ocular, Kish teve o olho direito removido com sete meses de idade e o esquerdo, com pouco mais de um ano. Logo depois de perder o segundo olho, ele começou a clicar. Aos dois anos de idade, costumava sair do berço para explorar a casa. Uma noite se aventurou pela janela do quarto, caiu num canteiro de flores e andou pelo quintal, clicando enquanto caminhava. Ele se lembra de ter percebido a cerca de arame, acusticamente transparente, e a grande casa do outro lado. Lembra-se de ter trepado na cerca e depois em outras como aquela, até que um vizinho finalmente chamou a polícia, que o levou de volta para casa. Só muito mais tarde é que Kish aprendeu o que era ecolocalização e que já a usava desde que começara a andar.

Hoje com cinquenta anos, Kish ainda clica e usa os ecos repercutidos para perceber o mundo.[88] Eu o encontro em sua casa em Long Beach, Califórnia, onde ele mora sozinho. Dentro da casa, ele não precisa da ecolocalização; sabe exatamente onde está tudo. Mas, quando saímos para um passeio, os cliques entram em ação. Kish caminha com rapidez e confiança, usando uma bengala longa para detectar obstáculos no nível do solo e a ecolocalização para todo o resto. Ao descermos por uma rua residencial, ele narra com precisão tudo que há por onde passamos. Sabe onde cada casa começa e termina. É capaz de localizar varandas e arbustos. Conhece a posição dos carros estacionados ao longo da rua. Uma árvore enorme estende um grande galho por sobre a calçada e, embora minha inclinação natural seja avisar Kish disso, não preciso. Ele se abaixa, sem esforço. "Se eu não estivesse usando a ecolocalização, definitivamente teria esbarrado nesse negócio", diz.

Além de morcegos e odontocetos, vários animais usam uma forma mais simples de ecolocalização. Pequenos mamíferos podem fazer cliques ultrassônicos para se orientar, incluindo vários musaranhos, os solenodontes do Caribe (que se parecem com musaranhos) e os tenreques de Madagascar (que se parecem com ouriços).[89] Certos morcegos frugívoros, que supostamente não usam a ecolocalização, fazem cliques com suas asas, pelos quais podem distinguir diferentes texturas.[90] O guácharo, um grande frugívoro sul-americano, emite cliques audíveis, talvez para navegar pelas cavernas onde se empoleira.[91] Andorinhões, pequenos pássaros comedores de insetos, podem clicar pelo mesmo motivo.[92] E, como Kish e muitas outras pessoas demonstram, os humanos são igualmente capazes de se orientar por ecos.*[93][94]

A ecolocalização humana não é tão sofisticada como a de um morcego ou a de um golfinho, mas, como Kish gosta de salientar, essas espécies têm uma vantagem de vários milhões de anos. E Kish conta com uma habilidade que faltam a Zipper, a morcega, e a Kina, a falsa-orca: a linguagem. Ele pode atribuir palavras à sua experiência. O que deveria ser a solução perfeita para o dilema filosófico de Nagel: talvez nunca saibamos como é ser um morcego, mas Kish pode explicar como é ser Kish. E, no entanto, na maior parte do tempo, ele descreve suas experiências definitivamente não visuais em termos visuais, embora não tenha memória

---

* Griffin previu que as corujas poderiam ecolocalizar — e isso não acontece. Após a descoberta da ecolocalização nos golfinhos, alguns cientistas suspeitaram que as focas talvez partilhassem a mesma habilidade — e não partilham. Por que as focas não ecolocalizam? Uma razão pode ser que elas são mamíferos anfíbios. Um golfinho está completamente preso à água, mas as focas e os leões-marinhos têm de se aventurar em terra, e é muito difícil desenvolver um sistema de sonar que funcione em ambos os mundos. Em vez do sonar, eles confiam nos olhos, nos ouvidos e nos incríveis bigodes sensíveis a rastros que conhecemos no Capítulo 6. Notavelmente, todas as espécies conhecidas por ecolocalizar têm sangue quente, e nenhum dos incontáveis invertebrados usa essa habilidade. Existe alguma razão para isso ou os cientistas simplesmente não se esforçaram o suficiente?

de como era enxergar. Painéis de vidro e paredes de pedra, que emitem ecos nítidos, são "brilhantes". A folhagem e as pedras ásperas, que produzem ecos menos nítidos, são "escuras". Quando Kish clica, recebe de volta uma série de "flashes", como fósforos sendo acesos no escuro, um após o outro, cada um iluminando brevemente o espaço a seu redor. "Vivo num planeta com 7 bilhões e meio de pessoas com visão, e tendemos a absorver a forma como as pessoas expressam a sua experiência", ele me explica. E, como ele não sabe o que é ver e eu não sou capaz de compreender totalmente sua experiência com o sonar, segue existindo entre nós uma barreira que as palavras não conseguem transpor completamente. Estamos ambos adivinhando o *Umwelt* um do outro, tentando usar um vocabulário que compartilhamos para descrever experiências que não compartilhamos.

Quando personagens fictícios usam a ecolocalização — pense em Toph Beifong de *Avatar: O último mestre do ar*, ou no Demolidor dos quadrinhos da Marvel* —, suas habilidades costumam ser retratadas como linhas concêntricas brancas que se espraiam sobre um fundo preto, delineando as bordas dos objetos. Em essência, está em parte correto: Kish tem uma noção do espaço tridimensional a seu redor. Mas, sem as frequências ultrassônicas disponíveis para os morcegos, a resolução de seu sonar é menor. As bordas não são bem delineadas. Os objetos são definidos menos por suas bordas e mais por suas densidades e texturas. Essas qualidades "são como a cor da ecolocalização", observa Kish. Quando penso no mundo sensorial de Kish, imagino uma escultura em aquarela surgindo na consciência dele a cada clique. Os objetos são representados por manchas cujos contornos, indistintos, têm "matizes" que representam diferentes texturas e densidades.** Uma árvore, Kish me contou durante nossa caminhada, soa como um poste vertical sólido encimado

---

* A habilidade de Toph é mais parecida com os sentidos sísmicos das cigarrinhas, enquanto o Demolidor não precisa emitir som para usar seu "sentido de radar", então, a ecolocalização também não é verdadeira. Além disso, Kish e outros ecolocalizadores humanos são frequentemente descritos como "Batman da vida real", o que é uma comparação apropriada, uma vez que os morcegos ecolocalizam, mas também inadequada, uma vez que Batman não o faz.
** Na série *Demolidor*, da Netflix, o sentido de radar do personagem é retratado de forma diferente dos quadrinhos. Ele o descreve como um "mundo em chamas", com um personagem aparecendo como uma mancha vermelha contra um fundo mais frio. Isso, para mim, é o mais perto que chegamos de captar os detalhes de texturas da ecolocalização humana real.

por uma bolha, maior e mais macia. Uma cerca de madeira soará mais suave do que uma cerca de ferro forjado, e ambas soarão mais sólidas do que uma cerca de arame. Na própria rua, o eco nítido da porta de madeira imprensado entre os sons mais confusos dos arbustos em redor lhe informa que ele está de volta a casa. Ocasionalmente, combinações inesperadas de textura o confundem. Numa entrada de automóveis mal pavimentada, passamos por um carro estacionado, com concreto sob os pneus mas grama sob o chassi. Kish faz uma pausa ali e me pergunta se alguém estacionou na grama.

Para ele, ecolocalização é liberdade. Kish circula pela cidade, anda de bicicleta e faz caminhadas sozinho. E não é um caso tão raro: pelo menos desde 1749, há histórias de pessoas cegas que andavam sem ajuda por ruas movimentadas ou (em séculos posteriores) pedalavam contornando obstáculos e patinavam em rinques lotados.[95] Os humanos já vinham usando a ecolocalização há centenas de anos, antes mesmo de ela existir como conceito. Essa habilidade foi descrita, ao longo do tempo, como "visão facial" ou "senso de obstáculos". Pesquisadores acreditavam que, tal como acontece com os morcegos, seus praticantes sentiam mudanças sutis no fluxo de ar sobre a pele. Os praticantes, entretanto, viviam, em sua maioria, certa confusão sobre a natureza de suas percepções.*

Tome-se o caso de Michael Supa. Estudante de psicologia, Supa era cego desde a infância. Na rotina diária, sempre detectara obstáculos distantes, mas não conseguia explicar como. Suspeitava que a audição estivesse envolvida, já que muitas vezes estalava os dedos ou batia os calcanhares para se orientar. Na década de 1940, ele testou essa ideia.[96] Num grande salão, Supa mostrou que ele e outros estudantes — um também cego e dois que enxergavam, mas com os olhos vendados — conseguiam usar a audição para detectar um grande painel de fibra dura. Funcionava melhor se eles estivessem calçando sapatos no chão de madeira, pior se usassem meias sobre um carpete, e nem um pouco se tivessem seus ouvidos tapados. Numa demonstração ainda mais dramática, Supa pediu a um dos participantes vendados que, carregando um microfone, caminhasse em direção ao painel. Sentado numa sala anexa à prova de som e

---

* Kish me contou que demorou muito para articular como seus cliques estavam funcionando; ele simplesmente sentia que funcionavam.

escutando tudo com fones de ouvido, Supa era capaz de descobrir onde estava o painel e dizer ao colega quando parar.

Por coincidência, essas experiências ocorreram aproximadamente ao mesmo tempo que Griffin e Galambos trabalhavam com morcegos. Supa fez referência aos estudos sobre os morcegos ao publicar seus resultados no início de 1944, e, quando Griffin cunhou o termo *ecolocalização*, no final daquele ano, estava descrevendo as habilidades tanto dos morcegos quanto *dos cegos*, e mencionou Supa.[97] Mas, embora o sonar dos morcegos tenha se popularizado no senso comum, isso não aconteceu com a ecolocalização humana. Até hoje Kish encontra pesquisadores do tema "que não têm ideia de que os humanos podem usar a ecolocalização", conta ele. "O biossonar humano foi considerado rudimentar demais para ser digno de estudo." Suspeito que seja porque a cegueira ainda carrega muito estigma. Estar cego para alguma coisa é estar alheio a ela. Um ponto cego é uma zona de ignorância. Falta de visão é falta de criatividade. Essas frases equiparam não ter visão a não ter consciência. E, no entanto, as pessoas cegas estão profundamente conscientes do que as rodeia.*

Com a ecolocalização, Kish faz coisas que pessoas com visão não conseguem fazer, como perceber objetos atrás dele, em cantos ou através de paredes. Mas algumas tarefas fáceis para quem enxerga são muito difíceis com o sonar. Objetos grandes ao fundo mascaram os ecos de objetos menores em primeiro plano. Assim como os morcegos lutam para detectar insetos nas folhas, Kish e outros ecolocalizadores têm dificuldades para localizar objetos em mesas — uma tarefa que, de forma um tanto

---

* Kish diz que a maioria das pessoas cegas usa pelo menos uma versão rudimentar de ecolocalização que é suficiente para evitar paredes ou andar por corredores. Ele descreve como "monocromático" — uma consciência básica do que está ao redor. Até mesmo pessoas com visão podem aprender rapidamente a fazer isso. O que distingue os ecolocalizadores mais eficientes é a sua capacidade de detectar detalhes mais sutis a distâncias maiores com menos esforço. Nossa audição, como todos os nossos sentidos, é construída para extrair o sinal do ruído — a fala sobre ruídos de fundo, nossos nomes em um coquetel, uma sirene do outro lado da rua. No processo, minimizamos os sons ambientes, incluindo os ecos. "Se você estiver ecolocalizando, praticamente terá que inverter esse filtro, porque esses ambientes e essas reverberações — sons que normalmente descartaríamos como pano de fundo — agora são na verdade os elementos que precisam ser discriminados", Kish me explicou. Para ele, os sinais estão incorporados no que a maioria dos outros ouvidos rotularia como ruídos. É por isso que é preciso tanta prática.

irritante, eles são frequentemente solicitados a tentar realizar. "A gente tem que diferenciar uma caixa de lenços de papel, um grampeador ou alguma outra porcaria naquele alvo enorme", diz ele. "É como ler um texto em letras brancas sobre fundo branco." Da mesma forma, se uma pessoa estiver encostada a uma parede e Kish clicar no ângulo errado, ela às vezes passará despercebida para ele. Superfícies inclinadas para cima são mais fáceis de detectar do que aquelas inclinadas para baixo. Objetos angulares são mais fáceis que os curvos. Objetos mais duros, mais fáceis que os macios. Num teste memorável que envolveu um programa de TV alemão, Kish percebeu que sua ecolocalização não conseguia distinguir entre uma garrafa de champanhe e um brinquedo de pelúcia. O frasco curvo e cônico refletia seus cliques em muitas direções, enquanto o brinquedo fofo os absorvia. Em última análise, nenhum deles refletiu energia suficiente para produzir uma sensação clara de forma ou textura, "e então meu cérebro igualou os dois", conta Kish. "Eu simplesmente não conseguia diferenciá-los."

Na prática, esses desafios não são tão grandes porque Kish quase nunca depende apenas da ecolocalização. Ao se movimentar pela casa, ele lembra onde colocou suas coisas. Quando anda pelo bairro, tem na memória o traçado das ruas. E usa outros sentidos, incluindo audição passiva e tato. Se estiver caminhando por uma rua, conseguirá ouvir os veículos que se aproximam antes de poder ecolocalizá-los. Se estiver parado na calçada, não será capaz de saber, via sonar, onde fica a beirada do meio-fio, mas sua bengala pode resolver isso facilmente. Anos atrás, quando era um pouco mais jovem e mais ousado, praticava mountain bike com outros amigos cegos. Um amigo com visão liderava e o grupo o seguia. Fixavam braçadeiras na traseira de suas bicicletas para que o barulho do plástico contra o metal lhes indicasse a posição dos colegas ciclistas. E escolhiam bicicletas com suspensões rígidas para sentir melhor o terreno. "E aí mais um montão de cliques", completa Kish.

Em 2000, ele fundou uma organização sem fins lucrativos chamada World Access for the Blind para ensinar outras pessoas cegas a usar a ecolocalização. Ele e seus colegas instrutores, também cegos, treinaram milhares de aprendizes em dezenas de países. A ecolocalização ainda é uma habilidade de nicho e desaprovada por setores da comunidade cega que a consideram socialmente inadequada, contrária à tradição ou difícil demais para qualquer pessoa, exceto alguns prodígios. Kish discorda.

A ecolocalização poderia ser mais comum se mais ecolocalizadores pudessem ensiná-la. O próprio Kish foi a primeira pessoa totalmente cega nos Estados Unidos a ser certificada como especialista em orientação e mobilidade — alguém que ajuda pessoas cegas a aprenderem a se locomover. "Há uma resistência ativa a que pessoas cegas ensinem outras pessoas cegas a serem cegas", ele me explica. "É uma espécie de mentalidade de tutela reforçada." Kish diz que muitas crianças cegas tentarão naturalmente explorar o mundo por seus ruídos. Se não usando a língua, talvez estalando os dedos ou batendo os pés. Mas os pais muitas vezes veem esses comportamentos como estranhos ou antissociais e os reprimem antes que as crianças possam desenvolver um sentido de sonar sofisticado. Os pais de Kish nunca fizeram isso. Permitiram que clicasse. Compraram uma bicicleta para ele. "Eles consideravam minha cegueira basicamente como algo que acontece e apoiaram minha liberdade de movimento, de descobrir, de aprender a me relacionar com meu ambiente", diz ele. Essa liberdade acabou mudando a natureza de seu cérebro.

A neurocientista Lore Thaler trabalha com Kish desde 2009.[98] Usando scanners cerebrais, ela mostrou que quando ele e outros ecolocalizadores ouvem ecos, partes de seu córtex visual — a região que normalmente lida com a visão — ficam altamente ativas. Quando pessoas com visão ouvem os mesmos estímulos, essas mesmas regiões cerebrais permanecem adormecidas. Isso não significa que Kish esteja "vendo" ecos. Está mais para uma organização das informações desses ecos que ele faz para construir um mapa espacial do entorno — uma tarefa na qual a visão naturalmente se destaca. Sem ela, o cérebro continua sendo capaz de criar mapas semelhantes, remodelando o chamado córtex visual para torná-lo um córtex de processamento de ecos.*[99] Assim, Kish consegue ouvir onde as coisas estão em relação a ele, mas também saber onde estão em relação umas às outras. Essa habilidade provavelmente explica muitas das coisas mais impressionantes que ele faz, desde caminhadas até ciclismo. Sua memória, sua bengala e seus outros sentidos lhe fornecem informações, mas são seus cliques que fixam essas informações no espaço.[100] "A capacidade dele de compreender o espaço é fundamentalmente melhor do

---

* Poderíamos nos perguntar se o "córtex visual" tem realmente um nome adequado, já que na verdade é um "córtex de mapeamento espacial que geralmente, mas nem sempre, está conectado aos olhos".

que a da maioria das pessoas que perderam a visão muito novas", Thaler me conta. E essa capacidade vem de uma vida inteira de prática e exploração ativa.

No início deste capítulo, ao falar sobre golfinhos, escrevi que dava facilmente para pensar na ecolocalização como "tato com som". É o que também pensa Kish. "Parece uma extensão do meu sentido do tato", diz ele. Funciona à base de propósito e investigação. Como um morcego, Kish obriga o mundo a se revelar. De certa forma, todos os sentidos talvez funcionem assim. Uma ave de rapina pode espiar ao redor com os olhos; uma cobra, tremular a língua para coletar cheiros; uma toupeira-nariz-de-estrela, pressionar seu nariz estrelado contra as paredes da toca; um rato, fazer varredura com seus bigodes; e um besouro caçador de fogo, sensibilizar seus detectores infravermelhos batendo as asas. Mas um morcego, golfinho ou humano que usa a ecolocalização está *sempre* explorando, por definição. Até agora, a ecolocalização é o único sentido, entre os que vimos até aqui, a funcionar nesse modo ativo permanente.

Tem outro.

As fendas laterais das narinas de um cão permitem que
suas exalações levem mais odores ao nariz.

As formigas-biroi são marcadas com tinta para
que possam ser facilmente rastreadas.

Os órgãos do olfato apresentam formas variadas, incluindo a tromba dos elefantes, o bico dos albatrozes e a língua bifurcada das cobras.

Com receptores nos pés, as borboletas e outros insetos são capazes de sentir o gosto das coisas pousando sobre elas.

Os bagres são línguas nadadoras, com papilas gustativas espalhadas por toda a pele.

Os olhos centrais da aranha-saltadora oferecem uma visão
nítida, ao passo que o par lateral monitora movimentos.

A visão ultrarrápida da mosca assassina lhe permite capturar insetos enquanto
estes voam velozmente e no tempo de um piscar de olhos humano.

A vieira tem dezenas de olhos azuis brilhantes ao redor da borda de sua concha.

O corpo todo do ofiúro funciona como um olho, mas apenas durante o dia.

A enorme parte superior do olho de um efeméroptero macho
lhe permite detectar as fêmeas que passam.

Um camaleão consegue mirar para a frente e para trás
ao mesmo tempo com seus olhos independentes.

Com dois olhos fundidos num único cilindro, o *Streetsia challengeri* enxerga acima, abaixo e lateralmente, mas não à frente.

Sob escuridão tão intensa que nos seria impossível distinguir a própria mão, esta abelha noturna ainda assim consegue ver, ao longe, seu pequeno ninho na floresta.

A mariposa-elefante é capaz de enxergar as cores das flores, mesmo sob a fraca luz das estrelas.

Typo, o corgi, um bom menino, ilustra a diferença entre a visão em cores tricromática (da maioria) dos humanos e a dicromática dos cães.

Muitos padrões naturais, incluindo marcadores nas flores e as listras faciais do peixe donzela-de-Ambon, são visíveis apenas a olhos capazes de enxergar o ultravioleta.

O babador do beija-flor-de-cauda-larga e as faixas nas asas das borboletas *Heliconius erato* refletem cores ultravioleta que os humanos não conseguimos distinguir.

O camarão-louva-a-deus vê as cores de uma maneira completamente diferente dos outros animais, usando a faixa central de seus olhos divididos em três seções.

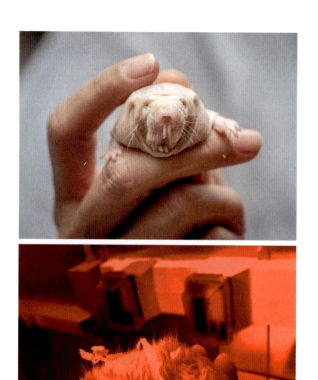

O rato-toupeira-pelado é insensível à dor dos ácidos e da capsaicina, a substância química que dá às pimentas a sensação de queimar.

O esquilo-terrestre-rajado pode hibernar durante o inverno por ser insensível a um frio que consideraríamos doloroso.

Todos estes animais conseguem sentir a radiação infravermelha que emana de objetos quentes. Besouros *Melanophila acuminata* usam essa capacidade para encontrar florestas em chamas, e é dessa forma que morcegos-vampiros e cascavéis rastreiam presas de sangue quente.

As lontras-marinhas usam suas patas sensíveis para procurar rapidamente presas que não podem enxergar, ao passo que as seixoeiras-comuns fazem o mesmo sondando a areia com seu bico.

Os órgãos táteis apresentam formas variadas: o nariz da toupeira-nariz-de-estrela, o ferrão da vespa-esmeralda, as penas faciais do mérgulo-de-bigode e os bigodes de um rato.

Os peixes-boi manipulam objetos e se cumprimentam com seus lábios extremamente sensíveis ao toque.

As saliências no focinho de um crocodilo podem detectar ondulações suaves causadas por uma presa.

Mesmo com os olhos vendados, Sprouts, a foca, é capaz de perseguir peixes usando seus bigodes para seguir os rastros invisíveis que eles deixam na água.

Ao fazer a corte, os pavões criam padrões de fluxo de ar que conseguem sentir com as penas da crista.

Com seus pelos sensíveis, as aranhas-tigre-errantes são capazes de detectar as correntes de ar produzidas por moscas que passam.

As cigarrinhas se comunicam enviando vibrações pelas plantas nas quais se alojam. Quando convertida em som, essa música em geral inaudível pode soar como a de pássaros, macacos ou instrumentos.

Escorpiões-das-dunas sentem os passos de suas presas. Toupeiras-douradas detectam o vento soprando sobre dunas de areia lotadas de cupins. Girinos forçam o próprio nascimento ao perceber vibrações próximas das serpentes-olho-de-gato-aneladas.

A teia orbital da aranha *Nephila* é uma extensão de seu próprio sistema sensorial e mental — mas a pequena aranha *Argyrodes* consegue hackear esse sistema.

Estes mestres da audição são excelentes em identificar a localização de um som. A coruja-das-torres escuta os passos apressados dos roedores, enquanto a mosca parasita *Ormia* consegue detectar o ritual de acasalamento de grilos.

O chamado da rã-túngara macho se ajustou ao viés
sensorial do ouvido das fêmeas da espécie.

Os mandarins ficam atentos a pequenas e rápidas variações que
os humanos não conseguem perceber em sua música.

As baleias-azuis e os elefantes-asiáticos conseguem se comunicar a longas distâncias com chamados infrassônicos de baixa frequência. Em eras de maior calmaria, o canto das baleias podia atravessar oceanos inteiros.

O társio filipino se comunica através de frequências
ultrassônicas que, para nós, são inaudíveis.

A traça-da-cera ouve frequências mais altas do que qualquer outro animal conhecido.

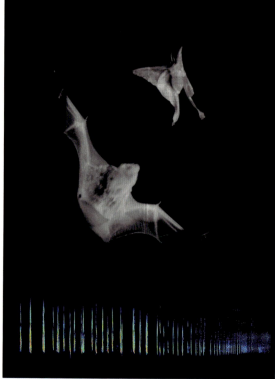

Estranhamente, o beija-flor-de-garganta-azul canta notas ultrassônicas que ele mesmo não consegue ouvir.

Um grande morcego-marrom ataca uma mariposa-luna. O espectrograma colorido representa a ecolocalização: à medida que o morcego se aproxima, seus chamados se tornam mais rápidos e mais curtos, o que lhe fornece detalhes mais nítidos da presa.

Os golfinhos podem usar seu sonar para encontrar objetos enterrados, coordenar-se quando em cardumes e distinguir peixes pelo formato de suas bexigas natatórias cheias de ar.

O peixe-faca fantasma-negro, a enguia-elétrica, o ituí-transparente e o peixe-elefante produzem seus próprios campos elétricos, que usam para perceber o mundo a seu redor.

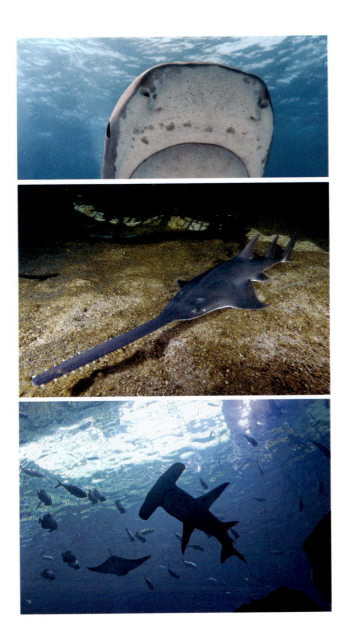

Minúsculos poros chamados ampolas de Lorenzini permitem que tubarões e raias detectem os minúsculos campos elétricos produzidos por suas presas. Essas ampolas são especialmente comuns nas cabeças de peixes-serra e tubarões-martelo.

O bico do ornitorrinco percebe pressão e campos elétricos, que podem ser combinados num único sentido, o eletrotoque.

Abelhões são capazes de sentir os campos elétricos das flores.

As mariposas bogong, os piscos-de-peito-ruivo e as cabeçudas (ou tartarugas-comuns) conseguem navegar por longas distâncias sentindo o campo magnético da Terra.

Os braços de um polvo são parcialmente independentes; eles podem sentir e explorar o mundo sem orientação do cérebro central.

10.
Baterias vivas

Campos elétricos

Estou no laboratório de Eric Fortune, em Newark, Nova Jersey, olhando para um aquário que abriga um peixe-gato-elétrico, um dos muitos peixes capazes de gerar eletricidade. Robusto e castanho-avermelhado, ele parece uma batata-doce com barbatanas. Fortune lhe deu o nome de Blubby. Um choque desse peixe, ele me garante, é forte, mas não pior do que lamber uma bateria. "Se quiser ser eletrocutado, vai nessa", diz o pesquisador. Apesar da minha preocupação boba de que ele faça isso como pegadinha com jornalistas visitantes, enfio a mão no aquário. Blubby não recua. Quem rapidamente o faz sou eu. Com a descarga do peixe forçando meus músculos a se contraírem, por reflexo, puxo o braço para fora do aquário, espirrando água no meu bloco de notas. Uma hora depois, meus dedos ainda formigam. "Foram cerca de noventa volts", comenta Fortune. "Fico feliz que você tenha tido a experiência."

Cerca de 350 espécies de peixes podem produzir sua própria eletricidade, e os humanos sabiam dessa capacidade muito antes de alguém entender o que era eletricidade.[1] Cerca de 5 mil anos atrás, os egípcios esculpiram representações dos ancestrais de Blubby em tumbas.[2] Os gregos e os romanos escreveram sobre o poder "entorpecente" das raias-elétricas — uma força estranha capaz de matar outros peixes pequenos, subir por uma lança e entrar no braço de um pescador e tratar tudo, de dores de cabeça a hemorroidas.*[3] A verdadeira natureza dessas descargas só ficou mais clara

---

* Os gregos referiam-se à lança da raia como *nárkē*, de onde deriva a palavra moderna narcótico. A história dos peixes-elétricos e das suas contribuições para a ciência é fascinante e muito mais rica do que o parco parágrafo que lhe atribuí. Para um relato mais completo, vale ler *The shocking history of electric fishes* [A história chocante dos peixes-elétricos], de Stanley Finger e Marco Piccolino.

nos séculos XVII e XVIII, quando os cientistas definiram a eletricidade como uma entidade física e perceberam que os animais conseguem produzi-la.

O estudo dos peixes-elétricos acabou então entrelaçado ao da própria eletricidade. Esses animais inspiraram o design da primeira bateria sintética. Contribuíram para a descoberta de que os músculos e nervos de todos os animais funcionam à base de minúsculas correntes. Na verdade, os peixes-elétricos desenvolveram seus poderes únicos ao modificar seus próprios músculos ou nervos e transformá-los em órgãos elétricos especiais. Esses órgãos consistem em células chamadas eletrócitos, empilhadas como torres de panquecas deitadas de lado. Ao controlar o fluxo de partículas carregadas, chamadas íons, por um eletrócito, um peixe pode criar uma pequena voltagem. E, alinhando essas células e acionando-as juntas, pode somar aquelas tensões minúsculas para criar tensões substanciais.

Ninguém faz isso melhor do que as enguias-elétricas.[4] Seu órgão elétrico ocupa a maior parte de seu corpo de 2,10 metros de comprimento, e contém cerca de cem daquelas torres, com um total de cinco mil a dez mil eletrócitos. A mais poderosa das três espécies de enguia-elétrica é capaz de descarregar 860 volts — o suficiente para incapacitar um cavalo.*[5] Ela usa seus poderes brutais com uma sutileza sinistra. Ao caçar pequenos peixes e invertebrados, emite pulsos que forçam os músculos de suas presas a se contraírem, revelando sua posição. Pulsos mais fortes fazem esses mesmos músculos travarem, paralisando a vítima. O órgão elétrico funciona ao mesmo tempo como controle remoto e pistola de choque, permitindo à enguia comandar o corpo de outro animal à distância.**[6]

Peixes-elétricos, em sua maioria, são benignos. Suas descargas são tão fracas que mal podem ser sentidas por seres humanos.[7] Conhecidos como

---

* Isso não é uma hipérbole apócrifa. Em 1800, pescadores indígenas chayma, da América do Sul, ajudaram o naturalista Alexander von Humboldt a coletar enguias-elétricas conduzindo trinta cavalos e mulas para um lago cheio de peixes. As enguias saltaram da água, pressionaram-se contra os cavalos e os eletrocutaram. Depois que o caos cessou, os peixes exaustos puderam ser facilmente recolhidos. Dois cavalos morreram no processo.

** Embora as enguias-elétricas sejam conhecidas há séculos, muito do que sabemos sobre elas só foi descoberto recentemente. Ken Catania, aquele eclético aficionado por toupeiras, minhocas e crocodilos, demonstrou que elas conseguem controlar remotamente suas presas. E uma equipe liderada por Carlos David de Santana demonstrou que o que chamamos de enguia são, na verdade, três espécies distintas, uma das quais emite uma voltagem muito mais forte do que qualquer pessoa já tinha medido.

peixes de eletricidade fraca, pertencem a dois grupos principais: os peixes-elefantes (família Mormyridae) da África e os peixes-facas (ordem dos Gymnotiformes) da América do Sul. (A enguia-elétrica, apesar do nome, é na verdade um peixe-faca — e o único membro dessa ordem de animais que produz descargas fortes.) Peixes de eletricidade fraca deixaram perplexos os cientistas do século XIX, incluindo Charles Darwin. Ele teorizou corretamente que os fortes órgãos elétricos das enguias e das raias-elétricas deviam ter evoluído a partir do músculo normal, passando por um estágio intermediário mais fraco. Mas órgãos elétricos mais fracos não teriam evoluído se não tivessem alguma utilidade. E, se são fracos demais para o ataque ou a defesa, para que serviam? "É impossível conceber por que caminhos esses órgãos maravilhosos foram produzidos", escreveu Darwin em 1859, em seu histórico *A origem das espécies*. "Mas isso não surpreende, pois nem sabemos para que servem."[8]

Darwin pode ficar tranquilo. Após 160 anos de pesquisa, restou evidente que os peixes-facas e os peixes-elefantes usam seus campos elétricos para sentir o que os rodeia e até para se comunicar entre si. A eletricidade é, para eles, o que são os ecos para os morcegos, os cheiros para os cães e a luz para os humanos — o núcleo do seu *Umwelt*.

Malcolm MacIver me diz para ficar escutando e, em seguida, mergulha um eletrodo num pequeno aquário. O dispositivo detecta um campo elétrico oscilando novecentas vezes por segundo e converte esse campo num som que emerge de um alto-falante próximo como a nota fantasmagórica de uma soprano, cerca de duas oitavas acima do dó central. É assim que ouvimos o residente silencioso do tanque — um peixe-faca fantasma-negro.*

O fantasma-negro (ou ituí-cavalo) tem o comprimento da minha mão. Sua pele é cor de chocolate amargo, e o corpo tem a forma de uma lâmina que afunila da cabeça larga até a cauda pontiaguda. Uma única barbatana

---

* Certa vez, MacIver criou uma instalação musical composta por doze peixes-elétricos de espécies diferentes, cada um alojado em um tanque separado. Todos os peixes produziam campos elétricos em frequências diferentes, e os eletrodos em seus tanques convertiam esses campos em tons musicais. Os visitantes podiam ficar em frente a uma mesa de mixagem e aumentar ou diminuir o volume de cada tanque, conduzindo a orquestra elétrica. "Eu estava um pouco cansado de ver as pessoas não apreciarem os peixes-elétricos e queria mostrar que esses animais são incríveis e podem nos deixar muito admirados", diz MacIver.

em forma de fita percorre toda a extensão da parte inferior, ondulando constantemente. É essa barbatana que impulsiona o peixe em todas as direções possíveis com uma agilidade incrível. A princípio, o peixe fica pairando no meio de um cilindro no fundo do tanque. Então sai em disparada e, com igual facilidade, inverte a posição. Fica de cabeça para baixo. Desliza para trás e, pouco antes de colidir com a parede dos fundos do tanque, curva o corpo e sobe, ainda deslizando, pela parede, a cauda à frente. "Foi assim que Hans Lissmann descobriu o que estava acontecendo", MacIver me conta.

Hans Lissmann era um zoólogo ucraniano que estudou com Jakob von Uexküll, o homem que cunhou o conceito de *Umwelt*.[9] Depois de sobreviver a duas guerras mundiais, Lissmann foi parar na Grã-Bretanha. Durante uma visita ao zoológico de Londres que determinaria seu destino, ele observou um aba-aba evitando habilmente obstáculos enquanto dava ré em seu tanque.[10] Num viveiro vizinho, reparou numa enguia-elétrica que realizava a mesma façanha e se perguntou se os dois peixes não estariam, de alguma forma, usando eletricidade para sentir os objetos a seu redor. Lissmann logo teve a chance de testar essa ideia quando um amigo lhe deu um peixe-faca de presente de casamento.*

Em 1951, usou eletrodos para confirmar que o animal produzia um campo elétrico contínuo a partir do órgão localizado em sua cauda.[11] Percebeu que os objetos distorciam esse campo, dependendo se fossem mais ou menos condutores do que a água. E, ao sentir essas distorções, o peixe-faca seria capaz de detectar o que quer que as tivesse produzido.[12] Lissmann e seu colega Ken Machin sondaram os limites dessa habilidade e ficaram surpresos. Depois de algum treinamento, um peixe-faca conseguia distinguir entre um pote de barro que continha uma haste de vidro isolante e outro idêntico, mas vazio. Era capaz até mesmo de discriminar entre diferentes composições de água que variavam apenas em termos de pureza. Claramente era um animal com um sentido elétrico diferente de tudo que os humanos têm. Lissmann e Machin publicaram seus resultados em 1958,

---

* Surpreendentemente, a espécie que Lissmann estudou, em inglês, é conhecida como *African knifefish*, ou sejam peixe-faca africano, mas está mais intimamente relacionada aos peixes-elefantes do que aos peixes-facas propriamente ditos (que são todos sul-americanos). O peixe-faca fantasma-negro, para nosso alívio, é realmente um peixe-faca, escuro e bastante fantasmagórico.

o que marcou a segunda vez em duas décadas seguidas que um estranho novo sentido ganhava registro formal.[13] Apenas catorze anos antes, Donald Griffin cunhara o termo *ecolocalização* para descrever o sonar dos morcegos. A capacidade igualmente estranha dos peixes-elétricos ficou conhecida, apropriadamente, como *eletrolocalização ativa*. (Por que o adjetivo "ativa"? Descobriremos adiante.)

O órgão elétrico na cauda do peixe é como uma pequena bateria. Ao ser ligado, cria um campo elétrico que envolve o animal. A corrente flui através da água de uma extremidade à outra do órgão elétrico. Condutores próximos, como animais (cujas células são essencialmente sacos de líquido salgado), aumentam o fluxo dessa corrente. Isolantes, como as rochas, reduzem-no. Essas alterações afetam a voltagem em diferentes partes da pele do peixe, que é capaz de detectar essas diferenças usando células sensoriais chamadas eletrorreceptores.[14] O peixe-faca fantasma-negro tem 14 mil desses espalhados pelo corpo e os usa para determinar a posição, o tamanho, a forma e a distância dos objetos a seu redor.[15] Assim como pessoas capazes de enxergar criam imagens do mundo a partir de padrões de luz que brilham em suas retinas, um peixe-elétrico cria imagens elétricas de seu entorno a partir de padrões de voltagem que se refletem sobre sua pele. Condutores brilham intensamente. Isolantes lançam sombras elétricas.

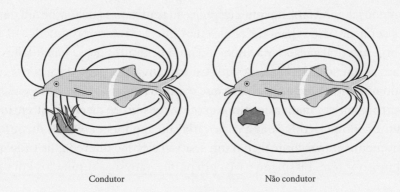

Condutor   Não condutor

Um peixe-elefante produz o próprio campo elétrico, que é distorcido por objetos condutores e não condutores em seu ambiente.

Termos visuais como *imagem* e *sombra* são úteis para descrever um sentido tão estranho e desconhecido. Mas a eletrolocalização é muito diferente da visão. Os peixes que contam com esse sentido estão atentos a qualidades físicas que muitas outras criaturas jamais detectam, ao passo que ignoram características que (literalmente) só um cego não perceberia. Quando Eric Fortune coleta peixes-elétricos na natureza, pode apontar uma lanterna para eles que não verá reação nenhuma. Mas, ao levar uma rede à água, "se houver algum metal exposto, a gente não vai conseguir pegá-lo", ele me diz. O metal condutor funciona como um farol para esses peixes, mais do que a luz real.

Eles também são sensíveis à salinidade. Na bacia amazônica, onde vivem muitos peixes-facas, chuvas fortes e regulares eliminam os íons da água. Contra esse pano de fundo dessalinizado, corpos condutores e cheios de sal de outros animais se destacam para os peixes que consigam usar a eletrolocalização. Mas, se mergulhados em águas norte-americanas, que são relativamente carregadas de íons, os mesmos animais se confundiriam com o pano de fundo. O laboratório de MacIver fica em Evanston, Illinois; ele me conta que, se soltasse seu peixe-faca fantasma-negro de cativeiro num rio local, o animal provavelmente teria dificuldade para detectar qualquer alimento e morreria. Nas condições em que se encontra, tem os níveis de íons ajustados no aquário pelo pesquisador de modo a simular seu ambiente natural, uma receita transmitida entre gerações de pesquisadores de peixes-elétricos.* O fantasma-negro pode estar bem longe da Amazônia, mas a água talvez pareça para ele a de casa.**[16]

A eletrolocalização ativa é semelhante à ecolocalização, pois sempre envolve algum esforço. Para outros sentidos, atividade é opcional — narizes podem cheirar, olhos, mirar, e mãos, acariciar, mas também é possível que esses órgãos esperem os estímulos chegarem até eles. A ecolocalização de morcegos e a eletrolocalização de peixes não podem esperar. Ambas devem criar os estímulos para, em seguida, detectá-los. Mas há uma diferença

---

* Tal receita foi batizada em homenagem ao pesquisador pioneiro Leonard Maler.

** Algumas espécies de peixes-elétricos podem ter desenvolvido sentidos elétricos que funcionam melhor em faixas estreitas de salinidade. "Uma consequência interessante disso parece ser que esses peixes enfrentam barreiras invisíveis quando tentam se dispersar em sistemas fluviais que diferem em termos da condutividade da água", escreveu Carl Hopkins em 2009.

fundamental entre esses sentidos: *campos elétricos não viajam*. Quase todos os outros sentidos dependem de estímulos que se movem. Moléculas odorantes, ondas sonoras, vibrações superficiais e até mesmo a luz precisam ir das fontes aos receptores. Sempre que um peixe-faca dispara seu órgão elétrico, porém, campos elétricos imediatamente se materializam à sua volta. Ele não precisa esperar, como um morcego, por um eco de retorno. A eletrolocalização é um sentido instantâneo.

Também é omnidirecional.[17] Assim como o campo de um peixe-elétrico se estende em todas as direções, o mesmo acontece com sua consciência do entorno. É por isso que o peixe-faca fantasma-negro que vi, assim como o aba-aba que fascinou Hans Lissmann, conseguiam evitar obstáculos atrás deles. Esses peixes foram filmados nadando de ré por metros a fio. "Imagine caminhar cinco metros de costas — a gente simplesmente não conseguiria", Fortune me diz. "Um peixe-elétrico consegue."

Sua capacidade de detecção envolvente traz um problema significativo. Campos elétricos enfraquecem rapidamente quanto mais afastados da fonte, de modo que a eletrolocalização só funciona em distâncias muito curtas. O peixe-faca fantasma-negro se alimenta de pulgas-d'água com apenas alguns milímetros de comprimento, que ele consegue detectar desde que estejam a cerca de 2,5 centímetros de seu corpo. Para além disso, elas ficam indetectáveis e mesmo objetos maiores se tornam indistintos. "Acho que esses peixes vivem sempre sob forte neblina", compara MacIver. O fantasma-negro é capaz de ampliar o alcance de sua percepção gerando um campo elétrico mais forte e faz isso todas as noites quando sai à procura de alimento. Mas esse esforço extra só pode ir até certo ponto. Para duplicar o alcance de seu sentido elétrico, ele teria de gastar oito vezes mais energia — e já despende um quarto do total de calorias na geração de seus campos.*[18][19]

Essas limitações ajudam a explicar por que muitos desses peixes são tão ágeis. Com sua consciência basicamente confinada a uma pequena bolha

---

* É claro que os peixes-elétricos têm outros sentidos à sua disposição, inclusive aqueles, como a visão, que funcionam em distâncias mais longas. Os olhos do peixe-elefante parecem estar sintonizados com objetos grandes e em movimento rápido à distância, o que poderia, teoricamente, ajudá-los a detectar predadores antes que estes chegassem ao alcance do sentido elétrico. Por outro lado, muitos desses animais vivem em águas turvas, onde a visão de longo alcance é impossível. E, na natureza, muitos peixes-facas vivem perfeitamente bem com vermes parasitas nos olhos — um sinal terrível de que podem sobreviver sem visão.

sensorial, têm de reagir velozmente a tudo o que detectam. Quando percebem um obstáculo, precisam frear de repente ou desviar rápido. Quando detectam algo comestível, podem já ter passado do alvo, o que os obriga a voltar atrás. MacIver me mostra um vídeo no qual um fantasma-negro faz exatamente isso. De início, cruza de passagem com uma pulga-d'água, mas depois reverte a marcha até que sua cabeça esteja suficientemente perto da presa para agarrá-la. Se fizesse meia-volta, a pulga teria saído do alcance do seu sentido elétrico e se perdido. Em vez disso, realizou uma manobra parecida com a baliza de estacionamento, mantendo a vítima dentro da bolha sensorial. É mais um exemplo das conexões íntimas entre o corpo de um animal e seus sistemas sensoriais. A agilidade do peixe-faca fantasma-negro não seria muito útil sem seu sentido elétrico envolvente, e esse sentido também seria de pouca utilidade se o peixe não fosse tão ágil.

A natureza omnidirecional da eletrolocalização significa que, de todos os sentidos que conhecemos até agora, esse talvez seja o mais semelhante ao tato.[20] "A gente não acha estranho conseguir sentir ao ser tocado em qualquer parte do corpo todo", diz MacIver. "Agora imagine que esse sentido tenha se estendido um pouco. Acho que é assim para o sentido elétrico. Mas quem sabe como é ser um peixe?" Bruce Carlson, que também estuda peixes-elétricos, imagina que eles sintam uma espécie de pressão na pele. Condutores e isolantes talvez provoquem sensações diferentes, assim como objetos quentes e frios, ou ásperos e lisos, para os nossos dedos. "Consigo me imaginar nadando e, ao roçar uma bola de metal, ter uma breve sensação de frescor, como se um pedaço de gelo rolasse pela lateral do meu corpo", ele compara. É só especulação, claro, mas os peixes-elétricos de fato se comportam como se tocassem o ambiente à distância. Examinam objetos balançando-se para a frente e para trás ao lado deles, do mesmo modo como os humanos passam as pontas dos dedos sobre uma superfície. Envolvem com o corpo coisas desconhecidas para obter pistas sobre sua forma, assim como podemos pegar essas coisas com as mãos.[21] Daniel Kish disse que pensava na ecolocalização como um sentido tátil: ele usa o som para ampliá-lo e sondar o mundo segundo seus propósitos. Peixes-elétricos usam campos elétricos da mesma maneira.*[22]

---

* Angel Caputi defende que, para os peixes-elétricos, o sentido elétrico provavelmente combina-se com a linha lateral e a propriocepção — a consciência que um animal tem do seu próprio corpo — para formar um único sentido integrado de tato.

Se tudo isso parece estranhamente familiar, lembremos como os peixes, ao nadar, criam ao redor de seu corpo outro tipo de campo: correntes de água. Os objetos em volta distorcem esses campos, e os peixes usam suas linhas laterais para sentir essas distorções. Sven Dijkgraaf chamou isso de "tato à distância", que é exatamente o que os peixes eletrolocalizadores também fazem, só que com correntes elétricas em vez de correntes de água. Essa semelhança não é coincidência. O sentido elétrico *evoluiu a partir da linha lateral*.[23] Os eletrorreceptores se desenvolvem a partir dos mesmos tecidos embrionários que a geram, e ambos os órgãos de sentido contêm os mesmos tipos de células ciliadas sensoriais (as quais também são encontradas no ouvido interno).*[24] O sentido elétrico é, na verdade, uma forma modificada do tato, redirecionada para a detecção de campos elétricos em vez de água corrente.**

Mas, se a linha lateral já existia, por que desenvolver a eletrolocalização além dela? É possível que os campos elétricos sejam mais confiáveis do que quase qualquer outro estímulo. Eles não são distorcidos por turbulência, de modo que peixes-elétricos conseguem prosperar em rios de correnteza rápida, nos quais torrentes e redemoinhos confundem a linha lateral. Campos elétricos não são obscurecidos por falta de luz ou águas turvas, de modo a permitir que peixes-elétricos permaneçam ativos nessas águas e durante a noite. Campos elétricos não são bloqueados por obstáculos, como acontece com a luz e os cheiros, de modo que peixes-elétricos conseguem sentir através de objetos sólidos e detectar tesouros escondidos.[25] De fato, é muito difícil se esconder desses animais. Eles são sensíveis não apenas à condutância, que é a capacidade de um objeto de transportar corrente, mas também à capacitância, que é a capacidade de armazenar carga.[26] E, em ambientes naturais, "a capacitância é uma marca de seres vivos", diz MacIver. As presas podem congelar no lugar, esconder-se e ficar sem emitir ruídos para enganar os predadores que dependem da visão e da audição. Mas a imobilidade, o disfarce e o silêncio não funcionam contra a eletrolocalização. Para um peixe-elétrico, tudo o que está vivo se destaca frente a tudo o que não está. Acima de tudo, outros peixes-elétricos.

---

* É francamente incrível que o mesmo sensor básico — a célula ciliada — tenha sido adaptado para detectar som, fluxo de água e campos elétricos.   ** Isso não é tão exagerado quanto pode parecer. Os neuromastos da linha lateral já são eletricamente sensíveis, mas de cem a mil vezes menos que os eletrorreceptores dos peixes-elétricos.

Logo após os ataques de 11 de setembro, Eric Fortune recebeu um telefonema do reitor de sua universidade. Um dos colegas de Fortune era oficial da reserva da Força Aérea e fora convocado a servir. Havia uma viagem para pesquisa de campo no Equador programada, e a vaga agora estava aberta. Se quisesse, Fortune poderia ir — e ele quis.

Acabou no meio da floresta amazônica, numa pousada com vista para um igarapé. Uma noite, enquanto morcegos colhiam insetos na superfície e enormes aranhas pescavam nas margens, Fortune caminhou até um cais, conectou um eletrodo a um amplificador e o submergiu na água. Imediatamente ouviu um som familiar — o zumbido característico do *Eigenmannia*, o peixe-faca conhecido localmente como ituí-transparente. Esses peixes estão entre os elétricos mais estudados, e Fortune já havia trabalhado com eles antes. Mas só tinha ouvido algumas dezenas de espécimes em seu laboratório. Parado naquele píer, escutou o que deviam ser centenas. Não conseguia ver nenhum deles, mas sabia que havia um mundo elétrico movimentado debaixo de seus pés. "Se fecho os olhos, ainda consigo voltar àquele momento", ele me conta. "Foi a experiência mais incrível que já tive e fico muito triste por não estar lá agora mesmo."

Durante décadas, os cientistas estudaram peixes-elétricos em laboratórios.[27] Pela facilidade de registrar, manipular e reproduzir as descargas desses animais, eles se tornaram pilares da pesquisa em neurociência e comportamento animal. Os pesquisadores podem, por exemplo, reproduzir sinais que simulem alguma coisa se movendo junto ao corpo de um peixe para, então, observar como ele reage. Fazem isso desde a década de 1960, criando mundos de realidade virtual para peixes-elétricos. Mas o mundo real dos animais ainda é misterioso, pois é muito difícil estudá-los na natureza.[28] Tanto os peixes-elefantes-africanos quanto os peixes-facas sul-americanos tendem a viver em densas florestas tropicais, em rios turvos e em meio ao emaranhado da vegetação subaquática. Em alguns lugares, são de longe os peixes mais comuns. Mas ninguém nunca diria isso — a menos que, como fez Fortune, submergisse um eletrodo na água e convertesse o coro elétrico dos peixes em sons audíveis.

Esses eletrodos melhoraram ao longo do tempo, dos mais simples que dá para comprar numa loja de bairro* até redes complexas deles, capazes

---

* "Uma das piores coisas para pesquisadores da nossa área foi a falência da [rede de lojas de eletrônicos] RadioShack", Fortune me disse.

de determinar a posição de cada indivíduo num cardume.[29] Esses dispositivos revelaram que os peixes usam campos elétricos não apenas para sentir o ambiente, mas também para se comunicar. Cortejam potenciais parceiros, reivindicam territórios e resolvem brigas com sinais elétricos do mesmo modo que outros animais usam cores ou cantos.[30]

Os campos elétricos são ótimos para a comunicação porque não estão sujeitos a distorção como os sons. Não são absorvidos por obstáculos. Não ecoam. Tampouco viajam; em vez disso, aparecem instantaneamente no espaço entre o peixe que os gera e aquele que os detecta.* Significa que os peixes-elétricos podem codificar informações e encapsulá-las como características refinadas de suas descargas, sem qualquer risco de que as mensagens sejam corrompidas. No capítulo sobre audição, vimos que os mandarins prestam atenção à estrutura temporal fina de seu canto — isto é, a como as notas mudam de um milésimo de segundo para o seguinte. Os peixes-elétricos fazem o mesmo com suas descargas elétricas, mas são sensíveis a *milionésimos* de segundo. Conseguem encher de informações até mesmo sinais simples.

Algumas espécies ligam e desligam seus campos para produzir fortes pulsos em staccato, como batidas de tambor. A forma desses impulsos — sua duração e as mudanças de voltagem no tempo — contém informações sobre a espécie, o sexo, o status e, por vezes, a identidade do animal.[31] Em curtos períodos, cada indivíduo produz os mesmos impulsos repetidas vezes: "Gosto de pensar que é como o som da voz deles", comenta Bruce Carlson. O tempo dos pulsos, entretanto, pode variar consideravelmente. Se sua forma transmite identidade, é o *tempo* que contém significado. Determinado ritmo pode ser tão atraente quanto o canto dos pássaros; outro, tão ameaçador quanto um rosnado.[32]

Há outras espécies ainda, como os fantasmas-negros e os ituís-transparentes, que produzem pulsos numa sucessão tão rápida que se fundem numa onda única e contínua, como a nota interminável de um violino. As frequências dessas ondas diferem entre espécies (e por vezes entre sexos), e os peixes controlam seu tempo com uma precisão inacreditável.

---

* Eles também não são muito incomodados por ruídos do ambiente, com uma exceção: tempestades de raios, já que criam ondas eletromagnéticas que viajam por milhares de quilômetros. Elas promovem cliques que os eletrodos certamente podem detectar e que peixes-elétricos possivelmente também sentem.

O neurocientista Ted Bullock mostrou, certa ocasião, que o campo elétrico do fantasma-negro geralmente oscila uma vez a cada 0,001 segundo, a uma taxa de erro de apenas 0,00000014 segundo.[33] Trata-se de um dos relógios mais precisos do mundo natural, quase preciso demais para ser medido pelos instrumentos de Bullock.*[34] Ao alterar em detalhes mínimos as frequências desses sinais cuidadosamente controlados, esses peixes-elétricos emissores de ondas podem enviar mensagens.[35] Aumentando breve e acentuadamente a frequência dos sinais, produzem "chilros", que são "curtos e abruptos nos encontros agressivos, mas ganham certa suavidade e rouquidão na aproximação para acasalamento", conforme escreveram Mary Hagedorn e Walter Heiligenberg.**[36 37]

Essas mensagens não vão muito longe, mas a eletrocomunicação é menos limitada em alcance do que a eletrolocalização ativa. Neste último caso, só é possível para um peixe ampliar o alcance de seu sentido produzindo um campo elétrico mais forte, que, a certa altura, consumirá muita energia. Mas, ao "ouvir" os sinais elétricos de outro peixe, não é necessário gerar campo nenhum. Ele apenas precisará de eletrorreceptores mais sensíveis, que são mais fáceis de desenvolver. Um peixe talvez só consiga sentir uma presa a alguns centímetros de seu corpo, mas pode detectar os sinais de outros peixes-elétricos a alguns metros ou mais. Os da própria espécie brilham na neblina perceptiva que Malcolm MacIver imaginou.

A eletrocomunicação é especialmente importante para um grupo de peixes-elefantes chamados mormirídeos, que elevaram essa capacidade a níveis extremos. Todos os peixes-elefantes têm um tipo único de eletrorreceptor supersensível chamado *knollenorgan*, que não é usado para eletrolocalização e sintoniza apenas os sinais elétricos de outros peixes. Os mormirídeos alteraram ainda mais esses receptores especiais, reequipando-os para detectar características sutis de sinais elétricos que outros peixes-elefantes não conseguem detectar.[38] De acordo com Bruce Carlson, que descobriu essas diferenças, é como se os mormirídeos tivessem a versão

---

* Em *Sensory exotica* [Exótica sensorial], Howard Hughes escreveu que se você acertasse um relógio de acordo com o campo elétrico de um peixe-faca fantasma-negro, o dispositivo atrasaria apenas uma hora por ano.   ** Se dois *Eigenmannia* se encontram e suas descargas elétricas têm uma frequência próxima, eles desviarão seus sinais um do outro. Isso é chamado de resposta de evitação e é um dos comportamentos mais estudados em qualquer vertebrado.

elétrica da visão colorida, enquanto outros peixes-elefantes ficassem limitados ao monocromático.

Carlson suspeita que essas alterações tenham sido desencadeadas por uma mudança na vida social dos peixes.[39] Os peixes-elefantes com *knollenorgan* mais simples vivem em grandes cardumes e em águas abertas. Eles só precisam saber se outros indivíduos nadam por perto e onde estão. Os mormirídeos, entretanto, são em sua maioria solitários, guardam território e são encontrados no fundo de rios escuros. "Se detectarem outro peixe, querem saber exatamente onde ele está e quem é", explica Carlson. "Um rival em potencial? Um parceiro? Outra espécie com a qual eles não se importam?" Essa necessidade de conhecer os outros mudou seu sentido elétrico. Também alterou o curso de sua evolução em pelo menos dois aspectos importantes.

Primeiro, os mormirídeos são muito diversos. Como são capazes de sentir pequenas variações nos sinais elétricos um do outro, também desenvolvem preferências sexuais por essas pequenas peculiaridades. Tais predileções podem velozmente dividir uma única população de peixes em duas, cada qual com suas próprias tendências elétricas e sinais correspondentes. O processo é chamado de seleção sexual e ocorre em alta velocidade nos mormirídeos. Esses peixes diversificaram seus sinais elétricos dez vezes mais rápido do que outros peixes-elefantes e deram origem a novas espécies a uma taxa de três a cinco vezes superior à observada noutros locais. Hoje, existem pelo menos 175 espécies de mormirídeos, em contraste com apenas cerca de trinta de outros peixes-elefantes. Da precisão em seus sentidos surgiu a variedade de suas formas.

Em segundo lugar, os mormirídeos desenvolveram um cérebro mais complexo, talvez em parte para processar a informação que seu *knollenorgan* melhorado detecta. Uma espécie, o peixe-elefante *Gnathonemus petersii* (chamado de peixe-tromba-de-Peters), tem um cérebro que representa 3% de seu peso corporal e consome 60% de seu oxigênio.*[40] "Com um cérebro assim, a gente os imaginaria construindo castelos ou compondo

---

* Para efeito de comparação, o cérebro humano representa cerca de 2% a 2,5% do nosso peso corporal e absorve 20% do nosso oxigênio. Não se pode comparar diretamente essas proporções entre animais de tamanhos diferentes e que têm sangue quente e sangue frio. Além disso, a inteligência não pode ser medida apenas pelo tamanho do cérebro. Ainda assim, a questão permanece: o peixe-elefante tem um cérebro extraordinariamente grande.

sinfonias", comenta Nate Sawtell, que estuda esses peixes. "Não vimos isso, mas, quando se olha para eles, dá para ver que não são peixinhos-dourados. São astutos e conscientes."

Ele ilustra isso me levando para ver um grupo de peixes-elefantes *Gnathonemus petersii* que vivem em seu laboratório em Nova York. O corpo deles é longo, marrom e achatado; a cauda, bifurcada; a cara termina num apêndice móvel chamado *schnauzenorgan*. É por causa desse prolongamento que são chamados de peixes-elefantes, embora se trate de um queixo, não de uma tromba — antes um faraó do que o Pinóquio. Enquanto os outros peixes-elétricos que conheci eram plácidos e etéreos, estes parecem frenéticos e tensos.*[41] *Exploram* o eletrodo que Sawtell mergulha na água. Sondam o fundo arenoso de seus aquários com seu *schnauzenorgan*, especialmente bem servido de eletrorreceptores.[42] Às vezes, dois indivíduos se alinham de modo que os órgãos elétricos em sua cauda fiquem bem próximos ao aglomerado de eletrorreceptores na cabeça do parceiro. Então zumbem freneticamente, como duas pessoas num dueto gritando no ouvido uma da outra. Perseguem uns aos outros. Parecem brincar.**

Enquanto os observo, fico me perguntando como deve ser uma vida social guiada por sinais elétricos. Aqueles peixes não conseguem se esconder uns dos outros. Ao disparar suas descargas elétricas para sentir o ambiente, eles inevitavelmente anunciam sua presença e sua identidade a qualquer outro peixe-elétrico que esteja ao alcance. Um rio cheio de peixes-elétricos deve ser como uma festinha na qual ninguém *nunca* cala a boca, mesmo de boca cheia.

E aqui vem a parte que realmente me deixa perplexo: os peixes usam as mesmas descargas para navegação e comunicação. Os campos elétricos

---

* Carlson mostrou que há um tipo de mormirídeo, o *Cornish-jack*, que caça em grupo. "No laboratório, se colocássemos dois no mesmo tanque, pelo menos um morreria, e muito possivelmente os dois", conta, porque lutariam até a morte. Mas, no lago Malawi (um dos poucos habitats de peixes-elétricos com água suficientemente clara para enxergá-los), eles saem à noite em grupo para perseguir peixes menores. Muitas vezes produzem rajadas de impulsos elétricos quando se reúnem, o que pode funcionar como um reconhecimento mútuo — um sinal que mantém o grupo unido.   ** Bruce Carlson contou que observou grandes peixes-elefantes brincando com os tubos de seus tanques. "Eles nadam até um deles, levantam-no até à superfície e tentam equilibrá-lo ali o máximo que conseguem até que caiam", diz ele. "Aí fazem tudo de novo."

que geram para enviar sinais a outros peixes são os mesmos que usam durante a eletrolocalização. Esse simples fato significa que, quando os peixes alteram seus campos para transmitir mensagens, devem também alterar a própria capacidade de navegar ou de procurar alimentos. Por exemplo, peixes-elétricos que perdem um combate muitas vezes pausam brevemente seus pulsos em sinal de submissão — mas isso também desliga temporariamente sua consciência do que há ao redor. Para eles, a comunicação altera a percepção. Ao ouvir o canto de um pássaro, talvez você não consiga ouvir tudo o que a criatura está dizendo, mas consegue ter a certeza de que *alguma coisa* ela está dizendo. Mas, se ouvir um peixe-elétrico zumbindo perto de outro, ele estará tentando enviar uma mensagem ou descobrir a localização do outro animal ou alguma combinação dos dois? A distinção entre navegação e comunicação importa mesmo para os peixes?

"A gente não sabe muito sobre os aspectos mais interessantes da vida deles, os aspectos cognitivos, aquilo que sabemos sobre nosso gato ou cachorro de estimação", diz Sawtell. Após décadas de trabalho, os cientistas conhecem mais o sistema nervoso de um peixe-elétrico do que o da maioria dos outros animais. São capazes de desenhar mapas detalhados dos circuitos neurais que impulsionam o sentido elétrico, mas este, em si, ainda parece coisa de outro mundo. E, no entanto, é surpreendentemente comum.

Em 1678, o médico italiano Stefano Lorenzini notou que a face de uma raia-elétrica era salpicada de pequenos poros — milhares deles, cada um dando acesso a um tubo cheio de uma substância gelatinosa. Outras raias tinham poros e tubos semelhantes, assim como seus parentes próximos, os tubarões. Essas estruturas acabaram ficando conhecidas como ampolas de Lorenzini, mas nem o italiano, nem nenhum de seus contemporâneos sabiam para que serviam. As pistas surgiram lentamente ao longo de vários séculos. Microscópios melhores revelaram que cada tubo terminava numa câmara bulbosa (ou ampola) conectada a um único nervo — imagine uma abóbora com um barbante saindo da parte inferior. Aqueles deviam ser órgãos dos sentidos. Mas o que sentiriam? Em 1960, o biólogo R. W. Murray finalmente mostrou que as ampolas reagiam a campos elétricos.[43] Alguns anos depois, Sven Dijkgraaf e seu aluno Adrianus Kalmijn confirmaram essa ideia.[44] A dupla demonstrou que os tubarões têm o reflexo de piscar quando expostos a campos elétricos, mas não se os nervos de suas ampolas de Lorenzini tiverem sido cortados. Essas estruturas em forma de abóbora são eletrorreceptores.*[45]

A resposta ao mistério de três séculos apenas levantou mais questões. Na década de 1960, Hans Lissmann já tinha descoberto que peixes de eletricidade fraca eram capazes de navegar detectando seus próprios campos elétricos. Mas não era concebível que tubarões e raias usassem a eletrolocalização porque, com exceção da raia-elétrica, nenhum deles produzia a própria eletricidade. Por que, então, tinham eletrorreceptores?

Acontece que *todos* os seres vivos produzem campos elétricos quando submersos na água.[46] Lembremos que as células animais são sacos de líquido salgado. Ali dentro, a concentração de sais difere da que se encontra na água ao redor, criando uma voltagem através das membranas das células. Quando íons carregados atravessam essas membranas, criam uma corrente. É a mesma configuração básica de uma bateria — partículas carregadas geram correntes quando se movem entre duas soluções salinas separadas por uma barreira. O corpo dos animais é, portanto, uma bateria viva, produzindo campos bioelétricos por simplesmente existirem. Esses campos são milhares de vezes mais fracos do que aqueles produzidos mesmo por peixes de eletricidade fraca, e ainda amortecidos por coberturas isolantes como pele e conchas.[47] Mas, em certos locais expostos do corpo, como boca, guelras, ânus e (importante no caso dos tubarões) feridas, ficam suficientemente fortes para serem detectados. Tubarões e raias podem se concentrar nesses campos para encontrar suas presas, mesmo quando seus outros sentidos falham.**

Kalmijn provou isso em 1971.[48] Ele mostrou que o tubarão conhecido como pata-roxa sempre conseguia detectar linguados saborosos, ainda que os peixes estivessem enterrados na areia e mesmo quando, antes disso, eram colocados numa câmara de ágar de modo a ocultar seus

---

* A gelatina dentro das ampolas de Lorenzini é extremamente condutiva. Atua como um cabo, transferindo o campo elétrico da água circundante para o fundo das ampolas, onde é detectado por uma camada de células sensoriais. As células comparam essas propriedades com as do próprio corpo do animal e transmitem essas informações ao cérebro. Ao combinar os sinais dessas células através de milhares de ampolas, o tubarão pode criar uma sensação do campo elétrico à sua volta.   ** Às vezes diz-se que tubarões e raias detectam campos elétricos produzidos por músculos em movimento. Mas, embora tais movimentos produzam campos elétricos, eles normalmente estão abaixo da faixa de detecção dos eletrorreceptores.

cheiros e sinais mecânicos. Os tubarões só falharam quando os linguados foram cobertos por uma folha de plástico isolante. Tirando os linguados da água e, em lugar deles, usando eletrodos enterrados com o dobro dos fracos campos elétricos dos peixes, Kalmijn verificou que os tubarões "cavaram com tenacidade no local onde se originava o campo, reagindo repetidamente ao encontrar os eletrodos", escreveu ele. Tubarões selvagens também mordem iscas de eletrodos enterrados.[49] Alguns desde o nascimento.[50]

O sentido elétrico do tubarão é conhecido como eletrorrecepção passiva, e é diferente do que vimos até agora.[51] Tubarões e raias não produzem ativamente seus próprios campos elétricos para localizar objetos a seu redor, mas detectam passivamente os campos elétricos de outros animais — e em especial de presas.*[52][53] São excelentes nisso, talvez mais do que qualquer outro grupo de animais.** Stephen Kajiura mostrou que uma espécie pequena de tubarões-martelo é capaz de perceber um campo elétrico de apenas um nanovolt — um *bilionésimo* de volt — passando através de um centímetro de água.*** Contudo, o sentido elétrico de um tubarão só funciona a curta distância.[54] Ele não consegue detectar um peixe (ou eletrodo) enterrado do outro lado do oceano ou mesmo do outro lado de uma piscina. Precisa estar a um braço de distância de seu alvo. A distâncias de quilômetros, um tubarão fareja sua comida.[55] À medida que se aproxima da presa, é a visão que assume o comando. Mais perto ainda, a linha lateral entra em ação. Seu sentido elétrico só é acionado no final da caçada, para identificar a posição exata da presa e

---

* Nem sempre, porém. Algumas raias usam campos elétricos para encontrar parceiros enterrados. E alguns tubarões embrionários congelam quando detectam os campos elétricos de predadores que passam — um feito que me lembra as rãs de Karen Warkentin.

** Tecnicamente, até os humanos podem sentir a eletricidade se ela for forte o suficiente. Simplesmente não temos órgãos dos sentidos dedicados à tarefa. Em vez disso, fortes correntes estimulam de modo indiscriminado os nossos nervos, produzindo formigamento, dor e espasmos. Mesmo assim, só conseguimos sentir campos elétricos de 0,1 a 1 volt por centímetro. Os tubarões são cerca de 1 bilhão de vezes mais sensíveis e a experiência para eles não é ruim.

*** Costuma-se dizer que, para criar um campo elétrico capaz de descarregar uma pilha AA normal, seria necessário conectar suas extremidades a eletrodos mergulhados em lados opostos do Atlântico. Essa metáfora, embora evocativa, tem um senso de escala totalmente inadequado. Na realidade, os tubarões procuram campos elétricos consideravelmente mais fracos do que os de uma pilha, e esses campos enfraquecem com a distância, razão pela qual o sentido elétrico de um tubarão só funciona a curto alcance.

orientar o ataque. É por isso que suas ampolas de Lorenzini geralmente ficam concentradas em torno da boca.*[56]

A eletrorrecepção passiva é especialmente útil para encontrar presas escondidas. Afinal, os animais não conseguem desligar seus campos elétricos naturais.**[57] Mas, se um tubarão não puder confiar em seus outros sentidos — digamos, quando suas presas estão enterradas, como no experimento de Kalmijn —, ele terá de nadar até que as ampolas de Lorenzini estejam suficientemente perto do alvo. Algumas espécies deram agilidade ao processo aumentando o tamanho de sua cabeça. Em vez de focinho cônico, os tubarões-martelo têm uma cabeça larga e achatada que parecem aerofólios de carro.[58] A parte inferior de seus "martelos" traz ampolas em abundância, e os tubarões as utilizam como se usassem detectores de metais, com varreduras pelo fundo do mar em busca de riquezas (comestíveis) enterradas. Não são eletricamente mais sensíveis do que outros tubarões, mas sua cabeça lhes permite vasculhar uma área mais ampla de cada vez.

O peixe-serra também é capaz disso. Esses animais são raias, na verdade, mas seu corpo os faz se parecer mais com tubarões, e sua cabeça, com armas medievais. Seu focinho termina em lâminas longas e achatadas, com dentes diabólicos projetando-se de ambos os lados. Essa "serra" pode representar até um terço do comprimento do corpo de seu dono e também está repleta de ampolas, tanto na parte de cima quanto na de baixo. Amplia enormemente a consciência elétrica do peixe-serra em relação ao espaço à sua frente — uma característica útil em águas turvas.[59] "Nós os encontramos em rios nos quais não conseguimos enxergar nem a hélice do nosso próprio barco", conta Barbara Wueringer, que estuda esses animais. Ela demonstrou que a serra funciona tanto como sensor quanto como arma.[60] Quando outros peixes nadam acima da serra, o peixe-serra os ataca, usando seus dentes laterais para espetá-los, atordoá-los e atravessá-los. Com os

---

* É também por isso que os campos elétricos desencadeiam o reflexo de piscar, que Dijkgraaf e Kalmijn observaram: os tubarões protegem os olhos na expectativa de uma investida.
** No entanto, eles podem reduzir seus campos. Quando os chocos veem as formas iminentes dos tubarões, param de se mover, prendem a respiração e cobrem as cavidades branquiais. Christine Bedore mostrou que esses atos reduzem a voltagem dos campos elétricos em quase 90% e reduzem pela metade o risco de serem mordidos. Os chocos não se comportam dessa forma quando ameaçados por caranguejos, que não conseguem sentir campos elétricos.

peixes feridos caídos no fundo, o peixe-serra usa a parte inferior da serra para encontrá-los e prendê-los. "Sempre que os vejo fazendo isso, penso: como é que acontece?", comenta Wueringer.*[61]

A capacidade de detectar campos elétricos não é exclusiva dos tubarões e das raias.[62] Entre os vertebrados, cerca de uma em cada seis espécies partilha esse sentido.[63] A lista inclui lampreias, peixes sinuosos com ventosas cheias de dentes no lugar das mandíbulas; celacantos, peixes antigos que se pensava terem sido extintos até que, na década de 1930, foram novamente encontrados vivos; outros grupos de peixes antigos, como os peixes-espada, que usam seus focinhos longos e repletos de eletrorreceptores para encontrar presas, como vimos que os peixes-serra usam suas serras; os peixes-facas e os peixes-elefantes, capazes de sentir os campos elétricos de outras criaturas e também os seus próprios; os milhares de espécies de bagres, muitas das quais caçam peixes-elétricos; e alguns anfíbios, a exemplo das salamandras e das cecílias, que se assemelham a vermes.

Existem até mamíferos com sentido elétrico.** Pelo menos uma espécie de golfinho — o boto-cinza, na América do Sul — tem essa habilidade, embora seja difícil imaginar que vantagem ela poderia tirar de seus parcos oito a catorze eletrorreceptores, quando já tem a ecolocalização à sua disposição.[64] Da mesma forma, não está claro como as equidnas — mamíferos australianos que põem ovos e se parecem com ouriços robustos — usam os eletrorreceptores na ponta do focinho.[65] Talvez para detectar pequenos insetos se movendo no solo úmido. Seu parente próximo, o ornitorrinco, também tem mais de 50 mil eletrorreceptores em seu famoso bico de pato.[66] Ao mergulhar à procura de comida, ele faz varreduras frenéticas com o bico de um lado para outro, como um tubarão-martelo. Debaixo d'água, seus olhos, ouvidos e narinas permanecem fechados, o que o faz depender apenas do tato e de seu sentido elétrico.

---

* Wueringer fundou uma organização chamada Sharks and Rays Australia para salvar os peixes-serra e seus parentes. As mesmas serras que tornam esses peixes mestres da eletrorrecepção também fazem deles troféus dramáticos e os deixam ser facilmente apanhados em redes. As cinco espécies deles estão todas ameaçadas de extinção, três delas em estado crítico.
** Há um artigo que afirma que as toupeiras-nariz-de-estrela têm um sentido elétrico, mas Ken Catania, que procurou esse sentido quando estudou o animal pela primeira vez, disse-me que não encontrou nenhuma evidência disso.

Essa extensa conspiração de criaturas eletrorreceptivas nos diz três coisas importantes.[67] A primeira é que se trata de um sentido antigo. Os eletrorreceptores evoluíram de início a partir da linha lateral há muito tempo, e o ancestral comum de todos os vertebrados vivos pode muito bem ter sido capaz de perceber campos elétricos. A gente não conta mais com esse sentido, mas, se traçar a árvore genealógica da espécie até 600 milhões de anos atrás, é quase certo que ache ancestrais que o tinham. Em segundo lugar, os vertebrados perderam o sentido elétrico em pelo menos quatro ocasiões durante sua história evolutiva, razão pela qual peixes-bruxa, sapos, répteis, pássaros, quase todos os mamíferos e a maioria dos peixes não o possuem.* Terceiro, tendo perdido essa habilidade que era de seus ancestrais, mas não mais de seus parentes, vários grupos de vertebrados, incluindo ornitorrincos e equidnas, botos-cinza e peixes-elétricos, a certa altura a recuperaram.** Os peixes-facas e os peixes-elefantes são casos especiais.[68] Em lados opostos do mundo, desenvolveram, de forma independente e sucessiva, três tipos de eletrorreceptores: um para detectar passivamente os campos elétricos de outros peixes; depois outro, para sentir ativamente seus próprios campos; e, por fim, mais um para detectar os campos de outros peixes-elétricos.***[69] Essa história é um exemplo espetacular de evolução convergente, pela qual dois grupos diferentes de organismos chegam à festa da vida por acaso com a mesma roupa.

A complicada história do sentido elétrico também sugere algo especial sobre os eletrorreceptores. A linguagem do cérebro é a eletricidade e, como vimos, os animais tiveram que desenvolver formas estranhas de converter luz, som, odores e outros estímulos em sinais elétricos. Mas os

---

* Ninguém sabe de fato por que tantas criaturas perderam a eletrorrecepção, especialmente porque o sentido é muito útil para encontrar presas escondidas debaixo d'água. Bruce Carlson me disse não conhecer nenhuma hipótese convincente. "É uma espécie de mistério", arremata.   ** Cada um desses grupos acabou com seus próprios tipos de eletrorreceptores distintos (e apenas aqueles em tubarões e raias levam o nome de Lorenzini). Mas, apesar da sua variedade, esses órgãos partilham a mesma estrutura básica. Quase sempre há um poro que sai da superfície para uma câmara cheia de gelatina, com células sensoriais na base. Em muitos casos, essas estruturas são derivadas da linha lateral. Mas o boto-cinza desenvolveu os seus eletrorreceptores modificando as fossas dos bigodes, que agora estão desprovidas de pelos e cheias de geleia condutora.   *** Esses eventos se deram aproximadamente ao mesmo tempo também. Ambos os grupos de peixes desenvolveram eletrorreceptores passivos entre 110 milhões e 120 milhões de anos atrás, antes de desenvolverem eletrorreceptores ativos após outros 15 milhões a 20 milhões de anos.

eletrorreceptores simplesmente traduzem eletricidade em eletricidade. São os únicos órgãos de sentido a detectar a própria entidade que alimenta nossos pensamentos. Talvez não seja tão difícil desenvolver um eletrorreceptor, e é por isso que uma e outra vez eles entram e saem da árvore evolutiva dos vertebrados.

Os eletrorreceptores parecem ter uma limitação importante: só funcionam quando imersos num meio condutor. A água certamente é um deles, e não é coincidência que quase todos os animais eletrorreceptores que conhecemos até agora sejam aquáticos.* O ar, pelo contrário, é um isolante, com uma resistividade 20 bilhões de vezes superior à da água.[70] Por boas razões, os cientistas há muito supunham que o sentido elétrico simplesmente não funcionaria em terra.

E então Daniel Robert fez uma experiência incrível com abelhas.

Todos os dias, cerca de 40 mil tempestades ocorrem no mundo todo. Em conjunto, transformam a atmosfera da Terra num circuito elétrico gigante. Sempre que um raio atinge o solo, a carga elétrica sobe, de modo que a atmosfera superior termina com carga positiva e a superfície do planeta, com carga negativa. É o gradiente de potencial atmosférico — um forte campo elétrico que cobre do céu ao solo.[71] Mesmo em dias calmos e ensolarados, o ar carrega uma voltagem de cerca de cem volts para cada metro acima do solo. Sempre que escrevo sobre isso, alguém inevitavelmente me diz que devo ter cometido algum erro, mas garanto que não: há, de fato, um gradiente de *pelo menos* cem volts por metro do lado de fora da sua porta.

A vida acontece dentro desse campo elétrico planetário e é afetada por ele. As flores, por serem cheias de água, estão eletricamente aterradas e carregam a mesma carga negativa do solo de onde brotam. As abelhas, por sua vez, acumulam cargas positivas enquanto voam, possivelmente porque têm elétrons arrancados de sua superfície quando colidem com poeira e outras partículas pequenas. Ao chegar com sua carga positiva a flores com carga negativa, as abelhas podem não provocar faíscas, mas fazem voar pólen. Pela atração entre cargas opostas, os grãos de pólen saltam da flor para a abelha antes ainda de o inseto pousar.[72] Esse fenômeno foi descrito há décadas.

---

* As equidnas são a exceção, mas provavelmente ainda assim precisam mergulhar seus eletrorreceptores em solo úmido para que funcionem.

Mas, quando Daniel Robert leu a respeito dele, percebeu que devia haver mais no mundo elétrico das abelhas e flores. (Conhecemos Robert no capítulo sobre audição por sua pesquisa com a mosca *Ormia*.)

Embora as flores tenham carga negativa, crescem no ar com carga positiva. Só com sua presença já fortalecem muito os campos elétricos ao redor, e esse efeito é especialmente pronunciado nas pontas, como de folhas, e bordas, como de pétalas, ou ainda em estigmas e anteras. Dependendo de sua forma e tamanho, cada flor é rodeada por um campo elétrico distinto. Enquanto Robert ponderava sobre esses campos, "de repente surgiu a pergunta: as abelhas sabem disso?", ele lembra. "E a resposta foi que sim."

Em 2013, Robert e seus colegas testaram abelhas com "flores eletrônicas" artificiais, cujos campos elétricos podiam controlar.[73] Usaram como iscas uma flor eletrônica carregada e com néctar doce, e outra descarregada e com líquido amargo. As flores falsas eram idênticas, mas as abelhas aprenderam rápido a diferenciá-las usando apenas sinais elétricos. Conseguiam até distinguir entre flores eletrônicas com campos elétricos de formatos diferentes — uma com voltagem distribuída uniformemente sobre suas pétalas de uma segunda com um campo em forma de alvo.*[74] Esses padrões são artificiais, claro, mas as flores reais têm padrões semelhantes. A equipe de Robert visualizou isso borrifando dedaleiras, petúnias e gérberas com pó colorido carregado. O pó se depositou nas bordas das pétalas, demarcando padrões que de outra forma seriam invisíveis. Ao lado das cores brilhantes que conseguimos enxergar (e da ultravioleta que não conseguimos), as flores também ficam envoltas por halos elétricos invisíveis. E os abelhões são capazes de percebê-los. "A gente simplesmente surtou quando viu o que as abelhas estavam nos revelando", Robert me conta.**

---

* As abelhas ainda aprenderam a distinguir mais rapidamente entre flores de cores semelhantes quando sinais elétricos também estavam presentes.   ** Embora outros cientistas já tivessem demonstrado que baratas, moscas e outros insetos podem reagir a campos elétricos, normalmente realizavam experiências com campos muito mais fortes do que os naturais. Isso não é tão interessante: até os humanos conseguem detectar campos elétricos extremamente fortes, porque nossos cabelos ficam em pé. O estudo de Robert foi importante porque mostrou que os abelhões detectam campos elétricos em intensidades biologicamente relevantes, que podem usar essa informação para orientar comportamentos reais significativos, como escolher onde beber, e que sentem sinais sutis, como o padrão do alvo.

Os abelhões não têm ampolas de Lorenzini. Em vez disso, seus eletror-receptores são pequenos pelos que os tornam tão cativantemente felpu-dos.[75] Esses pelos são sensíveis às correntes de ar e disparam sinais nervosos quando dobrados. Mas os campos elétricos em torno das flores também são suficientemente fortes para sensibilizá-los. As abelhas, embora muito diferentes dos peixes-elétricos ou dos tubarões, também parecem detectar campos elétricos com um sentido do tato ampliado. E é quase certo que não são os únicos animais terrestres a fazê-lo. Como vimos no Capítulo 6, muitos insetos, aranhas e outros artrópodes têm o corpo coberto por pelos sensíveis ao toque. Se esses fios também podem ser dobrados por campos elétricos, e Robert suspeita que sim, então o sentido elétrico talvez seja ainda mais comum em terra do que na água.

A mera possibilidade de eletrorrecepção aérea generalizada tem implicações surpreendentes.[76] Basta pensar na polinização. Teriam as flores desenvolvido formas que produzem padrões elétricos especialmente atraentes? Se as abelhas repassam umas às outras informações sobre fontes de alimento com suas famosas danças, e se são capazes de sentir os campos elétricos produzidos pelas companheiras de colmeia quando dançam, será que esses campos acrescentam outra camada de significado àqueles movimentos? Caso uma abelha, ao pousar numa flor, viesse a alterar de forma temporária seu campo elétrico, isso passaria a outras abelhas a mensagem de que a flor fora visitada recentemente e pode estar sem néctar? E seria possível que as flores mentissem para as abelhas redefinindo rápido seus campos de modo a indicar que estão prontas para outra abordagem? Teriam elas aparência diferente sob chuva e nevoeiro, quando o gradiente de potencial atmosférico pode ser dez vezes mais forte do que em dias claros? "Não sentimos isso", observa Robert, "mas e elas, sentem?"

E quanto a outros artrópodes? Os campos elétricos atmosféricos são mais fortemente distorcidos pelas extremidades das plantas, mas muitos insetos que vivem nas plantas têm espinhos, pelos e saliências estranhas. Poderiam ser antenas para detectar cargas elétricas de ameaças que se aproximam? Ou algo semelhante às longas caudas de uma mariposa-luna — penduricalhos que mudam a aparência desses insetos para predadores eletricamente sensíveis? A resposta a todas essas perguntas pode muito bem ser não; mas e se, mesmo que só para algumas delas, for sim? Já vimos que o mundo dos insetos deve ser radicalmente mais interessante do que imaginamos, cheio de correntes de ar sutis, sinais vibracionais e outros estímulos aos quais estamos alheios. Agora será preciso adicionar campos elétricos à mistura. É revelador que, apenas cinco anos depois de suas experiências com abelhas, Robert tenha encontrado evidências de eletrorrecepção noutro grupo familiar de artrópodes. Ele descobriu que as aranhas são capazes de sentir o campo elétrico da Terra e pegar carona nele.

Muitas aranhas viajam longas distâncias "balonando". Ficam na ponta dos pés, levantam o abdômen para o céu, expelem fios de seda e decolam. Uma vez lá no alto, podem flutuar por quilômetros. É comum se dizer que a seda, pegando vento, carrega a aranha, mas elas seguem conseguindo "balonar" com sucesso mesmo em dias calmos.* Em 2018, uma colega de Robert, Erica Morley, encontrou uma explicação melhor.[77] A seda da aranha adquire uma carga negativa ao sair de seu corpo e é repelida pelas plantas carregadas negativamente nas quais estava pousada. Essa força, embora pequena, é suficiente para lançar a aranha ao ar. E, como os campos elétricos ao redor das plantas são mais fortes nas pontas e bordas, é assim que elas garantem uma decolagem vigorosa, a partir de galhos e folhas de grama. Em seu laboratório, Morley as testou com tiras de papelão no lugar da grama. Ela então as expôs a campos elétricos artificiais que simulavam os de ambientes externos. Quando esses campos sensibilizaram os pelos das patas das aranhas, elas adotaram a pose característica, na ponta dos pés, e começaram a liberar seda. Mesmo sem a menor brisa por ali, algumas conseguiram decolar. "Dava para vê-las levitando", conta Morley, "e, se eu ligasse e desligasse o campo elétrico, elas se moviam para cima e para baixo."

Com esses experimentos, Morley provou uma ideia muito antiga. Em 1828, outro cientista sugeriu que as aranhas dominavam forças eletrostáticas, mas a ideia foi rejeitada por um rival em favor da hipótese do vento (e este escreveu uma carta muito prolixa sobre o assunto).[78] O rival venceu, e a hipótese eletrostática ficou em segundo plano por dois séculos.[79] "O vento é tangível", Robert me diz. "As pessoas podiam senti-lo. A eletricidade era algo menos concreto."

---

* A explicação do vento também não faz sentido porque a maioria das aranhas não atira seda do abdômen. A seda tem que ser puxada. As aranhas normalmente fazem isso com as patas ou primeiro prendendo a seda a uma superfície. Mas as aranhas balonistas não fazem nenhuma dessas coisas, e é improvável que brisas suaves sejam fortes o suficiente para arrancar os fios. As forças eletrostáticas são.

Ainda é. Os sentidos elétricos continuam sendo difíceis de estudar, embora Robert venha tentando. Seu trabalho com abelhas e aranhas mudou a maneira como ele pensa sobre o mundo dos insetos e dos aracnídeos. Em seu próprio jardim, percebeu que jovens joaninhas desabavam no chão quando ele aproximava delas uma haste de acrílico carregada. Esses filhotes têm pequenos tufos de pelos nas costas, e Robert se pergunta se são capazes de sentir a carga elétrica de um predador que se aproxima. É o que ele faz agora — reimaginar seu próprio quintal de um jeito que me lembra Rex Cocroft à caça de novas canções vibracionais. Mas, enquanto Cocroft pode facilmente converter vibrações em ruídos audíveis, Robert não consegue fazer o mesmo com campos elétricos. Não há câmeras capazes de fotografar esses campos. Não existe um léxico rico de palavras para descrevê-los. *Corrente*, *voltagem* e *potencial* não têm nem um pouco do apelo evocativo que *doce*, *vermelho* e *suave* carregam. "É muito difícil me colocar na pele [de um inseto] e imaginar o que está acontecendo", comenta Robert. "É um campo científico novo. Mas não acho que podemos ignorá-lo."

O sentido elétrico amplia a imaginação de Robert, mas pelo menos ele sabe que alguns insetos o têm. Consegue intuir o que os outros poderiam fazer com ele e projetar experimentos para testar essas reações. Sabe quais são os prováveis receptores e como podem funcionar. Todas essas são vantagens importantes que a gente não deveria dar de barato. Há outro sentido cujos estudiosos não têm tanta sorte.

II.
Eles conhecem o caminho
Campos magnéticos

Depois do pôr do sol, quando todos os trilheiros e turistas já se foram, Eric Warrant e eu dirigimos até o Parque Nacional Kosciuszko, uma área protegida nas montanhas Nevadas da Austrália. Os cangurus e vombates dão as caras, mas nós os ignoramos em nossa busca por uma fauna de tamanho bem mais reduzido. A 1600 metros acima do nível do mar, paramos num local tranquilo. Aqueço as mãos numa xícara de chá enquanto Warrant pendura um lençol branco na vertical entre duas árvores e, de baixo para cima, o ilumina com uma enorme luz que chama de Olho de Sauron. Nos cantos do lençol, pendura duas luminárias menores, cujos tons ultravioleta são calibrados para atrair insetos. Sabemos que há muitos por ali, pois conseguimos ouvir os chamados de ecolocalização dos morcegos que caçam acima de nós. Não demora e escutamos o baque forte de um inseto grande atingindo o lençol. Assim que ele cai na grama, Warrant também se joga no chão para, num movimento vertiginoso, apanhá-lo. "Boa, é definitivamente uma bogong", ele me diz, segurando um pote de plástico. Dentro, há uma mariposa de três centímetros de comprimento com asas pardas e cor de casca de árvore. Na aparência, não fica claro por que aquela criatura deveria justificar tanto deleite da parte de Warrant.

"Elas não parecem mesmo grande coisa", digo.

"Não", concorda Warrant com uma risada, "e isso engana, por causa de seus talentos ocultos."

Dando uma pista de tais talentos, a mariposa se debate com fúria no pote. Muitos insetos capturados ficam parados calmamente, mas este parece possuído por uma energia maníaca, algum tipo de intensa compulsão por estar em outro lugar. "Ela é agitada que nem o diabo", diz Warrant. "Precisa sempre estar indo para algum lugar."

Toda primavera, bilhões de bogongs emergem do estágio de pupa nas planícies secas do sudeste da Austrália.[1] Antecipando a chegada do verão escaldante, elas fogem para climas mais frios. E, de alguma forma, apesar de nunca terem voado antes, muito menos migrado, sabem que caminho seguir. Voam por quase mil quilômetros e chegam a algumas cavernas alpinas selecionadas. Dentro dessas cavernas, cada metro quadrado de parede chega a ficar revestido por 17 mil bogongs, com suas asas sobrepostas formando como que as escamas de um peixe. Seguras e em ambiente fresco, elas passam o verão em estado de dormência antes da viagem de volta no outono. Há noites em que, quando Warrant sai para coletá-las com o Olho de Sauron, ele se vê "literalmente inundado por milhares delas", conta o pesquisador.

O único outro inseto conhecido por fazer migrações tão longas para destinos tão específicos é a borboleta-monarca da América do Norte. Mas, enquanto as monarcas navegam durante o dia usando o sol como bússola, as bogongs só voam à noite. Como sabem a direção certa? Warrant, que cresceu nas montanhas Nevadas e adora os insetos locais desde criança, sempre quis descobrir. A princípio, pensava que elas talvez usassem seus olhos sensíveis para se guiar pelas estrelas. E, embora tivesse razão sobre isso, em sua primeira noite observando bogongs em cativeiro, percebeu que elas continuavam conseguindo acertar a direção do voo mesmo sem conseguir ver o céu. Warrant se deu conta de que deviam ser capazes de sentir o campo magnético da Terra.[2]

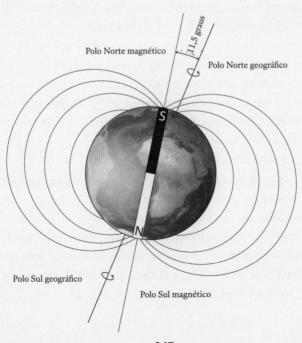

347

O núcleo da Terra é uma esfera sólida de ferro cercada por ferro e níquel fundidos. Esse metal líquido agitado transforma o planeta inteiro numa barra magnética gigante. É possível representar seu campo magnético no estilo de um livro didático: linhas emergem perto do polo Sul para, curvando-se ao redor do globo, retornar ao interior da Terra perto do polo Norte. É um campo geomagnético sempre presente. Não muda ao longo do dia ou das estações. Não é afetado por condições climáticas ou obstáculos. Consequentemente, é uma bênção para os viajantes, que sempre podem usá-lo para se orientar. Os humanos fazem isso há mais de mil anos, com as bússolas. Outros animais — tartarugas-marinhas, lagostas, pássaros canoros e muitos mais — têm feito o mesmo por milhões de anos, e sem ajuda.

Essa sua capacidade, conhecida como magnetorrecepção, lhes permite navegar mesmo quando os corpos celestes estão encobertos por nuvens ou invisíveis na escuridão, quando grandes pontos de referência se encontram envoltos em nevoeiro ou trevas e quando nem céus, nem oceanos, oferecem pistas olfativas.[3] Seria de se pensar que Warrant, tendo descoberto que suas preciosas bogongs são membros do clube da magnetorrecepção, ficaria entusiasmado em estudar um sentido tão fantástico. Em vez disso, ele brinca: "Quando percebi que o sentido magnético era importante para a bogong, pensei: *ah, não*".

A pesquisa da magnetorrecepção tem sido prejudicada por rivalidades ferozes, erros e confusões, e o sentido em si é notoriamente difícil tanto de se estudar quanto de se compreender. Há questões em aberto sobre todos os sentidos, mas, com a visão, o olfato ou mesmo a eletrorrecepção, pelo menos os pesquisadores sabem aproximadamente como funcionam e quais órgãos dos sentidos estão envolvidos. Nada disso vale para a magnetorrecepção. Ela continua sendo o sentido sobre o qual menos sabemos, embora a sua existência tenha sido confirmada há décadas.

O campo geomagnético envolve o planeta inteiro e orienta os animais em migrações que podem abranger continentes. Mas até as viagens mais épicas começam com alguns passos hesitantes, e foi assim que a magnetorrecepção acabou sendo descoberta.

Quando chega a hora de migrar, os pássaros ficam visivelmente inquietos. Mesmo em cativeiro, eles saltam, voam e se debatem. Esses movimentos frenéticos são conhecidos como *Zugunruhe* — uma palavra alemã que significa "ansiedade migratória". Os pássaros sabem que o momento chegou. Anseiam pela partida. E, conforme percebeu o ornitólogo alemão Friedrich Merkel na década de 1950, conhecem o caminho. Merkel e dois de seus alunos, Hans Fromme e Wolfgang Wiltschko, capturaram piscos--de-peito-ruivo no outono e repararam que a ansiedade migratória deles não era aleatória.[*][4] À noite, aqueles pássaros capturados tendiam a se agitar na direção sudoeste — precisamente a que, não fosse pelas gaiolas que os prendiam, os levaria à ensolarada Espanha. Agiam de forma idêntica ao ar livre, quando conseguiam ver o céu noturno. Mas seguiam com o mesmo senso de orientação em recintos fechados, onde as referências celestes não estavam visíveis. Era o mesmo padrão que Warrant observaria nas bogongs meio século depois. E que, na década de 1950, levou a equipe de Merkel à mesma epifania: as aves só podiam estar fazendo uso de outro sinal, e o campo geomagnético era uma possibilidade.

A ideia da magnetorrecepção não era nova. Em 1859, o zoólogo Alexander von Middendorff sugeriu que os pássaros, "esses marinheiros do ar", talvez tivessem "um sentido magnético interno".[5] Mas, durante um século, nem ele, nem ninguém mais obteve quaisquer dados para sustentar essa ideia aparentemente bizarra. Na ausência de uma prova, até mesmo Donald Griffin, que conhecia bem os sentidos incomuns dos animais, mostrou--se cético.[6] Em 1944, mesmo ano em que cunhou a palavra *ecolocalização*, ele escreveu que um sentido magnético era "extremamente improvável". O conceito só valia a pena ser levado a sério porque nada mais parecia explicar adequadamente como as aves migratórias sabem para onde voar. A magnetorrecepção foi uma ideia que sobreviveu na ausência de outras melhores. Era uma hipótese que carecia de evidências.

Merkel e Wiltschko encontraram tal prova.[**][7][8] Primeiro, registrando a direção para a qual se voltava a agitação dos piscos-de-peito-ruivo, que foram colocados numa câmara octogonal com um poleiro em cada parede. Cada vez que um pássaro saltava para um poleiro, acionava um interruptor sensível ao peso que registrava seus movimentos numa fita de papel.

---

* O pisco-de-peito-ruivo, embora em inglês tenha o nome *robin*, tordo-americano, é um pássaro completamente diferente daquele que os americanos chamam de tordo. Embora ambos tenham peito ruivo, o último é um tordo de tamanho médio que recebeu esse nome em homenagem ao primeiro, que é um pequeno papa-moscas.   ** Quase ao mesmo tempo, outros investigadores mostraram que animais simples, como platelmintos e caracóis da água doce da Nova Zelândia, também respondiam a campos magnéticos.

Mais adiante, a equipe passou a um método mais simples, porém mais eficaz. Enfiava os pássaros num funil com uma almofada de carimbo na base e mata-borrão nas laterais. Em seguida, contava as pegadas deixadas pelos pássaros enquanto tentavam saltar para fora.* Eram experimentos tediosos que só podiam ser feitos na estreita janela anual durante a qual os pássaros entram em *Zugunruhe*. Mas forneceram evidências quantitativas claras de que os piscos-de-peito-ruivo tendem a se dirigir para o sudoeste no outono. Para confirmar que os pássaros dependem de um sentido magnético, Wiltschko inverteu o campo magnético ao redor deles. Na década de 1960, começou a colocar suas gaiolas no meio de bobinas de Helmholtz — pares de fios enrolados capazes de gerar campos magnéticos artificiais no espaço entre eles. Quando Wiltschko usou as bobinas para girar os campos em torno dos pássaros, eles igualmente alteraram a direção de sua agitação. Tinham uma bússola biológica interna.

Esses experimentos foram, ainda assim, recebidos com ceticismo, e por boas razões. O campo magnético da Terra é extremamente fraco.[9] Tão fraco que os movimentos aleatórios das moléculas de um animal chegam a transportar *200 bilhões de vezes* mais energia. Nenhuma criatura deveria ser capaz de sentir um estímulo tão absurdamente débil. E, no entanto, era claro que os piscos-de-peito-ruivo sentiam.** E tampouco eram os únicos. Muitos cientistas, incluindo Wiltschko e sua esposa, Roswitha, repetiram os experimentos originais com os piscos para várias outras espécies de aves, incluindo toutinegras-das-filgueiras, mariposas-azuis (que, apesar do nome, são pássaros), papa-amoras-comuns, toutinegras-de-barrete, estrelinhas-de-poupa e olhos-brancos-de-dorso-cinzentos.[10] O "sentido magnético interno" que Middendorff imaginara não apenas existia, mas era *comum*.

A partir dos passos pioneiros dos piscos-de-peito-ruivo de Merkel, os cientistas encontraram evidências de magnetorrecepção em todo o reino animal.[11] No entanto, ao contrário de quase todos os outros sentidos que

---

* Esse método é chamado de funil de Emlen em homenagem ao seu criador, Steve Emlen. Barato e fácil de usar, revolucionou o estudo da migração das aves. Ainda é usado hoje, embora as almofadas de tinta e o papel mata-borrão tenham sido substituídos por papel Tipp-Ex, um papel corretivo comum na Europa, ou papel térmico que muda de cor quando aquecido.

** Em experimentos de laboratório, os pássaros conseguem detectar uma mudança de cinco graus na direção do campo sentido por eles. Na natureza, onde não estão estressados pelo confinamento, devem ser ainda mais precisos.

conhecemos até agora, esse não é usado para comunicação. Os animais não produzem campos magnéticos, e o único campo desse tipo que evoluíram para detectar é o da Terra. Fazem isso principalmente para navegar grandes e pequenas distâncias. Depois de uma noite agitada capturando insetos, os grandes morcegos-marrons usam o sentido de bússola para retornar a seus poleiros.[12] Passado seu período inicial de vida em mar aberto, os filhotes do peixe cardinal bangai aproveitam essa mesma capacidade para nadar de volta aos recifes de coral onde nasceram.[13] Os ratos-toupeiras-pelados acionam a bússola para achar o caminho por seus escuros túneis subterrâneos.[14] E as mariposas bogong, conforme descobriu Warrant, para se orientar em seus voos transaustralianos.[15]

A maioria desses animais foi testada com alguma variação do experimento clássico de Wiltschko: colocar o bicho numa arena, alterar o campo magnético à sua volta e ver se ele se agita numa direção diferente. Isso é possível com um animal do tamanho de um pisco ou de uma mariposa. "Com uma baleia não dá mesmo", diz a biofísica Jesse Granger. "Mas as baleias fazem migrações das mais insanas entre as de todos os animais do planeta. Algumas delas quase chegam a se deslocar do equador aos polos e, com uma precisão surpreendente, viajam exatamente para as mesmas regiões ano após ano." Não é difícil pensar que também tenham um sentido magnético.

Para ver se sim, Granger olhou para o próprio sol, que periodicamente dá chiliques cósmicos e produz tempestades solares — fluxos de radiação e partículas carregadas que afetam o campo magnético da Terra.[16] Tais tempestades talvez interferissem nas bússolas de baleias magneticamente sensíveis e, caso esses animais estivessem perto da costa, até um pequeno erro de navegação poderia encalhá-las. Para testar a ideia, Granger compilou 33 anos de registros de baleias-cinzentas saudáveis e ilesas que, sem explicação, tinham encalhado. Ela comparou o momento desses incidentes com dados sobre a atividade solar reunidos por sua colega astrônoma Lucianne Walkowicz. Surgiu um padrão surpreendente: nos dias com tempestades solares mais intensas, as baleias-cinzentas tinham quatro vezes mais probabilidade de encalhar.*[17]

Essa correlação não prova que as baleias tenham uma bússola, mas sugere fortemente que sim. Mais que isso, dá testemunho da natureza incrível

---

* Piscos-de-peito-ruivo também podem ser desviados do curso por campos magnéticos artificiais que simulam os efeitos de uma tempestade solar.

da magnetorrecepção. Eis um sentido no qual as forças produzidas por uma camada planetária de metal fundido e aquelas desencadeadas por uma estrela tempestuosa, quando colidem, influenciam juntas a mente de um animal errante, determinando se ele encontrará seu caminho ou se estará perdido para sempre.

Poucas migrações são tão traiçoeiras ou tão demoradas como as realizadas pelas tartarugas-marinhas.[18] Nascido de um ovo enterrado na areia de alguma praia, um filhote de tartaruga precisa enfrentar o desafio das garras de caranguejo e dos bicos de pássaros ao rastejar desajeitado na direção do oceano. Uma vez na água, deve evitar as águas rasas costeiras, onde pode acabar facilmente capturado, do alto, por aves marinhas e, de baixo, por peixes predadores. Para encontrar algo que se pareça com segurança, terá de chegar ao mar aberto o mais rápido possível. Para uma tartaruga que nasce na Flórida, isso significa nadar para leste até atingir o Giro do Atlântico Norte — uma corrente no sentido horário que atravessa o oceano entre a América do Norte e a Europa. O filhote dá um jeito de permanecer nesse ciclo por cinco a dez anos, escondendo-se entre aglomerados de algas marinhas flutuantes para lentamente ganhar porte. No momento em que completa sua volta completa (e muito lenta) do Atlântico e retorna às águas da América do Norte, já está invulnerável a todos os animais exceto os maiores tubarões.*

Na altura dos anos 1990, ninguém ainda tinha descoberto como é que tartarugas tão inexperientes conseguiam realizar migrações tão grandiosas — um estado de ignorância que o falecido Archie Carr lamentava, considerando-o "um insulto à ciência".[19] De início, Ken Lohmann não entendeu por que tamanho estardalhaço. Munido de um diploma de doutorado recém-adquirido e da arrogância da juventude, achou que a resposta era óbvia: as tartarugas deviam estar usando uma bússola magnética. Não seria complicado desenvolver suas próprias bobinas magnéticas e submeter os filhotes a alguma versão dos então clássicos experimentos com piscos-de-peito-ruivo. Ele havia se inscrito para um projeto de dois anos, e "minha principal preocupação era o que faria no segundo ano", ele me conta. "Isso foi há mais de trinta anos. A única parte que acertei foi que elas têm um sentido magnético." O que Lohmman não percebera é que eram dois.

---

* Estima-se que apenas um em cada 10 mil filhotes chegue até aqui.

Como ele suspeitava e demonstrou em 1991, as tartarugas têm sua bússola.[20] Mas seu outro sentido magnético se mostrou ainda mais impressionante. Ele depende de duas propriedades do campo geomagnético. A primeira é a *inclinação* — o ângulo no qual as linhas do campo geomagnético encontram a superfície da Terra. No equador, essas linhas correm paralelas ao solo; nos polos magnéticos, são perpendiculares. A segunda propriedade é a *intensidade* — diferenças na força do campo. Tanto a inclinação como a intensidade variam ao redor do mundo, e as localizações no oceano, em sua maioria, apresentam uma combinação única das duas características. Juntas, elas funcionam como coordenadas, assim como a latitude e a longitude. Permitem que o campo geomagnético forme um mapa oceânico. E as tartarugas, Lohmann descobriu, conseguem ler esse mapa.

Em meados da década de 1990, ele e a esposa, Catherine, levaram filhotes nascidos em cativeiro numa viagem magnética pelo Atlântico.[21] Expuseram os filhotes às mesmas inclinações e intensidades que experimentariam em vários lugares no decorrer de seu longo circuito. Surpreendentemente, as tartarugas sabiam o que fazer a cada localização, nadando em direções que as mantinham dentro do giro. Isso só seria possível se tivessem uma bússola que lhes indicasse o caminho a seguir, mais um mapa mostrando onde estavam. Somente com ambos os sentidos, são capazes de mudar de direção nos locais apropriados.*[22]

Essas capacidades das tartarugas são especialmente impressionantes por serem inatas.[23] Os Lohmann coletaram indivíduos recém-nascidos, mantiveram-nos em cativeiro por uma única noite e os testaram apenas uma vez. Aqueles filhotes não poderiam ter aprendido com outras tartarugas a interpretar sinais magnéticos. Tampouco tinham estado no oceano antes. Seus mapas magnéticos deviam ser codificados geneticamente. Lohmann acha improvável que elas tenham nascido com um atlas mental completo de todo o Atlântico, que serviria de referência para cruzarem as leituras obtidas por seu sentido magnético. Em vez disso, elas provavelmente dependem

---

* Nos últimos 83 milhões de anos, o campo geomagnético inverteu-se 183 vezes. O norte magnético torna-se sul magnético e vice-versa. Essas reviravoltas provavelmente ocorrem ao longo de milhares de anos, então, é improvável que desviem qualquer tartaruga do curso. Mas cada espécie de tartaruga deve ter experimentado muitas reversões magnéticas ao longo da sua história evolutiva — e os seus mapas magnéticos devem ter-se adaptado em conformidade com isso.

de alguns instintos disparados por combinações específicas de inclinação e intensidade que funcionam como sinalizações magnéticas. *Quando sentir o campo magnético como a, siga para o leste. Como b, vá para o sul.* "A tartaruga não precisa ter ideia de onde realmente está. Pode nadar ao longo de uma rota migratória bastante elaborada sem precisar de muitas informações", explica Lohmann. "Mas, claro, a gente não tem como saber o que se passa na cabeça de uma tartaruga."

As tartarugas-comuns que sobrevivem à migração para o Atlântico Norte acabam voltando para a Flórida, onde se estabelecem.[24] À medida que envelhecem, vão aprendendo, e seus mapas magnéticos ficam mais detalhados. Ao serem capturadas e expostas pelos Lohmann a campos magnéticos de diferentes partes da costa da Flórida, essas tartarugas mais velhas sempre nadavam na direção de casa. Não dependiam mais de umas poucas placas de sinalização como as que usavam quando eram filhotes. Pareciam conhecer a topografia magnética de suas águas natais com mais detalhes.

Os mapas magnéticos têm uma limitação importante: a partir de determinada posição, uma tartaruga ainda é capaz de sentir as propriedades do campo magnético imediatamente a seu redor, mas não consegue saber como é o campo *um pouco mais para lá*. Para isso, ela precisa se mover. E provavelmente terá de percorrer longas distâncias, porque a informação magnética não é especialmente precisa em distâncias curtas. Seria como a gente usar o sentido magnético para viajar da Europa à África, mas não para encontrar o banheiro a partir do quarto. Por essa razão, a maioria das espécies que tem esse sentido cartográfico o usa para viajar longas distâncias.*[25]

Alguns pássaros canoros reconhecem sinais magnéticos em suas rotas de migração como os filhotes de tartaruga. Todo inverno, os rouxinóis-orientais precisam cruzar o imenso deserto do Saara no trajeto que fazem da Europa ao sul da África.[26] Assim que sentem o campo magnético do norte do Egito, eles reagem acumulando mais gordura, em antecipação à árdua travessia do

---

* Mesmo animais aparentemente simples fazem uso de mapas magnéticos. As lagostas-vermelhas vivem em tocas dentro dos recifes de coral, mas vagam para longe em busca de alimento. Se não acabam no prato dos restaurantes, geralmente voltam para suas próprias tocas. Lohmann demonstrou isso capturando lagostas em Florida Keys, levando-as para um laboratório marinho a 37 quilômetros de distância e fazendo todo o possível para confundi-las ao longo do caminho. Ele cobriu seus olhos e as selou em recipientes de plástico escuro. Pendurou ímãs oscilantes acima delas. Até dirigiu de forma irregular. Mesmo assim, imediatamente após serem soltas, as lagostas seguiram na direção exata que as levaria para casa.

deserto que terão pela frente. Outras aves canoras migratórias utilizam esses mapas magnéticos para ajustar a orientação caso sejam desviadas de sua rota por ventos fortes — ou por cientistas curiosos. Os rouxinóis-pequenos-das-caniças, por exemplo, normalmente migram para nordeste na primavera, mas, depois de Nikita Chernetsov ter levado algumas aves centenas de quilômetros para leste, elas passaram a rumar para noroeste.[27]

Muitos animais, incluindo salmões, tartarugas e bobos-pequenos (uma espécie de ave marinha), também são capazes de criar a assinatura magnética de seus locais de nascimento, gravando-a profundamente na memória para que possam encontrar os mesmos locais quando adultos.[28] As tartarugas usam essas marcações para botar ovos nas mesmas praias onde nasceram.[29] Sua precisão é incrível. As tartarugas-verdes que fazem seus ninhos na ilha de Ascensão conseguem encontrar o mesmo pequeno pedaço de terra no meio do Atlântico depois de uma viagem de 1900 quilômetros do Brasil até ali e em sentido contrário.[30] Esse instinto de "regresso natal" é tão forte que as tartarugas por vezes nadam centenas de quilômetros até a praia onde nasceram, mesmo que haja uma alternativa perfeitamente adequada pertinho delas.*[31] Talvez isso se deva ao fato de ser difícil encontrar bons locais para fazer ninho. Eles devem estar a uma distância acessível da água. Os grãos de areia devem ser suficientemente grandes para permitir a passagem de oxigênio entre eles. A temperatura deve estar no ponto exato, já que as tartarugas se desenvolvem como machos ou fêmeas dependendo do calor ou do frio a envolver seus ovos. "Uma tartaruga talvez dissesse: 'Bom, o único lugar no mundo que sei que funciona é a praia onde fui gerada'", afirma Lohmann. E seu mapa magnético lhe permite reencontrar aquele berçário seguro depois de anos no mar.

Lohmann segue estudando tartarugas décadas depois de seu suposto projeto de dois anos.** Ele aprendeu muito sobre as capacidades de navegação

---

* O campo geomagnético muda ligeiramente de ano para ano, o que afeta o mapa magnético das praias de nidificação de tartarugas. Lohmann descobriu que, nos anos em que os mapas magnéticos das praias adjacentes convergem, as tartarugas em nidificação aglomeram-se. Nos anos em que divergem, as tartarugas espalham-se. No entanto, essas pequenas variações não são suficientes para desviar significativamente os animais do curso.

** Quando visito seu laboratório em Raleigh, Carolina do Norte, ele está cuidando de dezesseis bebês cabeçudos que foram coletados em setembro e serão soltos em junho seguinte. A cada ano, o grupo de tartarugas ganha nomes inspirados em temas diferentes; o tema deste ano é massa. Lasanha, Ziti, Farfalle e — meu favorito — Turtellini (mistura de *turtle*, tartaruga em inglês, e tortellini) estão nadando em volta de seus tanques.

desses animais, mas ainda há muito mais a aprender. Com que rapidez conseguem internalizar um conjunto de coordenadas magnéticas? Como seu cérebro representa inclinação e intensidade? E como é que elas (ou quaisquer outros animais) detectam os campos magnéticos? Pergunto a Lohmann se tem alguma opinião sobre essa última questão incômoda. Ele ri solto. "Muitas opiniões e poucas evidências", responde. "Sou otimista e acho que isso acabará sendo desvendado, mas, se vou estar vivo ou não, é uma questão em aberto."

Em geral não é difícil encontrar órgãos dos sentidos. Sua função é recolher estímulos do ambiente circundante de um animal e, uma vez que a maioria dos estímulos é distorcida pelos tecidos do corpo, esses órgãos ficam quase sempre expostos diretamente ao ambiente ou ligados a ele por uma abertura como uma pupila ou narina. Aberturas podem ser grandes pistas. Os cientistas se deram conta de que as cavidades de uma cascavel, as ampolas de Lorenzini de um tubarão e a linha lateral de um peixe eram órgãos dos sentidos muito antes de descobrirem o que esses órgãos detectavam. Mas os pesquisadores que estudam a magnetorrecepção não contam com tais pistas. Campos magnéticos conseguem passar sem impedimentos pela matéria biológica, de modo que as células que os detectam — os magnetorreceptores — podem estar em qualquer lugar. Não são necessárias aberturas como pupilas e cavidades nem estruturas para focalizar os estímulos, como lentes ou orelhas. Esses receptores podem estar na cabeça, nos dedos dos pés ou em qualquer parte da cabeça aos pés. Podem estar enterrados bem fundo na carne. Podem até estar espalhados por diferentes partes do corpo e nem sequer concentrados nos órgãos de sentido. Podem ser indistinguíveis dos tecidos ao redor. Tentar encontrá-los, nas palavras de Sönke Johnsen, talvez seja como procurar uma "agulha numa pilha de agulhas".[32]

No momento em que escrevo, a magnetorrecepção continua sendo o único sentido sem um sensor conhecido.[33] Os magnetorreceptores são "o Santo Graal da biologia sensorial", Eric Warrant me diz. "Podem até render um prêmio Nobel a quem encontrá-los." Os pesquisadores acumularam muitas pistas importantes sobre a identidade e o paradeiro deles, mas também várias pistas falsas. E, sem saber ao certo o que são esses receptores, ou mesmo onde estão, é terrivelmente complicado entender como poderiam funcionar. Há, no entanto, três ideias plausíveis.

A primeira tem a ver com um mineral de ferro magnético conhecido como magnetita.[34] Na década de 1970, cientistas descobriram que algumas bactérias se transformavam em agulhas de bússola vivas ao desenvolverem cadeias de cristais de magnetita no interior de suas células.[35] Quando esses micróbios são deslocados, tendem a nadar para o norte ou para o sul. Os animais também poderiam, em tese, desenvolver suas próprias bússolas de magnetita. Imagine uma agulha dessas amarrada a uma célula sensorial. À medida que o animal se vira, a corda que amarra a célula é puxada. Esta registra o puxão e dispara um sinal nervoso. Assim, essas células seriam capazes de transformar um estímulo magnético abstrato em algo mais tangível — um puxão físico. "Acho que é uma ideia totalmente plausível", comenta Warrant, "mas ninguém sabe onde estão essas células." Apesar de várias pistas, todas falsas e frustrantes, ninguém jamais as encontrou.*[36 37 38 39]

A segunda hipótese de como os magnetorreceptores poderiam funcionar envolve um fenômeno chamado indução eletromagnética, que se aplica principalmente a tubarões e raias. Ao nadar, um tubarão induz correntes elétricas fracas na água circundante, e a força dessas correntes muda dependendo do ângulo do animal em relação ao campo geomagnético.[40] Percebendo essas pequenas variações com seus eletrorreceptores, aqueles mesmos que conhecemos no capítulo anterior, ele poderia, potencialmente, determinar sua direção. De novo: ninguém sabe se isso de fato acontece, mas é plausível. O sentido elétrico de um tubarão talvez funcione como sentido magnético.

---

* Durante décadas, muitos cientistas tiveram certeza de ter encontrado neurônios carregados de magnetita no bico de pombos e outras aves. Quando David Keays começou a trabalhar na magnetorrecepção, seu plano era estudar esses neurônios. Mas, apesar de usar "todos os métodos que pudemos imaginar", ele me disse, não conseguiu encontrar nenhum. Em 2012, Keays publicou um estudo bombástico mostrando que os supostos neurônios de magnetita que outros encontraram não são neurônios. São macrófagos, um tipo de glóbulo branco. E, embora contenham ferro, não está na forma de magnetita. Nesse mesmo ano, outra equipe desenvolveu o que parecia uma forma infalível de identificar receptores baseados em magnetita. Sob um microscópio, eles viram que algumas células do nariz de uma truta giravam quando colocadas num campo magnético giratório. Essas células giratórias deviam ser magnéticas e pareciam conter depósitos de magnetita. Mas Keays também desmascarou essa descoberta. Ele demonstrou que as células giratórias têm apenas partículas de ferro grudadas em suas superfícies. Não eram magnetorreceptores. Estavam simplesmente sujas.

A explicação da indução é muitas vezes ignorada porque é difícil imaginar como funcionaria em animais como os pássaros, que não estão imersos num fluido condutor como a água. Mas há uma maneira pela qual a hipótese pode ser aplicada a eles. O zoólogo francês Camille Viguier previu isso em 1882, muito antes até de a existência da magnetorrecepção ter sido confirmada.[41] Ele notou que o ouvido interno de um pássaro contém três canais cheios de fluido condutor. Em voo, o campo geomagnético poderia, teoricamente, induzir uma voltagem detectável naquele fluido. Quase 130 anos depois, David Keays teve a confirmação daquela intuição.[42] Além disso, descobriu que essas aves têm nos ouvidos internos a mesma proteína que os tubarões usam para detectar campos elétricos. "Acho que a indução é um mecanismo realista pelo qual os pássaros podem detectar campos magnéticos, e no momento estamos empenhados em mais testes", Keays me contou.*[43]

A terceira explicação para a magnetorrecepção é a mais complicada, mas também a que ganhou mais força. Envolve duas moléculas conhecidas como *par de radicais*, cuja reação química pode ser influenciada por campos magnéticos.[44] Para se ter uma compreensão profunda disso, seria preciso mergulhar no estranho reino da física quântica. Mas, para uma compreensão suficiente, basta imaginar que as duas moléculas estão dançando. A luz desencadeia esse bailado, levando os dois parceiros a se abraçarem. Uma vez nesse estado excitado, eles podem ser afetados por campos magnéticos que alteram o ritmo de sua dança e, portanto, os passos finais. As posições finais dos parceiros oferecem um registro dos campos magnéticos que moldaram seus movimentos anteriores. Com seu bailado, o par de radicais transforma um estímulo magnético difícil de detectar num estímulo químico simples de avaliar.**

---

* Também vale ressaltar que, em 2011, Le-Qing Wu e David Dickman identificaram neurônios no cérebro de um pombo que reagiam a campos magnéticos e que estavam conectados ao ouvido interno. ** Aqui vai a versão mais longa. Quando a luz atinge as duas moléculas parceiras, uma doa um elétron para a outra, deixando ambas com um elétron desemparelhado. Moléculas com elétrons desemparelhados são chamadas de radicais: daí o par de radicais. Os elétrons têm uma propriedade chamada *spin*, cuja natureza e funcionamento deixamos para os físicos quânticos. O que importa para os biólogos é que o *spin* pode ser para cima ou para baixo; o par de radicais pode ter *spins* iguais ou opostos; eles alternam entre esses dois estados vários milhões de vezes por segundo; e o campo magnético pode alterar a frequência dessas inversões. Portanto, dependendo do campo magnético, as duas moléculas acabam em um estado ou outro, o que por sua vez afeta o quanto são reativas quimicamente.

Na década de 1970, os químicos basicamente estudavam reações de pares de radicais em tubos de ensaio. Mas, em 1978, o químico alemão Klaus Schulten sugeriu que essas reações obscuras também poderiam existir nas células das aves e explicar suas reações aos campos magnéticos, semelhantes às de uma bússola. Ele submeteu um artigo descrevendo a ideia à prestigiosa revista *Science* e recebeu uma resposta memorável informando que não seria publicado: *um cientista menos ousado talvez tivesse destinado essa ideia à lata de lixo.*[45] Inabalável, Schulten publicou o texto mesmo assim. Infelizmente, num obscuro periódico alemão e redigido de forma incompreensível para qualquer biólogo que não fosse bem versado em física quântica — ou seja, quase todos eles.[46] Em retrospecto, porém, Schulten estava bem à frente de seu tempo, e sua visão sobre os pares de radicais foi apenas a primeira de várias epifanias importantes.*

A seguinte ocorreu quando Schulten apresentava suas ideias numa palestra e um ganhador do Nobel ali presente perguntou: *se as reações de pares de radicais são desencadeadas pela luz, onde está a luz no pássaro?* Schulten se deu conta de que, se os magnetorreceptores dependem de pares de radicais, não devia ser possível encontrá-los em qualquer parte do corpo de um animal. Eles provavelmente se localizariam nos órgãos mais adequados a coletar luz. A bússola de um pássaro canoro, sugeriu ele, fica nos olhos do animal. Essa ideia ficou na gaveta até 1998, quando Schulten leu sobre uma nova descoberta. Um grupo de moléculas chamadas *criptocromos*, que se pensava existirem apenas no cérebro dos animais, tinha sido encontrado também em seus olhos. "Simplesmente caí da cadeira", Schulten me contou, pois lembrava que os criptocromos podiam formar pares de radicais com moléculas parceiras chamadas flavinas. Ali estava a peça que faltava em sua teoria: uma molécula que pudesse participar da dança que ele havia imaginado e, por acaso, surgisse no lugar certo.

Em 2000, Schulten e um de seus alunos, Thorsten Ritz, publicaram um artigo argumentando que a bússola dos pássaros canoros depende de criptocromos no olho.[47] Foi um divisor de águas. Graças a Ritz, a coisa finalmente se tornava compreensível para os biólogos. Também lhes dava algo concreto com que trabalhar — uma molécula real que podiam estudar.

---

* Entrevistei Klaus Schulten em 2010, bem antes de ter a ideia deste livro. Schulten morreu em 2016.

Experimento após experimento, os pesquisadores confirmaram muitas das previsões de Schulten. Os Wiltschko, por exemplo, descobriram que a bússola dos pássaros canoros de fato depende da luz — e da luz azul ou verde em particular.*

Henrik Mouritsen, um observador de aves dinamarquês que se tornou biólogo e é hoje uma das principais figuras na pesquisa em magnetorrecepção, também confirmou que a luz é importante.** Colocou tordos-americanos e toutinegras-das-figueiras num recinto iluminado pela lua e os filmou com câmeras infravermelhas. Quando os pássaros começaram a se agitar em *Zugunruhe*, Mouritsen examinou o cérebro deles para ver se alguma região estava especialmente ativa. Encontrou uma. Conhecida como cluster N, fica bem na parte mais frontal do cérebro.[48] É ativada quando, e somente quando, as aves canoras migratórias (e não no caso das não migratórias) acionam sua bússola à noite para se orientar em viagem (mas não durante o dia, quando não o fazem). O cluster N parece ser o centro de processamento magnético do cérebro da ave. E, surpreendentemente, também é parte dos *centros visuais* do cérebro. Obtém informações das retinas e só vibra com atividade se os olhos de um pássaro estiverem descobertos e houver alguma luz ao redor.***[49] "Acho que é uma das evidências mais fortes que temos" para a ideia do par de radicais dependente de luz, Mouritsen me explica.

Essas linhas de investigação e prova sugerem uma conclusão surpreendente: as aves canoras talvez sejam capazes de *enxergar* o campo magnético da Terra, quem sabe como uma sutil sugestão visual que se sobrepõe a seu campo de visão normal. "Esse é o cenário mais provável, mas não sabemos,

---

* Esses comprimentos de onda têm exatamente a quantidade certa de energia para transformar o criptocromo e a flavina em um par de radicais. A bússola de um pássaro só não funciona sob a luz vermelha.   ** Mouritsen é observador de pássaros desde os dez anos de idade e já viu mais de 4 mil espécies em sua vida. Originalmente, queria ser professor do ensino médio porque as férias eram extensas e lhe permitiriam fazer longas viagens para observar pássaros. Mesmo tendo terminado como professor universitário de biologia, "quando tenho tempo para sair, ainda sou observador de pássaros", diz ele. "É disto que mais sinto falta nesta época do coronavírus: não posso viajar para lugar nenhum." É uma reviravolta irônica para quem estuda animais que migram pelos continentes.   *** Tordos-americanos são migrantes noturnos, então, é estranho que eles dependam de uma bússola ativada por luz. Mas, mesmo à noite, há sempre um pouco de luz disponível. Cálculos teóricos sugerem que até uma noite sem lua e ligeiramente nublada tem luz suficiente para ativar a bússola.

porque não podemos perguntar aos pássaros", comenta Mouritsen. Talvez um tordo-americano voador veja o tempo todo um ponto brilhante na direção do norte. Talvez veja um gradiente de sombra pintado sobre a paisagem. "Temos esses desenhos e, embora provavelmente estejam todos errados, funcionam para imaginarmos o que os pássaros poderiam estar vendo."

Mesmo que a ideia do par de radicais pareça a mais provável,[*][50][51] todas as três hipóteses — magnetita, indução e pares de radicais — podem estar corretas. "Acho que está muito claro que existe mais de um mecanismo", observa Keays. E, no entanto, muitos cientistas armaram barricadas em torno de alguma das hipóteses, como se uma e apenas uma pudesse estar correta. Como se estudar a magnetorrecepção não fosse suficientemente difícil, surgiram rixas tóxicas. Um congresso se transformou num cenário farsesco, com adultos se levantando e gritando uns com os outros. "Todo mundo quer ser o primeiro a encontrar o magnetorreceptor, o que instantaneamente torna as pessoas muito mais competitivas e menos propensas a serem gentis com os colegas", comenta Warrant.

Também as torna mais desleixadas.

Ao longo deste livro, ouvimos histórias de cientistas que foram ridicularizados ou rejeitados por ideias sobre os sentidos dos animais que, em última instância, se provaram corretas. Mas o fenômeno oposto é igualmente frequente, se não mais: descobertas que se pensava estarem certas são mais tarde refutadas. Tais casos são abundantes na pesquisa em magnetorrecepção.

---

* Ainda que a ideia dos pares de radicais seja a única correta, ela deixa muitas questões sem resposta. Os pássaros têm vários criptocromos, então, qual deles está envolvido na bússola? (Um chamado Cry4 emergiu como pioneiro; os tordos-americanos produzem-no em massa durante a época migratória, e especificamente dentro dos cones das suas retinas.) Como é que os passos finais da dança dos pares de radicais são convertidos num sinal nervoso? Como os pássaros separam a informação magnética daquilo que normalmente veem? E por que, como mostrou Mouritsen, a bússola de um pássaro pode ser perturbada pelos campos de radiofrequência extremamente fracos, do tipo produzido por certos equipamentos elétricos ou utilizados na rádio AM? Tais campos não contêm informações úteis e só se tornaram comuns no último século de atividade humana. Os pássaros não podem ter desenvolvido a capacidade de senti-los — então por que são afetados? "Devemos estar deixando passar algo importante que torna o sensor muito mais sensível do que imaginamos que deveria ser", diz o físico Peter Hore. "Isso significa que nossas teorias não estão totalmente bem desenvolvidas. Ainda não criamos o experimento definitivo." Ele e Mouritsen estão tentando, no entanto. Os dois iniciaram um projeto ambicioso, cujos detalhes Hore só me contou mediante a promessa de não escrever a respeito.

Um estudo de 1997 afirmou que abelhas eram capazes de detectar campos magnéticos.*[52] Duas décadas mais tarde, outro grupo de pesquisadores mostrou que o primeiro tinha cometido um erro estatístico tão grande que poderia muito bem estar estudando geradores de números aleatórios em vez de abelhas.[53] Em 1999, uma equipe norte-americana afirmou que as borboletas-monarcas faziam uso da bússola interna; mais tarde, ao perceberem que os insetos estavam na verdade se orientando pela luz refletida em suas roupas, os pesquisadores retiraram o artigo que haviam submetido.[54] Em 2002, os Wiltschko publicaram um artigo clássico afirmando que, nos tordos-americanos, a bússola se localizava no olho direito, o que os impedia de se orientar apenas com o esquerdo.[55] Uma década depois, Henrik Mouritsen e seus colegas demonstraram, com experimentos cuidadosos, que ambos os olhos desses pássaros têm bússolas.[56] Em 2015, outro grupo norte-americano anunciou a suposta descoberta do magnetorreceptor num verme nematoide, enquanto um grupo chinês disse tê-lo encontrado em moscas-das-frutas.[57] Nenhum dos estudos pôde ser replicado por outros pesquisadores, e o estudo das moscas-das-frutas conflitava com "as leis básicas da física".[58]

Até certo ponto, é assim que a ciência deve funcionar. Cientistas verificam as descobertas uns dos outros pela repetição dos experimentos uns dos outros, desenvolvendo o que possa ser replicado e colocando em descrédito o que não possa. Mas a magnetorrecepção tem sido afetada por um número incomum de estudos espalhafatosos que mais tarde se revelaram incorretos. É provável que alguns animais que supostamente teriam esse sentido não o tenham.**[59][60] "Passamos muito tempo indo atrás das

---

* Deixando de lado esse experimento falho, há boas evidências de que as abelhas conseguem sentir campos magnéticos.   ** Há até mesmo controvérsia sobre se os humanos teriam um sentido magnético. Na década de 1980, o zoólogo britânico Robin Baker conduziu estudantes de graduação vendados por rotas sinuosas antes de pedir-lhes que indicassem o caminho para casa. Eles faziam isso com mais frequência do que o esperado, mas não se usassem ímãs na cabeça. Baker publicou seus resultados na *Science*, uma das principais revistas do mundo. Mas, embora tenha encontrado repetidamente os mesmos resultados, outros não conseguiram. "Somos forçados a questionar-nos sobre a importância ecológica de um sentido magnético, cuja existência é tão difícil de demonstrar", escreveu uma dupla. Mais recentemente, o geofísico Joseph Kirschvink, que foi um crítico veemente das experiências de Baker, demonstrou que certas ondas cerebrais em voluntários humanos mudam quando um campo magnético artificial gira em torno deles. Para Kirschvink isso significaria que os humanos têm magnetorrecepção. Outros não estão convencidos. "Acho que só posso falar por mim mesmo,

afirmações de outras pessoas e sendo muito pacientes", David Keays me diz, cansado. "Mas muita coisa é simplesmente falaciosa." A ciência se autocorrige, mas a ciência da magnetorrecepção parece exigir mais correção do que a maior parte do restante da ciência. Muitas afirmações sobre esse sentido são incorretas. Ao longo deste livro, vimos que os *Umwelten* dos animais são difíceis de apreciar porque inerentemente subjetivos e porque nossos próprios sentidos não nos permitem os saltos imaginativos necessários. Mas há uma barreira mais simples que nos impede de compreender adequadamente outros *Umwelten*: é fácil estudar os sentidos dos animais por caminhos enganosos.

O estudo do comportamento animal também é afetado pelo comportamento humano. As pessoas tendem a enxergar os padrões que querem enxergar. Esse conjunto de ranhuras das pegadas deixadas pelos pássaros está de fato mais forte no canto sudoeste ou a interpretação é essa porque já se esperava que eles se voltassem para aquela direção?* Os cientistas não são menos propensos a tais preconceitos do que o cidadão médio, mas têm maneiras de evitar que interfiram no seu trabalho. Por exemplo, podem trabalhar "às cegas", escondendo informações importantes até o último momento, mesmo de si próprios. Deveria ser uma prática padrão para todos os experimentos. Não é.

Para piorar a situação, a busca por encontrar o intangível magnetorreceptor virou uma corrida. A promessa de glória e prêmios para o vencedor criou incentivos para pesquisas ligeiras e grandes afirmações sobre resultados, em vez de um trabalho cuidadoso e metódico. Pesquisadores acabam realizando experimentos com apenas alguns poucos animais, com resultados que podem ser apenas acaso. São rápidos em mexer nos planos de um experimento na tentativa de encontrar algo interessante — uma prática conhecida como *p-hacking*.[61] Usam seletivamente os melhores dados e deixam de fora as descobertas que não se enquadram em suas ideias.

---

mas não consigo detectar campos magnéticos", diz-me Keays. "Eu uso um iPhone com um ótimo aplicativo de bússola, e esse é o meu magnetorreceptor." Kirschvink argumentou que os humanos estão inconscientemente conscientes dos estímulos magnéticos e que ainda é preciso mostrar que essa consciência é útil de alguma maneira. Caso contrário, e daí? Por que seria importante para nós ter uma sensação que desconhecemos e que não usamos para nada?

* Para ser claro, as primeiras experiências com pássaros canoros das décadas de 1950 e 1960, que confirmaram que esses animais têm uma bússola magnética, são sólidas. Esses mesmos resultados foram replicados por muitos laboratórios, trabalhando com muitas espécies.

Mesmo que os cientistas façam tudo certo, ainda haverá chance de tropeços, porque os campos magnéticos são imperceptíveis. Um pesquisador que estuda visão ou audição não demoraria a perceber se seu equipamento estivesse produzindo acidentalmente flashes brilhantes ou guinchos altos. Mas, com a magnetorrecepção, "a gente simplesmente não percebe quando faz uma bobagem", diz Mouritsen. Pode-se estar expondo animais a campos erráticos ou não naturais sem fazer ideia disso, a menos que sejam feitas verificações constantes com equipamentos da mais alta qualidade. É possível mergulhar no *Umwelt* de um peixe-elétrico ou de uma cigarrinha usando equipamentos comprados numa loja de bairro. Na magnetorrecepção, "não se pode trabalhar com equipamento barato", continua Mouritsen. "É muito caro fazer medições adequadas."

Os campos magnéticos também são profundamente contraintuitivos. Conforme a célebre tirada do duo de hip-hop Insane Clown Posse: "Malditos ímãs, como eles funcionam?". Ou, como me disse Warrant: "Já tenho dificuldade suficiente até para entender o estímulo, quanto mais tentar saber o que um animal é capaz de perceber dele". Outros sentidos incomuns, como a ecolocalização e a eletrorrecepção, podem pelo menos ser comparados àqueles mais familiares, como a audição ou o tato. Mas não tenho ideia de por onde começar a pensar no *Umwelt* de uma tartaruga.

Fico me perguntando se é em parte por isso que a explicação dos pares de radicais ganhou tanta força. Por mais complicada que seja, traz a magnetorrecepção para o domínio da visão, um sentido que somos prontamente capazes de reconhecer. Da mesma forma, falamos de bússolas porque elas oferecem uma porta de entrada familiar para o mundo abstrato do magnetismo. Mas a metáfora pode ser enganosa. As bússolas são precisas e confiáveis. Têm de apontar o norte sem hesitar. Mas Sönke Johnsen, Ken Lohmann e Eric Warrant suspeitam que as bússolas biológicas contenham um ruído inerente.[62] Ou seja, pode ser impossível para elas obter instantaneamente uma leitura precisa do campo magnético da Terra porque esse campo é muito fraco. Talvez os animais precisem manter atualizada uma média contínua dos sinais de seus magnetorreceptores durante longos períodos. Essa limitação torna a recepção magnética lenta, complicada e profundamente paradoxal. Detecta um dos estímulos mais difundidos e confiáveis do planeta — o campo geomagnético —, mas de forma inerentemente não confiável. O que pode explicar por que tantos estudos de magnetorrecepção têm sido difíceis de replicar. "Pode ser dificílimo obter um resultado consistente, ainda que realizando o mesmo experimento excelente mais de uma vez", observa Warrant.*

Digamos que um animal precise de cinco minutos para reunir informações suficientes de sua bússola oscilante e errática para determinar o rumo correto a seguir. Se os pesquisadores o expuserem a um campo magnético e registrarem suas reações após um minuto, os resultados serão uma bagunça. Escolhi essas janelas de tempo arbitrariamente, mas a questão é que não sabemos quais são as corretas. Estamos acostumados a sentidos como a visão ou a audição, que oferecem informações quase instantâneas. A magnetorrecepção provavelmente não funciona assim, mas tampouco sabemos em que escala de tempo funciona. Sem isso, ou sem ao menos perceber o que é preciso descobrir, fica difícil projetar bons experimentos. Como escrevi na introdução, os dados de um cientista são influenciados pelas perguntas que ele faz, que são guiadas por sua imaginação, que é delimitada por seus sentidos. Os limites do nosso próprio *Umwelt* restringem nossa capacidade de compreender os *Umwelten* alheios.

A natureza errática e cheia de ruídos da magnetorrecepção também pode explicar por que nenhum animal depende apenas dela. Parecem, em vez disso, usá-la como um sentido de reserva, caso outros mais confiáveis, como a visão, falhem.[63] "Para um animal migratório, a magnetorrecepção deve ser o sentido menos importante, a menos que esteja completamente perdido", explica Keays. Na ausência de pistas magnéticas, as mariposas bogong ainda conseguem navegar observando o padrão das estrelas no céu noturno. Os filhotes de tartaruga ignoram os campos magnéticos quando entram na água e usam a direção das ondas para guiá-los até o alto mar.

Os animais nunca usam um único sentido. "Usam todas as informações que conseguem obter", diz Warrant. "São multissensoriais de todas as maneiras possíveis."

---

* Tanto a ecolocalização quanto a eletrorrecepção foram descobertas aproximadamente ao mesmo tempo, mas nenhuma delas é tão afetada por resultados irreprodutíveis ou controversos como a magnetorrecepção.

12.
Todas as janelas de uma vez só

Unindo os sentidos

Tento me convencer de que não estou me coçando inteiro. Só que estou cercado por dezenas de milhares de mosquitos. Todos pertencem à mesma espécie — *Aedes aegypti*, responsável pela propagação da zika, da dengue e da febre amarela. Felizmente, na salinha fechada em que me encontro, os insetos ficam todos presos em gaiolas cobertas por uma malha branca. A neurocientista Krithika Venkataraman tira uma dessas gaiolas de uma prateleira e a coloca na mesa ao nosso lado enquanto me conta como os mosquitos rastreiam seus hospedeiros. Depois de conversar com ela por alguns minutos, olho para a gaiola e noto, para meu horror, que quase todos os mosquitos ali dentro estão agora empoleirados do lado mais próximo da gente. Vasculham a malha com suas trombas sugadoras de sangue, as quais formam algo que parece um campo de pelos pretos que emergem e depois desaparecem. Minha coceira se intensifica. Venkataraman me conta que os mosquitos são atraídos pelo dióxido de carbono da nossa respiração e pelos odores que emanam da nossa pele.[1] Podem sentir nosso cheiro. Para demonstrar isso, ela pega uma gaiola diferente, e bafejo por toda a extensão de um dos lados. Em poucos minutos, quase todos os mosquitos, como um enxame, se mudaram para aquele lado e passam a explorá-lo.

Leslie Vosshall, que dirige o laboratório onde Venkataraman trabalha, dedicou anos a tentar proteger as pessoas do *Aedes aegypti* por métodos projetados para confundir as capacidades olfativas dos mosquitos. Primeiro, experimentou desativar um gene chamado *orco*, que parece funcionar subjacente ao sentido do olfato desses animais. Essa abordagem funcionou quando Daniel Kronauer, que trabalha no mesmo corredor de Vosshall, a usou com as formigas-biroi, como já vimos. Mas falhou no experimento de Vosshall com os mosquitos: sem o *orco*, eles ignoraram o odor do corpo humano, mas continuaram atraídos pelo dióxido de carbono.[2] Alteração tática:

a equipe de Vosshall tentou criar mosquitos mutantes que não conseguiam mais sentir o cheiro do dióxido de carbono.[3] Também não funcionou: os insetos seguiram sendo capazes de, com facilidade, chegar a seus alvos humanos. "Os resultados foram meio ruins", Vosshall me relatou.

Os mosquitos não podem ser eliminados usando-se uma só estratégia porque não estão limitados a nenhum sentido isolado. Em vez disso, usam uma infinidade de pistas que interagem de forma complexa. São atraídos pelo calor de hospedeiros de sangue quente, mas apenas se sentirem primeiro o cheiro do dióxido de carbono. Quando uma das alunas de Vosshall, Molly Liu, colocou os insetos numa câmara e aqueceu lentamente uma das paredes, a maioria deles nem esperou que a superfície atingisse a temperatura do corpo humano para decolar dali.[4] Mas, se Liu borrifasse uma nuvem de dióxido de carbono na câmara, os mosquitos enxameavam a parede quente e lá permaneciam. Na ausência de dióxido de carbono, o calor os repele por ser sentido como um sinal de perigo. Na presença do gás, a temperatura mais alta os atrai como sinalização de que ali há uma refeição.* Vosshall ainda acredita que possa encontrar uma maneira de proteger os humanos dos mosquitos, mas precisará considerar muitos sentidos ao mesmo tempo — olfato, visão, calor, paladar e outros mais. O *Aedes aegypti* tem "um plano B a cada passo", ela me diz.**[5]

Os sentidos do mosquito foram aprimorados ao longo de milênios de evolução. O *Aedes aegypti* veio originalmente das florestas da África Subsaariana, onde se alimentava de uma grande variedade de animais. Mas, há milhares de anos, uma linhagem em particular gostou dos humanos, que tinham passado há pouco a viver em aglomerações densamente povoadas.[6] Atraído para esses locais, o mosquito se transformou num animal urbano

---

* Nossos sentidos passam por mudanças semelhantes. Se você mostrar uma foto de uma meia suja e pedir para alguém cheirar ácido isovalérico, a pessoa achará nojento, mas combine o mesmo produto químico com uma foto de um queijo *époisses* fino e terá um cheiro delicioso.

** Afinal, é provavelmente isso que os repelentes à base de DEET fazem. Desenvolvido inicialmente pelo Departamento de Agricultura dos Estados Unidos em 1944, o DEET tem uma longa história, tendo protegido inicialmente tropas do exército em países tropicais e, mais tarde, civis em todo o mundo. Funciona — mas ninguém sabe realmente por quê. Vosshall originalmente suspeitou que o DEET bloqueasse o *orco*, mas agora acha que ele engana o olfato (e o paladar) dos mosquitos de maneiras mais complicadas do que pensado inicialmente. Se conseguir duplicar esse efeito, Vosshall espera encontrar substâncias que sejam mais eficazes que o DEET, mais duradouras e mais seguras para os bebês.

que prefere as cidades às florestas, um parasita cujo *Umwelt* está sintonizado, antes de tudo, aos sinais distintos do nosso corpo. Ele está hoje entre os caçadores de seres humanos mais eficazes do planeta e é extremamente exigente, não se contenta com qualquer outra coisa. É por isso que, para alimentar mosquitos em cativeiro, cientistas como Venkataraman muitas vezes simplesmente enfiam o braço dentro das gaiolas dos insetos. "É por uns dez minutos", conta ela. "Não faço isso regularmente, então, ainda tenho reação às picadas, mas, se eu não coçar, tudo bem." Difícil imaginar como não coçar.

Imagine, em vez disso, como é ser um mosquito. Em voo, você atravessa um espesso caldo de ar tropical, suas antenas penetrando plumas de moléculas odorantes até sentirem o cheiro do dióxido de carbono. Seduzido, você se volta àquela pluma, ziguezagueando quando a perde de vista e avançando sempre que a localiza. Você então avista uma silhueta escura e voa para investigar. Adentra uma nuvem de ácido lático, amônia e sulcatona — moléculas liberadas pela pele humana. Finalmente, o fator decisivo: uma sedutora onda de calor. Você pousa e seus pés captam uma explosão de sal, lipídios e outros sabores. Seus sentidos, trabalhando juntos, encontraram mais uma vez um humano. Você acha um vaso sanguíneo e bebe até se fartar.

Na introdução, vimos que Jakob von Uexküll, pioneiro do conceito *Umwelt*, certa vez comparou o corpo de um animal a uma casa, com muitas janelas sensoriais voltadas para um jardim em redor. Nos onze capítulos subsequentes, examinamos cada uma dessas janelas, uma por uma, para entender melhor o que torna cada sentido único. Muitos biólogos sensoriais fazem o mesmo, mas olhando através de uma única delas por toda uma carreira. Os animais, não. A exemplo dos mosquitos *Aedes*, eles combinam e cruzam as informações de todos os seus sentidos de uma vez só. Devemos seguir o exemplo deles. Para compreender verdadeiramente seus *Umwelten* e concluir nossa jornada pelos sentidos, temos de levar em conta a casa metafórica de Uexküll na sua totalidade. Precisamos estudar a arquitetura da própria casa para ver como a forma do corpo inteiro de um animal define a natureza de seu *Umwelt*. Devemos olhar para dentro da casa e observar como os animais combinam a informação sensorial do mundo exterior com a do interior de seu próprio corpo. E olhar através de todas as janelas ao mesmo tempo, para ver como os animais usam seus sentidos em conjunto.

Cada sentido tem prós e contras, e cada estímulo é útil em algumas circunstâncias e inútil em outras. É por isso que os animais recorrem a tantos fluxos de informação quantos lhes permitirem seus sistemas nervosos, usando os pontos fortes de um sentido para compensar as deficiências de outro. Nenhuma espécie se vale de um único sentido e exclui todos os outros. Mesmo os animais que são modelos num determinado domínio sensorial têm vários à sua disposição.

Os cães são mestres do olfato, mas observe o tamanho de suas orelhas. Das corujas, mestres da audição, não se pode deixar de notar os grandes olhos. As aranhas-saltadoras dependem de olhos grandes, mas também são sensíveis às vibrações superficiais que passam pelos pés e aos sons transportados pelo ar que dobram os pelos sensíveis que lhes cobrem o corpo todo.[7] As focas usam os bigodes para encontrar o rastro hidrodinâmico dos peixes, mas seus olhos e ouvidos igualmente as ajudam a caçar. A toupeira-nariz-de-estrela caça por seus túneis usando o tato, mas também pode procurar alimento debaixo d'água soprando bolhas pela estrela e as inalando de volta para detectar os odores das presas.[8] O cheiro domina a vida das formigas, mas os sons são tão importantes para elas que alguns parasitas conseguem entrar nos formigueiros imitando o ruído das rainhas.[9] Cheiros também guiam os tubarões até sua comida a quilômetros de distância, mas a visão e a linha lateral assumem o comando à medida que a distância diminui, e o sentido elétrico entra no jogo nos momentos finais de um ataque.[10] O peixe *Gnathonemus petersii* cria campos elétricos para detectar pequenos objetos próximos do corpo, mas seus olhos estão sintonizados para detectar objetos grandes e em movimento rápido, como predadores fora do alcance de seu sentido elétrico.[11] Os pássaros canoros e as mariposas bogong se fiam no campo magnético da Terra para lhes informar aonde ir, mas dependem igualmente de paisagens celestes para guiar suas migrações.[12] Daniel Kish usa a ecolocalização quando anda pela vizinhança, mas também uma bengala comprida.

Além de se complementarem, os sentidos também podem se combinar. Algumas pessoas experimentam a sinestesia, fenômeno pelo qual diferentes sentidos parecem se misturar.[13] Para alguns sinestetas, os sons podem ter texturas ou cores. Para outros, as palavras podem ter gostos. Essa confusão perceptiva só acontece em casos especiais entre humanos, mas é o padrão para outras criaturas. O bico do ornitorrinco, semelhante ao de um pato, por exemplo, contém alguns receptores que detectam campos elétricos e outros que são sensíveis ao toque.[14] Mas, em seu cérebro, os neurônios que recebem sinais destes também os recebem daqueles. É possível que o ornitorrinco tenha aí apenas uma única sensação, a de um eletrotoque. Ao mergulhar em busca de alimento, talvez detecte o campo elétrico gerado por um lagostim para, em seguida, sentir a corrente de água que a presa cria. Alguns pesquisadores sugeriram que o ornitorrinco usa o intervalo de tempo entre esses sinais para avaliar a que distância está o lagostim, da mesma forma que somos capazes de calcular a distância de uma tempestade pelo intervalo entre o relâmpago e o trovão.

Os mosquitos, por sua vez, têm neurônios que parecem reagir tanto a temperaturas quanto a substâncias químicas. Pergunto a Leslie Vosshall se isso significa que são capazes de sentir o calor do corpo. Ela dá de ombros. "A maneira mais simples de perceber o mundo seria separando os sentidos — ter neurônios que degustam, cheiram ou enxergam", ela me diz. "Ficaria tudo muito arrumado. Mas, quanto mais observamos, mais constatamos que uma única célula pode fazer várias coisas ao mesmo tempo." Por exemplo, as antenas de formigas e outros insetos são órgãos tanto do olfato quanto do tato. No cérebro de uma formiga, "[os sinais] provavelmente se fundem para produzir uma única sensação", escreveu o entomologista William Morton Wheeler em 1910.[15] Imagine se tivéssemos narizes delicados nas pontas dos dedos, sugeriu ele.

> Se nos movêssemos tocando objetos à direita e à esquerda pelo caminho, nosso ambiente nos pareceria composto de odores com formas e teríamos de falar de cheiros esféricos, triangulares, pontiagudos etc. Nossos processos mentais seriam, em grande medida, determinados por um mundo de configurações químicas, como são hoje por um mundo de formas visuais (isto é, coloridas).

Mesmo quando os sentidos não se fundem, eles podem convergir. Como vimos no Capítulo 9, um golfinho é capaz de reconhecer visualmente um objeto oculto que tenha sido escaneado antes por meio da ecolocalização, usando um de seus sentidos para construir representações mentais que sejam acessíveis aos demais. Tal proeza é chamada de reconhecimento intermodal de objetos e não se restringe a espécies com cérebro grande, como golfinhos e humanos. Peixes-elétricos que aprendem a distinguir visualmente entre cruzes e esferas também conseguem diferenciá-las com seu sentido elétrico (e vice-versa).[16] Até mesmo os abelhões diferenciam objetos pelo toque depois de aprenderem as diferenças visuais entre eles.[17]

Alguns sentidos também se voltam para dentro, informando aos animais sobre o estado de seu corpo. Existe a propriocepção, que é a consciência da posição e do movimento do corpo.[18] Existe a equilibriocepção, ou senso de equilíbrio.*[19] São sentidos internos dos quais raramente se fala. Aristóteles os deixou de fora de sua classificação dos cinco sentidos, e eu os ignorei em grande parte desta jornada pelos *Umwelten* da natureza. Mas não porque eles não sejam importantes. É que, de tão importantes, os damos como certos. Podemos sobreviver sem visão ou audição, mas sentidos internos não são negociáveis. Quando informam os animais sobre si mesmos, esses sentidos os ajudam a entender todo o resto. E são especialmente importantes porque o corpo dos animais faz algo que as casas metafóricas de Uexküll não fazem.

Ele se move.

Quando os animais se movimentam, seus órgãos dos sentidos fornecem dois tipos de informação.[20] Há a *exaferência* — os sinais produzidos por coisas que acontecem no mundo. E há a *reaferência* — os sinais que resultam das próprias ações de um animal. Ainda tenho dificuldade de lembrar a diferença entre os dois, e, se você também tiver, basta pensar neles como produzidos por outros e autoproduzidos. Da minha escrivaninha, vejo os galhos de uma árvore farfalhando ao vento. Isso é exaferência — sinal produzido por outros. Mas, para enxergar os galhos, tive de olhar para a esquerda, num movimento repentino e destoante que enviou padrões de luz para dentro das minhas retinas. Isso é reaferência — sinal autoproduzido. Cada animal, para cada um dos seus sentidos, precisa distinguir entre esses dois tipos de sinais. Mas eis o problema: do ponto de vista dos órgãos dos sentidos são *os mesmos sinais*.

Consideremos uma simples minhoca.[21] Quando ela escava o solo, os receptores de toque em sua cabeça registram a sensação de pressão — o

---

* Milhões de pessoas vivem perfeitamente bem sem visão, olfato ou audição. Mas perder a propriocepção é muito mais debilitante. Em 1971, um açougueiro de dezenove anos chamado Ian Waterman contraiu uma infecção que desencadeou um ataque autoimune que roubou sua propriocepção. Sem feedback de seus membros, ele não conseguia mais coordenar seus movimentos. Não estava paralisado, mas não conseguia ficar de pé nem andar. Se ele não pudesse ver seu corpo, não sabia onde estava. Somente após dezessete meses de treinamento intenso Waterman reaprendeu a movimentar o corpo usando o controle visual.

mesmo tipo de sensação que esses receptores registrarão caso a gente cutuque a cabeça da minhoca. Então, como ela sabe se determinada sensação vem de seu próprio movimento (reaferência) ou da ação de um terceiro (exaferência)? Como sabe se está tocando alguma coisa ou se foi tocada? Da mesma forma, se a linha lateral de um peixe detecta água corrente, é porque algo está nadando na sua direção ou porque ele próprio está nadando? Quando você enxerga movimento, algo a seu redor se moveu ou o movimento foi dos seus olhos? Se um animal não conseguisse distinguir sinais produzidos por outros daqueles produzidos por si mesmo, seu *Umwelt* seria uma bagunça ininteligível.

Esse problema é tão fundamental que criaturas muito diferentes o resolveram da mesma forma.*[22] Quando um animal decide se movimentar, seu sistema nervoso emite um comando motor — um conjunto de sinais neurais que diz a seus músculos o que fazer. Mas, no caminho para os músculos, esse comando é duplicado. A cópia é direcionada aos sistemas sensoriais, que a utilizam para simular as consequências do movimento pretendido. No momento em que ele de fato ocorre, os sentidos já previram os sinais autoproduzidos que estão prestes a experimentar. E, ao comparar essa previsão com a realidade, conseguem distinguir quais sinais estão de fato vindo do mundo exterior e reagir a eles de forma adequada.** Tudo isso acontece inconscientemente e, embora não seja intuitivo, é central para nossa percepção do mundo. A informação detectada pelos sentidos é sempre uma mistura de sinais autoproduzidos (reaferência) com sinais produzidos por outros (exaferência), e os animais são capazes de diferenciar os dois porque seu sistema nervoso está constantemente simulando o primeiro tipo.

---

* Tecnicamente, é um problema partilhado apenas pelos animais que se movem. Se você estiver 100% imóvel, pode ter certeza de que qualquer informação de seus órgãos dos sentidos é produzida por mudanças no mundo exterior, não por suas próprias ações. Mas nenhum animal está 100% imóvel; até mesmo as esponjas, que não têm sistema nervoso e ficam ancoradas nas rochas, podem expelir resíduos de seu corpo "espirrando".   ** É francamente surpreendente que isso funcione. Olhe para a sua esquerda. Seu cérebro acabou de enviar um sinal simples que disse a alguns músculos ao redor do globo ocular para se contraírem. Como seu sistema nervoso usou esse sinal para prever de que forma a cena ao seu redor mudaria? Sabemos que ocorre assim, mas a forma pela qual esse cálculo é processado ainda é um mistério. "Como você passa de um comando motor a um sinal com o qual sua estrutura sensorial pode trabalhar?", pergunta Nate Sawtell, que trabalha com peixes-elétricos. "Essa é a questão central."

Filósofos e estudiosos especulam sobre esse processo há séculos.[23] Em 1613, o físico belga François d'Aguilon escreveu que "uma faculdade interna da alma percebe o movimento do olho". Em 1811, o médico alemão Johann Georg Steinbuch fez anotações sobre as *Bewegideen* ou "ideias de movimento" — sinais cerebrais que controlam os movimentos e interagem com informações sensoriais. Em 1854, outro médico alemão, Hermann von Helmholtz, se referiu ao mesmo conceito como *Willensanstrengung* ou "esforço da vontade". A partir de 1950, os comandos motores duplicados passaram a ser chamados de *cópias eferentes* ou — meu termo favorito — *descargas corolárias*.*[24][25] Existem diferenças sutis entre esses termos, mas a ideia subjacente é a mesma. Sempre que um animal se move, ele inconscientemente cria uma versão espelhada de sua própria vontade, que usa para prever as consequências sensoriais de suas ações. A cada ação, os sentidos são avisados sobre o que esperar e podem se preparar para isso.

Os cientistas aprenderam muito sobre descargas corolárias estudando peixes-elefantes, que as utilizam para coordenar seus sentidos elétricos.[26] Como vimos no Capítulo 10, eles têm três tipos diferentes de eletrorreceptores. Um conjunto detecta os pulsos elétricos do próprio peixe-elefante. Um segundo, os sinais comunicativos de *outros* peixes-elefantes. E um terceiro, os campos elétricos mais fracos produzidos por presas em potencial.** O segundo e o terceiro grupos só podem funcionar se ignorarem os pulsos elétricos do próprio peixe, e o fazem por descargas corolárias. Elas são criadas sempre que o órgão elétrico é acionado e preparam as partes do cérebro que recebem sinais do segundo e do terceiro grupos de receptores para ignorar os pulsos do próprio peixe. Dessa forma, um peixe-elefante consegue saber quais sinais estão sendo produzidos passivamente por uma presa em potencial, quais estão sendo produzidos ativamente por outros peixes-elétricos e quais estão sendo produzidos ativamente por ele mesmo.

Os peixes-elétricos são criaturas excepcionais, mas "quase todos os animais têm algum mecanismo que é mais ou menos assim", Bruce Carlson me conta. As descargas corolárias explicam por que você não

---

* Para uma história completa desses termos e para entender a ideia por trás deles, há um excelente artigo de Otto-Joachim Grüsser.   ** Para as ampolas receptoras e o *knollenorgan*, como para a maioria dos outros órgãos dos sentidos, reaferência é ruído e exaferência é o sinal. Mas, para eletrorreceptores tuberosos, que detectam os sinais do próprio peixe, vale o oposto: reaferência é o sinal e exaferência é ruído.

consegue fazer cócegas em si mesmo: por prever automaticamente as sensações que os dedos produziriam, o que cancela as cócegas, reais, que você sente. É devido às descargas corolárias que nossa visão é estável, mesmo que nossos olhos estejam constantemente se movimentando.* É por meio delas que os grilos podem chilrear e, ao mesmo tempo, bloquear o som de seus próprios chamados.[27] E também é por isso que os peixes são capazes de sentir as correntes criadas por outros peixes sem serem confundidos pelo movimento de seu próprio nado, e as minhocas, de rastejar sem recuar reflexivamente.**[28]

Essas são proezas tão entranhadas que nem parecem proezas. Parece evidente que, sendo donos do nosso corpo e existindo no mundo, possamos distinguir o primeiro do segundo. Mas essas não são propriedades axiomáticas. A distinção entre si mesmo e o outro não é dada; é um problema difícil que o sistema nervoso precisa resolver. "Em grande medida, é isso o que se chama de senciência", diz o neurocientista Michael Hendricks. "E talvez seja *por isso* que a senciência existe: é o processo de classificação das experiências perceptivas como autoproduzidas ou produzidas por outros."

Esse processo de classificação não requer consciência ou quaisquer habilidades mentais avançadas. "Não se trata de algo sofisticado que chegou tardiamente à evolução", observa Hendricks. Existe tanto em sistemas nervosos com algumas centenas de neurônios quanto naqueles com dezenas de bilhões. É uma condição fundamental da existência animal, que decorre das ações mais simples — sentir e se mover. Os animais não conseguem dar sentido ao que está a seu redor sem primeiro darem sentido a si mesmos. E isso significa que o *Umwelt* de um animal é produto não apenas de

* As descargas corolárias também se aplicam a outros sentidos. Uma área do cérebro que controla o movimento do diafragma envia sinais ao bulbo olfatório — o centro olfatório do cérebro. Esse bulbo processa os sinais de maneira diferente dependendo se você está inspirando ou expirando.   ** Alguns cientistas sugeriram que a esquizofrenia é fundamentalmente um distúrbio de descargas corolárias. Pessoas com a doença podem ter alucinações e delírios porque não conseguem distinguir a sua própria fala interior das vozes ao seu redor. A incapacidade de se separar dos outros também pode explicar alguns dos sintomas mais estranhos da esquizofrenia, como a capacidade de fazer cócegas em si mesmo. Poderá haver peixes-elefantes esquizofrênicos que não conseguem diferenciar suas próprias descargas das de outros peixes? "Sem dúvidas é possível", diz Carlson. "Eu esperaria um comportamento drasticamente perturbado."

seus órgãos dos sentidos, mas de todo o seu sistema nervoso trabalhando em conjunto. Se os órgãos dos sentidos trabalhassem sozinhos, nada faria sentido. Ao longo deste livro, exploramos cada um dos sentidos em separado. Mas, para realmente compreendê-los, precisamos pensar neles como parte de um todo unificado.

Em junho de 2019, durante um debate sobre inteligência animal no World Science Festival, o psicólogo Frank Grasso trouxe ao palco uma fêmea de polvo-da-Califórnia chamada Qualia. Grasso então ofereceu a Qualia um pote de tampa preta contendo um saboroso caranguejo. Esperava que ela desatarraxasse a tampa para tirar de dentro o caranguejo — um truque que muitos polvos são capazes de fazer e com frequência é exibido como prova da inteligência desses animais. Qualia já havia desatarraxado muitos potes, mas Grasso alertou o público de que talvez o animal "resolvesse fazer beicinho e ficar no canto". E, que dúvida, foi exatamente o que ela fez. E continuava a fazer um mês depois, quando visitei Grasso em seu laboratório em Nova York.

Qualia costumava vir nadando até a frente de seu aquário com a chegada de estranhos, mas agora, na velhice, fica no seu canto. Ra, outra fêmea da mesma espécie, assumiu seu lugar como centro das atenções no laboratório. Desliza ativamente pelo aquário, as ventosas pressionadas contra o vidro. Dois dos alunos de graduação de Grasso colocam um pote com um caranguejo ali dentro, e ela rapidamente aterrissa sobre ele. O emaranhado de seus braços envolve a tampa, sua pele fica mais escura e... nada acontece. Ela parece perder o interesse e, num impulso, se afasta. Mais tarde, estende um único braço e toca o frasco, mas, em seguida, o retrai. A tampa permanece no lugar; o caranguejo, intocado. "Houve um tempo em que esses dois animais eram ávidos por abrir frascos", conta Grasso. Mas agora não se dão ao trabalho. Estão sempre prontos a atacar um caranguejo solto e sem dúvida são capazes de pegá-los dentro de frascos. Simplesmente não o fazem. Grasso agora se pergunta se os polvos conseguem enxergar os caranguejos engarrafados. "Pode ser que a coisa toda de destampar os frascos que a gente via fosse por curiosidade com aquele novo objeto", diz o pesquisador, e que "eles não tenham a capacidade de ver através do vidro arredondado para saber que tem um caranguejo ali."

Para descobrir por que um polvo desatarraxaria um frasco e por que deixaria de fazê-lo, precisamos entender seu *Umwelt*. Podemos começar explorando seus olhos, suas ventosas e seus outros órgãos de sentido. Mas aí temos de compreender como funciona todo o sistema nervoso do polvo, como ele controla um corpo de flexibilidade quase irrestrita e como o cérebro e corpo se combinam para criar não apenas um *Umwelt*, mas possivelmente dois.

O sistema nervoso central de um polvo contém cerca de 500 milhões de neurônios — um total que supera os de todos os outros invertebrados e é comparável ao encontrado em pequenos mamíferos.*[29] Apenas um terço desses neurônios, porém, se localiza na cabeça do animal, no cérebro central e nos lobos ópticos adjacentes que recebem informações dos olhos. Os restantes 320 milhões estão nos braços. Cada braço "tem um sistema nervoso grande e relativamente completo, que parece mal se comunicar com os dos demais braços", conforme escreveu Robyn Crook. "Um polvo tem efetivamente nove cérebros, cada um com sua própria programação."[30]

Mesmo as trezentas ventosas em cada braço são praticamente independentes. Assim que uma delas entra em contato com algo, remodela-se para criar uma vedação e depois gruda por sucção. Enquanto isso, a ventosa tateia e degusta ao mesmo tempo, usando 10 mil mecanorreceptores e quimiorreceptores em redor da borda.[31] Nossa língua percebe sabor e toque como características distintas, mas, dada a estrutura da ventosa, para um polvo não parece ser assim. Suas sensações de paladar e tato "devem estar inextricavelmente fundidas", de tal modo que fazem lembrar a sinestesia, diz Grasso. Dependendo dos sabores que sente ou das texturas que percebe, a ventosa pode continuar com a sucção ou se soltar. E toma essa decisão por conta própria, uma vez que cada uma delas se vale de seu próprio minicérebro — um conjunto dedicado de neurônios chamado gânglio. A independência das ventosas se torna óbvia quando se observam braços que, soltos do corpo, muitas vezes ficam presos nos flancos de peixes, mas jamais se grudam a outros braços do mesmo polvo.[32]

Cada gânglio de ventosa se conecta a outro grupo de neurônios, este passando pelo centro do braço, denominado gânglio braquial. Todos os gânglios braquiais, portanto, se conectam a uma longa fileira que desce pelo

---

* Nos humanos, o sistema nervoso central inclui tudo o que está no cérebro e na coluna, enquanto o sistema nervoso periférico inclui os nervos dos membros, órgãos e outras partes do corpo. Mas no polvo essa distinção é desfeita. Os nervos dos gânglios braquiais e sugadores fazem parte do sistema nervoso central, embora existam nos braços.

braço: pense neles como se formassem um cordão de luzinhas e nos gânglios das ventosas como se fossem as lâmpadas. Eles não se comunicam entre si, mas os gânglios braquiais, sim.*[33] Eles coordenam as ventosas individuais e permitem que o braço como um todo funcione de forma organizada. E também são capazes de realizar muitas coisas por conta própria, sem envolver o cérebro central. O braço contém todos os circuitos necessários para alcançar objetos e puxá-los para o polvo. Por exemplo, o neurobiólogo Binyamin Hochner descobriu que, quando o braço toca um objeto, duas ondas de sinais neurais viajam ao longo de sua extensão, uma a partir do ponto de contato, outra desde a base desse braço.[34] Na altura onde essas ondas se encontram, forma-se um cotovelo temporário, o braço se dobra e leva o objeto em direção à boca do polvo. "Tem um monte de informações e comportamentos armazenados nos braços", diz Grasso.**

O cérebro central até *pode* controlar os braços, mas é um chefe relaxado. Não gosta desse gerenciamento miúdo, embora coordene sua equipe de oito pessoas quando necessário. Um único braço é capaz de serpentear por um labirinto opaco, usando seu tato-paladar para encontrar o caminho certo sem que haja qualquer intervenção do restante do corpo do animal. Mas uma colega de Hochner, Tamar Gutnick, mostrou que os polvos também conseguem resolver problemas caso os braços individuais se confundam.[35] Ela montou um labirinto transparente no qual, para acertar o caminho, o braço precisava sair da água, o que o privava de sinais químicos. Os polvos continuavam achando o caminho, para isso guiando os braços pela visão, mas não era algo natural para eles. Demorou um pouco para aprenderem como fazê-lo, e um em cada sete indivíduos jamais conseguiu.

Letizia Zullo, também da equipe de Hochner, encontrou mais evidências da autonomia dos braços na forma como o cérebro central se organiza.[36] O cérebro humano contém mapas aproximados do corpo. As sensações táteis de diferentes partes, como as de cada dedo, são processadas por grupos separados de neurônios. Do mesmo modo, partes distintas do cérebro

---

* Entre eles, cada gânglio das ventosas e seu gânglio braquial correspondente contêm cerca de 10 mil neurônios. É quase o mesmo que uma sanguessuga inteira ou uma lesma-do-mar têm. Um único braço de polvo contém aproximadamente tantos neurônios quanto uma lagosta.

** Nas décadas de 1950 e 1960, Martin Wells removeu grandes partes do cérebro de alguns polvos e mostrou que esses animais "descerebrados" ainda podiam usar suas ventosas para manipular objetos, abrir conchas e se alimentar.

operam movimentos específicos: estimulando o ponto certo, pode-se levantar um braço ou estender uma mão. Mas Zullo descobriu que o polvo não conta com tais mapas. Sempre que ela estimulava a parte do cérebro destinada a fazer um braço esticar, todos os demais também faziam isso. Será que um polvo teria consciência se a vigésima ventosa de seu primeiro braço tocasse um caranguejo, assim como sei quando meu dedo indicador direito acabou de pressionar a tecla Y? Talvez não! É possível que o animal simplesmente saiba que o braço número um encontrou comida, ao mesmo tempo que delega os detalhes ao próprio braço. Será que sabe onde ficam seus membros, assim como consigo visualizar meu corpo sem olhar para ele? De novo, talvez não! Os braços com certeza contêm proprioceptores que os ajudam a coordenar os movimentos, mas essa coordenação pode ser inteiramente local. Martin Wells, um pioneiro já falecido da pesquisa sobre polvos, estava convencido de que esses animais não têm de fato noção de onde ficam seus membros tampouco fazem uma representação interna de sua forma.

Talvez seja melhor assim. Controlar um corpo humano é relativamente simples para um cérebro humano, porque os ossos e as articulações restringem nossos movimentos. Há muitas maneiras de, por exemplo, pegar uma caneca. Mas, como escreveu o filósofo Peter Godfrey-Smith em *Outras mentes*, um polvo tem "um corpo de pura possibilidade".[37] Com exceção do bico, é um corpo macio, maleável e livre para se contorcer. A pele muda de cor e textura à vontade. Os braços podem se estender, contrair, dobrar e girar sobre qualquer ponto de sua extensão, e têm à disposição maneiras praticamente infinitas de realizar até os movimentos mais simples. Como poderia um cérebro, mesmo grande, manter controle dessas opções ilimitadas? A questão acaba sendo irrelevante. O cérebro não precisa fazer isso. Basta permitir, basicamente, que os braços se resolvam, com um empurrãozinho ocasional de orientação,*[38]

O polvo, portanto, sem dúvida tem dois *Umwelten* distintos.[39] Seus braços vivem num mundo de tato-paladar. A cabeça é dominada pela visão. Sem dúvida que há alguma conversa cruzada entre eles, mas Grasso suspeita que a informação circulando entre a cabeça e os braços seja simplificada.

---

* Godfrey-Smith compara maravilhosamente o cérebro central a um maestro e os braços a "tocadores de jazz, inclinados à improvisação, que aceitam apenas uma determinada direção".

Levando um pouquinho além a metáfora de Uexküll sobre o corpo dos animais sendo uma casa com janelas sensoriais, o corpo do polvo consiste em duas casas geminadas com estilos arquitetônicos totalmente diferentes e uma pequena porta de ligação entre elas. Esqueça a pergunta de Nagel sobre como é ser um morcego. Qual a chance de a gente saber como é ser um polvo? Seus sentidos incomuns desafiam nossa imaginação, o que vale também para o modo como ele unifica esses sentidos. Os fios que usa são desconhecidos, o método de tecelagem, exótico, e a tapeçaria resultante, totalmente alienígena.

O ato de sentir cria uma ilusão que, ironicamente, torna mais difícil compreender como os sentidos funcionam. Quando olhei para Qualia e Ra, não tive nenhuma percepção consciente dos fotorreceptores disparando nos meus olhos. Simplesmente enxerguei. Quando toquei seus aquários, não senti os mecanorreceptores nos meus dedos reagindo à pressão. Simplesmente tive a sensação do toque. Nossas experiências do mundo parecem desconectadas dos próprios órgãos dos sentidos que as produzem, o que torna fácil acreditar que sejam construções puramente mentais divorciadas da realidade física. É por isso que nossas histórias e mitos têm tantos personagens capazes de transferir sua consciência para o corpo de um animal — o deus nórdico Odin, por exemplo, ou Bran, de uma outrora popular série chamada *Game of Thrones*. Tais façanhas, nas quais humanos literalmente entram nos mundos sensoriais de outros animais, parecem a forma definitiva de apreciação de um *Umwelt*. Mas também incorrem num mal-entendido fundamental sobre o conceito. O mundo sensorial de um animal é o resultado de tecidos sólidos que detectam estímulos reais e produzem cascatas de sinais elétricos. Não está separado do corpo; é o mundo do corpo. A gente simplesmente não tem como imaginar uma mente humana funcionando no corpo de um morcego ou de um polvo, porque isso não daria certo.

Quando Qualia e Ra começaram a abrir potes com caranguejos dentro, pareciam estar resolvendo deliberadamente um problema em busca de um objetivo. Mas estaria seu cérebro central envolvido na tarefa ou eram simplesmente seus braços explorando novos objetos por conta própria? Se a segunda opção for verdadeira, será o seu comportamento menos inteligente do que parecia ou a inteligência do polvo se manifesta pela curiosidade autônoma de seus membros? (É possível os braços de um polvo serem curiosos?) Quando Qualia e Ra pararam de abrir aqueles potes, *elas* estavam entediadas ou eram *seus braços*? (É possível os braços de um polvo ficarem entediados?) Haveria algum conflito nesse duplo *Umwelt* — entre o que os olhos das duas estavam vendo e o que seus braços estavam sentindo?

Essas são perguntas extraordinariamente difíceis de responder, mas se tornam impossíveis se olhamos separadamente para cada parte do polvo. O funcionamento de suas ventosas ou de seus olhos não poderá nos revelar o que sente o animal inteiro. Os movimentos de seu corpo podem ser facilmente mal interpretados quando não se conhece a estrutura de seu sistema nervoso. É por isso que o desafio de Nagel sobre imaginar a experiência consciente de outra criatura é tão irritante: para termos alguma chance de saber como é ser outro animal, precisamos saber quase tudo sobre esse animal. Precisamos conhecer todos os seus sentidos, seu sistema nervoso e o resto de seu corpo, suas necessidades e seu ambiente, seu passado evolutivo e seu presente ecológico. Deveríamos nos dedicar à tarefa com humildade, reconhecendo o quanto nossas intuições podem facilmente acabar por nos desviar do melhor caminho. Deveríamos seguir adiante com esperança, sabendo que mesmo uma tentativa parcialmente bem-sucedida revelará maravilhas que antes nos estavam ocultas. E precisamos agir rápido, conscientes de que nosso tempo está se esgotando.

13.
Salve o silêncio, preserve a escuridão

Paisagens de sentido ameaçadas

Na área de cerca de 1,25 milhão de metros quadrados do Parque Nacional Grand Teton, no Wyoming, a maior porção de infraestrutura construída pelo homem é um estacionamento na vila de Colter Bay. Para além de seus limites, aninhada entre algumas árvores, há uma fétida estação de tratamento de esgoto que Jesse Barber chama de Gerador de Merda. Sob o toldo de metal, pousado em silêncio numa fenda e iluminado pela lanterna de Barber, está um morcego-marrom de pequeno porte. E, nas costas do morcego, um dispositivo branco do tamanho de um grão de arroz. "É a etiqueta transmissora de radiofrequência", Barber me explica. Ele já a havia fixado no morcego para poder rastrear seus movimentos. Estava voltando ali naquela noite para etiquetar mais alguns.

De dentro do Gerador de Merda, consigo ouvir os chamados de outros morcegos empoleirados. À medida que o sol se põe, eles começam a surgir. Navegando mais pela memória do que pela ecolocalização, não conseguem perceber a grande rede amarrada por Barber entre duas árvores. Alguns acabam emaranhados nela. Barber os liberta, e seus alunos Hunter Cole e Abby Krahling examinam cuidadosamente cada um para verificar se estão saudáveis e pesando o suficiente para carregar etiquetas. Um indivíduo abre a boca, enchendo o ar com uma corrente de pulsos de sonar que não consigo ouvir. Cole aplica nele, entre as escápulas, um pingo de cimento cirúrgico. Afixa a pequena etiqueta e espera o cimento secar. "É um pouco como um projeto artístico: marcar um morcego", comenta Barber. Depois de alguns minutos, Cole põe o morcego no tronco da árvore mais próxima. Ele rasteja para cima e decola, levando um equipamento de rádio no valor de 175 dólares para dentro da floresta.

Com o avanço das horas, a escuridão se intensifica. Os morcegos ecolocalizadores não se importam. Tampouco a coruja de orelhas pontudas que nos sobrevoa ou os mosquitos rastreadores de dióxido de carbono que me picam por cima da camisa. Mas Barber e seus alunos só conseguem continuar seu trabalho usando as lanternas, cujos feixes atraíram as nuvens de insetos. Ironicamente, é por isso que Barber está aqui. Ele faz parte de um número crescente de biólogos sensoriais que temem que os humanos estejam poluindo o mundo com luz demais, prejudicando outras espécies. Mesmo no meio de um parque nacional, a luz invade a escuridão. Ela emana dos faróis dos veículos que passam, das lâmpadas fluorescentes do centro de visitantes e dos postes que cercam os carros estacionados. "O estacionamento está iluminado feito um Walmart porque ninguém pensou nas implicações para a vida selvagem", observa Barber.

Ao longo de séculos de esforços, as pessoas aprenderam muito sobre os mundos sensoriais de outras espécies. Mas numa fração do tempo viramos esses mundos de cabeça para baixo. Vivemos agora no Antropoceno — uma época geológica definida e dominada pela ação da nossa espécie. Mudamos o clima e acidificamos os oceanos com a liberação de quantidades titânicas de gases do efeito estufa. Espalhamos a vida selvagem pelos continentes, substituindo espécies autóctones por espécies invasoras. Instigamos o que alguns cientistas chamam de era de "aniquilação biológica" comparável aos cinco grandes eventos de extinção em massa da pré-história.[1] E, no meio desse já desanimador catálogo de pecados ecológicos, há um que deveria ser especialmente fácil de perceber e no entanto é ignorado com frequência: a poluição sensorial. Em vez de adentrar os *Umwelten* de outros animais, nós os forçamos a viver no nosso, bombardeando-os com estímulos criados por nós mesmos.[2] Enchemos a noite de luz, o silêncio de ruído e o solo e a água de moléculas desconhecidas. Distraímos os animais daquilo que eles realmente precisam sentir, abafamos os sinais dos quais dependem e os atraímos, como mariposas para a luz, para armadilhas sensoriais.

Muitos insetos voadores são afetados, com consequências fatais, pela iluminação de rua, que confundem com as luzes do céu e sob a qual ficam pairando até sucumbirem de exaustão. Alguns morcegos exploram essa desorientação, banqueteando-se com os enxames confusos. Outras espécies de movimento lento, como os morcegos-marrons de pequeno porte que Barber etiquetou, mantêm distância da luz, talvez porque, caso contrário, seriam presas mais fáceis para as corujas.[3] As luzes remodelam as comunidades animais em redor, atraindo algumas espécies e afastando outras, com consequências difíceis de prever. Será que os morcegos avessos à luz se saem mal porque suas zonas habitáveis diminuíram e suas presas, os insetos, se afastaram dali? Será que os morcegos atraídos pela luz, embora se beneficiem temporariamente, podem acabar por sofrer à medida que as populações locais de insetos diminuem? Para descobrir, Barber convenceu o Serviço Nacional de Parques a deixá-lo fazer um experimento incomum.

Em 2019, ele readequou todos os 32 postes de iluminação do estacionamento de Colter Bay com lâmpadas especiais que mudam de cor. Podem produzir luz branca, que afeta fortemente o comportamento de insetos e morcegos, ou luz vermelha, que parece não ter esse efeito.*[4] A cada três dias, a equipe de Barber muda a cor. Armadilhas em forma de funil dependuradas abaixo das lâmpadas coletam os insetos que se aglomeram ali, ao mesmo tempo que são captados os sinais de rádio emitidos pelos morcegos etiquetados. Esses dados devem revelar como as luzes brancas normais interferem nos animais locais e se as luzes vermelhas podem ajudar a devolver um pouco de vida selvagem ao céu noturno.

Cole faz uma pequena demonstração com as luzes vermelhas. A princípio, o estacionamento ganha uma aparência inquietantemente infernal, como se tivéssemos entrado num filme de terror. Mas, à medida que meus olhos se adaptam, os tons rubros parecem menos dramáticos e se tornam quase agradáveis. É incrível o quanto ainda conseguimos enxergar. Os carros e a folhagem circundante são todos visíveis. Olho para cima e percebo que, aparentemente, menos insetos se aglomeram sob as lâmpadas. Olho ainda mais para cima e enxergo a faixa da Via Láctea cortando o céu. É uma visão melancolicamente bela, que eu nunca antes tinha experimentado no Hemisfério Norte.

Em 2001, quando o astrônomo Pierantonio Cinzano e colegas criaram o primeiro atlas global da poluição luminosa, calcularam que dois terços da população mundial vivia em áreas poluídas pela luz, nas quais as noites eram pelo menos 10% mais claras do que a escuridão natural.[5] Cerca de 40% da humanidade se encontra permanentemente banhada pelo equivalente a um luar perpétuo e aproximadamente 25% habita um crepúsculo artificial constante que supera a lua cheia em luminosidade. "A 'noite' nunca chega para essas pessoas", escreveram os pesquisadores. Em 2016, quando

---

* Uma equipe de cientistas holandeses liderada por Kamiel Spoelstra descobriu esse padrão em 2017. Em resposta, um bairro da cidade de Nieuwkoop, que fica próximo de uma reserva natural, mudou a iluminação pública para LEDs vermelhos adequados para morcegos.

a equipe atualizou seu atlas, descobriu que o problema estava ainda pior.[6] Naquela altura, cerca de 83% das pessoas — e mais de 99% dos norte-americanos e europeus — viviam sob céus poluídos pela luz. Todos os anos, a proporção do planeta coberta por luz artificial fica 2% maior e 2% mais brilhante. Um nevoeiro luminoso cobre agora um quarto da superfície da Terra, e em muitos locais é espesso a ponto de ocultar as estrelas.[7] Mais de um terço da humanidade e quase 80% dos norte-americanos já não conseguem enxergar a Via Láctea. "A ideia de a luz viajar por bilhões de anos a partir de galáxias distantes e, no último bilionésimo de segundo, se perder na iluminação do shopping mais próximo é profundamente deprimente para mim", escreveu certa vez o cientista da visão Sönke Johnsen.[8]

Em Colter Bay, Cole acende as luzes normais novamente e estremeço. A iluminação extra é dura e desagradável. A Via Láctea parece mais tênue agora e, consequentemente, o mundo parece menor. A poluição sensorial é a poluição da desconexão, que nos separa do cosmos. Abafa os estímulos que ligam os animais a seu ambiente e entre si. Ao tornar o planeta mais brilhante e barulhento, também o fragmentamos. Ao mesmo tempo que derrubamos florestas tropicais e branqueamos os recifes de coral, também colocamos em perigo os ambientes sensoriais. É preciso mudar isso já. Temos que salvar o silêncio e preservar a escuridão.

Todos os anos, no dia 11 de setembro, o céu acima da cidade de Nova York é perfurado por duas colunas de intensa luz azul. Essa instalação artística anual, conhecida como Tribute in Light, relembra os ataques terroristas de 2001, com os dois fachos representando as Torres Gêmeas derrubadas. Cada facho é produzido por 44 lâmpadas de xenônio com potência de 7 mil watts. A luz pode ser vista a quase cem quilômetros de distância. Quem observa de perto muitas vezes repara em pequenas manchas dançando entre as colunas de luz como se fossem suaves rajadas de neve. São pássaros. Milhares deles.

Esse ritual anual infelizmente ocorre durante a estação migratória do outono, quando bilhões de pequenos pássaros canoros realizam longos voos pelos céus da América do Norte. Navegando sob o manto da escuridão, eles se deslocam em bandos tão grandes que aparecem nos radares. E, ao analisar essas imagens, Benjamin van Doren mostrou que, em sete edições do Tribute in Light, cerca de 1,1 milhão de aves foram vitimadas.[9] Os feixes chegam tão alto que, mesmo a altitudes de vários quilômetros, os pássaros que passam são atraídos para eles. Toutinegras e outras espécies pequenas se aglomeram na luz em densidades até 150 vezes superiores aos níveis normais. Os pássaros voam em torno da luz, lentamente, como se estivessem presos dentro de uma gaiola incorpórea. Soltam seus chamados com frequência e intensidade. De vez em quando, colidem com edifícios próximos.

Migrações são missões cansativas que levam as pequenas aves a seu limite fisiológico. Mesmo um desvio noturno já é capaz de minar prematuramente suas reservas de energia, com consequências fatais. Assim, sempre que mil pássaros ou mais são emboscados pelo Tribute in Light, as lâmpadas são desligadas por vinte minutos para que eles reencontrem seu rumo. Mas essa é apenas uma fonte de luz entre muitas e, embora intensa e vertical, brilha apenas uma vez por ano. Em outros momentos, ela emanará de estádios esportivos e atrações turísticas, de plataformas petrolíferas e edifícios comerciais. Afastará a escuridão e atrairá pássaros migratórios. Em 1886, logo após Edison ter começado a comercializar a lâmpada elétrica, quase mil pássaros morreram depois de colidirem com uma torre iluminada em Decatur, Illinois.[10] Mais de um século depois, o cientista ambiental Travis Longcore e colegas calcularam que quase 7 milhões de aves morrem por ano nos Estados Unidos e no Canadá por baterem em torres de comunicação.*[11] As luzes vermelhas dessas torres se destinam a alertar os pilotos de aeronaves, mas também atrapalham a orientação de aves em voo noturno, as quais se chocam contra fios ou entre si. Muitas dessas mortes poderiam ser evitadas simplesmente substituindo luzes fixas por outras que pisquem.[12]

"Esquecemos muito rápido que não percebemos o mundo da mesma forma que outras espécies e, consequentemente, ignoramos impactos que não deveríamos ignorar", Longcore me diz. Nossos olhos estão entre os mais aguçados do reino animal, mas sua alta resolução traz consigo o custo inevitável da baixa sensibilidade. Ao contrário da maioria dos outros mamíferos, nossa visão é falha à noite, portanto nossa cultura reflete um *Umwelt* diurno. A luz passou a simbolizar segurança, progresso, conhecimento, esperança e o bem. A escuridão, perigo, estagnação, ignorância, desespero e o mal. De fogueiras a telas de computador, ansiamos por mais luz, não

---

* Como vimos, as aves migratórias usam uma variedade de sentidos para guiar o seu caminho. As colisões com torres de comunicação parecem acontecer quando todos os seus sentidos ficam confusos ao mesmo tempo — quando o mau tempo as impede de ver pontos de referência visuais e quando as luzes vermelhas desativam suas bússolas.

menos.* É chocante para nós pensar na luz como um poluente, mas é o que ela se torna quando invade tempos e lugares aos quais não pertence.

Muitas das outras mudanças planetárias que promovemos têm contrapartidas naturais: é inquestionável que as alterações climáticas modernas são resultado de influência humana, mas o clima do planeta muda naturalmente, embora em escalas de tempo muito mais lentas. A luz noturna, entretanto, é uma força exclusivamente antropogênica.[13] Os ritmos diários e sazonais de claro e escuro permaneceram intocados no tempo evolutivo — um período de 4 bilhões de anos que começou a sofrer interferência no século XIX. Astrônomos e físicos foram os primeiros a falar da poluição luminosa que obscurecia a visão das estrelas. Os biólogos só passaram a prestar atenção a isso seriamente na década de 2000, conta Longcore.** Em parte, porque os próprios biólogos são diurnos.[14] À noite, enquanto dormem, as mudanças drásticas que ocorrem a seu redor passam despercebidas. Mas "quando se abre os olhos para procurá-lo, o problema está bem diante da gente", comenta Longcore.

Ao emergirem de seus ninhos, os filhotes de tartarugas-marinhas rastejam para longe das formas escuras da vegetação das dunas e em direção ao horizonte mais brilhante do oceano.[15] Mas estradas iluminadas e resorts de praia podem orientá-los na direção errada, quando são facilmente apanhados por predadores ou esmagados por veículos. Só na Flórida, luzes artificiais matam milhares de filhotes de tartaruga todos os anos. Eles se enfiam em jogos de beisebol e, o que é mais horrível, fogueiras deixadas acesas nas praias. O zelador de uma propriedade encontrou centenas de filhotes mortos, empilhados sob uma única lâmpada de vapor de mercúrio.

Luzes artificiais também podem atrair fatalmente insetos, contribuindo para o alarmante declínio global de suas populações.[16] Um único poste de luz é capaz de atrair mariposas a 25 metros de distância, e uma estrada bem

---

* Estudos científicos sobre poluição luminosa tendem a usar a sigla ALAN para se referir à luz artificial noturna. Infelizmente, isso significa que muitas revistas científicas parecem estar gritando de forma passiva-agressiva com um cara chamado Alan que, sozinho, está estragando tudo para a vida selvagem. "ALAN pode afetar uma grande variedade de animais noturnos ativos", diz um deles. "O impacto biológico, mesmo de baixas intensidades, de ALAN pode ser acentuado", afirma outro.   ** Houve relatos anteriores de pássaros colidindo com prédios iluminados e filhotes de tartarugas indo em direção a cidades iluminadas. Mas Longcore diz que uma conferência internacional em 2002 marcou o momento em que um punhado de investigadores preocupados se transformou em uma área de estudos.

iluminada pode muito bem se tornar uma prisão.[17] Muitos dos insetos que se aglomeram em torno dos postes provavelmente serão comidos ou morrerão de exaustão ao nascer do sol. Aqueles que voam para os faróis dos veículos nem isso devem durar. Tais perdas podem repercutir nos ecossistemas e ao longo do tempo. Em 2014, como parte de um experimento, a ecologista Eva Knop instalou postes de iluminação em sete pradarias suíças.[18] Após o pôr do sol, ela fazia a ronda desses campos com óculos de visão noturna, observando as flores para tentar encontrar ali mariposas e outros polinizadores. Ao comparar esses locais com outros que tinham sido mantidos às escuras, Knop mostrou que as flores iluminadas receberam 62% menos visitas de insetos polinizadores. Uma planta produziu 13% menos frutos, embora, no turno do dia, também fosse visitada por abelhas e borboletas.

Não é apenas a presença da luz que importa, mas também a natureza dessa luz. Insetos com larvas aquáticas, como efemerópteros e libélulas, depositam inutilmente seus ovos em estradas molhadas, janelas e tetos de carros, pois são superfícies que refletem a luz polarizada horizontalmente da mesma forma que corpos d'água.[19] Lâmpadas piscando podem causar dor de cabeça e outros problemas neurológicos em humanos, embora nossos olhos em geral sejam lentos demais para detectar essas alterações;[20] o que não fazem, então, com animais de visão mais rápida, como insetos e pequenos pássaros?

As cores também importam. O vermelho pode atrapalhar as aves migratórias, mas é melhor para morcegos e insetos.* O amarelo não incomoda insetos e tartarugas, mas pode atrapalhar as salamandras. Nenhum comprimento de onda é perfeito, diz Longcore, mas os de azul e branco são os piores de todos. A luz azul perturba os relógios biológicos e atrai intensamente os insetos. Também se difunde com facilidade, aumentando a propagação da poluição luminosa. É, no entanto, uma luz eficiente e de produção barata. A nova geração de LEDs brancos com eficiência energética contém muita luz azul e, se o mundo adotar essas lâmpadas em lugar das tradicionais amarelo-laranja, de vapor de sódio, a quantidade de poluição luminosa global aumentará duas ou três vezes.[21] "Podemos fazer escolhas melhores ajustando as luzes intencionalmente", comenta Longcore. "E não

---

* As luzes vermelhas que Barber usou em Grand Teton em tese não foram um problema porque não eram altas o suficiente para emboscar aves migratórias.

deveríamos usar o espectro total de luzes à noite. Não deveríamos querer para tudo sinalizar que é constantemente dia."

Depois de conversar com Longcore em seu escritório em Los Angeles, volto para casa num voo noturno. Enquanto o avião decola, espio pela janela a cidade iluminada. O desenho simétrico e cintilante das luzes ainda desperta o mesmo espanto primordial da observação de um céu estrelado ou de um mar banhado pela lua. Nós, humanos, equiparamos luz a conhecimento. Desenhamos lâmpadas para simbolizar ideias, descrevemos pessoas inteligentes como brilhantes e iluminadas, e deixamos a Idade das Trevas pelo caminho das luzes. Mas, com Los Angeles desaparecendo sob a minha janela, aquela admiração familiar tem agora uma nuance de desconforto. A poluição luminosa também não é mais apenas um problema urbano. A luz viaja, em uma metástase que invade até locais protegidos que, não fosse por isso, permaneceriam intocados pela influência humana. A luz de Los Angeles chega ao Vale da Morte, o maior parque nacional no território continental dos Estados Unidos, a 320 quilômetros de distância. Escuridão de verdade é cada vez mais difícil de encontrar.

Silêncio de verdade também.

É uma manhã ensolarada de abril em Boulder, Colorado, e acabo de fazer uma trilha até o alto de uma encosta rochosa a mais de 1800 metros acima do nível do mar. Daqui, o mundo parece mais amplo, não apenas por causa da vista panorâmica sobre as florestas de coníferas, mas também porque é extremamente silencioso. Longe da agitação urbana, sons mais baixos emergem e se tornam audíveis a distâncias maiores. Na encosta, um esquilo farfalha. Os gafanhotos batem as asas enquanto voam. Um pica-pau batuca com o bico num tronco próximo. O vento zune. Quanto mais tempo fico sentado, mais pareço ouvir.

Dois sujeitos perturbam a tranquilidade. Não consigo vê-los, mas estão em algum lugar na trilha abaixo, empenhados em fazer que suas opiniões sejam ouvidas por todo o Colorado. Mais distante, escuto veículos que transitam velozes por uma rodovia além das árvores. Denver zumbe ao longe, um cenário de fundo praticamente bloqueado para mim. Percebo um avião voando lá no alto, os motores rugindo. "Acampo desde meados dos anos 1960 e, nesse período, o número de aviões aumentou seis ou sete vezes", conta Kurt Fristrup, que conheci depois da minha caminhada. "Um dos meus truques preferidos, quando amigos me visitam, é perguntar, no final da caminhada, se ouviram algum avião. As pessoas vão dizer que se lembram de um ou dois. E respondo que foram 23 aeronaves e dois helicópteros."

Fristrup trabalha na Divisão de Sons Naturais e Céus Noturnos do Serviço Nacional de Parques, um departamento que se esforça para salvaguardar (entre outras coisas) as paisagens sonoras naturais dos Estados Unidos. Para isso, a equipe precisou primeiro mapeá-las, e, ao contrário da luz, o som não pode ser detectado por satélites.[22] Fristrup e colegas passaram anos transportando equipamentos de gravação para quase quinhentos locais no país inteiro e registraram quase 1,5 milhão de horas de gravação. Descobriram que a atividade humana duplicou os níveis de ruído de fundo em 63% dos espaços protegidos, e em 21% deles o aumento foi de dez vezes. Nestes últimos, "o que a gente ouvia a trinta metros de distância, agora, só consegue escutar se estiver a três metros", compara Rachel Buxton, do Serviço Nacional de Parques. Aeronaves e estradas são os principais culpados, mas também indústrias, como as de extração de petróleo e gás, mineração e silvicultura. Mesmo as áreas mais protegidas estão sob cerco acústico.[23]

Nas cidades e metrópoles, o problema é pior, e não apenas nos Estados Unidos. Dois terços dos europeus estão imersos num ruído ambiente equivalente a estar sob chuva perpétua.[24] Tais condições são difíceis para muitos animais que se comunicam por meio de chamados e cantos. Em 2003, Hans Slabbekoorn e Margriet Peet descobriram que os bairros barulhentos de Leiden, na Holanda, obrigam os chapins-reais a cantar em frequências mais altas, de modo que suas notas não sejam mascaradas pelos tons graves da agitação da cidade.[25] Um ano depois, Henrik Brumm mostrou que os rouxinóis de Berlim, na Alemanha, são forçados a cantar sua música mais alto para serem ouvidos em meio ao barulho urbano.[26] Esses estudos influentes estimularam uma onda de pesquisas sobre a poluição sonora, as quais revelaram que o ruído urbano e industrial também pode alterar o tempo do canto dos pássaros, tirando complexidade de suas melodias e os impedindo de encontrar parceiros.[27] Mesmo para os pássaros da cidade, barulho é prejudicial.

A poluição sonora mascara não apenas os sons que os animais emitem deliberadamente, mas também a "teia de sons não intencionais que une as comunidades", diz Fristrup. Ele se refere ao farfalhar suave que informa às corujas onde estão suas presas ou às batidas leves que alertam os ratos sobre uma ameaça fatal e iminente. "São as partes mais vulneráveis à intrusão na paisagem sonora, e as estamos isolando", continua Fristrup. Os níveis de ruído são medidos em decibéis, e, se um farfalhar em geral tem trinta decibéis, uma conversa normal atinge cerca de sessenta e um show de rock, aproximadamente 110. Cada três decibéis extras chegam a reduzir pela metade a faixa na qual os sons naturais podem ser ouvidos.[28] O ruído encolhe o mundo perceptivo de um animal. E, enquanto algumas espécies, como chapins-reais e rouxinóis, ficam e fazem o que podem, outras simplesmente vão embora.

Em 2012, Jesse Barber, Heidi Ware e Christopher McClure construíram uma estrada-fantasma.[29] Numa colina em Idaho que serve de escala para aves migratórias, a equipe montou um corredor de oitocentos metros de alto-falantes para reproduzir gravações em looping de carros passando. Um terço dos pássaros que costumam habitar o local se manteve afastado por causa daqueles ruídos desencarnados. Muitos dos que ficaram pagaram um preço por insistir. Com pneus e buzinas abafando os sons de predadores, os pássaros passavam mais tempo perscrutando o perigo do que procurando comida. Ganharam menos peso e estavam mais fracos ao seguir sua árdua migração. O experimento da estrada-fantasma foi fundamental para mostrar que a vida selvagem pode ser inibida por ruído e apenas ruído, independente de os animais estarem vendo os veículos ou sentindo o fedor de seus escapamentos. Centenas de estudos chegaram a conclusões semelhantes.*[30] Em condições barulhentas, os cães-da-pradaria passam mais tempo no subsolo.[31] As corujas falham em seus ataques.[32] As moscas parasitas *Ormia* sofrem para encontrar seus grilos hospedeiros.[33] Os tetrazes-cauda-de-faisão abandonam seus criadouros (e os que ficam demonstram mais estresse).[34]

Os sons podem viajar por longas distâncias, a qualquer hora do dia e através de obstáculos sólidos. Essas características os tornam excelentes estímulos para os animais, mas também poluentes por excelência. O conceito de poluição evoca imagens de produtos químicos saindo de chaminés, rios cobertos de lama e outros sinais visíveis de degradação. Mas o ruído pode degradar habitats que, não fosse por ele, pareceriam idílicos e tornar inabitáveis lugares que de outra forma seriam habitáveis. Pode

---

* Em um experimento, joaninhas comeram menos pulgões quando expostas a sons urbanos ou à música do AC/DC, refutando a hipótese da banda de que "rock'n' roll não é poluição sonora".

funcionar como uma escavadora invisível que empurra os animais para fora de seu perímetro normal.*[35] E para onde poderiam ir? Em mais de 83% do território continental dos Estados Unidos, há uma estrada a um quilômetro de distância.[36]

Nem os mares conseguem oferecer silêncio.[37] Embora Jacques Cousteau uma vez tenha descrito o oceano como um mundo silencioso, ele é tudo menos isso. Mesmo naturalmente está repleto de sons de ondas quebrando e ventos soprando, de fontes hidrotermais borbulhantes e icebergs se partindo, todos viajando mais longe e mais rápido debaixo d'água do que iriam pelo ar. Os animais marinhos também são barulhentos. As baleias cantam, o peixe-sapo zumbe, o bacalhau grunhe e as focas-barbudas trinam. Milhares de camarões a atordoar os peixes que passam com as ondas de choque produzidas por suas grandes garras disseminam pelos recifes de coral um som parecido com o de bacon fritando ou cereal de arroz estourando no leite. Parte dessa paisagem sonora foi sendo silenciada à medida que os humanos capturavam, fisgavam e arpoavam os habitantes dos oceanos. Outros ruídos naturais acabaram abafados por aqueles que acrescentamos: o raspar das redes no fundo do mar; as batidas em staccato das cargas sísmicas usadas para explorar petróleo e gás; os sinais de sonares militares; e, como música de fundo onipresente para toda essa agitação, o som dos navios.**[38][39]

"Pense sobre de onde vêm os seus sapatos", sugere o especialista em mamíferos marinhos John Hildebrand enquanto conversamos em seu escritório. Confiro; sem surpresa, da China. Algum navio-tanque os transportou através do Pacífico, deixando pelo caminho uma onda de som que se

---

* No verão de 2017, o ecologista Justin Suraci fez uma versão da experiência de Barber, reproduzindo o som da fala humana através de alto-falantes instalados nas montanhas de Santa Cruz. Fosse Suraci lendo poesia ou Rush Limbaugh gritando, onças-pardas, linces e outros predadores se afastavam quando ouviam as vozes. No entanto, essa não é uma questão de poluição sonora no sentido clássico. É mais que os humanos são superpredadores aterrorizantes, cujas vozes são suficientes para apavorar outros predadores.

** Baleias-de-bico encalharam repetidamente e em massa após serem expostas ao sonar dos navios, gerando ondas de pesquisas e litígios. *War of the whales* [Guerra das baleias], de Joshua Horwitz, oferece um relato magistral dos eventos que conectaram o sonar dos navios ao encalhe de baleias, e as batalhas legais que se seguiram. "Indiscutivelmente, usar o sonar pode fazer com que uma baleia-de-bico encalhe", diz John Hildebrand. "Mas por que isso ocorre ainda é um mistério." Não está claro se o som as machuca fisicamente ou faz com que nadem de forma irregular e façam curvas. De qualquer forma, o sonar claramente as perturba.

irradiou por quilômetros. Entre a Segunda Guerra Mundial e 2008, a frota marítima global mais do que triplicou, passando a movimentar dez vezes mais carga a velocidades mais elevadas.[40] Juntos, esses navios aumentaram os níveis de ruído de baixa frequência nos oceanos em 32 vezes — um acréscimo de quinze decibéis em relação a níveis que Hildebrand suspeita já estarem cerca de outros quinze decibéis mais altos do que se verificava em mares primordiais, livres de hélices propulsoras. Como as baleias gigantes podem viver por um século ou mais, é provável que existam hoje indivíduos vivos que testemunharam esse crescente ruído subaquático e hoje só escutam pouco mais de um décimo do que eram capazes de escutar antes.[41] Enquanto passam os navios, à noite, as baleias-jubarte param de cantar, as orcas, de procurar alimento, e as baleias-francas ficam estressadas.[42] Caranguejos igualmente deixam de se alimentar, chocos mudam de cor, donzelas são capturadas com mais facilidade.[43] "Se eu dissesse que vou aumentar o nível de ruído no seu escritório em trinta decibéis, viria o pessoal da saúde ocupacional e te mandaria usar protetores de ouvido", compara Hildebrand. "Estamos conduzindo um experimento em animais marinhos ao expô-los a esses altos níveis de ruído, e não é um experimento que permitiríamos que fosse realizado em nós mesmos."[44]

Os doze capítulos anteriores deste livro representam séculos de conhecimento arduamente conquistado sobre os mundos sensoriais de outras espécies. Mas, no tempo que levamos para acumular esse conhecimento, remodelamos radicalmente esses mundos. Estamos mais perto do que nunca de compreender como é ser outros animais, ao mesmo tempo que tornamos mais difícil do que nunca a existência deles.

Sentidos que serviram bem a seus donos durante milhões de anos são agora um risco. Superfícies verticais lisas não existem na natureza, mas devolvem ecos que soam como os de espaços ao ar livre; talvez seja por isso que os morcegos se choquem com tanta frequência contra janelas.[45] O DMS, composto químico das algas marinhas que um dia guiava de forma confiável as aves marinhas até seu alimento, agora também as direciona para milhões de toneladas de resíduos plásticos que os seres humanos despejam nos oceanos; talvez seja por isso que cerca de 90% delas acabem por ingerir plástico.[46] As correntes produzidas por objetos que se movem na água são sentidas nos pelos do corpo dos peixes-boi, mas não com antecedência suficiente para desviar de uma lancha em velocidade; colisões com barcos são responsáveis por pelo menos um quarto das mortes desses animais na Flórida.[47] Moléculas odorantes na água de um rio podem orientar os salmões de volta a seus riachos de nascimento, mas não se os pesticidas nessa mesma água diminuírem sua capacidade olfativa.[48] Campos elétricos fracos no fundo do mar podem levar os tubarões até presas enterradas, mas igualmente a cabos de alta tensão.[49]

Alguns animais passaram a tolerar as visões e os sons da modernidade. Outros até prosperam no meio deles. Algumas mariposas urbanas evoluíram para se tornar menos atraídas pela luz.[50] Certas aranhas urbanas seguiram na direção oposta, tecendo teias sob a iluminação pública para se banquetearem com os insetos atraídos.[51] Nas cidades do Panamá, as luzes noturnas afastam os morcegos comedores de rãs, permitindo que os machos de rã-túngara incrementem seus chamados com sons mais sensuais, sem o risco de atrair predadores.[52] Os animais podem se adaptar, seja alterando seu comportamento ao longo da vida, individualmente, seja desenvolvendo novos comportamentos ao longo de muitas gerações.

Mas a adaptação nem sempre é possível. Espécies com ciclo de vida lento, que se alonga por gerações, não conseguem evoluir com rapidez suficiente para acompanhar níveis de poluição luminosa e sonora que duplicam a cada poucas décadas. Criaturas que já foram confinadas a cantos exíguos de habitats cada vez menores não têm como simplesmente ir embora. Aquelas que dependem de sentidos especializados não podem só readequar todo o seu *Umwelt*. Lidar com a poluição sensorial não é mera questão de se acostumar. "Não creio que as pessoas entendam muito bem que, se a gente não consegue ouvir alguma coisa, não se torna de repente capaz de ouvi-la", comenta Clinton Francis. "Quando um órgão sensorial *não consegue detectar um sinal*, não dá para simplesmente se acostumar com isso."

Não que nossa influência seja inerentemente destrutiva, mas muitas vezes é homogeneizadora. Ao espantar espécies sensíveis que não conseguem suportar nossos ataques sensoriais, o que resulta são comunidades menores e menos diversas. Achatamos o relevo das paisagens sensoriais que geraram a maravilhosa variedade dos *Umwelten* animais. Consideremos o lago Vitória, na África Oriental. Antigamente, era lar de mais de quinhentas espécies de peixes ciclídeos, quase todas impossíveis de encontrar em qualquer outro lugar. Essa extraordinária diversidade surgiu em parte por causa da luz.[53] Nos pontos mais profundos do lago, a luz tende a ser amarela ou laranja, enquanto o azul é mais abundante em águas mais rasas.

Essas diferenças afetaram os olhos dos ciclídeos locais e, por sua vez, suas escolhas de acasalamento. O biólogo evolucionista Ole Seehausen descobriu que as fêmeas de ciclídeos de águas mais profundas preferem machos mais vermelhos, enquanto as que vivem em águas rasas só têm olhos para os mais azuis. Tais tendências divergentes funcionaram como barreiras físicas, distribuindo os ciclídeos por um espectro de formas com cores diferentes. A diversidade de luzes levou à diversidade de visão, de cores e de espécies. Mas, ao longo do último século, o escoamento de resíduos agrícolas, das minas e dos esgotos abarrotou o lago com nutrientes que estimularam o crescimento de algas que, por sua vez, tornam o ambiente turvo e sufocante. Os antigos gradientes de luz foram achatados em alguns locais, as cores e tendências visuais dos ciclídeos deixaram de fazer diferença e o número de espécies despencou. Ao apagar a luz do lago, os humanos também desligaram o motor sensorial da diversidade, levando ao que Seehausen chamou de "o evento de extinção em grande escala mais rápido já observado".*[54][55]

Um cínico poderia perguntar por que se importar com o fato de um lago passar a ter menos espécies de peixes semelhantes. Por que se preocupar que uma floresta tivesse 32 espécies de pássaros e agora tenha 21? Em 2020, a escritora especialista em ciência Maya Kapoor ponderou sobre essas questões num texto sobre o bagre *Ictalurus pricei*, uma espécie ameaçada de extinção no oeste dos Estados Unidos que se assemelha muitíssimo ao bagre-americano.[56] "Eu me perguntei se a perda de uma espécie que se parecia com uma das espécies de peixes mais comuns do planeta realmente importava", escreveu Kapoor. "Só mais tarde me ocorreu que [...] se tanto fazia, aparentemente, que sobrasse uma ou outra espécies, isso tinha mais a ver com minha pequena compreensão [da questão] do que com o tamanho das diferenças [entre as espécies]." A epifania de Kapoor também se aplica aos ciclídeos e aos muitos grupos de animais entre os quais membros que têm parentesco próximo podem ter sentidos totalmente diferentes. À medida que essas espécies são extintas, o mesmo ocorre com seus *Umwelten*. Junto

---

* Os ciclídeos do lago Vitória também sofreram por causa da pesca excessiva e da explosão do número de perca-do-Nilo, uma espécie invasora. Mesmo quando a quantidade de percas diminuiu e o número de ciclídeos se recuperou um pouco, a diversidade de espécies de ciclídeos permaneceu muito menor em águas turvas. Vale ressaltar que as condições de luz são apenas um dos vários fatores que explicam a incrível diversidade dos ciclídeos do lago Vitória.

com cada criatura que desaparece, perdemos um modo de dar sentido ao mundo. Nossas bolhas sensoriais nos protegem de ter conhecimento dessas perdas. Mas não das consequências disso.

Nas florestas do Novo México, Clinton Francis e Catherine Ortega descobriram que o gaio-dos-matos-ocidental fugia do barulho dos compressores usados na extração de gás natural.[57] O gaio espalha as sementes do pinheiro, e um único pássaro é capaz de enterrar entre 3 mil e 4 mil sementes por ano. São tão importantes para as florestas que, em zonas tranquilas onde ainda prosperam, as mudas de pinheiro são quatro vezes mais comuns do que em zonas barulhentas que foram abandonadas pela espécie. Os pinheiros são a base do ecossistema a seu redor — uma espécie única que fornece alimento e abrigo para centenas de outros seres, incluindo os indígenas americanos. Perder três quartos deles seria desastroso. E, como esses pinheiros crescem lentamente, "o ruído pode ter consequências de mais de um século para todo o ecossistema", explica Francis.

Uma melhor compreensão dos sentidos pode nos mostrar o quanto estamos contaminando o mundo natural. Também pode apontar maneiras de salvá-lo. Em 2016, o biólogo marinho Tim Gordon viajou para a Grande Barreira de Corais da Austrália para iniciar sua pesquisa de doutorado.[58] Era para ter passado meses nadando por entre o esplendor vívido dos corais. Em vez disso, "assisti horrorizado à destruição completa do meu local de estudos", ele me conta. Uma onda de calor forçou os corais a expulsar as algas simbióticas que lhes fornecem nutrientes e cor. Sem essas parceiras, os corais morreram de fome e embranqueceram, no pior evento desse tipo já registrado, o primeiro de vários que virão. Mergulhando entre os escombros, Gordon descobriu que os recifes não só tinham sido branqueados, mas também silenciados. Camarões-de-estalo já não estalavam. O peixe-papagaio já não alardeava. Esses sons normalmente ajudam a atrair os filhotes de peixes de volta ao recife depois de seus primeiros meses vulneráveis no mar. Recifes silenciosos são muito menos atraentes. Gordon temia que, se os peixes evitassem os recifes degradados, a população de algas que eles normalmente comem sairia de controle, crescendo demais nos corais embranquecidos e impedindo-os de se recuperar. Mas, em 2017, "voltamos e pensamos: podemos virar esse jogo?", lembra Gordon.

Ele e seus colegas instalaram alto-falantes que reproduziam continuamente gravações de recifes saudáveis por trechos de coral então em ruínas.

A equipe mergulhava a cada poucos dias para observar os animais locais. "Aí, no trigésimo dia", conta Gordon, "eu me lembro de estar circulando com meus colegas de mergulho e dizer: 'Tem um padrão diferente num pedaço grande aqui, não tem?'" Passados quarenta dias, aqueles recifes enriquecidos acusticamente tinham o dobro de peixes jovens em relação aos silenciosos e 50% mais espécies. Os peixes não apenas haviam sido atraídos pelos sons como permaneceram e formaram uma comunidade. "Foi um experimento lindo de fazer", diz Gordon. Mostrou o que pode um conservacionista quando "vê o mundo através das percepções dos animais que está tentando proteger".*[59]

Sendo realista, essa é uma solução de pequena escala: alto-falantes são caros e recifes de coral são grandes. Sem reduzir as emissões de carbono e evitar a mudança climática, os recifes terão um futuro sombrio, mesmo com toda a atenção que atraem. Ainda assim, com metade da Grande Barreira de Corais já morta, eles precisam de toda a ajuda possível. Restaurar seus sons naturais pode lhes dar uma chance de lutar e tornar a tarefa de salvá-los um pouco menos hercúlea.

O experimento de Gordon só foi possível porque a equipe ainda conseguiu encontrar recifes saudáveis e não branqueados, cujos sons os pesquisadores puderam gravar. As paisagens sensoriais naturais ainda existem. Ainda há tempo para preservá-las e restaurá-las antes que o último eco do último recife de coral se dilua na memória. Na maior parte dos casos, em vez de acrescentar estímulos que fizemos desaparecer, podemos simplesmente retirar aqueles que criamos — um luxo que não se aplica quando falamos de poluentes, pelo menos da maioria deles. Resíduos radioativos podem levar milênios para se degradar. Produtos químicos persistentes, como o pesticida DDT, seguem contaminando o corpo dos animais muito depois de terem sido proibidos. Os plásticos continuarão sua devastação dos oceanos durante séculos, mesmo que a produção deles seja totalmente interrompida amanhã. Mas a poluição luminosa cessa assim que as luzes são apagadas. A poluição sonora diminui se desligamos motores e hélices.

---

* Por outro lado, as tentativas de conservação podem sair pela culatra se não levarem em conta diferentes *Umwelten*. Gaiolas de arame que às vezes são colocadas para proteger os ninhos de tartarugas de guaxinins e raposas podem distorcer os campos magnéticos em torno desses ninhos e prejudicar a capacidade dos filhotes de aprender o mapa magnético de suas praias de origem.

A poluição sensorial é uma dádiva ecológica — um raro exemplo de problema planetário que pode ser resolvido de forma imediata e eficaz. E, na primavera de 2020, o mundo inadvertidamente se voltou a essa questão.

À medida que a pandemia de Covid-19 se espalhava, os espaços públicos foram fechados. Os voos, suspensos. Os carros permaneceram estacionados. Os navios de cruzeiro, atracados. Cerca de 4,5 bilhões de pessoas — quase três quintos da população mundial — foram orientadas ou incentivadas a ficar em casa. Como resultado, muitos lugares se tornaram substancialmente menos iluminados e mais silenciosos. Com menos aviões e carros em movimento, o céu noturno em torno de Berlim, na Alemanha, tinha metade do brilho normal.[60] As vibrações sísmicas no mundo todo caíram à metade da intensidade durante meses — a redução mais longa já registrada.[61] Na baía dos Glaciares do Alasca, um santuário para as baleias-jubarte, o volume sonoro foi metade do ano anterior, assim como nas cidades de estados como Califórnia, Nova York, Flórida e Texas.*[62][63] Sons que normalmente ficariam abafados se tornaram mais nítidos. Moradores de cidades ao redor do mundo de repente notaram pássaros cantando. "As pessoas perceberam que no entorno existem todos esses animais que antes não tinham notado", Francis me conta. "O mundo sensorial das pessoas em seus quintais ficou enorme, se comparado com o pré-Covid."**

De muitas e variadas maneiras, a pandemia revelou os problemas que as sociedades passaram a tolerar e para quais mudanças estavam de fato preparadas. Mostrou que, se as pessoas estiverem suficientemente motivadas, a poluição sensorial pode ser reduzida. Tal redução é possível sem as consequências debilitantes de um confinamento global. No verão de 2007, Kurt Fristrup e colegas fizeram um experimento simples no monumento nacional Muir Woods, na Califórnia.[64] Em horários aleatórios, eles colocaram cartazes numa das partes mais populares do parque, declarando-a zona tranquila e incentivando os visitantes a silenciar seus telefones e baixar o

---

* A ecologista comportamental Elizabeth Derryberry descobriu que o canto dos pardais-de-coroa-branca na Bay Area era um terço mais baixo durante o confinamento dos primeiros meses de 2020, quando tinham menos ruído urbano para enfrentar.   ** Reduções semelhantes na poluição sonora aconteceram depois de outras catástrofes recentes. O ruído oceânico diminuiu nas águas ao largo da Califórnia após o colapso financeiro de 2008, e na baía de Fundy, no Canadá, após os ataques terroristas de 11 de setembro de 2001. Esta última mudança pareceu reduzir o estresse entre as baleias-francas.

tom de voz. Essas medidas simples, sem nenhuma fiscalização, reduziram os níveis de ruído no parque em três decibéis, o equivalente a 1200 visitantes a menos.

Mas a responsabilidade pessoal não pode servir de desculpa para a irresponsabilidade social. Para realmente reduzir a poluição sensorial, são necessários passos maiores.[65] Luzes podem ser reduzidas ou desligadas quando edifícios e ruas não estiverem em uso. Podem ser cobertas para que não emitam brilho acima da linha do horizonte. LEDs podem ser modificados para que sua luz seja vermelha, em vez de azul ou branca. É possível criar pavimentos silenciosos com superfícies porosas capazes de absorver o ruído dos veículos que passam. Barreiras que absorvem o som, como bermas em terra e redes de bolhas na água, podem suavizar o barulho do tráfego e da indústria. Veículos podem ser desviados de importantes áreas de vida selvagem ou ser forçados a trafegar mais devagar: em 2007, quando os navios comerciais no Mediterrâneo diminuíram a velocidade em apenas 12%, o ruído produzido caiu à metade. Essas embarcações também podem ser equipadas com cascos e hélices mais silenciosos, que já são usados para abafamento em navios militares (e tornariam o gasto de combustível dos navios comerciais mais eficiente). Já existem muitas tecnologias úteis, mas faltam incentivos econômicos para torná-las mais baratas ou implantá-las em massa. Seria possível regular as indústrias que causam poluição sensorial, mas não há disposição o bastante para isso na sociedade. "A poluição por plásticos no mar é horrível de se ver, e todo mundo está preocupado, mas a poluição sonora no mar é algo que não sentimos, por isso, ninguém se revolta", diz Gordon.

Normalizamos o anormal e aceitamos o inaceitável. Basta lembrar que mais de 80% das pessoas vivem sob céus poluídos pela luz e que dois terços dos europeus estão imersos num ruído equivalente ao de uma chuva eterna. Muitos não têm ideia de como são a escuridão ou o silêncio de verdade. Sem que se tenha essa experiência, ciclos viciosos são disparados. À medida que profanamos os ambientes sensoriais, nos acostumamos com os efeitos disso. À medida que expulsamos os animais, nos acostumamos com sua ausência. À medida que o problema da poluição sensorial cresce, nossa disposição de resolvê-lo diminui. Como resolver um problema que não percebemos que existe?

Em 1995, o historiador ambiental William Cronon escreveu que "chegou a hora de repensar a natureza selvagem".[66] Num ensaio contundente, ele argumentou que o conceito, em especial conforme entendido nos Estados Unidos, se tornara, injustificadamente, sinônimo de grandiosidade. Os pensadores do século XVIII acreditavam que paisagens vastas e magníficas lembravam as pessoas de sua própria mortalidade e as colocavam mais perto de vislumbrar o divino. "Deus estava no topo da montanha, no precipício, na cachoeira, na nuvem de tempestade, no arco-íris, no pôr do sol", escreveu Cronon.

> Basta pensar nos locais que os americanos escolheram para os seus primeiros parques nacionais — Yellowstone, Yosemite, Grand Canyon, Rainier, Zion — para perceber que quase todos se enquadram numa ou mais dessas categorias. Paisagens menos sublimes simplesmente não pareciam dignas de proteção; só na década de 1940, por exemplo, o primeiro pântano receberia tal honra, no Parque Nacional Everglades, e até hoje não existe nenhum parque nacional em áreas de pastagens.

Igualar a natureza selvagem à magnificência sobrenatural é tratá-la como algo remoto, acessível apenas àqueles que têm o privilégio de viajar para explorá-la. É imaginar a natureza como algo à parte da humanidade, e não como algo dentro do qual existimos. "Idealizar uma região selvagem distante muitas vezes significa despir dessa idealização o ambiente no qual de fato vivemos, a paisagem que, para o bem ou para o mal, chamamos de lar", escreveu Cronon.

Eu não poderia estar mais de acordo. A majestade da natureza não se restringe aos cânions e às montanhas. Pode ser encontrada nos confins da percepção — nos espaços sensoriais que ficam fora do nosso *Umwelt*, mas são captados por outros animais. Perceber o mundo através de outros sentidos é encontrar o esplendor na familiaridade e o sagrado no mundano. Existem maravilhas num quintal onde as abelhas medem os campos elétricos de uma flor, as cigarrinhas emitem melodias vibracionais pelos caules das plantas e os pássaros contemplam as paletas ocultas de vermelhoxos e verdoxos. Ao escrever este livro, descobri o sublime enquanto estava confinado em casa por uma pandemia, observando estorninhos tetracromatas reunidos nas árvores lá fora ou brincando de farejar com meu cachorro,

Typo. A vida selvagem não fica longe. Estamos continuamente imersos nela. Está aí para que a gente a imagine, desfrute dela e a proteja.

Em 1934, depois de suas considerações sobre os sentidos de carrapatos, cães, gralhas e vespas, Jakob von Uexküll escreveu sobre o *Umwelt* do astrônomo.[67] "Através de gigantescos auxílios ópticos", escreveu ele, essa criatura única tem olhos "capazes de penetrar o espaço sideral até as estrelas mais distantes. Em seu [*Umwelt*], sóis e planetas circulam num ritmo solene." As ferramentas da astronomia conseguem captar estímulos que nenhum animal pode perceber naturalmente — raios X, ondas de rádio e gravitacionais provenientes da colisão de buracos negros. Ampliam o *Umwelt* humano para toda a extensão do universo e de volta à sua origem.

As ferramentas dos biólogos são de escala mais modesta, mas também oferecem um vislumbre do infinito. Elizabeth Jakob usou um rastreador ocular para observar o olhar das aranhas-saltadoras. Almut Kelber, óculos de visão noturna para ver mariposas-elefantes bebendo em flores no escuro. Paloma Gonzalez-Bellido usou câmeras de alta velocidade para determinar a rapidez com que moscas assassinas são capazes de enxergar, e Ken Catania, para descobrir como as toupeiras-nariz-de-estrela caçam pelo tato. Com lasers, Kurt Schwenk visualizou os vórtices criados pelas cobras quando vibram a língua. Com um detector de ultrassom, Donald Griffin descobriu o sonar dos morcegos. Medidores de vibração a laser e microfones de lapela permitem que Rex Cocroft escute as cigarrinhas. Os hidrofones SOSUS da Marinha permitiram a Chris Clark confirmar até onde o canto das baleias-azuis pode se espraiar. Com eletrodos simples, Eric Fortune e outros pesquisadores de peixes-elétricos conseguiram ouvir os pulsos do peixe-faca e do peixe-elefante. Com microscópios, câmeras, alto-falantes, satélites, gravadores e até gaiolas forradas de papel com almofadas de carimbo na base, pessoas exploraram outros mundos sensoriais. Usamos a tecnologia para tornar visível o invisível e audível o inaudível.

Essa capacidade de mergulhar em outros *Umwelten* é nossa maior habilidade sensorial. Pense no hipotético espaço que imaginamos no início deste livro, com o elefante, a cascavel e todo o resto. No meio daquele zoológico imaginário, o ser humano ali — Rebecca — carecia de visão ultravioleta, magnetorrecepção, ecolocalização e sentido infravermelho. Mas era a única criatura capaz de saber o que os outros estavam sentindo, e talvez a única a quem isso poderia importar.

Uma mariposa bogong nunca saberá o que um mandarim escuta quando canta, um mandarim nunca sentirá o zumbido elétrico de um peixe-faca fantasma-negro, um peixe-faca nunca verá através dos olhos de um camarão-louva-a-deus, um camarão louva-a-deus nunca sentirá cheiros do jeito como um cachorro pode sentir, e um cachorro nunca entenderá como é ser um morcego. Nós também jamais faremos nenhuma dessas coisas, mas somos o único animal capaz de alguma vez chegar perto de fazê-las. Talvez nunca saibamos como é ser um polvo, mas pelo menos sabemos que os polvos existem e que suas experiências são diferentes das nossas. Pela observação paciente, com as tecnologias à nossa disposição, o método científico e, acima de tudo, curiosidade e imaginação, podemos tentar adentrar o mundo deles. Devemos escolher fazê-lo, e ter essa escolha é um presente. Não é uma dádiva que merecemos, mas é uma que devemos valorizar.

Agradecimentos

No final de 2018, eu estava sentado num café em Londres com minha esposa, Liz Neeley, dizendo a ela que, embora quisesse muito escrever um segundo livro, minha fonte de ideias tinha secado. Liz ouviu pacientemente e, em seguida, com jeitinho, sugeriu se quem sabe eu não queria escrever sobre como os animais percebem o mundo. Esse tipo de coisa acontece muito.

A ideia surgiu do nosso interesse comum pela natureza. Foi algo que fluiu naturalmente a partir do nosso histórico de carreira: Liz tinha começado seu doutorado em biologia marinha sobre os sistemas visuais dos peixes de recifes de coral, e fazia mais de uma década que eu vinha escrevendo sobre biologia sensorial. Aquilo refletia nosso desejo de contar as histórias daqueles cuja vida muitas vezes passa despercebida ou que não são ouvidos. Sou profundamente grato a Liz não apenas por semear a ideia deste livro e me apoiar no processo de criação, mas por incorporar seus valores e incuti-los em mim. Liz é incansavelmente alegre, curiosa e empática, e desperta essas mesmas qualidades nas pessoas que têm o privilégio de conhecê-la. Passar um tempo com ela é ver o mundo e seus habitantes de novas maneiras — exatamente o que espero que você, cara leitora, caro leitor, tenha sentido ao longo das páginas anteriores.

Por terem acompanhado este livro desde o conceito até o produto final, meus mais profundos agradecimentos vão para: Will Francis, meu agente e amigo britânico, que enxergou a ideia como promissora desde o início e ajudou a lhe dar vida; PJ Mark, meu agente americano; Hilary Redmon, minha editora americana e parceira de conspiração intelectual, que editou as primeiras versões; e Stuart Williams, meu editor britânico, que também fez reparos incisivos ao manuscrito. Todos os quatro também estiveram envolvidos no meu primeiro livro, *I Contain Multitudes*, e trabalhar com eles novamente foi como voltar para casa.

Sarah Laskow e Ross Andersen, meus editores na *The Atlantic*, merecem grande crédito por tudo que me ensinaram sobre escrita nos últimos anos; não trabalharam diretamente neste livro, mas sua influência nestas páginas é profunda. Eles, juntamente com Robert Brenner, Meehan Crist, Tom Cunliffe, Rose Eveleth, Natalie Omundsen, Sarah Ramey, Rebecca Skloot, Beck Smith, Maddie Sofia e Maryam Zaringhalam, também me mantiveram à tona num ano muito difícil, quando desviei minha atenção do deleite que são os reinos de sentido dos animais ao mundo mais cansativo e trágico da pandemia de Covid-19.

Conversei com mais cientistas enquanto escrevia este livro do que seria razoável listar, muitos dos quais foram incrivelmente generosos com o tempo que me dedicaram. Meus mais profundos agradecimentos a Jesse Barber, Bruce Carlson, Rex Cocroft, Robyn Crook, Heather Eisthen, Ken Lohmann, Colleen Reichmuth, Cassie Stoddard e Eric Warrant pelos comentários cruciais sobre vários capítulos e pelas discussões profundas. Obrigado também à maioria dos acima mencionados e a Whitlow Au, Gordon Bauer, Adriana Briscoe, Astra Bryant, Rulon Clark, Tom Cronin, Molly Cummings, Elena Gracheva, Frank Grasso, Alexandra Horowitz, Martin How, Elizabeth Jakob, Sönke Johnsen, Suzanne Amador Kane, Daniel Kish, Daniel Kronauer, Travis Longcore, Malcolm MacIver, Justin Marshall, Beth Mortimer, Cindy Moss, Paul Nachtigall, Dan-Eric Nilsson, Thomas Park, Daniel Robert, Nicholas Roberts, Mike Ryan, Nate Sawtell, Kurt Schwenk, Jim Simmons, Daphne Soares, Amy Streets, Leslie Vosshall, Karen Warkentin e George Wittemyer por me permitirem conhecer seus laboratórios, seus animais ou sua vida. Agradecimentos especiais a Matthew Cobb pelo incentivo inicial e por um conjunto de slides muito útil, a Catherine Williams por me ajudar a pensar no capítulo sobre a dor no início do processo, a Michael Hendricks por sua ajuda na elaboração do capítulo sobre unificação dos sentidos, a Eleanor Caves por ter fornecido uma figura criada para o livro, baseada em sua pesquisa sobre acuidade; e a Brian Branstetter, Ken Catania, Kurt Fristrup, Amanda Melin, Nate Morehouse e Aude Pacini por conversas que me ajudaram particularmente.

Também sou muitíssimo grato a Ashley Shew, uma pensadora brilhante no tema da interseção entre tecnologia e deficiência, por ter lido o manuscrito de forma minuciosa e sensível, e por me ajudar a evitar a linguagem e as ideias insidiosamente afetadas pelo capacitismo que caracterizam tantos escritos sobre os sentidos. (Quaisquer erros remanescentes no texto são meus e apenas meus.)

Foi um prazer ter conhecido Finn, o cão; Margaret, a cascavel; Sprouts, a foca; Hugh e Buffett, os peixes-boi; Zipper, a grande morcego-marrom; Blubby, o peixe-gato-elétrico; Qualia e Ra, os polvos; e o camarão-louva-a--deus sem nome que me deu um soco no dedo. E, por fim, obrigado a Moro, Ellers, Athena, Ruby, Midge, Ezra, Bingo, Nellie, Bennet, Margaux, Canela, Dolly, Tim, Janet, Clarence, Zako, Whisky, Caleb, Posey, Tesla, Crosby, Bing, Bear, Buddy, Mickey e especialmente ao meu querido Typo, por me ensinarem a ter animais tanto no coração e em casa quanto na cabeça. A todos os outros ótimos cães (e gatos) que tenho certeza de que esqueci aqui, sinto muito. Ainda bem que vocês não sabem ler.

Notas

Introdução [pp. 11-24]

1. Jacob von Uexküll, *Umwelt und Innenwelt der Tiere*, 1909.
2. Uma tradução moderna da obra seminal de Uexküll é Jacob von Uexküll, *A foray into the worlds of animals and humans: With a theory of meaning*, 2010.
3. Ibid., p. 200.
4. Henry Beston, *The outermost house: A year of life on the great beach of Cape Cod*, 2003, p. 25.
5. Uma obra clássica sobre os fundamentos da biologia sensorial é David B. Dusenbery, *Sensory ecology: How organisms acquire and respond to information*, 1992.
6. Ugurcan Mugan e Malcolm A. MacIver, "The shift from life in water to life on land advantaged planning in visually-guided behavior", *bioRxiv*, 2019.
7. Jeremy E. Niven e Simon B. Laughlin, "Energy limitation as a selective pressure on the evolution of sensory systems", *Journal of Experimental Biology*, 2008, pp. 1792-804; Damian Moran, Rowan Softley e Eric J. Warrant, "The energetic cost of vision and the evolution of eyeless Mexican cavefish", *Science Advances*, 2015.
8. Rüdiger Wehner, "'Matched filters'—Neural models of the external world", *Journal of Comparative Physiology A*, 1987, pp. 511-31. [Referência da nota de rodapé]
9. Jacob von Uexküll, op. cit., p. 200.
10. Nicholas D. Pyenson et al., "Discovery of a sensory organ that coordinates lunge feeding in rorqual whales", *Nature*, 2012, pp. 498-501.
11. Sönke Johnsen, "Open questions: We don't really know anything, do we? Open questions in sensory biology", *BMC Biology*, 2017.
12. Fiona Macpherson, "Individuating the senses". In: Fiona Macpherson (Org.). *The senses: Classic and contemporary philosophical perspectives*, 2011, pp. 3-43.
13. Ibid., p. 36.
14. Thomas Nagel, "What is it like to be a bat?", *The Philosophical Review*, 1974, pp. 438-9.
15. Donald Griffin, *Listening in the dark: The acoustic orientation of bats and men*, 1974.
16. Alexandra Horowitz, *Inside of a dog: What dogs see, smell, and know*, 2010, p. 243.
17. Marcel Proust, *In search of lost time*, 1993, p. 343. [Ed. bras.: *A prisioneira*. Trad. de Manuel Bandeira e Lourdes Sousa de Alencar. Biblioteca Azul: São Paulo, 2012]

1. Sacos furados cheios de substâncias químicas [pp. 25-61]

1. Para mais sobre cachorros e seu sentido do olfato, recomendo vivamente os dois livros de Alexandra Horowitz: *Inside of a dog: What dogs see, smell, and know*, 2010; *Being a dog: Following the dog into a world of smell*, 2016.

2. Juliane Kaminski et al. "Evolution of facial muscle anatomy in dogs", *Proceedings of the National Academy of Sciences*, 2019, pp. 14677-81. [Referência da nota de rodapé, após "Elas agora são mais fáceis de ler...".]

3. Brent Craven, Eric Paterson e Gary Settles, "The fluid dynamics of canine olfaction: Unique nasal airflow patterns as an explanation of macrosmia", *Journal of the Royal Society Interface*, 2010, pp. 933-43.

4. Pascale Quignon et al., "Genetics of canine olfaction and receptor diversity", *Mammalian Genome*, 2012, pp. 132-43.

5. Brent Craven, Eric Paterson e Gary Settles, op. cit.

6. Johan B. Steen et al., "Olfaction in bird dogs during hunting", *Acta Physiologica Scandinavica*, 1996, pp. 115-9.

7. D. Krestel et al., "Behavioral determination of olfactory thresholds to amyl acetate in dogs", *Neuroscience and Biobehavioral Reviews*, 1984, pp. 169-74; Diane Beidler Walker et al., "Naturalistic quantification of canine olfactory sensitivity", *Applied Animal Behaviour Science*, 2006, pp. 241-54; M. Wackermannová, L. Pinc e L. Jebavý, "Olfactory sensitivity in mammalian species", *Physiological Research*, 2016, pp. 369-90.

8. D. Krestel et al., op. cit. [Referência da nota de rodapé]

9. Peter Hepper, "The discrimination of human odor by the dog", *Perception*, 1988, pp. 549-54.

10. Peter Hepper e Deborah Wells, "How many footsteps do dogs need to determine the direction of an odor trail?", *Chemical Senses*, 2005, pp. 291-8.

11. J. Edward King, R. Frederick Becker e J.E. Markee, "Studies on olfactory discrimination in dogs: (3) Ability to detect human odor trace", *Animal Behaviour*, 1964, pp. 311-5.

12. Benjamin Smith et al., "A survey of frog odorous secretions, their possible functions and phylogenetic significance", *Applied Herpetology*, 2004, pp. 47-82. [Referência da nota de rodapé, após "rãs estressadas"]

13. Ashadee Kay Miller et al., "African elephants (*Loxodonta africana*) can detect TNT using olfaction: Implications for biosensor application", *Applied Animal Behaviour Science*, 2015, pp. 177-83. [Referência da nota de rodapé, após "cobra venenosa africana"]

14. Alexandra Horowitz e Becca Franks, "What smells? Gauging attention to olfaction in canine cognition research", *Animal Cognition*, 2020, pp. 11-8. [Referência da nota de rodapé]

15. Charlotte Duranton e Alexandra Horowitz, "Let me sniff! Nosework induces positive judgment bias in pet dogs", *Applied Animal Behaviour Science*, 2019, pp. 61-6.

16. Henry Pihlström et al., "Scaling of mammalian ethmoid bones can predict olfactory organ size and performance", *Proceedings of the Royal Society B: Biological Sciences*, 2005, pp. 957-62.

17. Matthias Laska, "Human and animal olfactory capabilities compared". In: Andrea Buettner (Org.). *Springer handbook of odor*, 2017. pp. 81-2.

18. John P. McGann, "Poor human olfaction is a 19th-century myth", *Science*, 2017.

19. Tali Weiss et al., "Human olfaction without apparent olfactory bulbs", *Neuron*, 2020, pp. 35-45.e5. [Referência da nota de rodapé]

20. Charles Darwin, *The descent of man, and selection in relation to sex*, 1871, p. 24.

21. Immanuel Kant, *Anthropology, history, and education*, 2007, p. 270.

22. Asifa Majid, "Cultural factors shape olfactory language", *Trends in Cognitive Sciences*, 2015, pp. 629-30.

23. Diane Ackerman, *A natural history of the senses*, 1991, p. 6.

24. Asifa Majid et al., "What makes a better smeller?", *Perception*, 2017, pp. 406-30; Asifa Majid e Nicole Kruspe, "Hunter-gatherer olfaction is special", *Current Biology*, 2018, pp. 409-13.

25. Jess Porter et al., "Mechanisms of scent-tracking in humans", *Nature Neuroscience*, 2007, pp. 27-9.

26. Justin E. Silpe e Bonnie L. Bassler, "A host-produced quorum-sensing autoinducer controls a phage lysis-lysogeny decision", *Cell*, 2019, pp. 268-80.

27. David B. Dusenbery, *Sensory ecology: How organisms acquire and respond to information*, 1992.

28. Uma excelente revisão sobre os fundamentos do olfato pode ser encontrada em Andreas Keller e Leslie B. Vosshall, "Human olfactory psychophysics", *Current Biology*, 2004b, pp. R875-8.

29. Ibid. [Referência da nota de rodapé]

30. Aharon Ravia et al., "A measure of smell enables the creation of olfactory metamers", *Nature*, 2020, pp. 118-23. [Referência da nota de rodapé]

31. Artigos sobre cheiro: Heather L. Eisthen, "Why are olfactory systems of different animals so similar?", *Brain, Behavior and Evolution*, 2002, pp. 273-93; Barry W. Ache e Janet M. Young, "Olfaction: Diverse species, conserved principles", *Neuron*, 2005, pp. 417-30; Cornelia I. Bargmann, "Comparative chemosensation from receptors to ecology", *Nature*, 2006, pp. 295-301.

32. Stuart Firestein, "A Nobel nose: The 2004 Nobel Prize in Physiology and Medicine", *Neuron*, 2005, pp. 333-8.

33. Andreas Keller e Leslie B. Vosshall, "A psychophysical test of the vibration theory of olfaction", *Nature Neuroscience*, 2004a, pp. 337-8. [Referência da nota de rodapé]

34. Andreas Keller et al., "Genetic variation in a human odorant receptor alters odour perception", *Nature*, 2007, pp. 468-72.

35. Richard G. Vogt e Lynn M. Riddiford, "Pheromone binding and inactivation by moth antennae", *Nature*, 1981, pp. 161-3.

36. Nicole M. Kalberer, C. E. Reisenman e John G. Hildebrand, "Male moths bearing transplanted female antennae express characteristically female behaviour and central neural activity", *Journal of Experimental Biology*, 2010, pp. 1272-80.

37. Jelle Atema, "Opening the chemosensory world of the lobster, Homarus americanus", *Bulletin of Marine Science*, 2018, pp. 479-516.

38. Kenneth F. Haynes et al., "Aggressive chemical mimicry of moth pheromones by a bolas spider: How does this specialist predator attract more than one species of prey?", *Chemoecology*, 2002, pp. 99-105.

39. Há um artigo de Tristam Wyatt sobre os feromônios, "How animals communicate via pheromones", *American Scientist*, 2015a, p. 114.

40. Id., "The search for human pheromones: The lost decades and the necessity of returning to first principles", *Proceedings of the Royal Society B: Biological Sciences*, 2015b, p. 20142994.

41. Ibid. [Referência da nota de rodapé]

42. Sara Diana Leonhardt et al., "Ecology and evolution of communication in social insects", *Cell*, 2016, pp. 1277-87.

43. James Tumlinson et al., "Identification of the trail pheromone of a leaf-cutting ant, *Atta texana*", *Nature*, 1971, pp. 348-9.

44. Kavita R. Sharma et al., "Cuticular hydrocarbon pheromones for social behavior and their coding in the ant antenna", *Cell Reports*, 2015, pp. 1261-71.

45. Thibaud Monnin et al., "Pretender punishment induced by chemical signalling in a queenless ant", *Nature*, 2002, pp. 61-5.

46. Alan Lenoir et al., "Chemical ecology and social parasitism in ants", *Annual Review of Entomology*, 2001, pp. 573-99.

47. Theodore Christian Schneirla, "A unique case of circular milling in ants, considered in relation to trail following and the general problem of orientation", *American Museum Novitates*, 1944.

48. Ed Yong, "America is trapped in a pandemic spiral", *The Atlantic*, 2020. [Referência da nota de rodapé]

49. Edward Osborne Wilson, N. I. Durlach e L. M. Roth, "Chemical releasers of necrophoric behavior in ants", *Psyche*, 1958, pp. 108-14.

50. Deborah Treisman, "Ants and answers: A conversation with E. O. Wilson", *The New Yorker*, 2010.

51. Patrizia D'Ettorre, "Genomic and brain expansion provide ants with refined sense of smell", *Proceedings of the National Academy of Sciences*, 2016, pp. 13947-9.

52. Corrie S. Moreau et al., "Phylogeny of the ants: Diversification in the age of angiosperms", *Science*, 2006, pp. 101-4.

53. Sean McKenzie e Daniel J. C. Kronauer, "The genomic architecture and molecular evolution of ant odorant receptors", *Genome Research*, 2018, pp. 1757-65.

54. Ibid.

55. Waring Trible et al., "Orco mutagenesis causes loss of antennal lobe glomeruli and impaired social behavior in ants", *Cell*, 2017, pp. 727-35.e10.

56. Auguste Forel, *Les fourmis de la Suisse: Systématique, notices anatomiques et physiologiques, architecture, distribution géographique, nouvelles expériences et observations de mœurs*, 1874. [Referência da nota de rodapé]

57. Jelle Atema, "Opening the chemosensory world of the lobster, Homarus americanus", *Bulletin of Marine Science*, 2018, pp. 479-516.

58. Sarah A. Roberts et al., "Darcin: A male pheromone that stimulates female memory and sexual attraction to an individual male's odour", *BMC Biology*, 2010.

59. Florian P. Schiestl et al., "Sex pheromone mimicry in the early spider orchid (*Ophrys sphegodes*): Patterns of hydrocarbons as the key mechanism for pollination by sexual deception", *Journal of Comparative Physiology A*, 2000, pp. 567-74.

60. Edward Osborne Wilson, "Pheromones and other stimuli we humans don't get, with E. O. Wilson", *Big Think*, 2015.

61. Yoshihito Niimura, Atsusi Matsui e Kazushige Touhara, "Extreme expansion of the olfactory receptor gene repertoire in African elephants and evolutionary dynamics of orthologous gene groups in 13 placental mammals", *Genome Research*, 2014, pp. 1485-96.

62. Clare McArthur et al., "Plant volatiles are a salient cue for foraging mammals: Elephants target preferred plants despite background plant odor", *Animal Behaviour*, 2019, pp. 199-216.

63. Ashadee Kay Miller et al., "African elephants (*Loxodonta africana*) can detect TNT using olfaction: Implications for biosensor application", *Applied Animal Behaviour Science*, 2015, pp. 177-83.

64. Katharina E. M. von Dürckheim et al., "African elephants (*Loxodonta africana*) display remarkable olfactory acuity in human scent matching to sample performance", *Applied Animal Behaviour Science*, 2018, pp. 123-9.

65. Joshua M. Plotnik et al., "Elephants have a nose for quantity", *Proceedings of the National Academy of Sciences*, 2019, pp. 12566-71.

66. Lucy A. Bates et al., "Elephants classify human ethnic groups by odor and garment color", *Current Biology*, 2007, pp. 1938-42.

67. Cynthia J. Moss, *Elephant memories: Thirteen years in the life of an elephant family*. Chicago: University of Chicago Press, 2000.

68. Jane Hurst et al., *Chemical signals in vertebrates II*, 2008.

69. Lois Elizabeth Little-Rasmussen et al., "Insect pheromone in elephants", *Nature*, 1996, p. 684.

70. Lois Elizabeth Little-Rasmussen e B. A. Schulte, "Chemical signals in the reproduction of Asian (*Elephas maximus*) and African (*Loxodonta africana*) elephants", *Animal Reproduction Science*, 1998, pp. 19-34.

71. Jane Hurst et al., op. cit.

72. Lucy A. Bates et al., "African elephants have expectations about the locations of out-of-sight family members", *Biology Letters*, 2008, pp. 34-6.

73. Ashadee Kay Miller et al., "An ambusher's arsenal: Chemical crypsis in the puff adder (*Bitis arietans*)", *Proceedings of the Royal Society B: Biological Sciences*, 2015.

74. Eva M. Ramey et al., "Desert-dwelling African elephants (*Loxodonta africana*) in Namibia dig wells to purify drinking water", *Pachyderm*, 2013, pp. 66-72.

75. Lois Elizabeth Little-Rasmussen e V. Krishnamurthy, "How chemical signals integrate Asian elephant society: The known and the unknown", *Zoo Biology*, 2000, pp. 405-23.

76. Warren J. Wisby e Arthur D. Hasler, "Effect of olfactory occlusion on migrating silver salmon (*O. kisutch*)", *Journal of the Fisheries Research Board of Canada*, 1954, pp. 472-8.

77. Verner P. Bingman et al., "Importance of the antenniform legs, but not vision, for homing by the neotropical whip spider *Paraphrynus laevifrons*", *Journal of Experimental Biology*, 2017, pp. 885-90.

78. Megan A. Owen et al., "An experimental investigation of chemical communication in the polar bear: Scent communication in polar bears", *Journal of Zoology*, 2015, pp. 36-43.

79. Lucia F. Jacobs, "From chemotaxis to the cognitive map: The function of olfaction", *Proceedings of the National Academy of Sciences*, 2012, pp. 10693-700.

80. Kenneth E. Stager, "The role of olfaction in food location by the turkey vulture (*Cathartes aura*)", *Contributions in Science*, 1964, pp. 1-63; Tim Birkhead, *Bird sense: What it's like to be a bird*, 2013; Joe Eaton, "When it comes to smell, the turkey vulture stands (nearly) alone", *Bay Nature*, 2014.

81. John James Audubon, "Account of the habits of the turkey buzzard (Vultur aura), particularly with the view of exploding the opinion generally entertained of its extraordinary power of smelling", *Edinburgh New Philosophical Journal*, 1826, pp. 172-84.

82. Kenneth E. Stager, "The role of olfaction in food location by the turkey vulture (*Cathartes aura*)", *Contributions in Science*, 1964, pp. 1-63. [Referência da nota de rodapé]

83. Um panorama histórico da influência de Bang e Wenzel pode ser encontrado em Gabrielle A. Nevitt e Julie C. Hagelin, "Symposium overview: Olfaction in birds: A dedication to the pioneering spirit of Bernice Wenzel and Betsy Bang", *Annals of the New York Academy of Sciences*, 2009, pp. 424-27.

84. Betsy Garrett Bang, "Anatomical evidence for olfactory function in some species of birds", *Nature*, 1960, pp. 547-9; Betsy Garrett Bang e Stanley Cobb, "The size of the olfactory bulb in 108 species of birds", *The Auk*, 1968, pp. 55-61.

85. Gabrielle A. Nevitt e Julie C. Hagelin, op. cit.

86. Darla K. Zelenitsky, François Therrien e Yoshitsugu Kobayashi, "Olfactory acuity in theropods: Palaeobiological and evolutionary implications", *Proceedings of the Royal Society B: Biological Sciences*, 2009, pp. 667-73. [Referência da nota de rodapé]

87. Michael H. Sieck e Bernice M. Wenzel, "Electrical activity of the olfactory bulb of the pigeon", *Electroencephalography and Clinical Neurophysiology*, 1969, pp. 62-9.

88. Id., "Olfactory perception and bulbar electrical activity in several avian species", *Physiology & Behavior*, 1972, pp. 287-93.

89. Gabrielle A. Nevitt e Julie C. Hagelin, op. cit.

90. Gabrielle A. Nevitt, "Olfactory foraging by Antarctic procellariiform seabirds: Life at high Reynolds numbers", *Biological Bulletin*, 2000, pp. 245-53.

91. Gabrielle A. Nevitt, Richard R. Veit e Peter Kareiva, "Dimethyl sulphide as a foraging cue for Antarctic procellariiform seabirds", *Nature*, 1995, pp. 680-2.

92. Gabrielle A. Nevitt e Francesco Bonadonna, "Sensitivity to dimethyl sulphide suggests a mechanism for olfactory navigation by seabirds", *Biology Letters*, 2005, pp. 303-5.

93. Francesco Bonadonna et al., "Evidence that blue petrel, *Halobaena caerulea*, fledglings can detect and orient to dimethyl sulfide", *Journal of Experimental Biology*, pp. 2165-9, 2006; Richard W. Van Buskirk e Nevitt, "The influence of developmental environment on the evolution of olfactory foraging behaviour in procellariiform seabirds", *Journal of Evolutionary Biology*, 2008, pp. 67-76.

94. Gabrielle A. Nevitt, Marcel Losekoot e Henri Weimerskirch, "Evidence for olfactory search in wandering albatross, *Diomedea exulans*", *Proceedings of the National Academy of Sciences*, 2008, pp. 4576-81. [Referência da nota de rodapé]

95. Gabrielle A. Nevitt, "Sensory ecology on the high seas: The odor world of the procellariiform seabirds", *Journal of Experimental Biology*, 2008, pp. 1706-13; Gabrielle A. Nevitt, Marcel Losekoot e Henri Weimerskirch, op. cit.

96. Anna Gagliardo et al., "Oceanic navigation in Cory's shearwaters: Evidence for a crucial role of olfactory cues for homing after displacement", *Journal of Experimental Biology*, 2013, pp. 2798-805.

97. Adam Nicolson, *The seabird's cry*, 2018, p. 230.

98. Noam Sobel et al., "The world smells different to each nostril", *Nature*, 1999, p. 35.

99. Kurt Schwenk, "Why snakes have forked tongues", *Science*, 1994, pp. 1573-7.

100. Richard Shine et al., "Antipredator responses of free-ranging pit vipers (*Gloydius shedaoensis*, Viperidae)", *Copeia*, 2002, pp. 843-50.

101. Neil B. Ford e James R. Low, "Sex pheromone source location by garter snakes", *Journal of Chemical Ecology*, 1984, pp. 1193-9.

102. Kurt Schwenk, op. cit.

103. Rulon W. Clark, "Timber rattlesnakes (*Crotalus horridus*) use chemical cues to select ambush sites", *Journal of Chemical Ecology*, 2004, pp. 607-17; Rulon W. Clark e Geoff Ramirez, "Rosy boas (*Lichanura trivirgata*) use chemical cues to identify female mice (*Mus musculus*) with litters of dependent young", *Herpetological Journal*, 2011, pp. 187-91. [Referência da nota de rodapé]

104. Andrew Durso, "Non-toxic venoms? Life is short, but snakes are long", Snakes Are Long, 2013.

105. David Chiszar et al., "Strike-induced chemosensory searching by rattlesnakes: The role of envenomation-related chemical cues in the post-strike environment". In: Dietland Müller-Schwarze, Robert M. Silverstein (Orgs.), *Chemical signals in vertebrates*, 1983,

pp. 1-24; David Chiszar, Adam Walters e Hobart M. Smith, "Rattlesnake preference for envenomated prey: Species specificity", *Journal of Herpetology*, 2008, pp. 764-7.

106. Charles F. Smith et al., "The spatial and reproductive ecology of the copperhead (*Agkistrodon contortrix*) at the northeastern extreme of its range", *Herpetological Monographs*, 2009, pp. 45-73.

107. William Ryerson, *Why snakes flick their tongues: A fluid dynamics approach*, 2014.

108. Kosha N. Baxi, Kathleen M. Dorries e Heather L. Eisthen, "Is the vomeronasal system really specialized for detecting pheromones?", *Trends in Neurosciences*, 2006, pp. 1-7.

109. Kenneth V. Kardong e Herman Berkhoudt, "Rattlesnake hunting behavior: Correlations between plasticity of predatory performance and neuroanatomy", *Brain, Behavior and Evolution*, 1999, pp. 20-8.

110. Kosha N. Baxi, Kathleen M. Dorries e Heather L. Eisthen, op. cit., pp. 1-7.

111. Stephanie Pain, "Stench warfare", *New Scientist*, 2001.

112. David A. Yarmolinsky, Charles S. Zuker e Nicholas J. P. Ryba, "Common sense about taste: From mammals to insects", *Cell*, 2009, pp. 234-44.

113. Stephen M. Secor, "Digestive physiology of the Burmese python: Broad regulation of integrated performance", *Journal of Experimental Biology*, 2008, pp. 3767-74. [Referência da nota de rodapé]

114. Maria Gabriela de Brito Sanchez et al., "The tarsal taste of honey bees: Behavioral and electrophysiological analyses", *Frontiers in Behavioral Neuroscience*, 2014.

115. Vladimiros Thoma et al., "Functional dissociation in sweet taste receptor neurons between and within taste organs of Drosophila", *Nature Communications*, 2016, p. 10678.

116. Joop C. Van Lenteren et al., "Structure and electrophysiological responses of gustatory organs on the ovipositor of the parasitoid *Leptopilina heterotoma*", *Arthropod Structure & Development*, 2007, pp. 271-6.

117. Emily J. Dennis, Olivia V. Goldman e Leslie B. Vosshall, "*Aedes aegypti* mosquitoes use their legs to sense DEET on contact", *Current Biology*, 2019, pp. 1551-6.

118. Hussein Raad et al., "Functional gustatory role of chemoreceptors in Drosophila wings", *Cell Reports*, 2016, pp. 1442-54.

119. Aya Yanagawa, Alexandra M. A. Guigue e Frédéric Marion-Poll, "Hygienic grooming is induced by contact chemicals in *Drosophila melanogaster*", *Frontiers in Behavioral Neuroscience*, 2014, p. 254.

120. Jelle Atema, "Structures and functions of the sense of taste in the catfish (*Ictalurus natalis*)", *Brain, Behavior and Evolution*, 1971, pp. 273-94; John Caprio et al., "The taste system of the channel catfish: From biophysics to behavior", *Trends in Neurosciences*, 1993, pp. 192-7.

121. Alexander O. Kasumyan, "The taste system in fishes and the effects of environmental variables", *Journal of Fish Biology*, 2019, pp. 155-78.

122. John Caprio, "High sensitivity of catfish taste receptors to amino acids", *Comparative Biochemistry and Physiology Part A: Physiology*, 1975, pp. 247-51.

123. John Caprio et al., "The taste system of the channel catfish: From biophysics to behavior", *Trends in Neurosciences*, 1993, pp. 192-7. [Referência da nota de rodapé]

124. Peihua Jiang et al., "Major taste loss in carnivorous mammals", *Proceedings of the National Academy of Sciences*, 2012, pp. 4956-61.

125. Lei Shan et al., "Lineage-specific evolution of bitter taste receptor genes in the giant and red pandas implies dietary adaptation", *Integrative Zoology*, 2018, pp. 152-9.

126. Rebecca N. Johnson et al., "Adaptation and conservation insights from the koala genome". *Nature Genetics*, v. 50, n. 8, pp. 1102–11, 2018.

127. Yasuka Toda et al., "Early origin of sweet perception in the songbird radiation", *Science*, 2021, pp. 226-31.

128. Maude W. Baldwin et al., "Evolution of sweet taste perception in hummingbirds by transformation of the ancestral umami receptor", *Science*, 2014, pp. 929-33. [Referência da nota de rodapé]

129. Dan-Eric Nilsson, "The evolution of eyes and visually guided behaviour", *Philosophical Transactions of the Royal Society B: Biological Sciences*, 2009, pp. 2833-47.

2. Maneiras infinitas de ver [pp. 62-93]

1. Fiona R. Cross et al., "Arthropod intelligence? The case for *Portia*", *Frontiers in Psychology*, 2020.

2. Nathan Morehouse, "Spider vision", *Current Biology*, 2020, pp. R975-80.

3. Michael Land escreveu ótimas ponderações de seus próprios trabalhos, como *Eyes to see: The astonishing variety of vision in nature*, 2018.

4. Michael Land, "Movements of the retinae of jumping spiders (Salticidae: Dendryphantinae) in response to visual stimuli", *Journal of Experimental Biology*, 1969a, pp. 471-93; "Structure of the retinae of the principal eyes of jumping spiders (Salticidae: Dendryphantinae) in relation to visual optics", *Journal of Experimental Biology*, 1969b, pp. 443-70.

5. Michael Land, *Eyes to see: The astonishing variety of vision in nature*, 2018, p. 107.

6. Elizabeth M. Jakob et al., "Lateral eyes direct principal eyes as jumping spiders track objects", *Current Biology*, 2018, pp. R1092-3.

7. Dan-Eric Nilsson et al., "A unique advantage for giant eyes in giant squid", *Current Biology*, 2012, pp. 683-8; Alexey A. Polilov, "The smallest insects evolve anucleate neurons", *Arthropod Structure & Development*, 2012, pp. 29-34.

8. Um artigo sobre os olhos dos animais pode ser encontrado em Dan-Eric Nilsson, "The evolution of eyes and visually guided behaviour", *Philosophical Transactions of the Royal Society B: Biological Sciences*, 2009, pp. 283-47.

9. Annette Stowasser et al., "Biological bifocal lenses with image separation", *Current Biology*, 2010, pp. 1482-6; Kate N. Thomas, Bruce H. Robison e Sönke Johnsen, "Two eyes for two purposes: In situ evidence for asymmetric vision in the cockeyed squids *Histioteuthis heteropsis* and *Stigmatoteuthis dofleini*", *Philosophical Transactions of the Royal Society B: Biological Sciences*, 2017, p. 20160069.

10. Ling Li et al., "Multifunctionality of chiton biomineralized armor with an integrated visual system", *Science*, 2015, pp. 952-6.

11. John T. Goté et al., "Growing tiny eyes: How juvenile jumping spiders retain high visual performance in the face of size limitations and developmental constraints", *Vision Research*, 2019, pp. 24-36.

12. Sönke Johnsen, *The optics of life: A biologist's guide to light in nature*, 2012, p. 2.

13. Megan L. Porter et al., "Shedding new light on opsin evolution", *Proceedings of the Royal Society B: Biological Sciences*, 2012, pp. 3-14.

14. Ibid. [Referência da nota de rodapé]

15. *Visual Ecology*, de Thomas W. Cronin et al. (2014), é uma leitura fantástica e acessível sobre a visão e seus muitos usos.

16. Dan-Eric Nilsson, "The evolution of eyes and visually guided behaviour", *Philosophical Transactions of the Royal Society B: Biological Sciences*, 2009, pp. 2833-47.

17. David C. Plachetzki, Caitlin R. Fong e Todd H. Oakley, "Cnidocyte discharge is regulated by light and opsin-mediated phototransduction", *BMC Biology*, 2012.

18. Jenna M. Crowe-Riddell et al., "Phototactic tails: Evolution and molecular basis of a novel sensory trait in sea snakes", *Molecular Ecology*, 2019, pp. 2013-28.

19. Alexandra C. N. Kingston et al., "Visual phototransduction components in cephalopod chromatophores suggest dermal photoreception", *Journal of Experimental Biology*, 2015, pp. 1596-602.

20. Kentaro Arikawa, "Hindsight of butterflies: The Papilio butterfly has light sensitivity in the genitalia, which appears to be crucial for reproductive behavior", *BioScience*, 2001, pp. 219-25.

21. Andrew Parker, *In the blink of an eye: How vision sparked the big bang of evolution*, 2004.

22. Charles Darwin, *The origin of species by means of natural selection*, 1958, p. 171.

23. Natasha Picciani et al., "Prolific origination of eyes in Cnidaria with co-option of non-visual opsins", *Current Biology*, 2018, pp. 2413-9.

24. Dan-Eric Nilsson e Susanne Pelger, "A pessimistic estimate of the time required for an eye to evolve", *Proceedings of the Royal Society B: Biological Sciences*, 1994, pp. 53-8. [Referência da nota de rodapé]

25. Anders Garm e Dan-Eric Nilsson, "Visual navigation in starfish: First evidence for the use of vision and eyes in starfish", *Proceedings of the Royal Society B: Biological Sciences*, 2014.

26. Nils Schuergers et al., "Cyanobacteria use micro-optics to sense light direction", *eLife*, 2016, p. e12620. [Referência da nota de rodapé, após "retina"]

27. Gregory Gavelis et al., "Eye-like ocelloids are built from different endosymbiotically acquired components", *Nature*, 2015, pp. 204-7. [Referência da nota de rodapé]

28. Tim Caro, *Zebra stripes*, 2016.

29. Amanda D. Melin et al., "Zebra stripes through the eyes of their predators, zebras, and humans", *PLOS One*, 2016, p. e0145679.

30. Tim Caro et al., "Benefits of zebra stripes: Behaviour of tabanid flies around zebras and horses", *PLOS One*, 2019, p. e0210831. [Referência da nota de rodapé]

31. Uma excelente revisão sobre a acuidade visual em animais pode ser encontrada em Eleanor M. Caves, Nicholas C. Brandley e Sönke Johnsen, "Visual acuity and the evolution of signals", *Trends in Ecology & Evolution*, 2018, pp. 358-72.

32. Liz Reymond, "Spatial visual acuity of the eagle *Aquila audax*: A behavioural, optical and anatomical investigation", *Vision Research*, 1985, pp. 1477-91; Mindaugas Mitkus et al., "Raptor vision". In: Murray Sherman (Org.), *Oxford research encyclopedia of neuroscience*, 2018.

33. Robert Fox, Stephen W. Lehmkuhle e David H. Westendorf, "Falcon visual acuity", *Science*, 1976, pp. 263-5. [Referência da nota de rodapé]

34. Eleanor M. Caves, Nicholas C. Brandley e Sönke Johnsen, "Visual acuity and the evolution of signals", *Trends in Ecology & Evolution*, 2018, pp. 358-72.

35. Carrie C. Veilleux e E. Christopher Kirk, "Visual acuity in mammals: Effects of eye size and ecology", *Brain, Behavior and Evolution*, 2014, pp. 43-53; Eleanor M. Caves, Nicholas C. Brandley e Sönke Johnsen, op. cit.

36. Kathrin D. Feller et al., "Surf and turf vision: Patterns and predictors of visual acuity in compound eye evolution", *Arthropod Structure & Development*, 2021.

37. Kuno Kirschfeld, "The resolution of lens and compound eyes". In: Friedrich Zettler e Reto Weiler (Orgs.), *Neural principles in vision*, 1976. pp. 354-70.

38. Mindaugas Mitkus et al., "Raptor vision". In: Murray Sherman (Org.), *Oxford research encyclopedia of neuroscience*, 2018.

39. Michael Land, "A multilayer interference reflector in the eye of the scallop, Pecten maximus", *Journal of Experimental Biology*, 1966, pp. 433-47.

40. Daniel I. Speiser e Sönke Johnsen, "Comparative morphology of the concave mirror eyes of scallops (Pectinoidea)", *American Malacological Bulletin*, 2008a, pp. 27-33. [Referência da nota de rodapé]

41. Daniel I. Speiser e Sönke Johnsen, "Scallops visually respond to the size and speed of virtual particles", *Journal of Experimental Biology*, 2008b, pp. 2066-70.

42. Michael Land, *Eyes to see: The astonishing variety of vision in nature*, 2018. [Referência da nota de rodapé]

43. Benjamin A. Palmer et al., "The image-forming mirror in the eye of the scallop", *Science*, 2017, pp. 1172-5. [Referência da nota de rodapé, após "controlar o seu crescimento"]

44. Ling Li et al., "Multifunctionality of chiton biomineralized armor with an integrated visual system", *Science*, 2015, pp. 952-6. [Referência da nota de rodapé, após "pequenos olhos"]

45. Michael J. Bok, María Capa e Dan-Eric Nilsson, "Here, there and everywhere: The radiolar eyes of fan worms (Annelida, Sabellidae)", *Integrative and Comparative Biology*, 2016, pp. 784-95. [Referência da nota de rodapé, após "repletos de olhos"]

46. Michael Land, "The spatial resolution of the pinhole eyes of giant clams (*Tridacna maxima*)", *Proceedings of the Royal Society B: Biological Sciences*, 2003, pp. 185-8. [Referência da nota de rodapé, após "centenas de olhos"]

47. Lauren Sumner-Rooney et al., "Evolution in the dark: Unifying our understanding of eye loss", *Integrative and Comparative Biology*, 2018, pp. 367-71.

48. Esther M. Ullrich-Luter et al., "Unique system of photoreceptors in sea urchin tube feet", *Proceedings of the National Academy of Sciences*, 2011, pp. 8367-72. [Referência da nota de rodapé]

49. Lauren Sumner-Rooney et al., "Extraocular vision in a brittle star is mediated by chromatophore movement in response to ambient light", *Current Biology*, 2020, pp. 319-27.

50. Martina Carrete et al., "Mortality at wind-farms is positively related to large-scale distribution and aggregation in griffon vultures", *Biological Conservation*, 2012, pp. 102-8.

51. Graham R. Martin, Steven Portugal e Campbell P. Murn, "Visual fields, foraging and collision vulnerability in Gyps vultures", *Ibis*, 2012, pp. 626-31.

52. Ver Graham R. Martin ("Through birds' eyes: Insights into avian sensory ecology", *Journal of Ornithology*, 2012, pp. 23-48), que também revisa e cita muitos dos artigos de Martin sobre o campo visual das aves.

53. Ibid.

54. Bret A. Moore et al., "Structure and function of regional specializations in the vertebrate retina". In: John H. Kaas e Georg F. Streidter (Orgs.), *Evolution of Nervous Systems*, 2017, pp. 351-72; Tom Baden, Thomas Euler e Philipp Berens, "Understanding the retinal basis of vision across species", *Nature Reviews Neuroscience*, 2020, pp. 5-20.

55. Marian Stamp Dawkins, "What are birds looking at? Head movements and eye use in chickens", *Animal Behaviour*, 2002, pp. 991-8.

56. Mindaugas Mitkus et al., "Raptor vision". In: Murray Sherman (Org.), *Oxford research encyclopedia of neuroscience*, 2018.
57. Simon Potier et al., "Eye size, fovea, and foraging ecology in accipitriform raptors", *Brain, Behavior and Evolution*, 2017, pp. 232-42.
58. Uma ampla gama de experimentos é revisada em Lesley J. Rogers, "The two hemispheres of the avian brain: Their differing roles in perceptual processing and the expression of behavior", *Journal of Ornithology*, 2012, pp. 61-74.
59. Wolf Hanke, Raffaela Römer e Guido Dehnhardt, "Visual fields and eye movements in a harbor seal (*Phoca vitulina*)", *Vision Research*, 2006, pp. 2804-14.
60. A. Hughes, "The topography of vision in mammals of contrasting life style: Comparative optics and retinal organization". In: Frederick Crescitelli (Org.), *The visual system in vertebrates*, 1977, pp. 613-756.
61. Uma excelente revisão da fragmentação nas retinas dos animais pode ser encontrada em Tom Baden, Thomas Euler e Philipp Berens, "Understanding the retinal basis of vision across species", *Nature Reviews Neuroscience*, 2020, pp. 5-20.
62. Alla M. Mass e Alexander Ya Supin, "Ganglion cell topography of the retina in the bottlenosed dolphin, Tursiops truncates", *Brain, Behavior and Evolution*, 1995, pp. 257-65; Tom Baden, Thomas Euler e Philipp Berens, "Understanding the retinal basis of vision across species", *Nature Reviews Neuroscience*, 2020, pp. 5-20.
63. Alla M. Mass e Alexander Ya Supin, "Adaptive features of aquatic mammals' eye", *The Anatomical Record*, 2007, pp. 701-15. [Referência da nota de rodapé]
64. Haddas Ketter Katz et al., "Eye movements in chameleons are not truly independent— Evidence from simultaneous monocular tracking of two targets", *Journal of Experimental Biology*, 2015, pp. 2097-105.
65. Michael W. Perry e Claude Desplan, "Love spots", *Current Biology*, 2016, pp. R484-5.
66. Gregory L. Owens et al., "In the four-eyed fish (*Anableps anableps*), the regions of the retina exposed to aquatic and aerial light do not express the same set of opsin genes", *Biology Letters*, 2012, pp. 86-9.
67. Julian C. Partridge et al., "Reflecting optics in the diverticular eye of a deep-sea barreleye fish (*Rhynchohyalus natalensis*)", *Proceedings of the Royal Society B: Biological Sciences*, 2014.
68. Kate N. Thomas, Bruce H. Robison e Sönke Johnsen, "Two eyes for two purposes: In situ evidence for asymmetric vision in the cockeyed squids *Histioteuthis heteropsis* and *Stigmatoteuthis dofleini*", *Philosophical Transactions of the Royal Society B: Biological Sciences*, 2017, p. 20160069.
69. Victor Benno Meyer-Rochow, "The eyes of mesopelagic crustaceans. II. *Streetsia challengeri* (amphipoda)", *Cell and Tissue Research*, 1978, pp. 337-49.
70. Eric Simons, "Backyard fly training and you", *Bay Nature*, 2020.
71. Trevor Wardill et al., "The miniature dipteran killer fly *Coenosia attenuata* exhibits adaptable aerial prey capture strategies", *Frontiers of Physiology Conference Abstract: International Conference on Invertebrate Vision*, 2013.
72. Paloma T. Gonzalez-Bellido, Trevor Wardill e Mikko Juusola, "Compound eyes and retinal information processing in miniature dipteran species match their specific ecological demands", *Proceedings of the National Academy of Sciences*, 2011, pp. 4224-9.
73. Ibid. [Referência da nota de rodapé]
74. Richard H. Masland, "Vision: Two speeds in the retina", *Current Biology*, 2017, pp. R303-5.

75. Simon B. Laughlin e Matti Weckström, "Fast and slow photoreceptors—A comparative study of the functional diversity of coding and conductances in the Diptera", *Journal of Comparative Physiology A*, 1993, pp. 593-609.

76. Vários resultados de CFFs de animais podem ser encontrados em Kevin Healy et al., "Metabolic rate and body size are linked with perception of temporal information", *Animal Behaviour*, 2013, pp. 685-96; Richard Inger et al., "Potential biological and ecological effects of flickering artificial light", *PLOS One*, 2014.

77. Kerstin A. Fritsches, Richard W. Brill e Wric J. Warrant, "Warm eyes provide superior vision in swordfishes", *Current Biology*, 2005, pp. 55-8.

78. Jannika E. Boström et al., "Ultra-rapid vision in birds", *PLOS One*, 2016.

79. Jennifer E. Evans et al., "Short-term physiological and behavioural effects of high-versus low-frequency fluorescent light on captive birds", *Animal Behaviour*, 2012, pp. 25-33. [Referência da nota de rodapé]

80. Philip Ruck, "A comparison of the electrical responses of compound eyes and dorsal ocelli in four insect species", *Journal of Insect Physiology*, 1958, pp. 261-74.

81. Eric J. Warrant et al., "Nocturnal vision and landmark orientation in a tropical halictid bee", *Current Biology*, 2004, pp. 1309-18.

82. David O'Carroll e Eric J. Warrant, "Vision in dim light: Highlights and challenges", *Philosophical Transactions of the Royal Society B: Biological Sciences*, 2017, p. 20160062.

83. Ibid.

84. Jeremy E. Niven e Simon B. Laughlin, "Energy limitation as a selective pressure on the evolution of sensory systems", *Journal of Experimental Biology*, 2008, pp. 1792-804; Damian Moran, Rowan Softley e Eric J. Warrant, "The energetic cost of vision and the evolution of eyeless Mexican cavefish", *Science Advances*, 2015.

85. Megan L. Porter e Lauren Sumner-Rooney, "Evolution in the dark: Unifying our understanding of eye loss", *Integrative and Comparative Biology*, 2018, pp. 367-71.

86. Ibid. [Referência da nota de rodapé]

87. Eric J. Warrant, "The remarkable visual capacities of nocturnal insects: Vision at the limits with small eyes and tiny brains", *Philosophical Transactions of the Royal Society B: Biological Sciences*, 2017, p. 20160063.

88. Karl-Arne Stokkan et al., "Shifting mirrors: Adaptive changes in retinal reflections to winter darkness in Arctic reindeer", *Proceedings of the Royal Society B: Biological Sciences*, 2013, p. 20132451. [Referência da nota de rodapé]

89. Christine E. Collins, Anita Hendrickson e John H. Kaas, "Overview of the visual system of Tarsius", *The Anatomical Record: Part A, Discoveries in Molecular, Cellular, and Evolutionary Biology*, 2005, pp. 1013-25.

90. Eric J. Warrant e N. Adam Locket, "Vision in the deep sea", *Biological Reviews of the Cambridge Philosophical Society*, 2004, pp. 671-712.

91. Duas ótimas revisões a respeito da visão dentro dos oceanos são de ibid.; e Sönke Johnsen, "Hide and seek in the open sea: Pelagic camouflage and visual countermeasures", *Annual Review of Marine Science*, 2014, pp. 369-92.

92. Edith Widder, "The Medusa", *NOAA Ocean Exploration*, 2019.

93. Sönke Johnsen e Edith Widder, "Mission logs: June 20, Here be monsters: We filmed a giant squid in America's backyard", *NOAA Ocean Exploration*, 2019.

94. Dan-Eric Nilsson et al., "A unique advantage for giant eyes in giant squid", *Current Biology*, 2012, pp. 683-8.

95. Ibid.
96. Mark Schrope, "Giant squid filmed in its natural environment", *Nature*, 2013. [Referência da nota de rodapé]
97. Almut Kelber, Anna Balkenius e Eric J. Warrant, "Scotopic colour vision in nocturnal hawkmoths", *Nature*, 2002, pp. 922-5.

3. Vermelhoxo, verdoxo e amareloxo [pp. 94-126]

1. Katharine Tansley, *Vision in vertebrates*, 1965.
2. Jay Neitz, Timothy Geist e Gerald H. Jacobs, "Color vision in the dog", *Visual Neuroscience*, 1989, pp. 119-25.
3. Ibid.
4. Para uma excelente base sobre a visão das cores, ver Daniel Osorio e Misha Vorobyev, "A review of the evolution of animal colour vision and visual communication signals", *Vision Research*, 2008, pp. 2042-51; Innes C. Cuthill et al., "The biology of color", *Science*, 2017, p. eaan0221; e o capítulo 7 de Cronin et al., *Visual Ecology*, 2014.
5. Um artigo sobre visão incomum de cores é Justin Marshall e Kentaro Arikawa, "Unconventional colour vision", *Current Biology*, 2014, pp. R1150-4.
6. Oliver Sacks e Robert Wasserman, "The case of the colorblind painter", *The New York Review of Books*, 19 nov. 1987.
7. Christopher A. Emerling e Mark S. Springer, "Genomic evidence for rod monochromacy in sloths and armadillos suggests early subterranean history for Xenarthra", *Proceedings of the Royal Society B: Biological Sciences*, 2015, p. 20142192.
8. Leo Peichl, "Diversity of mammalian photoreceptor properties: Adaptations to habitat and lifestyle?", *The Anatomical Record Part A: Discoveries in Molecular, Cellular, and Evolutionary Biology*, 2005, pp. 1001-12; Nathan Scott Hart et al., "Microspectrophotometric evidence for cone monochromacy in sharks", *Naturwissenschaften*, 2011, pp. 193-201.
9. Leo Peichl, Günther Behrmann e Ronald Kröger, "For whales and seals the ocean is not blue: A visual pigment loss in marine mammals", *The European Journal of Neuroscience*, 2001, pp. 1520-8.
10. Frederike D. Hanke e Almut Kelber, "The eye of the common octopus (*Octopus vulgaris*)", *Frontiers in Physiology*, 2020, p. 1637.
11. Masatsugu Seidou et al., "On the three visual pigments in the retina of the firefly squid, *Watasenia scintillans*", *Journal of Comparative Physiology A*, 1990, pp. 769-73. [Referência da nota de rodapé]
12. Vadim V. Maximov, "Environmental factors which may have led to the appearance of colour vision", *Philosophical Transactions of the Royal Society B: Biological Sciences*, 2000, pp. 1239-42.
13. Jay Neitz, Timothy Geist e Gerald H. Jacobs, "Color vision in the dog", *Visual Neuroscience*, 1989, pp. 119-25.
14. Sarah Catherine Paul e Martin Stevens, "Horse vision and obstacle visibility in horseracing", *Applied Animal Behaviour Science*, 2020, p. 104882.
15. Colour Blind Awareness, "Living with Colour Vision Deficiency".
16. Livia S. Carvalho et al., "The genetic and evolutionary drives behind primate color vision", *Frontiers in Ecology and Evolution*, 2017, p. 34.
17. Ibid.

18. Michael Pointer e Geoffrey G. Attridge, "The number of discernible colours", *Color Research & Application*, 1998, pp. 52-4; Jay Neitz, Joseph Carroll e Maureen Neitz, "Color vision: Almost reason enough for having eyes", *Optics & Photonics News*, 2001, pp. 26-33.

19. John Mollon, "'Tho' she kneel'd in that place where they grew...': The uses and origins of primate color vision", *Journal of Experimental Biology*, 1989, pp. 21-38; Daniel Osorio e Misha Vorobyev, "Colour vision as an adaptation to frugivory in primates", *Proceedings of the Royal Society B: Biological Sciences*, 1996, pp. 593-9; Andrew C. Smith et al., "The effect of colour vision status on the detection and selection of fruits by tamarins (Saguinus spp.)", *Journal of Experimental Biology*, 2003, pp. 3159-65.

20. Nathaniel J. Dominy e Peter W. Lucas, "Ecological importance of trichromatic vision to primates", *Nature*, 2001, pp. 363-6; Nathaniel J. Dominy, Jens Christian Svenning e Wen Hsiung Li, "Historical contingency in the evolution of primate color vision", *Journal of Human Evolution*, 2003, pp. 25-45.

21. Gerald Jacobs, "Within-species variations in visual capacity among squirrel monkeys (*Saimiri sciureus*): Color vision", *Vision Research*, 1984, pp. 1267-77.

22. Gerald Jacobs e Jay Neitz, "Inheritance of color vision in a New World monkey (*Saimiri sciureus*)", *Proceedings of the National Academy of Sciences*, 1987, pp. 2545-9.

23. Cézar A. Saito et al., "Alouatta trichromatic color vision—single-unit recording from retinal ganglion cells and microspectrophotometry", *Investigative Ophthalmology & Visual Science*, 2004. [Referência da nota de rodapé]

24. Gerald Jacobs e Jay Neitz, op. cit. [Referência da nota de rodapé]

25. Linda M. Fedigan et al., "The heterozygote superiority hypothesis for polymorphic color vision is not supported by long-term fitness data from wild neotropical monkeys", *PLOS One*, 2014.

26. Amanda D. Melin et al., "Effects of colour vision phenotype on insect capture by a free-ranging population of white-faced capuchins, *Cebus capucinus*", *Animal Behaviour*, 2007, pp. 205-14; "Trichromacy increases fruit intake rates of wild capuchins (*Cebus capucinus imitator*)", *Proceedings of the National Academy of Sciences*, 2017, pp. 10402-7.

27. Katherine Mancuso et al., "Gene therapy for red-green colour blindness in adult primates", *Nature*, 2009, pp. 784-7.

28. John Lubbock, "Observations on ants, bees, and wasps: Part VIII", *Journal of the Linnean Society of London, Zoology*, 1881, pp. 362-87.

29. David B. Dusenbery, *Sensory ecology: How organisms acquire and respond to information*, 1992. [Referência da nota de rodapé]

30. Para uma excelente visão geral sobre visão UV e sua história, ver Thomas W. Cronin e Michael J. Bok, "Photoreception and vision in the ultraviolet", *Journal of Experimental Biology*, 2016, pp. 2790-801.

31. Timothy H. Goldsmith, "Hummingbirds see near ultraviolet light", *Science*, 1980, pp. 786-8.

32. Gerald Jacobs, Jay Neitz e Jess F. Deegan, "Retinal receptors in rodents maximally sensitive to ultraviolet light", *Nature*, 1991, pp. 655-6.

33. Ron H. Douglas e Glen Jeffery, "The spectral transmission of ocular media suggests ultraviolet sensitivity is widespread among mammals", *Proceedings of the Royal Society B: Biological Sciences*, 2014, p. 20132995.

34. Carl Zimmer, "Monet's ultraviolet eye", *Download the Universe*, 2012.

35. Cynthia Tedore e Dan-Eric Nilsson, "Avian UV vision enhances leaf surface contrasts in forest environments", *Nature Communications*, 2019, p. 238.

36. Justin Marshall, Karen L. Carleton e Thomas W. Cronin, "Colour vision in marine organisms", *Current Opinions in Neurobiology*, 2015, pp. 86-94. [Referência da nota de rodapé]

37. Nicholas Tyler et al., "Ultraviolet vision may enhance the ability of reindeer to discriminate plants in snow", *Arctic*, 2014, pp. 159-66.

38. Richard B. Primack, 1982. "Ultraviolet patterns in flowers, or flowers as viewed by insects", *Arnoldia*, 1982, pp. 139-46.

39. Marie E. Herberstein, A. M. Heiling e Ken Cheng, "Evidence for UV-based sensory exploitation in Australian but not European crab spiders", *Evolutionary Ecology*, 2009, pp. 621-34.

40. Staffan Andersson, Jonas Ornborg e Malte Andersson, "Ultraviolet sexual dimorphism and assortative mating in blue tits", *Proceedings of the Royal Society B: Biological Sciences*, 1998, pp. 445-50; Sarah Hunt et al., "Blue tits are ultraviolet tits", *Proceedings of the Royal Society B: Biological Sciences*, 1998, pp. 451-5.

41. Muit D. Eaton, "Human vision fails to distinguish widespread sexual dichromatism among sexually 'monochromatic' birds", *Proceedings of the National Academy of Sciences*, 2005, pp. 10942-6.

42. Molly E. Cummings, Gil G. Rosenthal e Michael J. Ryan, "A private ultraviolet channel in visual communication", *Proceedings of the Royal Society B: Biological Sciences*, 2003, pp. 897-904.

43. Ulrike E. Siebeck et al., "A species of reef fish that uses ultraviolet patterns for covert face recognition", *Current Biology*, 2010, pp. 407-10.

44. Martin Stevens e Innes C. Cuthill, "Hidden messages: Are ultraviolet signals a special channel in avian communication?", *BioScience*, 2007, pp. 501-7.

45. Jussi Viitala et al., "Attraction of kestrels to vole scent marks visible in ultraviolet light", *Nature*, 1995, pp. 425-7. [Referência da nota de rodapé]

46. Olle Lind et al., "Ultraviolet sensitivity and color vision in raptor foraging", *Journal of Experimental Biology*, 2013, pp. 1819-26. [Referência da nota de rodapé]

47. Mary Caswell Stoddard et al., "Wild hummingbirds discriminate nonspectral colors", *Proceedings of the National Academy of Sciences*, 2020, pp. 15112-22.

48. Um artigo clássico sobre a visualização das cores é de Almut Kelber, Misha Vorobyev e Daniel Osorio, "Animal colour vision—Behavioural tests and physiological concepts", *Biological Reviews of the Cambridge Philosophical Society*, 2003, pp. 81-118.

49. Mary Caswell Stoddard et al., op. cit., 2020.

50. Mary Caswell Stoddard et al., "I see your false colors: How artificial stimuli appear to different animal viewers", *Interface Focus*, 2019, p. 20180053.

51. Christa Neumeyer, "Tetrachromatic color vision in goldfish: Evidence from color mixture experiments", *Journal of Comparative Physiology A*, 1992, pp. 639-49.

52. Shaun P. Collin et al., "The evolution of early vertebrate photoreceptors", *Philosophical Transactions of the Royal Society B: Biological Sciences*, 2009, pp. 2925-40.

53. Heather M. Hines et al., "Wing patterning gene redefines the mimetic history of Heliconius butterflies", *Proceedings of the National Academy of Sciences*, 2011, pp. 19666-71.

54. Adriana D. Briscoe et al., "Positive selection of a duplicated UV-sensitive visual pigment coincides with wing pigment evolution in Heliconius butterflies", *Proceedings of the National Academy of Sciences*, 2010, pp. 3628-33.

55. Susan D. Finkbeiner et al., "Ultraviolet and yellow reflectance but not fluorescence is important for visual discrimination of conspecifics by *Heliconius erato*", *Journal of Experimental Biology*, 2017, pp. 1267-76.

56. Kyle J. McCulloch, Daniel Osorio e Adriana D. Briscoe, "Sexual dimorphism in the compound eye of *Heliconius erato*: A nymphalid butterfly with at least five spectral classes of photoreceptor", *Journal of Experimental Biology*, 2016, pp. 2377-87.

57. Gabriele Jordan et al., "The dimensionality of color vision in carriers of anomalous trichromacy", *Journal of Vision*, 2010, p. 12.

58. Veronique Greenwood, "The humans with superhuman vision", *Discover Magazine*, 2012; Gabriele Jordan e John Mollon, "Tetrachromacy: The mysterious case of extra-ordinary color vision", *Current Opinion in Behavioral Sciences*, 2019, pp. 130-4.

59. Maxime J. Y. Zimmermann et al., "Zebrafish differentially process color across visual space to match natural scenes", *Current Biology*, 2018, pp. 2018-32.e5.

60. Hisaharu Koshitaka et al., "Tetrachromacy in a butterfly that has eight varieties of spectral receptors", *Proceedings of the Royal Society B: Biological Sciences*, 2008, pp. 947-54; Pei-Ju Chen et al., "Extreme spectral richness in the eye of the common bluebottle butterfly, *Graphium sarpedon*", *Frontiers in Ecology and Evolution*, 2016, p. 12; Kentaro Arikawa, "The eyes and vision of butterflies", *Journal of Physiology*, 2017, pp. 5457-64.

61. S. N. Patek, Wyatt Korff e Roy Caldwell, "Deadly strike mechanism of a mantis shrimp", *Nature*, 2004, pp. 819-20.

62. Justin Marshall, "A unique colour and polarization vision system in mantis shrimps", *Nature*, 1988, pp. 557-60.

63. Thomas W. Cronin e Justin Marshall, "A retina with at least ten spectral types of photoreceptors in a mantis shrimp", *Nature*, 1989a, pp. 557-60; "Multiple spectral classes of photoreceptors in the retinas of gonodactyloid stomatopod crustaceans", *Journal of Comparative Physiology A*, 1989b, pp. 261-75.

64. Um excelente artigo sobre a visão do camarão-louva-a-deus é o de Thomas W. Cronin, Justin Marshall e Roy Caldwell, "Stomatopod vision". In: Murray Sherman (Org.), *Oxford research encyclopedia of neuroscience*, 2018.

65. Justin Marshall e Johannes Oberwinkler, "The colourful world of the mantis shrimp", *Nature*, 1999, pp. 873-4; Michael J. Bok et al., "Biological sunscreens tune polychromatic ultraviolet vision in mantis shrimp", *Current Biology*, 2014, pp. 1636-42.

66. Matthew Inman, "Why the mantis shrimp is my new favorite animal", *The Oatmeal*, 2013.

67. Hanne H. Thoen et al., "A different form of color vision in mantis shrimp", *Science*, 2014, pp. 411-3.

68. Ilse M. Daly et al., "Complex gaze stabilization in mantis shrimp", *Proceedings of the Royal Society B: Biological Sciences*, 2018, p. 20180594.

69. Justin Marshall, Michael Land e Thomas W. Cronin, "Shrimps that pay attention: Saccadic eye movements in stomatopod crustaceans", *Philosophical Transactions of the Royal Society B: Biological Sciences*, 2014.

70. Michael Land et al., "The eye-movements of the mantis shrimp *Odontodactylus scyllarus* (Crustacea: Stomatopoda)", *Journal of Comparative Physiology A*, 1990, pp. 155-66.

71. Justin Marshall et al., "Polarisation signals: A new currency for communication", *Journal of Experimental Biology*, 2019b.

72. Shelby Temple et al., "High-resolution polarisation vision in a cuttlefish", *Current Biology*, 2012, pp. R121-2. [Referência da nota de rodapé]

73. Tsyr-Huei Chiou et al., "Circular polarization vision in a stomatopod crustacean", *Current Biology*, 2008, pp. 429-34.
74. Ilse M. Daly et al., "Dynamic polarization vision in mantis shrimps", *Nature Communications*, 2016, p. 12140. [Referência da nota de rodapé]
75. Yakie Luc Gagnon et al., "Circularly polarized light as a communication signal in mantis shrimps", *Current Biology*, v. 25, n. 23, p. 3074-8, 2015.
76. Thomas W. Cronin, "A different view: Sensory drive in the polarized-light realm", *Current Zoology*, 2018, pp. 513-23.
77. Chihiro Hiramatsu et al., "Experimental evidence that primate trichromacy is well suited for detecting primate social color signals", *Proceedings of the Royal Society B: Biological Sciences*, 2017; Laís A. A. Moreira et al., "Platyrrhine color signals: New horizons to pursue", *Evolutionary Anthropology: Issues, News, and Reviews*, 2019, pp. 236-48.
78. Justin Marshall et al., "Colours and colour vision in reef fishes: Past, present and future research directions", *Journal of Fish Biology*, 2019a, pp. 5-38.
79. Martine E. Maan e Molly E. Cummings, "Poison frog colors are honest signals of toxicity, particularly for bird predators", *The American Naturalist*, 2012, pp. E1-14.
80. Lars Chittka e Randolf Menzel, "The evolutionary adaptation of flower colors and the insect pollinators' color vision", *Journal of Comparative Physiology A*, 1992, pp. 171-81.
81. Lars Chittka, "Bee color vision is optimal for coding flower color, but flower colors are not optimal for being coded—why?", *Israel Journal of Plant Sciences*, 1997, pp. 115-27.

4. A indesejada [pp. 127-44]

1. Stan Braude et al., "Surprisingly long survival of premature conclusions about naked mole-rat biology", *Biological Reviews*, 2021, pp. 376-93. [Referência da nota de rodapé]
2. Thomas J. Park, Gary R. Lewin e Rochelle Buffenstein, "Naked mole rats: Their extraordinary sensory world". In: Michael D. Breed e Janice Moore (Orgs.), *Encyclopedia of animal behavior*, 2010, pp. 505-12.; Stan Braude et al., op. cit. [Referência da nota de rodapé]
3. Kenneth C. Catania e Michael S. Remple, "Somatosensory cortex dominated by the representation of teeth in the naked mole-rat brain", *Proceedings of the National Academy of Sciences*, 2002, pp. 5692-7.
4. Gerhard Van der Horst et al., "Sperm structure and motility in the eusocial naked mole-rat, *Heterocephalus glaber*: A case of degenerative orthogenesis in the absence of sperm competition?", *BMC Evolutionary Biology*, 2011, p. 351.
5. Thomas J. Park et al., "Fructose-driven glycolysis supports anoxia resistance in the naked mole-rat", *Science*, 2017, pp. 307-11.
6. Michael Zions et al., "Nest carbon dioxide masks GABA-dependent seizure susceptibility in the naked mole-rat", *Current Biology*, 2020, pp. 2068-77.
7. Thomas J. Park et al., op. cit.
8. Pamela Colleen LaVinka e Thomas J. Park, "Blunted behavioral and C Fos responses to acidic fumes in the African naked mole-rat", *PLOS One*, 2012.
9. Thomas J. Park et al., "Selective inflammatory pain insensitivity in the African naked mole-rat (*Heterocephalus glaber*)", *PLOS Biology*, 2008, p. e13.
10. Sandra J. Poulson et al., "Naked mole-rats lack cold sensitivity before and after nerve injury", *Molecular Pain*, 2020, p. 1744806920955103.

11. O básico sobre nocicepção está em Martin Kavaliers, "Evolutionary and comparative aspects of nociception", *Brain Research Bulletin*, 1988 pp. 923-31; Gary R. Lewin, Ying Lu e Thomas J. Park, "A plethora of painful molecules", *Current Opinion in Neurobiology*, 2004, pp. 443-9; W. Daniel Tracey, "Nociception", *Current Biology*, 2017, pp. R129-33.

12. Ewan St. John Smith, Thomas J. Park e Gary R. Lewin, "Independent evolution of pain insensitivity in African mole-rats: Origins and mechanisms", *Journal of Comparative Physiology A*, 2020, pp. 313-25.

13. Ewan St. John Smith et al., "The molecular basis of acid insensitivity in the African naked mole-rat", *Science*, 2011, pp. 1557-60.

14. Ying Liu et al., "Repeated functional convergent effects of NaV1.7 on acid insensitivity in hibernating mammals", *Proceedings of the Royal Society B: Biological Sciences*, 2014, p. 20132950.

15. Sven-Eric Jordt e David Julius, "Molecular basis for species-specific sensitivity to 'hot' chili peppers", *Cell*, 2002, pp. 421-30.

16. Nadia Melo et al., "The irritant receptor TRPAI mediates the mosquito repellent effect of catnip", *Current Biology*, 2021, pp. 1988-94.

17. Ashlee H. Rowe et al., "Voltage-gated sodium channel in grasshopper mice defends against bark scorpion toxin", *Science*, 2013, pp. 441-6.

18. Charles Scott Sherrington, "Qualitative difference of spinal reflex corresponding with qualitative difference of cutaneous stimulus", *Journal of Physiology*, 1903, pp. 39-46.

19. Vários artigos excelentes sobre nocicepção e dor estão em Lynne U. Sneddon, "Comparative physiology of nociception and pain", *Physiology*, 2018, pp. 63-73; Catherine J. Williams et al., "Analgesia for non-mammalian vertebrates", *Current Opinion in Physiology*, 2019, pp. 75-84.

20. James J. Cox et al., "An SCN9A channelopathy causes congenital inability to experience pain", *Nature*, 2006, pp. 894-8; Y. Paul Goldberg et al., "Human Mendelian pain disorders: A key to discovery and validation of novel analgesics", *Clinical Genetics*, 2012, pp. 367-73.

21. James J. Cox et al., op. cit.

22. Leigh Cowart, *Hurts so good: The science and culture of pain on purpose*, 2021. [Referência da nota de rodapé]

23. *The lady's handbook for her mysterious illness* (2020), de Sarah Ramey, e *Doing harm*, (2018), de Maya Dusenbery, são ambos livros excelentes sobre o assunto.

24. Um artigo sobre a dor nos animais é o de Lynne U. Sneddon, "Comparative physiology of nociception and pain", *Physiology*, 2018, pp. 63-73.

25. Patrick Bateson, "Assessment of pain in animals", *Animal Behaviour*, 1991, pp. 827-39.

26. John Jeremiah Sullivan, "One of us", *Lapham's Quarterly*, 2013.

27. Lynne U. Sneddon et al., "Defining and assessing animal pain", *Animal Behaviour*, 2014, pp. 201-12.

28. K. J. Anand, W. G. Sippell e A. Aynsley-Green, "Randomised trial of fentanyl anaesthesia in preterm babies undergoing surgery: Effects on the stress response", *The Lancet*, 1987, pp. 243-8. [Referência da nota de rodapé]

29. Donald M. Broom, "Evolution of pain", *Vlaams Diergeneeskundig Tijdschrift*, 2001, pp. 17-21.

30. Feng Li, "Taste perception: From the tongue to the testis", *Molecular Human Reproduction*, 2013, pp. 349-60; Ping Lu et al., "Extraoral bitter taste receptors in health and disease", *Journal of General Physiology*, 2017, pp. 181-97.

31. Lynne U. Sneddon et al., "Do fishes have nociceptors? Evidence for the evolution of a vertebrate sensory system", *Proceedings of the Royal Society B*: Biological Sciences, 2003a, pp. 1115-21; Lynne U. Sneddon et al., "Novel object test: Examining nociception and fear in the rainbow trout", *Journal of Pain*, 2003b, pp. 431-40.

32. Rebecca Dunlop e Peter Laming, "Mechanoreceptive and nociceptive responses in the central nervous system of goldfish (*Carassius auratus*) and trout (*Oncorhynchus mykiss*)", *Journal of Pain*, 2005, pp. 561-8; Siobhan C. Reilly et al., "Novel candidate genes identified in the brain during nociception in common carp (*Cyprinus carpio*) and rainbow trout (*Oncorhynchus mykiss*)", *Neuroscience Letters*, 2008, pp. 135-8.

33. Mette Helen Bjørge et al., "Behavioural changes following intraperitoneal vaccination in Atlantic salmon (*Salmo salar*)", *Applied Animal Behaviour Science*, 2011, pp. 127-35; Jessica J. Mettam et al., "The efficacy of three types of analgesic drugs in reducing pain in the rainbow trout, *Oncorhynchus mykiss*", *Applied Animal Behaviour Science*, 2011, pp. 265-74.

34. Lynne U. Sneddon, "Do painful sensations and fear exist in fish?", In: Thierry Auffret van der Kemp; Martine Lachance (Orgs.), *Animal suffering: From science to law*, 2013, pp. 93-112.

35. Sarah Millsopp e Peter Laming, "Trade-offs between feeding and shock avoidance in goldfish (*Carassius auratus*)", *Applied Animal Behaviour Science*, 2008, pp. 247-54.

36. Victoria Braithwaite, *Do fish feel pain?*, 2010.

37. James D. Rose et al., "Can fish really feel pain?", *Fish and Fisheries*, 2014, pp. 97-133; Brian Key, "Why fish do not feel pain", *Animal Sentience*, 2016.

38. James D. Rose et al., op. cit.; Brian Key, op. cit.; Lynne U. Sneddon, "Evolution of nociception and pain: Evidence from fish models", *Philosophical Transactions of the Royal Society B: Biological Sciences*, 2019, p. 20190290. [Referência da nota de rodapé]

39. James D. Rose et al., op. cit.

40. Victoria Braithwaite e Paula Droege, "Why human pain can't tell us whether fish feel pain", *Animal Sentience*, 2016.

41. Vladimir Dinets, "No cortex, no cry", *Animal Sentience*, 2016.

42. Eve Marder e Dirk Bucher, "Understanding circuit dynamics using the stomatogastric nervous system of lobsters and crabs", *Annual Review of Physiology*, 2007, pp. 291-316.

43. Luis Garcia-Larrea e Hélène Bastuji, "Pain and consciousness", *Progress in Neuro-Psychopharmacology and Biological Psychiatry*, 2018, pp. 193-9.

44. Shelley Anne Adamo, "Do insects feel pain? A question at the intersection of animal behaviour, philosophy and robotics", *Animal Behaviour*, 2016, pp. 75-9; "Is it pain if it does not hurt? On the unlikelihood of insect pain", *The Canadian Entomologist*, 2019, pp. 685-95.

45. Mirjam Appel e Robert W. Elwood, "Motivational trade-offs and potential pain experience in hermit crabs", *Applied Animal Behaviour Science*, 2009, pp. 120-4; Robert W. Elwood e Mirjam Appel, "Pain experience in hermit crabs?", *Animal Behaviour*, 2009, pp. 1243-6.

46. Robert W. Elwood, "Discrimination between nociceptive reflexes and more complex responses consistent with pain in crustaceans", *Philosophical Transactions of the Royal Society B: Biological Sciences*, 2019, p. 20190368.

47. Lynne U. Sneddon et al., "Defining and assessing animal pain", *Animal Behaviour*, 2014, pp. 201-12. [Referência da nota de rodapé]

48. Lars Chittka e Jeremy Niven, "Are bigger brains better?", *Current Biology*, 2009, pp. R995-1008.

49. Patrick Bateson, "Assessment of pain in animals", *Animal Behaviour*, 1991, pp. 827-39; Robert W. Elwood, "Pain and suffering in invertebrates?", *ILAR Journal*, 2011, pp. 175-84.
50. Walter Dan Stiehl, Levi Lalla e Cynthia Breazeal, "A 'somatic alphabet' approach to 'sensitive skin'", *PROCEEDINGS, ICRA '04, IEEE International Conference on Robotics and Automation*, 2004, pp. 2865-70; Christopher P. Lee-Johnson e Dale Carnegie, "Mobile robot navigation modulated by artificial emotions", *IEEE Transactions on Systems, Man, and Cybernetics, Part B (Cybernetics)*, 2010, pp. 469-80; Ikinamo, "Simroid dental training humanoid robot communicates with trainee dentists #DigInfo", YouTube, 2011.
51. Binyamin Hochner, "An embodied view of octopus neurobiology", *Current Biology*, 2012, pp. R887-92.
52. European Parliament, Council of the European Union, "Directive 2010/63/EU of the European Parliament and of the Council of 22 September 2010 on the protection of animals used for scientific purposes: Text with EEA relevance", 2010, pp. 33-79.
53. Robyn J. Crook et al., "Peripheral injury induces long-term sensitization of defensive responses to visual and tactile stimuli in the squid *Loligo pealeii*", *Journal of Experimental Biology*, 2011, pp. 3173-85.
54. Robyn J. Crook, Roger T. Hanlon e Edgar T. Walters, "Squid have nociceptors that display widespread long-term sensitization and spontaneous activity after bodily injury", *Journal of Neuroscience*, 2013, pp. 10021-6.
55. Robyn J. Crook et al., "Nociceptive sensitization reduces predation risk", *Current Biology*, 2014, pp. 1121-5. [Referência da nota de rodapé]
56. Jean S. Alupay, Stavros P. Hadjisolomou e Robyn J. Crook, "Arm injury produces long-term behavioral and neural hypersensitivity in octopus", *Neuroscience Letters*, 2014, pp. 137-42. [Referência da nota de rodapé]
57. Ibid.
58. Robyn J. Crook, "Behavioral and neurophysiological evidence suggests affective pain experience in octopus", *iScience*, 2021, p. 102229.
59. Frédéric Chatigny, "The controversy on fish pain: A veterinarian's perspective", *Journal of Applied Animal Welfare Science*, 2019, pp. 400-10. [Referência da nota de rodapé]
60. Craig H. Eisemann et al., "Do insects feel pain? A biological view", *Experientia*, 1984, pp. 164-7.
61. Ibid.

5. Muito *cool* [pp. 145-65]

1. Fritz Geiser, "Hibernation", *Current Biology*, 2013, pp. R188-93.
2. Serge Daan, Brain M. Barnes e Arjen M. Strijkstra, "Warming up for sleep? Ground squirrels sleep during arousals from hibernation", *Neuroscience Letters*, 1991, pp. 265-8. [Referência da nota de rodapé]
3. Matthew T. Andrews, "Molecular interactions underpinning the phenotype of hibernation in mammals", *Journal of Experimental Biology*, 2019.
4. Vanessa Matos-Cruz et al., "Molecular prerequisites for diminished cold sensitivity in ground squirrels and hamsters", *Cell Reports*, 2017, pp. 3329-37.
5. Ibid.
6. As faixas de temperatura que os animais toleram podem ser encontradas em McKemy, "Temperature sensing across species", *Pflügers Archiv—European Journal of Physiology*,

2007, pp. 777-91; Piali Sengupta e Paul Garrity, "Sensing temperature", *Current Biology*, 2013, pp. R304-7.

7. Vanessa Matos-Cruz et al., op. cit.; Lydia J. Hoffstaetter, Sviatoslav N. Bagriantsev e Elena O. Gracheva, "TRPs et al: A molecular toolkit for thermosensory adaptations", *Pflügers Archiv—European Journal of Physiology*, 2018, pp. 745-59.

8. Lydia J. Hoffstaetter, Sviatoslav N. Bagriantsev e Elena O. Gracheva, op. cit.

9. Elena O. Gracheva e Sviatoslav N. Bagriantsev, "Evolutionary adaptation to thermosensation", *Current Opinion in Neurobiology*, 2015, pp. 67-73.

10. Vanessa Matos-Cruz et al., op. cit.

11. Felix M. Key et al., "Human local adaptation of the TRPM8 cold receptor along a latitudinal cline", *PLOS Genetics*, 2018. [Referência da nota de rodapé]

12. Lydia J. Hoffstaetter, Sviatoslav N. Bagriantsev e Elena O. Gracheva, op. cit.

13. Willem J. Laursen et al., "Low-cost functional plasticity of TRPV1 supports heat tolerance in squirrels and camels", *Proceedings of the National Academy of Sciences*, 2016, pp. 11342-7.

14. Walter J. Gehring e Rüdiger Wehner, "Heat shock protein synthesis and thermotolerance in Cataglyphis, an ant from the Sahara desert", *Proceedings of the National Academy of Sciences*, 1995, pp. 2994-8; Juliette Ravaux et al., "Thermal limit for Metazoan life in question: In vivo heat tolerance of the Pompeii worm", *PLOS One*, 2013.

15. Paula L. Hartzell et al., "Distribution and phylogeny of glacier ice worms (*Mesenchytraeus solifugus* and *Mesenchytraeus solifugus rainierensis*)", *Canadian Journal of Zoology*, 2011, pp. 1206-13.

16. Román A. Corfas e Leslie B. Vosshall, "The cation channel TRPA1 tunes mosquito thermotaxis to host temperatures", *eLife*, 2015.

17. Bernd Heinrich, *The hot-blooded insects: Strategies and mechanisms of thermoregulation*, 1993.

18. José Miguel Simões et al., "Robustness and plasticity in Drosophila heat avoidance", *Nature Communications*, 2021, p. 2044.

19. Wayne A. Wurtsbaugh e Darcy Neverman, "Post-feeding thermotaxis and daily vertical migration in a larval fish", *Nature*, 1988, pp. 846-8; Michele Thums et al., "Evidence for behavioural thermoregulation by the world's largest fish", *Journal of the Royal Society Interface*, 2013, p. 20120477. [Referência da nota de rodapé, após "mais frias"]

20. Lucy A. Bates et al., "Deep-sea hydrothermal vent animals seek cool fluids in a highly variable thermal environment", *Nature Communications*, 2010, p. 14. [Referência da nota de rodapé, após "turbulentas"]

21. Cheng-Chia Tsai et al., "Physical and behavioral adaptations to prevent overheating of the living wings of butterflies", *Nature Communications*, 2020, p. 551. [Referência da nota de rodapé, após "sobreaquecer"]

22. Wei-Guo Du et al., "Behavioral thermoregulation by turtle embryos", *Proceedings of the National Academy of Sciences*, 2011, pp. 9513-5. [Referência da nota de rodapé, após "eclodirem"]

23. Helmut Schmitz e Herbert Bousack, "Modelling a historic oil-tank fire allows an estimation of the sensitivity of the infrared receptors in pyrophilous Melanophila beetles", *PLOS One*, 2012, p. e37627.

24. Earle Gorton Linsley, "Attraction of Melanophila beetles by fire and smoke", *Journal of Economic Entomology*, 1943, pp. 341-2.

25. Earle Gorton Linsley e Paul D. Hurd, "Melanophila beetles at cement plants in Southern California (Coleoptera, Buprestidae)", *Coleopterists Bulletin*, 1957, pp. 9-11.

26. Helmut Schmitz, Anke Schmitz e Erik S. Schneider, "Matched filter properties of infrared receptors used for fire and heat detection in insects". In: Gerhard von der Emde e Eric Warrant (Orgs.), *The ecology of animal senses*, 2016, pp. 207-34.

27. Stefan Schütz et al., "Insect antenna as a smoke detector", *Nature*, 1999, pp. 298-9.

28. David B. Dusenbery, *Sensory ecology: How organisms acquire and respond to information*, 1992; Helmut Schmitz, Anke Schmitz e Erik S. Schneider, 2016, op. cit.

29. Helmut Schmitz e Horst Bleckmann, "The photomechanic infrared receptor for the detection of forest fires in the beetle *Melanophila acuminata* (Coleoptera: Buprestidae)", *Journal of Comparative Physiology A*, 1998, pp. 647-57.

30. Helmut Schmitz e Herbert Bousack, "Modelling a historic oil-tank fire allows an estimation of the sensitivity of the infrared receptors in pyrophilous Melanophila beetles", *PLOS One*, 2012, p. e37627.

31. Erik S. Schneider, Helmut Schmitz e Anke Schmitz, "Concept of an active amplification mechanism in the infrared organ of pyrophilous *Melanophila beetles*", *Frontiers in Physiology*, 2015, p. 391.

32. Helmut Schmitz, Anke Schmitz e Erik S. Schneider, 2016, op. cit.

33. Zeno Bisoffi et al., "Strongyloides stercoralis: A plea for action", *PLOS Neglected Tropical Diseases*, 2013.

34. Astra S. Bryant e Elissa A. Hallem, "Temperature-dependent behaviors of parasitic helminths", *Neuroscience Letters*, 2018, pp. 290-303; Astra S. Bryant et al., "A critical role for thermosensation in host seeking by skin-penetrating nematodes", *Current Biology*, 2018, pp. 2338-47.

35. Donald A. Windsor, "Controversies in parasitology: Most of the species on Earth are parasites", *International Journal for Parasitology*, 1998, pp. 1939-41; Andrew A. Forbes et al., "Quantifying the unquantifiable: Why Hymenoptera, not Coleoptera, is the most speciose animal order", *BMC Ecology*, 2018, p. 21.

36. Claudio R. Lazzari, "Orientation towards hosts in haematophagous insects". In: Stephen Simpson e Joseph Casas (Orgs.), *Advances in insect physiology*, 2009, pp. 1-58; Charles J. F. Chappuis et al., "Water vapour and heat combine to elicit biting and biting persistence in tsetse", *Parasites & Vectors*, 2013, p. 240; Román A. Corfas e Leslie B. Vosshall, "The cation channel TRPA1 tunes mosquito thermotaxis to host temperatures", *eLife*, 2015.

37. Ludwig Kürten e Uwe Schmidt, "Thermoperception in the common vampire bat (*Desmodus rotundus*)", *Journal of Comparative Physiology A*, 1982, pp. 223-8.

38. Elena O. Gracheva et al., "Ganglion-specific splicing of TRPV1 underlies infrared sensation in vampire bats", *Nature*, 2011, pp. 88-91.

39. Ann L. Carr e Vincent L. Salgado, "Ticks home in on body heat: A new understanding of Haller's organ and repellent action", *PLOS One*, 2019.

40. Richard C. Goris, "Infrared organs of snakes: An integral part of vision", *Journal of Herpetology*, 2011, pp. 2-14.

41. Elena O. Gracheva et al., "Molecular basis of infrared detection by snakes", *Nature*, 2010, pp. 1006-11. [Referência da nota de rodapé]

42. Margarete Ros, "Die Lippengruben der Pythonen als Temperaturorgane", *Jenaische Zeitschrift für Naturwissenschaft*, 1935, pp. 1-32. [Referência da nota de rodapé]

43. G. K. Noble e A. Schmidt, "The structure and function of the facial and labial pits of snakes", *Proceedings of the American Philosophical Society*, 1937, pp. 263-88.

44. Kennet V. Kardong e Stephen P. Mackessy, "The strike behavior of a congenitally blind rattlesnake", *Journal of Herpetology*, 1991, pp. 208-11.

45. Theodore Holmes Bullock e F. P. J. Diecke, "Properties of an infra-red receptor", *Journal of Physiology*, 1956, pp. 47-87.

46. J. Ebert e Guido Westhoff, "Behavioural examination of the infrared sensitivity of rattlesnakes (*Crotalus atrox*)", *Journal of Comparative Physiology A*, 2006, pp. 941-7.

47. Peter H. Hartline, Leonard Kass e Michael S. Loop, "Merging of modalities in the optic tectum: Infrared and visual integration in rattlesnakes", *Science*, 1978, pp. 1225-9; Eric A. Newman e Peter H. Hartline, "The infrared 'vision' of snakes", *Scientific American*, 1982, pp. 116-27.

48. Richard C. Goris, "Infrared organs of snakes: An integral part of vision", *Journal of Herpetology*, 2011, pp. 2-14.

49. Aaron S. Rundus et al., "Ground squirrels use an infrared signal to deter rattlesnake predation", *Proceedings of the National Academy of Sciences*, 2007, pp. 14372-6. [Referência da nota de rodapé]

50. George S. Bakken e Aaron R. Krochmal, "The imaging properties and sensitivity of the facial pits of pitvipers as determined by optical and heat-transfer analysis", *Journal of Experimental Biology*, 2007, pp. 2801-10.

51. Hannes A. Schraft, George S. Bakken e Rulon W. Clark, "Infrared-sensing snakes select ambush orientation based on thermal backgrounds", *Scientific Reports*, 2019.

52. Richard Shine et al., "Antipredator responses of free-ranging pit vipers (*Gloydius shedaoensis*, Viperidae)", *Copeia*, 2002, pp. 843-50.

53. Qin Chen et al., "Reduced performance of prey targeting in pit vipers with contralaterally occluded infrared and visual senses", *PLOS One*, 2012, p. e34989.

54. Richard C. Goris, "Infrared organs of snakes: An integral part of vision", *Journal of Herpetology*, 2011, pp. 2-14.

55. Sonny Shlomo Bleicher et al., "Divergent behavior amid convergent evolution: A case of four desert rodents learning to respond to known and novel vipers", *PLOS One*, 2018; Karen Embar et al., "Pit fights: Predators in evolutionarily independent communities", *Journal of Mammalogy*, 2018, pp. 1183-8. [Referência da nota de rodapé]

56. Hannes A. Schraft e Rulon W. Clark, "Sensory basis of navigation in snakes: The relative importance of eyes and pit organs", *Animal Behaviour*, 2019, pp. 77-82. [Referência da nota de rodapé, após "erraticamente sem sucesso"]

57. Hannes A. Schraft, Colin Goodman e Rulon W. Clark, "Do free-ranging rattlesnakes use thermal cues to evaluate prey?", *Journal of Comparative Physiology A*, 2018, pp. 295-303. [Referência da nota de rodapé]

58. Viviana Cadena et al., "Evaporative respiratory cooling augments pit organ thermal detection in rattlesnakes", *Journal of Comparative Physiology A*, 2013, pp. 1093-104. [Referência da nota de rodapé]

59. George S. Bakken et al., "Cooler snakes respond more strongly to infrared stimuli, but we have no idea why", *Journal of Experimental Biology*, 2018. [Referência da nota de rodapé, após "temperatura corporal"]

60. Nele Gläser e Ronald H. H. Kröger, "Variation in rhinarium temperature indicates sensory specializations in placental mammals", *Journal of Thermal Biology*, 2017, pp. 30-4; Ronald H. H. Kröger e Aitor B. Goiricelaya, "Rhinarium temperature dynamics in domestic dogs", *Journal of Thermal Biology*, 2017, pp. 15-9.

61. Anna Bálint et al., "Dogs can sense weak thermal radiation", *Scientific Reports*, 2020, p. 3736.

6. Um sentido aproximado [pp. 166-98]

1. Monterey Bay Aquarium, "Say hello to Selka!", *Monterey Bay Aquarium*, 2016. [Referência da nota de rodapé]
2. Rachel A. Kuhn et al., "Hair density in the Eurasian otter *Lutra lutra* and the sea otter *Enhydra lutris*", *Acta Theriologica*, 2010, pp. 211-22.
3. Daniel P. Costa e Gerald L. Kooyman, "Oxygen consumption, thermoregulation, and the effect of fur oiling and washing on the sea otter, *Enhydra lutris*", *Canadian Journal of Zoology*, 2011, pp. 2761-7.
4. Laura C. Yeates, Terry M. Williams e Traci L. Fink, "Diving and foraging energetics of the smallest marine mammal, the sea otter (*Enhydra lutris*)", *Journal of Experimental Biology*, 2007, pp. 1960-70.
5. Leonard B. Radinsky, "Evolution of somatic sensory specialization in otter brains", *Journal of Comparative Neurology*, 1968, pp. 495-505.
6. Stuart Wilson e Chris Moore, "SI somatotopic maps", *Scholarpedia*, 2015, p. 8574.
7. Sarah McKay Strobel et al., "Active touch in sea otters: In-air and underwater texture discrimination thresholds and behavioral strategies for paws and vibrissae", *Journal of Experimental Biology*, 2018.
8. Ibid.
9. Nicole Thometz et al., "Trade-offs between energy maximization and parental care in a central place forager, the sea otter", *Behavioral Ecology*, 2016, pp. 1552-66.
10. Ver artigo sobre tato de Tony J. Prescott e Volke Dürr, "The world of touch", *Scholarpedia*, 2015, p. 32688.
11. Os vários tipos de sensores de toque aparecem em Amanda Zimmerman, Lind Bai e David D. Ginty, "The gentle touch receptors of mammalian skin", *Science*, 2014, pp. 950-4; Yalda Moayedi, Masashi Nakatani e Ellen Lumpkin, "Mammalian mechanoreception", *Scholarpedia*, 2015, p. 7265.
12. Carolyn M. Walsh, Diana M. Bautista e Ellen A. Lumpkin, "Mammalian touch catches up", *Current Opinion in Neurobiology*, 2015, pp. 133-9.
13. Cody W. Carpenter et al., "Human ability to discriminate surface chemistry by touch", *Materials Horizons*, 2018, pp. 70-7.
14. Lisa Skedung et al., "Feeling small: Exploring the tactile perception limits", *Scientific Reports*, 2013, p. 2617.
15. Tony J. Prescott, Matthew E. Diamond e Alan M. Wing, "Active touch sensing", *Philosophical Transactions of the Royal Society B: Biological Sciences*, 2011, pp. 2989-95.
16. Lisa Skedung et al., op. cit. [Referência da nota de rodapé]
17. O relato de Catania sobre seu estudo com as toupeiras-nariz-de-estrela está em Kenneth C. Catania, "The sense of touch in the star-nosed mole: From mechanoreceptors to the brain", *Philosophical Transactions of the Royal Society B: Biological Sciences*, 2011, pp. 3016-25.
18. Id., "Structure and innervation of the sensory organs on the snout of the star-nosed mole", *Journal of Comparative Neurology*, 1995b, pp. 536-48.
19. Kenneth C. Catania, R. Glenn Northcutt e Jon H. Kaas, "The development of a biological novelty: A different way to make appendages as revealed in the snout of the star-nosed mole *Condylura cristata*", *Journal of Experimental Biology*, 1999, pp. 2719-26. [Referência da nota de rodapé]

20. Kenneth C. Catania et al., "Nose stars and brain stripes", *Nature*, 1993, p. 493.
21. Kenneth C. Catania e Jon H. Kaas, "The mole nose instructs the brain", *Somatosensory & Motor Research*, 1997b, pp. 56-8. [Referência da nota de rodapé]
22. Kenneth C. Catania, "Magnified cortex in star-nosed moles", *Nature*, 1995a, pp. 453-4.
23. Kenneth C. Catania e Jon H. Kaas, "Somatosensory fovea in the star-nosed mole: Behavioral use of the star in relation to innervation patterns and cortical representation", *Journal of Comparative Neurology*, 1997a, pp. 215-33.
24. Kenneth C. Catania e Fiona E. Remple, "Tactile foveation in the star-nosed mole", *Brain, Behavior and Evolution*, 2004, pp. 1-12; "Asymptotic prey profitability drives star-nosed moles to the foraging speed limit", *Nature*, 2005, pp. 519-22.
25. Michael J. Gentle e John Breward, "The bill tip organ of the chicken (*Gallus gallus var. domesticus*)", *Journal of Anatomy*, 1986, pp. 79-85.
26. Eve R. Schneider et al., "Neuronal mechanism for acute mechanosensitivity in tactile-foraging waterfowl", *Proceedings of the National Academy of Sciences*, 2014, pp. 14941-6; "Molecular basis of tactile specialization in the duck bill", *Proceedings of the National Academy of Sciences*, 2017, pp. 13036-41.
27. Tim Birkhead, *Bird sense: What it's like to be a bird*, 2013, p. 78.
28. Eve R. Schneider et al., "A cross-species analysis reveals a general role for Piezo2 in mechanosensory specialization of trigeminal ganglia from tactile specialist birds", *Cell Reports*, 2019, pp. 1979-87.e3. [Referência da nota de rodapé]
29. Theunis Piersma et al., "Holling's functional response model as a tool to link the food-finding mechanism of a probing shorebird with its spatial distribution", *Journal of Animal Ecology*, 1995, pp. 493-504.
30. Theunis Piersma et al., "A new pressure sensory mechanism for prey detection in birds: The use of principles of seabed dynamics?", *Proceedings of the Royal Society B: Biological Sciences*, 1998, pp. 1377-83.
31. Susan Cunningham, Isabel Castro e Maurice Alley, "A new prey-detection mechanism for kiwi (Apteryx spp.) suggests convergent evolution between paleognathous and neognathous birds", *Journal of Anatomy*, 2007, pp. 493-502; Susan Cunningham et al., "Bill morphology of ibises suggests a remote-tactile sensory system for prey detection", *The Auk*, 2010, pp. 308-16. [Referência da nota de rodapé]
32. Ram Gal et al., "Sensory arsenal on the stinger of the parasitoid jewel wasp and its possible role in identifying cockroach brains", *PLOS One*, 2014.
33. Karly E. Cohen et al., "Knowing when to stick: Touch receptors found in the remora adhesive disc", *Royal Society Open Science*, 2020, p. 190990. [Referência da nota de rodapé]
34. Adam R. Hardy e Melina E. Hale, "Sensing the structural characteristics of surfaces: Texture encoding by a bottom-dwelling fish", *Journal of Experimental Biology*, 2020.
35. Sampath S. Seneviratne e Ian L. Jones, "Mechanosensory function for facial ornamentation in the whiskered auklet, a crevice-dwelling seabird", *Behavioral Ecology*, 2008, pp. 784-90.
36. Ibid. [Referência da nota de rodapé]
37. Susan Cunningham, Maurice Alley e Isabel Castro, "Facial bristle feather histology and morphology in New Zealand birds: Implications for function", *Journal of Morphology*, 2011, pp. 118-28.
38. Walter S. Persons e Philip J. Currie, "Bristles before down: A new perspective on the functional origin of feathers", *Evolution: International Journal of Organic Evolution*, 2015, pp. 857-62.

39. Tony J. Prescott e Volke Dürr, "The world of touch", *Scholarpedia*, 2015, p. 32688.
40. Um artigo sobre as vibrissas dos mamíferos está em Tony J. Prescott, Ben Mitchinson e Robyn Anne Grant, "Vibrissal behavior and function", *Scholarpedia*, 2011, p. 6642.
41. Nicholas E. Bush, Sara A. Solla e Mitra J. Z. Hartmann, "Whisking mechanics and active sensing", *Current Opinion in Neurobiology*, 2016, pp. 178-88.
42. Robyn A. Grant, Vicki Breakell e Tony J. Prescott, "Whisker touch sensing guides locomotion in small, quadrupedal mammals", *Proceedings of the Royal Society B: Biological Sciences*, 2018.
43. Robyn A. Grant, Anna L. Sperber e Tony J.Prescott, "The role of orienting in vibrissal touch sensing", *Frontiers in Behavioral Neuroscience*, 2012, p. 39.
44. Kendra Arkley et al., "Strategy change in vibrissal active sensing during rat locomotion", *Current Biology*, 2014, pp. 1507-12.
45. Ben Mitchinson et al., "Active vibrissal sensing in rodents and marsupials", *Philosophical Transactions of the Royal Society B: Biological Sciences*, 2011, pp. 3037-48.
46. Ibid. [Referência da nota de rodapé]
47. Christopher D. Marshall, L. A. Clark e Roger L. Reep, "The muscular hydrostat of the Florida manatee (*Trichechus manatus latirostris*): A functional morphological model of perioral bristle use", *Marine Mammal Science*, 1998, pp. 290-303.
48. As vibrissas dos peixes-boi são analisadas em em Roger L. Reep e Diana K. Sarko, "Tactile hair in manatees", *Scholarpedia*, 2009, p. 6831; Gordon B. Bauer, Roger L. Reep e Christopher D. Marshall, "The tactile senses of marine mammals", *International Journal of Comparative Psychology*, 2018.
49. Christopher D. Marshall et al., "Prehensile use of perioral bristles during feeding and associated behaviors of the Florida manatee (*Trichechus manatus latirostris*)", *Marine Mammal Science*, 1998, pp. 274-89.
50. Gordon B. Bauer et al., "Tactile discrimination of textures by Florida manatees (*Trichechus manatus latirostris*)", *Marine Mammal Science*, 2012, pp. E456-71.
51. Christine M. Crish, Samuel E. Crish e Christopher, "Tactile sensing in the naked mole rat", *Scholarpedia*, 2015, p. 7164; Diana K. Sarko, Frank L. Rice e Roger L. Reep, "Elaboration and innervation of the vibrissal system in the rock hyrax (*Procavia capensis*)", *Brain, Behavior and Evolution*, 2015, pp. 170-88. [Referência da nota de rodapé]
52. Roger L. Reep, Christopher D. Marshall e Matthew L. Stoll, "Tactile hairs on the postcranial body in Florida manatees: A mammalian lateral line?", *Brain, Behavior and Evolution*, 2002, pp. 141-54.
53. Joseph C. Gaspard et al., "Detection of hydrodynamic stimuli by the postcranial body of Florida manatees (*Trichechus manatus latirostris*)", *Journal of Comparative Physiology A*, 2017, pp. 111-20.
54. Wolf Hanke e Guido Dehnhardt, "Vibrissal touch in pinnipeds", *Scholarpedia*, 2015, p. 6828.
55. Christin T. Murphy, Colleen Reichmuth e David Mann, "Vibrissal sensitivity in a harbor seal (*Phoca vitulina*)", *Journal of Experimental Biology*, 2015, pp. 2463-71.
56. Guido Dehnhardt, B. Mauck e Heikki Hyvärinen, "Ambient temperature does not affect the tactile sensitivity of mystacial vibrissae in harbour seals", *Journal of Experimental Biology*, 1998, pp. 3023-9. [Referência da nota de rodapé, após "livremente"]
57. Guido Dehnhardt et al., "Hydrodynamic trail-following in harbor seals (*Phoca vitulina*)", *Science*, 2001, pp. 102-4.

58. Wolf Hanke et al., "Harbor seal vibrissa morphology suppresses vortex-induced vibrations", *Journal of Experimental Biology*, 2010, pp. 2665-72.

59. Sven Wieskotten et al., "Hydrodynamic determination of the moving direction of an artificial fin by a harbour seal (*Phoca vitulina*)", *Journal of Experimental Biology*, 2010, pp. 2194-200.

60. Sven Wieskotten et al., "Hydrodynamic discrimination of wakes caused by objects of different size or shape in a harbour seal (*Phoca vitulina*)", *Journal of Experimental Biology*, 2011, pp. 1922-30.

61. Benedikt Niesterok et al., "Hydrodynamic detection and localization of artificial flatfish breathing currents by harbour seals (*Phoca vitulina*)", *Journal of Experimental Biology*, 2017, pp. 174-85.

62. Um artigo sobre a linha lateral pode ser encontrado em John Montgomery, Horts Bleckmann e Sheryl Coombs, "Sensory ecology and neuroethology of the lateral line". In: Sheryl Coombs et al. (Orgs.), *The lateral line system*, 2013, pp. 121-50.

63. Sven Dijkgraaf, "A short personal review of the history of lateral line research". In: Sheryl Coombs, Peter Görner e Heinrich Münz (Orgs.), *The mechanosensory lateral line*, 1989, pp. 7-14.

64. Ibid.

65. Bruno Hofer, "Studien über die Hautsinnesorgane der Fische. I. Die Funktion der Seitenorgane bei den Fischen", *Berichte aus der Kgl. Bayerischen Biologischen Versuchsstation in München*, 1908, pp. 115-64. [Referência da nota de rodapé]

66. Sven Dijkgraaf, "The functioning and significance of the lateral-line organs", *Biological Reviews*, 1963, pp. 51-105.

67. Ibid. [Referência da nota de rodapé]

68. Jacqueline F. Webb, "Morphological diversity, development, and evolution of the mechanosensory lateral line system". In: Sheryl Coombs et al. (Orgs.), *The lateral line system*, 2013; Joachim Mogdans, "Sensory ecology of the fish lateral-line system: Morphological and physiological adaptations for the perception of hydrodynamic stimuli", *Journal of Fish Biology*, 2019, pp. 53-72.

69. Brian L. Partridge e Tony J. Pitcher, "The sensory basis of fish schools: Relative roles of lateral line and vision", *Journal of Comparative Physiology*, 1980, pp. 315-25.

70. Tony J. Pitcher, Brian L. Partridge e Cassandra Wardle, "A blind fish can school", *Science*, 1976, pp. 963-5.

71. Jacqueline F. Webb, "Morphological diversity, development, and evolution of the mechanosensory lateral line system". In: Sheryl Coombs et al. (Orgs.), *The lateral line system*, 2013.

72. Joachim Mogdans, "Sensory ecology of the fish lateral-line system: Morphological and physiological adaptations for the perception of hydrodynamic stimuli", *Journal of Fish Biology*, 2019, pp. 53-72.

73. John C. Montgomery e A. J. Saunders, "Functional morphology of the piper *Hyporhamphus ihi* with reference to the role of the lateral line in feeding", *Proceedings of the Royal Society B: Biological Sciences*, 1985, pp. 197-208.

74. Masato Yoshizawa et al., "The sensitivity of lateral line receptors and their role in the behavior of Mexican blind cavefish (*Astyanax mexicanus*)", *Journal of Experimental Biology*, 2014, pp. 886-95; Evan Lloyd et al., "Evolutionary shift towards lateral line dependent prey capture behavior in the blind Mexican cavefish", *Developmental Biology*, 2018, pp. 328-37.

75. Paul Patton, Shane Windsor e Sheryl Coombs, "Active wall following by Mexican blind cavefish (*Astyanax mexicanus*)", *Journal of Comparative Physiology A*, 2010, pp. 853-67. [Referência da nota de rodapé]
76. Gal Haspel et al., "By the teeth of their skin, cavefish find their way", *Current Biology*, 2012, pp. R629-30.
77. Ibid.
78. Daphne Soares, "An ancient sensory organ in crocodilians", *Nature*, 2002, pp. 241-2.
79. Ibid. [Referência da nota de rodapé]
80. Duncan B. Leitch e Kenneth C. Catania, "Structure, innervation and response properties of integumentary sensory organs in crocodilians", *Journal of Experimental Biology*, 2012, pp. 4217-30.
81. Jemma M. Crowe-Riddell e Ruth Williams et al., "Ultrastructural evidence of a mechanosensory function of scale organs (sensilla) in sea snakes (Hydrophiinae)", *Royal Society Open Science*, 2019, p. 182022.
82. Nizar Ibrahim et al., "Semiaquatic adaptations in a giant predatory dinosaur", *Science*, 2014, pp. 1613-6.
83. Thomas D. Carr et al., "A new tyrannosaur with evidence for anagenesis and crocodile-like facial sensory system", *Scientific Reports*, 2017.
84. Suzanne Amador Kane, Daniel Van Beveren e Roslyn Dakin, "Biomechanics of the peafowl's crest reveals frequencies tuned to social displays", *PLOS One*, 2018.
85. Ibid.
86. Reinhold Necker, "Observations on the function of a slowly-adapting mechanoreceptor associated with filoplumes in the feathered skin of pigeons", *Journal of Comparative Physiology A*, 1985, pp. 391-4; George A. Clark Jr. e Justine B. de Cruz, "Functional interpretation of protruding filoplumes in oscines", *The Condor*, 1989, pp. 962-5.
87. Richard E. Brown e M. Roger Fedde, "Airflow sensors in the avian wing", *Journal of Experimental Biology*, 1993, pp. 13-30.
88. Susanne J. Sterbing-D'Angelo et al., "Functional role of airflow-sensing hairs on the bat wing", *Journal of Neurophysiology*, 2017, pp. 705-12.
89. Susanne J. Sterbing-D'Angelo e Cynthia F. Moss, "Air flow sensing in bats". In: Horst Bleckmann, Joachim Mogdans e Sheryl Coombs (Orgs.), *Flow sensing in air and water*, 2014, pp. 197-213.
90. O relato do estudo de Barth com a aranha está em Fiedrich G. Barth, *A spider's world: Senses and behavior*, 2002.
91. Friedrich G. Barth, "A spider's tactile hairs", *Scholarpedia*, 2015, p. 7267.
92. Ernst-August Seyfarth, "Tactile body raising: Neuronal correlates of a 'simple' behavior in spiders". In: Soren Toft e Nikolak Scharff (Orgs.), *European Arachnology 2000: Proceedings of the 19th European College of Arachnology*, 2002, pp. 19-32.
93. Friedrich G. Barth e Andreas Höller, "Dynamics of arthropod filiform hairs. V. The response of spider trichobothria to natural stimuli", *Philosophical Transactions of the Royal Society B: Biological Sciences*, 1999, pp. 183-92.
94. Christian Klopsch, Hendrik C. Kuhlmann e Friedrich G. Barth, "Airflow elicits a spider's jump towards airborne prey. I. Airflow around a flying blowfly", *Journal of the Royal Society Interface*, 2012, pp. 2591-602; "Airflow elicits a spider's jump towards airborne prey. II. Flow characteristics guiding behaviour", *Journal of the Royal Society Interface*, 2013.

95. Jérôme Casas e Olivier Dangles, "Physical ecology of fluid flow sensing in arthropods", *Annual Review of Entomology*, 2010, pp. 505-20.
96. Olivier Dangles, Jérôme Casas e Isabelle Coolen, "Textbook cricket goes to the field: The ecological scene of the neuroethological play", *Journal of Experimental Biology*, 2006, pp. 393-8; Jérôme Casas e Thomas Steinmann, "Predator-induced flow disturbances alert prey, from the onset of an attack", *Proceedings of the Royal Society B: Biological Sciences*, 2014.
97. Roger Di Silvestro, "Spider-Man vs the real deal: Spider powers", National Wildlife Foundation blog, 2012. [Referência da nota de rodapé]
98. Tateo Shimozawa, Jun Murakami e Tsuneko Kumagai, "Cricket wind receptors: Thermal noise for the highest sensitivity known". In: Friedrich G. Barth, Joseph A. C. Humphrey e Timothy W. Secomb (Orgs.), *Sensors and sensing in biology and engineering*, 2003, pp. 145-57.
99. Jürgen Tautz e Hubert Markl, "Caterpillars detect flying wasps by hairs sensitive to airborne vibration", *Behavioral Ecology and Sociobiology*, 1978, pp. 101-10.
100. Jürgen Tautz e Michael Rostás, "Honeybee buzz attenuates plant damage by caterpillars", *Current Biology*, 2008, pp. 101-10.

7. O chão ondulante [pp. 199-220]

1. Karen M. Warkentin, "Adaptive plasticity in hatching age: A response to predation risk trade-offs", *Proceedings of the National Academy of Sciences*, 1995, pp. 3507-10.
2. Kristina L. Cohen, Marc A. Seid e Karen M. Warkentin, "How embryos escape from danger: The mechanism of rapid, plastic hatching in red-eyed treefrogs", *Journal of Experimental Biology*, 2016, pp. 1875-83.
3. Karen M. Warkentin, "How do embryos assess risk? Vibrational cues in predator-induced hatching of red-eyed treefrogs", *Animal Behaviour*, 2005, pp. 59-71; Michael S. Caldwell, J. Gregory McDaniel e Karen M. Warkentin, "Is it safe? Red-eyed treefrog embryos assessing predation risk use two features of rain vibrations to avoid false alarms", *Animal Behaviour*, 2010, pp. 255-60.
4. Para um artigo sobre a eclosão ambientalmente orientada em embriões ver Karen M. Warkentin, "Environmentally cued hatching across taxa: Embryos respond to risk and opportunity", *Integrative and Comparative Biology*, 2011, pp. 14-25.
5. Julie Jung et al., "How do red-eyed treefrog embryos sense motion in predator attacks? Assessing the role of vestibular mechanoreception", *Journal of Experimental Biology*, 2019.
6. Ibid. [Referência da nota de rodapé]
7. Michael S. Caldwell, J. Gregory McDaniel e Karen M. Warkentin, "Is it safe? Red-eyed treefrog embryos assessing predation risk use two features of rain vibrations to avoid false alarms", *Animal Behaviour*, 2010, pp. 255-60.
8. Fumio Takeshita e Minoru Murai, "The vibrational signals that male fiddler crabs (*Uca lactea*) use to attract females into their burrows", *The Science of Nature*, 2016, p. 49.
9. Felix A. Hager e Wolfgang H. Kirchner, "Vibrational long-distance communication in the termites *Macrotermes natalensis* and *Odontotermes sp*", *Journal of Experimental Biology*, 2013, pp. 3249-56.
10. Chan s. Han e Piotr G. Jablonski, "Male water striders attract predators to intimidate females into copulation", *Nature Communications*, 2010, p. 52.

11. Peggy S. M. Hill, "How do animals use substrate-borne vibrations as an information source?", *Naturwissenschaften*, 2009, pp. 1355-71; Peggy S. M. Hill e Andreas Wessel, "Biotremology", *Current Biology*, 2016, pp. R187-91; Beth Mortimer, "Biotremology: Do physical constraints limit the propagation of vibrational information?", *Animal Behaviour*, 2017, pp. 165-74.

12. Peggy S. M. Hill, "Stretching the paradigm or building a new? Development of a cohesive language for vibrational communication". In: Reginald B. Cocroft et al. (Orgs.), *Studying vibrational communication*, 2014, pp. 13-30.

13. Um texto seminal de Peggy S. M. Hill sobre comunicações vibracionais está em *Vibrational communication in animal*, 2008. A citação aparece na página 2.

14. A comunicação vibracional de insetos aparece em Reginald B. Cocroft e Rafael L. Rodríguez, "The behavioral ecology of insect vibrational communication", BIOSCIENCE, 2005, pp. 323-34; Reginald B. Cocroft, "The public world of insect vibrational communication", *Molecular Ecology*, 2011, pp. 2041-3.

15. Andrej Cokl e Meta Virant-Doberlet, "Communication with substrate-borne signals in small plant-dwelling insects", *Annual Review of Entomology*, 2003, pp. 29-50.

16. Pode ser encontrada em treehoppers.insectmuseum.org.

17. Reginald B. Cocroft e Rafael L. Rodríguez, "The behavioral ecology of insect vibrational communication", BIOSCIENCE, 2005, pp. 323-34.

18. Reginald B. Cocroft, "Offspring-parent communication in a subsocial treehopper (Hemiptera: Membracidae: *Umbonia crassicornis*)", *Behaviour*, 1999, pp. 1-21.

19. Jennifer A. Hamel e Reginald B. Cocroft, "Negative feedback from maternal signals reduces false alarms by collectively signalling offspring", *Proceedings of the Royal Society B: Biological Sciences*, 2012, pp. 3820-6.

20. Frédéric Legendre, Peter R. Marting e Reginald B. Cocroft, "Competitive masking of vibrational signals during mate searching in a treehopper", *Animal Behaviour*, 2012, pp. 361-8.

21. Anna Eriksson et al., "Exploitation of insect vibrational signals reveals a new method of pest management", *PLOS One*, 2012; Jernej Polajnar et al., "Manipulating behaviour with substrate-borne vibrations—Potential for insect pest control", *Pest Management Science*, 2015, pp. 15-23. [Referência da nota de rodapé]

22. Chanchal Yadav, "Invitation by vibration: Recruitment to feeding shelters in social caterpillars", *Behavioral Ecology and Sociobiology*, 2017, p. 51.

23. Felix A. Hager e Kathrin Krausa, "Acacia ants respond to plant-borne vibrations caused by mammalian browsers", *Current Biology*, 2019, pp. 717-25e3.

24. F. Ossiannilsson, *Insect drummers, a study on the morphology and function of the sound-producing organ of Swedish* Homoptera auchenorrhyncha, *with notes on their soundproduction*, 1949.

25. O relato de Brownell sobre seu estudo do escorpião-das-dunas está em Philip H. Brownell, "Prey detection by the sand scorpion", *Scientific American*, 1984, pp. 86-97.

26. Philip H. Brownell e Roger D. Farley, "Prey-localizing behaviour of the nocturnal desert scorpion, Paruroctonus mesaensis: Orientation to substrate vibrations", *Animal Behaviour*, 1979c, pp. 185-93.

27. Id., "Detection of vibrations in sand by tarsal sense organs of the nocturnal scorpion, *Paruroctonus mesaensis*", *Journal of Comparative Physiology A*, 1979a, pp. 23-30.

28. Id., "Orientation to vibrations in sand by the nocturnal scorpion, *Paruroctonus mesaensis*: Mechanism of target localization", *Journal of Comparative Physiology A*, 1979b, pp. 31-8.

29. Heiko Woith et al., "Review: Can animals predict earthquakes?", *Bulletin of the Seismological Society of America*, 2018, pp. 1031-45.

30. Arnold Fertin e Jérôme Casas, "Orientation towards prey in antlions: Efficient use of wave propagation in sand", *Journal of Experimental Biology*, 2007, pp. 3337-43; Vanessa Martinez et al., "Antlions are sensitive to subnanometer amplitude vibrations carried by sand substrates", *Journal of Comparative Physiology A*, 2020, pp. 783-91.

31. Bojana Mencinger-Vračko e Dušan Devetak, "Orientation of the pit-building antlion larva Euroleon (Neuroptera, Myrmeleontidae) to the direction of substrate vibrations caused by prey", *Zoology*, 2008, pp. 2-8.

32. Kenneth C. Catania, "Worm grunting, fiddling, and charming—Humans unknowingly mimic a predator to harvest bait", *PLOS One*, 2008; Ombor Mitra et al., "Grunting for worms: Seismic vibrations cause Diplocardia earthworms to emerge from the soil", *Biology Letters*, 2009, pp. 16-9.

33. Charles Darwin, *The formation of vegetable mould, through the action of worms, with observations on their habits*, 1890. [Referência da nota de rodapé]

34. Matthew J. Mason, "Bone conduction and seismic sensitivity in golden moles (Chrysochloridae)", *Journal of Zoology*, 2003, pp. 405-13.

35. Edwin R. Lewis et al., "Preliminary evidence for the use of microseismic cues for navigation by the Namib golden mole", *Journal of the Acoustical Society of America*, 2006, pp. 1260-8.

36. Peter M. Narins e Edwin R. Lewis, "The vertebrate ear as an exquisite seismic sensor", *Journal of the Acoustical Society of America*, 1984, pp. 1384-7; Matthew J. Mason e Peter M. Narins, "Seismic sensitivity in the desert golden mole (*Eremitalpa granit*): A review", *Journal of Comparative Psychology*, 2002, pp. 158-63.

37. Matthew J. Mason, "Bone conduction and seismic sensitivity in golden moles (Chrysochloridae)", *Journal of Zoology*, 2003, pp. 405-13. [Referência da nota de rodapé]

38. Peggy S. M. Hill, *Vibrational communication in animals*, 2008, p. 120.

39. O relato sobre seu estudo com elefantes está em Caitlin O'Connell-Rodwell, *The elephant's secret sense: The hidden life of the wild herds of Africa*, 2008.

40. Caitlin O'Connell-Rodwell, Lynette Hart e B. T. Arnason, "Exploring the potential use of seismic waves as a communication channel by elephants and other large mammals", *American Zoologist*, 2001, pp. 1157-70.

41. Caitlin O'Connell-Rodwell et al., "Wild elephant (*Loxodonta africana*) breeding herds respond to artificially transmitted seismic stimuli", *Behavioral Ecology and Sociobiology*, 2006, pp. 842-50.

42. Caitlin O'Connell-Rodwell, *The elephant's secret sense: The hidden life of the wild herds of Africa*, 2008, p. 180.

43. Caitlin O'Connell-Rodwell et al., "Wild African elephants (*Loxodonta africana*) discriminate between familiar and unfamiliar conspecific seismic alarm calls", *Journal of the Acoustical Society of America*, 2007, pp. 823-30.

44. Caitlin O'Connell, B. T. Arnason e Lynette Hart, "Seismic transmission of elephant vocalizations and movement", *Journal of the Acoustical Society of America*, 1997, p. 3124; Ronald H. Günther, Caitlin O'Connell-Rodwell e Simon L. Klemperer, "Seismic waves from elephant vocalizations: A possible communication mode?", *Geophysical Research Letters*, 2004. [Referência da nota de rodapé]

45. Felisa A. Smith et al., "Body size downgrading of mammals over the late Quaternary", *Science*, 2018, pp. 310-3.

46. J. Weston Phippen, "Kill every buffalo you can! Every buffalo dead is an Indian gone", *The Atlantic*, 2016.

47. Standing Bear, *Land of the spotted eagle*, 2006, p. 192.

48. Para um excelente livro sobre a teia das aranhas e sua evolução ver Leslie Brunetta e Catherine Craig, *Spider silk: Evolution and 400 million years of spinning, waiting, snagging, and mating*, 2012.

49. Ingi Agnarsson, Majtaž Kuntner e Todd A. Blackledge, "Bioprospecting finds the toughest biological material: Extraordinary silk from a giant riverine orb spider", *PLOS One*, 2010.

50. Todd A. Blackledge, Majtaž Kuntner e Ingi Agnarsson, "The form and function of spider orb webs". In: Jérôme Casas (Org.), *Advances in insect physiology*, 2011, pp. 175-262.

51. W. Mitch Masters, "Vibrations in the orbwebs of *Nuctenea sclopetaria* (Araneidae). I. Transmission through the web", *Behavioral Ecology and Sociobiology*, 1984, pp. 207-15.

52. M. Landolfa e F. Barth, "Vibrations in the orb web of the spider *Nephila clavipes*: Cues for discrimination and orientation", *Journal of Comparative Physiology A*, 1996, pp. 493-508.

53. Michael H. Robinson e Heath Mirick, "The predatory behavior of the golden-web spider *Nephila clavipes* (Araneae: Araneidae)", *Psyche*, 1971, pp. 123-39; R. B. Suter, "*Cyclosa turbinata* (Araneae, Araneidae): Prey discrimination via web-borne vibrations", *Behavioral Ecology and Sociobiology*, 1978, pp. 283-96.

54. Diemut Klärner e Friedrich G. Barth, "Vibratory signals and prey capture in orb-weaving spiders (*Zygiella x-notata, Nephila clavipes*; Araneidae)", *Journal of Comparative Physiology*, 1982, pp. 445-55.

55. Fritz Vollrath, "Behaviour of the kleptoparasitic spider *Argyrodes elevatus* (Araneae, theridiidae)", *Animal Behaviour*, 1979a, pp. 515-21; "Vibrations: Their signal function for a spider kleptoparasite", *Science*, 1979b, pp. 1149-51.

56. Anne E. Wignall e Phillip W. Taylor, "Assassin bug uses aggressive mimicry to lure spider prey", *Proceedings of the Royal Society B: Biological Sciences*, 2011, pp. 1427-33.

57. Stimpson R. Wilcox, Robert R. Jackson e Kristen Gentile, "Spiderweb smokescreens: Spider trickster uses background noise to mask stalking movements", *Animal Behaviour*, 1996, pp. 313-26.

58. Friedrich G. Barth, *A spider's world: Senses and behavior*, 2002, p. 19.

59. Beth Mortimer et al., "The speed of sound in silk: Linking material performance to biological function", *Advanced Materials*, 2014, pp. 5179-83.

60. Id., "Tuning the instrument: Sonic properties in the spider's web", *Journal of the Royal Society Interface*, 2016.

61. Takeshi Watanabe, "The influence of energetic state on the form of stabilimentum built by *Octonoba sybotides* (Araneae: Uloboridae)", *Ethology*, 1999, pp. 719-25; "Web tuning of an orb-web spider, *Octonoba sybotides*, regulates prey-catching behaviour", *Proceedings of the Royal Society B: Biological Sciences*, 2000, pp. 565-9.

62. Kensuke Nakata, "Attention focusing in a sit-and-wait forager: A spider controls its prey-detection ability in different web sectors by adjusting thread tension", *Proceedings of the Royal Society B: Biological Sciences*, 2010, pp. 29-33; "Spatial learning affects thread tension control in orb-web spiders", *Biology Letters*, 2013, p. 20130052. [Referência da nota de rodapé]

63. Um excelente artigo sobre teias de aranha como exemplos de uma cognição estendida pode ser encontrado em Hilton F. Japyassú e Kevin N. Laland, "Extended spider cognition", *Animal Cognition*, 2017, pp. 375-95.

64. Natasha Mhatre, Senthurran Sivalinghem e Andrew C. Mason, "Posture controls mechanical tuning in the black widow spider mechanosensory system", *bioRxiv*, 2018.

8. Todo ouvidos [pp. 221-53]

1. O relato de Payne sobre sua própria experiência com as corujas-das-torres pode ser encontrado em Roger S. Payne, "Acoustic location of prey by barn owls (*Tyto alba*)", *Journal of Experimental Biology*, 1971, pp. 535-73.

2. Ibid.

3. David B. Dusenbery, *Sensory ecology: How organisms acquire and respond to information*, 1992.

4. Masakazu Konishi, "Locatable and nonlocatable acoustic signals for barn owls", *The American Naturalist*, 1973, pp. 775-85; "How the owl tracks its prey", *American Scientist*, 2012, p. 494.

5. Bianca Krumm et al., "Barn owls have ageless ears", *Proceedings of the Royal Society B: Biological Sciences*, 2017. [Referência da nota de rodapé, após "com a idade"]

6. Eric I. Knudsen, Gary G. Blasdel e Masakazu Konishi, "Sound localization by the barn owl (Tyto alba) measured with the search coil technique", *Journal of Comparative Physiology A*, 1979, pp. 1-11.

7. Roger S. Payne, op. cit.

8. Catherine E. Carr e Jakob Christensen-Dalsgaard, "Sound localization strategies in three predators", *Brain, Behavior and Evolution*, 2015, pp. 17-27; "Evolutionary trends in directional hearing", *Current Opinion in Neurobiology*, 2016, pp. 111-7.

9. Um artigo antigo, mas muito bom, sobre a audição dos animais, de William C. Stebbins, é *The acoustic sense of animals*, 1983. A citação é da página 1.

10. Matthias Weger e Herman Wagner, "Morphological variations of leading-edge serrations in owls (Strigiformes)", *PLOS One*, 2016; Christopher J. Clark, Krista LePiane e Lori Liu, "Evolution and ecology of silent flight in owls and other flying vertebrates", *Integrative Organismal Biology*, 2020.

11. Masakazu Konishi, "How the owl tracks its prey", *American Scientist*, 2012, p. 494.

12. Douglas B. Webster e Molly Webster, "Morphological adaptations of the ear in the rodent family heteromyidae", *American Zoologist*, 1980, pp. 247-54.

13. Douglas B. Webster, "A function of the enlarged middle-ear cavities of the kangaroo rat, Dipodomys", *Physiological Zoology*, 1962, pp. 248-55; Frederick B. Stangl et al., "Comments on the predator-prey relationship of the Texas kangaroo rat (*Dipodomys elator*) and barn owl (*Tyto alba*)", *The American Midland Naturalist*, 2005, pp. 135-41.

14. Douglas B. Webster e Molly Webster, "Adaptive value of hearing and vision in kangaroo rat predator avoidance", *Brain, Behavior and Evolution*, 1971, pp. 310-22.

15. Os ouvidos dos insetos são assunto de James H. Fullard e Jane E. Yack "The evolutionary biology of insect hearing", *Trends in Ecology & Evolution*, 1993, pp. 248-52; Martin C. Göpfert e H. Matthias Hennig, "Hearing in insects", *Annual Review of Entomology*, pp. 257-76, 2016.

16. Martin C. Göpfert e H. Matthias Hennig, op. cit.

17. Daniel Robert, Natasha Mhatre e Thomas McDonagh, "The small and smart sensors of insect auditory systems", *Ninth IEEE Sensors Conference (SENSORS 2010)*, pp. 2208-11, 2010.

18. Martin C.Göpfert, Annemarie Surlykke e Lutz T. Wasserthal, "Tympanal and atympanal 'mouth-ears' in hawkmoths (Sphingidae)", *Proceedings of the Royal Academy B: Biological Sciences*, 2002, pp. 89-95; Fernando Montealegre-Z et al., "Convergent evolution between insect and mammalian audition", *Science*, 2012, pp. 968-71.

19. Gil Menda et al., "The long and short of hearing in the mosquito *Aedes aegypti*", *Current Biology*, 2019, pp. 709-14.

20. Chantel J. Taylor e Jane E. Yack, "Hearing in caterpillars of the monarch butterfly (*Danaus plexippus*)", *Journal of Experimental Biology*, 2019.

21. David D. Yager e Ronald R. Hoy, "The cyclopean ear: A new sense for the praying mantis", *Science*, 1986, pp. 727-9; Moira J. Van Staaden et al., "Serial hearing organs in the atympanate grasshopper *Bullacris membracioides* (Orthoptera, Pneumoridae)", *Journal of Comparative Neurology*, 2003, pp. 579-92.

22. David Pye, "Poem by David Pye: On the variety of hearing organs in insects", *Microscopic Research Techniques*, 2004, pp. 313-4. [Referência da nota de rodapé]

23. James H. Fullard e Jane E. Yack, "The evolutionary biology of insect hearing", *Trends in Ecology & Evolution*, 1993, pp. 248-52.

24. Johannes Strauß e Andrea Stumpner, "Selective forces on origin, adaptation and reduction of tympanal ears in insects", *Journal of Comparative Physiology A*, 2015, pp. 155-69.

25. Karla A. Lane, Kathleen M. Lucas e Jane E. Yack, "Hearing in a diurnal, mute butterfly, *Morpho peleides* (Papilionoidea, Nymphalidae)", *Journal of Comparative Neurology*, 2008, pp. 677-86.

26. J. P. Fournier et al., "If a bird flies in the forest, does an insect hear it?", *Biology Letters*, 2013.

27. Jun-Jie Gu et al., "Wing stridulation in a Jurassic katydid (Insecta, Orthoptera) produced low-pitched musical calls to attract females", *Proceedings of the National Academy of Sciences*, 2012, pp. 3868-73.

28. Daniel Robert, John Amoroso e Ronald R. Hoy, "The evolutionary convergence of hearing in a parasitoid fly and its cricket host", *Science*, 1992, pp. 1135-7.

29. Andrew C. Mason, Michael L. Oshinsky e Ronald R. Hoy, "Hyperacute directional hearing in a microscale auditory system", *Nature*, 2001 pp. 686-90; Pie Müller e Daniel Robert, "Death comes suddenly to the unprepared: Singing crickets, call fragmentation, and parasitoid flies", *Behavioral Ecology*, 2002, pp. 598-606.

30. Ronald Miles, Daniel Robert e Ronald R. Hoy, "Mechanically coupled ears for directional hearing in the parasitoid fly *Ormia ochracea*", *Journal of the Acoustical Society of America*, 1995, pp. 3059-70. [Referência da nota de rodapé]

31. Barbara Webb, "A cricket robot", *Scientific American*, 1996.

32. Ibid. [Referência da nota de rodapé]

33. Marlene Zuk, John T. Rotenberry e Robin M. Tinghitella, "Silent night: Adaptive disappearance of a sexual signal in a parasitized population of field crickets", *Biology Letters*, 2006, pp. 521-4; Will T. Schneider et al., "Vestigial singing behaviour persists after the evolutionary loss of song in crickets", *Biology Letters*, 2018.

34. Michael J. Ryan, "Female mate choice in a neotropical frog", *Science*, 1980, pp. 523-5.

35. Ibid.

36. Michael J. Ryan et al., "Sexual selection for sensory exploitation in the frog *Physalaemus pustulosus*", *Nature*, 1990, pp. 66-7.
37. Michael J. Ryan e A. Stanley Rand, "Sexual selection and signal evolution: The ghost of biases past", *Philosophical Transactions of the Royal Society B: Biological Sciences*, 1993, pp. 187-95.
38. Ibid.
39. Ibid.
40. O relato de seu estudo com as rãs-túngaras está em Michael J. Ryan, *A taste for the beautiful: The evolution of attraction*. Princeton: Princeton University Press, 2018.
41. Alexandra Basolo, "Female preference predates the evolution of the sword in swordtail fish", *Science*, 1990, pp. 808-10. [Referência da nota de rodapé]
42. Melin D. Tuttle e Michael J. Ryan, "Bat predation and the evolution of frog vocalizations in the neotropics", *Science*, 1981, pp. 677-8.
43. Rachel A. Page e Michael J. Ryan, "The effect of signal complexity on localization performance in bats that localize frog calls", *Animal Behaviour*, 2008, pp. 761-9. [Referência da nota de rodapé]
44. Ximena E. Bernal, A. Stanley Rand e Michael J. Ryan, "Acoustic preferences and localization performance of blood-sucking flies (*Corethrella Coquillett*) to túngara frog calls", *Behavioral Ecology*, 2006, pp. 709-15. [Referência da nota de rodapé]
45. A audição das aves é analisada em Robert J. Dooling e Nora H. Prior, "Do we hear what birds hear in birdsong?", *Animal Behaviour*, 2017, pp. 283-9.
46. Tim Birkhead, *Bird sense: What it's like to be a bird*, 2013.
47. Masakazu Konishi, "Time resolution by single auditory neurones in birds", *Nature*, 1969, pp. 566-7.
48. Robert J. Dooling, Bernard Lohr e Micheal L. Dent, "Hearing in birds and reptiles". In: Robert J. Dooling, Richard R. Fay e Arthur N. (Orgs.), *Comparative hearing: Birds and reptiles*, 2000, pp. 308-59.
49. Robert J. Dooling et al., "Auditory temporal resolution in birds: Discrimination of harmonic complexes", *Journal of the Acoustical Society of America*, 2002, pp. 748-59.
50. Beth A. Vernaleo e Robert J. Dooling, "Relative salience of envelope and fine structure cues in zebra finch song", *Journal of the Acoustical Society of America*, 2011, pp. 3373-83.
51. Shelby L. Lawson et al., "Relative salience of syllable structure and syllable order in zebra finch song", *Animal Cognition*, 2018, pp. 467-80.
52. Robert J. Dooling e Nora H. Prior, "Do we hear what birds hear in birdsong?", *Animal Behaviour*, 2017, pp. 283-9.
53. Adam R. Fishbein et al., "Sound sequences in birdsong: How much do birds really care?", *Philosophical Transactions of the Royal Society B: Biological Sciences*, 2020.
54. Nora H. Prior et al., "Acoustic fine structure may encode biologically relevant information for zebra finches", *Scientific Reports*, 2018 p. 6212.
55. Jeffrey R. Lucas et al., "A comparative study of avian auditory brainstem responses: Correlations with phylogeny and vocal complexity, and seasonal effects", *Journal of Comparative Physiology A*, 2002, pp. 981-92.
56. Kenneth S. Henry et al., "Songbirds tradeoff auditory frequency resolution and temporal resolution", *Journal of Comparative Physiology A*, 2011, pp. 351-9.
57. Jeffrey R. Lucas et al., "Seasonal variation in avian auditory evoked responses to tones: A comparative analysis of Carolina chickadees, tufted titmice, and white-breasted nuthatches", *Journal of Comparative Physiology A*, 2007, pp. 201-15.

58. Ibid.

59. Isabelle C. Noirot et al., "Presence of aromatase and estrogen receptor alpha in the inner ear of zebra finches", *Hearing Research*, 2009, pp. 49-55.

60. Megan D. Gall, Therese S. Salameh e Jeffrey R. Lucas, "Songbird frequency selectivity and temporal resolution vary with sex and season", *Proceedings of the Royal Society B: Biological Sciences*, 2013.

61. Melissa L. Caras, "Estrogenic modulation of auditory processing: A vertebrate comparison", *Frontiers in Neuroendocrinology*, 2013, pp. 285-99.

62. Joseph A. Sisneros, "Adaptive hearing in the vocal plainfin midshipman fish: Getting in tune for the breeding season and implications for acoustic communication", *Integrative Zoology*, 2009, pp. 33-42. [Referência da nota de rodapé, após "frequências principais"]

63. Megan D. Gall e Walter Wilczynski, "Hearing conspecific vocal signals alters peripheral auditory sensitivity", *Proceedings of the Royal Society B: Biological Sciences*, 2015. [Referência da nota de rodapé]

64. Diana Kwon, "A profile of Roger Payne", *The Scientist*, 2019.

65. Roger S. Payne e Scott McVay, "Songs of humpback whales", *Science*, 1971, pp. 585-97.

66. Roger S. Payne e Douglas Webb, "Orientation by means of long-range acoustic signaling in baleen whales", *Annals of the New York Academy of Sciences*, 1971, pp. 110-41.

67. William E. Schevill, William A. Watkins e Richard H. Backus, "The 20-cycle signals and Balaenoptera (fin whales)". In: William N. Tavolga (Org.), *Marine bio-acoustics*, 1964, pp. 147-52.

68. Peter M. Narins, Angela S. Stoeger e Caitlin O'Connell-Rodwell, "Infrasonic and seismic communication in the vertebrates with special emphasis on the Afrotheria: An update and future directions". In: Roderick A. Suthers et al. (Orgs.), *Vertebrate sound production and acoustic communication*, 2016, pp. 191-227.

69. Roger S. Payne e Douglas Webb, op. cit., pp. 110-41.

70. Christopher W. Clark e G. C. Gagnon, "Low-frequency vocal behaviors of baleen whales in the North Atlantic: Insights from IUSS detections, locations and tracking from 1992 to 1996", *Journal of Underwater Acoustics*, 2004, pp. 609-40.

71. Daniel P. Costa, "The secret life of marine mammals: Novel tools for studying their behavior and biology at sea", *Oceanography*, 1993, pp. 120-8.

72. Václav M. Kuna e John L. Nábělek, "Seismic crustal imaging using fin whale songs", *Science*, 2021, pp. 731-5.

73. Peter L. Tyack e Christopher W. Clark, "Communication and acoustic behavior of dolphins and whales". In: Whitlow W. L. Au, Richard R. Fay e Arthur N. Popper (Orgs.), *Hearing by whales and dolphins*, 2000, pp. 156-224.

74. Jeremy A. Goldbogen et al., "Extreme bradycardia and tachycardia in the world's largest animal", *Proceedings of the National Academy of Sciences*, 2019, pp. 25329-32.

75. Mickäel J. Mourlam e Maeva J. Orliac, "Infrasonic and ultrasonic hearing evolved after the emergence of modern whales", *Current Biology*, 2017, pp. 1776-81.

76. Robert E. Shadwick, Jean Potvin e Jeremy A. Goldbogen, "Lunge feeding in rorqual whales", *Physiology*, 2019, pp. 409-18.

77. O relato de seu estudo com elefantes está em Katy Payne, *Silent thunder: In the presence of elephants*, 1999.

78. Ibid., p. 20.

79. Katharine B. Payne, William R. Langbauer e Elizabeth M. Thomas, "Infrasonic calls of the Asian elephant (*Elephas maximus*)", *Behavioral Ecology and Sociobiology*, 1986, pp. 297-301.

80. Joyce H. Poole et al., "The social contexts of some very low-frequency calls of African elephants", *Behavioral Ecology and Sociobiology*, 1988, pp. 385-92.

81. Ibid.

82. M. Garstang et al., "Atmospheric controls on elephant communication", *Journal of Experimental Biology*, 1995, pp. 939-51.

83. Darlene R. Ketten, "Structure and function in whale ears", *Bioacoustics*, 1997, pp. 103-35.

84. Ronald Miles, Daniel Robert e Ronald R. Hoy, "Mechanically coupled ears for directional hearing in the parasitoid fly *Ormia ochracea*", *Journal of the Acoustical Society of America*, 1995, pp. 3059-70.

85. Joseph Sidebotham, "Singing mice", *Nature*, 1877, p. 29.

86. Isabelle C. Noirot, "Ultra-sounds in young rodents. I. Changes with age in albino mice", *Animal Behaviour*, 1966, pp. 459-62; Hanna-Maria Zippelius, "Ultraschall-Laute nestjunger Mäuse", *Behaviour*, 1974, pp. 197-204; Gillian D. Sales, "Ultrasonic calls of wild and wild-type rodents". In: Stefan M. Brudzynski (Org.), *Handbook of behavioral neuroscience*, 2010, pp. 77-88.

87. Gillian D. Sewell, "Ultrasonic communication in rodents", *Nature*, 1970, p. 410.

88. Jaak Panksepp e Jeffrey Burgdorf, "50-kHz chirping (laughter?) in response to conditioned and unconditioned tickle-induced reward in rats: Effects of social housing and genetic variables", *Behavioural Brain Research*, 2000, pp. 25-38.

89. David R. Wilson e James F. Hare, "Ground squirrel uses ultrasonic alarms", *Nature*, 2004, p. 523.

90. Timothy E. Holy e Zhongsheng Guo, "Ultrasonic songs of male mice", *PLOS Biology*, 2005.

91. Joshua P. Neunuebel et al., "Female mice ultrasonically interact with males during courtship displays", *eLife*, 2015.

92. Um artigo sobre comunicação ultrassônica pode ser encontrado em Victoria s. Arch e Peter M. Narins, "'Silent' signals: Selective forces acting on ultrasonic communication systems in terrestrial vertebrates", *Animal Behaviour*, 2008, pp. 1423-8.

93. Henry E. Heffner, "Hearing in large and small dogs: Absolute thresholds and size of the tympanic membrane", *Behavioral Neuroscience*, 1983, pp. 310-8; Rickye S. Heffner e Henry E. Heffner, "Hearing range of the domestic cat", *Hearing Research*, 1985, pp. 85-8; Rickye S. Heffner e Henry E. Heffner, "The evolution of mammalian hearing", *To the ear and back again—Advances in auditory biophysics: Proceedings of the 13th mechanics of hearing workshop*, 2018; Shozo Kojima, "Comparison of auditory functions in the chimpanzee and human", *Folia Primatologica*, 1990, pp. 62-72; Sam H. Ridgway e Whitlow Au, "Hearing and echolocation in dolphins". In: Larry R. Squire (Org.), *Encyclopedia of neuroscience*, 2009, pp. 1031-9; Randall P. Reynolds et al., "Noise in a laboratory animal facility from the human and mouse perspectives", *Journal of the American Association for Laboratory Animal Science*, 2010, pp. 592-7.

94. Rickye S. Heffner e Henry E. Heffner, op. cit.

95. Ibid. [Referência da nota de rodapé]

96. Victoria S. Arch e Peter M. Narins, "'Silent' signals: Selective forces acting on ultrasonic communication systems in terrestrial vertebrates", *Animal Behaviour*, 2008, pp. 1423-8.

97. Nicholas Aflitto e Tom DeGomez, "Sonic pest repellents", College of Agriculture, University of Arizona, 2014.

98. Marissa A. Ramsier et al., "Primate communication in the pure ultrasound", *Biology Letters*, 2012, pp. 508-11.

99. Carolyn L. Pytte, Millicent S. Ficken e Andrew Moiseff, "Ultrasonic singing by the blue-throated hummingbird: A comparison between production and perception", *Journal of Comparative Physiology A*, 2004, pp. 665-73.

100. Christopher R. Olson et al., "Black Jacobin hummingbirds vocalize above the known hearing range of birds", *Current Biology*, 2018, pp. R204-5.

101. Sandra Goutte et al., "Evidence of auditory insensitivity to vocalization frequencies in two frogs", *Scientific Reports*, 2017. [Referência da nota de rodapé]

102. A batalha entre morcegos e insetos pode ser encontrada em William E. Conner e Aaron J. Corcoran, "Sound strategies: The 65-million-year-old battle between bats and insects", *Annual Review of Entomology*, 2012, pp. 21-39.

103. Hannah M. Moir, Joseph C. Jackson e F. C. Windmill, "Extremely high frequency sensitivity in a 'simple' ear", *Biology Letters*, 2013.

104. Ryo Nakano et al., "Moths are not silent, but whisper ultrasonic courtship songs", *Journal of Experimental Biology*, 2009, pp. 4072-8; "To females of a noctuid moth, male courtship songs are nothing more than bat echolocation calls", *Biology Letters*, 2010, pp. 582-4. [Referência da nota de rodapé]

105. Akito Y. Kawahara et al., "Phylogenomics reveals the evolutionary timing and pattern of butterflies and moths", *Proceedings of the National Academy of Sciences*, 2019, pp. 22657-63.

106. Ibid. [Referência da nota de rodapé]

9. Um mundo silencioso grita de volta [pp. 254-88]

1. Ecolocalização é minuciosamente discutida em Annemarie Surlykke et al., *Biosonar*, 2014.

2. Arjan Boonman et al., "It's not black or white: On the range of vision and echolocation in echolocating bats", *Frontiers in Physiology*, 2013, p. 248.

3. Margareta B. Kalka, Adam R. Smith e Elisabeth K. Kalko, "Bats limit arthropods and herbivory in a tropical forest", *Science*, 2008, p. 71.

4. O histórico das pesquisas sobre ecolocalização é apresentado em Donald Griffin, *Listening in the dark: The acoustic orientation of bats and men*, 1974; Alan D. Grinnell, Edwin Gould e M. Brock Fenton, "A history of the study of echolocation". In: M. Brock Fenton et al. (Orgs.), *Bat bioacoustics*, 2016, pp. 1-24.

5. O estudo clássico de Donald Griffin sobre ecolocalização e sua pesquisa estão em Donald Griffin, *Listening in the dark: The acoustic orientation of bats and men*, 1974.

6. Ibid. [Referência da nota de rodapé]

7. Ibid., p. 67.

8. Donald Griffin e Robert Galambos, "The sensory basis of obstacle avoidance by flying bats", *Journal of Experimental Zoology*, 1941, pp. 481-506; Robert Galambos e Donald Griffin, "Obstacle avoidance by flying bats: The cries of bats", *Journal of Experimental Zoology*, 1942, pp. 475-90.

9. Donald Griffin, "Echolocation by blind men, bats and radar", *Science*, 1944a, pp. 589-90.

10. Donald Griffin, "Bat sounds under natural conditions, with evidence for echolocation of insect prey", *Journal of Experimental Zoology*, 1953, pp. 435-65.

11. Donald Griffin, Frederic A. Webster e Charles A. Michael, "The echolocation of flying insects by bats", *Animal Behaviour*, 1960, pp. 141-54.

12. Donald Griffin, "Return to the magic well: Echolocation behavior of bats and responses of insect prey", *BioScience*, 2001, pp. 555-6.
13. Gareth Jones e Emma C. Teeling, "The evolution of echolocation in bats", *Trends in Ecology & Evolution*, 2006, pp. 149-56. [Referência da nota de rodapé]
14. Hans-Ulrich Schnitzler e Elisabeth K. Kalko, "Echolocation by insect-eating bats", *BioScience*, 2001, pp. 557-69; M. Brock Fenton et al., *Bat bioacoustics*, 2016; Cynthia F. Moss, "Auditory mechanisms of echolocation in bats". In: Murray Sherman (Org.), *Oxford Research Encyclopedia of Neuroscience*, 2018.
15. Annemarie Surlykke e Elisabeth K. Kalko, "Echolocating bats cry out loud to detect their prey", *PLOS One*, 2008.
16. Marc W. Holderied e Otto von Helversen, "Echolocation range and wingbeat period match in aerial-hawking bats", *Proceedings of the Royal Society B: Biological Sciences*, 2003, pp. 2293-9.
17. Lasse Jakobsen, John M. Ratcliffe e Annemarie Surlykke, "Convergent acoustic field of view in echolocating bats", *Nature*, 2013, pp. 93-6.
18. Kaushik Ghose, Cynthia F. Moss e Timothy K. Horiuchi, "Flying big brown bats emit a beam with two lobes in the vertical plane", *Journal of the Acoustical Society of America*, 2007, pp. 3717-24. [Referência da nota de rodapé]
19. Katrine Hulgard et al., "Big brown bats (*Eptesicus fuscus*) emit intense search calls and fly in stereotyped flight paths as they forage in the wild", *Journal of Experimental Biology*, 2016, pp. 334-40.
20. Signe Brinkløv, Elisabeth K. Kalko e Annemarie Surlykke, "Intense echolocation calls from two 'whispering' bats, *Artibeus jamaicensis* and *Macrophyllum macrophyllum* (Phyllostomidae)", *Journal of Experimental Biology*, 2009, pp. 11-20.
21. O. W. Henson, "The activity and function of the middle-ear muscles in echo-locating bats", *Journal of Physiology*, 1965, pp. 871-87; Nobuo Suga e Peter Schlegel, "Neural attenuation of responses to emitted sounds in echolocating bats", *Science*, 1972, pp. 82-4.
22. Shelley A. Kick e James A. Simmons, "Automatic gain control in the bat's sonar receiver and the neuroethology of echolocation", *Journal of Neuroscience*, 1984, pp. 2725-37.
23. Cohen P. H. Elemans et al., "Superfast muscles set maximum call rate in echolocating bats", *Science*, 2011, pp. 1885-8; John M. Ratcliffe, "How the bat got its buzz", *Biology Letters*, 2013, p. 20121031.
24. James A. Simmons, Michael J. Ferragamo e Cynthia F. Moss, "Echo-delay resolution in sonar images of the big brown bat, *Eptesicus fuscus*", *Proceedings of the National Academy of Sciences*, 1998, pp. 12647-52.
25. James A. Simmons e Roger A. Stein, "Acoustic imaging in bat sonar: Echolocation signals and the evolution of echolocation", *Journal of Comparative Physiology*, 1980, pp. 61-84; Cynthia F. Moss e Hans-Ulrich Schnitzler, "Behavioral studies of auditory information processing". In: Arthur N. Popper e Richard R. Fay (Orgs.), *Hearing by bats*, 1995, pp. 87-145.
26. Mark Zagaeski e Cynthia F. Moss, "Target surface texture discrimination by the echolocating bat, *Eptesicus fuscus*", *Journal of the Acoustical Society of America*, 1994, pp. 2881-2.
27. Cynthia F. Moss e Annemarie Surlykke, "Probing the natural scene by echolocation in bats", *Frontiers in Behavioral Neuroscience*, 2010, p. 33; Cynthia F. Moss, Chen Chiu e Annemarie Surlykke, "Adaptive vocal behavior drives perception by echolocation in bats", *Current Opinion in Neurobiology*, 2011, pp. 645-52.

28. Alan D. Grinnell e Donald Griffin, "The sensitivity of echolocation in bats", *Biological Bulletin*, 1958, pp. 10-22.

29. Annemarie Surlykke, James A. Simmons e Cynthia F. Moss, "Perceiving the world through echolocation and vision". In: M. Brock Fenton et al. (Orgs.), *Bat bioacoustics*, 2016, pp. 265-88.

30. Chen Chiu, Wei Xian e Cynthia F. Moss, "Adaptive echolocation behavior in bats for the analysis of auditory scenes", *Journal of Experimental Biology*, 2009, pp. 1392-404.

31. Cynthia F. Moss et al., "Active listening for spatial orientation in a complex auditory scene", *PLOS Biology*, 2006.; Ninad B. Kothari et al., "Timing matters: Sonar call groups facilitate target localization in bats", *Frontiers in Physiology*, 2014, p. 168.

32. Kristen G. Jung, Elisabeth K. Kalko e O. von Helversen, "Echolocation calls in Central American emballonurid bats: Signal design and call frequency alternation", *Journal of Zoology*, 2007, pp. 125-37. [Referência da nota de rodapé]

33. Inga Geipel, Kristen G. Jung e Elisabeth K. Kalko, "Perception of silent and motionless prey on vegetation by echolocation in the gleaning bat *Micronycteris microtis*", *Proceedings of the Royal Society B: Biological Sciences*, 2013; Inga Geipel et al., "Bats actively use leaves as specular reflectors to detect acoustically camouflaged prey", *Current Biology*, 2019, pp. 2731-6.

34. Chen Chiu e Cynthia F. Moss, "When echolocating bats do not echolocate", *Communicative & Integrative Biology*, 2008, pp. 161-2; Chen Chiu, Wei Xian e Cynthia F. Moss, "Flying in silence: Echolocating bats cease vocalizing to avoid sonar jamming", *Proceedings of the National Academy of Sciences*, 2008, pp. 13116-21.

35. Yossi Yovel et al., "The voice of bats: How greater mouse-eared bats recognize individuals based on their echolocation calls", *PLOS Computational Biology*, 2009. [Referência da nota de rodapé]

36. Roderick A. Suthers, "Comparative echolocation by fishing bats", *Journal of Mammalogy*, 1967, pp. 79-87. [Referência da nota de rodapé]

37. Nachum Ulanovsky e Cynthia F. Moss, "What the bat's voice tells the bat's brain", *Proceedings of the National Academy of Sciences*, 2008, pp. 8491-8; Aaron J. Corcoran e Cynthia F. Moss, "Sensing in a noisy world: Lessons from auditory specialists, echolocating bats", *Journal of Experimental Biology*, 2017, pp. 4554-66.

38. Donald Griffin, *Listening in the dark: The acoustic orientation of bats and men*, 1974.

39. Ibid., p. 160. [Referência da nota de rodapé]

40. Mark Zagaeski e Cynthia F. Moss, op. cit., pp. 2881-2.

41. Hans-Ulrich Schnitzler e Annette Denzinger, "Auditory fovea and Doppler shift compensation: Adaptations for flutter detection in echolocating bats using CF-FM signals", *Journal of Comparative Physiology A*, 2011, pp. 541-59; M. Brock Fenton, Paul A. Faure e John M. Ratcliffe, "Evolution of high duty cycle echolocation in bats", *Journal of Experimental Biology*, 2012, pp. 2935-44.

42. Rudolf Kober e Hans-Ulrich Schnitzler, "Information in sonar echoes of fluttering insects available for echolocating bats", *Journal of the Acoustical Society of America*, 1990, pp. 882-96; Gerhard von der Emde e Hans-Ulrich Schnitzler, "Classification of insects by echolocating greater horseshoe bats", *Journal of Comparative Physiology A*, 1990, pp. 423-30; Klemen Koselj, Hans-Ulrich Schnitzler e Björn M. Siemers, "Horseshoe bats make adaptive prey-selection decisions, informed by echo cues", *Proceedings of the Royal Society B: Biological Sciences*, 2011, pp. 3034-41.

43. Gerd Schuller e George D. Pollak, "Disproportionate frequency representation in the inferior colliculus of Doppler-compensating greater horseshoe bats: Evidence for an acoustic fovea", *Journal of Comparative Physiology*, 1979, pp. 47-54; Hans-Ulrich Schnitzler e Annette Denzinger, "Auditory fovea and Doppler shift compensation: Adaptations for flutter detection in echolocating bats using CF-FM signals", *Journal of Comparative Physiology A*, 2011, pp. 541-59.

44. Alan D. Grinnell, "Mechanisms of overcoming interference in echolocating animals". In: Rene-Guy Busnel (Org.), *Animal sonar systems: Biology and bionics*, 1966, pp. 451-80; Gerd Schuller e George D. Pollak, "Disproportionate frequency representation in the inferior colliculus of Doppler-compensating greater horseshoe bats: Evidence for an acoustic fovea", *Journal of Comparative Physiology*, 1979, pp. 47-54.

45. Hans-Ulrich Schnitzler, "Kompensation von Dopplereffekten bei Hufeisen-Fledermäusen", *Naturwissenschaften*, 1967, p. 523.

46. Hans-Ulrich Schnitzler, "Control of Doppler shift compensation in the greater horseshoe bat, *Rhinolophus ferrumequinum*", *Journal of Comparative Physiology*, 1973, pp. 79-92.

47. Shizuko Hiryu et al., "Doppler-shift compensation in the Taiwanese leaf-nosed bat (*Hipposideros terasensis*) recorded with a telemetry microphone system during flight", *Journal of the Acoustical Society of America*, 2005, pp. 3927-33.

48. Athanasios Ntelezos, Francesco Guarato e James F. Windmill, "The anti-bat strategy of ultrasound absorption: The wings of nocturnal moths (Bombycoidea: Saturniidae) absorb more ultrasound than the wings of diurnal moths (Chalcosiinae: Zygaenoidea: Zygaenidae)", *Biology Open*, 2016, pp. 109-17; Thomas R. Neil et al., "Moth wings are acoustic metamaterials", *Proceedings of the National Academy of Sciences*, 2020, pp. 31134-41.

49. William E. Conner e Aaron J. Corcoran, "Sound strategies: The 65-million-year-old battle between bats and insects", *Annual Review of Entomology*, 2012, pp. 21-39.

50. Annemarie Surlykke e Elisabeth K. Kalko, "Echolocating bats cry out loud to detect their prey", *PLOS One*, 2008.

51. Dorothy C. Dunning e Kenneth D. Roeder, "Moth sounds and the insect-catching behavior of bats", *Science*, 1965, pp. 173-4.

52. Ibid. [Referência da nota de rodapé]

53. Jesse R. Barber e William E. Conner, "Acoustic mimicry in a predator-prey interaction", *Proceedings of the National Academy of Sciences*, 2007, pp. 9331-4.

54. Aaron J. Corcoran, Jesse R. Barber e William E. Conner, "Tiger moth jams bat sonar", *Science*, 2009, pp. 325-7.

55. Aaron J. Corcoran et al., "How do tiger moths jam bat sonar?", *Journal of Experimental Biology*, 2011, pp. 2416-25.

56. Jesse R. Barber e Akito Y. Kawahara, "Hawkmoths produce anti-bat ultrasound", *Biology Letters*, 2013, p. 20130161. [Referência da nota de rodapé]

57. Holger R. Goerlitz et al., "An aerial-hawking bat uses stealth echolocation to counter moth hearing", *Current Biology*, 2010, pp. 1568-72; Hannah ter Hofstede e John M. Ratcliffe, "Evolutionary escalation: The bat-moth arms race", *Journal of Experimental Biology*, 2016, pp. 1589-602. [Referência da nota de rodapé]

58. Jesse R. Barber et al., "Moth tails divert bat attack: Evolution of acoustic deflection", *Proceedings of the National Academy of Sciences*, 2015, pp. 2812-6.

59. Juliette J. Rubin et al., "The evolution of anti-bat sensory illusions in moths", *Science Advances*, 2018. [Referência da nota de rodapé]

60. Donald Griffin, "Return to the magic well: Echolocation behavior of bats and responses of insect prey", *BioScience*, 2001, pp. 555-6.

61. Uma comparação da ecolocalização em baleias e morcegos pode ser encontrada em Whitlow W. L. Au e James A. Simmons, "Echolocation in dolphins and bats", *Physics Today*, 2007, pp. 40-5; Annemarie Surlykke et al., *Biosonar*, 2014.

62. William E. Schevill e Arthur F. McBride, "Evidence for echolocation by cetaceans", *Deep Sea Research*, 1956, pp. 153-4. [Referência da nota de rodapé]

63. Kenneth Norris et al., "An experimental demonstration of echolocation behavior in the porpoise, *Tursiops truncatus* (Montagu)", *Biological Bulletin*, 1961, pp. 163-76. [Referência da nota de rodapé]

64. Uma pesquisa sobre a ecolocalização em golfinhos está disponível em Whitlow W. L. Au, "History of dolphin biosonar research", *Acoustics Today*, 2011, pp. 10-7; Paul E. Nachtigall, "Biosonar and sound localization in dolphins". In: Murray Sherman (Org.), *Oxford research encyclopedia of neuroscience*, 2016.

65. O estudo seminal de Au sobre o sonar dos golfinhos pode ser encontrado em Whitlow W. L. Au, *The sonar of dolphins*, 1993.

66. Ibid.

67. Whitlow W. L. Au e Charles W. Turl, "Target detection in reverberation by an echolocating Atlantic bottlenose dolphin (*Tursiops truncatus*)", *Journal of the Acoustical Society of America*, 1983, pp. 1676-81.

68. Randall L. Brill et al., "Target detection, shape discrimination, and signal characteristics of an echolocating false killer whale (*Pseudorca crassidens*)", *Journal of the Acoustical Society of America*, 1992, pp. 1324-30.

69. Adam A. Pack e Louis Herman, "Sensory integration in the bottlenosed dolphin: Immediate recognition of complex shapes across the senses of echolocation and vision", *Journal of the Acoustical Society of America*, 1995, pp. 722-33; H. E. Harley, H. L. Roitblat e Paul E. Nachtigall, "Object representation in the bottlenose dolphin (*Tursiops truncatus*): Integration of visual and echoic information", *Journal of Experimental Psychology: Animal Behavior Processes*, 1996, pp. 164-74.

70. Ted W. Cranford, Mats Amundin e Kenneth Norris, "Functional morphology and homology in the odontocete nasal complex: Implications for sound generation", *Journal of Morphology*, 1996, pp. 223-85.

71. Peter Telberg Madsen et al., "Sperm whale sound production studied with ultrasound time/depth-recording tags", *Journal of Experimental Biology*, 2002, pp. 1899-906.

72. Bertel Møhl et al., "The monopulsed nature of sperm whale clicks", *Journal of the Acoustical Society of America*, 2003, pp. 1143-54.

73. T. Aran Mooney, Maya Yamato e Brian K. Branstetter, "Hearing in cetaceans: From natural history to experimental biology", *Advances in Marine Biology*, 2012, pp. 197-246.

74. James J. Finneran, "Dolphin 'packet' use during long-range echolocation tasks", *Journal of the Acoustical Society of America*, 2013, pp. 1796-810.

75. Paul E. Nachtigall e Alexander Y. Supin, "A false killer whale adjusts its hearing when it echolocates", *Journal of Experimental Biology*, 2008, pp. 1714-8.

76. Whitlow W. L. Au, *The sonar of dolphins*, 1993.

77. Mikhail Pavlovich Ivanov, "Dolphin's echolocation signals in a complicated acoustic environment", *Acoustical Physics*, 2004, pp. 469-79; James J. Finneran, "Dolphin 'packet'

use during long-range echolocation tasks", *Journal of the Acoustical Society of America*, 2013, pp. 1796-810.

78. Peter Telberg Madsen e Annemarie Surlykke, "Echolocation in air and water". In: Annemarie Surlykke et al. (Orgs.), *Biosonar*, 2014, pp. 257-304.

79. Whitlow W. L. Au, "Acoustic reflectivity of a dolphin", *Journal of the Acoustical Society of America*, 1996, pp. 3844-8.

80. Id., "Acoustic basis for fish prey discrimination by echolocating dolphins and porpoises", *Journal of the Acoustical Society of America*, 2009, pp. 460-7.

81. Arthur N. Popper et al., "Response of clupeid fish to ultrasound: A review", *ICES Journal of Marine Science*, 2004, pp. 1057-61. [Referência da nota de rodapé]

82. Pavel Gol'din, "'Antlers inside': Are the skull structures of beaked whales (Cetacea: Ziphiidae) used for echoic imaging and visual display?", *Biological Journal of the Linnean Society*, 2014, pp. 510-5.

83. Peter L. Tyack, "Studying how cetaceans use sound to explore their environment". In: Donald H Owings, Michael D. Beecher e Nicholas S. Thompson (Orgs.), *Perspectives in ethology*, 1997, pp. 251-97; Peter L. Tyack e Christopher W. Clark, "Communication and acoustic behavior of dolphins and whales". In: Whitlow W. L. Au, Richard R. Fay e Arthur N. Popper (Orgs.), *Hearing by whales and dolphins*, 2000, pp. 156-224.

84. Mark Johnson, Natacha Aguilar de Soto e Peter Telberg Madsen, "Studying the behaviour and sensory ecology of marine mammals using acoustic recording tags: A review", *Marine Ecology Progress Series*, 2009, pp. 55-73.

85. Mark Johnson et al., "Beaked whales echolocate on prey", *Proceedings of the Royal Society B: Biological Sciences*, 2004, pp. S383-6; Patricia Arranz et al., "Following a foraging fishfinder: Diel habitat use of Blainville's beaked whales revealed by echolocation", *PLOS One*, 2011; Peter Telberg Madsen et al., "Echolocation in Blainville's beaked whales (*Mesoplodon densirostris*)", *Journal of Comparative Physiology A*, 2013, pp. 451-69.

86. Kelly J. Benoit-Bird e Whitlow W. L. Au, "Cooperative prey herding by the pelagic dolphin, *Stenella longirostris*", *Journal of the Acoustical Society of America*, 2009a, pp. 125-37; "Phonation behavior of cooperatively foraging spinner dolphins", *Journal of the Acoustical Society of America*, 2009b, pp. 539-46.

87. Lore Thaler et al., "Mouth-clicks used by blind expert human echolocators—Signal description and model-based signal synthesis", *PLOS Computational Biology*, 2017.

88. Daniel Kish, "How I use sonar to navigate the world", *TED Talk*, 2015.

89. Edwin Gould, "Evidence for echolocation in the Tenrecidae of Madagascar", *Proceedings of the American Philosophical Society*, 1965, pp. 352-60; John F. Eisenberg e Edwin Gould, "The behavior of *Solenodon paradoxus* in captivity with comments on the behavior of other insectivore", *Zoologica*, 1966, pp. 49-60; Björn M. Siemers et al., "Why do shrews twitter? Communication or simple echo-based orientation", *Biology Letters*, 2009, pp. 593-6.

90. Arjan Boonman, Sara Bumrungsri e Yossi Yovel, "Nonecholocating fruit bats produce biosonar clicks with their wings", *Current Biology*, 2014, pp. 2962-7.

91. Signe Brinkløv e Eric Warrant, "Oilbirds", *Current Biology*, 2017, pp. R1145-7; Signe Brinkløv, Cohen P. H. Elemans e John M. Ratcliffe, "Oilbirds produce echolocation signals beyond their best hearing range and adjust signal design to natural light conditions", *Royal Society Open Science*, 2017.

92. Signe Brinkløv, M. Brock Fenton e John M. Ratcliffe, "Echolocation in oilbirds and swiftlets", *Frontiers in Physiology*, 2013, p. 123.

93. Lore Thaler e Melvyn A. Goodale, "Echolocation in humans: An overview", *Wiley Interdisciplinary Reviews: Cognitive Science,* 2016, pp. 382-93.
94. Ronald J. Schusterman et al., "Why pinnipeds don't echolocate", *Journal of the Acoustical Society of America*, 2000, pp. 2256-64. [Referência da nota de rodapé]
95. Denis Diderot, "Lettre sur les aveugles à l'usage de ceux qui voient", 1749; Michael Supa, Milton Cotzin e Karl M. Dallenbach, "'Facial vision': The perception of obstacles by the blind", *The American Journal of Psychology*, 1944, pp. 133-83; Daniel Kish, *Echolocation: How humans can "see" without sight*, 1995.
96. Michael Supa, Milton Cotzin e Karl M. Dallenbach, "'Facial vision': The perception of obstacles by the blind", *The American Journal of Psychology*, 1944, pp. 133-83.
97. Donald Griffin, "Echolocation by blind men, bats and radar", *Science*, 1944a, pp. 589-90.
98. Lore Thaler, Stephen R. Arnott e Melvyn A. Goodale, "Neural correlates of natural human echolocation in early and late blind echolocation experts", *PLOS One*, 2011.
99. Liam J. Norman e Lore Thaler, "Retinotopic-like maps of spatial sound in primary 'visual' cortex of blind human echolocators", *Proceedings of the Royal Society B: Biological Sciences*, 2019, p. 20191910.
100. Lore Thaler et al., "The flexible action system: Click-based echolocation may replace certain visual functionality for adaptive walking", *Journal of Experimental Psychology: Human Perception and Performance*, 2020, pp. 21-35.

10. Baterias vivas [pp. 321-45]

1. Para uma introdução aos peixes-elétricos, ver Carl D. Hopkins, "Electrical perception and communication". In: Larry R. Squire (Org.), *Encyclopedia of neuroscience*, 2009, pp. 813-31; Bruce A. Carlson et al., *Electroreception: Fundamental insights from comparative approaches*, 2019.
2. Para uma história dos peixes-elétricos, ver Chau H. Wu, "Electric fish and the discovery of animal electricity", *American Scientist*, 1984, pp. 598-607; Günther K. H. Zupanc e Theodore H. Bullock, "From electrogenesis to electroreception: An overview". In: Theodore H. Bullock et al. (Orgs.), *Electroreception*, 2005, pp. 5-46; Bruce A. Carlson e Joseph A. Sisneros, "A brief history of electrogenesis and electroreception in fishes". In: Bruce A. Carlson et al. (Orgs.), *Electroreception: Fundamental insights from comparative approaches*, 2019, pp. 1-23.
3. Marco Finger e Stanley Piccolino, *The shocking history of electric fishes: From ancient epochs to the birth of modern neurophysiology*, 2011. [Referência da nota de rodapé]
4. Kenneth Catania, "The astonishing behavior of electric eels", *Frontiers in Integrative Neuroscience*, 2019, p. 23.
5. Id., "Leaping eels electrify threats, supporting Humboldt's account of a battle with horses", *Proceedings of the National Academy of Sciences*, 2016, pp. 6979-84. [Referência da nota de rodapé]
6. Carlos David de Santana et al., "Unexpected species diversity in electric eels with a description of the strongest living bioelectricity generator", *Nature Communications*, 2019, p. 4000. [Referência da nota de rodapé]
7. Carl D. Hopkins, "Electrical perception and communication". In: Larry R. Squire (Org.), *Encyclopedia of neuroscience*, 2009, pp. 813-31.
8. Charles Darwin, *The origin of species by means of natural selection*, 1958, p. 178.

9. A vida aventurosa de Lissmann é contada em detalhes em Robert McNell Alexander, "Hans Werner Lissmann, 30 April 1909-21 April 1995", *Biographical memoirs of fellows of the Royal Society*, 1996, pp. 235-45.

10. William J. Turkel, *Spark from the deep: How shocking experiments with strongly electric fish powered scientific discovery*, 2013.

11. Hans Werner Lissmann, "Continuous electrical signals from the tail of a fish, *Gymnarchus niloticus* Cuv", *Nature*, 1951, pp. 201-2.

12. Id., "On the function and evolution of electric organs in fish", *Journal of Experimental Biology*, 1958, pp. 156-91.

13. Hans Werner Lissmann e Ken E. Machin, "The mechanism of object location in *Gymnarchus niloticus* and similar fish", *Journal of Experimental Biology*, 1958, pp. 451-86.

14. Boas revisões sobre a eletrolocalização ativa incluem Edwin R. Lewis, "Active electroreception: Signals, sensing, and behavior". In: Suzanne Currie, David H. Evans (Orgs.), *The physiology of fishes*, 2014, pp. 373-88; Angel Ariel Caputi, "Active electroreception in weakly electric fish". In: Murray S. Sherman (Org.), *Oxford research encyclopedia of neuroscience*, 2017.

15. Gerhard von der Emde, "Discrimination of objects through electrolocation in the weakly electric fish, *Gnathonemus petersii*", *Journal of Comparative Physiology A*, 1990, pp. 413-21; "Active electrolocation of objects in weakly electric fish", *Journal of Experimental Biology*, 1999, pp. 1205-15; Gerhard von der Emde et al., "Electric fish measure distance in the dark", *Nature*, 1998, pp. 890-4; James B. Snyder et al., "Omnidirectional sensory and motor volumes in electric fish", *PLOS Biology*, 2007.

16. Carl D. Hopkins, "Electrical perception and communication". In: Larry R. Squire (Org.), *Encyclopedia of neuroscience*, 2009, pp. 813-31. [Referência da nota de rodapé]

17. James B. Snyder et al., "Omnidirectional sensory and motor volumes in electric fish", *PLOS Biology*, 2007.

18. Vielka L. Salazar, Rüdiger Krahe e John E. Lewis, "The energetics of electric organ discharge generation in gymnotiform weakly electric fish", *Journal of Experimental Biology*, 2013, pp. 2459-68.

19. Gerhard von der Emde e Tim Ruhl, "Matched filtering in African weakly electric fish: Two senses with complementary filters". In: Gerhard von der Emde e Eric Warrant (Orgs.), *The ecology of animal senses*, 2016, pp. 237-63. [Referência da nota de rodapé]

20. Angel Ariel Caputi et al., "On the haptic nature of the active electric sense of fish", *Brain Research*, 2013, pp. 27-43.

21. Angel Ariel Caputi, Pedro A. Aguilera e Ana Carolina Pereira, "Active electric imaging: Body-object interplay and object's 'electric texture'", *PLOS One*, 2011.

22. Angel Ariel Caputi et al., "On the haptic nature of the active electric sense of fish", *Brain Research*, 2013, pp. 27-43. [Referência da nota de rodapé]

23. Clare V. H. Baker, "The development and evolution of lateral line electroreceptors: Insights from comparative molecular approaches". In: Bruce A. Carlson et al. (Orgs.), *Electroreception: Fundamental insights from comparative approaches*, 2019, pp. 25-62.

24. Melinda S. Modrell et al., "Electrosensory ampullary organs are derived from lateral line placodes in bony fishes", *Nature Communications*, 2011; Clare V. H. Baker, Melinda S. Modrell e J. Andrew Gillis, "The evolution and development of vertebrate lateral line electroreceptors", *Journal of Experimental Biology*, 2013, pp. 2515-22.

25. John E. Lewis, "Active electroreception: Signals, sensing, and behavior". In: Suzanne Currie, David H. Evans (Orgs.), *The physiology of fishes*, 2014, pp. 373-88.

26. Gerhard von der Emde, "Discrimination of objects through electrolocation in the weakly electric fish, *Gnathonemus petersii*", *Journal of Comparative Physiology A*, 1990, pp. 413-21.

27. Bruce A. Carlson e Joseph A. Sisneros, "A brief history of electrogenesis and electroreception in fishes". In: Bruce A. Carlson et al. (Orgs.), *Electroreception: Fundamental insights from comparative approaches*, 2019, pp. 1-23.

28. Para alguns dos desafios do trabalho científico de campo, ver Mary Hagedorn. "Essay: The lure of field research on electric fish". In: Gerhard von der Emde, Joachim Mogdans e B. G. Kapoor (Orgs.), *The senses of fish: Adaptations for the reception of natural stimuli*, 2004, pp. 362-8.

29. Jörg Henninger et al., "Statistics of natural communication signals observed in the wild identify important yet neglected stimulus regimes in weakly electric fish", *Journal of Neuroscience*, 2018, pp. 5456-65; Manu S. Madhav et al., "High-resolution behavioral mapping of electric fishes in Amazonian habitats", *Scientific Reports*, 2018, p. 5830.

30. Para mais sobre eletrocomunicação, ver Günther K. H. Zupanc e Theodore H. Bullock, "From electrogenesis to electroreception: An overview". In: Theodore H. Bullock et al. (Orgs.), *Electroreception*, 2005, pp. 5-46; Christa A. Baker e Bruce A. Carlson, "Electric signals". In: Jae Chun Choe (Org.), *Encyclopedia of animal behavior*, 2019, pp. 474-86.

31. Carl D. Hopkins, "On the diversity of electric signals in a community of mormyrid electric fish in West Africa", *American Zoologist*, 1981, pp. 211-22; Peter K. McGregor e G. W. Max Westby, "Discrimination of individually characteristic electric organ discharges by a weakly electric fish", *Animal Behaviour*, 1992, pp. 977-86; Bruce A. Carlson, "Electric signaling behavior and the mechanisms of electric organ discharge production in mormyrid fish", *Journal of Physiology-Paris*, 2002, pp. 405-19.

32. Carl D. Hopkins e Andrew H. Bass, "Temporal coding of species recognition signals in an electric fish", *Science*, 1981, pp. 85-7.

33. Theodore H. Bullock, Konstantin Behrend e Walter Heiligenberg, "Comparison of the jamming avoidance responses in Gymnotoid and Gymnarchid electric fish: A case of convergent evolution of behavior and its sensory basis", *Journal of Comparative Physiology*, 1975, pp. 97-121.

34. Howard C. Hughes, *Sensory exotica: A world beyond human experience*, 2001. [Referência da nota de rodapé]

35. Theodore H. Bullock, "Species differences in effect of electroreceptor input on electric organ pacemakers and other aspects of behavior in electric fish", *Brain, Behavior and Evolution*, 1969, pp. 102-18.

36. Mary Hagedorn e Walter Heiligenberg, "Court and spark: Electric signals in the courtship and mating of gymnotoid fish", *Animal Behaviour*, 1985, pp. 254-65.

37. Theodore H. Bullock, Konstantin Behrend e Walter Heiligenberg, "Comparison of the jamming avoidance responses in Gymnotoid and Gymnarchid electric fish: A case of convergent evolution of behavior and its sensory basis", *Journal of Comparative Physiology*, 1975, pp. 97-121. [Referência da nota de rodapé]

38. Bruce A. Carlson e Matthew E. Arnegard, "Neural innovations and the diversification of African weakly electric fishes", *Communicative & Integrative Biology*, 2011, pp. 720-5; Alejandro Vélez, Da Yeon Ryoo e Bruce A. Carlson, "Sensory specializations of mormyrid fish are associated with species differences in electric signal localization behavior", *Brain, Behavior and Evolution*, 2018, pp. 125-41.

39. Christa A. Baker, Kevin R. Huck e Bruce A. Carlson, "Peripheral sensory coding through oscillatory synchrony in weakly electric fish", *eLife*, 2015.

40. Göran E. Nilsson, "Brain and body oxygen requirements of *Gnathonemus petersii*, a fish with an exceptionally large brain", *Journal of Experimental Biology*, 1996, pp. 603-7; Kimberley V. Sukhum et al., "The costs of a big brain: Extreme encephalization results in higher energetic demand and reduced hypoxia tolerance in weakly electric African fishes", *Proceedings of the Royal Society B: Biological Sciences*, 2016, p. 20162157.

41. Matthew E. Arnegard e Bruce A. Carlson, "Electric organ discharge patterns during group hunting by a mormyrid fish", *Proceedings of the Royal Society B: Biological Sciences*, 2005, pp. 1305-14. [Referência da nota de rodapé]

42. Monique Amey-Özel et al., "More a finger than a nose: The trigeminal motor and sensory innervation of the Schnauzenorgan in the elephant-nose fish Gnathonemus petersii", *Journal of Comparative Neurology*, 2015, pp. 769-89.

43. R. W. Murray, "Electrical sensitivity of the ampullæ of Lorenzini", *Nature*, 1960, p. 957.

44. Sven Dijkgraaf e Adrianus J. Kalmijn, "Verhaltensversuche zur Funktion der Lorenzinischen Ampullen", *Naturwissenschaften*, 1962, p. 400.

45. Erik E. Josberger et al., "Proton conductivity in ampullae of Lorenzini jelly", *Science Advances*, 2016. [Referência da nota de rodapé]

46. Adrianus J. Kalmijn, "The detection of electric fields from inanimate and animate sources other than electric organs". In: A. Fessard (Org.), *Electroreceptors and other specialized receptors in lower vertebrates*, 1974, pp. 147-200.

47. Ibid.; Christine N. Bedore e Stephen M. Kajiura, "Bioelectric fields of marine organisms: Voltage and frequency contributions to detectability by electroreceptive predators", *Physiological and Biochemical Zoology*, 2013, pp. 298-311.

48. Id., "The electric sense of sharks and rays", *Journal of Experimental Biology*, 1971, pp. 371-83.

49. Id., "Electric and magnetic field detection in elasmobranch fishes", *Science*, 1982, pp. 916-8.

50. Stephen M. Kajiura, "Electroreception in neonatal bonnethead sharks, Sphyrna tiburo", *Marine Biology*, 2003, pp. 603-11.

51. Para análises de eletrorrecepção passiva, ver Carl D. Hopkins, "Passive electrolocation and the sensory guidance of oriented behavior". In: Theodore H. Bullock (Orgs.), *Electroreception*, 2005, pp. 264-89; "Electrical perception and communication". In: Larry R. Squire (Org.), *Encyclopedia of neuroscience*, 2009, op. 813-31.

52. Timothy C. Tricas, Scott W. Michael e Joseph A. Sisneros, "Electrosensory optimization to conspecific phasic signals for mating", *Neuroscience Letters*, 1995, pp. 129-32. [Referência da nota de rodapé, após "enterrados"]

53. Ryan M. Kempster, Nathan S. Hart e Shaun P. Collin, "Survival of the stillest: Predator avoidance in shark embryos", *PLOS One*, 2013. [Referência da nota de rodapé]

54. Stephen M. Kajiura e Kim N. Holland, "Electroreception in juvenile scalloped hammerhead and sandbar sharks", *Journal of Experimental Biology*, 2002, pp. 3609-21.

55. Jayne M. Gardiner et al., "Multisensory integration and behavioral plasticity in sharks from different ecological niches", *PLOS One*, 2014.

56. Sven Dijkgraaf e Adrianus J. Kalmijn, "Verhaltensversuche zur Funktion der Lorenzinischen Ampullen", *Naturwissenschaften*, 1962, p. 400. [Referência da nota de rodapé]

57. Christine N. Bedore, Stephen M. Kajiura e Sönke Johnsen, "Freezing behaviour facilitates bioelectric crypsis in cuttlefish faced with predation risk", *Proceedings of the Royal Society B: Biological Sciences*, 2015, p. 20151886. [Referência da nota de rodapé]

58. Stephen M. Kajiura, "Head morphology and electrosensory pore distribution of carcharhinid and sphyrnid sharks", *Environmental Biology of Fishes*, 2001, pp. 125-33.

59. Barbara E. Wueringer, Larry R. Squire, et al., "Electric field detection in sawfish and shovelnose rays", *PLOS One*, 2012a, p. e41605.

60. Id., "The function of the sawfish's saw", *Current Biology*, 2012b, pp. R150-1.

61. Barbara E. Wueringer, "Electroreception in elasmobranchs: Sawfish as a case study", *Brain, Behavior and Evolution*, 2012, pp. 97-107. [Referência da nota de rodapé]

62. Para uma revisão sobre a electrorrecepção, ver Shaun Collin, "Electroreception in vertebrates and invertebrates". In: Jae Chun Choe (Org.), *Encyclopedia of animal behavior*, 2019, pp. 120-31; William G. R. Crampton, "Electroreception, electrogenesis and electric signal evolution", *Journal of Fish Biology*, 2019, pp. 92-134.

63. James S. Albert e William G. R. Crampton, "Electroreception and electrogenesis". In: David H. Evans e James B. Clairborne (Orgs.), *The physiology of fishes*, 2006, pp. 431-72.

64. Nicole U. Czech-Damal et al., "Electroreception in the Guiana dolphin (*Sotalia guianensis*)", *Proceedings of the Royal Society B: Biological Sciences*, 2012, pp. 663-8.

65. J. E. Gregory et al., "Responses of electroreceptors in the snout of the echidna", *Journal of Physiology*, 1989, pp. 521-38.

66. J. D. Pettigrew, P. R. Manger e S. L. B. Fine, "The sensory world of the platypus", *Philosophical Transactions of the Royal Society B: Biological Sciences*, 1998, pp. 1199-210; Uwe Proske e Ed Gregory, "Electrolocation in the platypus—Some speculations", *Comparative Biochemistry and Physiology Part A: Molecular & Integrative Physiology*, 2003, pp. 821-5.

67. Clare V. H. Baker, Melinda S. Modrell e J. Andrew Gillis, "The evolution and development of vertebrate lateral line electroreceptors", *Journal of Experimental Biology*, 2013, pp. 2515-22.

68. Sébastien Lavoué et al., "Comparable ages for the independent origins of electrogenesis in African and South American weakly electric fishes", *PLOS One*, 2012.

69. Ibid. [Referência da nota de rodapé]

70. Nicole U. Czech-Damal et al., "Passive electroreception in aquatic mammals", *Journal of Comparative Physiology A*, 2013, pp. 555-63.

71. Richard Feynman, *The Feynman Lectures on Physic, 1964*.

72. Sarah A. Corbet, James Beament e D. Eisikowitch, "Are electrostatic forces involved in pollen transfer?", *Plant, Cell & Environment*, 1982, pp. 125-9; Yiftach Vaknin et al., "The role of electrostatic forces in pollination", *Plant Systematics and Evolution*, 2000, pp. 133-42.

73. Dominic Clarke et al., "Detection and learning of floral electric fields by bumblebees", *Science*, 2013, pp. 66-9.

74. Ibid. [Referência da nota de rodapé]

75. Gregory P. Sutton et al., "Mechanosensory hairs in bumblebees (*Bombus terrestris*) detect weak electric fields", *Proceedings of the National Academy of Sciences*, 2016, pp. 7261-5.

76. Para uma análise da eletrorrecepção aérea, ver Dominic Clarke, Erica Morley e Daniel Robert, "The bee, the flower, and the electric field: Electric ecology and aerial electroreception", *Journal of Comparative Physiology A*, 2017, pp. 737-48.

77. Erica Morley e Daniel Robert, "Electric fields elicit ballooning in spiders", *Current Biology*, 2018, pp. 2324-30.e2.

78. John Blackwall, "Mr Murray's paper on the aerial spider", *Magazine of Natural History and Journal of Zoology, Botany, Mineralogy, Geology, and Meteorology*, 1830, pp. 116-413.

79. E foi ressuscitada em Peter W. Gorham, "Ballooning spiders: The case for electrostatic flight", 2013.

11. Eles conhecem o caminho [pp. 346-65]

1. Eric Warrant et al., "The Australian bogong moth *Agrotis infusa*: A long-distance nocturnal navigator", *Frontiers in Behavioral Neuroscience*, 2016, p. 77.
2. David Dreyer et al., "The Earth's magnetic field and visual landmarks steer migratory flight behavior in the nocturnal Australian bogong moth", *Current Biology*, 2018, pp. 2160-6.e5.
3. Para análises da magnetorrecepção, ver Sönke Johnsen e Kenneth J. Lohmann, "The physics and neurobiology of magnetoreception", *Nature Reviews Neuroscience*, 2005, pp. 703-12; Henrik Mouritsen, "Long-distance navigation and magnetoreception in migratory animals", *Nature*, 2018, pp. 50-9.
4. Friedrich M. Merkel e Hans Georg Fromme, "Untersuchungen über das Orientierungsvermögen nächtlich ziehender Rotkehlchen", *Naturwissenschaften*, 1958, pp. 499-500; Lisa Pollack, "Historical series: Magnetic sense of birds", 2012.
5. Alexander Theodor von Middendorff, *Die Isepiptesen Russlands: Grundlagen zur Erforschung der Zugzeiten und Zugrichtungen der Vögel Russlands*, 1855.
6. Donald Griffin, "The sensory basis of bird navigation", *The Quarterly Review of Biology*, 1944b, pp. 15-31.
7. Wolfgang Wiltschko e Friedrich W. Merkel, "Orientierung zugunruhiger Rotkehlchen im statischen Magnetfeld", *Verhandlungen der Deutschen Zoologischen Gesellschaft in Jena*, 1965, pp. 362-7; Wolfgang Wiltschko, "Über den Einfluß statischer Magnetfelder auf die Zugorientierung der Rotkehlchen (*Erithacus rubecula*)", *Zeitschrift für Tierpsychologie*, 1968, pp. 537-58.
8. Frank A. Brown Jr., "Responses of the planarian, dugesia, and the protozoan, paramecium, to very weak horizontal magnetic fields", *Biological Bulletin*, 1962, pp. 264-81; Frank A. Brown Jr., H. Marguerite Webb e Franklin H. Barnwell, "A compass directional phenomenon in mud-snails and its relation to magnetism", *Biological Bulletin*, 1964, pp. 206-20. [Referência da nota de rodapé]
9. Sönke Johnsen e Kenneth J. Lohmann, "The physics and neurobiology of magnetoreception", *Nature Reviews Neuroscience*, 2005, pp. 703-12.
10. Roswitha Wiltschko e Wolfgang Wiltschko, "Magnetoreception in birds", *Journal of the Royal Society Interface*, 2019, p. 20190295.
11. Kenneth J. Lohmann et al., "Magnetic orientation of spiny lobsters in the ocean: Experiments with undersea coil systems", *Journal of Experimental Biology*, 1995, pp. 2041-8; M. E. Deutschlander, S. C. Borland e J. B. Phillips, "Extraocular magnetic compass in newts", *Nature*, 1999, pp. 324-5; Lauren Sumner-Rooney et al., "Do chitons have a compass? Evidence for magnetic sensitivity in Polyplacophora", *Journal of Natural History*, 2014, pp. 3033-45; Michelle M. Scanlan et al., "Magnetic map in nonanadromous Atlantic salmon", *Proceedings of the National Academy of Sciences*, 2018, pp. 10995-9.
12. Richard A. Holland et al., "Navigation: Bat orientation using Earth's magnetic field", *Nature*, 2006, p. 702.
13. Michael Bottesch et al., "A magnetic compass that might help coral reef fish larvae return to their natal reef", *Current Biology*, 2016, pp. R1266-7.
14. Tali Kimchi, Arianne S. Etienne e Joseph Terkel, "A subterranean mammal uses the magnetic compass for path integration", *Proceedings of the National Academy of Sciences*, 2004, pp. 1105-9.

15. David Dreyer et al., "The Earth's magnetic field and visual landmarks steer migratory flight behavior in the nocturnal Australian bogong moth", *Current Biology*, 2018, pp. 2160-6.e5.

16. Jesse Granger et al., "Gray whales strand more often on days with increased levels of atmospheric radio-frequency noise", *Current Biology*, 2020, pp. R155-6.

17. Giuseppe Bianco, Mihaela Ilieva e Susanne Åkesson, "Magnetic storms disrupt nocturnal migratory activity in songbirds", *Biology Letters*, 2019, p. 20180918. [Referência da nota de rodapé]

18. Para uma revisão sobre as migrações das tartarugas-marinhas, ver Kenneth J. Lohmann e Catherine M. F. Lohmann, "There and back again: Natal homing by magnetic navigation in sea turtles and salmon", *Journal of Experimental Biology*, 2019.

19. Archie Carr, "Notes on the behavioral ecology of sea turtles". In: Karen N. Bjorndal (Org.), *Biology and conservation of sea turtles*, 1995, pp. 19-26.

20. Kenneth J. Lohmann, "Magnetic orientation by hatchling loggerhead sea turtles (*Caretta caretta*)", *Journal of Experimental Biology*, 1991, pp. 37-49.

21. Kenneth J. Lohmann e Catherine M. Lohmann, "Detection of magnetic inclination angle by sea turtles: A possible mechanism for determining latitude", *Journal of Experimental Biology*, 1994, pp. 23-32; "Detection of magnetic field intensity by sea turtles", *Nature*, 1996, pp. 59-61.

22. Kenneth J. Lohmann, Nathan F. Putman e Catherine M. Lohmann, "Geomagnetic imprinting: A unifying hypothesis of long-distance natal homing in salmon and sea turtles", *Proceedings of the National Academy of Sciences*, 2008, pp. 19096-101. [Referência da nota de rodapé]

23. Kenneth J. Lohmann et al., "Regional magnetic fields as navigational markers for sea turtles", *Science*, 2001, pp. 364-6.

24. Id., "Geomagnetic map used in sea-turtle navigation", *Nature*, 2004, pp. 909-10.

25. Larry C. Boles e Kenneth J. Lohmann, "True navigation and magnetic maps in spiny lobsters", *Nature*, 2003, pp. 60-3. [Referência da nota de rodapé]

26. Thord Fransson et al., "Magnetic cues trigger extensive refuelling", *Nature*, 2001, pp. 35-6.

27. Nikita Chernetsov, Dmitry Kishkinev e Henrik Mouritsen, "A long-distance avian migrant compensates for longitudinal displacement during spring migration", *Current Biology*, 2008, pp. 188-90.

28. Nathan F. Putman et al., "Evidence for geomagnetic imprinting as a homing mechanism in Pacific salmon", *Current Biology*, 2013, pp. 312-6; Joe Wynn et al., "Natal imprinting to the Earth's magnetic field in a pelagic seabird", *Current Biology*, 2020, pp. 2869-73.

29. Kenneth J. Lohmann, Nathan F. Putman e Catherine M. Lohmann, "Geomagnetic imprinting: A unifying hypothesis of long-distance natal homing in salmon and sea turtles", *Proceedings of the National Academy of Sciences*, 2008, pp. 19096-101.

30. Jeanne A. Mortimer e Kenneth M. Portier, "Reproductive homing and internesting behavior of the green turtle (*Chelonia mydas*) at Ascension Island, South Atlantic Ocean", *Copeia*, 1989, pp. 962-77.

31. J. Roger Brothers e Kenneth M. Lohmann, "Evidence that magnetic navigation and geomagnetic imprinting shape spatial genetic variation in sea turtles", *Current Biology*, 2018, pp. 1325-9. [Referência da nota de rodapé]

32. Sönke Johnsen, "Open questions: We don't really know anything, do we? Open questions in sensory biology", *BMC Biology*, 2017.

33. Gregory C. Nordmann, Tobias Hochstoeger e David A. Keays, "Magnetoreception—A sense without a receptor", *PLOS Biology*, 2017.
34. Roswitha Wiltschko e Wolfgang Wiltschko, "The magnetite-based receptors in the beak of birds and their role in avian navigation", *Journal of Comparative Physiology A*, 2013, pp. 89-98; Jeremy Shaw et al., "Magnetic particle-mediated magnetoreception", *Journal of the Royal Society Interface*, 2015, p. 20150499.
35. Richard Blakemore, "Magnetotactic bacteria", *Science*, 1975, pp. 377-9.
36. Gerta Fleissner et al., "Ultrastructural analysis of a putative magnetoreceptor in the beak of homing pigeons", *Journal of Comparative Neurology*, 2003, pp. 350-60; "A novel concept of Fe-mineral-based magnetoreception: Histological and physicochemical data from the upper beak of homing pigeons", *Naturwissenschaften*, 2007, pp. 631-42. [Referência da nota de rodapé, após "nenhum"]
37. Christoph Daniel Treiber et al., "Clusters of iron-rich cells in the upper beak of pigeons are macrophages not magnetosensitive neurons", *Nature*, 2012, pp. 367-70. [Referência da nota de rodapé]
38. Stephan H. K. Eder et al., "Magnetic characterization of isolated candidate vertebrate magnetoreceptor cells", *Proceedings of the National Academy of Sciences*, 2012, pp. 12022-7. [Referência da nota de rodapé]
39. Nathaniel B. Edelman et al., "No evidence for intracellular magnetite in putative vertebrate magnetoreceptors identified by magnetic screening", *Proceedings of the National Academy of Sciences*, 2015, pp. 262-7. [Referência da nota de rodapé]
40. Michael G. Paulin, "Electroreception and the compass sense of sharks", *Journal of Theoretical Biology*, 1995, pp. 325-39.
41. Camille Viguier, "Le sens de l'orientation et ses organes chez les animaux et chez l'homme", *Revue philosophique de la France et de l'étranger*, 1882, pp. 1-36.
42. Simon Nimpf et al., "A putative mechanism for magnetoreception by electromagnetic induction in the pigeon inner ear", *Current Biology*, 2019, pp. 4052-9.
43. Le-Qing Wu e J. David Dickman, "Neural correlates of a magnetic sense", *Science*, 2012, pp. 1054-7. [Referência da nota de rodapé]
44. Para uma boa revisão sobre a hipótese do par de radicais, ver P. J. Hore e Henrik Mouritsen, "The radical-pair mechanism of magnetoreception", *Annual Review of Biophysics*, 2016, pp. 299-344.
45. Klaus Schulten, comunicação pessoal, 2010.
46. Klaus Schulten, Charles E. Swenberg e Albert Weller, "A biomagnetic sensory mechanism based on magnetic field modulated coherent electron spin motion", *Zeitschrift für Physikalische Chemie*, 1978, pp. 1-5.
47. Thorsten Ritz, Salih Adem e Klaus Schulten, "A model for photoreceptor-based magnetoreception in birds", *Biophysical Journal*, 2000, pp. 707-18.
48. Henrik Mouritsen et al., "Night-vision brain area in migratory songbirds", *Proceedings of the National Academy of Sciences*, 2005, pp. 8339-44.
49. Dominik Heyers et al., "A visual pathway links brain structures active during magnetic compass orientation in migratory birds", *PLOS One*, 2007; Manuela Zapka et al., "Visual but not trigeminal mediation of magnetic compass information in a migratory bird", *Nature*, 2009, pp. 1274-7.
50. Angelika Einwich et al., "A novel isoform of cryptochrome 4 (Cry4b) is expressed in the retina of a night-migratory songbird", *Scientific Reports*, 2020, p. 15794; Tobias

Hochstoeger et al., "The biophysical, molecular, and anatomical landscape of pigeon CRY4: A candidate light-based quantal magnetosensor", *Science Advances*, 2020. [Referência da nota de rodapé, após "dos cones das suas retinas".]

51. Svenja Engels et al., "Anthropogenic electromagnetic noise disrupts magnetic compass orientation in a migratory bird", *Nature*, 2014, pp. 353-6. [Referência da nota de rodapé]

52. Joseph L. Kirschvink et al., "Measurement of the threshold sensitivity of honeybees to weak, extremely low-frequency magnetic fields", *Journal of Experimental Biology*, 1997, pp. 1363-8.

53. Michael J. Baltzley e Matthew W. Nabity, "Reanalysis of an oft-cited paper on honeybee magnetoreception reveals random behavior", *Journal of Experimental Biology*, 2018, p. jeb185454.

54. Jason A. Etheredge et al., "Monarch butterflies (*Danaus plexippus L.*) use a magnetic compass for navigation", *Proceedings of the National Academy of Sciences*, 1999, pp. 13845-6.

55. Wolfgang Wiltschko et al., "Lateralization of magnetic compass orientation in a migratory bird", *Nature*, 2002, pp. 467-70.

56. Christine Maira Hein et al., "Robins have a magnetic compass in both eyes", *Nature*, 2011, p. E1; Svenja Engels et al., "Night-migratory songbirds possess a magnetic compass in both eyes", *PLOS One*, 2012, p. e43271.

57. Andrés Vidal-Gadea et al., "Magnetosensitive neurons mediate geomagnetic orientation in Caenorhabditis elegans", *eLife*, 2015, p. e07493; Siying Qin et al., "A magnetic protein biocompass", *Nature Materials*, 2016, pp. 217-26.

58. Markus Meister, "Physical limits to magnetogenetics", *eLife*, 2016; Michael Winklhofer e Henrik Mouritsen, "A room-temperature ferrimagnet made of metallo-proteins?", *bioRxiv*, 2016, p. 094607; Ida Friis, Enil Sjulstok e Ilia A. Solov'yov, "Computational reconstruction reveals a candidate magnetic biocompass to be likely irrelevant for magnetoreception", *Scientific Reports*, 2017, p. 13908; Lukas Landler et al., "Comment on 'Magnetosensitive neurons mediate geomagnetic orientation in *Caenorhabditis elegans*'", *eLife*, 2018.

59. R. Robin Baker, "Goal orientation by blindfolded humans after long-distance displacement: Possible involvement of a magnetic sense", *Science*, 1980, pp. 555-7. [Referência da nota de rodapé, após "outros não conseguiram"]

60. Connie X. Wang et al., "Transduction of the geomagnetic field as evidenced from alpha-band activity in the human brain", *eNeuro*, 2019. [Referência da nota de rodapé, após "têm magnetorrecepção"]

61. Para uma revisão das muitas questões levantadas por experimentos científicos irrepetíveis, ver Christie Aschwanden, "Science isn't broken", *FiveThirtyEight*, 2015.

62. Sönke Johnsen, Kenneth J. Lohmann e Eric Warrant, "Animal navigation: A noisy magnetic sense?", *Journal of Experimental Biology*, 2020, p. jeb164921.

63. Para uma revisão sobre a magnetorrecepção e outros meios de navegação animal, ver Henrik Mouritsen, "Long-distance navigation and magnetoreception in migratory animals", *Nature*, 2018, pp. 50-9.

12. Todas as janelas de uma vez só [pp. 366-80]

1. Para uma revisão das pistas sensoriais que os mosquitos usam para encontrar hospedeiros, ver Gabriella Wolff e Jeffrey A. Riffell, "Olfaction, experience and neural

mechanisms underlying mosquito host preference", *Journal of Experimental Biology*, 2018, p. jeb157131.

2. Matthew DeGennaro et al., "Orco mutant mosquitoes lose strong preference for humans and are not repelled by volatile DEET", *Nature*, 2013, pp. 487-91.

3. Conor J. McMeniman et al., "Multimodal integration of carbon dioxide and other sensory cues drives mosquito attraction to humans", *Cell*, 2014, pp. 1060-71.

4. Yung Liu e Leslie B. Vosshall, "General visual and contingent thermal cues interact to elicit attraction in female *Aedes aegypti* mosquitoes", *Current Biology*, 2019, pp. 2250-7e4.

5. Emily J. Dennis, Olivia V. Goldman e Leslie B. Vosshall, "*Aedes aegypti* mosquitoes use their legs to sense DEET on contact", *Current Biology*, 2019, pp. 1551-6. [Referência da nota de rodapé]

6. Carolyn S. McBride et al., "Evolution of mosquito preference for humans linked to an odorant receptor", *Nature*, 2014, pp. 222-7; Carolyn S. McBride, "Genes and odors underlying the recent evolution of mosquito preference for humans", *Current Biology*, 2016, pp. R41-6.

7. Paul S. Shamble et al., "Airborne acoustic perception by a jumping spider", *Current Biology*, 2016, pp. 2913-20.

8. Kenneth C. Catania, "Olfaction: Underwater 'sniffing' by semi-aquatic mammals", *Nature*, 2006, pp. 1024-5.

9. Francesca Barbero et al., "Queen ants make distinctive sounds that are mimicked by a butterfly social parasite", *Science*, 2009, pp. 782-5.

10. Jayne M. Gardiner et al., "Multisensory integration and behavioral plasticity in sharks from different ecological niches", *PLOS One*, 2014.

11. Gerhard von der Emde e Tim Ruhl, "Matched filtering in African weakly electric fish: Two senses with complementary filters". In: Gerhard von der Emde e Eric Warrant (Orgs.), *The ecology of animal senses*, 2016, pp. 237-63.

12. David Dreyer et al., "The Earth's magnetic field and visual landmarks steer migratory flight behavior in the nocturnal Australian bogong moth", *Current Biology*, 2018, pp. 2160-6.e5; Henrik Mouritsen, "Long-distance navigation and magnetoreception in migratory animals", *Nature*, 2018, pp. 50-9.

13. Jamie Ward, "Synesthesia", *Annual Review of Psychology*, 2013, pp. 49-75.

14. J. D. Pettigrew, P. R. Manger e S. L. B. Fine, "The sensory world of the platypus", *Philosophical Transactions of the Royal Society B: Biological Sciences*, 1998, pp. 1199-210.

15. William Morton Wheeler, *Ants: Their structure, development and behavior*, 1910, p. 510.

16. Sarah Schumacher et al., "Cross-modal object recognition and dynamic weighting of sensory inputs in a fish", *Proceedings of the National Academy of Sciences*, 2016, pp. 7638-43.

17. Cwin Solvi, Selene Gutierrez Al-Khudhairy e Lars Chittka, "Bumble bees display cross-modal object recognition between visual and tactile senses", *Science*, 2020, pp. 910-2.

18. Para uma revisão sobre a propriocepção, ver John C. Tuthill e Eiman Azim, "Proprioception", *Current Biology*, 2018, pp. R194-R203.

19. Jonathan Cole, *Losing touch: A man without his body*, 2016. [Referência da nota de rodapé]

20. Para uma revisão dos conceitos de exaferência e reaferência, e de descargas corolárias, ver Kathleen E. Cullen, "Sensory signals during active versus passive movement", *Current Opinion in Neurobiology*, 2004, pp. 698-706; Trinity B. Crapse e Marc A. Sommer, "Corollary discharge across the animal kingdom", *Nature Reviews Neuroscience*, 2008, pp. 587-600.

21. Bjorn Merker, "The liabilities of mobility: A selection pressure for the transition to consciousness in animal evolution", *Consciousness and Cognition*, 2005, pp. 89-114.

22. Daniel A. Ludeman et al., "Evolutionary origins of sensation in metazoans: Functional evidence for a new sensory organ in sponges", *BMC Evolutionary Biology*, 2014, p. 3. [Referência da nota de rodapé]

23. Para uma história completa dessa ideia, ver Otto-Joachim Grüsser, "Early concepts on efference copy and reafference", *Behavioral and Brain Sciences*, 1994, pp. 262-5.

24. Erich von Holst e Horst Mittelstaedt, "Das reafferenzprinzip", *Naturwissenschaften*, 1950, pp. 464-76; R. W. Sperry, "Neural basis of the spontaneous optokinetic response produced by visual inversion", *Journal of Comparative and Physiological Psychology*, 1950, pp. 482-9.

25. Otto-Joachim Grüsser, "Early concepts on efference copy and reafference", *Behavioral and Brain Sciences*, 1994, pp. 262-5. [Referência da nota de rodapé]

26. Para uma revisão sobre descargas corolárias em peixes-elétricos, ver Nathaniel B. Sawtell, "Neural mechanisms for predicting the sensory consequences of behavior: Insights from electrosensory systems", *Annual Review of Physiology*, 2017, pp. 381-99; Matasaburo Fukutomi e Bruce A. Carlson, "A history of corollary discharge: Contributions of mormyrid weakly electric fish", *Frontiers in Integrative Neuroscience*, 2020, p. 42.

27. J. F. A. Poulet e B. Hedwig, "A corollary discharge mechanism modulates central auditory processing in singing crickets", *Journal of Neurophysiology*, 2003, pp. 1528-40.

28. Laura K. Pynn e Joseph F. X. DeSouza, "The function of efference copy signals: Implications for symptoms of schizophrenia", *Vision Research*, 2013, pp. 124-33. [Referência da nota de rodapé]

29. Para uma revisão sobre a neurobiologia do polvo, ver Frank W. Grasso, "The octopus with two brains: How are distributed and central representations integrated in the octopus central nervous system?". In: Anne-Sophie Darmaillacq, Ludovic Dickel e Jennifer Mather (Orgs.), *Cephalopod cognition*, 2014, pp. 94-122; Guy Levy e Binyamin Hochner, "Embodied organization of *Octopus vulgaris* morphology, vision, and locomotion", *Frontiers in Physiology*, 2017, p. 164.

30. Robyn J. Crook e Edgar T. Walters, "Neuroethology: Self-recognition helps octopuses avoid entanglement", *Current Biology*, 2014, pp. R520-1.

31. P. P. C. Graziadei e H. T. Gagne, "Sensory innervation in the rim of the octopus sucker", *Journal of Morphology*, 1976, pp. 639-79.

32. Nir Nesher et al., "Self-recognition mechanism between skin and suckers prevents octopus arms from interfering with each other", *Current Biology*, 2014, pp. 1271-5.

33. Frank W. Grasso, "The octopus with two brains: How are distributed and central representations integrated in the octopus central nervous system?". In: Anne-Sophie Darmaillacq, Ludovic Dickel e Jennifer Mather (Orgs.), *Cephalopod cognition*, 2014, pp. 94-122. [Referência da nota de rodapé]

34. Germán Sumbre et al., "Octopuses use a human-like strategy to control precise point-to-point arm movements", *Current Biology*, 2006, pp. 767-72.

35. Tomar Gutnick et al., "*Octopus vulgaris* uses visual information to determine the location of its arm", *Current Biology*, 2011, pp. 460-2.

36. Letizia Zullo et al., "Nonsomatotopic organization of the higher motor centers in octopus", *Current Biology*, 2009, pp. 1632-6; Binyamin Hochner, "How nervous systems evolve in relation to their embodiment: What we can learn from octopuses and other mollusks", *Brain, Behavior and Evolution*, 2013, pp. 19-30.

37. Peter Godfrey-Smith, *Other minds: The octopus, the sea, and the deep origins of conscious-ness*, 2016, p. 48. [Ed. bras.: *Outras mentes*. Trad. de Paulo Geiger. São Paulo: Todavia, 2019.]
38. Ibid., p. 105. [Referência da nota de rodapé]
39. Frank W. Grasso, "The octopus with two brains: How are distributed and central representations integrated in the octopus central nervous system?". In: Anne-Sophie Darmaillacq, Ludovic Dickel e Jennifer Mather (Orgs.), *Cephalopod cognition*, 2014, pp. 94-122.

13. Salve o silêncio, preserve a escuridão [pp. 381-401]

1. A sexta extinção da vida selvagem está documentada em Elizabeth Kolbert, *The sixth extinction: An unnatural history* (2014); Gerardo Ceballos, Paul R. Ehrlich e Rodolfo Dirzo, "Biological annihilation via the ongoing sixth mass extinction signaled by vertebrate population losses and declines", *Proceedings of the National Academy of Sciences*, 2017, pp. E6089-96.
2. Para uma revisão sobre poluição sensorial, ver John P. Swaddle et al., "A framework to assess evolutionary responses to anthropogenic light and sound", *Trends in Ecology & Evolution*, 2015, pp. 550-60; Davide M. Dominoni et al., "Why conservation biology can benefit from sensory ecology", *Nature Ecology & Evolution*, 2020, pp. 502-11.
3. Kamiel Spoelstra et al., "Response of bats to light with different spectra: Light-shy and agile bat presence is affected by white and green, but not red light", *Proceedings of the Royal Society B: Biological Sciences*, 2017, p. 20170075.
4. Michael D'Estries, "This bat-friendly town turned the night red", *Treehugger*, 2019. [Referência da nota de rodapé]
5. Pierantonio Cinzano, Fabio Falchi e Christopher Elvidge, "The first world atlas of the artificial night sky brightness", *Monthly Notices of the Royal Astronomical Society*, 2001, pp. 689-707.
6. Fabio Falchi et al., "The new world atlas of artificial night sky brightness", *Science Advances*, 2016.
7. Christopher C. M. Kyba et al., "Artificially lit surface of Earth at night increasing in radiance and extent", *Science Advances*, 2017.
8. Sönke Johnsen, *The optics of life: A biologist's guide to light in nature*, 2012, p. 57.
9. Benjamin M. Van Doren et al., "High-intensity urban light installation dramatically alters nocturnal bird migration", *Proceedings of the National Academy of Sciences*, 2017, pp. 11175-80.
10. Travis Longcore e Catherine Rich, *Artificial night lighting and protected lands: Ecological effects and management approaches*, 2016.
11. Travis Longcore et al., "An estimate of avian mortality at communication towers in the United States and Canada", *PLOS One*, 2012, p. e34025.
12. Joelle Gehring, Paul Kerlinger e Albert M. Manville, "Communication towers, lights, and birds: Successful methods of reducing the frequency of avian collisions", *Ecological Applications*, 2009, pp. 505-14.
13. Para uma revisão sobre a poluição luminosa e seus efeitos, ver Dirk Sanders et al., "A meta-analysis of biological impacts of artificial light at night", *Nature Ecology & Evolution*, 2021, pp. 74-81.

14. Kevin J. Gaston, "Nighttime ecology: The 'nocturnal problem' revisited", *The American Naturalist*, 2019, pp. 481-502.

15. Blair E. Wtherington e Eiik Martin, "Understanding, assessing, and resolving light-pollution problems on sea turtle nesting beaches", *Florida Marine Research Institute Technical Report TR-2*, 2003.

16. Avalon C. S. Owens et al., "Light pollution is a driver of insect declines", *Biological Conservation*, 2020, p. 108259.

17. Tobias Degen et al., "Street lighting: Sex-independent impacts on moth movement", *Journal of Animal Ecology*, 2016, pp. 1352-60.

18. Eva Knop et al., "Artificial light at night as a new threat to pollination", *Nature*, 2017, pp. 206-9.

19. Gábor Horváth et al., "Polarized light pollution: A new kind of ecological photopollution", *Frontiers in Ecology and the Environment*, 2009, pp. 317-25.

20. Richard Inger et al., "Potential biological and ecological effects of flickering artificial light", *PLOS One*, 2014.

21. Fabio Falchi et al., "The new world atlas of artificial night sky brightness", *Science Advances*, 2016; Travis Longcore, "Hazard or hope? LEDs and wildlife", *LED Professional Review*, 2018, pp. 52-7.

22. Rachel T. Buxton et al., "Noise pollution is pervasive in U.S. protected areas", *Science*, 2017, pp. 531-3.

23. Para uma revisão sobre poluição sonora e seus efeitos, ver Jesse R. Barber, Kevin R. Crooks e Kurt M. Fristrup, "The costs of chronic noise exposure for terrestrial organisms", *Trends in Ecology & Evolution*, 2010, pp. 180-9; Graeme Shannon et al., "A synthesis of two decades of research documenting the effects of noise on wildlife: Effects of anthropogenic noise on wildlife", *Biological Reviews*, 2016, pp. 982-1005.

24. John P. Swaddle et al., "A framework to assess evolutionary responses to anthropogenic light and sound", *Trends in Ecology & Evolution*, 2015, pp. 550-60.

25. Hans Slabbekoorn e Margriet Peet, "Birds sing at a higher pitch in urban noise", *Nature*, 2003, p. 267.

26. Henrik Brumm, "The impact of environmental noise on song amplitude in a territorial bird", *Journal of Animal Ecology*, 2004, pp. 434-40.

27. Marty L. Leonard e Andrew G. Horn, "Does ambient noise affect growth and begging call structure in nestling birds?", *Behavioral Ecology*, 2008, pp. 502-7; Karin Gross, Gilberto Pasinelli e Hansjoerg P. Kunc, "Behavioral plasticity allows short-term adjustment to a novel environment", *The American Naturalist*, 2010, pp. 456-64; Mary J. Montague, Marine Danek-Gontard e Hansjoerg P. Kunc, "Phenotypic plasticity affects the response of a sexually selected trait to anthropogenic noise", *Behavioral Ecology*, 2013, pp. 343-8; Diego Gil et al., "Birds living near airports advance their dawn chorus and reduce overlap with aircraft noise", *Behavioral Ecology*, 2015, pp. 435-43.

28. Clinton D. Francis et al., "Acoustic environments matter: Synergistic benefits to humans and ecological communities", *Journal of Environmental Management*, 2017, pp. 245-54.

29. Heidi E. Ware et al., "A phantom road experiment reveals traffic noise is an invisible source of habitat degradation", *Proceedings of the National Academy of Sciences*, 2015, pp. 12105-9.

30. Brandon T. Barton et al., "Testing the AC/DC hypothesis: Rock and roll is noise pollution and weakens a trophic cascade", *Ecology and Evolution*, 2018, pp. 7649-56. [Referência da nota de rodapé]

31. Graeme Shannon et al., "Road traffic noise modifies behavior of a keystone species", *Animal Behaviour*, 2014, pp. 135-41.

32. Masayuki Senzaki et al., "Traffic noise reduces foraging efficiency in wild owls", *Scientific Reports*, 2016, p. 30602.

33. Jennifer N. Phillips et al., "Background noise disrupts host-parasitoid interactions", *Royal Society Open Science*, 2019.

34. Kessica L. Blickley et al., "Experimental chronic noise is related to elevated fecal corticosteroid metabolites in lekking male greater sage-grouse (Centrocercus urophasianus)", *PLOS One*, 2012.

35. Justin P. Suraci et al., "Fear of humans as apex predators has landscape-scale impacts from mountain lions to mice", *Ecology Letters*, 2019, pp. 1578-86. [Referência da nota de rodapé]

36. Kurt H. Riitters e James D. Wickham, "How far to the nearest road?", *Frontiers in Ecology and the Environment*, 2003, pp. 125-9.

37. Para uma revisão sobre ruídos naturais e antropogênicos no oceano, ver Carlos M. Duarte et al., "The soundscape of the Anthropocene ocean", *Science*, 2021, p. eaba4658.

38. Joshua Horwitz, *War of the whales: A true story*, 2015. [Referência da nota de rodapé, após "que se seguiram"]

39. Stacy L. DeRuiter et al., "First direct measurements of behavioural responses by Cuvier's beaked whales to mid-frequency active sonar", *Biology Letters*, 2013, p. 20130223; Patrick J. O. Miller, Peter H. Kvadsheim et al., "First indications that northern bottlenose whales are sensitive to behavioural disturbance from anthropogenic noise", *Royal Society Open Science*, 2015, p. 140484. [Referência da nota de rodapé]

40. George V. Frisk, "Noiseonomics: The relationship between ambient noise levels in the sea and global economic trends", *Scientific Reports*, 2012, p. 437.

41. Roger S. Payne e Douglas Webb, "Orientation by means of long-range acoustic signaling in baleen whales", *Annals of the New York Academy of Sciences*, 1971, pp. 110-41.

42. Rosalind M. Rolland et al., "Evidence that ship noise increases stress in right whales", *Proceedings of the Royal Society B: Biological Sciences*, 2012, pp. 2363-8; Christine Erbe, Rebecca Dunlop e Sarah Dolman, "Effects of noise on marine mammals". In: Hans Slabbekoorn et al. (Orgs.), *Effects of anthropogenic noise on animals*, 2018, pp. 277-309; Koki Tsujii et al., "Change in singing behavior of humpback whales caused by shipping noise", *PLOS One*, 2018; Christine Erbe et al., "The effects of ship noise on marine mammals—A review", *Frontiers in Marine Science*, 2019, p. 606.

43. Hansjoerg P. Kunc et al., "Anthropogenic noise affects behavior across sensory modalities", *The American Naturalist*, 2014, pp. E93-E100; Stephen D. Simpson et al., "Anthropogenic noise increases fish mortality by predation", *Nature Communications*, 2016, p. 10544; Kelsey A. Murchy et al., "Impacts of noise on the behavior and physiology of marine invertebrates: A meta-analysis", *Proceedings of Meetings on Acoustics*, 2019, p. 040002.

44. Para mais informações sobre ruído de navios, ver John A. Hildebrand, "Impacts of anthropogenic sound". In: John E. Reynolds et al. (Orgs.), *Marine mammal research: Conservation beyond crisis*, 2005, pp. 101-24; David Malakoff, "A push for quieter ships", *Science*, 2010, pp. 1502-3.

45. Stefan Greif et al., "Acoustic mirrors as sensory traps for bats", *Science*, 2017, pp. 1045-7.

46. Chris Wilcox, Erik Van Sebille e Britta Denise Hardesty, "Threat of plastic pollution to seabirds is global, pervasive, and increasing", *Proceedings of the National Academy of Sciences*,

2015, pp. 11899-904; Matthew S. Savoca et al., "Marine plastic debris emits a keystone infochemical for olfactory foraging seabirds", *Science Advances*, 2016, p. e1600395.

47. Athena M. Rycyk et al., "Manatee behavioral response to boats", *Marine Mammal Science*, 2018, pp. 924-62.

48. Keith B. Tierney et al., "Salmon olfaction is impaired by an environmentally realistic pesticide mixture", *Environmental Science & Technology*, 2008, pp. 4996-5001.

49. Andrew B. Gill et al., "Marine renewable energy, electromagnetic (EM) fields and EM-sensitive animals". In: Mark A. Shields e Andrew I. L. Payne (Orgs.), *Marine renewable energy technology and environmental interactions*, 2014, pp. 61-79.

50. Florian Altermatt e Dieter Ebert, "Reduced flight-to-light behaviour of moth populations exposed to long-term urban light pollution", *Biology Letters*, 2016.

51. Tomer J. Czaczkes et al., "Reduced light avoidance in spiders from populations in light-polluted urban environments", *Naturwissenschaften*, 2018, p. 64.

52. Wouter Halfwerk et al., "Adaptive changes in sexual signalling in response to urbanization", *Nature Ecology & Evolution*, 2019, pp. 374-80.

53. Ole Seehausen et al., "Speciation through sensory drive in cichlid fish", *Nature*, 2008, pp. 620-6.

54. Ole Seehausen, Jacques J. M. van Alphen e Frans Witte, "Cichlid fish diversity threatened by eutrophication that curbs sexual selection", *Science*, 1997, pp. 1808-11.

55. Frans Witte et al., "Cichlid species diversity in naturally and anthropogenically turbid habitats of Lake Victoria, East Africa", *Aquatic Sciences*, 2013, pp. 169-83. [Referência da nota de rodapé]

56. Maya L. Kapoor, "The only catfish native to the western U.S. is running out of water", *High Country News*, 2020.

57. Clinton D. Francis et al., "Noise pollution alters ecological services: Enhanced pollination and disrupted seed dispersal", *Proceedings of the Royal Society B: Biological Sciences*, 2012, pp. 2727-35.

58. Timothy A. C. Gordon et al., "Habitat degradation negatively affects auditory settlement behavior of coral reef fishes", *Proceedings of the National Academy of Sciences*, 2018, pp. 5193-8; "Acoustic enrichment can enhance fish community development on degraded coral reef habitat", *Nature Communications*, 2019.

59. William P. Irwin, Amy J. Horner e Kenneth J. Lohmann, "Magnetic field distortions produced by protective cages around sea turtle nests: Unintended consequences for orientation and navigation?", *Biological Conservation*, 2004, pp. 117-20. [Referência da nota de rodapé]

60. Andreas Jechow e Franz Hölker, "Evidence that reduced air and road traffic decreased artificial night-time skyglow during COVID-19 lockdown in Berlin, Germany", *Remote Sensing*, 2020, p. 3412.

61. Thomas Lecocq et al., "Global quieting of high-frequency seismic noise due to COVID-19 pandemic lockdown measures", *Science*, 2020, pp. 1338-43.

62. Justine Calma, "The pandemic turned the volume down on ocean noise pollution", *The Verge*, 2020; Lauren M. Smith et al., "Impacts of COVID-19-related social distancing measures on personal environmental sound exposures", *Environmental Research Letters*, 2020, p. 104094.

63. Elizabeth P. Derryberry et al., "Singing in a silent spring: Birds respond to a half-century soundscape reversion during the COVID-19 shutdown", *Science*, 2020, pp. 575-9. [Referência da nota de rodapé]

64. David W. Stack et al., "Reducing visitor noise levels at Muir Woods National Monument using experimental management", *Journal of the Acoustical Society of America*, 2011, pp. 1375-80.

65. Para uma revisão dos meios de redução da poluição, ver Travis Longcore e Catherine Rich, *Artificial night lighting and protected lands: Ecological effects and management approaches*, 2016; Carlos M. Duarte et al., "The soundscape of the Anthropocene ocean", *Science*, 2021, p. eaba4658.

66. William Cronon, "The trouble with wilderness; Or, getting back to the wrong nature", *Environmental History*, 1996.

67. Jacob von Uexküll, *A foray into the worlds of animals and humans: With a theory of meaning*, 2010, p. 133.

Referências bibliográficas

ACHE, B. W.; YOUNG, J. M. "Olfaction: Diverse species, conserved principles". *Neuron*, v. 48, n. 3, pp. 417-30, 2005.

ACKERMAN, D. *A natural history of the senses*. Nova York: Vintage Books, 1991.

ADAMO, S. A. "Do insects feel pain? A question at the intersection of animal behaviour, philosophy and robotics". *Animal Behaviour*, v. 118, pp. 75-9, 2016.

_____. "Is it pain if it does not hurt? On the unlikelihood of insect pain". *The Canadian Entomologist*, v. 151, n. 6, pp. 685-95, 2019.

AFLITTO, N.; DEGOMEZ, T. "Sonic pest repellents". Tucson: College of Agriculture, University of Arizona, 2014. Disponível em: <repository.arizona.edu/handle/10150/333139>.

AGNARSSON, I.; KUNTNER, M.; BLACKLEDGE, T. A. "Bioprospecting finds the toughest biological material: Extraordinary silk from a giant riverine orb spider". *PLOS ONE*, v. 5, n. 9, e11234, 2010.

ALBERT, J. S.; CRAMPTON, W. G. R. "Electroreception and electrogenesis". In: EVANS, D. H.; CLAIBORNE, J. B. (Orgs.). *The physiology of fishes*. 3 ed. Boca Raton: CRC Press, 2006. pp. 431-72.

ALEXANDER, R. M. "Hans Werner Lissmann, 30 April 1909-21 April 1995". *Biographical Memoirs of Fellows of the Royal Society*, v. 42, pp. 235-45, 1996.

ALTERMATT, F.; EBERT, D. "Reduced flight-to-light behaviour of moth populations exposed to long-term urban light pollution". *Biology Letters*, v. 12, n. 4, 20160111, 2016.

ALUPAY, J. S.; HADJISOLOMOU, S. P.; CROOK, R. J. "Arm injury produces long-term behavioral and neural hypersensitivity in octopus". *Neuroscience Letters*, v. 558, pp. 137-42, 2014.

AMEY-ÖZEL, M. et al. "More a finger than a nose: The trigeminal motor and sensory innervation of the Schnauzenorgan in the elephant-nose fish Gnathonemus petersii". *Journal of Comparative Neurology*, v. 523, n. 5, pp. 769-89, 2015.

ANAND, K. J. S.; SIPPELL, W. G.; AYNSLEY-GREEN, A. "Randomised trial of fentanyl anaesthesia in preterm babies undergoing surgery: Effects on the stress response". *The Lancet*, v. 329, n. 8527, pp. 243-8, 1987.

ANDERSSON, S.; ORNBORG, J.; ANDERSSON, M. "Ultraviolet sexual dimorphism and assortative mating in blue tits". *Proceedings of the Royal Society B: Biological Sciences*, v. 265, n. 1395, pp. 445-50, 1998.

ANDREWS, M. T. "Molecular interactions underpinning the phenotype of hibernation in mammals". *Journal of Experimental Biology*, v. 222, n. 2, jeb160606, 2019.

APPEL, M.; ELWOOD, R. W. "Motivational trade-offs and potential pain experience in hermit crabs". *Applied Animal Behaviour Science*, v. 119, n. 1, pp. 120–4, 2009.

ARCH, V. S.; NARINS, P. M. "'Silent' signals: Selective forces acting on ultrasonic communication systems in terrestrial vertebrates". *Animal Behaviour*, v. 76, n. 4, pp. 1423–8, 2008.

ARIKAWA, K. "Hindsight of butterflies: The Papilio butterfly has light sensitivity in the genitalia, which appears to be crucial for reproductive behavior". *BioScience*, v. 51, n. 3, pp. 219–25, 2001.

_____. "The eyes and vision of butterflies". *Journal of Physiology*, v. 595, n. 16, pp. 5457–64, 2017.

ARKLEY, K. et al. "Strategy change in vibrissal active sensing during rat locomotion". *Current Biology*, v. 24, n. 13, pp. 1507–12, 2014.

ARNEGARD, M. E.; CARLSON, B. A. "Electric organ discharge patterns during group hunting by a mormyrid fish". *Proceedings of the Royal Society B: Biological Sciences*, v. 272, n. 1570, pp. 1305–14, 2005.

ARRANZ, P. et al. "Following a foraging fish-finder: Diel habitat use of Blainville's beaked whales revealed by echolocation". *PLOS ONE*, v. 6, n. 12, p. e28353, 2011.

ASCHWANDEN, C. "Science isn't broken". *FiveThirtyEight*, 2015. Disponível em: <fivethirtyeight.com/features/science-isnt-broken/>.

ATEMA, J. et al. "Acoustic basis for fish prey discrimination by echolocating dolphins and porpoises". *Journal of the Acoustical Society of America*, v. 126, n. 1, pp. 460–7, 2009.

ATEMA, J.; SIMMONS, J. A. "Echolocation in dolphins and bats". *Physics Today*, v. 60, n. 9, pp. 40–5, 2007.

ATEMA, J.; TURL, C. W. "Target detection in reverberation by an echolocating Atlantic bottlenose dolphin (*Tursiops truncatus*)". *Journal of the Acoustical Society of America*, v. 73, n. 5, pp. 1676–81, 1983.

ATEMA, J. "Structures and functions of the sense of taste in the catfish (*Ictalurus natalis*)". *Brain, Behavior and Evolution*, v. 4, n. 4, pp. 273–94, 1971.

_____. "Opening the chemosensory world of the lobster, Homarus americanus". *Bulletin of Marine Science*, v. 94, n. 3, pp. 479–516, 2018.

AU, W. W. L. *The sonar of dolphins*. Nova York: Springer-Verlag, 1993.

_____. "Acoustic reflectivity of a dolphin". *Journal of the Acoustical Society of America*, v. 99, n. 6, pp. 3844–8, 1996.

_____. "History of dolphin biosonar research". *Acoustics Today*, v. 11, n. 4, pp. 10–7, 2011.

AUDUBON, J. J. "Account of the habits of the turkey buzzard (Vultur aura), particularly with the view of exploding the opinion generally entertained of its extraordinary power of smelling". *Edinburgh New Philosophical Journal*, v. 2, pp. 172–84, 1826.

BADEN, T.; EULER, T.; BERENS, P. "Understanding the retinal basis of vision across species". *Nature Reviews Neuroscience*, v. 21, n. 1, pp. 5–20, 2020.

BAKER, C. A.; CARLSON, B. A. "Electric signals". In: CHOE, J. C. (Org.). *Encyclopedia of animal behavior*. 2 ed. Amsterdam: Elsevier, 2019. pp. 474–86.

BAKER, C.A.; HUCK, K. R.; CARLSON, B. A. "Peripheral sensory coding through oscillatory synchrony in weakly electric fish". *eLife*, v. 4, p. e08163, 2015.

BAKER, C. V. H. "The development and evolution of lateral line electroreceptors: Insights from comparative molecular approaches". In: CARLSON, B. A. et al. (Orgs.). *Electroreception: Fundamental insights from comparative approaches*. Cham: Springer, 2019. pp. 25–62.

BAKER, C.V. H.; MODRELL, M. S.; GILLIS, J. A. "The evolution and development of vertebrate lateral line electroreceptors". *Journal of Experimental Biology*, v. 216, n. 13, pp. 2515–22, 2013.

BAKER, R. R. "Goal orientation by blindfolded humans after long-distance displacement: Possible involvement of a magnetic sense". *Science*, v. 210, n. 4469, pp. 555-7, 1980.

BAKKEN, G. S. et al. "Cooler snakes respond more strongly to infrared stimuli, but we have no idea why". *Journal of Experimental Biology*, v. 221, n. 17, p. jeb182121, 2018.

BAKKEN, G. S.; KROCHMAL, A. R. "The imaging properties and sensitivity of the facial pits of pitvipers as determined by optical and heat-transfer analysis". *Journal of Experimental Biology*, v. 210, n. 16, pp. 2801-10, 2007.

BALDWIN, M. W. et al. "Evolution of sweet taste perception in hummingbirds by transformation of the ancestral umami receptor". *Science*, v. 345, n. 6199, pp. 929-33, 2014.

BÁLINT, A. et al. "Dogs can sense weak thermal radiation". *Scientific Reports*, v. 10, n. 1, p. 3736, 2020.

BALTZLEY, M. J.; NABITY, M. W. "Reanalysis of an oft-cited paper on honeybee magnetoreception reveals random behavior". *Journal of Experimental Biology*, v. 221, n. 22, p. jeb185454, 2018.

BANG, B. G. "Anatomical evidence for olfactory function in some species of birds". *Nature*, v. 188, n. 4750, pp. 547-9, 1960.

BANG, B. G.; COBB, S. "The size of the olfactory bulb in 108 species of birds". *The Auk*, v. 85, n. 1, pp. 55-61, 1968.

BARBER, J. R. et al. "Moth tails divert bat attack: Evolution of acoustic deflection". *Proceedings of the National Academy of Sciences*, v. 112, n. 9, pp. 2812-6, 2015.

BARBER, J. R.; CONNER, W. E. "Acoustic mimicry in a predator-prey interaction". *Proceedings of the National Academy of Sciences*, v. 104, n. 22, pp. 9331-4, 2007.

BARBER, J. R.; CROOKS, K. R.; FRISTRUP, K. M. "The costs of chronic noise exposure for terrestrial organisms". *Trends in Ecology & Evolution*, v. 25, n. 3, pp. 180-9, 2010.

BARBER J. R.; KAWAHARA, A. Y. "Hawkmoths produce anti-bat ultrasound". *Biology Letters*, v. 9, n. 4, p. 20130161, 2013.

BARBERO, F. et al. "Queen ants make distinctive sounds that are mimicked by a butterfly social parasite". *Science*, v. 323, n. 5915, pp. 782-5, 2009.

BARGMANN, C. I. "Comparative chemosensation from receptors to ecology". *Nature*, v. 444, n. 7117, pp. 295-301, 2006.

BARTH, F. G. *A spider's world: Senses and behavior*. Berlim: Springer, 2002.

_____. "A spider's tactile hairs". *Scholarpedia*, v. 10, n. 3, p. 7267, 2015.

BARTH, F. G.; HÖLLER, A. "Dynamics of arthropod filiform hairs. V. The response of spider trichobothria to natural stimuli". *Philosophical Transactions of the Royal Society B: Biological Sciences*, v. 354, n. 1380, pp. 183-92, 1999.

BARTON, B. T. et al. "Testing the AC/DC hypothesis: Rock and roll is noise pollution and weakens a trophic cascade". *Ecology and Evolution*, v. 8, n. 15, pp. 7649-56, 2018.

BASOLO, A. L. "Female preference predates the evolution of the sword in swordtail fish". *Science*, v. 250, n. 4982, pp. 808-10, 1990.

BATES, A. E. et al. "Deep-sea hydrothermal vent animals seek cool fluids in a highly variable thermal environment". *Nature Communications*, v. 1, n. 1, p. 14, 2010.

BATES, L. A. et al. "Elephants classify human ethnic groups by odor and garment color". *Current Biology*, v. 17, n. 22, pp. 1938-42, 2007.

_____. "African elephants have expectations about the locations of out-of-sight family members". *Biology Letters*, v. 4, n. 1, pp. 34-6, 2008.

BATESON, P. "Assessment of pain in animals". *Animal Behaviour*, v. 42, n. 5, pp. 827-39, 1991.

BAUER, G. B. et al. "Tactile discrimination of textures by Florida manatees (*Trichechus manatus latirostris*)". *Marine Mammal Science*, v. 28, n. 4, pp. E456–71, 2012.

BAUER, G. B.; REEP, R. L.; MARSHALL, C. D. "The tactile senses of marine mammals". *International Journal of Comparative Psychology*, v. 31, 2018.

BAXI, K. N.; DORRIES, K. M.; EISTHEN, H. L. "Is the vomeronasal system really specialized for detecting pheromones?". *Trends in Neurosciences*, v. 29, n. 1, pp. 1–7, 2006.

BEDORE, C. N.; KAJIURA, S. M. "Bioelectric fields of marine organisms: Voltage and frequency contributions to detectability by electroreceptive predators". *Physiological and Biochemical Zoology*, v. 86, n. 3, pp. 298–311, 2009.

BEDORE, C. N.; KAJIURA, S. M.; JOHNSEN, S. "Freezing behaviour facilitates bioelectric crypsis in cuttlefish faced with predation risk". *Proceedings of the Royal Society B: Biological Sciences*, v. 282, n. 1820, p. 20151886, 2015.

BENOIT-BIRD, K. J.; AU, W. W. L. "Cooperative prey herding by the pelagic dolphin, *Stenella longirostris*". *Journal of the Acoustical Society of America*, v. 125, n. 1, pp. 125–37, 2009a.

_____. "Phonation behavior of cooperatively foraging spinner dolphins". *Journal of the Acoustical Society of America*, v. 125, n. 1, pp. 539–46, 2009b.

BERNAL, X. E.; RAND, A. S.; RYAN, M. J. "Acoustic preferences and localization performance of blood-sucking flies (*Corethrella Coquillett*) to túngara frog calls". *Behavioral Ecology*, v. 17, n. 5, pp. 709–15, 2006.

BESTON, H. *The outermost house: A year of life on the great beach of Cape Cod*. Nova York: Holt Paperbacks, 2003.

BIANCO, G.; ILIEVA, M.; ÅKESSON, S. "Magnetic storms disrupt nocturnal migratory activity in songbirds". *Biology Letters*, v. 15, n. 3, p. 20180918, 2019.

BINGMAN, V. P. et al. "Importance of the antenniform legs, but not vision, for homing by the neotropical whip spider *Paraphrynus laevifrons*". *Journal of Experimental Biology*, v. 220, n. 5, pp. 885–90, 2017.

BIRKHEAD, T. *Bird sense: What it's like to be a bird*. Nova York: Bloomsbury, 2013.

BISOFFI, Z. et al. "Strongyloides stercoralis: A plea for action". *plos Neglected Tropical Disseases*, v. 7, n. 5, e2214, 2013.

BJØRGE, M. H. et al. "Behavioural changes following intraperitoneal vaccination in Atlantic salmon (*Salmo salar*)". *Applied Animal Behaviour Science*, v. 133, n. 1, pp. 127–35, 2011.

BLACKLEDGE, T. A.; KUNTNER, M.; AGNARSSON, I. "The form and function of spider orb webs". In: CASAS, J. (Org.). *Advances in insect physiology*. Amsterdam: Elsevier, 2011. pp. 175–262.

BLACKWALL, J. "Mr Murray's paper on the aerial spider". *Magazine of Natural History and Journal of Zoology, Botany, Mineralogy, Geology, and Meteorology*, v. 2, pp. 116–413, 1830.

BLAKEMORE, R. "Magnetotactic bacteria". *Science*, v. 190, n. 4212, pp. 377–9, 1975.

BLEICHER, S. S. et al. "Divergent behavior amid convergent evolution: A case of four desert rodents learning to respond to known and novel vipers". *PLOS ONE*, v. 13, n. 8, e0200672, 2018.

BLICKLEY, J. L. et al. "Experimental chronic noise is related to elevated fecal corticosteroid metabolites in lekking male greater sage-grouse (Centrocercus urophasianus)". *PLOS ONE*, v. 7, n. 11, e50462, 2012.

BOK, M. J. et al. "Biological sunscreens tune polychromatic ultraviolet vision in mantis shrimp". *Current Biology*, v. 24, n. 14, pp. 1636–42, 2014.

BOK, M. J.; CAPA, M.; NILSSON, D.-E. "Here, there and everywhere: The radiolar eyes of fan worms (Annelida, Sabellidae)". *Integrative and Comparative Biology*, v. 56, n. 5, pp. 784–95, 2016.

BOLES, L. C.; LOHMANN, K. J. "True navigation and magnetic maps in spiny lobsters". *Nature*, v. 421, n. 6918, pp. 60–3, 2003.

BONADONNA, F. et al. "Evidence that blue petrel, *Halobaena caerulea*, fledglings can detect and orient to dimethyl sulfide". *Journal of Experimental Biology*, v. 209, n. 11, pp. 2165–9, 2006.

BONADONNA, F. et al. "It's not black or white: On the range of vision and echolocation in echolocating bats". *Frontiers in Physiology*, v. 4, p. 248, 2013.

BOONMAN, A.; BUMRUNGSRI, S.; YOVEL, Y. "Nonecholocating fruit bats produce biosonar clicks with their wings". *Current Biology*, v. 24, n. 24, pp. 2962–7, 2014.

BOSTRÖM, J. E. et al. "Ultra-rapid vision in birds". *PLOS ONE*, v. 11, n. 3, e0151099, 2016.

BOTTESCH, M. et al. "A magnetic compass that might help coral reef fish larvae return to their natal reef". *Current Biology*, v. 26, n. 24, pp. R1266–7, 2016.

BRAITHWAITE, V. *Do fish feel pain?* Nova York: Oxford University Press, 2010.

BRAITHWAITE, V.; DROEGE, P. "Why human pain can't tell us whether fish feel pain". *Animal Sentience*, v. 3, n. 3, 2016.

BRAUDE, S. et al. "Surprisingly long survival of premature conclusions about naked mole-rat biology". *Biological Reviews*, v. 96, n. 2, pp. 376–93, 2021.

BRILL, R. L. et al. "Target detection, shape discrimination, and signal characteristics of an echolocating false killer whale (Pseudorca crassidens)". *Journal of the Acoustical Society of America*, v. 92, n. 3, pp. 1324–30, 1992.

BRINKLØV, S.; ELEMANS, C. P. H.; RATCLIFFE, J. M. "Oilbirds produce echolocation signals beyond their best hearing range and adjust signal design to natural light conditions". *Royal Society Open Science*, v. 4, n. 5, 170255, 2017.

BRINKLØV, S.; FENTON, M. B.; RATCLIFFE, J. M. "Echolocation in oilbirds and swiftlets". *Frontiers in Physiology*, v. 4, p. 123, 2013.

BRINKLØV, S.; KALKO, E. K. V.; SURLYKKE, A. "Intense echolocation calls from two "whispering" bats, *Artibeus jamaicensis* and *Macrophyllum macrophyllum* (Phyllostomidae)". *Journal of Experimental Biology*, v. 212, n. 1, pp. 11–20, 2009.

BRINKLØV, S.; WARRANT, E. "Oilbirds". *Current Biology*, v. 27, n. 21, pp. R1145–7, 2017.

BRISCOE, A. D. et al. "Positive selection of a duplicated UV-sensitive visual pigment coincides with wing pigment evolution in Heliconius butterflies". *Proceedings of the National Academy of Sciences*, v. 107, n. 8, pp. 3628–33, 2010.

BRITO SANCHEZ, M. G. de et al. "The tarsal taste of honey bees: Behavioral and electrophysiological analyses". *Frontiers in Behavioral Neuroscience*, v. 8, 2014.

BROOM, D. "Evolution of pain". *Vlaams Diergeneeskundig Tijdschrift*, v. 70, pp. 17–21, 2001.

BROTHERS, J. R.; LOHMANN, K. J. "Evidence that magnetic navigation and geomagnetic imprinting shape spatial genetic variation in sea turtles". *Current Biology*, v. 28, n. 8, pp. 1325–9. e2, 2018.

BROWN, F. A. "Responses of the planarian, dugesia, and the protozoan, paramecium, to very weak horizontal magnetic fields". *Biological Bulletin*, v. 123, n. 2, pp. 264–81, 1962.

BROWN, F. A.; WEBB, H. M.; BARNWELL, F. H. "A compass directional phenomenon in mud-snails and its relation to magnetism". *Biological Bulletin*, v. 127, n. 2, pp. 206–20, 1964.

BROWN, R. E.; FEDDE, M. R. "Airflow sensors in the avian wing". *Journal of Experimental Biology*, v. 179, n. 1, pp. 13–30, 1993.

BROWNELL, P.; FARLEY, R. D. "Detection of vibrations in sand by tarsal sense organs of the nocturnal scorpion, *Paruroctonus mesaensis*". *Journal of Comparative Physiology*, v. 131, n. 1, pp. 23–30, 1979a.

_____. "Orientation to vibrations in sand by the nocturnal scorpion, *Paruroctonus mesaensis*: Mechanism of target localization". *Journal of Comparative Physiology*, v. 131, n. 1, pp. 31–8, 1979b.

_____. "Prey-localizing behaviour of the nocturnal desert scorpion, Paruroctonus mesaensis: Orientation to substrate vibrations". *Animal Behaviour*, v. 27, n. 1, pp. 185–93, 1979c.

_____. "Prey detection by the sand scorpion". *Scientific American*, v. 251, n. 6, pp. 86–97, 1984.

BRUMM, H. "The impact of environmental noise on song amplitude in a territorial bird". *Journal of Animal Ecology*, v. 73, n. 3, pp. 434–40, 2004.

BRUNETTA, L.; CRAIG, C. L. *Spider silk: Evolution and 400 million years of spinning, waiting, snagging, and mating*. New Haven Yale University Press, 2012.

BRYANT, A. S. et al. "A critical role for thermosensation in host seeking by skin-penetrating nematodes". *Current Biology*, v. 28, n. 14, pp. 2338–47. e6, 2018.

BRYANT, A. S.; HALLEM, E. A. "Temperature-dependent behaviors of parasitic helminths". *Neuroscience Letters*, v. 687, pp. 290–303, 2018.

BULLOCK, T. H. "Species differences in effect of electroreceptor input on electric organ pacemakers and other aspects of behavior in electric fish". *Brain, Behavior and Evolution*, v. 2, n. 2, pp. 102–18, 1969.

BULLOCK, T. H.; BEHREND, K.; HEILIGENBERG, W. "Comparison of the jamming avoidance responses in Gymnotoid and Gymnarchid electric fish: A case of convergent evolution of behavior and its sensory basis". *Journal of Comparative Physiology*, v. 103, n. 1, pp. 97–121, 1975.

BULLOCK, T. H.; DIECKE, F. P. J. "Properties of an infra-red receptor". *Journal of Physiology*, v. 134, n. 1, pp. 47–87, 1956.

BUSH, N. E.; SOLLA, S. A.; HARTMANN, M. J. "Whisking mechanics and active sensing". *Current Opinion in Neurobiology*, v. 40, pp. 178–88, 2016.

BUXTON, R. T. et al. "Noise pollution is pervasive in U.S. protected areas". *Science*, v. 356, n. 6337, pp. 531–3, 2017.

CADENA, V. et al. "Evaporative respiratory cooling augments pit organ thermal detection in rattlesnakes". *Journal of Comparative Physiology*, v. 199, n. 12, pp. 1093–104, 2013.

CALDWELL, M. S.; MCDANIEL, J. G.; WARKENTIN, K. M. "Is it safe? Red-eyed treefrog embryos assessing predation risk use two features of rain vibrations to avoid false alarms". *Animal Behaviour*, v. 79, n. 2, pp. 255–60, 2010.

CALMA, J. "The pandemic turned the volume down on ocean noise pollution". *The Verge*, 2020. Disponível em: <www.theverge.com/22166314/covid-19-pandemic-ocean-noise-pollution>.

CAPRIO, J. "High sensitivity of catfish taste receptors to amino acids". *Comparative Biochemistry and Physiology Part A: Physiology*, v. 52, n. 1, pp. 247–51, 1975.

CAPRIO, J. et al. "The taste system of the channel catfish: From biophysics to behavior". *Trends in Neurosciences*, v. 16, n. 5, pp. 192–7, 1993.

CAPUTI, A. A. "Active electroreception in weakly electric fish". In: SHERMAN, S. M. (Org.). *Oxford research encyclopedia of neuroscience*. Nova York: Oxford University Press. Disponível em: <doi.org/10.1093/acrefore/9780190264086.013.106>.

CAPUTI, A. A. et al. "On the haptic nature of the active electric sense of fish". *Brain Research*, v. 1536, pp. 27–43, 2013.

CAPUTI, A. A.; AGUILERA, P. A.; PEREIRA, A. C. "Active electric imaging: Body-object interplay and object's 'electric texture'". *PLOS ONE*, v. 6, n. 8, e22793, 2011.

CARAS, M. L. "Estrogenic modulation of auditory processing: A vertebrate comparison". *Frontiers in Neuroendocrinology*, v. 34, n. 4, pp. 285–99, 2013.

CARLSON, B. A. "Electric signaling behavior and the mechanisms of electric organ discharge production in mormyrid fish". *Journal of Physiology-Paris*, v. 96, n. 5, pp. 405-19, 2002.

CARLSON, B. A. et al. (Orgs.). *Electroreception: Fundamental insights from comparative approaches*. Cham: Springer, 2019.

CARLSON, B. A.; ARNEGARD, M. E. "Neural innovations and the diversification of African weakly electric fishes". *Communicative & Integrative Biology*, v. 4, n. 6, pp. 720-5, 2011.

CARLSON, B. A.; SISNEROS, J. A. "A brief history of electrogenesis and electroreception in fishes". In: CARLSON, B. A. et al. (Orgs.). *Electroreception: Fundamental insights from comparative approaches*. Cham: Springer, 2019. pp. 1-23.

CARO, T. M. *Zebra stripes*. Chicago: University of Chicago Press, 2016.

CARO, T. M. et al. "Benefits of zebra stripes: Behaviour of tabanid flies around zebras and horses". *PLOS ONE*, v. 14, n. 2, e0210831, 2019.

CARPENTER, C. W. et al. "Human ability to discriminate surface chemistry by touch". *Materials Horizons*, v. 5, n. 1, pp. 70-7, 2018.

CARR, A. "Notes on the behavioral ecology of sea turtles". In: BJORNDA, K. A. (Org.). *Biology and conservation of sea turtles*. Ed. rev. Washington: Smithsonian Institution Press, 1995. pp. 19-26.

CARR, A. L.; SALGADO, V. L. "Ticks home in on body heat: A new understanding of Haller's organ and repellent action". *PLOS ONE*, v. 14, n. 8, e0221659, 2019.

CARR, C. E.; CHRISTENSEN-DALSGAARD, J. "Sound localization strategies in three predators". *Brain, Behavior and Evolution*, v. 86, n. 1, pp. 17-27, 2015.

_____. "Evolutionary trends in directional hearing". *Current Opinion in Neurobiology*, v. 40, pp. 111-7, 2016.

CARR, T. D. et al. "A new tyrannosaur with evidence for anagenesis and crocodile-like facial sensory system". *Scientific Reports*, v. 7, n. 1, p. 44942, 2017.

CARRETE, M. et al. "Mortality at wind-farms is positively related to large-scale distribution and aggregation in griffon vultures". *Biological Conservation*, v. 145, n. 1, pp. 102-8, 2012.

CARVALHO, L. S. et al. "The genetic and evolutionary drives behind primate color vision". *Frontiers in Ecology and Evolution*, v. 5, p. 34, 2017.

CASAS, J.; DANGLES, O. "Physical ecology of fluid flow sensing in arthropods". *Annual Review of Entomology*, v. 55, n. 1, pp. 505-20, 2010.

CASAS, J.; STEINMANN, T. "Predator-induced flow disturbances alert prey, from the onset of an attack". *Proceedings of the Royal Society B: Biological Sciences*, v. 281, n. 1790, 20141083, 2014.

CATANIA, K. C. "Magnified cortex in star-nosed moles". *Nature*, v. 375, n. 6531, pp. 453-4, 1995a.

_____. "Structure and innervation of the sensory organs on the snout of the star-nosed mole". *Journal of Comparative Neurology*, v. 351, n. 4, pp. 536-48, 1995b.

_____. "Olfaction: Underwater 'sniffing' by semi-aquatic mammals". *Nature*, v. 444, n. 7122, pp. 1024-5, 2006.

_____. "Worm grunting, fiddling, and charming—Humans unknowingly mimic a predator to harvest bait". *PLOS ONE*, v. 3, n. 10, e3472, 2008.

_____. "Leaping eels electrify threats, supporting Humboldt's account of a battle with horses". *Proceedings of the National Academy of Sciences*, v. 113, n. 25, pp. 6979-84, 2016.

_____. "The sense of touch in the star-nosed mole: From mechanoreceptors to the brain". *Philosophical Transactions of the Royal Society B: Biological Sciences*, v. 366, n. 1581, pp. 3016-25, 2011.

_____. "The astonishing behavior of electric eels". *Frontiers in Integrative Neuroscience*, v. 13, p. 23, 2019.

_____ et al. "Nose stars and brain stripes". *Nature*, v. 364, n. 6437, p. 493, 1993.

CATANIA, K. C.; KAAS, J. H. "Somatosensory fovea in the star-nosed mole: Behavioral use of the star in relation to innervation patterns and cortical representation". *Journal of Comparative Neurology*, v. 387, n. 2, pp. 215–33, 1997a.

_____. "The mole nose instructs the brain". *Somatosensory & Motor Research*, v. 14, n. 1, pp. 56–8, 1997b.

CATANIA, K. C.; NORTHCUTT, R. G.; KAAS, J. H. "The development of a biological novelty: A different way to make appendages as revealed in the snout of the star-nosed mole *Condylura cristata*". *Journal of Experimental Biology*, v. 202, n. 20, pp. 2719–26, 1999.

CATANIA, K. C.; REMPLE, F. E. "Tactile foveation in the star-nosed mole". *Brain, Behavior and Evolution*, v. 63, n. 1, pp. 1–12, 2004.

_____; REMPLE, F. E. "Asymptotic prey profitability drives star-nosed moles to the foraging speed limit". *Nature*, v. 433, n. 7025, pp. 519–22, 2005.

CATANIA K. C.; REMPLE, M. S. "Somatosensory cortex dominated by the representation of teeth in the naked mole-rat brain". *Proceedings of the National Academy of Sciences*, v. 99, n. 8, pp. 5692–7, 2002.

CAVES, E. M.; BRANDLEY, N. C.; JOHNSEN, S. "Visual acuity and the evolution of signals". *Trends in Ecology & Evolution*, v. 33, n. 5, pp. 358–72, 2018.

CEBALLOS, G.; EHRLICH, P. R.; DIRZO, R. "Biological annihilation via the ongoing sixth mass extinction signaled by vertebrate population losses and declines". *Proceedings of the National Academy of Sciences*, v. 114, n. 30, pp. E6089–96, 2017.

CHAPPUIS, C. J. et al. "Water vapour and heat combine to elicit biting and biting persistence in tsetse". *Parasites & Vectors*, v. 6, n. 1, p. 240, 2013.

CHATIGNY, F. "The controversy on fish pain: A veterinarian's perspective". *Journal of Applied Animal Welfare Science*, v. 22, n. 4, pp. 400–10, 2019.

CHEN, P.-J. et al. "Extreme spectral richness in the eye of the common bluebottle butterfly, *Graphium sarpedon*". *Frontiers in Ecology and Evolution*, v. 4, p. 12, 2016.

CHEN, Q. et al. "Reduced performance of prey targeting in pit vipers with contralaterally occluded infrared and visual senses". *PLOS ONE*, v. 7, n. 5, p. e34989, 2012.

CHERNETSOV, N.; KISHKINEV, D.; MOURITSEN, H. "A long-distance avian migrant compensates for longitudinal displacement during spring migration". *Current Biology*, v. 18, n. 3, pp. 188–90, 2008.

CHIOU, T.-H. et al. "Circular polarization vision in a stomatopod crustacean". *Current Biology*, v. 18, n. 6, pp. 429–34, 2008.

CHISZAR, D. et al. "Strike-induced chemosensory searching by rattlesnakes: The role of envenomation-related chemical cues in the post-strike environment". In: MÜLLER-SCHWARZE, D.; SILVERSTEIN, R. M. (Orgs.). *Chemical signals in vertebrates*. Boston: Springer, 1983. v. 3. pp. 1–24

CHISZAR, D. et al. "Discrimination between envenomated and nonenvenomated prey by western diamondback rattlesnakes (*Crotalus atrox*): Chemosensory consequences of venom". *Copeia*, v. 1999, n. 3, pp. 640–8, 1999.

CHISZAR, D.; WALTERS, A.; SMITH, H. M. "Rattlesnake preference for envenomated prey: Species specificity". *Journal of Herpetology*, v. 42, n. 4, pp. 764–7, 2008.

CHITTKA, L. "Bee color vision is optimal for coding flower color, but flower colors are not optimal for being coded—why?". *Israel Journal of Plant Sciences*, v. 45, n. 2–3, pp. 115–27, 1997.

CHITTKA, L.; MENZEL, R. "The evolutionary adaptation of flower colors and the insect pollinators' color vision". *Journal of Comparative Physiology*, v. 171, n. 2, pp. 171–p81, 1992.

CHITTKA, L.; NIVEN, J. "Are bigger brains better?". *Current Biology*, v. 19, n. 21, p. R995–R1008, 2009.

CHIU, C.; MOSS, C. F. "When echolocating bats do not echolocate". *Communicative & Integrative Biology*, v. 1, n. 2, pp. 161–2, 2008.

CHIU, C.; XIAN, W.; MOSS, C. F. "Flying in silence: Echolocating bats cease vocalizing to avoid sonar jamming". *Proceedings of the National Academy of Sciences*, v. 105, n. 35, pp. 13116–21, 2008.

_____. "Adaptive echolocation behavior in bats for the analysis of auditory scenes". *Journal of Experimental Biology*, v. 212, n. 9, pp. 1392–404, 2009.

CINZANO, P.; FALCHI, F.; ELVIDGE, C. D. "The first world atlas of the artificial night sky brightness". *Monthly Notices of the Royal Astronomical Society*, v. 328, n. 3, pp. 689–707, 2001.

CLARK, C. J.; LEPANE, K.; LIU, L. "Evolution and ecology of silent flight in owls and other flying vertebrates". *Integrative Organismal Biology*, v. 2, n. 1, obaa001, 2020.

CLARK, C. W.; GAGNON, G. C. "Low-frequency vocal behaviors of baleen whales in the North Atlantic: Insights from IUSS detections, locations and tracking from 1992 to 1996". *Journal of Underwater Acoustics*, v. 52, pp. 609–40, 2004.

CLARK, G. A.; DE CRUZ, J. B. "Functional interpretation of protruding filoplumes in oscines". *The Condor*, v. 91, n. 4, pp. 962–5, 1989.

CLARK, R. "Timber rattlesnakes (*Crotalus horridus*) use chemical cues to select ambush sites". *Journal of Chemical Ecology*, v. 30, n. 3, pp. 607–17, 2004.

CLARK, R.; RAMIREZ, G. "Rosy boas (*Lichanura trivirgata*) use chemical cues to identify female mice (*Mus musculus*) with litters of dependent young". *Herpetological Journal*, v. 21, n. 3, pp. 187–91, 2011.

CLARKE, D. et al. "Detection and learning of floral electric fields by bumblebees". *Science*, v. 340, n. 6128, pp. 66–9, 2013.

CLARKE, D.; MORLEY, E.; ROBERT, D. "The bee, the flower, and the electric field: Electric ecology and aerial electroreception". *Journal of Comparative Physiology*, v. 203, n. 9, pp. 737–48, 2017.

COCROFT, R. "Offspring-parent communication in a subsocial treehopper (Hemiptera: Membracidae: *Umbonia crassicornis*)". *Behaviour*, v. 136, n. 1, pp. 1–21, 1999.

_____. "The public world of insect vibrational communication". *Molecular Ecology*, v. 20, n. 10, pp. 2041–3, 2011.

COCROFT, R.; RODRÍGUEZ, R. L. "The behavioral ecology of insect vibrational communication". BIOSCIENCE, v. 55, n. 4, pp. 323–34, 2005.

COHEN, K. E. et al. "Knowing when to stick: Touch receptors found in the remora adhesive disc". *Royal Society Open Science*, v. 7, n. 1, p. 190990, 2020.

COHEN, K. L.; SEID, M. A.; WARKENTIN, K. M. "How embryos escape from danger: The mechanism of rapid, plastic hatching in red-eyed treefrogs". *Journal of Experimental Biology*, v. 219, n. 12, pp. 1875–83, 2016.

COKL, A.; VIRANT-DOBERLET, M. "Communication with substrate-borne signals in small plant-dwelling insects". *Annual Review of Entomology*, v. 48, pp. 29–50, 2003.

COLE, J. *Losing touch: A man without his body*. Oxford: Oxford University Press, 2016.

COLLIN, S. P. "Electroreception in vertebrates and invertebrates". In: CHOE, J. C. (Org.). *Encyclopedia of animal behavior*. 2 ed. Amsterdam: Elsevier, 2019. pp. 120–31.

COLLIN, S. P. et al. "The evolution of early vertebrate photoreceptors". *Philosophical Transactions of the Royal Society B: Biological Sciences*, v. 364, n. 1531, pp. 2925–40, 2009.

COLLINS, C. E.; HENDRICKSON, A.; KAAS, J. H. "Overview of the visual system of Tarsius". *The Anatomical Record: Part a, Discoveries in Molecular, Cellular, and Evolutionary Biology*, v. 287, n. 1, pp. 1013–25, 2005.

COLOUR BLIND AWARENESS. "Living with Colour Vision Deficiency". *Colour Blind Awareness*. Disponível em: <www.colourblindawareness.org/colour-blindness/living-with-colour-vision-deficiency/>.

CONNER, W. E.; CORCORAN, A. J. "Sound strategies: The 65-million-year-old battle between bats and insects". *Annual Review of Entomology*, v. 57, n. 1, pp. 21–39, 2012.

CORBET, S. A.; BEAMENT, J.; EISIKOWITCH, D. "Are electrostatic forces involved in pollen transfer?". *Plant, Cell & Environment*, v. 5, n. 2, p. 125–9, 1982.

CORCORAN, A. J. et al. "How do tiger moths jam bat sonar?". *Journal of Experimental Biology*, v. 214, n. 14, pp. 2416–25, 2011.

CORCORAN, A. J.; BARBER, J. R.; CONNER, W. E. "Tiger moth jams bat sonar". *Science*, v. 325, n. 5938, pp. 325–7, 2009.

CORCORAN, A. J.; MOSS, C. F. "Sensing in a noisy world: Lessons from auditory specialists, echolocating bats". *Journal of Experimental Biology*, v. 220, n. 24, pp. 4554–66, 2017.

CORFAS, R. A.; VOSSHALL, L. B. "The cation channel TRPA1 tunes mosquito thermotaxis to host temperatures". *eLife*, v. 4, p. e11750, 2015.

COSTA, D. "The secret life of marine mammals: Novel tools for studying their behavior and biology at sea". *Oceanography*, v. 6, n. 3, pp. 120–8, 1993.

COSTA, D.; KOOYMAN, G. "Oxygen consumption, thermoregulation, and the effect of fur oiling and washing on the sea otter, *Enhydra lutris*". *Canadian Journal of Zoology*, v. 60, n. 11, pp. 2761–7, 2011.

COWART, L. *Hurts so good: The science and culture of pain on purpose*. Nova York: PublicAffairs, 2021.

COX, J. J. et al. "An SCN9A channelopathy causes congenital inability to experience pain". *Nature*, v. 444, n. 7121, pp. 894–8, 2006.

CRAMPTON, W. G. R. "Electroreception, electrogenesis and electric signal evolution". *Journal of Fish Biology*, v. 95, n. 1, pp. 92–134, 2019.

CRANFORD, T. W.; AMUNDIN, M.; NORRIS, K. S. "Functional morphology and homology in the odontocete nasal complex: Implications for sound generation". *Journal of Morphology*, v. 228, n. 3, pp. 223–85, 1996.

CRAPSE, T. B.; SOMMER, M. A. "Corollary discharge across the animal kingdom". *Nature Reviews Neuroscience*, v. 9, n. 8, pp. 587–600, 2008.

CRAVEN, B. A.; PATERSON, E. G.; SETTLES, G. S. "The fluid dynamics of canine olfaction: Unique nasal airflow patterns as an explanation of macrosmia". *Journal of the Royal Society Interface*, v. 7, n. 47, ppp. 933–43, 2010.

CRISH, C.; CRISH, S.; COMER, C. "Tactile sensing in the naked mole rat". *Scholarpedia*, v. 10, n. 3, p. 7164, 2015.

CRONIN, T. W. "A different view: Sensory drive in the polarized-light realm". *Current Zoology*, v. 64, n. 4, pp. 513–23, 2018.

CRONIN, T. W. et al. *Visual Ecology*. Princeton: Princeton University Press, 2014.

CRONIN, T. W.; BOK, M. J. "Photoreception and vision in the ultraviolet". *Journal of Experimental Biology*, v. 219, n. 18, pp. 2790–801, 2016.

CRONIN, T. W.; MARSHALL, N. J. "A retina with at least ten spectral types of photoreceptors in a mantis shrimp". *Nature*, v. 339, n. 6220, pp. 137-40, 1989a.

_____; MARSHALL, N. J. "Multiple spectral classes of photoreceptors in the retinas of gonodactyloid stomatopod crustaceans". *Journal of Comparative Physiology*, v. 166, n. 2, pp. 261-75, 1989b.

CRONIN, T. W.; MARSHALL, N. J.; CALDWELL, R. L. "Stomatopod vision". In: SHERMAN, S. M. (Org.). *Oxford research encyclopedia of neuroscience*. Nova York: Oxford University Press, 2017. Disponível em: <oxfordre.com/neuroscience/view/10.1093/acrefore/9780190264086.001.0001/acrefore-9780190264086-e-157>.

CRONON, W. "The trouble with wilderness; Or, getting back to the wrong nature". *Environmental History*, v. 1, n. 1, pp. 7-28, 1996.

CROOK, R. J. "Behavioral and neurophysiological evidence suggests affective pain experience in octopus". *iScience*, v. 24, n. 3, p. 102229, 2021.

CROOK, R. J. et al. "Peripheral injury induces long-term sensitization of defensive responses to visual and tactile stimuli in the squid *Loligo pealeii*". *Journal of Experimental Biology*, v. 214, n. 19, pp. 3173-85, 2011.

CROOK, R. J. et al. "Nociceptive sensitization reduces predation risk". *Current Biology*, v. 24, n. 10, pp. 1121-5, 2014.

CROOK, R. J.; HANLON, R. T.; WALTERS, E. T. "Squid have nociceptors that display widespread long-term sensitization and spontaneous activity after bodily injury". *Journal of Neuroscience*, v. 33, n. 24, pp. 10021-6, 2013.

CROOK, R. J.; WALTERS, E. T. "Neuroethology: Self-recognition helps octopuses avoid entanglement". *Current Biology*, v. 24, n. 11, pp. R520-1, 2014.

CROSS, F. R. et al. "Arthropod intelligence? The case for *Portia*". *Frontiers in Psychology*, v. 11, 2020.

CROWE-RIDDELL, J. M.; SIMÕES, B. F. et al. "Phototactic tails: Evolution and molecular basis of a novel sensory trait in sea snakes". *Molecular Ecology*, v. 28, n. 8, pp. 2013-28, 2019.

CROWE-RIDDELL, J. M.; WILLIAMS, R. et al. "Ultrastructural evidence of a mechanosensory function of scale organs (sensilla) in sea snakes (Hydrophiinae)". *Royal Society Open Science*, v. 6, n. 4, p. 182022, 2019.

CULLEN, K. E. "Sensory signals during active versus passive movement". *Current Opinion in Neurobiology*, v. 14, n. 6, pp. 698-706, 2004.

CUMMINGS, M. E.; ROSENTHAL, G. G.; RYAN, M. J. "A private ultraviolet channel in visual communication". *Proceedings of the Royal Society B: Biological Sciences*, v. 270, n. 1518, pp. 897-904, 2003.

CUNNINGHAM, S. et al. "Bill morphology of ibises suggests a remote-tactile sensory system for prey detection". *The Auk*, v. 127, n. 2, pp. 308-16, 2010.

CUNNINGHAM, S.; CASTRO, I.; ALLEY, M. "A new prey-detection mechanism for kiwi (Apteryx spp.) suggests convergent evolution between paleognathous and neognathous birds". *Journal of Anatomy*, v. 211, n. 4, pp. 493-502, 2007.

CUNNINGHAM, S.; ALLEY, M. R.; CASTRO, I. "Facial bristle feather histology and morphology in New Zealand birds: Implications for function". *Journal of Morphology*, v. 272, n. 1, pp. 118-28, 2011.

CUTHILL, I. C. et al. "The biology of color". *Science*, v. 357, n. 6350, p. eaan0221, 2017.

CZACZKES, T. J. et al. "Reduced light avoidance in spiders from populations in light-polluted urban environments". *Naturwissenschaften*, v. 105, n. 11-2, p. 64, 2018.

CZECH-DAMAL, N. U. et al. "Electroreception in the Guiana dolphin (*Sotalia guianensis*)". *Proceedings of the Royal Society B: Biological Sciences*, v. 279, n. 1729, pp. 663-8, 2012.

CZECH-DAMAL, N. U. et al. "Passive electroreception in aquatic mammals". *Journal of Comparative Physiology*, v. 199, n. 6, pp. 555–63, 2013.

D'ESTRIES, M. "This bat-friendly town turned the night red". *Treehugger*, 2019. Disponível em: <www.treehugger.com/worlds-first-bat-friendly-town-turns-night-red-4868381>.

D'ETTORRE, P. "Genomic and brain expansion provide ants with refined sense of smell". *Proceedings of the National Academy of Sciences*, v. 113, n. 49, pp. 13947–9, 2016.

DAAN, S.; BARNES, B. M.; STRIJKSTRA, A. M. "Warming up for sleep? Ground squirrels sleep during arousals from hibernation". *Neuroscience Letters*, v. 128, n. 2, pp. 265–8, 1991.

DALY, I. et al. "Dynamic polarization vision in mantis shrimps". *Nature Communications*, v. 7, p. 12140, 2016.

DALY, I. et al. "Complex gaze stabilization in mantis shrimp". *Proceedings of the Royal Society B: Biological Sciences*, v. 285, n. 1878, p. 20180594, 2018.

DANGLES, O.; CASAS, J.; COOLEN, I. "Textbook cricket goes to the field: The ecological scene of the neuroethological play". *Journal of Experimental Biology*, v. 209, n. 3, pp. 393–8, 2006.

DARWIN, C. *The descent of man, and selection in relation to sex.* Londres: J. Murray, 1871.

_____. *The formation of vegetable mould, through the action of worms, with observations on their habits.* Nova York: D. Appleton and Company, 1890.

_____. *The origin of species by means of natural selection.* Nova York: Signet, 1958.

DEGEN, T. et al. "Street lighting: Sex-independent impacts on moth movement". *Journal of Animal Ecology*, v. 85, n. 5, pp. 1352–60, 2016.

DEGENNARO, M. et al. "Orco mutant mosquitoes lose strong preference for humans and are not repelled by volatile DEET". *Nature*, v. 498, n. 7455, pp. 487–91, 2013.

DEHNHARDT, G. et al. "Hydrodynamic trail-following in harbor seals (*Phoca vitulina*)". *Science*, v. 293, n. 5527, pp. 102–4, 2001.

DEHNHARDT, G.; MAUCK, B.; HYVÄRINEN, H. "Ambient temperature does not affect the tactile sensitivity of mystacial vibrissae in harbour seals". *Journal of Experimental Biology*, v. 201, n. 22, pp. 3023–9, 1998.

DENNIS, E. J.; GOLDMAN, O. V.; VOS SHALL, L. B. "*Aedes aegypti* mosquitoes use their legs to sense DEET on contact". *Current Biology*, v. 29, n. 9, pp. 1551–6, 2019.

DERRYBERRY, E. P. et al. "Singing in a silent spring: Birds respond to a half-century soundscape reversion during the COVID-19 shutdown". *Science*, v. 370, n. 6516, pp. 575–9, 2020.

DERUITER, S. L. et al. "First direct measurements of behavioural responses by Cuvier's beaked whales to mid-frequency active sonar". *Biology Letters*, v. 9, n. 4, p. 20130223, 2013.

DEUTSCHLANDER, M. E.; BORLAND, S. C.; PHILLIPS, J. B. "Extraocular magnetic compass in newts". *Nature*, v. 400, n. 6742, pp. 324–5, 1999.

DI SILVESTRO, R. "Spider-Man vs the real deal: Spider powers". *National Wildlife Foundation blog*, 2012. Disponível em: <blog.nwf.org/2012/06/spiderman-vs-the-real-deal-spider-powers/>.

DIDEROT, D. "Lettre sur les aveugles à l'usage de ceux qui voient". 1749. Disponível em: <www.google.com/books/edition/Lettre_sur_les_aveugles/W3oHAAAAQAAJ?hl=en&gbpv=1>.

DIJKGRAAF, S. "The functioning and significance of the lateral-line organs". *Biological Reviews*, v. 38, n. 1, pp. 51–105, 1963.

_____. "A short personal review of the history of lateral line research". In: COOMBS, S.; GÖRNER, P.; MÜNZ, H. (Orgs.). *The mechanosensory lateral line*. Nova York: Springer, 1989. pp. 7–14.

DIJKGRAAF, S.; KALMIJN, A. J. "Verhaltensversuche zur Funktion der Lorenzinischen Ampullen". *Naturwissenschaften*, v. 49, p. 400, 1962.

DINETS, V. "No cortex, no cry". *Animal Sentience*, v. 1, n. 3, 2016.

DOMINONI, D. M. et al. "Why conservation biology can benefit from sensory ecology". *Nature Ecology & Evolution*, v. 4, n. 4, pp. 502–11, 2020.

DOMINY, N. J.; LUCAS, P. W. "Ecological importance of trichromatic vision to primates". *Nature*, v. 410, n. 6826, pp. 363–6, 2001.

DOMINY, N. J.; SVENNING, J.-C.; LI, W.-H. "Historical contingency in the evolution of primate color vision". *Journal of Human Evolution*, v. 44, n. 1, pp. 25–45, 2003.

DOOLING, R. J. et al. "Auditory temporal resolution in birds: Discrimination of harmonic complexes". *Journal of the Acoustical Society of America*, v. 112, n. 2, pp. 748–59, 2002.

DOOLING, R. J.; LOHR, B.; DENT, M. L. "Hearing in birds and reptiles". In: DOOLING, R. J.; FAY, R. R.; POPPER, A. N. (Orgs.). *Comparative hearing: Birds and reptiles*. Nova York: Springer, 2000. pp. 308–59.

DOOLING, R. J.; PRIOR, N. H. "Do we hear what birds hear in birdsong?". *Animal Behaviour*, v. 124, pp. 283–9, 2017.

DOUGLAS, R. H.; JEFFERY, G. "The spectral transmission of ocular media suggests ultraviolet sensitivity is widespread among mammals". *Proceedings of the Royal Society B: Biological Sciences*, v. 281, n. 1780, p. 20132995, 2014.

DREYER, D. et al. "The Earth's magnetic field and visual landmarks steer migratory flight behavior in the nocturnal Australian bogong moth". *Current Biology*, v. 28, n. 13, pp. 2160–6.e5, 2018.

DU, W.-G. et al. "Behavioral thermoregulation by turtle embryos". *Proceedings of the National Academy of Sciences*, v. 108, n. 23, pp. 9513–5, 2011.

DUARTE, C. M. et al. "The soundscape of the Anthropocene ocean". *Science*, v. 371, n. 6529, p. eaba4658, 2021.

DUNLOP, R.; LAMING, P. "Mechanoreceptive and nociceptive responses in the central nervous system of goldfish (*Carassius auratus*) and trout (*Oncorhynchus mykiss*)". *Journal of Pain*, v. 6, n. 9, pp. 561–8, 2005.

DUNNING, D. C.; ROEDER, K. D. "Moth sounds and the insect-catching behavior of bats". *Science*, v. 147, n. 3654, pp. 173–4, 1965.

DURANTON, C.; HOROWITZ, A. "Let me sniff! Nosework induces positive judgment bias in pet dogs". *Applied Animal Behaviour Science*, v. 211, pp. 61–6, 2019.

DURSO, A. "Non-toxic venoms? Life is short, but snakes are long". Snakes Are Long, 2013. Disponível em: <snakesarelong.blogspot.com/2013/03/non-toxic-venoms.html>.

DUSENBERY, D. B. *Sensory ecology: How organisms acquire and respond to information*. Nova York: W. H. Freeman, 1992.

DUSENBERY, M. *Doing harm: The truth about how bad medicine and lazy science leave women dismissed, misdiagnosed, and sick*. Nova York: HarperOne, 2018.

EATON, J. "When it comes to smell, the turkey vulture stands (nearly) alone". *Bay Nature*, 2014. Disponível em: <baynature.org/article/comes-smell-turkey-vulture-stands-nearly-alone/>.

EATON, M. D. "Human vision fails to distinguish widespread sexual dichromatism among sexually 'monochromatic' birds". *Proceedings of the National Academy of Sciences*, v. 102, n. 31, pp. 10942–6, 2005.

EBERT, J.; WESTHOFF, G. "Behavioural examination of the infrared sensitivity of rattlesnakes (*Crotalus atrox*)". *Journal of Comparative Physiology*, v. 192, n. 9, pp. 941–7, 2006.

EDELMAN, N. B. et al. "No evidence for intracellular magnetite in putative vertebrate magnetoreceptors identified by magnetic screening". *Proceedings of the National Academy of Sciences*, v. 112, n. 1, pp. 262–7, 2015.

EDER, S. H. K. et al. "Magnetic characterization of isolated candidate vertebrate magneto-receptor cells". *Proceedings of the National Academy of Sciences*, v. 109, n. 30, pp. 12022–7, 2012.

EINWICH, A. et al. "A novel isoform of cryptochrome 4 (Cry4b) is expressed in the retina of a night-migratory songbird". *Scientific Reports*, v. 10, n. 1, p. 15794, 2020.

EISEMMANN, C. H. et al. "Do insects feel pain? A biological view". *Experientia*, v. 40, n. 2, pp. 164–7, 1984.

EISENBERG, J. F.; GOULD, E. "The behavior of *Solenodon paradoxus* in captivity with comments on the behavior of other insectivore". *Zoologica*, v. 51, n. 4, pp. 49–60, 1966.

EISTHEN, H. L. "Why are olfactory systems of different animals so similar?". *Brain, Behavior and Evolution*, v. 59, n. 5–6, pp. 273–93, 2002.

ELEMANS, C. P. H. et al. "Superfast muscles set maximum call rate in echolocating bats". *Science*, v. 333, n. 6051, pp. 1885–8, 2011.

ELWOOD, R. W. "Pain and suffering in invertebrates?". *ILAR Journal*, v. 52, n. 2, pp. 175–84, 2011.

_____. "Discrimination between nociceptive reflexes and more complex responses consistent with pain in crustaceans". *Philosophical Transactions of the Royal Society B: Biological Sciences*, v. 374, n. 1785, p. 20190368, 2019.

ELWOOD, R. W.; APPEL, M. "Pain experience in hermit crabs?". *Animal Behaviour*, v. 77, n. 5, pp. 1243–6, 2009.

EMBAR, K. et al. "Pit fights: Predators in evolutionarily independent communities". *Journal of Mammalogy*, v. 99, n. 5, pp. 1183–8, 2018.

EMERLING, C. A.; SPRINGER, M. S. "Genomic evidence for rod monochromacy in sloths and armadillos suggests early subterranean history for Xenarthra". *Proceedings of the Royal Society B: Biological Sciences*, v. 282, n. 1800, p. 20142192, 2015.

ENGELS, S. et al. "Night-migratory songbirds possess a magnetic compass in both eyes". *PLOS ONE*, v. 7, n. 9, p. e43271, 2012.

ENGELS, S. et al. "Anthropogenic electromagnetic noise disrupts magnetic compass orientation in a migratory bird". *Nature*, v. 509, n. 7500, pp. 353–6, 2014.

ERBE, C. et al. "The effects of ship noise on marine mammals—A review". *Frontiers in Marine Science*, v. 6, p. 606, 2019.

ERBE, C.; DUNLOP, R.; DOLMAN, S. "Effects of noise on marine mammals". In: SLABBE-KOORN, H. et al. (Orgs.). *Effects of anthropogenic noise on animals*. Nova York: Springer, 2018. pp. 277–309.

ERIKSSON, A. et al. "Exploitation of insect vibrational signals reveals a new method of pest management". *PLOS ONE*, v. 7, n. 3, p. e32954, 2012.

ETHEREDGE, J. A. et al. "Monarch butterflies (*Danaus plexippus L.*) use a magnetic compass for navigation". *Proceedings of the National Academy of Sciences*, v. 96, n. 24, pp. 13845–6, 1999.

EUROPEAN PARLIAMENT; COUNCIL OF THE EUROPEAN UNION. "Directive 2010/63/EU of the European Parliament and of the Council of 22 September 2010 on the protection of animals used for scientific purposes: Text with EEA relevance". L276, 20 out. 2010, pp. 33–79.

EVANS, J. E. et al. "Short-term physiological and behavioural effects of high-versus low-frequency fluorescent light on captive birds". *Animal Behaviour*, v. 83, n. 1, pp. 25–33, 2012.

FALCHI, F. et al. "The new world atlas of artificial night sky brightness". *Science Advances*, v. 2, n. 6, e1600377, 2016.

FEDIGAN, L. M. et al. "The heterozygote superiority hypothesis for polymorphic color vision is not supported by long-term fitness data from wild neotropical monkeys". *PLOS ONE*, v. 9, n. 1, e84872, 2014.

FELLER, K. D. et al. "Surf and turf vision: Patterns and predictors of visual acuity in compound eye evolution". *Arthropod Structure & Development*, v. 60, 101002, 2021.

FENTON, M. B. et al. (eds). *Bat bioacoustics*. Nova York: Springer, 2016.

FENTON, M. B.; FAURE, P. A.; RATCLIFFE, J. M. "Evolution of high duty cycle echolocation in bats". *Journal of Experimental Biology*, v. 215, n. 17, pp. 2935–44, 2012.

FERTIN, A.; CASAS, J. "Orientation towards prey in antlions: Efficient use of wave propagation in sand". *Journal of Experimental Biology*, v. 210, n. 19, pp. 3337–43, 2007.

FEYNMAN, R. *The Feynman Lectures on Physics*, v. II, ch. 9, *Electricity in the Atmosphere*. Disponível em: <www.feynmanlectures.caltech.edu/II_09.html>.

FINGER, S.; PICCOLINO, M. *The shocking history of electric fishes: From ancient epochs to the birth of modern neurophysiology*. Nova York: Oxford University Press, 2011.

FINKBEINER, S. D. et al. "Ultraviolet and yellow reflectance but not fluorescence is important for visual discrimination of conspecifics by *Heliconius erato*". *Journal of Experimental Biology*, v. 220, n. 7, pp. 1267–76, 2017.

FINNERAN, J. J. "Dolphin 'packet' use during long-range echolocation tasks". *Journal of the Acoustical Society of America*, v. 133, n. 3, pp. 1796–810, 2013.

FIRESTEIN, S. "A Nobel nose: The 2004 Nobel Prize in Physiology and Medicine". *Neuron*, v. 45, n. 3, pp. 333–8, 2005.

FISHBEIN, A. R. et al. "Sound sequences in birdsong: How much do birds really care?". *Philosophical Transactions of the Royal Society B: Biological Sciences*, v. 375, n. 1789, 20190044, 2020.

FLEISSNER, G. et al. "Ultrastructural analysis of a putative magnetoreceptor in the beak of homing pigeons". *Journal of Comparative Neurology*, v. 458, n. 4, pp. 350–60, 2003.

FLEISSNER, G. et al. "A novel concept of Fe-mineral-based magnetoreception: Histological and physicochemical data from the upper beak of homing pigeons". *Naturwissenschaften*, v. 94, n. 8, pp. 631–42, 2007.

FORBES, A. A. et al. "Quantifying the unquantifiable: Why Hymenoptera, not Coleoptera, is the most speciose animal order". *bmc Ecology*, v. 18, n. 1, p. 21, 2018.

FORD, N. B.; LOW, J. R. "Sex pheromone source location by garter snakes". *Journal of Chemical Ecology*, v. 10, n. 8, pp. 1193–9, 1984.

FOREL, A. *Les fourmis de la Suisse: Systématique, notices anatomiques et physiologiques, architecture, distribution géographique, nouvelles expériences et observations de mœurs*. Zurique: Druck von Zürcher & Furrer, 1874.

FOURNIER, J. P. et al. "If a bird flies in the forest, does an insect hear it?". *Biology Letters*, v. 9, n. 5, 20130319, 2013.

FOX, R.; LEHMKUHLE, S. W.; WESTENDORF, D. H. "Falcon visual acuity". *Science*, v. 192, n. 4236, pp. 263–5, 1976.

FRANCIS, C. D. et al. "Noise pollution alters ecological services: Enhanced pollination and disrupted seed dispersal". *Proceedings of the Royal Society B: Biological Sciences*, v. 279, n. 1739, pp. 2727–35, 2012.

FRANCIS, C. D. et al. "Acoustic environments matter: Synergistic benefits to humans and ecological communities". *Journal of Environmental Management*, v. 203, n. 1, pp. 245–54, 2017.

FRANSSON, T. et al. "Magnetic cues trigger extensive refuelling". *Nature*, v. 414, n. 6859, pp. 35–6, 2001.

FRIIS, I.; SJULSTOK, E.; SOLOV'YOV, I. A. : Computational reconstruction reveals a candidate magnetic biocompass to be likely irrelevant for magnetoreception". *Scientific Reports*, v. 7, n. 1, p. 13908, 2017.

FRISK, G. V. "Noiseonomics: The relationship between ambient noise levels in the sea and global economic trends". *Scientific Reports*, v. 2, n. 1, p. 437, 2012.

FRITSCHES, K. A.; BRILL, R. W.; WARRANT, E. J. "Warm eyes provide superior vision in swordfishes". *Current Biology*, v. 15, n. 1, pp. 55–8, 2005.

FUKUTOMI, M.; CARLSON, B. A. "A history of corollary discharge: Contributions of mormyrid weakly electric fish". *Frontiers in Integrative Neuroscience*, v. 14, p. 42, 2020.

FULLARD, J. H.; YACK, J. E. "The evolutionary biology of insect hearing". *Trends in Ecology & Evolution*, v. 8, n. 7, pp. 248–52, 1993.

GAGLIARDO, A. et al. "Oceanic navigation in Cory's shearwaters: Evidence for a crucial role of olfactory cues for homing after displacement". *Journal of Experimental Biology*, v. 216, n. 15, pp. 2798–805, 2013.

GAGNON, Y. L. et al. "Circularly polarized light as a communication signal in mantis shrimps". *Current Biology*, v. 25, n. 23, pp. 3074–8, 2015.

GAL, R. et al. "Sensory arsenal on the stinger of the parasitoid jewel wasp and its possible role in identifying cockroach brains". *PLOS ONE*, v. 9, n. 2, e89683, 2014.

GALAMBOS, R.; GRIFFIN, D. R. "Obstacle avoidance by flying bats: The cries of bats". *Journal of Experimental Zoology*, v. 89, n. 3, pp. 475–90, 1942.

GALL, M. D.; SALAMEH, T. S.; LUCAS, J. R. "Songbird frequency selectivity and temporal resolution vary with sex and season". *Proceedings of the Royal Society B: Biological Sciences*, v. 280, n. 1751, p. 20122296, 2013.

GALL, M. D.; WILCZYNSKI, W. "Hearing conspecific vocal signals alters peripheral auditory sensitivity". *Proceedings of the Royal Society B: Biological Sciences*, v. 282, n. 1808, p. 20150749, 2015.

GARCIA-LARREA, L.; BASTUJI, H. "Pain and consciousness". *Progress in Neuro-Psychopharmacology and Biological Psychiatry*, v. 87, n. B, pp. 193–9, 2018.

GARDINER, J. M. et al. "Multisensory integration and behavioral plasticity in sharks from different ecological niches". *PLOS ONE*, v. 9, n. 4, e93036, 2014.

GARM, A.; NILSSON, D.-E. "Visual navigation in starfish: First evidence for the use of vision and eyes in starfish". *Proceedings of the Royal Society B: Biological Sciences*, v. 281, n. 1777, 20133011, 2014.

GARSTANG, M. et al. "Atmospheric controls on elephant communication". *Journal of Experimental Biology*, v. 198, n. 4, pp. 939–51, 1995.

GASPARD, J. C. et al. "Detection of hydrodynamic stimuli by the postcranial body of Florida manatees (*Trichechus manatus latirostris*)". *Journal of Comparative Physiology*, v. 203, n. 2, pp. 111–20, 2017.

GASTON, K. J. "Nighttime ecology: The 'nocturnal problem' revisited". *The American Naturalist*, v. 193, n. 4, pp. 481–502, 2019.

GAVELIS, G. S. et al. "Eye-like ocelloids are built from different endosymbiotically acquired components". *Nature*, v. 523, n. 7559, pp. 204–7, 2015.

GEHRING, J.; KERLINGER, P.; MANVILLE, A. "Communication towers, lights, and birds: Successful methods of reducing the frequency of avian collisions". *Ecological Applications*, v. 19, n. 2, pp. 505–14, 2009.

GEHRING, W. J.; WEHNER, R. "Heat shock protein synthesis and thermotolerance in Cataglyphis, an ant from the Sahara desert". *Proceedings of the National Academy of Sciences*, v. 92, n. 7, pp. 2994–8, 1995.

GEIPEL, I. et al. "Bats actively use leaves as specular reflectors to detect acoustically camouflaged prey". *Current Biology*, v. 29, n. 16, pp. 2731–6, e3, 2019.

GEIPEL, I.; JUNG, K.; KALKO, E. K. V. "Perception of silent and motionless prey on vegetation by echolocation in the gleaning bat *Micronycteris microtis*". *Proceedings of the Royal Society B: Biological Sciences*, v. 280, n. 1754, 20122830, 2013.

GEISER, F. "Hibernation". *Current Biology*, v. 23, n. 5, pp. R188-93, 2013.

GENTLE, M. J.; BREWARD, J. "The bill tip organ of the chicken (*Gallus gallus var. domesticus*)". *Journal of Anatomy*, v. 145, pp. 79–85, 1986.

GHOSE, K.; MOSS, C. F.; HORIUCHI, T. K. "Flying big brown bats emit a beam with two lobes in the vertical plane". *Journal of the Acoustical Society of America*, v. 122, n. 6, pp. 3717–24, 2007.

GIL, D. et al. "Birds living near airports advance their dawn chorus and reduce overlap with aircraft noise". *Behavioral Ecology*, v. 26, n. 2, pp. 435–43, 2015.

GILL, A. B. et al. "Marine renewable energy, electromagnetic (EM) fields and EM-sensitive animals". In: SHIELDS, M. A.; PAYNE, A. I. L. (Orgs.). *Marine renewable energy technology and environmental interactions*. Dordrecht: Springer, 2014. pp. 61–79.

GLÄSER, N.; KRÖGER, R. H. H. "Variation in rhinarium temperature indicates sensory specializations in placental mammals". *Journal of Thermal Biology*, v. 67, pp. 30–4, 2017.

GODFREY-SMITH, P. *Other minds: The octopus, the sea, and the deep origins of consciousness*. Nova York: Farrar, Straus and Giroux, 2016. [Ed. bras.: *Outras mentes*. Trad. de Paulo Geiger. São Paulo: Todavia, 2019.]

GOERLITZ, H. R. et al. "An aerial-hawking bat uses stealth echolocation to counter moth hearing". *Current Biology*, v. 20, n. 17, pp. 1568–72, 2010.

GOLDBERG, Y. P. et al. "Human Mendelian pain disorders: A key to discovery and validation of novel analgesics". *Clinical Genetics*, v. 82, n. 4, pp. 367–73, 2012.

GOLDBOGEN, J. A. et al. "Extreme bradycardia and tachycardia in the world's largest animal". *Proceedings of the National Academy of Sciences*, v. 116, n. 50, pp. 25329–32, 2019.

GOL'DIN, P. "'Antlers inside': Are the skull structures of beaked whales (Cetacea: Ziphiidae) used for echoic imaging and visual display?". *Biological Journal of the Linnean Society*, v. 113, n. 2, pp. 510–5, 2014.

GOLDSMITH, T. H. "Hummingbirds see near ultraviolet light". *Science*, v. 207, n. 4432, pp. 786–8, 1980.

GONZALEZ-BELLIDO, P. T.; WARDILL, T. J.; JUUSOLA, M. "Compound eyes and retinal information processing in miniature dipteran species match their specific ecological demands". *Proceedings of the National Academy of Sciences*, v. 108, n. 10, pp. 4224–9, 2011.

GÖPFERT, M. C.; HENNIG, R. M. "Hearing in insects". *Annual Review of Entomology*, v. 61, pp. 257–76, 2016.

GÖPFERT, M. C.; SURLYKKE, A.; WASSERTHAL, L. T. "Tympanal and atympanal 'mouth-ears' in hawkmoths (Sphingidae)". *Proceedings of the Royal Academy B: Biological Sciences*, v. 269, n. 1486, pp. 89–95, 2002.

GORDON, T. A. C. et al. "Habitat degradation negatively affects auditory settlement behavior of coral reef fishes". *Proceedings of the National Academy of Sciences*, v. 115, n. 20, pp. 5193–8, 2018.

GORDON, T. A. C. et al. "Acoustic enrichment can enhance fish community development on degraded coral reef habitat". *Nature Communications*, v. 10, n. 1, p. 5414, 2019.

GORHAM, P. W. "Ballooning spiders: The case for electrostatic flight". *arXiv:1309.4731*, 2013.

GORIS, R. C. "Infrared organs of snakes: An integral part of vision". *Journal of Herpetology*, v. 45, n. 1, pp. 2–14, 2011.

GOTÉ, J. T. et al. "Growing tiny eyes: How juvenile jumping spiders retain high visual performance in the face of size limitations and developmental constraints". *Vision Research*, v. 160, pp. 24–36, 2019.

GOULD, E. "Evidence for echolocation in the Tenrecidae of Madagascar". *Proceedings of the American Philosophical Society*, v. 109, n. 6, pp. 352–60, 1965.

GOUTTE, S. et al. "Evidence of auditory insensitivity to vocalization frequencies in two frogs". *Scientific Reports*, v. 7, n. 1, p. 12121, 2017.

GRACHEVA, E. O. et al. "Molecular basis of infrared detection by snakes". *Nature*, v. 464, n. 7291, pp. 1006–11, 2010.

GRACHEVA, E. O. et al. "Ganglion-specific splicing of TRPV1 underlies infrared sensation in vampire bats". *Nature*, v. 476, n. 7358, pp. 88–91, 2011.

GRACHEVA, E. O.; BAGRIANTSEV, S. N. "Evolutionary adaptation to thermosensation". *Current Opinion in Neurobiology*, v. 34, pp. 67–73, 2015.

GRANGER, J. et al. "Gray whales strand more often on days with increased levels of atmospheric radio-frequency noise". *Current Biology*, v. 30, n. 4, pp. R155-6, 2020.

GRANT, R. A.; BREAKELL, V.; PRESCOTT, T. J. "Whisker touch sensing guides locomotion in small, quadrupedal mammals". *Proceedings of the Royal Society B: Biological Sciences*, v. 285, n. 1880, 20180592, 2018.

GRANT, R. A.; SPERBER, A. L.; PRESCOTT, T. J. "The role of orienting in vibrissal touch sensing". *Frontiers in Behavioral Neuroscience*, v. 6, p. 39, 2012.

GRASSO, F. W. "The octopus with two brains: How are distributed and central representations integrated in the octopus central nervous system?". In: DARMAILLACQ, A.-S.; DICKEL, L.; MATHER, J. (Orgs.). *Cephalopod cognition*. Cambridge: Cambridge University Press, 2014. pp. 94–122.

GRAZIADEI, P. P.; GAGNE, H. T. "Sensory innervation in the rim of the octopus sucker". *Journal of Morphology*, v. 150, n. 3, pp. 639–79, 1976.

GREENWOOD, V. "The humans with superhuman vision". *Discover Magazine*, 2012. Disponível em: <www.discovermagazine.com/mind/the-humans-with-super-human-vision>.

GREGORY, J. E. et al. "Responses of electroreceptors in the snout of the echidna". *Journal of Physiology*, v. 414, pp. 521–38, 1989.

GREIF, S. et al. "Acoustic mirrors as sensory traps for bats". *Science*, v. 357, n. 6355, pp. 1045-7, 2017.

GRIFFIN, D. R. "Echolocation by blind men, bats and radar". *Science*, v. 100, n. 2609, pp. 589–90, 1944a.

_____. "The sensory basis of bird navigation". *The Quarterly Review of Biology*, v. 19, n. 1, pp. 15–31, 1944b.

_____. "Bat sounds under natural conditions, with evidence for echolocation of insect prey". *Journal of Experimental Zoology*, v. 123, n. 3, pp. 435–65, 1953.

_____. *Listening in the dark: The acoustic orientation of bats and men*. Nova York: Dover Publications, 1974.

_____. "Return to the magic well: Echolocation behavior of bats and responses of insect prey". *BioScience*, v. 51, n. 7, pp. 555–6, 2001.

GRIFFIN, D. R.; GALAMBOS, R. "The sensory basis of obstacle avoidance by flying bats". *Journal of Experimental Zoology*, v. 86, n. 3, pp. 481–506, 1941.

GRIFFIN, D. R.; WEBSTER, F. A.; MICHAEL, C. R. "The echolocation of flying insects by bats". *Animal Behaviour*, v. 8, n. 3, pp. 141–54, 1960.

GRINNELL, A. D. "Mechanisms of overcoming interference in echolocating animals". In: BUSNEL, R.-G. (Org.). *Animal Sonar Systems: Biology and Bionics*, v. 1, pp. 451–80, 1966.

GRINNEL, A. D.; GOULD, E.; FENTON, M. B. "A history of the study of echolocation". In: FENTON, M. B. et al. (Orgs.). *Bat bioacoustics*. Nova York: Springer, 2016. pp. 1–24.

GRINNELL, A. D.; GRIFFIN, D. R. "The sensitivity of echolocation in bats". *Biological Bulletin*, v. 114, n. 1, pp. 10–22, 1958.

GROSS, K.; PASINELLI, G.; KUNC, H. P. "Behavioral plasticity allows short-term adjustment to a novel environment". *The American Naturalist*, v. 176, n. 4, pp. 456–64, 2010.

GRÜSSER, O.-J. "Early concepts on efference copy and reafference". *Behavioral and Brain Sciences*, v. 17, n. 2, pp. 262–5, 1994.

GU, J.-J. et al. "Wing stridulation in a Jurassic katydid (Insecta, Orthoptera) produced low-pitched musical calls to attract females". *Proceedings of the National Academy of Sciences*, v. 109, n. 10, pp. 3868–73, 2012.

GÜNTHER, R. H.; O'CONNELL-RODWELL, C. E.; KLEMPERER, S. L. "Seismic waves from elephant vocalizations: A possible communication mode?". *Geophysical Research Letters*, v. 31, n. 11, 2004.

GUTNICK, T. et al. "*Octopus vulgaris* uses visual information to determine the location of its arm". *Current Biology*, v. 21, n. 6, pp. 460–2, 2011.

HAGEDORN, M. "The lure of field research on electric fish". In: VON DER EMDE, G.; MOGDANS, J.; KAPOOR, B. G. (Orgs.). *The senses of fish: Adaptations for the reception of natural stimuli*. Dordrecht: Springer, 2004. pp. 362–8.

HAGEDORN, M.; HEILIGENBERG, W. "Court and spark: Electric signals in the courtship and mating of gymnotoid fish". *Animal Behaviour*, v. 33, n. 1, pp. 254–65, 1985.

HAGER, F. A.; KIRCHNER, W. H. "Vibrational long-distance communication in the termites *Macrotermes natalensis* and *Odontotermes sp*". *Journal of Experimental Biology*, v. 216, n. 17, pp. 3249–56, 2013.

HAGER, F. A.; KRAUSA, K. "Acacia ants respond to plant-borne vibrations caused by mammalian browsers". *Current Biology*, v. 29, n. 5, pp. 717–25e3, 2019.

HALFWERK, W. et al. "Adaptive changes in sexual signalling in response to urbanization". *Nature Ecology & Evolution*, v. 3, n. 3, pp. 374–80, 2019.

HAMEL, J. A.; COCROFT, R. B. "Negative feedback from maternal signals reduces false alarms by collectively signalling offspring". *Proceedings of the Royal Society B: Biological Sciences*, v. 279, n. 1743, pp. 3820–6, 2012.

HAN, C. S.; JABLONSKI, P. G. "Male water striders attract predators to intimidate females into copulation". *Nature Communications*, v. 1, n. 1, p. 52, 2010.

HANKE, F. D.; KELBER, A. "The eye of the common octopus (*Octopus vulgaris*)". *Frontiers in Physiology*, v. 10, p. 1637, 2020.

HANKE, W. et al. "Harbor seal vibrissa morphology suppresses vortex-induced vibrations". *Journal of Experimental Biology*, v. 213, n. 15, pp. 2665–72, 2010.

HANKE, W.; DEHNHARDT, G. "Vibrissal touch in pinnipeds". *Scholarpedia*, v. 10, n. 3, p. 6828, 2015.

HANKE, W.; RÖMER, R.; DEHNHARDT, G. "Visual fields and eye movements in a harbor seal (*Phoca vitulina*)". *Vision Research*, v. 46, n. 17, pp. 2804–14, 2006.

HARDY, A. R.; HALE, M. E. "Sensing the structural characteristics of surfaces: Texture encoding by a bottom-dwelling fish". *Journal of Experimental Biology*, v. 223, n. 21, p. jeb227280, 2020.

HARLEY, H. E.; ROITBLAT, H. L.; NACHTIGALL, P. E. "Object representation in the bottlenose dolphin (*Tursiops truncatus*): Integration of visual and echoic information". *Journal of Experimental Psychology: Animal Behavior Processes*, v. 22, n. 2, pp. 164-74, 1996.

HART, N. S. et al. "Microspectrophotometric evidence for cone monochromacy in sharks". *Naturwissenschaften*, v. 98, n. 3, pp. 193-201, 2011.

HARTLINE, P. H.; KASS, L.; LOOP, M. S. "Merging of modalities in the optic tectum: Infrared and visual integration in rattlesnakes". *Science*, v. 199, n. 4334, pp. 1225-9, 1978.

HARTZELL, P. L. et al. "Distribution and phylogeny of glacier ice worms (*Mesenchytraeus solifugus* and *Mesenchytraeus solifugus rainierensis*)". *Canadian Journal of Zoology*, v. 83, n. 9, pp. 1206-13, 2011.

HASPEL, G. et al. "By the teeth of their skin, cavefish find their way". *Current Biology*, v. 22, n. 16, pp. R629-30, 2012.

HAYNES, K. F. et al. "Aggressive chemical mimicry of moth pheromones by a bolas spider: How does this specialist predator attract more than one species of prey?". *Chemoecology*, v. 12, n. 2, pp. 99-105, 2002.

HEALY, K. et al. "Metabolic rate and body size are linked with perception of temporal information". *Animal Behaviour*, v. 86, n. 4, pp. 685-96, 2013.

HEFFNER, H. E. "Hearing in large and small dogs: Absolute thresholds and size of the tympanic membrane". *Behavioral Neuroscience*, v. 97, n. 2, pp. 310-8, 1983.

HEFFNER, R. S.; HEFFNER, H. E. "The evolution of mammalian hearing". In: *To the ear and back again—Advances in auditory biophysics: proceedings of the 13th mechanics of hearing workshop*. St. Catharines, 2018. p. 130001. Disponível em: <doi.org/10.1063/1.5038516>.

_____. "Hearing range of the domestic cat". *Hearing Research*, v. 19, n. 1, pp. 85-8, 1985.

HEIN, C. M. et al. "Robins have a magnetic compass in both eyes". *Nature*, v. 471, n. 7340, p. E1, 2011.

HEINRICH, B. *The hot-blooded insects: Strategies and mechanisms of thermoregulation*. Berlim: Springer, 1993.

HENNINGER, J. et al. "Statistics of natural communication signals observed in the wild identify important yet neglected stimulus regimes in weakly electric fish". *Journal of Neuroscience*, v. 38, n. 24, pp. 5456-65, 2018.

HENRY, K. S. et al. "Songbirds tradeoff auditory frequency resolution and temporal resolution". *Journal of Comparative Physiology*, v. 197, n. 4, pp. 351-9, 2011.

HENSON, O. W. "The activity and function of the middle-ear muscles in echo-locating bats". *Journal of Physiology*, v. 180, n. 4, pp. 871-87, 1965.

HEPPER, P. G. "The discrimination of human odor by the dog". *Perception*, v. 17, n. 4, pp. 549-54, 1988.

HEPPER, P. G.; WELLS, D. L. "How many footsteps do dogs need to determine the direction of an odor trail?". *Chemical Senses*, v. 30, n. 4, pp. 291-8, 2005.

HERBERSTEIN, M. E.; HEILING, A. M.; CHENG, K. "Evidence for UV-based sensory exploitation in Australian but not European crab spiders". *Evolutionary Ecology*, v. 23, n. 4, pp. 621-34, 2009.

HEYERS, D. et al. "A visual pathway links brain structures active during magnetic compass orientation in migratory birds". *PLOS ONE*, v. 2, n. 9, e937, 2007.

HILDEBRAND, J. "Impacts of anthropogenic sound". In: REYNOLDS, J. E. et al. (Orgs.). *Marine mammal research: Conservation beyond crisis*. Baltimore: Johns Hopkins University Press, 2005. pp. 101–24.

HILL, P. S. M. *Vibrational communication in animals*. Cambridge: Harvard University Press, 2008.

_____. "How do animals use substrate-borne vibrations as an information source?". *Naturwissenschaften*, v. 96, n. 12, pp. 1355–71, 2009.

_____. "Stretching the paradigm or building a new? Development of a cohesive language for vibrational communication". In: COCROFT, R. B. et al. (Orgs.). *Studying vibrational communication*. Berlim: Springer, 2014. pp. 13–30.

HILL, P. S. M.; WESSEL, A. "Biotremology". *Current Biology*, v. 26, n. 5, pp. R187–91, 2016.

HINES, H. M. et al. "Wing patterning gene redefines the mimetic history of Heliconius butterflies". *Proceedings of the National Academy of Sciences*, v. 108, n. 49, pp. 19666–71, 2011.

HIRAMATSU, C. et al. "Experimental evidence that primate trichromacy is well suited for detecting primate social color signals". *Proceedings of the Royal Society B: Biological Sciences*, v. 284, n. 1856, 20162458, 2017.

HIRYU, S. et al. "Doppler-shift compensation in the Taiwanese leaf-nosed bat (*Hipposideros terasensis*) recorded with a telemetry microphone system during flight". *Journal of the Acoustical Society of America*, v. 118, n. 6, pp. 3927–33, 2005.

HOCHNER, B. "An embodied view of octopus neurobiology". *Current Biology*, v. 22, n. 20, pp. R887–92, 2012.

_____. "How nervous systems evolve in relation to their embodiment: What we can learn from octopuses and other mollusks". *Brain, Behavior and Evolution*, v. 82, n. 1, pp. 19–30, 2013.

HOCHSTOEG er, T. et al. "The biophysical, molecular, and anatomical landscape of pigeon CRY4: A candidate light-based quantal magnetosensor". *Science Advances*, v. 6, n. 33, eabb9110, 2020.

HOFER, B. "Studien über die Hautsinnesorgane der Fische. I. Die Funktion der Seitenorgane bei den Fischen". *Berichte aus der Kgl. Bayerischen Biologischen Versuchsstation in Munchen*, v. 1, pp. 115–64, 1908.

HOFFSTAETTER, L. J.; BAGRIANTSEV, S. N.; GRACHEVA, E. O. "TRPs et al: A molecular toolkit for thermosensory adaptations". *Pflugers Archiv—European Journal of Physiology*, v. 470, n. 5, pp. 745–59, 2018.

HOLDERIED, M. W.; VON HELVERSEN, O. "Navigation: Bat orientation using Earth's magnetic field". *Nature*, v. 444, n. 7120, p. 702, 2006.

HOLLAND, R. A., et al. "Navigation: Bat orientation using Earth's magnetic field". Nature, v. 444, n. 7120, p. 702, 2006.

HOLY, T. E.; GUO, Z. "Ultrasonic songs of male mice". *plos Biology*, v. 3, n. 12, e386, 2005.

HOPKINS, C.; BASS, A. "Temporal coding of species recognition signals in an electric fish". *Science*, v. 212, n. 4490, pp. 85–7, 1981.

HOPKINS, C. D. "On the diversity of electric signals in a community of mormyrid electric fish in West Africa". *American Zoologist*, v. 21, n. 1, pp. 211–22, 1981.

_____. "Passive electrolocation and the sensory guidance of oriented behavior". In: BULLOCK, T. H. et al. (Orgs.). *Electroreception*. Nova York: Springer, 2005. pp. 264–89.

HOPKINS, C. D. "Electrical perception and communication". In: SQUIRE, L. R. (Org.). *Encyclopedia of neuroscience*. Amsterdam: Elsevier, 2009. pp. 813–31.

HORE, P. J.; MOURITSEN, H. "The radical-pair mechanism of magnetoreception". *Annual Review of Biophysics*, v. 45, n. 1, pp. 299–344, 2016.

HOROWITZ, A. *Inside of a dog: What dogs see, smell, and know*. Londres: Simon & Schuster UK, 2010.

_____. *Being a dog: Following the dog into a world of smell*. Nova York: Scribner, 2016.

HOROWITZ, A.; FRANKS, B. "What smells? Gauging attention to olfaction in canine cognition research". *Animal Cognition*, v. 23, n. 1, pp. 11–8, 2020.

HORVÁTH, G. et al. "Polarized light pollution: A new kind of ecological photopollution". *Frontiers in Ecology and the Environment*, v. 7, n. 6, pp. 317–25, 2009.

HORWITZ, J. *War of the whales: A true story*. Nova York: Simon & Schuster, 2015.

HUGHES, A. "The topography of vision in mammals of contrasting life style: Comparative optics and retinal organization". In: CRESCITELLI, F. (Org.). *The visual system in vertebrates*. Nova York: Springer, 1977. pp. 613–756.

HUGHES, H. C. *Sensory exotica: A world beyond human experience*. Cambridge: MIT Press, 2001.

HULGARD, K. et al. "Big brown bats (*Eptesicus fuscus*) emit intense search calls and fly in stereotyped flight paths as they forage in the wild". *Journal of Experimental Biology*, v. 219, n. 3, pp. 334–40, 2016.

HUNT, S. et al. "Blue tits are ultraviolet tits". *Proceedings of the Royal Society B: Biological Sciences*, v. 265, n. 1395, pp. 451–5, 1998.

HURST, J. et al. (Orgs.). *Chemical signals in vertebrates II*. Nova York: Springer, 2008.

IBRAHIM, N. et al. "Semiaquatic adaptations in a giant predatory dinosaur". *Science*, v. 345, n. 6204, pp. 1613–6, 2014.

IKINAMO. "Simroid dental training humanoid robot communicates with trainee dentists #DigInfo". YouTube, 2011. Disponível em: <www.youtube.com/watch?v=C47NHADFQS0>.

INGER, R. et al. "Potential biological and ecological effects of flickering artificial light". *PLOS ONE*, v. 9, n. 5, e98631, 2014.

INMAN, M. "Why the mantis shrimp is my new favorite animal". *The Oatmeal*, 2013. Disponível em: <theoatmeal.com/comics/mantis_shrimp>.

IRWIN, W. P.; HORNER, A. J.; LOHMANN, K. J. "Magnetic field distortions produced by protective cages around sea turtle nests: Unintended consequences for orientation and navigation?". *Biological Conservation*, v. 118, n. 1, pp. 117–20, 2004.

IVANOV, M. P. "Dolphin's echolocation signals in a complicated acoustic environment". *Acoustical Physics*, v. 50, n. 4, pp. 469–79, 2004.

JACOBS, G. H. "Within-species variations in visual capacity among squirrel monkeys (*Saimiri sciureus*): Color vision". *Vision Research*, v. 24, n. 10, pp. 1267–77, 1984.

JACOBS, G. H.; NEITZ, J. "Inheritance of color vision in a New World monkey (*Saimiri sciureus*)". *Proceedings of the National Academy of Sciences*, v. 84, n. 8, pp. 2545–9, 1987.

JACOBS, G. H.; NEITZ, J.; DEEGAN, J. F. "Retinal receptors in rodents maximally sensitive to ultraviolet light". *Nature*, v. 353, n. 6345, pp. 655–6, 1991.

JACOBS, L. F. "From chemotaxis to the cognitive map: The function of olfaction". *Proceedings of the National Academy of Sciences*, v. 109, Suppl. 1, pp. 10693–700, 2012.

JAKOB, E. M. et al. "Lateral eyes direct principal eyes as jumping spiders track objects". *Current Biology*, v. 28, n. 18, pp. R1092–3, 2018.

JAKOBSEN, L.; RATCLIFFE, J. M.; SURLYKKE, A. "Convergent acoustic field of view in echolocating bats". *Nature*, v. 493, n. 7430, pp. 93–6, 2013.

JAPYASSÚ, H. F.; LALAND, K. N. "Extended spider cognition". *Animal Cognition*, v. 20, n. 3, pp. 375–95, 2017.

JECHOW, A.; HÖLKER, F. "Evidence that reduced air and road traffic decreased artificial night-time skyglow during COVID-19 lockdown in Berlin, Germany". *Remote Sensing*, v. 12, n. 20, p. 3412, 2020.

JIANG, P. et al. "Major taste loss in carnivorous mammals". *Proceedings of the National Academy of Sciences*, v. 109, n. 13, pp. 4956–61, 2012.

JOHNSEN, S. *The optics of life: A biologist's guide to light in nature*. Princeton: Princeton University Press, 2012.

_____. "Hide and seek in the open sea: Pelagic camouflage and visual countermeasures". *Annual Review of Marine Science*, v. 6, n. 1, pp. 369–92, 2014.

_____. "Open questions: We don't really know anything, do we? Open questions in sensory biology". *BMC Biology*, v. 15, n. 43, 2017.

JOHNSEN, S.; LOHMANN, K. J. "The physics and neurobiology of magnetoreception". *Nature Reviews Neuroscience*, v. 6, n. 9, pp. 703–12, 2005.

JOHNSEN, S.; LOHMANN, K. J.; WARRANT, E. J. "Animal navigation: A noisy magnetic sense?". *Journal of Experimental Biology*, v. 223, n. 18, p. jeb164921, 2020.

JOHNSEN, S.; WIDDER, E. "Mission logs: June 20, Here be monsters: We filmed a giant squid in America's backyard". *NOAA Ocean Exploration*, 2019. Disponível em: <oceanexplorer. noaa.gov/explorations/19biolum/logs/jun20/jun20.html>.

JOHNSON, M. et al. "Beaked whales echolocate on prey". *Proceedings of the Royal Society B: Biological Sciences*, v. 271, supl. 6, pp. S383–6, 2004.

JOHNSON, M.; AGUILAR DE SOTO, N.; MADSEN, P. "Studying the behaviour and sensory ecology of marine mammals using acoustic recording tags: A review". *Marine Ecology Progress Series*, v. 395, pp. 55–73, 2009.

JOHNSON, R. N. et al. "Adaptation and conservation insights from the koala genome". *Nature Genetics*, v. 50, n. 8, pp. 1102–11, 2018.

JONES, G.; TEELING, E. "The evolution of echolocation in bats". *Trends in Ecology & Evolution*, v. 21, n. 3, pp. 149–56, 2006.

JORDAN, G. et al. "The dimensionality of color vision in carriers of anomalous trichromacy". *Journal of Vision*, v. 10, n. 8, p. 12, 2010.

JORDAN, G.; MOLLON, J. "Tetrachromacy: The mysterious case of extra-ordinary color vision". *Current Opinion in Behavioral Sciences*, v. 30, pp. 130–4, 2019.

JORDT, S.-E.; JULIUS, D. "Molecular basis for species-specific sensitivity to 'hot' chili peppers". *Cell*, v. 108, n. 3, pp. 421–30, 2002.

JOSBERGER, E. E. et al. "Proton conductivity in ampullae of Lorenzini jelly". *Science Advances*, v. 2, n. 5, p. e1600112, 2016.

JUNG, J. et al. "How do red-eyed treefrog embryos sense motion in predator attacks? Assessing the role of vestibular mechanoreception". *Journal of Experimental Biology*, v. 222, n. 21, p. jeb206052, 2019.

JUNG, K.; KALKO, E. K. V.; VON HELVERSEN, O. "Echolocation calls in Central American emballonurid bats: Signal design and call frequency alternation". *Journal of Zoology*, v. 272, n. 2, pp. 125–37, 2007.

KAJIURA, S. M. "Head morphology and electrosensory pore distribution of carcharhinid and sphyrnid sharks". *Environmental Biology of Fishes*, v. 61, n. 2, pp. 125–33, 2001.

_____ "Electroreception in neonatal bonnethead sharks, Sphyrna tiburo". *Marine Biology*, v. 143, n. 3, pp. 603–11, 2003.

KAJIURA, S. M.; HOLLAND, K. N. "Electroreception in juvenile scalloped hammerhead and sandbar sharks". *Journal of Experimental Biology*, v. 205, n. 23, pp. 3609–21, 2002.

KALBERER, N. M.; REISENMAN, C. E.; HILDEBRAND, J. G. "Male moths bearing transplanted female antennae express characteristically female behaviour and central neural activity". *Journal of Experimental Biology*, v. 213, n. 8, pp. 1272–80, 2010.

KALKA, M. B.; SMITH, A. R.; KALKO, E. K. V. "Bats limit arthropods and herbivory in a tropical forest". *Science*, v. 320, n. 5872, p. 71, 2008.

KALMIJN, A. J. "The electric sense of sharks and rays". *Journal of Experimental Biology*, v. 55, n. 2, pp. 371–83, 1971.

_____. "The detection of electric fields from inanimate and animate sources other than electric organs". In: FESSARD, A. (Org.). *Electroreceptors and other specialized receptors in lower vertebrates*. Berlim: Springer, 1974. pp. 147–200.

_____. "Electric and magnetic field detection in elasmobranch fishes". *Science*, v. 218, n. 4575, pp. 916–8, 1982.

KAMINSKI, J. et al. "Evolution of facial muscle anatomy in dogs". *Proceedings of the National Academy of Sciences*, v. 116, n. 29, pp. 14677–81, 2019.

KANE, S. A.; VAN BEVEREN, D.; DAKIN, R. "Biomechanics of the peafowl's crest reveals frequencies tuned to social displays". *PLOS ONE*, v. 13, n. 11, e0207247, 2018.

KANT, I. *Anthropology, history, and education*. Cambridge: Cambridge University Press, 2007.

KAPOOR, M. "The only catfish native to the western U.S. is running out of water". *High Country News*, 2020. Disponível em: <www.hcn.org/issues/52.7/fish-the-only-catfish-native-to-the-western-u-s-is-running-out-of-water>.

KARDONG, K. V.; BERKHOUDT, H. "Rattlesnake hunting behavior: Correlations between plasticity of predatory performance and neuroanatomy". *Brain, Behavior and Evolution*, v. 53, n. 1, pp. 20–8, 1999.

KARDONG, K. V.; MACKESSY, S. P. "The strike behavior of a congenitally blind rattlesnake". *Journal of Herpetology*, v. 25, n. 2, pp. 208–11, 1991.

KASUMYAN, A. O. "The taste system in fishes and the effects of environmental variables". *Journal of Fish Biology*, v. 95, n. 1, pp. 155–78, 2019.

KATZ, H. K. et al. "Eye movements in chameleons are not truly independent—Evidence from simultaneous monocular tracking of two targets". *Journal of Experimental Biology*, v. 218, n. 13, pp. 2097–105, 2015.

KAVALIERS, M. "Evolutionary and comparative aspects of nociception". *Brain Research Bulletin*, v. 21, n. 6, pp. 923–31, 1988.

KAWAHARA, A. Y. et al. "Phylogenomics reveals the evolutionary timing and pattern of butterflies and moths". *Proceedings of the National Academy of Sciences*, v. 116, n. 45, pp. 22657–63, 2019.

KELBER, A.; BALKENIUS, A.; WARRANT, E. J. "Scotopic colour vision in nocturnal hawkmoths". *Nature*, v. 419, n. 6910, pp. 922–5, 2002.

KELBER, A.; VOROBYEV, M.; OSORIO, D. "Animal colour vision—Behavioural tests and physiological concepts". *Biological Reviews of the Cambridge Philosophical Society*, v. 78, n. 1, pp. 81–118, 2003.

KELLER, A. et al. "Genetic variation in a human odorant receptor alters odour perception". *Nature*, v. 449, n. 7161, pp. 468–72, 2007.

KELLER, A.; VOSSHALL, L. B. "A psychophysical test of the vibration theory of olfaction". *Nature Neuroscience*, v. 7, n. 4, pp. 337–8, 2004a.

_____. "Human olfactory psychophysics". *Current Biology*, v. 14, n. 20, pp. R875-8, 2004b.

KEMPSTER, R. M.; HART, N. S.; COLLIN, S. P. "Survival of the stillest: Predator avoidance in shark embryos". *PLOS ONE*, v. 8, n. 1, e52551, 2013.

KETTEN, D. R. "Structure and function in whale ears". *Bioacoustics*, v. 8, n. 1–2, pp. 103–35, 1997.

KEY, B. "Why fish do not feel pain". *Animal Sentience*, v. 1, n. 3, 2016.

KEY, F. M. et al. "Human local adaptation of the TRPM8 cold receptor along a latitudinal cline". *plos Genetics*, v. 14, n. 5, e1007298, 2018.

KICK, S.; SIMMONS, J. Automatic gain control in the bat's sonar receiver and the neuroethology of echolocation. *Journal of Neuroscience*, v. 4, n. 11, pp. 2725–37, 1984.

KIMCHI, T.; ETIENNE, A. S.; TERKEL, J. "A subterranean mammal uses the magnetic compass for path integration". *Proceedings of the National Academy of Sciences*, v. 101, n. 4, pp. 1105–9, 2004.

KING, J. E.; BECKER, R. F.; MARKEE, J. E. "Studies on olfactory discrimination in dogs: (3) Ability to detect human odor trace". *Animal Behaviour*, v. 12, n. 2, pp. 311–5, 1964.

KINGSTON, A. C. N. et al. "Visual phototransduction components in cephalopod chromatophores suggest dermal photoreception". *Journal of Experimental Biology*, v. 218, n. 10, pp. 1596–602, 2015.

KIRSCHFELD, K. "The resolution of lens and compound eyes". In: ZETTLER, F.; WEILER, R. (Orgs.). *Neural principles in vision*. Berlim: Springer, 1976. pp. 354–70.

KIRSCHVINK, J. et al. "Measurement of the threshold sensitivity of honeybees to weak, extremely low-frequency magnetic fields". *Journal of Experimental Biology*, v. 200, n. 9, pp. 1363–8, 1997.

KISH, D. *Echolocation: How humans can "see" without sight*. Dissertação inédita, California State University, 1995.

_____. "How I use sonar to navigate the world". *TED Talk*, 2015. Disponível em: <www.ted.com/talks/daniel_kish_how_i_use_sonar_to_navigate_the_world>.

KLÄRNER, D.; BARTH, F. G. "Vibratory signals and prey capture in orb-weaving spiders (*Zygiella x-notata, Nephila clavipes*; Araneidae)". *Journal of Comparative Physiology*, v. 148, n. 4, pp. 445–455, 1982.

KLOPSCH, C.; KUHLMANN, H. C.; BARTH, F. G. "Airflow elicits a spider's jump towards airborne prey. I. Airflow around a flying blowfly". *Journal of the Royal Society Interface*, v. 9, n. 75, pp. 2591–602, 2012.

_____. "Airflow elicits a spider's jump towards airborne prey. II. Flow characteristics guiding behaviour". *Journal of the Royal Society Interface*, v. 10, n. 82, 20120820, 2013.

KNOP, E. et al. "Artificial light at night as a new threat to pollination". *Nature*, v. 548, n. 7666, pp. 206–9, 2017.

KNUDSEN, E. U.; BLASDEL, G. G.; KONISHI, M. "Sound localization by the barn owl (Tyto alba) measured with the search coil technique". *Journal of Comparative Physiology*, v. 133, n. 1, pp. 1–11, 1979.

KOBER, R.; SCHNITZLER, H. "Information in sonar echoes of fluttering insects available for echolocating bats". *Journal of the Acoustical Society of America*, v. 87, n. 2, pp. 882–96, 1990.

KOJIMA, S. "Comparison of auditory functions in the chimpanzee and human". *Folia Primatologica*, v. 55, n. 2, pp. 62–72, 1990.

KOLBERT, E. *The sixth extinction: An unnatural history*. Nova York: Henry Holt, 2014.

KONISHI, M. "Time resolution by single auditory neurones in birds". *Nature*, v. 222, n. 5193, pp. 566–7, 1969.

_____. "Locatable and nonlocatable acoustic signals for barn owls". *The American Naturalist*, v. 107, n. 958, pp. 775–85, 1973.

_____. "How the owl tracks its prey". *American Scientist*, v. 100, n. 6, p. 494, 2012.

KOŠELJ, K.; SCHNITZLER, H.-U.; SIEMERS, B. M. "Horseshoe bats make adaptive prey-selection decisions, informed by echo cues". *Proceedings of the Royal Society B: Biological Sciences*, v. 278, n. 1721, pp. 3034–41, 2011.

KOSHITAKA, H. et al. "Tetrachromacy in a butterfly that has eight varieties of spectral receptors". *Proceedings of the Royal Society B: Biological Sciences*, v. 275, n. 1637, pp. 947–54, 2008.

KOTHARI, N. B. et al. "Timing matters: Sonar call groups facilitate target localization in bats". *Frontiers in Physiology*, v. 5, p. 168, 2014.

KRESTEL, D. et al. "Behavioral determination of olfactory thresholds to amyl acetate in dogs". *Neuroscience and Biobehavioral Reviews*, v. 8, n. 2, pp. 169–74, 1984.

KRÖGER, R. H. H.; GOIRICELAYA, A. B. "Rhinarium temperature dynamics in domestic dogs". *Journal of Thermal Biology*, v. 70, pp. 15–9, 2017.

KRUMM, B. et al. "Barn owls have ageless ears". *Proceedings of the Royal Society B: Biological Sciences*, v. 284, n. 1863, p. 20171584, 2017.

KUHN, R. A. et al. "Hair density in the Eurasian otter *Lutra lutra* and the sea otter *Enhydra lutris*". *Acta Theriologica*, v. 55, n. 3, pp. 211–22, 2010.

KUNA, V. M.; NÁBĚLEK, J. L. "Seismic crustal imaging using fin whale songs". *Science*, v. 371, n. 6530, pp. 731–5, 2021.

KUNC, H. et al. "Anthropogenic noise affects behavior across sensory modalities". *The American Naturalist*, v. 184, n. 4, pp. E93–E100, 2014.

KÜRTEN, L.; SCHMIDT, U. "Thermoperception in the common vampire bat (*Desmodus rotundus*)". *Journal of Comparative Physiology*, v. 146, n. 2, pp. 223–8, 1982.

KWON, D. Watcher of whales: "A profile of Roger Payne". *The Scientist*, 2019. Disponível em: <www.the-scientist.com/profile/watcher-of-whales--a-profile-of-roger-payne-66610>.

KYBA, C. C. M. et al. "Artificially lit surface of Earth at night increasing in radiance and extent". *Science Advances*, v. 3, n. 11, e1701528, 2017.

LAND, M. F. "A multilayer interference reflector in the eye of the scallop, Pecten maximus". *Journal of Experimental Biology*, v. 45, n. 3, pp. 433–47, 1966.

_____. "Movements of the retinae of jumping spiders (Salticidae: Dendryphantinae) in response to visual stimuli". *Journal of Experimental Biology*, v. 51, n. 2, pp. 471–93, 1969a.

_____. "Structure of the retinae of the principal eyes of jumping spiders (Salticidae: Dendryphantinae) in relation to visual optics". *Journal of Experimental Biology*, v. 51, n. 2, pp. 443–70, 1969b.

_____. "The spatial resolution of the pinhole eyes of giant clams (*Tridacna maxima*)". *Proceedings of the Royal Society B: Biological Sciences*, v. 270, n. 1511, pp. 185–8, 2003.

_____. *Eyes to see: The astonishing variety of vision in nature.* Oxford: Oxford University Press, 2018.

LAND, M. F. et al. "The eye-movements of the mantis shrimp *Odontodactylus scyllarus* (Crustacea: Stomatopoda)". *Journal of Comparative Physiology*, v. 167, n. 2, pp. 155–66, 1990.

LANDLER, L. et al. "Comment on 'Magnetosensitive neurons mediate geomagnetic orientation in *Caenorhabditis elegans*'". *eLife*, v. 7, e30187, 2018.

LANDOLFA, M. A.; BARTH, F. G. "Vibrations in the orb web of the spider *Nephila clavipes*: Cues for discrimination and orientation". *Journal of Comparative Physiology*, v. 179, n. 4, pp. 493–508, 1996.

LANE, K. A.; LUCAS, K. M.; YACK, J. E. "Hearing in a diurnal, mute butterfly, *Morpho peleides* (Papilionoidea, Nymphalidae)". *Journal of Comparative Neurology*, v. 508, n. 5, pp. 677–86, 2008.

LASKA, M. "Human and animal olfactory capabilities compared". In: BUETTNER, A. (Org.). *Springer handbook of odor*. Nova York: Springer, 2017. pp. 81-2.

LAURSEN, W. J., et al. "Low-cost functional plasticity of TRPV1 supports heat tolerance in squirrels and camels". Proceedings of the National Academy of Sciences, v. 113, n. 40, pp. 11342-7, 2016.

LAVINKA, P. C.; PARK, T. J. "Blunted behavioral and C Fos responses to acidic fumes in the African naked mole-rat". PLOS ONE, v. 7, n. 9, e45060, 2012.

LAUGHLIN, S. B.; WECKSTRÖM, M. "Fast and slow photoreceptors—A comparative study of the functional diversity of coding and conductances in the Diptera". *Journal of Comparative Physiology*, v. 172, n. 5, pp. 593-609, 1993.

LAVOUÉ, S. et al. "Comparable ages for the independent origins of electrogenesis in African and South American weakly electric fishes". *PLOS ONE*, v. 7, n. 5, e36287, 2012.

LAWSON, S. L. et al. "Relative salience of syllable structure and syllable order in zebra finch song". *Animal Cognition*, v. 21, n. 4, pp. 467-80, 2018.

LAZZARI, C. R. "Orientation towards hosts in haematophagous insects". In: SIMPSON, S.; CASAS, J. (Orgs.). *Advances in insect physiology*. Amsterdam: Elsevier, 2009. v. 37. pp. 1-58.

LECOCQ, T. et al. "Global quieting of high-frequency seismic noise due to COVID-19 pandemic lockdown measures". *Science*, v. 369, n. 6509, pp. 1338-43, 2020.

LEE-JOHNSON, C. P.; CARNEGIE, D. A. "Mobile robot navigation modulated by artificial emotions". *IEEE Transactions on Systems, Man, and Cybernetics, Part b (Cybernetics)*, v. 40, n. 2, pp. 469-80, 2010.

LEGENDRE, F.; MARTING, P. R.; COCROFT, R. B. "Competitive masking of vibrational signals during mate searching in a treehopper". *Animal Behaviour*, v. 83, n. 2, pp. 361-8, 2012.

LEITCH, D. B.; CATANIA, K. C. "Structure, innervation and response properties of integumentary sensory organs in crocodilians". *Journal of Experimental Biology*, v. 215, n. 23, pp. 4217-30, 2012.

LENOIR, A. et al. "Chemical ecology and social parasitism in ants". *Annual Review of Entomology*, v. 46, n. 1, pp. 573-99, 2001.

LEONARD, M. L.; HORN, A. G. "Does ambient noise affect growth and begging call structure in nestling birds?". *Behavioral Ecology*, v. 19, n. 3, pp. 502-7, 2008.

LEONHARDT, S. D. et al. "Ecology and evolution of communication in social insects". *Cell*, v. 164, n. 6, pp. 1277-87, 2016.

LEVY, G.; HOCHNER, B. "Embodied organization of *Octopus vulgaris* morphology, vision, and locomotion". *Frontiers in Physiology*, v. 8, p. 164, 2017.

LEWIN, G.; LU, Y.; PARK, T. "A plethora of painful molecules". *Current Opinion in Neurobiology*, v. 14, n. 4, pp. 443-9, 2004.

LEWIS, E. R. et al. "Preliminary evidence for the use of microseismic cues for navigation by the Namib golden mole". *Journal of the Acoustical Society of America*, v. 119, n. 2, pp. 1260-8, 2006.

LEWIS, J. "Active electroreception: Signals, sensing, and behavior". In: EVANS, D. H.; CLAIBORNE, J. B.; CURRIE, S. (Orgs.). *The physiology of fishes*. 4 ed. Boca Raton: CRC Press, 2014. pp. 373-88.

LI, F. "Taste perception: From the tongue to the testis". *Molecular Human Reproduction*, v. 19, n. 6, pp. 349-60, 2013.

LI, L. et al. "Multifunctionality of chiton biomineralized armor with an integrated visual system". *Science*, v. 350, n. 6263, pp. 952-6, 2015.

LIND, O. et al. "Ultraviolet sensitivity and color vision in raptor foraging". *Journal of Experimental Biology*, v. 216, n. 10, pp. 1819–26, 2013.

LINSLEY, E. G. "Attraction of Melanophila beetles by fire and smoke". *Journal of Economic Entomology*, v. 36, n. 2, pp. 341–2, 1943.

LINSLEY, E. G.; HURD, P. D. "Melanophila beetles at cement plants in Southern California (Coleoptera, Buprestidae)". *Coleopterists Bulletin*, v. 11, n. 1/2, pp. 9–11, 1957.

LISSMANN, H. W. "Continuous electrical signals from the tail of a fish, *Gymnarchus niloticus* Cuv". *Nature*, v. 167, n. 4240, pp. 201–2, 1951.

_____. "On the function and evolution of electric organs in fish". *Journal of Experimental Biology*, v. 35, n. 1, pp. 156–91, 1958.

LISSMANN, H. W.; MACHIN, K. E. "The mechanism of object location in *Gymnarchus niloticus* and similar fish". *Journal of Experimental Biology*, v. 35, n. 2, pp. 451–86, 1958.

LIU, M. Z.; VOS SHALL, L. B. "General visual and contingent thermal cues interact to elicit attraction in female *Aedes aegypti* mosquitoes". *Current Biology*, v. 29, n. 13, pp. 2250–7e4, 2019.

LIU, Z. et al. "Repeated functional convergent effects of NaV1.7 on acid insensitivity in hibernating mammals". *Proceedings of the Royal Society B: Biological Sciences*, v. 281, n. 1776, p. 20132950, 2014.

LLOYD, E. et al. "Evolutionary shift towards lateral line dependent prey capture behavior in the blind Mexican cavefish". *Developmental Biology*, v. 441, n. 2, pp. 328–37, 2018.

LOHMANN, K. J. "Magnetic orientation by hatchling loggerhead sea turtles (*Caretta caretta*)". *Journal of Experimental Biology*, v. 155, pp. 37–49, 1991.

LOHMANN, K. J. et al. "Magnetic orientation of spiny lobsters in the ocean: Experiments with undersea coil systems". *Journal of Experimental Biology*, v. 198, n. 10, pp. 2041–8, 1995.

LOHMANN, K. J. et al. "Regional magnetic fields as navigational markers for sea turtles". *Science*, v. 294, n. 5541, pp. 364–6, 2001.

LOHMANN, K. J. et al. "Geomagnetic map used in sea-turtle navigation". *Nature*, v. 428, n. 6986, pp. 909–10, 2004.

LOHMANN, K. J.; LOHMANN, C. "Detection of magnetic inclination angle by sea turtles: A possible mechanism for determining latitude". *Journal of Experimental Biology*, v. 194, n. 1, pp. 23–32, 1994.

_____. "Detection of magnetic field intensity by sea turtles". *Nature*, v. 380, n. 6569, pp. 59–61, 1996.

_____. "There and back again: Natal homing by magnetic navigation in sea turtles and salmon". *Journal of Experimental Biology*, v. 222, supl. 1, p. jeb184077, 2019.

LOHMANN, K. J.; PUTMAN, N. F.; LOHMANN, C. M. F. "Geomagnetic imprinting: A unifying hypothesis of long-distance natal homing in salmon and sea turtles". *Proceedings of the National Academy of Sciences*, v. 105, n. 49, pp. 19096–101, 2008.

LONGCORE, T. "Hazard or hope? LEDs and wildlife". *led Professional Review*, v. 70, pp. 52–7, 2018.

LANGCORE, T. et al. "An estimate of avian mortality at communication towers in the United States and Canada". *PLOS ONE*, v. 7, n. 4, p. e34025, 2012.

LANGCORE, T.; RICH, C. *Artificial night lighting and protected lands: Ecological effects and management approaches*. Natural Resource Report 2017/1493, 2016.

LU, P. et al. "Extraoral bitter taste receptors in health and disease". *Journal of General Physiology*, v. 149, n. 2, pp. 181–97, 2017.

LUBBOCK, J. "Observations on ants, bees, and wasps— Part VIII ". *Journal of the Linnean Society of London, Zoology*, v. 15, n. 87, pp. 362–87, 1881.

LUCAS, J. et al. "A comparative study of avian auditory brainstem responses: Correlations with phylogeny and vocal complexity, and seasonal effects". *Journal of Comparative Physiology*, v. 188, n. 11–2, pp. 981–92, 2002.

LUCAS, J. R. et al. "Seasonal variation in avian auditory evoked responses to tones: A comparative analysis of Carolina chickadees, tufted titmice, and white-breasted nuthatches". *Journal of Comparative Physiology*, v. 193, n. 2, pp. 201–15, 2007.

LUDEMAN, D. A. et al. "Evolutionary origins of sensation in metazoans: Functional evidence for a new sensory organ in sponges". *bmc Evolutionary Biology*, v. 14, n. 1, p. 3, 2014.

MAAN, M. E.; CUMMINGS, M. E. "Poison frog colors are honest signals of toxicity, particularly for bird predators". *The American Naturalist*, v. 179, n. 1, pp. E1–4, 2012.

MACPHERSON, F. "Individuating the senses". In: MACPHERSON, F. (Org.). *The senses: Classic and contemporary philosophical perspectives*. Oxford: Oxford University Press, 2011. pp. 3–43.

MADHAV, M. S. et al. "High-resolution behavioral mapping of electric fishes in Amazonian habitats". *Scientific Reports*, v. 8, n. 1, p. 5830, 2018.

MADSEN, P. T. et al. "Sperm whale sound production studied with ultrasound time/depth-recording tags". *Journal of Experimental Biology*, v. 205, n. 13, pp. 1899–906, 2002.

MADSEN, P. T. et al. "Echolocation in Blainville's beaked whales (*Mesoplodon densirostris*)". *Journal of Comparative Physiology*, v. 199, n. 6, pp. 451–69, 2013.

MADSEN, P. T.; SURLYKKE, A. "Echolocation in air and water". In: SURLYKKE, A. et al. (Orgs.). *Biosonar*. Nova York: Springer, 2014. pp. 257–304.

MAJID, A. "Cultural factors shape olfactory language". *Trends in Cognitive Sciences*, v. 19, n. 11, pp. 629–30, 2015.

MAJID, A. et al. "What makes a better smeller?". *Perception*, v. 46, n. 3–4, pp. 406–30, 2017.

MAJID, A.; KRUSPE, N. "Hunter-gatherer olfaction is special". *Current Biology*, v. 28, n. 3, pp. 409–13, e2, 2018.

MALAKOFF, D. "A push for quieter ships". *Science*, v. 328, n. 5985, pp. 1502–3, 2010.

MANCUSO, K. et al. "Gene therapy for red-green colour blindness in adult primates". *Nature*, v. 461, n. 7625, pp. 784–7, 2009.

MARDER, E.; BUCHER, D. "Understanding circuit dynamics using the stomatogastric nervous system of lobsters and crabs". *Annual Review of Physiology*, v. 69, n. 1, pp. 291–316, 2007.

MARSHALL, C. D. et al. "Prehensile use of perioral bristles during feeding and associated behaviors of the Florida manatee (*Trichechus manatus latirostris*)". *Marine Mammal Science*, v. 14, n. 2, pp. 274–89, 1998.

MARSHALL, C. D.; CLARK, L. A.; REEP, R. L. "The muscular hydrostat of the Florida manatee (*Trichechus manatus latirostris*): A functional morphological model of perioral bristle use". *Marine Mammal Science*, v. 14, n. 2, pp. 290–303, 1998.

MARSHALL, J.; ARIKAWA, K. "Unconventional colour vision". *Current Biology*, v. 24, n. 24, pp. R1150–4, 2014.

MARSHALL, J.; CARLETON, K. L.; CRONIN, T. "Colour vision in marine organisms". *Current Opinions in Neurobiology*, v. 34, pp. 86–94, 2015.

MARSHALL, J.; OBERWINKLER, J. "The colourful world of the mantis shrimp". *Nature*, v. 401, n. 6756, pp. 873–4, 1999.

MARSHALL, N. J. "A unique colour and polarization vision system in mantis shrimps". *Nature*, v. 333, n. 6173, pp. 557–60, 1988.

MARSHALL, J. et al. "Colours and colour vision in reef fishes: Past, present and future research directions". *Journal of Fish Biology*, v. 95, n. 1, pp. 5-38, 2019a.

MARSHALL, N. J. et al. "Polarisation signals: A new currency for communication". *Journal of Experimental Biology*, v. 222, n. 3, jeb134213, 2019b.

MARSHALL, N. J.; LAND, M. F.; CRONIN, T. W. "Shrimps that pay attention: Saccadic eye movements in stomatopod crustaceans". *Philosophical Transactions of the Royal Society B: Biological Sciences*, v. 369, n. 1636, 20130042, 2014.

MARTIN, G. R. "Through birds' eyes: Insights into avian sensory ecology". *Journal of Ornithology*, v. 153, supl. 1, pp. 23-48, 2012.

MARTIN, G. R.; PORTUGAL, S. J.; MURN, C. P. "Visual fields, foraging and collision vulnerability in Gyps vultures". *Ibis*, v. 154, n. 3, pp. 626-31, 2012.

MARTINEZ, V. et al. "Antlions are sensitive to subnanometer amplitude vibrations carried by sand substrates". *Journal of Comparative Physiology*, v. 206, n. 5, pp. 783-91, 2020.

MASLAND, R. H. "Vision: Two speeds in the retina". *Current Biology*, v. 27, n. 8, pp. R303-5, 2017.

MASON, A. C.; OSHINSKY, M. L.; HOY, R. R. "Hyperacute directional hearing in a microscale auditory system". *Nature*, v. 410, n. 6829, pp. 686-90, 2001.

MASON, M. J. "Bone conduction and seismic sensitivity in golden moles (Chrysochloridae)". *Journal of Zoology*, v. 260, n. 4, pp. 405-13, 2003.

MASON, M. J.; NARINS, P. M. "Seismic sensitivity in the desert golden mole (*Eremitalpa granit*): A review". *Journal of Comparative Psychology*, v. 116, n. 2, pp. 158-63, 2002.

MASS, A. M.; SUPIN, A. Y. "Ganglion cell topography of the retina in the bottlenosed dolphin, Tursiops truncates". *Brain, Behavior and Evolution*, v. 45, n. 5, pp. 257-65, 1995.

_____. "Adaptive features of aquatic mammals' eye". *The Anatomical Record*, v. 290, n. 6, pp. 701-15, 2007.

MASTERS, W. M. "Vibrations in the orbwebs of *Nuctenea sclopetaria* (Araneidae). I. Transmission through the web". *Behavioral Ecology and Sociobiology*, v. 15, n. 3, pp. 207-15, 1984.

MATOS-CRUZ, V. et al. "Molecular prerequisites for diminished cold sensitivity in ground squirrels and hamsters". *Cell Reports*, v. 21, n. 12, pp. 3329-37, 2017.

MAXIMOV, V. V. "Environmental factors which may have led to the appearance of colour vision". *Philosophical Transactions of the Royal Society B: Biological Sciences*, v. 355, n. 1401, pp. 1239-42, 2000.

MCARTHUR, C. et al. "Plant volatiles are a salient cue for foraging mammals: Elephants target preferred plants despite background plant odor". *Animal Behaviour*, v. 155, pp. 199-216, 2019.

MCBRIDE, C. S. "Genes and odors underlying the recent evolution of mosquito preference for humans". *Current Biology*, v. 26, n. 1, pp. R41-6, 2016.

MCBRIDE, C. S. et al. "Evolution of mosquito preference for humans linked to an odorant receptor". *Nature*, v. 515, n. 7526, pp. 222-7, 2014.

MCCULLOCH, K. J.; OSORIO, D.; BRISCOE, A. D. "Sexual dimorphism in the compound eye of *Heliconius erato*: A nymphalid butterfly with at least five spectral classes of photoreceptor". *Journal of Experimental Biology*, v. 219, n. 15, pp. 2377-87, 2016.

MCGANN, J. P. "Poor human olfaction is a 19th-century myth". *Science*, v. 356, n. 6338, eaam7263, 2017.

MCGREGOR, P. K.; WESTBY, G. M. "Discrimination of individually characteristic electric organ discharges by a weakly electric fish". *Animal Behaviour*, v. 43, n. 6, pp. 977-86, 1992.

MCKEMY, D. D. "Temperature sensing across species". *Pflügers Archiv—European Journal of Physiology*, v. 454, n. 5, pp. 777-91, 2007.

MCKENZIE, S. K.; KRONAUER, D. J. C. "The genomic architecture and molecular evolution of ant odorant receptors". *Genome Research*, v. 28, n. 11, pp. 1757–65, 2018.

MCMENIMAN, C. J. et al. "Multimodal integration of carbon dioxide and other sensory cues drives mosquito attraction to humans". *Cell*, v. 156, n. 5, pp. 1060–71, 2014.

MEISTER, M. "Physical limits to magnetogenetics". *eLife*, v. 5, e17210, 2016.

MELIN, A. D. et al. "Effects of colour vision phenotype on insect capture by a free-ranging population of white-faced capuchins, *Cebus capucinus*". *Animal Behaviour*, v. 73, n. 1, pp. 205–14, 2007.

MELIN, A. D. et al. "Zebra stripes through the eyes of their predators, zebras, and humans". *PLOS ONE*, v. 11, n. 1, e0145679, 2016.

MELIN, A. D. et al. "Trichromacy increases fruit intake rates of wild capuchins (*Cebus capucinus imitator*)". *Proceedings of the National Academy of Sciences*, v. 114, n. 39, pp. 10402–7, 2017.

MELO, N. et al. "The irritant receptor TRPA1 mediates the mosquito repellent effect of catnip". *Current Biology*, v. 31, n. 9, pp. 1988–94 e5, 2021.

MENCINGER-VRAČKO, B.; DEVETAK, D. "Orientation of the pit-building antlion larva Euroleon (Neuroptera, Myrmeleontidae) to the direction of substrate vibrations caused by prey". *Zoology*, v. 111, n. 1, pp. 2–8, 2008.

MENDA, G. et al. "The long and short of hearing in the mosquito *Aedes aegypti*". *Current Biology*, v. 29, n. 4, pp. 709–14 e4, 2019.

MERKEL, F. W.; FROMME, H. G. "Untersuchungen über das Orientierungsvermögen nächtlich ziehender Rotkehlchen". *Naturwissenschaften*, v. 45, n. 2, pp. 499–500, 1958.

MERKER, B. "The liabilities of mobility: A selection pressure for the transition to consciousness in animal evolution". *Consciousness and Cognition*, v. 14, n. 1, pp. 89–114, 2005.

METTAM, J. J. et al. "The efficacy of three types of analgesic drugs in reducing pain in the rainbow trout, *Oncorhynchus mykiss*". *Applied Animal Behaviour Science*, v. 133, n. 3, pp. 265–74, 2011.

MEYER-ROCHOW, V. B. "The eyes of mesopelagic crustaceans. II. *Streetsia challengeri* (amphipoda)". *Cell and Tissue Research*, v. 186, n. 2, pp. 337–49, 1978.

MHATRE, N.; SIVALINGHEM, S.; MASON, A. C. "Posture controls mechanical tuning in the black widow spider mechanosensory system". *bioRxiv*, 2018. Disponível em: <www.biorxiv.org/content/10.1101/484238v1>.

MIDDENDORFF, A. T. *Die Isepiptesen Russlands: Grundlagen zur Erforschung der Zugzeiten und Zugrichtungen der Vögel Russlands*. São Petersburgo: Academie Impériale des Sciences, 1855.

MILES, R. N.; ROBERT, D.; HOY, R. R. "Mechanically coupled ears for directional hearing in the parasitoid fly *Ormia ochracea*". *Journal of the Acoustical Society of America*, v. 98, n. 6, pp. 3059–70, 1995.

MILLER, A. K. et al. "African elephants (*Loxodonta africana*) can detect TNT using olfaction: Implications for biosensor application". *Applied Animal Behaviour Science*, v. 171, pp. 177–83, 2015.

MILLER, A. K. et al. "An ambusher's arsenal: Chemical crypsis in the puff adder (*Bitis arietans*)". *Proceedings of the Royal Society B: Biological Sciences*, v. 282, n. 1821, 20152182, 2015.

MILLER, P. J. O. et al. "First indications that northern bottlenose whales are sensitive to behavioural disturbance from anthropogenic noise". *Royal Society Open Science*, v. 2, n. 6, p. 140484, 2015.

MILLSOPP, S.; LAMING, P. "Trade-offs between feeding and shock avoidance in goldfish (*Carassius auratus*)". *Applied Animal Behaviour Science*, v. 113, n. 1, pp. 247–54, 2008.

MITCHINSON, B. et al. "Active vibrissal sensing in rodents and marsupials". *Philosophical Transactions of the Royal Society B: Biological Sciences*, v. 366, n. 1581, pp. 3037–48, 2011.

MITKUS, M. et al. "Raptor vision". In: SHERMAN, S. M. (Org.). *Oxford research encyclopedia of neuroscience*. Oxford: Oxford University Press, 2018.

MITRA, O. et al. "Grunting for worms: Seismic vibrations cause Diplocardia earthworms to emerge from the soil". *Biology Letters*, v. 5, n. 1, pp. 16–9, 2009.

MOAYEDI, Y.; NAKATANI, M.; LUMPKIN, E. "Mammalian mechanoreception". *Scholarpedia*, v. 10, n. 3, p. 7265, 2015.

MODRELL, M. S. et al. "Electrosensory ampullary organs are derived from lateral line placodes in bony fishes". *Nature Communications*, v. 2, n. 1, p. 496, 2011.

MOGDANS, J. "Sensory ecology of the fish lateral-line system: Morphological and physiological adaptations for the perception of hydrodynamic stimuli". *Journal of Fish Biology*, v. 95, n. 1, pp. 53–72, 2019.

MØHL, B. et al. "The monopulsed nature of sperm whale clicks". *Journal of the Acoustical Society of America*, v. 114, n. 2, pp. 1143–54, 2003.

MOIR, H. M.; JACKSON, J. C.; windmill, J. F. C. "Extremely high frequency sensitivity in a 'simple' ear". *Biology Letters*, v. 9, n. 4, 20130241, 2013.

MOLLON, J. D. "'Tho' she kneel'd in that place where they grew...': The uses and origins of primate color vision". *Journal of Experimental Biology*, v. 146, pp. 21–38, 1989.

MONNIN, T. et al. "Pretender punishment induced by chemical signalling in a queenless ant". *Nature*, v. 419, n. 6902, pp. 61–5, 2002.

MONTAGUE, M. J.; DANEK-GONTARD, M.; KUNC, H. P. "Phenotypic plasticity affects the response of a sexually selected trait to anthropogenic noise". *Behavioral Ecology*, v. 24, n. 2, pp. 343–8, 2013.

MONTEALEGRE-Z, F. et al. "Convergent evolution between insect and mammalian audition". *Science*, v. 338, n. 6109, pp. 968–71, 2012.

MONTEREY BAY AQUARIUM. "Say hello to Selka!". *Monterey Bay Aquarium*, 2016. Disponível em: https://montereybayaquarium.tumblr.com/post/149326681398/say-hello-to-selka>.

MONTGOMERY, J.; BLECKMANN, H.; COOMBS, S. "Sensory ecology and neuroethology of the lateral line". In: COOMBS, S. et al. (Orgs.). *The lateral line system*. Nova York: Springer, 2013. pp. 121–50.

MONTGOMERY, J. C.; SAUNDERS, A. J. "Functional morphology of the piper *Hyporhamphus ihi* with reference to the role of the lateral line in feeding". *Proceedings of the Royal Society B: Biological Sciences*, v. 224, n. 1235, pp. 197–208, 1985.

MOONEY, T. A.; YAMATO, M.; BRANSTETTER, B. K. "Hearing in cetaceans: From natural history to experimental biology". *Advances in Marine Biology*, v. 63, pp. 197–246, 2012.

MOORE, B. et al. "Structure and function of regional specializations in the vertebrate retina". In: KAAS, J. H.; STREIDTER, G. (Orgs.). *Evolution of Nervous Systems*. Oxford: Academic Press, 2017. pp. 351–72.

MORAN, D.; SOFTLEY, R.; WARRANT, E. J. "The energetic cost of vision and the evolution of eyeless Mexican cavefish". *Science Advances*, v. 1, n. 8, e1500363, 2015.

MOREAU, C. S. et al. "Phylogeny of the ants: Diversification in the age of angiosperms". *Science*, v. 312, n. 5770, pp. 101–4, 2006.

MOREHOUSE, N. "Spider vision". *Current Biology*, v. 30, n. 17, pp. R975–80, 2020.

MOREIRA, L. A. A. et al. "Platyrrhine color signals: New horizons to pursue". *Evolutionary Anthropology: Issues, News, and Reviews*, v. 28, n. 5, pp. 236–48, 2019.

MORLEY, E. L.; ROBERT, D. "Electric fields elicit ballooning in spiders". *Current Biology*, v. 28, n. 14, pp. 2324–30.e2, 2018.

MORTIMER, B. "Biotremology: Do physical constraints limit the propagation of vibrational information?". *Animal Behaviour*, v. 130, pp. 165–74, 2017.

MORTIMER, B. et al. "The speed of sound in silk: Linking material performance to biological function". *Advanced Materials*, v. 26, n. 30, pp. 5179–83, 2014.

MORTIMER, B. et al. "Tuning the instrument: Sonic properties in the spider's web". *Journal of the Royal Society Interface*, v. 13, n. 122, 20160341, 2016.

MORTIMER, J. A.; PORTIER, K. M. "Reproductive homing and internesting behavior of the green turtle (*Chelonia mydas*) at Ascension Island, South Atlantic Ocean". *Copeia*, v. 1989, n. 4, pp. 962–77, 1989.

MOSS, C. F. "Auditory mechanisms of echolocation in bats". In: SHERMAN, S. M. (Org.). *Oxford Research Encyclopedia of Neuroscience*. Oxford: Oxford University Press, 2018.

MOSS, C. F. et al. "Active listening for spatial orientation in a complex auditory scene". *plos Biology*, v. 4, n. 4, e79, 2006.

MOSS, C.F.; CHIU, C.; SURLYKKE, A. "Adaptive vocal behavior drives perception by echolocation in bats". *Current Opinion in Neurobiology*, v. 21, n. 4, pp. 645–52, 2011.

MOSS, C. F.; SCHNITZLER, H.-U. "Behavioral studies of auditory information processing". In: POPPER, A. N.; FAY, R. R. (Orgs.). *Hearing by bats*. Nova York: Springer, 1995. pp. 87–145.

MOSS, C. F.; SURLYKKE, A. "Probing the natural scene by echolocation in bats". *Frontiers in Behavioral Neuroscience*, v. 4, p. 33, 2010.

MOSS, C. J. *Elephant memories: Thirteen years in the life of an elephant family*. Chicago: University of Chicago Press, 2000.

MOURITSEN, H. "Long-distance navigation and magnetoreception in migratory animals". *Nature*, v. 558, n. 7708, pp. 50–9, 2018.

MOURITSEN, H. et al. "Night-vision brain area in migratory songbirds". *Proceedings of the National Academy of Sciences*, v. 102, n. 23, pp. 8339–44, 2005.

MOURLAM, M. J.; ORLIAC, M. J. "Infrasonic and ultrasonic hearing evolved after the emergence of modern whales". *Current Biology*, v. 27, n. 12, pp. 1776–81, 2017.

MUGAN, U.; MACIVER, M. A. "The shift from life in water to life on land advantaged planning in visually-guided behavior". *bioRxiv*, 585760, 2019.

MÜLLER, P.; ROBERT, D. "Death comes suddenly to the unprepared: Singing crickets, call fragmentation, and parasitoid flies". *Behavioral Ecology*, v. 13, n. 5, pp. 598–606, 2002.

MURCHY, K. A. et al. "Impacts of noise on the behavior and physiology of marine invertebrates: A meta-analysis". *Proceedings of Meetings on Acoustics*, v. 37, n. 1, p. 040002, 2019.

MURPHY, C. T.; REICHMUTH, C.; MANN, D. "Vibrissal sensitivity in a harbor seal (*Phoca vitulina*)". *Journal of Experimental Biology*, v. 218, n. 15, pp. 2463–71, 2015.

MURRAY, R. W. "Electrical sensitivity of the ampullæ of Lorenzini". *Nature*, v. 187, n. 4741, p. 957, 1960.

NACHTIGALL, P. E. "Biosonar and sound localization in dolphins". In: SHERMAN, S. M. (Org.). *Oxford research encyclopedia of neuroscience*. Nova York: Oxford University Press.

NACHTIGALL, P. E.; SUPIN, A. Y. "A false killer whale adjusts its hearing when it echolocates". *Journal of Experimental Biology*, v. 211, n. 11, pp. 1714–8, 2008.

NAGEL, T. "What is it like to be a bat?". *The Philosophical Review*, v. 83, n. 4, pp. 435–50, 1974.

NAKANO, R. et al. "Moths are not silent, but whisper ultrasonic courtship songs". *Journal of Experimental Biology*, v. 212, n. 24, pp. 4072–8, 2009.

NAKANO, R. et al. "To females of a noctuid moth, male courtship songs are nothing more than bat echolocation calls". *Biology Letters*, v. 6, n. 5, pp. 582–4, 2010.

NAKATA, K. "Attention focusing in a sit-and-wait forager: A spider controls its prey-detection ability in different web sectors by adjusting thread tension". *Proceedings of the Royal Society B: Biological Sciences*, v. 277, n. 1678, pp. 29–33, 2010.

_____. "Spatial learning affects thread tension control in orb-web spiders". *Biology Letters*, v. 9, n. 4, p. 20130052, 2013.

NAKATA, K.; LEWIS, E. R. "The vertebrate ear as an exquisite seismic sensor". *Journal of the Acoustical Society of America*, v. 76, n. 5, pp. 1384–7, 1984.

NARINS, P. M.; STOEGER, A. S.; O'CONNELL-RODWELL, C. "Infrasonic and seismic communication in the vertebrates with special emphasis on the Afrotheria: An update and future directions". In: SUTHERS, R. A. et al. (Orgs.). *Vertebrate sound production and acoustic communication*. Cham: Springer, 2016. pp. 191–227.

NECKER, R. "Observations on the function of a slowly-adapting mechanoreceptor associated with filoplumes in the feathered skin of pigeons". *Journal of Comparative Physiology*, v. 156, n. 3, pp. 391–4, 1985.

NEIL, T. R. et al. "Moth wings are acoustic metamaterials". *Proceedings of the National Academy of Sciences*, v. 117, n. 49, pp. 31134–41, 2020.

NEITZ, J.; CARROLL, J.; NEITZ, M. "Color vision: Almost reason enough for having eyes". *Optics & Photonics News*, v. 12, n. 1, pp. 26–33, 2001.

NEITZ, J.; GEIST, T.; JACOBS, G. H. "Color vision in the dog". *Visual Neuroscience*, v. 3, n. 2, pp. 119–25, 1989.

NESHER, N. et al. "Self-recognition mechanism between skin and suckers prevents octopus arms from interfering with each other". *Current Biology*, v. 24, n. 11, pp. 1271–5, 2014.

NEUMEYER, C. "Tetrachromatic color vision in goldfish: Evidence from color mixture experiments". *Journal of Comparative Physiology*, v. 171, n. 5, pp. 639–49, 1992.

NEUNUEBEL, J. P. et al. "Female mice ultrasonically interact with males during courtship displays". *eLife*, v. 4, e06203, 2015.

NEVITT, G. "Olfactory foraging by Antarctic procellariiform seabirds: Life at high Reynolds numbers". *Biological Bulletin*, v. 198, n. 2, pp. 245–53, 2000.

_____. "Sensory ecology on the high seas: The odor world of the procellariiform seabirds". *Journal of Experimental Biology*, v. 211, n. 11, pp. 1706–13, 2008.

NEVITT, G.; BONADONNA, F. "Sensitivity to dimethyl sulphide suggests a mechanism for olfactory navigation by seabirds". *Biology Letters*, v. 1, n. 3, pp. 303–5, 2005.

NEVITT, G.; HAGELIN, J. C. "Symposium overview: Olfaction in birds: A dedication to the pioneering spirit of Bernice Wenzel and Betsy Bang". *Annals of the New York Academy of Sciences*, v. 1170, n. 1, pp. 424–7, 2009.

NEVITT, G.; LOSEKOOT, M.; WEIMERSKIRCH, H. "Evidence for olfactory search in wandering albatross, *Diomedea exulans*". *Proceedings of the National Academy of Sciences*, v. 105, n. 12, pp. 4576–81, 2008.

NEVITT, G.; VEIT, R. R.; KAREIVA, P. "Dimethyl sulphide as a foraging cue for Antarctic procellariiform seabirds". *Nature*, v. 376, n. 6542, pp. 680–2, 1995.

NEWMAN, E. A.; HARTLINE, P. H. "The infrared 'vision' of snakes". *Scientific American*, v. 246, n. 3, pp. 116–27, 1982.

NICOLSON, A. *The seabird's cry*. Nova York: Henry Holt, 2018.

NIESTEROK, B. et al. "Hydrodynamic detection and localization of artificial flatfish breathing currents by harbour seals (*Phoca vitulina*)". *Journal of Experimental Biology*, v. 220, n. 2, pp. 174–85, 2017.

NIIMURA, Y.; MATSUI, A.; TOUHARA, K. "Extreme expansion of the olfactory receptor gene repertoire in African elephants and evolutionary dynamics of orthologous gene groups in 13 placental mammals". *Genome Research*, v. 24, n. 9, pp. 1485–96, 2014.

NILSSON, D.-E. "The evolution of eyes and visually guided behaviour". *Philosophical Transactions of the Royal Society B: Biological Sciences*, v. 364, n. 1531, pp. 2833–47, 2009.

NILSSON, D.-E. et al. "A unique advantage for giant eyes in giant squid". *Current Biology*, v. 22, n. 8, pp. 683–8, 2012.

NILSSON, D.-E.; PELGER, S. "A pessimistic estimate of the time required for an eye to evolve". *Proceedings of the Royal Society B: Biological Sciences*, v. 256, n. 1345, pp. 53–8, 1994.

NILSSON, G. "Brain and body oxygen requirements of *Gnathonemus petersii*, a fish with an exceptionally large brain". *Journal of Experimental Biology*, v. 199, n. 3, pp. 603–7, 1996.

NIMPF, S. et al. "A putative mechanism for magnetoreception by electromagnetic induction in the pigeon inner ear". *Current Biology*, v. 29, n. 23, pp. 4052–9, 2019.

NIVEN, J. E.; LAUGHLIN, S. B. "Energy limitation as a selective pressure on the evolution of sensory systems". *Journal of Experimental Biology*, v. 211, n. 11, pp. 1792–804, 2008.

NOBLE, G. K.; SCHMIDT, A. "The structure and function of the facial and labial pits of snakes". *Proceedings of the American Philosophical Society*, v. 77, n. 3, pp. 263–88, 1937.

NOIROT, E. "Ultra-sounds in young rodents. I. Changes with age in albino mice". *Animal Behaviour*, v. 14, n. 4, pp. 459–62, 1966.

NOIROT, I. C. et al. "Presence of aromatase and estrogen receptor alpha in the inner ear of zebra finches". *Hearing Research*, v. 252, n. 1–2, pp. 49–55, 2009.

NORDMANN, G. C.; HOCHSTOEGE, T.; KEAYS, D. A. "Magnetoreception—A sense without a receptor". *plos Biology*, v. 15, n. 10, e2003234, 2017.

NORMAN, L. J.; THALER, L. "Retinotopic-like maps of spatial sound in primary 'visual' cortex of blind human echolocators". *Proceedings of the Royal Society B: Biological Sciences*, v. 286, n. 1912, p. 20191910, 2019.

NORRIS, K. S. et al. "An experimental demonstration of echolocation behavior in the porpoise, *Tursiops truncatus* (Montagu)". *Biological Bulletin*, v. 120, n. 2, pp. 163–76, 1961.

NTELEZOS, A.; GUARATO, F.; WINDMILL, J. F. C. "The anti-bat strategy of ultrasound absorption: The wings of nocturnal moths (Bombycoidea: Saturniidae) absorb more ultrasound than the wings of diurnal moths (Chalcosiinae: Zygaenoidea: Zygaenidae)". *Biology Open*, v. 6, n. 1, pp. 109–17, 2016.

O'CARROLL, D. C.; WARRANT, E. J. "Vision in dim light: Highlights and challenges". *Philosophical Transactions of the Royal Society B: Biological Sciences*, v. 372, n. 1717, p. 20160062, 2017.

O'CONNELL, C. E. *The elephant's secret sense: The hidden life of the wild herds of Africa*. Chicago: University of Chicago Press, 2008.

O'CONNELL, C. E.; ARNASON, B. T.; HART, L. A. "Seismic transmission of elephant vocalizations and movement". *Journal of the Acoustical Society of America*, v. 102, n. 5, p. 3124, 1997.

O'CONNELL-RODWELL, C. E. et al. "Wild elephant (*Loxodonta africana*) breeding herds respond to artificially transmitted seismic stimuli". *Behavioral Ecology and Sociobiology*, v. 59, n. 6, pp. 842–50, 2006.

O'CONNELL-RODWELL, C. E. et al. "Wild African elephants (*Loxodonta africana*) discriminate between familiar and unfamiliar conspecific seismic alarm calls". *Journal of the Acoustical Society of America*, v. 122, n. 2, pp. 823–30, 2007.

O'CONNELL-RODWELL, C. E.; HART, L. A.; ARNASON, B. T. "Exploring the potential use of seismic waves as a communication channel by elephants and other large mammals". *American Zoologist*, v. 41, n. 5, pp. 1157-70, 2001.

OLSON, C. R. et al. "Black Jacobin hummingbirds vocalize above the known hearing range of birds". *Current Biology*, v. 28, n. 5, pp. R204-5, 2018.

OSORIO, D.; VOROBYEV, M. "Colour vision as an adaptation to frugivory in primates". *Proceedings of the Royal Society B: Biological Sciences*, v. 263, n. 1370, pp. 593-9, 1996.

_____. "A review of the evolution of animal colour vision and visual communication signals". *Vision Research*, v. 48, n. 20, pp. 2042-51, 2008.

OSSIANNILSSON, F. *Insect drummers, a study on the morphology and function of the sound-producing organ of Swedish* Homoptera auchenorrhyncha, *with notes on their soundproduction*. Dissertação, Entomologika sällskapet i Lund, 1949.

OWEN, M. A. et al. "An experimental investigation of chemical communication in the polar bear: Scent communication in polar bears". *Journal of Zoology*, v. 295, n. 1, pp. 36-43, 2015.

OWENS, A. C. S. et al. "Light pollution is a driver of insect declines". *Biological Conservation*, v. 241, p. 108259, 2020.

OWENS, G. L. et al. "In the four-eyed fish (*Anableps anableps*), the regions of the retina exposed to aquatic and aerial light do not express the same set of opsin genes". *Biology Letters*, v. 8, n. 1, pp. 86-9, 2012.

PACK, A.; HERMAN, L. "Sensory integration in the bottlenosed dolphin: Immediate recognition of complex shapes across the senses of echolocation and vision". *Journal of the Acoustical Society of America*, v. 98, pp. 722-33, 1995.

PAGE, R. A.; RYAN, M. J. "The effect of signal complexity on localization performance in bats that localize frog calls". *Animal Behaviour*, v. 76, n. 3, pp. 761-9, 2008.

PAIN, S. "Stench warfare". *New Scientist*, 2001. Disponível em: <www.newscientist.com/article/mg17122984-600-stench-warfare>.

PALMER, B. A. et al. "The image-forming mirror in the eye of the scallop". *Science*, v. 358, n. 6367, pp. 1172-5, 2017.

PANKSEPP, J.; BURGDORF, J. "50-kHz chirping (laughter?) in response to conditioned and unconditioned tickle-induced reward in rats: Effects of social housing and genetic variables". *Behavioural Brain Research*, v. 115, n. 1, pp. 25-38, 2000.

PARK, T. J. et al. "Selective inflammatory pain insensitivity in the African naked mole-rat (*Heterocephalus glaber*)". *plos Biology*, v. 6, n. 1, p. e13, 2008.

PARK, T. J. et al. "Fructose-driven glycolysis supports anoxia resistance in the naked mole-rat". *Science*, v. 356, n. 6335, pp. 307-11, 2017.

PARK, T. J.; LEWIN, G. R.; BUFFENSTEIN, R. "Naked mole rats: Their extraordinary sensory world". In: BREED, M.; MOORE, J. (Orgs.). *Encyclopedia of animal behavior*. Amsterdam: Elsevier, 2010. pp. 505-12.

PARKER, A. *In the blink of an eye: How vision sparked the big bang of evolution*. Nova York: Basic Books, 2004.

PARTRIDGE, B. L.; PITCHER, T. J. "The sensory basis of fish schools: Relative roles of lateral line and vision". *Journal of Comparative Physiology*, v. 135, n. 4, pp. 315-25, 1980.

PARTRIDGE, J. C. et al. "Reflecting optics in the diverticular eye of a deep-sea barreleye fish (*Rhynchohyalus natalensis*)". *Proceedings of the Royal Society B: Biological Sciences*, v. 281, n. 1782, 20133223, 2014.

PATEK, S. N.; KORFF, W. L.; CALDWELL, R. L. "Deadly strike mechanism of a mantis shrimp". *Nature*, v. 428, n. 6985, pp. 819-20, 2004.

PATTON, P.; WINDSOR, S.; COOMBS, S. "Active wall following by Mexican blind cavefish (*Astyanax mexicanus*)". *Journal of Comparative Physiology*, v. 196, n. 11, pp. 853–67, 2010.

PAUL, S. C.; STEVENS, M. "Horse vision and obstacle visibility in horseracing". *Applied Animal Behaviour Science*, v. 222, p. 104882, 2020.

PAULIN, M. G. "Electroreception and the compass sense of sharks". *Journal of Theoretical Biology*, v. 174, n. 3, pp. 325–39, 1995.

PAYNE, K. *Silent thunder: In the presence of elephants*. Londres: Penguin, 1999.

PAYNE, K. B.; LANGBAUER, W. R.; THOMAS, E. M. "Infrasonic calls of the Asian elephant (*Elephas maximus*)". *Behavioral Ecology and Sociobiology*, v. 18, n. 4, pp. 297–301, 1986.

PAYNE, R. S. "Acoustic location of prey by barn owls (*Tyto alba*)". *Journal of Experimental Biology*, v. 54, n. 3, pp. 535–73, 1971.

PAYNE, R. S.; MCVAY, S. "Songs of humpback whales". *Science*, v. 173, n. 3997, pp. 585–97, 1971.

PAYNE, R. S.; WEBB, D. "Orientation by means of long-range acoustic signaling in baleen whales". *Annals of the New York Academy of Sciences*, v. 188, n. 1 Orientation, pp. 110–41, 1971.

PEICHL, L. "Diversity of mammalian photoreceptor properties: Adaptations to habitat and lifestyle?". *The Anatomical Record Part A: Discoveries in Molecular, Cellular, and Evolutionary Biology*, v. 287A, n. 1, pp. 1001–12, 2005.

PEICHL, L.; BEHRMANN, G.; KRÖGER, R. H. "For whales and seals the ocean is not blue: A visual pigment loss in marine mammals". *The European Journal of Neuroscience*, v. 13, n. 8, pp. 1520–8, 2001.

PERRY, M. W.; DESPLAN, C. "Love spots". *Current Biology*, v. 26, n. 12, pp. R484–5, 2016.

PERSONS, W. S.; CURRIE, P. J. "Bristles before down: A new perspective on the functional origin of feathers". *Evolution: International Journal of Organic Evolution*, v. 69, n. 4, pp. 857–62, 2015.

PETTIGREW, J. D.; MANGER, P. R.; FINE, S. L. B. "The sensory world of the platypus". *Philosophical Transactions of the Royal Society B: Biological Sciences*, v. 353, n. 1372, pp. 1199–210, 1998.

PHILLIPS, J. N. et al. "Background noise disrupts host-parasitoid interactions". *Royal Society Open Science*, v. 6, n. 9, 190867, 2019.

PHIPPEN, J. W. "Kill every buffalo you can! Every buffalo dead is an Indian gone". *The Atlantic*, 2016. Disponível em: <www.theatlantic.com/national/archive/2016/05/the-buffalo-killers/482349/>.

PICCIANI, N. et al. "Prolific origination of eyes in Cnidaria with co-option of non-visual opsins". *Current Biology*, v. 28, n. 15, pp. 2413–19 e4, 2018.

PIERSMA, T. et al. "Holling's functional response model as a tool to link the food-finding mechanism of a probing shorebird with its spatial distribution". *Journal of Animal Ecology*, v. 64, n. 4, pp. 493–504, 1995.

PIERSMA, T. et al. "A new pressure sensory mechanism for prey detection in birds: The use of principles of seabed dynamics?". *Proceedings of the Royal Society B: Biological Sciences*, v. 265, n. 1404, pp. 1377–83, 1998.

PIHLSTRÖM, H. et al. "Scaling of mammalian ethmoid bones can predict olfactory organ size and performance". *Proceedings of the Royal Society B: Biological Sciences*, v. 272, n. 1566, pp. 957–62, 2005.

PITCHER, T. J.; PARTRIDGE, B. L.; WARDLE, C. S. "A blind fish can school". *Science*, v. 194, n. 4268, pp. 963–5, 1976.

PLACHETZKI, D. C.; FONG, C. R.; OAKLEY, T. H. "Cnidocyte discharge is regulated by light and opsin-mediated phototransduction". *BMC Biology*, v. 10, n. 1, 17, 2012.

PLOTNIK, J. M. et al. "Elephants have a nose for quantity". *Proceedings of the National Academy of Sciences*, v. 116, n. 25, pp. 12566–71, 2019.

POINTER, M. R.; ATTRIDGE, G. G. "The number of discernible colours". *Color Research & Application*, v. 23, n. 1, pp. 52–4, 1998.

POLAJNAR, J. et al. "Manipulating behaviour with substrate-borne vibrations—Potential for insect pest control". *Pest Management Science*, v. 71, n. 1, pp. 15–23, 2015.

POLILOV, A. A. "The smallest insects evolve anucleate neurons". *Arthropod Structure & Development*, v. 41, n. 1, pp. 29–34, 2012.

POLLACK, L. "Historical series: Magnetic sense of birds". 2012. Disponível em: <www.ks.uiuc.edu/History/magnetoreception>.

POOLE, J. H. et al. "The social contexts of some very low-frequency calls of African elephants". *Behavioral Ecology and Sociobiology*, v. 22, n. 6, pp. 385–92, 1988.

POPPER, A. N. et al. "Response of clupeid fish to ultrasound: A review". *ices Journal of Marine Science*, v. 61, n. 7, pp. 1057–61, 2004.

PORTER, J. et al. "Mechanisms of scent-tracking in humans". *Nature Neuroscience*, v. 10, n. 1, pp. 27–9, 2007.

PORTER, M. L. et al. "Shedding new light on opsin evolution". *Proceedings of the Royal Society B: Biological Sciences*, v. 279, n. 1726, pp. 3–14, 2012.

PORTER, M. L.; SUMNER-ROONEY, L. "Evolution in the dark: Unifying our understanding of eye loss". *Integrative and Comparative Biology*, v. 58, n. 3, pp. 367–71, 2018.

POTIER, S. et al. "Eye size, fovea, and foraging ecology in accipitriform raptors". *Brain, Behavior and Evolution*, v. 90, n. 3, pp. 232–42, 2017.

POULET, J. F. A.; HEDWIG, B. "A corollary discharge mechanism modulates central auditory processing in singing crickets". *Journal of Neurophysiology*, v. 89, n. 3, pp. 1528–40, 2003.

POULSON, S. J. et al. "Naked mole-rats lack cold sensitivity before and after nerve injury". *Molecular Pain*, v. 16, p. 1744806920955103, 2020.

PRESCOTT, T. J.; DIAMOND, M. E.; wing, A. M. "Active touch sensing". *Philosophical Transactions of the Royal Society B: Biological Sciences*, v. 366, n. 1581, pp. 2989–95, 2011.

PRESCOTT, T. J.; DÜRR, V. "The world of touch". *Scholarpedia*, v. 10, n. 4, p. 32688, 2015.

PRESCOTT, T. J.; MITCHINSON, B.; GRANT, R. "Vibrissal behavior and function". *Scholarpedia*, v. 6, n. 10, p. 6642, 2011.

PRIMACK, R. B. "Ultraviolet patterns in flowers, or flowers as viewed by insects". *Arnoldia*, v. 42, n. 3, pp. 139–46, 1982.

PRIOR, N. H. et al. "Acoustic fine structure may encode biologically relevant information for zebra finches". *Scientific Reports*, v. 8, n. 1, p. 6212, 2018.

PROSKE, U.; GREGORY, E. "Electrolocation in the platypus—Some speculations". *Comparative Biochemistry and Physiology Part A: Molecular & Integrative Physiology*, v. 136, n. 4, pp. 821–5, 2003.

PROUST, M. *In search of lost time*. Trad. C. K. Scott Moncrieff e Terence Kilmartin. Nova York: Modern Library, 1993. v. 5.

PUTMAN, N. F. et al. "Evidence for geomagnetic imprinting as a homing mechanism in Pacific salmon". *Current Biology*, v. 23, n. 4, pp. 312–6, 2013.

PYE, D. "Poem by David Pye: On the variety of hearing organs in insects". *Microscopic Research Techniques*, v. 63, pp. 313–4, 2004.

PYENSON, N. D. et al. "Discovery of a sensory organ that coordinates lunge feeding in rorqual whales". *Nature*, v. 485, n. 7399, pp. 498–501, 2012.

PYNN, L. K.; DESOUZA, J. F. X. "The function of efference copy signals: Implications for symptoms of schizophrenia". *Vision Research*, v. 76, pp. 124-33, 2013.

PYTTE, C. L.; FICKEN, M. S.; MOISEFF, A. "Ultrasonic singing by the blue-throated hummingbird: A comparison between production and perception". *Journal of Comparative Physiology*, v. 190, n. 8, pp. 665-73, 2004.

QIN, S. et al. "A magnetic protein biocompass". *Nature Materials*, v. 15, n. 2, pp. 217-226, 2016.

QUIGNON, P. et al. "Genetics of canine olfaction and receptor diversity". *Mammalian Genome*, v. 23, n. 1-2, pp. 132-43, 2012.

RAAD, H. et al. "Functional gustatory role of chemoreceptors in Drosophila wings". *Cell Reports*, v. 15, n. 7, pp. 1442-54, 2016.

RADINSKY, L. B. "Evolution of somatic sensory specialization in otter brains". *Journal of Comparative Neurology*, v. 134, n. 4, pp. 495-505, 1968.

RAMEY, E. et al. "Desert-dwelling African elephants (*Loxodonta africana*) in Namibia dig wells to purify drinking water". *Pachyderm*, v. 53, pp. 66-72, 2013.

RAMEY, S. *The lady's handbook for her mysterious illness*. Londres: Fleet, 2020.

RAMSIER, M. A. et al. "Primate communication in the pure ultrasound". *Biology Letters*, v. 8, n. 4, pp. 508-11, 2012.

RASMUSSEN, L. E. L. et al. "Insect pheromone in elephants". *Nature*, v. 379, n. 6567, p. 684, 1996.

RASMUSSEN, L. E. L.; KRISHNAMURTHY, V. "How chemical signals integrate Asian elephant society: The known and the unknown". *Zoo Biology*, v. 19, n. 5, pp. 405-23, 2000.

RASMUSSEN, L. E. L.; SCHULTE, B. A. "Chemical signals in the reproduction of Asian (*Elephas maximus*) and African (*Loxodonta africana*) elephants". *Animal Reproduction Science*, v. 53, n. 1-4, pp. 19-34, 1998.

RATCLIFFE, J. M. et al. "How the bat got its buzz". *Biology Letters*, v. 9, n. 2, p. 20121031, 2013.

RAVAUX, J. et al. "Thermal limit for Metazoan life in question: In vivo heat tolerance of the Pompeii worm". *PLOS ONE*, v. 8, n. 5, e64074, 2013.

RAVIA, A. et al. "A measure of smell enables the creation of olfactory metamers". *Nature*, v. 588, n. 7836, pp. 118-23, 2020.

REEP, R. L.; MARSHALL, C. D.; STOLL, M. L. "Tactile hairs on the postcranial body in Florida manatees: A mammalian lateral line?". *Brain, Behavior and Evolution*, v. 59, n. 3, pp. 141-54, 2002.

REEP, R. L. ; SARKO, D. "Tactile hair in manatees". *Scholarpedia*, v. 4, n. 4, p. 6831, 2009.

REILLY, S. C. et al. "Novel candidate genes identified in the brain during nociception in common carp (*Cyprinus carpio*) and rainbow trout (*Oncorhynchus mykiss*)". *Neuroscience Letters*, v. 437, n. 2, pp. 135-8, 2008.

REYMOND, L. "Spatial visual acuity of the eagle *Aquila audax*: A behavioural, optical and anatomical investigation". *Vision Research*, v. 25, n. 10, pp. 1477-91, 1985.

REYNOLDS, R. P. et al. "Noise in a laboratory animal facility from the human and mouse perspectives". *Journal of the American Association for Laboratory Animal Science*, v. 49, n. 5, pp. 592-7, 2010.

RIDGWAY, S. H.; AU, W. W. L. "Hearing and echolocation in dolphins". In: SQUIRE, L. R. (Org.). *Encyclopedia of neuroscience*. Amsterdam: Elsevier, 2009. pp. 1031-9.

RIITTERS, K. H.; WICKHAM, J. D. "How far to the nearest road?". *Frontiers in Ecology and the Environment*, v. 1, n. 3, pp. 125-9, 2003.

RITZ, T.; ADEM, S.; SCHULTEN, K. "A model for photoreceptor-based magnetoreception in birds". *Biophysical Journal*, v. 78, n. 2, pp. 707-18, 2000.

ROBERT, D.; AMOROSO, J.; HOY, R. "The evolutionary convergence of hearing in a parasitoid fly and its cricket host". *Science*, v. 258, n. 5085, pp. 1135-7, 1992.

ROBERT, D.; MHATRE, N.; MCDONAGH, T. "The small and smart sensors of insect auditory systems". In: 2010 *Ninth ieee Sensors Conference (sensors 2010)*, pp. 2208-2211. Kona: IEEE, 2010. Disponível em: https://ieeexplore.ieee.org/document/5690624/>.

ROBERTS, S. A. et al. "Darcin: A male pheromone that stimulates female memory and sexual attraction to an individual male's odour". *BMC Biology*, v. 8, n. 1, 2010.

ROBINSON, M. H.; MIRICK, H. "The predatory behavior of the golden-web spider *Nephila clavipes* (Araneae: Araneidae)". *Psyche*, v. 78, n. 3, pp. 123-39, 1971.

ROGERS, L. J. "The two hemispheres of the avian brain: Their differing roles in perceptual processing and the expression of behavior". *Journal of Ornithology*, v. 153, n. 1, pp. 61-74, 2012.

ROLLAND, R. M. et al. "Evidence that ship noise increases stress in right whales". *Proceedings of the Royal Society B: Biological Sciences*, v. 279, n. 1737, pp. 2363-8, 2012.

ROS, M. Die "Lippengruben der Pythonen als Temperaturorgane". *Jenaische Zeitschrift für Naturwissenschaft*, v. 70, pp. 1-32, 1935.

ROSE, J. D. et al. Can fish really feel pain? Fish and Fisheries, v. 15, n. 1, pp. 97-133, 2014.

ROWE, A. H. et al. "Voltage-gated sodium channel in grasshopper mice defends against bark scorpion toxin". Science, v. 342, n. 6157, pp. 441-6, 2013.

RUBIN, J. J. et al. "The evolution of anti-bat sensory illusions in moths". *Science Advances*, v. 4, n. 7, p. eaar7428, 2018.

RUCK, P. "A comparison of the electrical responses of compound eyes and dorsal ocelli in four insect species". *Journal of Insect Physiology*, v. 2, n. 4, pp. 261-74, 1958.

RUNDUS, A. S. et al. "Ground squirrels use an infrared signal to deter rattlesnake predation". *Proceedings of the National Academy of Sciences*, v. 104, n. 36, pp. 14372-6, 2007.

RYAN, M. J. "Female mate choice in a neotropical frog". *Science*, v. 209, n. 4455, pp. 523-5, 1980.

_____. *A taste for the beautiful: The evolution of attraction.* Princeton: Princeton University Press, 2018.

RYAN, M. J. et al. "Sexual selection for sensory exploitation in the frog *Physalaemus pustulosus*". *Nature*, v. 343, n. 6253, pp. 66-7, 1990.

RYAN, M. J.; RAND, A. S. "Sexual selection and signal evolution: The ghost of biases past". *Philosophical Transactions of the Royal Society B: Biological Sciences*, v. 340, n. 1292, pp. 187-95, 1993.

RYCYK, A. M. et al. "Manatee behavioral response to boats". *Marine Mammal Science*, v. 34, n. 4, pp. 924-62, 2018.

RYERSON, W. *Why snakes flick their tongues: A fluid dynamics approach.* Dissertação inédita, University of Connecticut, 2014.

SACKS, O.; WASSERMAN, R. "The case of the colorblind painter". *The New York Review of Books*, nov. 2019, 1987. Disponível em: <www.nybooks.com/articles/1987/11/19/the-case-of-the-colorblind-painter/>.

SAITO, C. A. et al. "Alouatta trichromatic color vision—single-unit recording from retinal ganglion cells and microspectrophotometry". *Investigative Ophthalmology & Visual Science*, v. 45, 2004.

SALAZAR, V. L.; KRAHE, R.; LEWIS, J. E. "The energetics of electric organ discharge generation in gymnotiform weakly electric fish". *Journal of Experimental Biology*, v. 216, n. 13, pp. 2459-68, 2013.

SALES, G. D. "Ultrasonic calls of wild and wild-type rodents". In: BRUDZYNSKI, S. (Org.). *Handbook of behavioral neuroscience*. Amsterdam: Elsevier, 2010. v. 19. pp. 77–88.

SANDERS, D. et al. "A meta-analysis of biological impacts of artificial light at night". *Nature Ecology & Evolution*, v. 5, n. 1, pp. 74–81, 2021.

SANTANA, C. D. de et al. "Unexpected species diversity in electric eels with a description of the strongest living bioelectricity generator". *Nature Communications*, v. 10, n. 1, p. 4000, 2019.

SARKO, D. K.; RICE, F. L.; REEP, R. L. "Elaboration and innervation of the vibrissal system in the rock hyrax (*Procavia capensis*)". *Brain, Behavior and Evolution*, v. 85, n. 3, pp. 170–88, 2015.

SAVOCA, M. S. et al. "Marine plastic debris emits a keystone infochemical for olfactory foraging seabirds". *Science Advances*, v. 2, n. 11, p. e1600395, 2016.

SAWTELL, N. B. "Neural mechanisms for predicting the sensory consequences of behavior: Insights from electrosensory systems". *Annual Review of Physiology*, v. 79, n. 1, pp. 381–99, 2017.

SCANLAN, M. M. et al. "Magnetic map in nonanadromous Atlantic salmon". *Proceedings of the National Academy of Sciences*, v. 115, n. 43, pp. 10995–9, 2018.

SCHEVILL, W. E.; MCBRIDE, A. F. "Evidence for echolocation by cetaceans". *Deep Sea Research*, v. 3, n. 2, pp. 153–4, 1956.

SCHEVILL, W. E.; WATKINS, W. A.; BACKUS, R. H. "The 20-cycle signals and Balaenoptera (fin whales)". In: TAVOLGA, W. N. (Org.). *Marine bio-acoustics*. Oxford: Pergamon Press, 1964. pp. 147–52.

SCHIESTL, F. P. et al. "Sex pheromone mimicry in the early spider orchid (*Ophrys sphegodes*): Patterns of hydrocarbons as the key mechanism for pollination by sexual deception". *Journal of Comparative Physiology*, v. 186, n. 6, pp. 567–74, 2000.

SCHMITZ, H.; BLECKMANN, H. "The photomechanic infrared receptor for the detection of forest fires in the beetle *Melanophila acuminata* (Coleoptera: Buprestidae)". *Journal of Comparative Physiology*, v. 182, n. 5, pp. 647–57, 1998.

SCHMITZ, H.; BOUSACK, H. "Modelling a historic oil-tank fire allows an estimation of the sensitivity of the infrared receptors in pyrophilous Melanophila beetles". *PLOS ONE*, v. 7, n. 5, p. e37627, 2012.

SCHMITZ, H.; SCHMITZ, A.; SCHNEIDER, E. S. "Matched filter properties of infrared receptors used for fire and heat detection in insects". In: VON DER EMDE, G.; WARRANT, E. (Orgs.). *The ecology of animal senses*. Cham: Springer, 2016. pp. 207–34.

SCHNEIDER, E. R. et al. "Neuronal mechanism for acute mechanosensitivity in tactile-foraging waterfowl". *Proceedings of the National Academy of Sciences*, v. 111, n. 41, pp. 14941–6, 2014.

SCHNEIDER, E. R. et al. "Molecular basis of tactile specialization in the duck bill". *Proceedings of the National Academy of Sciences*, v. 114, n. 49, pp. 13036–41, 2017.

SCHNEIDER, E. R. et al. "A cross-species analysis reveals a general role for Piezo2 in mechanosensory specialization of trigeminal ganglia from tactile specialist birds". *Cell Reports*, v. 26, n. 8, pp. 1979–87.e3, 2019.

SCHNEIDER, E. R.; SCHMITZ, A.; SCHMITZ, H. "Concept of an active amplification mechanism in the infrared organ of pyrophilous *Melanophila beetles*". *Frontiers in Physiology*, v. 6, p. 391, 2015.

SCHNEIDER, W. T. et al. "Vestigial singing behaviour persists after the evolutionary loss of song in crickets". *Biology Letters*, v. 14, n. 2, p. 20170654, 2018.

SCHNEIRLA, T. C. "A unique case of circular milling in ants, considered in relation to trail following and the general problem of orientation". *American Museum Novitates*, n. 1253, 1944.

SCHNITZLER, H.-U. "Kompensation von Dopplereffekten bei Hufeisen-Fledermäusen". *Naturwissenschaften*, v. 54, n. 19, pp. 523, 1967.

_____. "Control of Doppler shift compensation in the greater horseshoe bat, *Rhinolophus ferrumequinum*". *Journal of Comparative Physiology*, v. 82, n. 1, pp. 79–92, 1973.

SCHNITZLER, H.-U.; DENZINGER, A. "Auditory fovea and Doppler shift compensation: Adaptations for flutter detection in echolocating bats using CF-FM signals". *Journal of Comparative Physiology*, v. 197, n. 5, pp. 541–59, 2011.

SCHNITZLER, H.-U.; KALKO, E. K. V. "Echolocation by insect-eating bats". *BioScience*, v. 51, n. 7, pp. 557–69, 2001.

SCHRAFT, H. A.; BAKKEN, G. S.; CLARK, R. W. "Infrared-sensing snakes select ambush orientation based on thermal backgrounds". *Scientific Reports*, v. 9, n. 1, p. 3950, 2019.

SCHRAFT, H. A.; CLARK, R. W. "Sensory basis of navigation in snakes: The relative importance of eyes and pit organs". *Animal Behaviour*, v. 147, pp. 77–82, 2019.

SCHRAFT, H. A.; GOODMAN, C.; CLARK, R. W. "Do free-ranging rattlesnakes use thermal cues to evaluate prey?". *Journal of Comparative Physiology*, v. 204, n. 3, pp. 295–303, 2018.

SCHROPE, M. "Giant squid filmed in its natural environment". *Nature*, 2013. Disponível em: <doi.org/10.1038/nature.2013.12202>.

SCHUERGERS, N. et al. "Cyanobacteria use micro-optics to sense light direction". *eLife*, v. 5, p. e12620, 2016.

SCHULLER, G.; POLLAK, G. "Disproportionate frequency representation in the inferior colliculus of Doppler-compensating greater horseshoe bats: Evidence for an acoustic fovea". *Journal of Comparative Physiology*, v. 132, n. 1, pp. 47–54, 1979.

SCHULTEN, K.; SWENBERG, C. E.; WELLER, A. "A biomagnetic sensory mechanism based on magnetic field modulated coherent electron spin motion". *Zeitschrift für Physikalische Chemie*, v. 111, n. 1, pp. 1–5, 1978.

SCHUMACHER, S. et al. "Cross-modal object recognition and dynamic weighting of sensory inputs in a fish". *Proceedings of the National Academy of Sciences*, v. 113, n. 27, pp. 7638–43, 2016.

SCHUSTERMAN, R. J. et al. "Why pinnipeds don't echolocate". *Journal of the Acoustical Society of America*, v. 107, n. 4, pp. 2256–64, 2000.

SCHÜTZ, S. et al. "Insect antenna as a smoke detector". *Nature*, v. 398, n. 6725, pp. 298–9, 1999.

SCHWENK, K. "Why snakes have forked tongues". *Science*, v. 263, n. 5153, pp. 1573–7, 1994.

SECOR, S. M. "Digestive physiology of the Burmese python: Broad regulation of integrated performance". *Journal of Experimental Biology*, v. 211, n. 24, pp. 3767–74, 2008.

SEEHAUSEN, O. et al. "Speciation through sensory drive in cichlid fish". *Nature*, v. 455, n. 7213, pp. 620–6, 2008.

SEEHAUSEN, O.; VAN ALPHEN, J. J. M.; WITTE, F. "Cichlid fish diversity threatened by eutrophication that curbs sexual selection". *Science*, v. 277, n. 5333, pp. 1808–11, 1997.

SEIDOU, M. et al. "On the three visual pigments in the retina of the firefly squid, *Watasenia scintillans*". *Journal of Comparative Physiology*, v. 166, pp. 769–73, 1990.

SENEVIRATNE, S. S.; JONES, I. L. "Mechanosensory function for facial ornamentation in the whiskered auklet, a crevice-dwelling seabird". *Behavioral Ecology*, v. 19, n. 4, pp. 784–90, 2008.

SENGUPTA, P.; GARRITY, P. "Sensing temperature". *Current Biology*, v. 23, n. 8, pp. R304-7, 2013.

SENZAKI, M. et al. "Traffic noise reduces foraging efficiency in wild owls". *Scientific Reports*, v. 6, n. 1, p. 30602, 2016.

SEWELL, G. D. "Ultrasonic communication in rodents". *Nature*, v. 227, n. 5256, p. 410, 1970.

SEYFARTH, E.-A. "Tactile body raising: Neuronal correlates of a 'simple' behavior in spiders". In: TOFT, S.; SCHARFF, N. (Orgs.). *European Arachnology 2000: Proceedings of the 19th European College of Arachnology*, pp. 19-32. Aarhus: Aarhus University Press, 2002.

SHADWICK, R. E.; POTVIN, J.; GOLDBOGEN, J. A. "Lunge feeding in rorqual whales". *Physiology*, v. 34, n. 6, pp. 409-18, 2019.

SHAMBLE, P. S. et al. "Airborne acoustic perception by a jumping spider". *Current Biology*, v. 26, n. 21, pp. 2913-20, 2016.

SHAN, L. et al. "Lineage-specific evolution of bitter taste receptor genes in the giant and red pandas implies dietary adaptation". *Integrative Zoology*, v. 13, n. 2, pp. 152-9, 2018.

SHANNON, G. et al. "Road traffic noise modifies behavior of a keystone species". *Animal Behaviour*, v. 94, pp. 135-41, 2014.

SHANNON, G. et al. "A synthesis of two decades of research documenting the effects of noise on wildlife: Effects of anthropogenic noise on wildlife". *Biological Reviews*, v. 91, n. 4, pp. 982-1005, 2016.

SHARMA, K. R. et al. "Cuticular hydrocarbon pheromones for social behavior and their coding in the ant antenna". *Cell Reports*, v. 12, n. 8, pp. 1261-71, 2015.

SHAW, J. et al. "Magnetic particle-mediated magnetoreception". *Journal of the Royal Society Interface*, v. 12, n. 110, p. 20150499, 2015.

SHERRINGTON, C. S. "Qualitative difference of spinal reflex corresponding with qualitative difference of cutaneous stimulus". *Journal of Physiology*, v. 30, n. 1, pp. 39-46, 1903.

SHIMOZAWA, T.; MURAKAMI, J.; KUMAGAI, T. "Cricket wind receptors: Thermal noise for the highest sensitivity known". In: BARTH, F. G.; HUMPHREY, J. A. C.; SECOMB, T. W. (Orgs.). *Sensors and sensing in biology and engineering*. Viena: Springer, 2003. pp. 145-57.

SHINE, R. et al. "Antipredator responses of free-ranging pit vipers (*Gloydius shedaoensis*, Viperidae)". *Copeia*, v. 2002, n. 3, pp. 843-50, 2002.

SHINE, R. et al. "Chemosensory cues allow courting male garter snakes to assess body length and body condition of potential mates". *Behavioral Ecology and Sociobiology*, v. 54, n. 2, pp. 162-6, 2003.

SIDEBOTHAM, J. "Singing mice". *Nature*, v. 17, n. 419, p. 29, 1877.

SIEBECK, U. E. et al. "A species of reef fish that uses ultraviolet patterns for covert face recognition". *Current Biology*, v. 20, n. 5, pp. 407-10, 2010.

SIECK, M. H.; WENZEL, B. M. "Electrical activity of the olfactory bulb of the pigeon". *Electroencephalography and Clinical Neurophysiology*, v. 26, n. 1, pp. 62-9, 1969.

SIEMERS, B. M. et al. "Why do shrews twitter? Communication or simple echo-based orientation". *Biology Letters*, v. 5, n. 5, pp. 593-6, 2009.

SILPE, J. E.; BASSLER, B. L. "A host-produced quorum-sensing autoinducer controls a phage lysis-lysogeny decision". *Cell*, v. 176, n. 1-2, pp. 268-80 e13, 2019.

SIMMONS, J. A.; FERRAGAMO, M. J.; MOSS, C. F. "Echo-delay resolution in sonar images of the big brown bat, *Eptesicus fuscus*". *Proceedings of the National Academy of Sciences*, v. 95, n. 21, pp. 12647-52, 1998.

SIMMONS, J. A.; STEIN, R. A. "Acoustic imaging in bat sonar: Echolocation signals and the evolution of echolocation". *Journal of Comparative Physiology*, v. 135, n. 1, pp. 61-84, 1980.

SIMÕES, J. M. et al. "Robustness and plasticity in Drosophila heat avoidance". *Nature Communications*, v. 12, n. 1, p. 2044, 2021.

SIMONS, E. "Backyard fly training and you". *Bay Nature*, 2020. Disponível em: <baynature.org/article/lord-of-the-flies/>.

SIMPSON, S. D. et al. "Anthropogenic noise increases fish mortality by predation". *Nature Communications*, v. 7, n. 1, p. 10544, 2016.

SISNEROS, J. A. "Adaptive hearing in the vocal plainfin midshipman fish: Getting in tune for the breeding season and implications for acoustic communication". *Integrative Zoology*, v. 4, n. 1, pp. 33–42, 2009.

SKEDUNG, L. et al. "Feeling small: Exploring the tactile perception limits". *Scientific Reports*, v. 3, n. 1, p. 2617, 2013.

SLABBEKOORN, H.; PEET, M. "Birds sing at a higher pitch in urban noise". *Nature*, v. 424, n. 6946, p. 267, 2003.

SMITH, A. C. et al. "The effect of colour vision status on the detection and selection of fruits by tamarins (Saguinus spp.)". *Journal of Experimental Biology*, v. 206, n. 18, pp. 3159–65, 2003.

SMITH, B. et al. "A survey of frog odorous secretions, their possible functions and phylogenetic significance". *Applied Herpetology*, v. 2, pp. 47–82, 2004.

SMITH, C. F. et al. "The spatial and reproductive ecology of the copperhead (*Agkistrodon contortrix*) at the northeastern extreme of its range". *Herpetological Monographs*, v. 23, n. 1, pp. 45–73, 2009.

SMITH, E. St. J. et al. "The molecular basis of acid insensitivity in the African naked mole-rat". *Science*, v. 334, n. 6062, pp. 1557–60, 2011.

SMITH, E. ST. J.; PARK, T. J.; LEWIN, G. R. "Independent evolution of pain insensitivity in African mole-rats: Origins and mechanisms". *Journal of Comparative Physiology*, v. 206, n. 3, pp. 313–25, 2020.

SMITH, F. A. et al. "Body size downgrading of mammals over the late Quaternary". *Science*, v. 360, n. 6386, pp. 310–3, 2018.

SMITH, L. M. et al. "Impacts of COVID-19-related social distancing measures on personal environmental sound exposures". *Environmental Research Letters*, v. 15, n. 10, p. 104094, 2020.

SNEDDON, L. "Do painful sensations and fear exist in fish?". In: VAN DER KEMP, T.; LACHANCE, M. (Orgs.). *Animal suffering: From science to law*. Toronto: Carswell, 2013. pp. 93–112.

_____. "Comparative physiology of nociception and pain". *Physiology*, v. 33, n. 1, pp. 63–73, 2018.

_____. "Evolution of nociception and pain: Evidence from fish models". *Philosophical Transactions of the Royal Society B: Biological Sciences*, v. 374, n. 1785, p. 20190290, 2019.

SNEDDON, L. et al. "Defining and assessing animal pain". *Animal Behaviour*, v. 97, pp. 201–12, 2014.

SNEDDON, L. et al. "Do fishes have nociceptors? Evidence for the evolution of a vertebrate sensory system". *Proceedings of the Royal Society B*: Biological Sciences, v. 270, n. 1520, pp. 1115–21, 2003a.

SNEDDON, L. et al. "Novel object test: Examining nociception and fear in the rainbow trout". *Journal of Pain*, v. 4, n. 8, pp. 431–40, 2003b.

SNYDER, J. B. et al. "Omnidirectional sensory and motor volumes in electric fish". *plos Biology*, v. 5, n. 11, p. e301, 2007.

SOARES, D. "An ancient sensory organ in crocodilians". *Nature*, v. 417, n. 6886, pp. 241–2, 2002.

SOBEL, N. et al. "The world smells different to each nostril". *Nature*, v. 402, n. 6757, p. 35, 1999.

SOLVI, C.; GUTIERREZ AL-KHUDHAIRY, S.; CHITTKA, L. "Bumble bees display cross-modal object recognition between visual and tactile senses". *Science*, v. 367, n. 6480, pp. 910–2, 2020.

SPEISER, D. I.; JOHNSEN, S. "Comparative morphology of the concave mirror eyes of scallops (Pectinoidea)". *American Malacological Bulletin*, v. 26, n. 1–2, pp. 27–33, 2008a.

_____. "Scallops visually respond to the size and speed of virtual particles". *Journal of Experimental Biology*, v. 211, Pt 13, pp. 2066–70, 2008b.

SPERRY, R. W. "Neural basis of the spontaneous optokinetic response produced by visual inversion". *Journal of Comparative and Physiological Psychology*, v. 43, n. 6, pp. 482–9, 1950.

SPOELSTRA, K. et al. "Response of bats to light with different spectra: Light-shy and agile bat presence is affected by white and green, but not red light". *Proceedings of the Royal Society B: Biological Sciences*, v. 284, n. 1855, p. 20170075, 2017.

STACK, D. W. et al. "Reducing visitor noise levels at Muir Woods National Monument using experimental management". *Journal of the Acoustical Society of America*, v. 129, n. 3, pp. 1375–80, 2011.

STAGER, K. E. "The role of olfaction in food location by the turkey vulture (*Cathartes aura*)". *Contributions in Science*, v. 81, pp. 1–63, 1964.

STAMP DAWKINS, M. "What are birds looking at? Head movements and eye use in chickens". *Animal Behaviour*, v. 63, n. 5, pp. 991–8, 2002.

STANDING BEAR, L. *Land of the spotted eagle*. Lincoln: Bison Books, 2006.

STANGL, F. B. et al. "Comments on the predator-prey relationship of the Texas kangaroo rat (*Dipodomys elator*) and barn owl (*Tyto alba*)". *The American Midland Naturalist*, v. 153, n. 1, pp. 135–41, 2005.

STEBBINS, W. C. *The acoustic sense of animals*. Cambridge: Harvard University Press, 1983.

STEEN, J. B. et al. "Olfaction in bird dogs during hunting". *Acta Physiologica Scandinavica*, v. 157, n. 1, pp. 115–9, 1996.

STERBING-D'ANGELO, S. J. et al. "Functional role of airflow-sensing hairs on the bat wing". *Journal of Neurophysiology*, v. 117, n. 2, pp. 705–12, 2017.

STERBIING-D'ANGELO, S. J.; MOSS, C. F. "Air flow sensing in bats". In: BLECKMANN, H.; MOGDANS, J.; COOMBS, S. L. (Orgs.). *Flow sensing in air and water*. Berlim: Springer, 2014. pp. 197–213.

STEVENS, M.; CUTHILL, I. C. "Hidden messages: Are ultraviolet signals a special channel in avian communication?". *BioScience*, v. 57, n. 6, pp. 501–7, 2007.

STIEHL, W. D.; LALLA, L.; BREAZEAL, C. "A 'somatic alphabet' approach to 'sensitive skin'". In: *proceedings, icra '04, IEEE International Conference on Robotics and Automation*, v. 3, pp. 2865–70. New Orleans: IEEE, 2004.

STODDARD, M. C. et al. "I see your false colors: How artificial stimuli appear to different animal viewers". *Interface Focus*, v. 9, n. 1, p. 20180053, 2019.

STODDARD, M. C. et al. "Wild hummingbirds discriminate nonspectral colors". *Proceedings of the National Academy of Sciences*, v. 117, n. 26, pp. 15112–22, 2020.

STOKKAN, K.-A. et al. "Shifting mirrors: Adaptive changes in retinal reflections to winter darkness in Arctic reindeer". *Proceedings of the Royal Society B*: Biological Sciences, v. 280, n. 1773, p. 20132451, 2013.

STOWASSER, A. et al. "Biological bifocal lenses with image separation". *Current Biology*, v. 20, n. 16, pp. 1482–6, 2010.

STRAUSS, J.; STUMPNEr, A. "Selective forces on origin, adaptation and reduction of tympanal ears in insects". *Journal of Comparative Physiology*, v. 201, n. 1, pp. 155–69, 2015.

STROBEL, S. M. et al. "Active touch in sea otters: In-air and underwater texture discrimination thresholds and behavioral strategies for paws and vibrissae". *Journal of Experimental Biology*, v. 221, n. 18, p. jeb181347, 2018.

SUGA, N.; SCHLEGEL, P. "Neural attenuation of responses to emitted sounds in echolocating bats". *Science*, v. 177, n. 4043, pp. 82–4, 1972.

SUKHUM, K. V. et al. "The costs of a big brain: Extreme encephalization results in higher energetic demand and reduced hypoxia tolerance in weakly electric African fishes". *Proceedings of the Royal Society B: Biological Sciences*, v. 283, n. 1845, p. 20162157, 2016.

SULLIVAN, J. J. "One of us". *Lapham's Quarterly*, 2013. Disponível em: <www.laphamsquarterly.org/animals/one-us>.

SUMBRE, G. et al. "Octopuses use a human-like strategy to control precise point-to-point arm movements". *Current Biology*, v. 16, n. 8, pp. 767–72, 2006.

SUMNER-ROONEY, L. et al. "Whole-body photoreceptor networks are independent of 'lenses' in brittle stars". *Proceedings of the Royal Society B: Biological Sciences*, v. 285, n. 1871, p. 20172590, 2018.

SUMNER-ROONEY, L. H. et al. "Do chitons have a compass? Evidence for magnetic sensitivity in Polyplacophora". *Journal of Natural History*, v. 48, n. 45–8, pp. 3033–45, 2014.

SUMNER-ROONEY, L. H. et al. "Extraocular vision in a brittle star is mediated by chromatophore movement in response to ambient light". *Current Biology*, v. 30, n. 2, pp. 319–27, 2020.

SUPA, M.; COTZIN, M.; DALLENBACH, K. M. "'Facial vision': The perception of obstacles by the blind". *The American Journal of Psychology*, v. 57, n. 2, pp. 133–83, 1944.

SURACI, J. P. et al. "Fear of humans as apex predators has landscape-scale impacts from mountain lions to mice". *Ecology Letters*, v. 22, n. 10, pp. 1578–86, 2019.

SURLYKKE, A. et al. (Orgs.). *Biosonar*. Nova York: Springer, 2014.

SURLYKKE, A.; KALKO, E. K. V. "Echolocating bats cry out loud to detect their prey". *PLOS ONE*, v. 3, n. 4, e2036, 2008.

SURLYKKE, A.; SIMMONS, J. A.; MOSS, C. F. "Perceiving the world through echolocation and vision". In: FENTON, M. B. et al. (Orgs.). *Bat bioacoustics*. Nova York: Springer, 2016. pp. 265–88.

SUTER, R. B. "*Cyclosa turbinata* (Araneae, Araneidae): Prey discrimination via web-borne vibrations". *Behavioral Ecology and Sociobiology*, v. 3, n. 3, pp. 283–96, 1978.

SUTHERS, R. A. "Comparative echolocation by fishing bats". *Journal of Mammalogy*, v. 48, n. 1, pp. 79–87, 1967.

SUTTON, G. P. et al. "Mechanosensory hairs in bumblebees (*Bombus terrestris*) detect weak electric fields". *Proceedings of the National Academy of Sciences*, v. 113, n. 26, pp. 7261–5, 2016.

SWADDLE, J. P. et al. "A framework to assess evolutionary responses to anthropogenic light and sound". *Trends in Ecology & Evolution*, v. 30, n. 9, pp. 550–60, 2015.

TAKESHITA, F.; MURAI, M. "The vibrational signals that male fiddler crabs (*Uca lactea*) use to attract females into their burrows". *The Science of Nature*, v. 103, p. 49, 2016.

TANSLEY, K. *Vision in vertebrates*. Londres: Chapman and Hall, 1965.

TAUTZ, J.; MARKL, H. "Caterpillars detect flying wasps by hairs sensitive to airborne vibration". *Behavioral Ecology and Sociobiology*, v. 4, n. 1, pp. 101–10, 1978.

TAUTZ, J.; ROSTÁS, M. "Honeybee buzz attenuates plant damage by caterpillars". *Current Biology*, v. 18, n. 24, pp. R1125–6, 2008.

TAYLOR, C. J.; YACK, J. E. "Hearing in caterpillars of the monarch butterfly (*Danaus plexippus*)". *Journal of Experimental Biology*, v. 222, n. 22, jeb211862, 2019.

TEDORE, C.; NILSSON, D.-E. "Avian UV vision enhances leaf surface contrasts in forest environments". *Nature Communications*, v. 10, n. 1, p. 238, 2019.

TEMPLE, S. et al. "High-resolution polarisation vision in a cuttlefish". *Current Biology*, v. 22, n. 4, pp. R121–2, 2012.

TER HOFSTEDE, H. M.; RATCLIFFE, J. M. "Evolutionary escalation: The bat-moth arms race". *Journal of Experimental Biology*, v. 219, n. 11, pp. 1589–602, 2016.

THALER, L. et al. "Mouth-clicks used by blind expert human echolocators—Signal description and model-based signal synthesis". *plos Computational Biology*, v. 13, n. 8, e1005670, 2017.

THALER, L. et al. "The flexible action system: Click-based echolocation may replace certain visual functionality for adaptive walking". *Journal of Experimental Psychology: Human Perception and Performance*, v. 46, n. 1, pp. 21–35, 2020.

THALER, L.; ARNOTT, S. R.; GOODALE, M. A. "Neural correlates of natural human echolocation in early and late blind echolocation experts". *PLOS ONE*, v. 6, n. 5, e20162, 2011.

THALER, L.; GOODALE, M. A. "Echolocation in humans: An overview". *Wiley Interdisciplinary Reviews: Cognitive Science*, v. 7, n. 6, pp. 382–93, 2016.

THOEN, H. H. et al. "A different form of color vision in mantis shrimp". *Science*, v. 343, n. 6169, pp. 411–3, 2014.

THOMA, V. et al. "Functional dissociation in sweet taste receptor neurons between and within taste organs of Drosophila". *Nature Communications*, v. 7, n. 1, p. 10678, 2016.

THOMAS, K. N.; ROBISON, B. H.; JOHNSEN, S. "Two eyes for two purposes: In situ evidence for asymmetric vision in the cockeyed squids *Histioteuthis heteropsis* and *Stigmatoteuthis dofleini*". *Philosophical Transactions of the Royal Society B: Biological Sciences*, v. 372, n. 1717, p. 20160069, 2017.

THOMETZ, N. M. et al. "Trade-offs between energy maximization and parental care in a central place forager, the sea otter". *Behavioral Ecology*, v. 27, n. 5, pp. 1552–66, 2016.

THUMS, M. et al. "Evidence for behavioural thermoregulation by the world's largest fish". *Journal of the Royal Society Interface*, v. 10, n. 78, p. 20120477, 2013.

TIERNEY, K. B. et al. "Salmon olfaction is impaired by an environmentally realistic pesticide mixture". *Environmental Science & Technology*, v. 42, n. 13, pp. 4996–5001, 2008.

TODA, Y. et al. "Early origin of sweet perception in the songbird radiation". *Science*, v. 373, n. 6551, pp. 226–31, 2021.

TRACEY, W. D. "Nociception". *Current Biology*, v. 27, n. 4, pp. R129–33, 2017.

TREIBER, C. D. et al. "Clusters of iron-rich cells in the upper beak of pigeons are macrophages not magnetosensitive neurons". *Nature*, v. 484, n. 7394, pp. 367–70, 2012.

TREISMAN, D. "Ants and answers: A conversation with E. O. Wilson". *The New Yorker*, 2010. Disponível em: <www.newyorker.com/books/page-turner/ants-and-answers-a-conversation-with-e-o-wilson>.

TRIBLE, W. et al. "Orco mutagenesis causes loss of antennal lobe glomeruli and impaired social behavior in ants". *Cell*, v. 170, n. 4, pp. 727–35.e10, 2017.

TRICAS, T. C.; MICHAEL, S. W.; SISNEROS, J. A. "Electrosensory optimization to conspecific phasic signals for mating". *Neuroscience Letters*, v. 202, n. 1, pp. 129–32, 1995.

TSAI, C.-C. et al. "Physical and behavioral adaptations to prevent overheating of the living wings of butterflies". *Nature Communications*, v. 11, n. 1, p. 551, 2020.

TSUJII, K. et al. "Change in singing behavior of humpback whales caused by shipping noise". *PLOS ONE*, v. 13, n. 10, p. e0204112, 2018.

TUMLINSON, J. H. et al. "Identification of the trail pheromone of a leaf-cutting ant, *Atta texana*". *Nature*, v. 234, n. 5328, pp. 348–9, 1971.

TURKEL, W. J. *Spark from the deep: How shocking experiments with strongly electric fish powered scientific discovery*. Baltimore: Johns Hopkins University Press, 2013.

TUTHILL, J. C.; AZIM, E. "Proprioception". *Current Biology*, v. 28, n. 5, pp. R194–203, 2018.

TUTTLE, M. D.; RYAN, M. J. "Bat predation and the evolution of frog vocalizations in the neotropics". *Science*, v. 214, n. 4521, pp. 677–8, 1981.

TYACK, P. L. "Studying how cetaceans use sound to explore their environment". In: OWINGS, D. H.; BEECHER, M. D.; THOMPSON, N. S. (Orgs.). *Perspectives in ethology*, pp. 251–97. Nova York: Plenum Press, 1997. v. 12.

TYACK, P. L.; CLARK, C. W. "Communication and acoustic behavior of dolphins and whales". In: AU, W. W. L.; FAY, R. R.; POPPER, A. N. (Orgs.). *Hearing by whales and dolphins*. Nova York: Springer, 2000. pp. 156–224.

TYLER, N. J. C. et al. "Ultraviolet vision may enhance the ability of reindeer to discriminate plants in snow". *Arctic*, v. 67, n. 2, pp. 159–66, 2014.

UEXKÜLL, J. V. *Umwelt und Innenwelt der Tiere*. Berlim: J. Springer, 1909.

_____. *A foray into the worlds of animals and humans: With a theory of meaning*. Trad. J. D. O'Neil. Minneapolis: University of Minnesota Press, 2010.

ULANOVSKY, N.; MOSS, C. F. "What the bat's voice tells the bat's brain". *Proceedings of the National Academy of Sciences*, v. 105, n. 25, pp. 8491–8, 2008.

ULLRICH-LUTER, E. M. et al. "Unique system of photoreceptors in sea urchin tube feet". *Proceedings of the National Academy of Sciences*, v. 108, n. 20, pp. 8367–72, 2011.

VAKNIN, Y. et al. "The role of electrostatic forces in pollination". *Plant Systematics and Evolution*, v. 222, n. 1, pp. 133–42, 2000.

VAN BUSKIRK, R. W.; NEVITT, G. A. "The influence of developmental environment on the evolution of olfactory foraging behaviour in procellariiform seabirds". *Journal of Evolutionary Biology*, v. 21, n. 1, pp. 67–76, 2008.

VAN DER HORST, G. et al. "Sperm structure and motility in the eusocial naked mole-rat, *Heterocephalus glaber*: A case of degenerative orthogenesis in the absence of sperm competition?". *BMC Evolutionary Biology*, v. 11, n. 1, p. 351, 2011.

VAN DOREN, B. M. et al. "High-intensity urban light installation dramatically alters nocturnal bird migration". *Proceedings of the National Academy of Sciences*, v. 114, n. 42, pp. 11175–80, 2017.

VAN LENTEREN, J. C. et al. "Structure and electrophysiological responses of gustatory organs on the ovipositor of the parasitoid *Leptopilina heterotoma*". *Arthropod Structure & Development*, v. 36, n. 3, pp. 271–6, 2007.

VAN STAADEN, M. J. et al. "Serial hearing organs in the atympanate grasshopper *Bullacris membracioides* (Orthoptera, Pneumoridae)". *Journal of Comparative Neurology*, v. 465, n. 4, pp. 579–92, 2003.

VEILLEUX, C. C.; KIRK, E. C. "Visual acuity in mammals: Effects of eye size and ecology". *Brain, Behavior and Evolution*, v. 83, n. 1, pp. 43–53, 2014.

VÉLEZ, A.; RYOO, D. Y.; CARLSON, B. A. "Sensory specializations of mormyrid fish are associated with species differences in electric signal localization behavior". *Brain*, Behavior and Evolution, v. 92, n. 3–4, pp. 125–41, 2018.

VERNALEO, B. A.; DOOLING, R. J. "Relative salience of envelope and fine structure cues in zebra finch song". *Journal of the Acoustical Society of America*, v. 129, n. 5, pp. 3373–83, 2011.

VIDAL-GADEA, A. et al. "Magnetosensitive neurons mediate geomagnetic orientation in Caenorhabditis elegans". *eLife*, v. 4, p. e07493, 2015.

VIGUIER, C. "Le sens de l'orientation et ses organes chez les animaux et chez l'homme". *Revue philosophique de la France et de l'étranger*, v. 14, pp. 1–36, 1882.

VIITALA, J. et al. "Attraction of kestrels to vole scent marks visible in ultraviolet light". *Nature*, v. 373, n. 6513, pp. 425-7, 1995.

VOGT, R. G.; RIDDIFORD, L. M. "Pheromone binding and inactivation by moth antennae". *Nature*, v. 293, n. 5828, pp. 161-3, 1981.

VOLLRATH, F. "Behaviour of the kleptoparasitic spider *Argyrodes elevatus* (Araneae, theridiidae)". *Animal Behaviour*, v. 27, n. 2, pp. 515-21, 1979a.

_____. "Vibrations: Their signal function for a spider kleptoparasite". *Science*, v. 205, n. 4411, pp. 1149-51, 1979b.

VON DER EMDE, G. "Discrimination of objects through electrolocation in the weakly electric fish, *Gnathonemus petersii*". *Journal of Comparative Physiology*, v. 167, pp. 413-21, 1990.

_____. "Active electrolocation of objects in weakly electric fish". *Journal of Experimental Biology*, v. 202, pp. 1205-15, 1999.

VON DER EMDE, G. et al. "Electric fish measure distance in the dark". *Nature*, v. 395, n. 6705, pp. 890-4, 1998.

VON DER EMDE, G.; RUHL, T. "Matched filtering in African weakly electric fish: Two senses with complementary filters". In: VON DER EMDE, G.; WARRANT, E. (Orgs.). *The ecology of animal senses*. Cham: Springer, 2016. pp. 237-63.

VON DER EMDE, G.; SCHNITZLER, H.-U. "Classification of insects by echolocating greater horseshoe bats". *Journal of Comparative Physiology*, v. 167, n. 3, pp. 423-30, 1990.

VON DÜRCKHEIM, K. E. M. et al. "African elephants (*Loxodonta africana*) display remarkable olfactory acuity in human scent matching to sample performance". *Applied Animal Behaviour Science*, v. 200, pp. 123-9, 2018.

VON HOLST, E.; MITTELSTAEDT, H. "Das reafferenzprinzip". *Naturwissenschaften*, v. 37, n. 20, pp. 464-76, 1950.

WACKERMANNOVÁ, M.; PINC, L.; JEBAVÝ, L. "Olfactory sensitivity in mammalian species". *Physiological Research*, v. 65, n. 3, pp. 369-90, 2016.

WALKER, D. B. et al. "Naturalistic quantification of canine olfactory sensitivity". *Applied Animal Behaviour Science*, v. 97, n. 2-4, pp. 241-54, 2006.

WALSH, C. M.; BAUTISTA, D. M.; LUMPKIN, E. A. "Mammalian touch catches up". *Current Opinion in Neurobiology*, v. 34, pp. 133-9, 2015.

WANG, C. X. et al. "Transduction of the geomagnetic field as evidenced from alpha-band activity in the human brain". *eNeuro*, v. 6, n. 2, 2019.Disponível em: <doi.org/10.1523/ENEURO.0483-18.2019>.

WARD, J. "Synesthesia". *Annual Review of Psychology*, v. 64, n. 1, pp. 49-75, 2013.

WARDILL, T. et al. "The miniature dipteran killer fly *Coenosia attenuata* exhibits adaptable aerial prey capture strategies". *Frontiers of Physiology Conference Abstract: International Conference on Invertebrate Vision*, 2013. Disponível em: <doi:10.3389/conf.fphys.2013.25.00057>.

WARE, H. E. et al. "A phantom road experiment reveals traffic noise is an invisible source of habitat degradation". *Proceedings of the National Academy of Sciences*, v. 112, n. 39, pp. 12105-9, 2015.

WARKENTIN, K. M. "Adaptive plasticity in hatching age: A response to predation risk trade-offs". *Proceedings of the National Academy of Sciences*, v. 92, n. 8, pp. 3507-10, 1995.

WARKENTIN, K. M. "How do embryos assess risk? Vibrational cues in predator-induced hatching of red-eyed treefrogs". *Animal Behaviour*, v. 70, n. 1, pp. 59–71, 2005.

_____. "Environmentally cued hatching across taxa: Embryos respond to risk and opportunity". *Integrative and Comparative Biology*, v. 51, n. 1, pp. 14–25, 2011.

WARRANT, E. J. "The remarkable visual capacities of nocturnal insects: Vision at the limits with small eyes and tiny brains". *Philosophical Transactions of the Royal Society B: Biological Sciences*, v. 372, n. 1717, p. 20160063, 2017.

WARRANT, E. J. et al. "Nocturnal vision and landmark orientation in a tropical halictid bee". *Current Biology*, v. 14, n. 15, pp. 1309–1318, 2004.

WARRANT, E. J. et al. "The Australian bogong moth *Agrotis infusa*: A long-distance nocturnal navigator". *Frontiers in Behavioral Neuroscience*, v. 10, p. 77, 2016.

WARRANT, E. J.; LOCKET, N. A. "Vision in the deep sea". *Biological Reviews of the Cambridge Philosophical Society*, v. 79, n. 3, pp. 671–712, 2004.

WATANABE, T. "The influence of energetic state on the form of stabilimentum built by *Octonoba sybotides* (Araneae: Uloboridae)". *Ethology*, v. 105, n. 8, pp. 719–25, 1999.

_____. "Web tuning of an orb-web spider, *Octonoba sybotides*, regulates prey-catching behaviour". *Proceedings of the Royal Society B: Biological Sciences*, v. 267, n. 1443, pp. 565–9, 2000.

WEBB, B. "A cricket robot". *Scientific American*, 1996. Disponível em: <www.scientificamerican.com/article/a-cricket-robot>.

WEBB, J. F. "Morphological diversity, development, and evolution of the mechanosensory lateral line system". In: COOMBS, S. et al. (Orgs.). *The lateral line system*. Nova York: Springer, 2013. pp. 17–72.

WEBSTER, D. B. "A function of the enlarged middle-ear cavities of the kangaroo rat, Dipodomys". *Physiological Zoology*, v. 35, n. 3, pp. 248–55, 1962.

WEBSTER, D. B.; WEBSTER, M. "Adaptive value of hearing and vision in kangaroo rat predator avoidance". *Brain*, Behavior and Evolution, v. 4, n. 4, pp. 310–22, 1971.

_____. "Morphological adaptations of the ear in the rodent family heteromyidae". *American Zoologist*, v. 20, n. 1, pp. 247–54, 1980.

WEGER, M.; WAGNER, H. "Morphological variations of leading-edge serrations in owls (Strigiformes)". *PLOS ONE*, v. 11, n. 3, e0149236, 2016.

WEHNER, R. "'Matched filters'—Neural models of the external world". *Journal of Comparative Physiology A*, v. 161, n. 4, pp. 511–31, 1987.

WEISS, T. et al. "Human olfaction without apparent olfactory bulbs". *Neuron*, v. 105, n. 1, pp. 35–45.e5, 2020.

WENZEL, B. M.; SIECK, M. H. "Olfactory perception and bulbar electrical activity in several avian species". *Physiology & Behavior*, v. 9, n. 3, pp. 287–93, 1972.

WHEELER, W. M. *Ants: Their structure, development and behavior*. Nova York: Columbia University Press, 1910.

WIDDER, E. "The Medusa". *NOAA Ocean Exploration*, 2019. Disponível em: <oceanexplorer.noaa.gov/explorations/19biolum/background/medusa/medusa.html>.

WIESKOTTEN, S. et al. "Hydrodynamic determination of the moving direction of an artificial fin by a harbour seal (*Phoca vitulina*)". *Journal of Experimental Biology*, v. 213, n. 13, pp. 2194–200, 2010.

WIESKOTTEN, S. et al. "Hydrodynamic discrimination of wakes caused by objects of different size or shape in a harbour seal (*Phoca vitulina*)". *Journal of Experimental Biology*, v. 214, n. 11, pp. 1922–30, 2011.

WIGNALL, A. E.; TAYLOR, P. W. "Assassin bug uses aggressive mimicry to lure spider prey". *Proceedings of the Royal Society B: Biological Sciences*, v. 278, n. 1710, pp. 1427-33, 2011.

WILCOX, C.; VAN SEBILLE, E.; HARDESTY, B. D. "Threat of plastic pollution to seabirds is global, pervasive, and increasing". *Proceedings of the National Academy of Sciences*, v. 112, n. 38, pp. 11899-904, 2015.

WILCOX, S. R.; JACKSON, R. R.; GENTILE, K. "Spiderweb smokescreens: Spider trickster uses background noise to mask stalking movements". *Animal Behaviour*, v. 51, n. 2, pp. 313-26, 1996.

WILLIAMS, C. J. et al. "Analgesia for non-mammalian vertebrates". *Current Opinion in Physiology*, v. 11, pp. 75-84, 2019.

WILSON, D. R.; HARE, J. F. "Ground squirrel uses ultrasonic alarms". *Nature*, v. 430, n. 6999, p. 523, 2004.

WILSON, E. O. "Pheromones and other stimuli we humans don't get, with E. O. Wilson". *Big Think*, 2015. Disponível em: <bigthink.com/videos/eo-wilson-on-the-world-of-pheromones>.

WILSON, E. O.; DURLACH, N. I.; ROTH, L. M. "Chemical releasers of necrophoric behavior in ants". *Psyche*, v. 65, n. 4, pp. 108-14, 1958.

WILSON, S.; MOORE, C. "SI somatotopic maps". *Scholarpedia*, v. 10, n. 4, p. 8574, 2015.

WILTSCHKO, R.; WILTSCHKO, W. "The magnetite-based receptors in the beak of birds and their role in avian navigation". *Journal of Comparative Physiology*, v. 199, n. 2, pp. 89-98, 2013.

_____. "Magnetoreception in birds". *Journal of the Royal Society Interface*, v. 16, n. 158, p. 20190295, 2019.

WILTSCHKO, W. "Über den Einfluß statischer Magnetfelder auf die Zugorientierung der Rotkehlchen (*Erithacus rubecula*)". *Zeitschrift für Tierpsychologie*, v. 25, n. 5, pp. 537-58, 1968.

WILTSCHKO, W. et al. "Lateralization of magnetic compass orientation in a migratory bird". *Nature*, v. 419, n. 6906, pp. 467-70, 2002.

WILTSCHKO, W.; MERKEL, F. W. "Orientierung zugunruhiger Rotkehlchen im statischen Magnetfeld". *Verhandlungen der Deutschen Zoologischen Gesellschaft in Jena*, v. 59, pp. 362-7, 1965.

WINDSOR, D. A. "Controversies in parasitology: Most of the species on Earth are parasites". *International Journal for Parasitology*, v. 28, n. 12, pp. 1939-41, 1998.

WINKLHOFER, M.; MOURITSEN, H. "A room-temperature ferrimagnet made of metallo-proteins?". *bioRxiv*, p. 094607, 2016.

WISBY, W. J.; HASLER, A. D. "Effect of olfactory occlusion on migrating silver salmon (*O. kisutch*)". *Journal of the Fisheries Research Board of Canada*, v. 11, n. 4, pp. 472-8, 1954.

WITHERINGTON, B.; MARTIN, R. E. "Understanding, assessing, and resolving light-pollution problems on sea turtle nesting beaches". *Florida Marine Research Institute Technical Report TR-2*.

WITTE, F. et al. "Cichlid species diversity in naturally and anthropogenically turbid habitats of Lake Victoria, East Africa". *Aquatic Sciences*, v. 75, n. 2, pp. 169-83, 2013.

WOITH, H. et al. "Review: Can animals predict earthquakes?". *Bulletin of the Seismological Society of America*, v. 108, n. 3A, pp. 1031-45, 2018.

WOLFF, G. H.; RIFFELL, J. A. "Olfaction, experience and neural mechanisms underlying mosquito host preference". *Journal of Experimental Biology*, v. 221, n. 4, p. jeb157131, 2018.

WU, C. H. "Electric fish and the discovery of animal electricity". *American Scientist*, v. 72, n. 6, pp. 598-607, 1984.

WU, L.-Q.; DICKMAN, J. D. "Neural correlates of a magnetic sense". *Science*, v. 336, n. 6084, pp. 1054-7, 2012.

WUERINGER, B. E. "Electroreception in elasmobranchs: Sawfish as a case study". *Brain*, Behavior and Evolution, v. 80, n. 2, pp. 97-107, 2012.

WUERINGER, B. E. et al. "Electric field detection in sawfish and shovelnose rays". *PLOS ONE*, v. 7, n. 7, p. e41605, 2012.

WUERINGER, B. E. et al. "The function of the sawfish's saw". *Current Biology*, v. 22, n. 5, pp. R150-1, 2012.

WURTSBAUGH, W. A.; NEVERMAN, D. "Post-feeding thermotaxis and daily vertical migration in a larval fish". *Nature*, v. 333, n. 6176, pp. 846-8, 1988.

WYATT, T. "How animals communicate via pheromones". *American Scientist*, v. 103, n. 2, p. 114, 2015a.

_____. "The search for human pheromones: The lost decades and the necessity of returning to first principles". *Proceedings of the Royal Society B: Biological Sciences*, v. 282, n. 1804, p. 20142994, 2015b.

WYNN, J. et al. "Natal imprinting to the Earth's magnetic field in a pelagic seabird". *Current Biology*, v. 30, n. 14, pp. 2869-73. e2, 2020.

YADAV, C. "Invitation by vibration: Recruitment to feeding shelters in social caterpillars". *Behavioral Ecology and Sociobiology*, v. 71, n. 3, p. 51, 2017.

YAGER, D. D.; HOY, R. R. "The cyclopean ear: A new sense for the praying mantis". *Science*, v. 231, n. 4739, pp. 727-9, 1986.

YANAGAWA, A.; GUIGUE, A. M. A.; MARION-POLL, F. "Hygienic grooming is induced by contact chemicals in *Drosophila melanogaster*". *Frontiers in Behavioral Neuroscience*, v. 8, p. 254, 2014.

YARMOLINSKY, D. A.; ZUKER, C. S.; RYBA, N. J. P. "Common sense about taste: From mammals to insects". *Cell*, v. 139, n. 2, pp. 234-44, 2009.

YEATES, L. C.; WILLIAMS, T. M.; FINK, T. L. "Diving and foraging energetics of the smallest marine mammal, the sea otter (*Enhydra lutris*)". *Journal of Experimental Biology*, v. 210, n. 11, pp. 1960-70, 2007.

YONG, E. "America is trapped in a pandemic spiral". *The Atlantic*, 2020. Disponível em: <www.theatlantic.com/health/archive/2020/09/pandemic-intuition-nightmare-spiral-winter/616204/>.

YOSHIZAWA, M. et al. "The sensitivity of lateral line receptors and their role in the behavior of Mexican blind cavefish (*Astyanax mexicanus*)". *Journal of Experimental Biology*, v. 217, n. 6, pp. 886-95, 2014.

YOVEL, Y. et al. "The voice of bats: How greater mouse-eared bats recognize individuals based on their echolocation calls". *plos Computational Biology*, v. 5, n. 6, e1000400, 2009.

ZAGAESKI, M.; MOSS, C. F. "Target surface texture discrimination by the echolocating bat, *Eptesicus fuscus*". *Journal of the Acoustical Society of America*, v. 95, n. 5, pp. 2881-2, 1994.

ZAPKA, M. et al. "Visual but not trigeminal mediation of magnetic compass information in a migratory bird". *Nature*, v. 461, n. 7268, pp. 1274-7, 2009.

ZELENITSKY, D. K.; THERRIEN, F.; KOBAYASHI, Y. "Olfactory acuity in theropods: Palaeobiological and evolutionary implications". *Proceedings of the Royal Society B: Biological Sciences*, v. 276, n. 1657, pp. 667-73, 2009.

ZIMMER, C. "Monet's ultraviolet eye". *Download the Universe*, 2012. Disponível em: <www.downloadtheuniverse.com/dtu/2012/04/monets-ultraviolet-eye.html>.

ZIMMERMAN, A.; BAI, L.; GINTY, D. D. "The gentle touch receptors of mammalian skin". *Science*, v. 346, n. 6212, pp. 950-4, 2014.

ZIMMERMANN, M. J. Y. et al. "Zebrafish differentially process color across visual space to match natural scenes". *Current Biology*, v. 28, n. 13, pp. 2018-32.e5, 2018.

ZIONS, M. et al. "Nest carbon dioxide masks GABA-dependent seizure susceptibility in the naked mole-rat". *Current Biology*, v. 30, n. 11, pp. 2068-77. e4, 2020.

ZIPPELIUS, H.-M. "Ultraschall-Laute nestjunger Mäuse". *Behaviour*, v. 49, n. 3-4, pp. 197-204, 1974.

ZUK, M.; ROTENBERRY, J. T.; TINGHITELLA, R. M. "Silent night: Adaptive disappearance of a sexual signal in a parasitized population of field crickets". *Biology Letters*, v. 2, n. 4, pp. 521-4, 2006.

ZULLO, L. et al. "Nonsomatotopic organization of the higher motor centers in octopus". *Current Biology*, v. 19, n. 19, pp. 1632-6, 2009.

ZUPANC, G. K. H.; BULLOCK, T. H. "From electrogenesis to electroreception: An overview". In: BULLOCK, T. H. et al. (Orgs.). *Electroreception*. Nova York: Springer, 2005. pp. 5-46.

Créditos das imagens

p. 289: [acima] Mark Gunn; [abaixo] Daniel Kronauer/ Universidade Rockefeller.

p. 290: [acima] Sheila/ sheilapic76; [abaixo, à esq.] Ben/seabirdnz; [abaixo, à dir.] Lisa Zins.

p. 291: [acima] Tambako; [abaixo] Mathias Appel.

p. 292: [acima] Artur Rydzewski; [abaixo] Janet Graham.

p. 293: [acima] Sönke Johnsen/ Universidade Duke; [abaixo] Kent Miller/ Wikimedia Commons.

p. 294: [acima] Katja Schulz/ Wikimedia Commons; [abaixo] Vicente Villamón.

p. 295: [acima] Eric A. Lazo-Wasem/ Wikimedia Commons; [centro] Eric Warrant/ Wikimedia Commons; [abaixo] Nick Goodrum/ Wikimedia Commons.

p. 296: Fotos do arquivo de Ed Yong.

p. 297: [acima] Adrian Davies/ Alamy Stock Photos; [abaixo] Ulrike Siebeck/ Universidade de Queensland.

p. 298: [acima] Larry Lamsa; [abaixo] Bernard Dupont/ Wikimedia Commons.

p. 299: Prilfish/ silkebaron.

p. 300: [acima] John Brighenti; [abaixo] Foto do arquivo de Ed Yong.

p. 301: [acima] Helmut Schmitz/ Wikimedia Commons; [abaixo, à esq.] Acatenazzi/ Wikimedia Commons; [abaixo, à dir.] Brent Myers.

p. 302: [acima] Colleen Reichmuth/ Universidade da Califórnia em Santa Cruz; [abaixo] Serviços de Peixes e Vida Selvagem dos Estados Unidos — Região Nordeste/ Wikimedia Commons.

p. 303: [acima] Wayne Helfrich; [centro] Kenneth Catania/ Universidade Vanderbilt; [abaixo, à esq.] Serviços de Peixes e Vida Selvagem dos Estados Unidos/ Wikimedia Commons; [abaixo, à dir.] Johann Piber.

p. 304: [acima] Serviços de Peixes e Vida Selvagem dos Estados Unidos/ Wikimedia Commons); [abaixo] Justin Jensen.

p. 305: [acima] Colleen Reichmuth/ Universidade da Califórnia em Santa Cruz; [abaixo] Foto do arquivo de Ed Yong.

p. 306: [acima] Michael Hiemstra; [abaixo] Hakan Soderholm/ Alamy Stock Photo.

p. 307: [acima, à esq.] Laboratório de Monitoramento e Inventário de Abelhas do USGS/ Wikimedia Commons; [acima, à dir.] Nature Collection/ Alamy Stock Photo; [abaixo, à esq.] Sam Droege/ Wikimedia Commons; [abaixo, à dir.] Laboratório de Monitoramento e Inventário de Abelhas do USGS/ Wikimedia Commons.

p. 308: [acima] Xbuzzi/ Wikimedia Commons; [abaixo, à esq.] Galen Rathbun/ Academia de Ciências da Califórnia; [abaixo, à dir.] Karen Warkentin/ Universidade de Boston.

p. 309: [acima] Srikaanth Sekar; [abaixo] Frank Starmer.

p. 310: [acima] Tony Hisgett; [abaixo] Katja Schulz.

p. 311: [acima] Brian Gratwicke; [abaixo] Dennis Jarvis.

p. 312: [acima] Greyloch/ greyloch; [abaixo] Thangaraj Kumaravel.

p. 313: [acima] Bernard Dupont; [abaixo] Andy Reago & Chrissy McClarren.

p. 314: [acima] Bettina Arrigoni; [abaixo] Jesse Barber/ Universidade Estadual de Boise.

p. 315: Jay Ebberly.

p. 316: [acima] Blickwinkel/ Alamy Stock Photo; [centro] Christine Brennan Schmidt; [abaixo, à esq.] Clinton & Charles Robertson/ Wikimedia Commons; [abaixo, à dir.] Imagebroker/ Alamy Stock Photo.

p. 317: [acima] Albert Kok; [centro] Universidade Simon Fraser/ Wikimedia Commons; [abaixo] Gary J. Wood.

p. 318: [acima] Klaus/ Wikimedia Commons; [abaixo] William Warby.

p. 319: [acima, à esq.] Organização de Pesquisa Científica e Industrial da Commonwealth/ Wikimedia Commons; [acima, à dir.] Paul Tomlin; [abaixo] Dionysisa303/ Wikimedia Commons.

p. 320: Joe Parks.

Todos os esforços foram feitos para encontrar os detentores de direitos autorais das fotos incluídas neste livro. Em caso de eventual omissão, a Todavia terá prazer em corrigi-la em edições futuras.

Índice remissivo

Números de páginas em *itálico* referem-se a imagens

A

abelhas, 14, 40, 42, 58, 87-8, 103-5, 110, 118, 125, 198, 341-5, 362, 387, 399; abelhões, *318*, 342-3, 370; sudoríparas, 86, 88; visão UV, 14

abutres, 46,-8, 78-80; grifos-eurasiáticos, 78

acasalamento, 37, 192, 195, 205, 231, 234, 240-1, 249, *310*, 332, 394

ácidos: ácido acético, 134-5, 142; ácido butírico, 13; ácido isovalérico, 367; ácido oleico, 40; ácido sulfúrico, 47; ratos-toupeira-pelados e, 128-9, *300*

Ackerman, Diane, 33, 409

açúcares, 59-60; *ver também* doce (sabor)

Adamo, Shelley, 137, 139-40, 143, 426

África, 99, 101, 211, 214, 323, 354, 367, 393; elefantes africanos, 42-3

águas-vivas, 67, 69, 90, 92

ALAN (luz artificial noturna), 386

albatrozes, 48, 50, 243, *290*

amargo (sabor), 56-60, 133, 170, 323, 342

aminoácidos, 59

ampolas de Lorenzini (eletrorreceptores nos tubarões), *317*, 336, 338, 343, 356

Anableps anableps (peixe), 82

anfíbios, 55, 125, 140, 187, 211, 231, 282, 339

animais: capacidade de sentir terremotos antes que eles aconteçam, 209-11; com faro aguçado, 29; como autômatos, 133, 139; como entidades sencientes, 14; como seres multissensoriais, 365; consciência nos, 45, 136, 187-8, 219, 327-8, 335, 374, 378-9; de sangue frio, 148, 164, 333; de sangue quente, 148, 156-8, 163, 282, *301*, 333, 367; detecção de estímulos por, 16; do fundo do mar, 90; extinção de, 214, 339, 382, 394; invertebrados, 74, 80, 89, 140, 282, 322, 376; marinhos, 59, 391-2; níveis variados de conforto térmico dos, 148, 151; noturnos, 87; preconceito humano na compreensão dos sistemas sensoriais dos, 72, 203, 363; sistemas sensoriais e corpos dos, 15-7, 88, 328, 372; *Umwelt/Umwelten* ("bolha sensorial" dos animais), 13; *Umwelten* dos, 14, 17, 19-20; vertebrados, 18, 54, 56, 74, 80, 86, 97, 108, 140, 228, 332, 339-41; *ver também animais específicos*

antenação, 38, 40

Antropoceno, 382

Antropólogo em Marte, Um (Sacks), 96

antropomorfismo, 20, 62, 136

Appel, Mirjam, 138, 426

aranhas, 11, 37, 62-6, 82, 104, 113, 116, 122, 169, 195-7, 201-2, 215-8, 227, *306*, 330, 343-5, 369, 393, 400, 438; aranhas-saltadoras, 62-6, 81, 113, 122, *292*, 369, 400; aranha-tigre-errante, 195, 217, *306*; *Argyrodes* (aranha-gota-de-orvalho), 217, *309*;

Nephila, 215-7, *309*; *Oclonoba sybotides* (aranha tecelã japonesa), 218; tecelãs de orbiculares, 217; viúva-negra, 219

arco-íris, 12, 95-6, 99, 102, 107, 113, 117, 126, 399

Arctiidae (mariposas), 271

Arikawa, Kentaro, 21, 100, 114, 415, 419, 422

Aristóteles, 18, 33, 46, 52, 168, 371

aritmética neural, 96

Ásia, 99, 214; elefantes asiáticos, 43, 246, *312*

astrônomo, *Umwelt* do, 400

Atlântico, oceano, 141, 242, 257, 337, 352-5

Au, Whitlow, 274, 280, 404, 444

audição, 12, 15, 18-9, 24, 35, 44, 129, 134, 165, 170, 177, 197, 201-2, 211, 222-6, 228, 230-1, 233, 235-6, 239-43, 245-6, 249, 252-3, 257, 260, 262, 268-9, 284-5, 286, *310*, 329, 331, 342, 364-5, 369, 371, 440, 442; cóclea, 222-3; faixas auditivas, 223, 242, 252, 223; humana, 15; natureza temporal dos sons, 236; tímpanos, 211, 212, 222, 223, 227, 228, 229; *ver também* ondas sonoras; ouvidos; ecolocalização; vibrações

Audubon, John James, 46, 47, 48, 411

autômatos, animais como, 133, 139

aves, 29, 46-50, 55, 58, 60, 72, 78-81, 103-4, 106-7, 114, 125, 136, 144, 156, 163, 175-6, 178, 192-3, 221, 223, 228, 235, 237-40, 248, 255, 349-50, 352, 355, 357-60, 384-5, 387, 390, 392, 417, 442; caradriformes, 176; de rapina, 72, 78, 80-1, 260, 288; filoplumas, 193-5; marinhas, 29, 48-51, 178, 352, 355, 392; migratórias, 163, 349, 355, 384-5, 387, 390; procelariiformes (aves marinhas), 48-50; visão das, 78, 80; *ver também* pássaros

Axel, Richard, 36, 48

azedo (sabor), 57, 170

B

bagres, 56, 59, 189, *291*, 339, 394; bagre--americano, 394; bagre-cabeça-dura, 59

Bagriantsev, Slav, 176, 427

Baker, Robin, 362, 453-5, 460

Bakken, George, 160, 162-4, 429-30

Baldwin, Maude, 60, 414

baleias, 14, 18, 20, 32, 49, 55, 82, 92, 97, 167, 180, 183, 242-9, 251, 255, 273, 275, 279-80, *312*, 351, 391-2, 397, 400, 449; baleias-azuis, 91-2, 97, 242, 244-6, 249, 251, *312*, 400; baleias-bicudas-de-blainville, 279, 280; baleias-cinzentas, 351; baleias-comuns, 242-4, 246; baleias-francas, 243, 392, 397; baleias-jubarte, 242, 246, 392, 397; baleias-piloto, 275; dentadas, 255, 273, 275; orcas, 28, 255, 275, 280, 392; *War of the Whales* [Guerra das baleias] (Horwitz), 391, 464

Bálint, Anna, 165, 430

Bang, Betsy, 47, 412

baratas, 143, 177-8, 342, 398

Barber, Jesse, 253-6, 270-2, 381-3, 387, 390-1, 404, 448-9, 463

Barth, Friederich, 196-7, 218, 435, 439

Basolo, Alexandra, 233, 442

bastonetes e cones (fotorreceptores), 93, 95-9, 101, 103, 107-8, 112, 120, 125, 361; *ver também* fotorreceptores; visão

Bates, Lucy, 42, 44

Bates, Tim, 49

Bauer, Gordon, 180-3, 404, 433

Bedore, Christine, 338, 454-5

beija-flores, 14, 51, 60, 72, 106-8, 111, 252, 253, *298*, *314*; beija-flor-de-cauda-larga, 106, 108, *298*; beija-flor-de-garganta-azul, 252, *314*; colibri-do-chimborazo, 252

Being a Dog [Ser um cão] (Horowitz), 32

Benoit-Bird, Kelly, 280, 450

Bernal, Ximena, 234, 442

besouros, 152-5, 227; "caçadores de fogo", 152

Beston, Henry, 15, 407

bigodes e varredura, 12, 121, 167, 178-80, 182-6, 192, 225, 259, 268, 282, 288, *303*, *305*, 338-40, 369; *ver também* tato; vibrissas

biologia: biólogos e "filtros de simplicidade", 20; biologia sensorial, 18, 21, 36, 203, 356, 368, 382, 403, 407 bioluminescência, 90, 92

Bird Sense [Sentido das aves] (Birkhead), 175-6

Birkhead, Tim, 175, 411, 431, 442

biúta (cobra venenosa africana), 29

Blake, William, 7, 20

Blix, Magnus, 147

bobinas de Helmholtz, 350

bobos-pequenos (ave marinha), 355

bogongs, mariposas, *319*, 346-9, 351, 365, 369, 401, 456-7, 460

borboletas, 21, 39, 72, 95, 109-11, 113-4, 116, 118, 151-2, 227-8, 253, 270, *291*, *298*, 362, 387; borboleta-cauda--de-andorinha-chinesa, 68, 114; borboletas castanhas-vermelhas, 110-1, 113; borboletas-monarca, 227, 347, 362; *Heliconius erato*, 109, *298*, 422; *Heliconius melpomene*, 110

botos, 273, 275; boto-cinza, 339-40

Braithwaite, Victoria, 134, 136, 425-6

Branstetter, Brian, 276, 404, 449

Briscoe, Adriana, 109-11, 404, 422

Broca, Paul, 32

Broom, Donald, 133-4, 425

Brownell, Philip, 208-9, 437

Brumm, Henrik, 389, 464

Bryant, Astra, 155-6, 404, 428

Buck, Linda, 36

bulbo olfatório, 26, 31-3, 42, 48, 374; *ver também* olfato

Bullock, Ted, 332, 429, 451, 453-4

Buxton, Rachel, 389, 463

C

caçadores-coletores, povos, 33

cachalotes, 92, 255, 275, 277, 279

cães, *296*; aulas de farejo, 30; domesticação de, 26; farejadores, 20, 42, 76; focinho como sensor infravermelho, 165; olfato dos, 26, 42-3

cães-da-pradaria, 390

Caldwell, Michael, 201

calor, 128, 146-7, 149-51, 153-8, 160-2, 165, 368, 395; corporal, 18, 156, 158, 160, 164; da luz infravermelha, 153-4; níveis variados de conforto térmico dos animais, 148, 151; parasitas e, 156; sensores de, 18, 149, 154, 157-61, 164; *ver também* temperatura

camaleões, 82-3, *294*

camarões, 121; camarão-limpador, 72; camarão-louva-a-deus, 115-24, 126, 133, 242, *299*, 401, 405, 423; camarão-louva--a-deus-palhaços, 119

Cambriana, explosão, 68

campos magnéticos, 349-51, 354, 356, 358-9, 362-5, 396; assinatura magnética, 355; campo magnético da Terra, 13, *319*, 347, 350-1, 364, 369; mapas magnéticos, 353-5, 396; *ver também* magnetorrecepção, sentido da

camundongos, 32, 53, 100, 103, 147, 149, 158, 179-80, 250; camundongos-de-patas-brancas, 53

canais TRP (sensores de temperatura), 147; TRPM8 (sensor de frio), 148; TRPV1 (temperaturas altas), 148-9, 158

Caprio, John, 56, 59, 413-4

capsaicina, 128-9, *300*

Caputi, Angel, 328, 452

caradriiformes, aves, 176

caranguejos, 81, 115, 137-8, 141, 181, 201, 338, 375, 379; caranguejos chama-maré, 81, 201; caranguejos-eremitas, 138

Carlson, Bruce, 328, 331-4, 340, 373-4, 404, 451, 453-4, 461

Caro, Tim, 70, 415

Carr, Ann, 158

Carr, Archie, 352, 457

carrapatos, 106, 158, 400

Casas, Jérôme, 196

cascavéis, 14, 18, 53, 55, 146, 153, 159-60, 162, 164-5, 226, *301*; cascavéis-chifrudas, 162-4

"Caso do pintor daltônico, O" (Sacks e Wasserman), 96

Catania, Ken, 171-5, 191, 210-1, 322, 339-400, 404, 424, 431, 434, 438, 451, 460

cavalos, 55, 71-2, 98, 158, 191, 322

Caves, Eleanor, 72, 404, 415-6

cefalópodes, 21, 67, 97, 122, 140, 142-4; *ver também* polvos

cérebro, 16-8, 21, 26, 32-3, 36, 45, 48, 52, 54-6, 62, 65, 75-6, 78, 81, 84-5, 89, 96, 113, 118-21, 126, 129-40, 147, 162-3, 167-8, 172-4, 177-80, 201, 222-4, 226, 231, 236, 239, 261, 266, 286-7, *320*, 333, 336, 340, 356, 358-60, 369-70, 372-4, 376-9; córtex somatossensorial, 167, 172, 180; córtex visual, 16, 287; eletricidade como linguagem do, 340; humano, 137, 333, 377-8; reconhecimento intermodal de objetos, 370; *ver também* neurônios; sistemas nervosos

CFF (frequência crítica de fusão), 85-6, 418

chapins-reais, 389-90

Chatigny, Frédéric, 143, 427

chayma (indígenas), 322

cheiros *ver* odores; olfato

Chernetsov, Nikita, 355, 458

Chiou, Tsyr-Huei, 123, 423

chitas, 72

Chittka, Lars, 125, 423, 426, 461

chocos, 21, 67, 97, 140, 338, 392

ciclídeos, peixes, 393-4

cigarras, 204-5, 207, 227, 276; cigarrinhas, 22-3, 203-7, 209, 216, 231, 242, 283, *307*, 399-400; cigarrinhas-trevo, 206

Cinzano, Pierantonio, 383, 463

citronela, 158

Clark, Chris, 248, 400

Clark, Rulon, 53, 159, 226, 404

cobras, 29, 51-7, 125, 159-60, 162-4, 171, 192, 199-200, 226, *290*, 400; biúta (cobra venenosa africana), 29; cascavéis, 14, 18, 53, 55, 146, 153, 159-60, 162, 164-5, 226, *301*; cobra-do-mar-oliva, 67; cobras-cantil, 160; cobras-covinha, 160, 162, 164; cobras-liga, 52, 55, 164; jiboias, 53, 160, 164; língua bifurcada das, 51-2, 54, 185, 290; olfato, 52; órgão de Jacobson, 52; pítons, 160, 164; serpentes-mocassim-cabeça-de--cobre, 53, 160; serpentes-olho-de--gato-aneladas, 199, 200, *308*; víboras--chifrudas, 163

cóclea, 222-3

Cocroft, Rex, 22, 203-7, 209, 216, 231, 345, 400, 404

Coenosia attenuata (mosca), 83

Cole, Hunter, 381

colibri-do-chimborazo, 252

"Como é ser um morcego?" (Nagel), 19, 259, 266, 282, 379

cones e bastonetes (fotorreceptores), 93, 95-9, 101, 103, 107-8, 112, 120, 125, 361

consciência, 136; nos animais, 45, 136, 139, 187-8, 219, 327-8, 335, 374, 378-9; sistemas nervosos e, 136, 139

conservação de espécies, tentativas de, 396

Coombs, Sheryl, 188, 433-5

Corcoran, Aaron, 271, 445, 447-8

cores: espectro eletromagnético, 102; espectro visível, 107, 118, 153; não espectrais, 107-9; visão em cores, 15, 95-8, 105, 111-2, 114, 117, 119, 296; *ver também* dicromacia; tricromacia; tetracromacia; luz; visão

corpúsculos: de Meissner, 170; de Pacini, 170

correntes de ar, 14, 169, 183, 194, 196, 202, 257, *306*, 343

córtex somatossensorial, 167, 172, 180

córtex visual, 16, 287

corujas, 15, 72, 79, 221-4, 226, 229, 235, 241-2, 251, 282, 369, 382, 389-90, 440; coruja-das-torres, 222-3, 229, *310*, 440; coruja-do-mato-europeia, 89

Covid-19, pandemia de, 39, 112, 397, 404

criptocromos, 359, 361

crocodilos, 55, 171, 190-2, 205, *304*, 322

cromóforo (molécula), 66-7

cromossomos, 99, 101, 111

Cronin, Tom, 116-7, 119, 122-4, 404, 415, 419, 421-3

Cronon, William, 399, 466

Crook, Robyn, 131-2, 134, 137, 140-2, 376, 404, 426-7, 462

crustáceos, 65, 73, 83, 92, 115-6, 122, 133, 138, 140, 143-4, 176, 197, 246, 280

Cummings, Molly, 105, 125, 404, 421, 423

Cunningham, Susan, 177, 432

Cupiennius salei (aranha-tigre-errante),
195, 217, *306*
Cuthill, Innes, 105, 419, 421

D

D'Aguilon, François, 373
D'Ettorre, Patrizia, 40, 410
daltonismo, 98-9, 113; e cromossomo X, 99;
pessoas daltônicas, 21, 98
Darwin, Charles, 33, 68, 69, 211, 323, 409,
415, 438, 452
Dehnhardt, Guido, 184-6, 417, 433
Derryberry, Elizabeth, 397, 466
descargas corolárias, 373-4, 461
Descartes, René, 133, 139
detecção de movimento, 65
Di Silvestro, Roger, 196, 435
Dickman, David, 358, 458
dicromacia, 98-101, 104, 107-8, 112, 113, *296*
Dijkgraaf, Sven, 187-8, 257, 329, 335, 338,
434, 454-5
dinossauros, 48, 60, 108, 178-9,
192; tiranossauros, 48, 192;
velocirraptor, 48
dióxido de carbono, 11, 38, 128-9, 366-8,
382; e ratos-toupeira-pelados,
128-9, *300*
direcionalidade, 51, 77; *ver também*
migrações
disco oral (em peixes-boi), 181-2
distribuída, visão, 77
Do Fish Feel Pain? [Os peixes sentem dor?]
(Braithwaite), 136
doce (sabor), 33, 57-60, 70, 103, 108, 127, 133,
159, 170, 181, 321, 342, 345, 349
Dolichopteryx longipes (peixe olho-de-
-barril), 82
domesticação de cães, 26
Donaldson, Henry, 147
donzela-de-Ambon (peixe), 105, *297*
Dooling, Robert, 236-9, 241, 249, 442
Doppler, efeito, 269, 447-8
dor, 24, 134, 136, 176, 337; capacidade dos
animais de sentir, 128, 131, 133, 136-7,

140, 142-3, 146; em humanos, 132-3;
ver também nocicepção
Dunning, Dorothy, 271, 448
Duranton, Charlotte, 30, 408

E

ecolocalização, 24, 253, 258-62, 264-8, 272-
88, *314*, 325-6, 328, 339, 346, 349, 364-
5, 369-70, 381, 400, 445, 449; criação do
termo, 257; etiquetas acústicas para o
estudo da, 279; ficção científica e, 24;
golfinhos, 282; humana, 282, 283, 285;
morcegos, 253, 257-8, 273, 277, 326,
346; *ver também* sonares; infrassons/
frequências infrassônicas; ultrassons/
frequências ultrassônicas
efemerópteros, 82, 227-8, *294*, 387
Eimer, órgãos de, 172-3, 190, 225
Eisemann, Craig, 143, 427
elefantes, 11, 14, 32, 44, 51, 182, 209, 213,
247, 249, 333; africanos, 42-3, 247-
8; asiáticos, 43, 246, *312*; infrassons
emitidos pelos, 213, 247, 249; olfato dos,
37, 42-3; tromba dos, 11, 42-4, 55, 175,
181, *290*; vibrações e, 213-4
Elephant's Secret Sense, The [O sentido
secreto dos elefantes] (O'Connell), 213
eletricidade, 59, 321-4, 336-7, 341, 344;
campos elétricos, 13-4, 20, 24, 34, 176,
190, *316-8*, 323, 327-9, 331, 334-40, 342-
5, 358, 369, 373, 399; como linguagem
do cérebro, 340; eletrolocalização ativa,
325-6, 332; sinais elétricos, 16, 84, 147,
224, 331-4, 340, 342, 379; *ver também*
peixes-elétricos
eletrorrecepção, 337-40, 343-4, 348,
364, 365; ampolas de Lorenzini
(eletrorreceptores nos tubarões),
317, 336, 338, 343, 356; como
sentido instantâneo, 327; como
sentido omnidirecional, 327;
descargas corolárias, 373-4, 461;
eletrocomunicação, 332, 453;
eletrolocalização, 325-9, 332, 335-6;
eletrorreceptores, 325, 329, 332, 334,

336, 339-41, 343, 357, 373; *knollenorgan* (eletrorreceptores dos peixes-elefantes), 332-3, 373; passiva, 337-8

Elwood, Robert, 138-9, 143, 426

Emlen, Steve, 350

endotermia, 156; *ver também* sangue quente, animais de

enguias-elétricas, *316*, 322-4

entidades sencientes, animais como, 14

epitélio olfatório, 26, 32

equidnas, 339-41

equilibriocepção (senso de equilíbrio), 18, 371

escorpiões, 208, 212, 216, *308*

escuridão, 12, 15, 23, 28, 50, 66, 86-91, 97, 161, 163, 169, 186, 194-5, 221, 225, 255, 273, *295*, 348, 381-5, 398, 462; no fundo do mar, 90

espectro eletromagnético, 102

esponjas marinhas, 372

esquilos, 53, 145-50, 154, 157, 162, 176, 250; esquilo-terrestre-rajado, 145-7, 149, 176, *300*

esquizofrenia, 374

estímulos, detecção de, 16

estrelas-do-mar, 15, 75

etil mercaptano (gás), 47

Europa, 99, 271, 350, 352, 354

evolução, 16, 23, 55, 62, 64, 67, 69, 76, 84, 88, 99-100, 125-6, 132-3, 139-40, 164, 180, 197, 230-1, 233, 249, 253, 255, 273, 280, 333, 340, 367, 374, 438; dos olhos, 67-70; seleção natural, 69; seleção sexual, 333; teoria evolucionista, 69

exaferência, sinais de, 371-3, 461

"exploração sensorial", 233

extremófilos, 149-50

F

falsas-orcas, 278

Farley, Roger, 208-9, 437

feromônios, 38-42, 44, 50, 52, 55-7, 228, 253, 409

filoplumas, 193-5

"filtros de simplicidade", 20

Fishbein, Adam, 237, 442

focas, 23, 167, 169, 183-4, 186-7, 192, 282, *305*, 369, 391; focas-barbudas, 186, 391; focas-da-Groenlândia, 85

Forel, Auguste, 41, 410

formigas: formigas-biroi, 37-8, 40-1, *289*, 366; formigas-cortadeiras, 39-40; formigas-leão, 212; formigas-loucas, 29

Fortune, Eric, 321, 326, 330, 400

fótons, 66, 84, 87-9, 197

fotorreceptores, 16, 66-9, 71, 73-4, 77-8, 80, 84, 87-9, 93, 96-8, 103, 114, 116-7, 121-4, 126, 379; ciliares e rabdoméricos (fotorreceptores animais), 74; cones e bastonetes, 93, 95-9, 101, 103, 107-8, 112, 120, 125, 361; *ver também* luz; visão

Francis, Clinton, 393, 395

frequência crítica de fusão (CFF), 85-6, 418

Fristrup, Kurt, 388-90, 397, 404, 463

Fromme, Hans, 349, 456

fungos, 40, 83

funil de Emlen, 350

G

gafanhotos, 204, 227-8, 388

Gagliardo, Anna, 50, 412

gaio-dos-matos-ocidental (pássaro), 395

Gal, Ram, 177, 432

Galambos, Robert, 257-8, 285, 445

galinhas, 80, 132, 149, 175

Gall, Megan, 240, 443

Gallio, Marco, 150, 151

gatos, 55, 59-60, 85, 89, 103, 129, 180, 191, 212, 223, 251, 405; visão CFF nos, 85

Geipel, Inga, 264, 447

Gentle, Mike, 134

girafas, 72, 214

girinos, 175, 199-201, *308*

globos oculares, 88

Gloydius brevicauda (víbora), 163

Gnathonemus petersii ver peixes-elefantes

Godfrey-Smith, Peter, 378, 462

Gol'din, Pavel, 279, 450

Goldscheider, Alfred, 147

golfinhos, 15, 60, 82, 180, 184, 249, 255, 273-81, 288, *315*, 370, 449; golfinhos-nariz--de-garrafa, 274-5, 277; golfinhos--rotadores, 280

Gonzalez-Bellido, Paloma, 83-6, 400, 418

Gordon, Tim, 395

Goris, Richard, 162, 429-30

gostos *ver* sabores

GPCRs (receptores acoplados à proteína G), 61

Gracheva, Elena, 146, 149, 157-8, 160-1, 176, 404, 427, 429

Grande Barreira de Corais (Austrália), 105, 395-6

Granger, Jesse, 351, 457

Grant, Robyn, 179-80, 432

Grasso, Frank, 375-8, 404, 461-2

Griffin, Donald, 20-1, 257-8, 260-1, 265, 273, 282, 285, 325, 349, 400, 407, 445-7, 449, 451, 456

grilos, 64, 169, 196-7, 202, 204-5, 207, 227-30, 234, 252, *310*, 374, 390; grilos-do-bosque, 196; tato dos, 169

Grüsser, Otto-Joachim, 373, 461

guanina, 76

guaxinins, 97, 396

gustação *ver* paladar

Gutnick, Tamar, 377, 462

H

habitats, 17, 74, 81, 89, 167, 195, 270, 274, 334, 390, 393, 419, 450, 453, 464-6; *ver também Umwelt/Umwelten* ("bolha sensorial" dos animais)

Hagedorn, Mary, 332, 453

Hallem, Elissa, 156, 428

Hartridge, Hamilton, 257

Hasler, Arthur, 46, 411

Heffner, Henry, 251, 444

Heffner, Rickye, 251, 444

Heiligenberg, Walter, 332, 453-4

Helmholtz, Hermann von, 350, 373

Hendricks, Michael, 374, 404

hibernação, 129, 145

hidras, 67

hidrodinâmico, sentido, 186

hienas, 70-1, 74; hienas-malhadas, 59

Hildebrand, John, 391-2, 409, 465

Hill, Peggy, 203, 212

hipopótamos, 82, 214

hiracoides, 182

Hofer, Bruno, 187, 434

Hopkins, Carl, 326, 451-4

Hore, Peter, 361, 459

Horowitz, Alexandra, 21, 25-6, 28, 29-32, 34, 43, 51, 404, 407-8

Horwitz, Joshua, 391, 464

How, Martin, 120, 404

Hoy, Ron, 229, 441, 444

Hughes, Howard, 332, 417, 453

humanos, 18, 20, 86, 113, 243, 266, 322, 368, 392; aspectos dos, 18; bebês humanos, 133; : cérebro humano, 137, 333, 377-8; dor em, 132-3; preconceito na compreensão dos sistemas sensoriais dos animais, 72, 203, 363; propriocepção e, 18; tato humano, 170, 171; visão humana, 70, 80, 85, 95, 98, 107, 113

Humboldt, Alexander von, 322, 451

humildade, necessidade de, 21, 380

I

indígenas, 214, 215, 322, 395

indução eletromagnética, 357

infrassons/frequências infrassônicas, 11, 242-4, 246-50

infravermelha, luz, 153-5, 161

insetos, 15, 19, 22, 37-8, 42, 44, 56, 58, 65, 72-3, 82, 84-7, 101, 103, 108, 111, 114, 122, 126, 133, 137-40, 143-4, 152-5, 158, 160, 174, 178, 194-8, 201, 203-5, 207-8, 216, 218, 226-31, 253-5, 258, 260, 264, 266-8, 270-1, 279, 282, 285, *291-2*, 330, 339, 342-3, 345-7, 351, 362, 366-8, 370, 382-3, 386-7, 393, 437, 440, 445; audição, 15; olhos dos, 126; vibrações de, 189

inteligência, 21, 62, 120, 333, 375, 379

inteligências artificiais, 163

invertebrados, 74, 80, 89, 140, 282, 322, 376

ituí-transparente (peixe), *316*, 330

J

Jacobs, Gerald, 100, 103, 420-1
jahai (povo da Malásia), 33-4
Jakob, Elizabeth, 62, 400, 404
Jeffery, Glen, 103, 421
joaninhas, 345, 390
Johnsen, Sonke, 18, 21, 66, 75, 90-2, 356, 364, 384, 404, 407, 414-7, 419, 455-6, 458, 460, 463
Jordan, Gabriele, III
julgamento positivo, viés de, 30
Jung, Julie, 30, 201, 436, 447
Junkins, Maddy, 145-6

K

Kaas, Jon, 173, 417, 419, 431
Kajiura, Stephen, 337, 454-5
Kalmijn, Adrianus, 335-8, 454-5
kamba (povo africano), 43
Kane, Suzanne Amador, 21, 192-3, 404, 435
Kant, Immanuel, 33, 409
Kapoor, Maya, 394, 453, 466
Keays, David, 357-8, 361, 363, 365, 458
Kelber, Almut, 80, 93, 105, 400, 419, 422
Ketten, Darlene, 249, 444
Key, Brian, 136, 425
Kirschvink, Joseph, 362-3, 459
Kish, Daniel, 281-8, 328, 369, 404, 450-1
knollenorgan (eletrorreceptores dos peixes--elefantes), 332-3, 373
Knop, Eva, 387, 463
Knudsen, Eric, 223, 440
Konishi, Masakazu, 223, 235, 440, 442
Kotler, Burt, 163
Krahling, Abby, 381
krills, 49-50, 92, 246
Kröger, Ronald, 165, 419, 430
Kronauer, Daniel, 38, 366, 404

L

lagostas, 41, 137-8, 348, 354; lagostas--vermelhas, 354
Laming, Peter, 135, 425
Land, Mike, 63-4, 74, 76, 116
Lawson, Shelby, 237, 442
Leitch, Duncan, 192, 434
leões, 28, 70, 74, 212, 248
leões-marinhos, 23, 60, 183, 186, 282
libélulas, 85-6, 227-8, 264, 387
Libersat, Frederic, 177-8
língua, 11, 33, 51-8, 181, 185, 266, 281, 287-8, *290*, 376, 400; língua bifurcada das cobras, 51-2, 54, 185, *290*; *ver também* paladar; tato
linguagem e mundo sensorial, 20, 230, 282
Linsley, Earle Gorton, 152, 428
Lissmann, Hans, 324, 327, 336, 452
Listening in the Dark [Ouvindo no escuro] (Griffin), 257, 265
Liu, Molly, 367, 424, 440, 460
lobos, 26, 165, 248, 376
Lohmann, Catherine, 353
Lohmann, Ken, 352-6, 364, 404, 456-8, 460, 466
Longcore, Travis, 385-8, 404, 463, 466
lontras-marinhas, 166-70, 173, 175, 182-3, *302*
Lorenzini, Stefano, 335; *ver também* ampolas de Lorenzini (eletrorreceptores nos tubarões)
Lubbock, John, 102-3, 421
Lucas, Jeffrey, 239
lulas, 65, 91-2, 97, 140-2, 144, 277, 280; lula--colossal, 91; lula-morango, 83; lula--pálida, 141; lulas-gigantes, 65, 91-2; lula--vaga-lume, 97
Luther Standing Bear (chefe indígena), 214, 215
luz: azul, 360, 384, 387; branca, 383; comprimentos de onda, 35, 95-9, 102-3, 107-8, 110, 112, 118, 126, 130, 133, 153, 161, 244, 251, 360, 387; definição de, 66; detecção de luz se torna visão de fato, 68; diversidade

de luzes, 394; dupla natureza da, 66; espectro eletromagnético, 102; fótons, 66, 84, 87-9, 197; gradientes de, 394; infravermelha, 153-5, 161; nos oceanos, 89-90; polarização circular, 123; polarizada, 122-3, 124, 387; poluição luminosa, 382-3, 386-8, 393, 396, 463; propriedades da, 67; solar, 67, 82, 89; ultravioleta (UV), 14, 102-4, 251; velocidade da, 84; vermelha, 90, 100, 125, 145, 203, 360, 383; visível, 102, 197; *ver também* cores; fotorreceptores; visão

M

Maan, Martine, 125, 423
maasai (povo africano), 43
macacos, 55, 99-101, 111, 125, 140, 180, 205, *307*; das Américas, 100; macacos-de-cheiro, 101, 111, 113; macacos-esquilo, 100
Machin, Ken, 324, 452
MacIver, Malcolm, 16, 23, 280, 323-4, 326-9, 332, 404, 407
Macpherson, Fiona, 18-9, 407
magnetita, 357, 361
magnetorrecepção, sentido da, 348-50, 352, 356-8, 360-5, 400, 456, 460; *ver também* campos magnéticos
Majid, Asifa, 33-4, 409
Malebranche, Nicolas, 133
Maler, Leonard, 326
mamíferos, 11, 32, 55, 58-60, 63, 89, 94, 98-100, 103, 108, 129, 133, 136, 141, 144, 156-7, 166, 179-80, 182-3, 188, 206, 211-2, 223, 226-7, 246, 250-1, 266, 273, 282, 339-40, 376, 385, 391, 432; pelos dos, 179
mamutes, 214
mandarins (pássaros), 235, 237-, 240, *311*, 331
mapas magnéticos, 353-5, 396
mar *ver* oceanos
Marinha dos Estados Unidos, 242, 274; Sistema de Vigilância Sonora (SOSUS, na sigla em inglês), 242, 244, 400

marinhos, animais, 59, 391-2
mariposas, 37-8, 44, 50, 93, 152, 227, 230, 253-5, 260, 263, 270-2, 278, *319*, 350-1, 365, 369, 382, 386-7, 393, 400; *Arctiidae*, 271; bogongs, *319*, 346-9, 351, 365, 369, 401, 456-7, 460; mariposas-elefantes, 93, *295*, 400; mariposas-falcão, 37, 271; mariposas-luna, 255, 271-2, *314*, 343; tromba de, 93
Marshall, Justin, 116-9, 121, 123, 404, 419, 421-3, 433
Martin, Graham, 78
mastodontes, 214
Matos-Cruz, Vanessa, 146, 148, 150, 427
Maxim, Hiram, 257
Maximov, Vadim, 97, 420
McBride, Arthur, 273, 449, 460
McClure, Christopher, 390
McGann, John, 32, 408
mecânicos, sentidos, 19, 24, 169, 224
mecanorreceptores, 16, 169-72, 175-6, 178-9, 194, 197, 212, 376, 379
Medusa (câmera oculta marinha), 90-2, 419
megafauna, 214
Meissner, corpúsculos de, 170
Melchers, Mechthild, 195
Melin, Amanda, 70-1, 100-1, 113, 404, 415, 420, 442
Menzel, Randolf, 125, 423
mérgulo-de-bigode (ave marinha), 178-9, 182, *303*
Merkel, Friederich, 169, 349-50, 456
Merkel, terminações nervosas de, 169
Mhatre, Natasha, 219, 439-40
Middendorff, Alexander von, 349-50, 456
migrações, 46, 60, 347-8, 351-2, 369, 457; aves migratórias, 163, 349, 355, 384-5, 387, 390; de tartarugas, 355; *Tribute in Light* (instalação artística em Nova York) e aves migratórias, 384-5
Miller, Ashadee Kay, 29, 408, 411, 464
Millsopp, Sarah, 135, 425
minhocas, 149, 173-4, 176, 210-2, 322, 371-2, 374
misticetos, 246, 249, 275
Monet, Claude, 103, 421

monocromacia, 93, 96-7, 100, 113, 121, 256, 285, 333

morcegos, 11, 15, 19-20, 55, 59, 103, 146, 157, 194, 215, 234-5, 251-74, 277-9, 281-5, 301, 323, 325, 330, 351, 381-3, 387, 392, 393, 400, 445, 449; chamados de, 259; "Como é ser um morcego?" (Nagel), 19, 259, 266, 282, 379; "desajeitados", 265; ecolocalização dos, 253, 257-8, 273, 277, 326, 346; grandes morcegos--marrons, 254, 260-4, 266, 268, 270-1, 277, *314*, 351, 405; morcegos de frequência constante (CF), 267-9, 279; morcegos de frequência modulada (FM), 267, 269; morcegos marrons de pequeno porte, 271, 382; morcegos--de-cauda-livre-brasileiros, 265; morcegos-vampiros, 59, 146, 157, 301; "sussurrantes", 260; zumbido terminal, 261-3, 277

Morehouse, Nate, 66, 404, 414

Morley, Erica, 344, 456

mormirídeos, 332-3

Mortimer, Beth, 215-8, 404, 436, 439, 458

moscas, 52, 58-9, 71, 73, 82-6, 132, 136, 149-51, 154, 157, 215-6, 219, 229, *306*, 342, 349, 362, 390, 400; assassinas, 73, 83-6, 400; moscas assassinas (*Coenosia attenuata*), 83-5, *292*; moscas-das-frutas, 40, 83, 132, 150, 154, 362; moscas-tsé--tsé, 71, 157; mutucas africanas, 71; *Ormia ochracea*, 229-30, 234, 241, 249, *310*, 342, 390; tromba de, 84

mosquitos, 38, 71, 129, 157, 200, 227, 234, 366-8, 370, 382, 460; tromba de, 366

Moss, Cindy, 44, 247-8, 258-9, 261, 263, 404, 411, 435, 446-7

Mouritsen, Henrik, 360-2, 364, 456, 458-61

movimento, detecção de, 65

Murray, R. W., 335, 416-7, 423, 446, 449, 452, 454, 456

mustelídeos, 166-7, 169

mutucas africanas (moscas), 71

N

Nachtigall, Paul, 274-5, 280, 404, 449-50

Nagel, Thomas, 19, 21-2, 258, 266, 282, 379-80, 407

narinas, 25-7, 34, 48, 51-2, 55, 151, 160, 171, 181, 276, 289, 339

Narins, Peter, 212, 438, 443-4

Nature (revista), 227, 250

natureza selvagem, conceito de, 399

Navalha de Occam, 20

navegação, 97, 178, 334-5, 351, 460

Neeley, Liz, 159, 403

Neitz, Jay, 94, 100, 103, 113, 419-21

Neitz, Maureen, 94, 420

nematoides (vermes), 155

nenúfares, 103

Nephila (aranhas), 215-7, *309*

nervos, 78, 130, 154, 161, 163, 179, 189-92, 195, 209, 322, 335, 337, 376; nervo óptico, 16; terminações nervosas, 130, 161, 169-70, 190; *ver também* cérebro; sistemas nervosos

neuromastos, 187-90, 195, 329

neurônios, 16-7, 21, 26, 33, 36, 48, 54, 56, 80, 88, 96, 129, 131, 137, 139-40, 147, 154-5, 157-8, 161-2, 172-3, 176-7, 219, 230, 234, 236, 239, 268, 357-8, 369-70, 374, 376-7; *ver também* cérebro; sistemas nervosos

Nevitt, Gabrielle, 48-50, 411-2

Nicolson, Adam, 51, 412

Nilsson, Dan-Eric, 67-9, 77, 91, 133, 404, 414-6, 419, 421, 454

nocicepção, 129-36, 139-40, 143, 149, 226, 424; nociceptores, 129-32, 135, 137, 141; *ver também* dor

Norris, Ken, 273, 277, 449

noturnos, animais, 87

O

O'Connell, Caitlin, 44, 213-4, 220, 248, 438, 443

objetos, reconhecimento intermodal de, 370

oceanos, 20, 49, 57, 92, 131, 211, 242-6, *312*, 348, 382, 391-2, 396, 419; como maior habitat do planeta, 89; fundo do mar, 50, 75, 81, 90-1, 151, 169, 183, 186, 244, 338, 391, 393; luz nos, 89-90

Oclonoba sybotides (aranha tecelã japonesa), 218

odontocetos, 92, 275, 277, 279-80, 282

odores, 11, 13, 16, 18, 25-38, 40, 42-8, 50-1, 53-8, 61, 130, 151, 156, 158, 160, 176, 185, 288-9, 323, 329, 337, 340, 366, 369-70, 401; ambiente odorífero, 29; moléculas odorantes, 25-7, 29, 32, 35-7, 47, 51, 52, 54-6, 327, 368, 393; na língua inglesa, 33

ofiúros, 77-8, *293*

olfato, 18-9, 24, 26, 28-37, 40-1, 43-8, 50-1, 55-7, 61, 68, 75-6, 107, 129, 133, 144, 158, 165, 170, 222, 225, 229, *290*, 348, 366-7, 369-71, 408, 409; abutres, 47; animais com faro aguçado, 29; bulbo olfatório, 26, 31-3, 42, 48, 374; cobras, 52; Darwin sobre, 33; elefantes, 37, 42-3; em estéreo, 51; epitélio olfatório, 26, 32; jahai (povo da Malásia) e, 33; nariz e, 12, 15-6, 25-7, 29, 31, 35, 36, 42, 46, 48-50, 56, 58, 128, 145, 157-8, 166, 171-5, 179, 210, 250, 256, 259, 274-7, 288, *289*, 303, 339, 357, 369, 400-1; noção ocidental do, 33; odores na língua inglesa, 33; vocabulários olfativos, 33

olho-de-barril (peixe), 82

olhos, 12, 14-6, 24-6, 29, 34-5, 43, 49, 53, 62-70, 72-89, 91-3, 95-8, 100-5, 107, 109-11, 114, 116, 120-8, 133, 136, 145, 153, 160-3, 165, 172-4, 179-80, 183-5, 191, 196, 199, 201, 203, 216, 219, 221, 223-4, 231, 235, 239, 252, 255-6, 259-60, 262-4, 268, 273, 282, 284, 287-8, *292*-5, *297*, 299, *305*, 326-7, 330, 338-9, 347, 350, 354, 359-60, 362, 369, 372-4, 376, 379-80, 383, 385-7, 394, 400-1, 414, 416; águas-vivas, 69; aranhas, 65; camarões-louva-a-deus, 116, 120-3, 124; células cone, 95, 97; criptocromos nos, 359, 361; das aves, 260; de primatas, 70; detecção de movimento e, 65; dos animais, 78-9,

124, 414; dos insetos, 126; estágios de complexidade dos, 67-70; estrelas-do-mar, 15, 69-70; evolução dos, 67-70; globos oculares, 77, 223, 372; humanos, 65, 69; insetos e crustáceos, 65; lulas, 65, 91; luz polarizada e, 122-4, 387; nervo óptico, 16; omatídeos, 65, 82; pares de, 62, 65; pupilas, 74, 82, 89, 91, 160-1, 356; retinas, 63-5, 70-1, 74-6, 78, 80, 82, 85, 89, 95-6, 103, 112-3, 118, 120, 126, 133, 161-2, 173-4, 180, 188, 224, 263, 268, 325, 360-1, 371, 415, 417-8, 420, 422, 459; *tapetum lucidum*, 89; vespas-fadas-voadoras, 65; vieiras, 74-7; *ver também* cores; fotorreceptores; luz; visão

Olivos Cisneros, Leonora, 37-8, 41

omatídeos, 65, 82

ondas eletromagnéticas, 66, 331; *ver também* campos magnéticos; luz

ondas sonoras, 12, 203, 222-3, 225, 245, 250, 278, 327; *ver também* audição; vibrações

oponência, 96, 98

opsinas, 61, 66-7, 69, 74, 95-6, 99, 102, 105-6, 110-2, 114, 170; como base da visão, 61

Optics of Life, The [A ótica da vida] (Johnsen), 66

orcas, 28, 255, 275, 280, 392

órgão de Jacobson, 52

órgãos sensoriais, 16, 21, 126, 160, 163, 184, 259, 266, 335, 337, 348, 356, 371-3, 375, 379; como parte do todo unificado, 375; experiências humanas desconectadas dos, 379; *ver também* sentidos; *órgãos e receptores específicos*

Origem das espécies, A (Darwin), 69, 323

oripulação (manipulação feita com a boca), 181, *304*

Ormia ochracea (mosca), 229-30, 234, 241, 249, *310*, 342, 390

ornitorrincos, 14, 18, 167, 170, 318, 339-40, 369-70

Ortega, Catherine, 395

Ossiannilsson, Frej, 207, 216, 437

ossos e condução óssea de vibrações, 211

ouriços-do-mar, 15, 77, 167, 169

Outras mentes (Godfrey-Smith), 378

ouvidos, 11-2, 14-6, 160, 165, 184, 191, 201, 203, 211, 220-42, 245, 248-53, 256-8, 260, 263, 268-70, 272-3, 277-8, 282, 284-5, 339, 358, 369, 389-90, 403, 440; cóclea, 222-3; condução óssea de vibrações, 211; resolução temporal versus sensibilidade a tons, 239; tímpanos, 211-2, 222-3, 227-9

P

Pacífico, oceano, 242, 391; postos de escuta subaquáticos no, 242

Pacini, Aude, 278, 404

Pacini, corpúsculos de, 170

Page, Rachel, 234

paladar, 18-9, 24, 54-61, 68, 133, 170, *291*, 367, 376-8; como o mais rudimentar dos sentidos, 57; receptores gustativos, 57-8, 60, 126, 133-4; sabores básicos nos humanos, 57

parasitismo, 156; parasitas, 58, 72, 143, 156-7, 198, 229, 327, 369, 390; vespas parasitas, 58

pardais, 60, 126, 236, 240-1, 397; pardais-de--coroa-branca, 397; pardal-doméstico, 240-1

Park, Thomas, 127, 404

pássaros, 7; audição dos, 235-6, 239; canoros, 60, 104, 236, 240, 348, 354, 359-60, 363, 369, 384; chapins-reais, 389-90; indução eletromagnética e criptocromos, 359, 361; rouxinóis, 354, 389-90; *ver também* aves

patos, 48, 79, 175-6; pato-real, 175-6

Paul, Sarah Catherine, 98, 420

pavões, 21, 192-3, 272, *306*

Payne, Katy, 44, 243, 246-7, 443

Payne, Roger, 221, 242, 246, 248, 443

Peet, Margriet, 389, 464

Peichl, Leo, 97, 419

peixes: *Anableps anableps*, 82; bagres, 56, 59, 189, *291*, 339, 394; bexigas natatórias, 278, *315*; ciclídeos, 393-4; de caverna, 189-90; *Do Fish Feel Pain?* [Os peixes sentem dor?] (Braithwaite), 136; do

fundo do mar, 90; donzela-de-Ambon, 105, *297*; Grande Barreira de Corais (Austrália), 105, 395-6; ituí-transparente, *316*, 330; linha lateral, 187-90, 222, 328-9, 337, 340, 356, 369, 372, 433; no lago Vitória (África Oriental), 393-4; olho--de-barril, 82; peixe quatro-olhos, 82; peixe tetra-cego, 88; peixe-espada, 85, 90-1, 104-5, 233, 339; peixe-faca fantasma-negro, *316*, 323-8, 331-2; peixe-gato-elétrico, 321, 405; peixe--sapo, 391; peixe-zebra, 113, 149, 158; peixes-agulha, 189; peixes-bruxa, 340; peixes-elefantes, *316*, 323-5, 327, 330, 332-4, 339-40, 369, 373-4, 400, 452-4; peixes-elétricos, 15, 321-3, 325-32, 334-5, 339-40, 343, 373, 400, 451, 461; *ver também* eletrolocalização ativa; peixes--facas, 323-4, 326-7, 330, 339-40; peixes--serra, *317*, 338-9; peixinho-dourado, 23, 108, 118, 135, 334; salmões, 46, 153, 355, 393; trutas, 132, 134, 357

peixes-boi, 15, 167, 169, 180-3, 188, 191, 212, *304*, 392, 405, 433; disco oral em, 181

pele, 11, 13, 15, 29, 47, 58-9, 67, 72, 76-7, 83, 88, 97, 125, 127-30, 133, 150, 153, 155, 158, 168-9, 172, 181, 187-91, 215, 231, 275, 284, *291*, 323, 325, 328, 336, 345, 366, 368, 375, 378

Pelger, Susanne, 69, 415

pelos dos mamíferos, 179

percepção de profundidade, 79

Pierce, Noemi, 152

Piersma, Theunis, 176-7, 432

pinípedes, 183, 186; *ver também* focas; leões-marinhos

piscos-de-peito-ruivo (pássaros), 349-50, 352

plantas, 22-3, 42, 60, 107, 135, 181, 198, 204, 207-8, 217, 267, *307*, 343-4, 399; flores, 34, 60, 86, 93, 95, 104, 106, 108, 125-6, 252, 281, 295, 297, *318*, 341-3, 387, 400

Platão, 33

polarização circular, 123

poluição: diminuição durante a pandemia de Covid-19, 397; luminosa, 382-3,

386-8, 393, 396, 463; sensorial, 382, 384, 393, 397-8, 462; sonora, 389-91, 396-8, 463

polvos, 67, 72, 97, 140, 142, 144, 375, 377-8, 401, 405; braços de, *320*, 379-80; como "corpo de pura possibilidade", 378; polvo-da-Califórnia, 375

Poole, Joyce, 44, 247-8, 444

porcos, 32, 103, 157

Porter, Jess, 34, 409

Porter, Megan, 67

predadores, 28, 48, 60, 68, 70-2, 75, 81-2, 85, 92, 104-5, 109, 113, 125, 138, 141, 152, 187-8, 197, 201, 206, 210-1, 218, 228, 230, 241, 251, 255, 273, 280, 327, 329, 337, 343, 352, 369, 386, 390-1, 393

preguiças, 96

primatas, 32, 70, 72, 79, 89, 94, 99-100, 103, 113, 125, 252

Prior, Nora, 238

procelariiformes (aves marinhas), 48-50

profundidade, percepção de, 79

propriocepção (consciência do próprio corpo), 18, 328, 371, 461

proteínas, 26, 36, 59, 61, 66-7, 95, 100, 143, 147-8, 358

Proust, Marcel, 24, 407

pulgas-d'água, visão colorida das, 96, 327

pulgões, 390

Pye, David, 227, 441

Q

química: pares de radicais, 359, 361; quimiorreceptores, 16, 376; sentidos químicos, 19, 24, 61, 133; sinais químicos, 35, 38, 377

R

raias, *317*, 321, 323, 335-40, 357; raias-elétricas, 321, 323, 335-6

Ramsier, Marissa, 252, 445

rapina, aves de, 72, 78, 80-1, 288

rãs, 29, 125, 199-201, 209, 231-2, 234, 241, 337, 393, 408, 442; rã-de-olhos-vermelhos, 199, 203, 231; rãs-arbícolas-de-white, 241; rãs-morango venenosas, 125; rãs-túngaras, 231-4, *311*, 393, 442; rã-touro-americana, 204

Rasmussen, Bets, 44, 46, 411

Ratcliffe, John, 261, 446-7, 449, 451

ratos, 103, 141, 147, 180, 250, *303*; camundongos-de-patas-brancas, 53; ratos-cangurus, 226, 228; vocalizações ultrassônicas dos, 250

ratos-toupeiras-pelados, 127-9, 132, 134, 167, 171, 182, *300*; falha na reação a ácidos, capsaicina e dióxido de carbono, 128-9, *300*

reaferência, sinais de, 371-3, 461

reconhecimento intermodal de objetos, 370

Redetzke, Nate, 159-60

Reep, Roger, 182, 433

"regresso natal", 355

Reichmuth, Colleen, 23, 183-5, 404, 433

"remoto", tato, 177

Remple, Fiona, 174, 424, 431

repelentes, 158, 367

répteis, 55, 103, 140, 159, 211, 340

retinas, 63-5, 70-1, 74-6, 78, 80, 82, 85, 89, 95-6, 103, 112-3, 118, 120, 126, 133, 161-2, 173-4, 180, 188, 224, 263, 268, 325, 360-1, 371, 415, 417-8, 420, 422, 459; *ver também* olhos; visão

rinocerontes, 82, 214; rinocerontes-brancos, 214; rinocerontes-girafas, 214; rinocerontes-negros, 214

Ritz, Thorsten, 359, 459

Robert, Daniel, 229, 341-2, 404, 440-1, 444, 456

Roberts, Nicholas, 120, 404

Robinson, Nathan, 90

Rochon-Duvigneaud, André, 194

Roeder, Kenneth, 271, 448

roedores, 14, 53, 103, 104, 127, 146, 148, 161-3, 225-6, 250-2, 310

Ros, Margaret, 429

Rose, James, 136

Rosenthal, Gil, 105, 421

rouxinóis, 354, 389-90
Rubin, Juliette, 255-6, 270-1, 449
Ruffini, terminações nervosas de, 169
Rutland, Mark, 171
Ryan, Mike, 22, 203, 231-4, 404, 421, 441-2, 455
Ryerson, Bill, 54, 413

S

sabores, 13, 25, 56-9, 176, 368-9, 376; sabores básicos (em humanos), 57
Sacks, Oliver, 96, 419
salamandras, 339, 387
salgado (sabor), 57, 60, 170, 325, 336
Salgado, Vincent, 158
salmões, 46, 153, 355, 393
"salto imaginativo informado", 21
sangue frio, animais de, 148, 164, 333
sangue quente, animais de, 148, 156-8, 163, 282, 301, 333, 367; ver também mamíferos
Santana, Carlos David de, 322, 452
sapos, 22, 85, 126, 148-9, 199, 234, 241, 266, 340; sapinho-pingo-de-ouro do Brasil, 252
Sawtell, Nate, 334-5, 372, 404, 461
Schmitz, Helmut, 154-5, 428
Schnitzler, Hans-Ulrich, 268-9, 446-8
Schraft, Hannes, 164, 429-30
Schulten, Klaus, 359-60, 459
Schwenk, Kurt, 51-4, 57, 400, 404, 412-3
Science (revista), 359, 362
Scientific American (revista), 208, 429, 437, 441
Seabird's Cry, The [O canto da ave marinha] (Nicolson), 51
Seehausen, Ole, 394, 465
seixoeiras-comuns (aves), 176, 302
seleção natural, 69
seleção sexual, 333
senciência, 374
sencientes, animais como, 14
Seneviratne, Sampath, 178, 432
Senses, The [Os sentidos] (Macpherson), 19

Sensory Exotica [Exótica sensorial] (Hughes), 332, 453
sentidos: biologia sensorial, 18, 21, 36, 203, 356, 368, 382, 403, 407; "exploração sensorial", 233; informações sensoriais, 373; mecânicos, 19, 24, 169, 224; ver também audição; tato; vibrações;paladar, 133; preconceito humano na compreensão dos sistemas sensoriais dos animais, 72, 203, 363; químicos, 19, 24, 61, 133; ver também olfato; sinestesia e, 369, 376; sistemas sensoriais, 15-8, 88, 149, 217, 222, 230, 309, 328, 372
seres humanos ver humanos
serpentes: serpentes-mocassim-cabeça-de--cobre, 53, 160; serpentes-olho-de-gato--aneladas, 199, 200, 308
Sherrington, Charles Scott, 130, 424
Sidebotham, Joseph, 249-50, 444
Siebeck, Ulrike, 105, 421
Silent Thunder [Trovão silencioso] (Katy Payne), 247
Simmons, James, 259, 261, 404, 446-7, 449
sinestesia, 369, 376
sísmicos, sentidos, 44, 210-4, 220, 283; capacidade dos animais de sentir terremotos antes que eles aconteçam, 209, 211; ver também vibrações
sistemas nervosos, 57, 131-2, 136-40, 144, 147, 174, 261, 335, 369, 372, 374-6, 380; e consciência, 136, 139; sistema nervoso central, 131, 376; ver também cérebro; neurônios
sistemas sensoriais ver sentidos
Slabbekoorn, Hans, 389, 464-5
Smith, Chuck, 53
Sneddon, Lynne, 134-6, 139, 424-6
Soares, Dafne, 189-91, 404, 434
Sobel, Noam, 35, 412
Sol: luz solar, 67, 82, 89; tempestades solares, 351
sonares, 15, 19-20, 92, 177, 194, 255-6, 260, 262-7, 270-1, 273-83, 285-7, 315, 325, 381, 391, 400, 446-50, 464; ver também ecolocalização
Spallanzani, Lázzaro, 256

Speiser, Daniel, 74-7, 416

Spoelstra, Kamiel, 383, 462

Stager, Kenneth, 47, 411

Stebbins, William, 225, 440

Stein, Rick, 138

Steinbuch, Johann Georg, 373

Sterbing, Susanne, 194, 435

Stevens, Martin, 98, 420-1

Stoddard, Mary Caswell ("Cassie"), 106-9, 111, 404, 422

Streetsia challengeri (crustáceo de águas profundas), 83, *295*, 418

Strobel, Sarah, 166-8, 182-3, 430

subjetividade/experiências subjetivas, 19, 96, 126, 130-4, 137, 139, 143, 363

submarinos, 90, 242-3

Sumner-Rooney, Lauren, 77-8, 416, 418, 457

Supa, Miguel, 284-5, 451

Suraci, Justin, 391, 464

Surlykke, Annemarie, 260, 440, 445-50

T

Tang, Yezhong, 163

tapetum lucidum (em olhos), 89

társios (primatas), 89, 252, *313*

tartarugas, 14, 20, 50, 85, 211, 319, 348, 352-5, 386-7, 396, 457; tartarugas-comuns, 319, 354; tartarugas-da-madeira, 211; tartarugas-de-couro, 85-6; tartarugas-marinhas, 348, 352, 386, 457; tartarugas-verdes, 355

tato, 18-9, 24, 76, 83, 127, 129, 167-74, 176-7, 179, 181, 183, 188, 191-2, 224-6, 276, 286, 288, 328-9, 339, 343, 364, 369-70, 376-8, 400, 431; corpúsculos de Meissner, 170; corpúsculos de Pacini, 170; córtex somatossensorial, 167, 172, 180; humano, 170, 171; órgãos de Eimer, 172-3, 225; órgãos e receptores de toque, 58, 169-70, 172-3, 178-80, 190-2, 371, 431; órgãos táteis, 52, 167, 175, 178, 181, *303*; "tato remoto", 177; terminações nervosas de Merkel, 169; terminações nervosas de Ruffini,

169; *ver também* bigodes e varredura; mecanorreceptores

tatus, 96, 214

Tautz, Jurgen, 198, 436

tecelãs de orbiculares (aranhas), 217

temperatura: canais TRP (sensores de temperatura), 147-9, 158; níveis variados de conforto térmico dos animais, 148, 151; sensores de, 147, 149-53; sensores térmicos, 151; *ver também* calor

tempestades solares, 351

Temple, Shelby, 122, 423

tentativas de conservação de espécies, 396

terminações nervosas, 130, 161, 169-70, 190; de Merkel, 169; de Ruffini, 169

termotaxia, 151

Terra, campo magnético da, 13, *319*, 347, 350, 351, 364, 369

terremotos: capacidade dos animais de sentir terremotos antes que eles aconteçam, 209, 211; *ver também* sísmicos, sentidos

tetracromacia, 106-8, 110-4, 399

tetrazes-cauda-de-faisão, 390

Thaler, Lore, 287-8, 450-1

Thoen, Hanne, 117, 119, 423

tímpanos, 211-2, 222-3, 227-9

tordos (pássaros), 11-4, 60, 104, 235, *319*, 349, 360-2

toupeiras: toupeiras-douradas, 211-2, 219, *308*; toupeiras-nariz-de-estrela, 15, 171-5, 179, 210, 288, *303*, 339, 369, 400, 431

traça-da-cera, 253, 255, *313*

Tribute in Light (instalação artística em Nova York), 384-5

tricobótrias, 195, 197

tricromacia, 99-102, 105, 107, 109, 111, 113, 117, 125-6

TRP, canais (sensores de temperatura), 147; TRPM8 (sensor de frio), 148; TRPV1 (temperaturas altas), 148-9, 158

trutas, 132, 134, 357

tsé-tsé (moscas), 71, 157

tubarões, 14, 92, 97, 151, *317*, 335-40, 343, 352, 357-8, 369, 393;

eletrorrecepção; ampolas de Lorenzini (eletrorreceptores nos tubarões), *317*, 336, 338, 343, 356

U

Uexküll, Jakob von, 13-4, 17, 22-3, 29, 158, 324, 368, 371, 379, 400, 407, 466
ultrassons/frequências ultrassônicas, 11, 250-3, 258, 260, 283, *313-4*, 400; *ver também* ecolocalização
ultravioleta (UV), luz, 14, 102-4, 251
umami (sabor), 57, 59-60, 170, 414
Umwelt/Umwelten ("bolha sensorial" dos animais), 13-4, 17, 20-4, 29-31, 36, 48, 50, 60, 66, 68, 70, 72, 92, 99, 106, 113, 116, 122, 125, 158, 164-5, 200-1, 214-5, 218-9, 229, 235, 242, 249, 283, 323-4, 364-5, 368, 372, 374-6, 379-80, 385, 393, 399-400, 407
ursos: polares, 46, 192; urso-gato-asiático, 33; ursos-de-cara-achatada, 214; ursos--pardos, 214

V

Van Beveren, Daniel, 192-3, 435
Van Doren, Benjamim, 384, 463
Venkataraman, Krithika, 366, 368
vermes, 28, 59, 77, 151, 155-6, 327, 339
Vernaleo, Beth, 237, 442
vertebrados, 18, 54, 56, 74, 80, 86, 97, 108, 140, 228, 332, 339-41
vespas, 40, 58, 143, 171, 178, 198, 400; parasitas, 58; vespa-esmeralda, 171, 177, *303*; vespas-fadas-voadoras, 65
víboras, 160, 163
vibrações, 12-3, 15, 22, 36, 62-3, 154, 160, 169-71, 175-6, 183-4, 189-91, 200-15, 217-20, 222, 227-9, 251, 307, *308*, 327, 345, 369, 397; condução óssea de, 211; corpúsculos de Meissner, 170; corpúsculos de Pacini e, 170; correntes de ar, 14, 169, 183, 194, 196, 202, 257, *306*, 343; corujas, 223; crocodilos e, 169,

190-2; de insetos, 189; lentas, 170; mais rápidas, 170; sensores de, 201; sinais vibracionais, 207, 343; sísmicas, 211, 397; *ver também* ondas sonoras
vibrissas, 179, 180, 182, 186, 188, 432, 433; *ver também* bigodes e varredura
vieiras (moluscos bivalves), 74-8, 83, 133, *293*
viés de julgamento positivo, 30
Viguier, Camille, 358, 458
visão, 35, 144-5, 169, 174, 189, 329, 369, 415; acuidade visual, 70-2, 268, 415; camaleões, 82-3, *294*; campo visual, 78-81, 83, 85, 114, 417; células cone, 95, 97; córtex visual, 16, 287; das aves, 78, 80; de alta resolução, 68; detecção de luz se torna visão de fato, 68; dicromacia, 98-101, 104, 107-8, 112-3, *296*; distribuída, 77; em cores, 15, 95-8, 105, 111-2, 114, 117, 119, *296*; embaçada, 68, 162; espacial, 76, 77, 133; frequência crítica de fusão (CFF), 85, 86, 418; humana, 70, 80, 85, 95, 98, 107, 113; monocromacia, 93, 96-7, 100, 113, 121, 256, 285, 333; nervo óptico, 16; nítida, 65; noturna, 87-8, 153, 164, 213, 387, 400; ofiúros, 77-8; oponência, 96, 98; opsinas, 61, 66-7, 69, 74, 95-6, 99, 102, 105-6, 110-2, 114, 170; percepção de profundidade, 79; pontos cegos, 20, 62, 79-80, 285; relação entre luz e, 66; retinas, 63-5, 70-1, 74-6, 78, 80, 82, 85, 89, 95-6, 103, 112-3, 118, 120, 126, 133, 161-2, 173-4, 180, 188, 224, 263, 268, 325, 360-1, 371, 415, 417-8, 420, 422, 459; sinais visuais, 21, 201, 203; tetracromacia, 106-8, 110-4, 399; tricromacia, 99-102, 105, 107, 109, 111, 113, 117, 125, 126; ultrarrápida, 84, *292*; ultravioleta (UV), 103-5, 400, 421; velocidade da, 84; *ver também* cores; fotorreceptores; luz; olhos
Vitória, lago (África Oriental), 393-4
viúva-negra, 219
vomeronasal, órgão, 18, 52, 54-5, 61, 413
Vosshall, Leslie, 55, 58, 366-7, 370, 404, 409, 413, 427, 429, 460

W

Walkowicz, Lucianne, 351
War of the Whales [Guerra das baleias] (Horwitz), 391, 464
Ware, Heidi, 390, 464
Warkentin, Karen, 199-201, 209, 231, 337, 404, 436
Warrant, Eric, 87-8, 91, 93, 346-9, 351, 356-7, 361, 364-5, 404, 407, 418-9, 428, 451-2, 456, 460
Wasserman, Robert, 96, 419
Watanabe, Takeshi, 218-9, 439
Waterman, Ian, 371
"We Don't Really Know Anything, Do We? Open Questions in Sensory Biology" [A gente não sabe nada mesmo, não é? Perguntas em aberto na biologia sensorial] (Johnsen), 18
Webb, Barbara, 230, 441
Webb, Douglas, 243, 443, 465
Wehner, Rüdiger, 17, 407, 427
Weimerskirch, Henri, 50, 412
Weiss, Tali, 13, 33, 409
Wells, Martin, 377-8, 408
Wenzel, Bernice, 48, 411-2
Wheeler, William Morton, 370, 461
"Why Fish Do Not Feel Pain" [Por que os peixes não sentem dor] (Key), 136
Widder, Edith, 90, 92, 419
Williams, Brandy, 207
Williams, Catherine, 144, 404
Wilson, E. O., 40, 42, 410
Wiltschko, Wolfgang, 349-51, 456-9
Wittemyer, George, 45-6, 404
Wu, Le-Qing, 358, 458
Wueringer, Bárbara, 338-9, 455

X

X, cromossomo, 99

Y

Yack, Jayne, 228, 230, 440-1
Yu, Nanfang, 152

Z

zebras, 70-2, 100, 415; listras das, 71
Zelenitsky, Darla, 48, 412
Zullo, Letizia, 377-8, 462
zumbido terminal (em morcegos), 261-3, 277
Zylinski, Sarah, 21

An Immense World © Ed Yong, 2022

Todos os direitos desta edição reservados à Todavia.

Grafia atualizada segundo o Acordo Ortográfico da Língua
Portuguesa de 1990, que entrou em vigor no Brasil em 2009.

capa e ilustração de capa
Laurindo Feliciano
tratamento de imagens
Carlos Mesquita
composição
Jussara Fino
índice remissivo
Luciano Marchiori
preparação
Laura Folgueira
revisão
Gabriela Rocha
Karina Okamoto

Dados Internacionais de Catalogação na Publicação (CIP)

Yong, Ed (1981-)
Um mundo imenso : Como os sentidos dos animais
revelam reinos ocultos à nossa volta / Ed Yong ; tradução
Christian Schwartz. — 1. ed. — São Paulo : Todavia, 2024.

Título original: An Immense World: How Animal
Senses Reveal the Hidden Realms Around Us
ISBN 978-65-5692-594-3

1. Inteligência animal. 2. Biologia. 3. Sentidos.
4. Divulgação científica. I. Schwartz, Christian. II. Título.

CDD 591.5

Índice para catálogo sistemático:
1. Ciências naturais : Zoologia 591.5

Bruna Heller — Bibliotecária — CRB-10/2348

todavia
Rua Luís Anhaia, 44
05433.020 São Paulo SP
T. 55 11 3094 0500
www.todavialivros.com.br

fonte
Register*
papel
Pólen natural 80 g/m²
impressão
Geográfica